中国石油高技能人才培训丛书

钻井地质技师培训教程

中国石油天然气集团公司人事部　编

石油工业出版社

内 容 提 要

本书是中国石油高技能人才培训丛书的一本,内容包括岩性的识别、地质录井技术应用、特殊条件下的录井技术、综合录井技术、录井新技术、相关知识。

本书可供从事石油钻井地质的现场人员使用,也可用于相关人员培训。

图书在版编目(CIP)数据

钻井地质技师培训教程/中国石油天然气集团公司人事部编.
北京:石油工业出版社,2012.7
(中国石油高技能人才培训丛书)
ISBN 978-7-5021-9139-9

Ⅰ.钻…
Ⅱ.中…
Ⅲ.油气钻井-工程地质-技术培训-教材
Ⅳ.TE142

中国版本图书馆 CIP 数据核字(2012)第 138611 号

出版发行:石油工业出版社
(北京安定门外安华里2区1号 100011)
网 址:www.petropub.com.cn
编辑部:(010)64523582 发行部:(010)64523620
经 销:全国新华书店
印 刷:北京中石油彩色印刷有限责任公司

2012年7月第1版 2012年7月第1次印刷
787×1092毫米 开本:1/16 印张:27.75
字数:570千字

定价:70.00元
(如出现印装质量问题,我社发行部负责调换)

《中国石油高技能人才培训丛书》编委会

前　言

为加快高技能人才知识更新，提升高技能人才职业素养、专业知识水平和解决生产实际问题的能力，进一步发挥高端带动作用，在总结“十一五”技师、高级技师跨企业、跨区域开展脱产集中培训的基础上，中国石油天然气集团公司人事部依托承担集团公司技师培训项目的培训机构，组织专家力量，历时一年多时间，将教学讲义、专家讲座、现场经验及学员技术交流成果资料加以系统整理、归纳、提炼，开发出首批15个职业(工种)高技能人才培训系列教材，由石油工业出版社陆续出版。

本套教材在内容选择上，突出新知识、新技术、新材料、新工艺等“四新”技术介绍，重视工艺原理、操作规程、核心技术、关键技能、故障处理、典型案例、系统集成技术、相关专业联系等方面的知识和技能，以及综合技能与创新能力的知识介绍，力求体现“特、深，专、实”的特点，追求理论知识体系的通俗易懂和工作实践经验的总结提炼。

本套教材是集团公司加快适用于高技能人才现代培训技术和特色教材开发的有益尝试，适合于已取得技师、高级技师职业资格的人员自学提高、研修培训、传承技艺使用，也适合后备高技能人才超前储备知识使用，同时，也为现场技术人员和培训机构提供了一套实践参考用书。

《钻井地质技师培训教程》由中国石油华北技师学院组织编写，中国石油华北技师学院陈国强、渤海钻探工程有限公司姜维寨任主编，参加编写的人员有渤海钻探工程有限公司李金顺、孟宪军、田秋月、郭明红、徐明磊，中国石油华北技师学院田跃辉、王志、孙建华、刘冬梅。参加审定的人员有中国石油工程技术分公司刘应忠，长城钻探工程有限公司夏季，大庆油田钻探工程公司高述先、段宏伟，西部钻探工程有限公司张玉新，川庆钻探工程有限公司龙利平等。

由于编者水平有限，书中错误、疏漏之处在所难免，请广大读者提出宝贵意见。

编者

2011 年10 月

目 录

第一章　岩性的识别

岩石是由矿物或类似于矿物的物质（如有机质、玻璃、非晶质等）组成的固体集合体。多数岩石由不同矿物组成，单矿物的岩石相对较少。岩石不仅是地球物质的重要组成部分，也是类地行星（以硅酸盐岩石为主要成分的行星）的组成部分，目前人类不仅能获得地球一定深度范围的岩石样品，而且也获得了月岩和陨石的样品。

在地质研究中，岩石始终是重要的研究对象。因为山脉、岛屿、平原土层之下、江河湖海的基底都是岩石构成的，各种金属与非金属矿产以及石油等绝大多数蕴藏于岩石中，与岩石具有成因及时空上的联系，而且岩石记录了地壳和上地幔形成演化的历史，因此研究岩石对于了解地壳、地幔，以及其他星球的物质组成、起源、发展等具有重要的科学意义。岩石也是构成各种地质构造和地貌的物质基础，因此，进行各类岩石的研究对指导找矿勘探、开发地下水资源、设计工程建筑，以及交通运输、国防工程的建设等具有重要意义。

岩石的种类很多，按成因可以将自然界的岩石划分为三大类：岩浆岩、变质岩和沉积岩。

三大类岩石之间的界限有时并不能截然分开，其间有逐渐过渡的关系。因此，虽然各有特征，但彼此之间常有密切联系，不过这种联系关系并不是简单的循环重复，而是不断地向前发展。概括地说，先存的变质岩、岩浆岩及埋深较大的沉积岩可以在高温条件下发生熔融或部分熔融形成岩浆，岩浆固结成火成岩（即岩浆岩）；先存的岩浆岩、沉积岩和变质岩暴露于地表后经过剥蚀、机械破碎、搬运和沉积可以形成沉积岩；先存的岩浆岩及沉积岩在温度、压力及应力的作用下可以发生变质形成变质岩。这三种岩石可以相互转化、相互过渡，但它们之间又有较明显的差异。

三大岩类在地表和地壳内部的分布情况是不同的。地球除去外地核及极少量赋存于地壳及上地幔中的熔体外，主要是由固态的岩石组成的。在陆地上，表层沉积岩约占66%，其余部分岩浆岩及变质岩大约各占一半。在大洋下面，沉积物及沉积岩形成薄层状，覆盖于下部的岩浆岩及变质岩之上，后两种岩石组成了大洋地壳的主体。

第一节　岩浆岩的基本特征

一、岩浆

（一）岩浆的概念

岩浆（magma）这个词最早来源于希腊，原意是指一种似粥状物。据对近代活火山（如意大利维苏威和夏威夷基拉韦厄等火山）的观察，发现在火山活动时不但有气体及碎屑自火山口喷出，而且还有炽热的熔融物质自火山溢流出来。前者称为挥发物质和火山碎屑，后者称为熔岩流。熔岩流来源于岩浆，在地下深处有高温炽热的熔融物质存在，这种高温炽热的熔融物质就是岩浆。现在已发现的岩浆有好几种,最普遍和最主要的是硅酸盐成分的岩浆。此外,还有碳酸盐、氧化物、硫化物等岩浆,即所谓非硅酸盐岩浆。因此,一般认为岩浆是上地幔或地壳部分熔融的产物,成分以硅酸盐为主,含有挥发组分,也可以含有少量固体物质,是高温粘稠的熔融体。

(二)岩浆的基本特征

1. 岩浆形成的深度

岩浆形成的部位约在上地幔的软流圈中,无论是活火山地区(如夏威夷和堪察加等地)的地震资料,还是岩浆产物的高温、高压实验资料,都表明原生岩浆主要形成于地下50~200km的范围内。

2. 岩浆的成分

岩浆的主要成分包括O、Si、Al、Fe、Mg、Ca、Na、K、Mn、Ti等造岩元素,此外还有H_2O、CO_2、SO_2等挥发性物质及少量的金属硫化物和氧化物。

3. 岩浆的温度

根据对现代火山喷出的熔岩流的观察和仪器遥测结果,火山熔岩流的温度范围一般为700~1200℃之间,并随岩浆成分不同而有所差异。基性岩浆温度较高,为1000~1200℃;中性岩浆次之,为900~1000℃;酸性岩浆温度最低,约为700~800℃。

4. 岩浆的粘度

岩浆的粘度与岩浆的成分(主要是SiO_2)、挥发组分含量、温度和压力的大小等因素有关。岩浆中SiO_2含量越高,粘度越大;挥发组分含量越高,则岩浆的粘度越小。

二、岩浆岩的概念及物质成分

(一)岩浆岩的概念

岩浆岩是岩浆在内力地质作用的影响下,由深处侵入地壳表层或喷出地表,并经过冷凝固结而形成的岩石。在岩浆冷却过程中,失去大量的挥发物质,所以岩浆岩是失去了大量挥发组分的岩浆冷凝物。

岩浆岩按其生成环境不同,通常分为侵入岩和喷出岩两类。

侵入岩是岩浆在地表以下不同深度冷凝结晶而形成的岩石。根据形成的深度,侵入岩又可进一步分为深成岩和浅成岩。前者是岩浆在地壳深处冷凝结晶而成,多呈大岩体产出;后者是岩浆在地壳浅处冷凝结晶所致,多呈小岩体出现。

喷出岩是岩浆沿裂隙或火山通道喷出地表冷凝或结晶而成。它的形成常与火山喷发作用有直接关系,因此又称为“火山岩”。

(二)岩浆岩的成分

岩浆岩的成分包括岩浆岩的化学成分和矿物成分。研究岩浆岩的成分及其变化规律,有助于了解各类岩浆岩的内在联系、成因及次生变化。岩浆岩的成分及其含量是岩浆岩分类的主要依据,它们是岩浆岩固有的最主要的特征之一。

1. 岩浆岩的化学成分

岩浆岩的化学成分非常复杂,几乎包括了地壳中所有的元素,但其含量相差悬殊。其中含量最多的是 O、Si、Al、Fe、Mg、Ca、K、Na、Ti 九种元素,通常称为“造岩元素”。它们的总和约占岩浆岩总量的 99.25%,其中 O 占 46.59%,Si 占 27.59%。除上述九种元素外,周期表内的其他元素在岩浆岩中的总量不超过 1%,称为“微量元素”。

这些元素常以氧化物来表示,其中含量最多的为 SiO_2、Al_2O_3、Fe_2O_3、FeO、MgO、CaO、Na_2O、K_2O、H_2O、TiO_2 这十种氧化物,它们约占岩浆岩总量的 99%。在这些氧化物中,SiO_2 的含量居首位,平均约为 59.14%;Al_2O_3 次之,约为 15.34%;以下依次为 Fe_2O_3、FeO、MgO、CaO、Na_2O、K_2O 等。

SiO_2 是重要的一种氧化物,能反映岩浆性质,直接影响岩浆岩矿物成分变化。SiO_2 的含量是岩浆岩化学成分分类的主要依据。根据 SiO_2 含量的多少,可将岩浆岩分成四大类:超基性岩(SiO_2 含量小于 45%)、基性岩(SiO_2 含量 45% ~52%)、中性岩(包括中性—碱性岩类)(SiO_2 含量 52% ~65%)、酸性岩(SiO_2 含量大于 65%)。

各种主要氧化物在各类岩浆岩中的变化具有明显的规律性:

(1)SiO_2 在超基性岩中含量最少,在酸性岩中含量最多。

(2)MgO、FeO 的含量随 SiO_2 含量的增加而减少。

(3)K_2O、Na_2O 的含量随 SiO_2 含量的增加而增加,特别是 K_2O 的表现更为突出。

(4)CaO 在纯橄榄岩中含量很低,但在辉长岩中急剧增加。

(5)Al_2O_3 在超基性岩中含量最少,在其他岩类中含量为百分之十几,且变化幅度很小。

2. 岩浆岩的矿物成分

地壳中已知的矿物种类有 3700 余种,但组成岩浆岩最主要的矿物不过 20 ~30 种,通常把这些矿物称为造岩矿物。

根据资料统计,石英、长石、角闪石、辉石、云母、橄榄石、霞石、白榴石、磁铁矿、磷灰石十种矿物占岩浆岩总量的 99%。

依据岩浆岩中矿物的共同性和特殊性以及研究时的方便性,可以从不同角度来对矿物进行分类。

1)根据矿物在岩浆岩分类和命名中的作用分类

(1)主要矿物:指那些对划分岩石大类起决定性作用的矿物。例如,花岗岩中的石英和钾长石都是主要矿物,没有它们也就不能称为花岗岩;而在辉长岩中,斜长石、辉石则是主要矿物。

(2)次要矿物:对划分岩石大类不起主要作用,但可作为确定岩石种属的矿物。例如,闪长岩中石英的存在与否对确定闪长岩大类没有影响,若有石英则视含量多少称为石英闪长岩或含石英闪长岩。

(3)副矿物:含量最少,通常少于 1%,仅在个别情况下可达 5%,在岩石的分类与命名中不起作用。最常见的副矿物有磁铁矿、磷灰石、榍石、锆石等。

2)根据矿物的颜色和化学成分分类

(1)暗色矿物(铁镁矿物):带有深浅不同的各种颜色,在成分上富含 Fe、Mg 的硅酸盐矿物,如橄榄石、角闪石、黑云母等。

(2)浅色矿物(硅铝矿物):无色或颜色较浅者,在成分上富含 SiO_2、Al_2O_3,不含 Fe、Mg 的矿物。如石英、长石等。

3)根据矿物成因分分类

(1)原生矿物:这是岩浆在冷凝过程中形成的矿物。它们可以是从岩浆中直接结晶出来的,也可以是结晶后与岩浆重新反应而生成的矿物。例如,长石、石英、橄榄石、辉石、角闪石等都是原生矿物。

(2)次生矿物:这是岩石受各种外部地质营力(如地表风化作用)的影响而形成的矿物。这些矿物的形成与原来岩浆岩的成因没有关系,但可以反映岩石次生变化的强弱,如钾长石风化后形成的高岭石、橄榄石蚀变后形成的蛇纹石等。

3. 岩浆岩的矿物共生组合规律及其化学成分关系

岩浆岩不是任意组合,而是有规律地共生的。这种共生组合除了形成的温度、压力等因素外,还要取决于岩浆岩的化学成分,化学成分不同的岩浆岩的矿物成分也不一样。

岩浆岩中主要造岩矿物的共生组合有如下特点:

暗色矿物		浅色矿物		岩石类型
橄榄石	+	基性斜长石(很少或无)	⟶	超基性岩
辉石	+	基性斜长石(拉长石、培长石)	⟶	基性岩
角闪石	+	中性斜长石	⟶	中性岩
黑云母	+	钾长石、酸性斜长石、石英	⟶	酸性岩

在岩浆岩中,有些矿物不能同时存在于同一种岩石中。例如,有镁橄榄石存在的超基性岩中不可能有石英出现;有霞石或白榴石出现的碱性岩类中也不可能有石英出现。这种不能共生的原因可由下列反应式来说明:

$$Mg_2SiO_4 + SiO_2 \longrightarrow 2MgSiO_3$$

镁橄榄石 (液相) 顽火辉石

$$NaAlSiO_4 + 2SiO_2 \longrightarrow NaAlSi_3O_8$$

霞石 (液相) 钠长石

$$KAlSi_2O_6 + SiO_2 \longrightarrow KAlSi_3O_8$$

白榴石 (液相) 钾长石

上述三个反应式说明,如果在含有橄榄石、霞石或白榴石的熔浆中仍有 SiO_2 时,则 SiO_2 必然与它们立即反应生成新的矿物。也就是说,有上述三种矿物存在的熔浆中不可能有多余的 SiO_2 存在,故不能单独结晶出石英。

上述反应表明,橄榄石、霞石、白榴石都是 SiO_2 不饱和情况下的产物,它们的出现标志着岩石中 SiO_2 含量是不饱和的。

如果熔浆中 SiO_2 的含量除与上述矿物继续反应生成新矿物外还绰绰有余，这部分多余的 SiO_2 必将单独结晶出石英。因此，岩石中有大量石英出现说明 SiO_2 是过饱和的。

岩浆岩的矿物成分与化学成分的关系极为密切。化学成分不同，矿物的共生组合也不相同。按岩石中 SiO_2 逐增的顺序来观察不同成分岩浆岩中矿物共生关系。

在超基性岩中，SiO_2 含量低于45%，富含 Fe、Mg，少 K、Na，SiO_2 不能与过量铁镁氧化物相平衡，故形成大量的硅酸不饱和的橄榄石等铁镁矿物，一般占90%以上，浅色矿物少见，这是由于 K、Na 少，SiO_2、CaO、Al_2O_3 含量低。超基性岩主要含橄榄岩、辉石，而长石含量很少或无。

在基性岩中，SiO_2 含量占45%～52%。随着 SiO_2 含量增加，FeO、MgO 减少，Al_2O_3 和 CaO 大量出现，因此辉石和基性斜长石共生，且含量近于相等。

在中性岩中，SiO_2 含量占52%～65%，FeO、MgO 仍继续减少，K_2O、Na_2O 的含量相对增加，因而角闪石和中性斜长石共生，铁镁矿物则降至30%左右。另一类较富含 K_2O、Na_2O 的中性岩（正长岩类）则出现铁镁矿物和碱性长石的共生。

在酸性岩中，SiO_2 含量可达65%以上，FeO、CaO、MgO 含量大幅度减少，K_2O、Na_2O 含量显著增加，因此出现了富钾和“OH－”的暗色矿物黑云母，以及含 K、Na 较多的酸性斜长石和钾长石。由于 SiO_2 处于过饱和状态，与其他氧化物反应后仍绰绰有余，故单独结晶出石英。酸性岩中铁镁矿物则仅占10%～15%。

在碱性岩中，K_2O、Na_2O 含量急剧升高，其他成分与中性岩相近。当 K_2O、Na_2O 含量超过10%时，它们与 SiO_2 的反应在碱质过饱和状态下进行，故使浅色矿物中出现了副长石。过饱和的 K_2O 和 Na_2O 参加形成暗色矿物的反应，因此出现了富含 K、Na 的暗色碱性矿物，如霓石、霓辉石、钠闪石、棕闪石等。

综上所述，可将各类岩浆岩中矿物成分和化学成分之间的变化规律归纳为以下几点：

（1）暗色矿物随 FeO、MgO 含量减少而减少。

（2）随 SiO_2 含量的增加，斜长石由基性变为酸性，钾长石含量逐渐增多。

（3）随 SiO_2 饱和程度增加，石英从无到有。当 SiO_2 过饱和时，可出现大量石英。

（4）随碱质（K_2O、Na_2O）含量的增加，出现碱性长石、副长石和碱性暗色矿物。

三、岩浆岩的产状和相

（一）岩浆岩的产状

岩浆岩的产状是指岩浆岩的产出状态，即岩体的形态、大小以及它们与围岩的关系。岩浆岩的产状种类繁多，它们和岩浆成分、岩浆的活动方式等密切相关。这里介绍常见的几种岩浆岩产状（图1－1）。

1. 侵入岩的产状

1）岩基

岩基是规模巨大的不规则的穹窿状侵入体，在地面的出露面积可达几百平方千米以上，越往地下深处面积越大。这种大规模岩基的主要成分是花岗岩类，故有花岗岩基之称。我国花岗岩分布很广，如海南的琼中、占县两个花岗岩基面积分别为5000km^2 和3000km^2，占整个海南岛面积的四分之一。

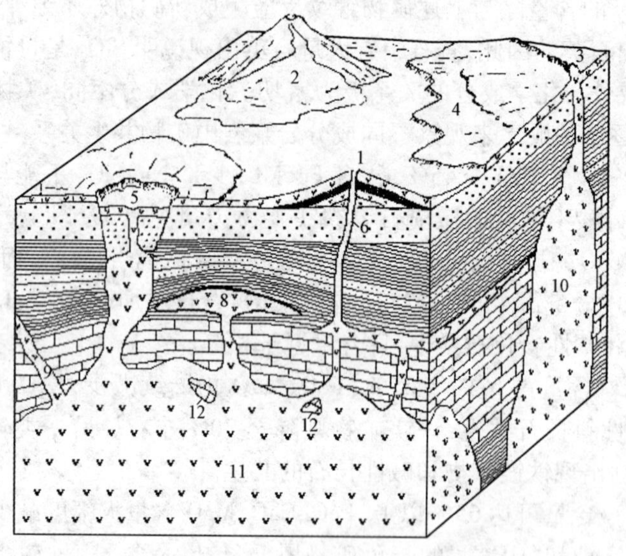

图 1－1 岩浆岩的产状示意图

1—火山锥;2—熔岩流;3—火山颈及岩墙;4—岩被;5—破火山;6—火山颈;7—岩床;8—岩盘;9—岩墙;10—岩株;11—岩基;12—捕虏体

岩基上覆地层和周围的岩石称为围岩。围岩因岩浆侵入而发生接触变质现象,在其边缘部分常有围岩的捕虏体。

2)岩株

岩株是规模相对较小的侵入岩体。平面上呈近圆形或不规则形态,与围岩接触面较陡且常参差不齐,边部常有树枝状小岩枝穿切贯入围岩。岩株出露面积一般小于 $100km^2$,其成分与岩基相类似。

3)岩盘和岩盆

岩浆沿断裂上升,侵入岩层中,冷凝成一个上凸下平的透镜状侵入体,称为岩盘(或称岩盖),规模一般不大;形状中央凹下四周高起似盆者称为岩盆,规模大小不一。大者面积可达几百平方千米,小者仅有几平方千米,厚度从几百米至几十米。

4)岩床

岩床呈层状夹于围岩岩层之间,是岩浆沿围岩顺层侵入冷凝而成的板状岩体,产状与围岩平行一致,多由基性岩组成,其厚度可以从不到一米至数十米不等。

5)岩墙和岩脉

岩墙由岩浆沿围岩的垂直或斜交方向的裂缝侵入后冷凝而成,岩体呈墙状,与围岩层理相交,厚度从数厘米至数千米不等,长度从数十米至数十千米。规模很小者称为岩脉。

2. 喷出岩的产状

喷出岩的产状与岩浆喷出地表的方式即喷发类型有关。喷发类型不同,产状也不同。常见的喷发类型及其相应的产状有以下几种。

1) 中心式喷发

中心式喷发是指岩浆沿着颈状管道喷出地表的一种喷发类型,也称为筒式喷发。喷发通道在平面上为点状,因此中心式喷发又称点状喷发。多数近代火山属于这种喷发类型。中心式喷发常常伴随强烈的爆发作用。在爆发时除喷出大量的气体外,还从火山口喷出大量的碎屑物质,如火山弹、火山砾、火山灰及火山渣等,最后溢出岩浆。中心式喷发形成的岩体主要为火山锥、岩钟、岩针等。

(1)火山锥是火山喷发物围绕火山通道堆积的锥状岩体。火山锥大多是由粘度较高的中酸性岩浆喷发而成,在喷发作用的同时往往伴随着爆炸作用。

(2)岩针与岩钟。如果从火山口喷出的是中酸性岩浆,因其粘度较大不易流动。当岩浆不断溢出时,通道被堵塞,向上推挤而形成突出的针状岩体,称为岩针。如果粘度很大的酸性岩浆,当其不断从火山口溢出时,在上部推挤成穹窿状,外形很像我国寺庙中的大钟,称为岩钟。

2) 裂隙式喷发

裂隙式喷发是指岩浆沿着一定方向的大断裂上升至地表而形成的一种喷发类型,由于通道皆呈线状,故又称线状喷发。此类喷发以粘度小、流动性大的基性熔浆为主,喷出的岩浆呈平缓的大面积分布,形成典型的熔岩流、熔岩瀑布。

3) 熔透式喷发

这种喷发也称为面式喷发,首先是由戴里提出的。岩浆上升时,因过热和极高的化学能,将其顶部围岩熔透,岩浆即溢出地表而冷凝,形成熔透式喷发。这种喷发类型形成的火山岩产状主要是岩被。这种喷发类型目前尚属推论性的。我国东南沿海闽浙一带大片出露的中生代中酸性熔岩,有人认为是这种喷发类型形成的。

(二)岩浆岩的相

岩浆上侵定位时的深度不同,会影响到岩浆体系的冷却速度、压力及挥发组分的溶解度,从而对最终固结的岩浆岩的矿物组成、结构构造产生影响。国内常据侵入体的定位深度,将侵入体分为三个相,侵入岩的相可据其矿物组成、结构构造及围岩蚀变程度等特征进行识别。

1. 浅成相

浅成相侵入深度为0~3km。侵入体规模较小,以岩墙、岩床、岩盖、小岩株、隐爆角砾岩体等常见。因冷却速度快、静水压力较低,挥发组分逸失较多,岩体快速固结而形成细粒、隐晶质结构及斑状结构,斑晶可具熔蚀或暗化边结构。组成岩石的矿物常保存了高温条件下的结构状态,如长石类矿物有序度、三斜度低,斜长石环带发育,常见高温石英斑晶,出现易变辉石等;接触变质较弱,有时有硅化、绿泥石化、绢云母化蚀变。浅成相小型侵入体常与金属矿产有关,尤其是隐爆角砾岩体,是很好的溶矿构造。

2. 中深成相

中深成相侵入深度为3~10km,多属较大的侵入体,如岩株、岩基、岩盆等,也有岩盖、岩墙等小型侵入体。因冷却速度较慢,并具有相对较高的静水压力,岩石具中粒—中粗粒结构、似斑状结构,矿物内部的结构状态在缓慢冷却过程中得到调整,如长石类矿物的有序度、三斜度高,斜长石环带不发育,石英为化他形的低温石英。接触变质带较宽,有时有云英岩化带,常见矽卡岩带,在接触带可形成各种接触变质和高温汽成热液矿床。

3. 深成相

深成相侵入深度大于10km。岩体较大,岩体走向与区域构造线理方向一致,围岩为区域变质的结晶片岩、片麻岩类,岩体主要为花岗岩类。岩体常为片麻状构造,交代结构十分发育。长石类矿物有序度及三斜度高,斜长石无环带。岩体无冷凝边,围岩无接触变质带,与围岩多为逐渐过渡关系。侵入体由边缘向中心固结时的冷却速度由快趋缓,矿物结晶粒度因而具有由细到粗的变化,因此由边缘向中心又分为边缘相、过渡相和中心相。

四、岩浆岩的结构和构造

(一)岩浆岩的结构

岩浆岩的结构是指岩石中矿物的结晶程度、颗粒大小、形状及其组合方式,是岩石本身的特征,并非指岩石中矿物具有的某种结构。

1. 岩石中矿物的结晶程度

根据岩石中结晶部分(矿物)和非晶质部分(玻璃质)的比例,可将岩浆岩的结构分为全晶质、半晶质、玻璃质三大结构类型。

1)全晶质结构

岩石全部由结晶的矿物颗粒组成[图1-2(a)]。例如花岗岩就是全晶质结构,它的矿物成分全部是由长石、石英、云母等矿物晶体组成的。全晶质结构一般是岩浆在地下深处温度缓慢降低的条件下从容结晶而成的,多见于深成侵入岩。

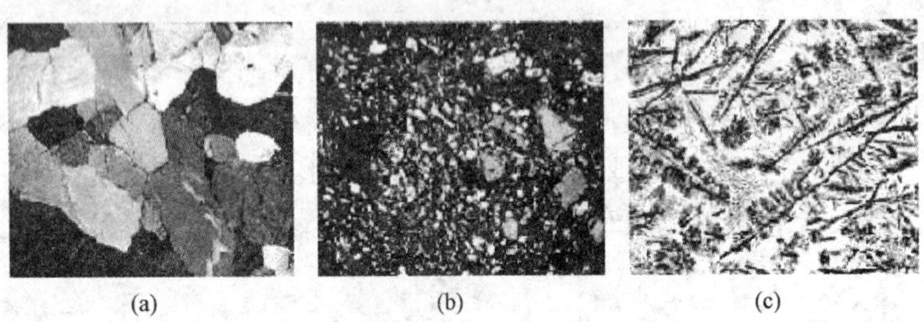

(a) (b) (c)

图1-2 根据矿物结晶程度划分的三种结构类型

2)半晶质结构

岩石由一部分结晶的矿物晶体和一部分非晶质的玻璃质组成[图1-2(b)],多见于喷出岩及浅成侵入岩的边部,如安山岩和石英斑岩。

3)玻璃质结构

岩石几乎全部由未结晶的非晶质火山玻璃组成[图1-2(c)],它是岩浆在喷出地表条件下骤然冷却、各种组分来不及结晶而形成的。玻璃质结构主要出现于酸性喷出岩或浅成、超浅成侵入体的边部,如黑曜岩。

玻璃质在岩石中常呈现不同的颜色,如黑色、砖红色、褐色、灰绿色等,一般呈玻璃光泽,具贝壳状断口,性脆。玻璃质是一种不稳定的物质,随着时间的推移,它们会逐渐转化为结晶物质,故仅在较新的喷出岩中才有玻璃质存在。

2. *岩石中矿物颗粒的大小*

根据肉眼观察,首先可区分出显晶质结构和隐晶质结构两大类。

(1)显晶质结构。显晶质结构是用肉眼或借助放大镜能分辨出岩石中矿物颗粒的岩浆岩结构。按照颗粒的绝对大小,可进一步划分为如下结构类型:

① 粗粒结构:颗粒直径大于5mm;

② 中粒结构:颗粒直径介于2~5mm之间;

③ 细粒结构:颗粒直径介于0.2~2mm之间;

④ 微粒结构:颗粒直径小于0.2mm。

粗粒结构和中粒结构一般为深成侵入岩的特征,细粒结构和微粒结构一般为浅成侵入岩的特征,少数基性喷出岩也可具细粒结构甚至微粒结构。

需要指出的是,这里所谓的颗粒的绝对大小是指岩石中最主要矿物颗粒的平均大小。在标本和薄片观察、测量时,需选择同一种主要矿物进行测量,一般多以长石作为标准。

(2)隐晶质结构。岩石的矿物颗粒很细,用肉眼或放大镜无法辨认的晶体矿物组成岩浆岩的结构称为隐晶质结构。具这种结构的岩石外貌致密,有时不易与玻璃质岩石相区别,但其断口粗糙、无玻璃光泽,也不像火山玻璃那样脆。

按照矿物颗粒的相对大小,可划分出等粒、不等粒、斑状、似斑状等四种结构类型。

(1)等粒结构:岩石中同种主要矿物颗粒大小近似相等,这种结构常见于侵入岩中。

(2)不等粒结构:岩石中同种主要矿物颗粒大小不等,这种结构常见于侵入岩体的边部或浅层侵入岩。

(3)斑状结构和似斑状结构:岩石中所有矿物颗粒大小截然不同,且颗粒大小变化不连续。大的矿物颗粒称为斑晶,小的矿物颗粒称为基质。基质多为微粒、隐晶质或玻璃质。如果基质为显晶质,则为似斑状结构。

3. *岩石中矿物的自形程度*

岩浆岩中矿物的自形程度是指矿物从岩浆中结晶析出时按自身结晶习性形成晶体外形的完整程度。在全晶质岩石中,按矿物晶体外形轮廓的完整程度,可分为自形晶、半自形晶、他形晶三种结构类型。

1)自形晶结构

岩石全部由自形矿物晶体所组成的结构称为自形晶结构[图1-3(a)]。在岩石中矿物颗粒能按照自己的结晶习性发育,有较完整的晶面。薄片中矿物颗粒多呈规则的多边形。这种结构表明,矿物结晶时,岩浆处于地下深处,冷却缓慢,晶体有充足的时间和空间结晶。这种结构较为少见,多出现于单矿岩如橄榄岩和辉石岩中,它们多是岩浆结晶分异产生的自形晶下沉形成的。

2)半自形晶结构

主要由半自形矿物晶体组成的结构称为半自形晶结构[图1-3(b)]。岩石中矿物晶体的晶面发育不完整,部分晶面完全,部分晶面不规则,或岩石中矿物晶体自形程度不一致,有些是晶体轮廓规则的自形颗粒,有些是形状不规则的他形颗粒,但大部分为半自形晶体。这种结构是由于晶体结晶时受到已析出的其他晶体的限制,或同时结晶的矿物较多、互相干扰、没有足够的自由空间按自己结晶习性自由生长而形成的。此结构在深成岩及浅成岩中分布较广。

3)他形晶结构

岩石主要由他形粒状矿物组成的结构称为他形晶结构[图1-3(c)]。岩石中矿物晶体没有发育完整的晶面,颗粒外形不规则。这种结构的形成是由于岩浆在地壳浅处冷却较快,矿物晶体几乎同时结晶,彼此互相干扰而不能形成完整的晶体轮廓。此类结构多出现在浅成岩中。由他形石英、长石组成的细晶岩中最常见此结构,故又称为细晶结构。

(a) (b) (c)

图1-3 根据矿物自形程度划分的结构类型

(a)自形晶结构;(b)半自形晶结构;(c)他形晶结构

以上是按照三个不同方面来认识和描述岩浆岩结构的,但常常在同一岩石中可以同时反映出这三方面特征,如花岗岩多为全晶质、粗粒、半自形晶结构。

4. 岩石中矿物颗粒之间的相互关系

1)交生结构

岩浆岩中常见到两种或两种以上主要矿物相互穿插生长,形成所谓的交生结构。

(1)文象结构:石英呈一定的外形(尖棱形、楔形),有规律地镶嵌在钾长石中,形似希伯来文,故称文象结构。这些石英在正交偏光镜下同时消光。这种结构主要出现在伟晶岩中,其形成原因是当富含碱性长石的酸性岩浆温度下降到共结温度时,碱性长石与石英同时结晶。

(2)条纹结构:是钾长石和钠长石交生的结构,常表现为大的钾长石晶体中穿插有很多的钠长石条纹。这种结构形成于岩浆冷却时钾—钠长石固熔体发生熔离,形成钠长石条纹,且具有一定的排列方向。

(3)蠕虫结构:许多细小的形似蠕虫状的石英穿插生长在长石中。正交偏光镜下蠕虫状石英同时消光。它是由于斜长石交代钾长石后剩余的 SiO_2 单独结晶而成,成因有三种,即共结蠕虫、交代蠕虫、分解蠕虫。

2)环带状结构

晶体颗粒表现出明显的环带,正交偏光镜下呈环带状消光,在中性斜长石中尤为常见。斜长石的环带内外成分不同,内部环带的长石成分偏基性,外部偏酸性。它是在岩浆冷却速度中等条件下形成的,出现于中深成岩或部分浅成岩中,而深成岩中的长石少见环带状结构。

3)反应边结构

在岩浆冷却过程中,最先结晶的矿物与岩浆继续发生反应。当这些反应不彻底时,在最先形成的矿物外围形成另一种成分完全不同的新矿物，它完全或局部包围着早结晶的矿物，这种结构称为反应边结构。如橄榄石的辉石反应边、单斜辉石的角闪石反应边。

4）辉长结构

辉长结构是辉长岩的典型结构，表现为辉石与基性斜长石的自形程度相似，均为半自形—他形粒状，且粒度近于相等，相互穿插，不规则排列。这种结构是辉长岩独有的结构，它是由于岩浆冷却到共结温度时两种矿物同时结晶而成。

5）包含结构

较大的矿物颗粒中包含有许多较小的矿物颗粒，称为包含结构。如果大的辉石或橄榄石中包含许多自形柱状的斜长石晶体，称嵌晶含长结构。

6）粗玄结构（间粒结构）

岩石中斜长石的自形程度高于辉石，在斜长石柱状微晶组成的架状空隙中，有辉石、角闪石颗粒、磁铁矿充填。这是玄武岩中常见的一种结构。

7）辉绿结构

与粗玄结构相似，不同之处是在斜长石组成的架状空隙中充填着大块辉石，在相邻几个空隙中的辉石在正交偏光镜下同时消光，说明其光性方位是相同的，这是辉绿岩的结构特点。

8）花岗结构

在花岗岩类岩石中，暗色铁镁矿物自形程度较好，碱性长石大多为半自形，而石英为他形晶充填于不规则结晶间隙中。它普遍见于花岗岩和其他酸性、中酸性侵入岩中。

9）煌斑结构

富含铁镁矿物，具有特殊的斑状结构。铁镁矿物（常为黑云母、角闪石）不论在斑晶中还是在基质中都呈全自形，而且斑晶含量一般很高，这是煌斑岩所特有的结构。

5. 岩浆岩结构与岩浆冷凝条件的关系

岩浆在结晶时一方面是形成结晶中心（晶芽），另一方面是围绕这些结晶中心不断长大。

在结晶作用过程中，岩浆的结晶能力的大小决定于结晶中心形成的速度和晶体生长的速度。实验证明，在岩浆冷却过程中，结晶中心形成速度和晶体生长速度从低到高，达到最大值后再逐渐减弱下来。一般来说，矿物都是在过冷区域（低于熔点若干度）内结晶的。如果冷却缓慢，有充分时间，则结晶好；如果冷却迅速，来不及结晶，则结晶不好或形成玻璃质。

（二）岩浆岩的构造

1. 块状构造

岩石内各组分均匀分布、无定向排列、无其他特殊现象的均匀块体称块状构造，又称均一构造，是岩浆岩中分布最广、最常见的一种构造。

2. 条带状构造

岩石由颜色、成分或粒度不同的条带相间排列，条带彼此平行或近于平行而呈现出的构造，称为条带状构造。它主要出现于基性和超基性岩体中，如辉长岩中常见的暗色矿物辉石、橄榄石与浅色矿物基性斜长石相互间隔排列而成的条带状构造。

3. 斑杂构造

在岩石中的不同部位,由于矿物成分或结构的差异而显示出边界不清晰的杂乱分布的斑块,使整个岩石显得不均一,这种构造称为斑杂构造。引起斑杂构造的原因很多,如岩浆对围岩及捕虏体不均匀的同化混染作用或岩浆的多次侵入(或脉冲式侵入)都可形成斑杂构造。

4. 气孔和杏仁构造

岩浆喷溢出地表后,在冷却过程中,岩浆中尚未逸出的气体上升汇集于熔岩流顶部,冷凝后留下的气孔称气孔构造。气孔的拉长方向指示着岩浆的流动方向。若气孔被岩浆后期矿物充填,则形成杏仁构造。在野外杏仁体与斑晶较易混淆,区别是杏仁体多半具浑圆或不规则状的轮廓,充填物为次生矿物集合体,如方解石、石英、绿泥石等。气孔和杏仁构造是喷出岩常有的构造。

5. 流纹构造

流纹构造是由不同颜色的条纹和拉长的气孔所显现出来的流动构造。它是岩浆喷出地表在流动过程中形成的,是酸性喷出岩常见的构造,另外在粗面岩、英安岩等喷出岩以及浅成、超浅成侵入岩的边缘也可见到。

6. 柱状节理构造

岩浆在喷出地表冷凝收缩时,在没有上覆岩石压力的情况下,刚固结的岩石产生两个或三个垂直接触面(收缩方向)的裂隙,彼此夹角近120°,结果形成了六边形(有时是五边形或四边形)的柱状节理。如山东昌乐新近系火山颈发育有良好的玄武岩柱状节理(图1-4)。

图1-4 山东昌乐玄武岩柱状节理

7. 枕状构造

枕状构造是岩浆在水下流动形成的构造。当基性岩浆(少数为中性)在海水下喷发或在陆地喷发而进入海洋时,岩浆表面凝固形成硬壳,壳内未凝固的岩浆沿壳的裂缝溢出继续流动,于是大型熔岩流分成一群群小岩流。每个小岩流表面凝结,内部岩浆再继续流动,形成更小型的岩流,并迅速凝结,从而形成数量众多的独立的枕状体。它们被火山物质及玻璃质外壳剥落的玻璃质碎片或海底沉积物胶结起来，就形成了枕状构造。

五、岩浆岩的分类

（一）按化学成分的分类

岩浆岩的化学成分是岩浆岩分类的重要依据之一。由于 SiO_2 含量是绝大多数岩浆岩最主要的组分，一般以 SiO_2 的含量来划分岩浆岩的大类（表 1－1）。根据 SiO_2 的含量可将岩浆岩分为四大类：超基性岩类、基性岩类、中性岩类和酸性岩类。此外，K_2O+Na_2O 的含量反映岩浆岩的碱度，在分类中也具有重要的作用。

表 1－1　岩浆岩综合分类表

<table>
<tr><td colspan="2" rowspan="2">岩石大类</td><td>岩石类型</td><td>超基性岩类</td><td>基性岩类</td><td>中性岩类</td><td>酸性岩类</td><td colspan="2">碱性岩类</td></tr>
<tr><td>岩石名称</td><td>橄榄岩—苦橄岩类</td><td>辉长岩—玄武岩类</td><td>闪长岩—安山岩类</td><td>花岗岩—流纹岩类</td><td>正长岩—粗面岩类</td><td>过碱性岩类</td></tr>
<tr><td colspan="2" rowspan="2">化学成分</td><td>SiO_2 含量</td><td><45%</td><td>45%～52%</td><td>52%～65%</td><td>>65%</td><td colspan="2">52%～65%</td></tr>
<tr><td>K_2O+N_2O 含量</td><td colspan="4"><9%</td><td>平均 9%</td><td>平均 14%</td></tr>
<tr><td colspan="2" rowspan="4">矿物成分</td><td>酸度指示矿物</td><td>橄榄石</td><td>无或少含橄榄石</td><td>无或有少量石英</td><td>有大量的石英</td><td>无或少含石英</td><td>有副长石</td></tr>
<tr><td>长石类型</td><td>不含或含少量基性斜长石</td><td>基性斜长石为主</td><td>中性斜长石为主，可含钾长石</td><td>钾长石为主，含中酸性斜长石</td><td>钾长石为主，可含中性斜长石</td><td>碱性长石</td></tr>
<tr><td>副长石含量</td><td colspan="5">无</td><td>10%～50%</td></tr>
<tr><td>铁镁矿物及含量</td><td>橄榄石、辉石为主（大于90%），角闪石次之</td><td>辉石为主，含橄榄石、角闪石（40%～70%）</td><td>角闪石为主，辉石、黑云母次之（20%～40%）</td><td>黑云母为主，角闪石次之，辉石较少（10%～15%）</td><td>角闪石为主，辉石、黑云母次之（20%）</td><td>碱性辉石、碱性角闪石为主，富铁云母次之（20%）</td></tr>
<tr><td colspan="3">色率</td><td>>75%</td><td>35%～75%</td><td>20%～35%</td><td><20%</td><td>20%～35%</td><td><35%</td></tr>
<tr><td colspan="2">喷出岩</td><td>斑状、隐晶质或玻璃质结构，气孔、杏仁、流纹、块状构造</td><td>苦橄岩、苦橄玢岩</td><td>玄武岩</td><td>安山岩、英安岩</td><td>流纹岩</td><td>粗面岩、石英粗面岩</td><td>响岩</td></tr>
<tr><td rowspan="3">侵入岩</td><td rowspan="2">浅成岩</td><td>全晶质、细粒、等粒结构，块状构造</td><td>金伯利岩</td><td>微晶辉长岩、辉绿岩</td><td>微晶闪长岩</td><td>微晶花岗岩</td><td>微晶正长岩</td><td>微晶霞石正长岩</td></tr>
<tr><td>斑状或似斑状结构，块状构造</td><td></td><td>辉长玢岩辉绿玢岩</td><td>闪长玢岩、石英闪长玢岩</td><td>花岗斑岩</td><td>正长斑岩</td><td>霞石正长斑岩</td></tr>
<tr><td>深成岩</td><td>全晶质粗—中粒等粒或似斑状结构，块状、条带状构造</td><td>纯橄榄岩、橄榄岩、辉石岩、角闪石岩</td><td>辉长岩、苏长岩、斜长岩</td><td>闪长岩、石英闪长岩</td><td>花岗岩、花岗闪长岩</td><td>正长岩、石英正长岩</td><td>霞石正长岩</td></tr>
</table>

(二)按矿物成分分类

岩浆岩的矿物成分及含量是最重要的分类依据,矿物成分主要考虑石英含量、暗色矿物的种类及含量、长石的种类及含量(即钾长石或斜长石),以及似长石(化学组成与长石相似,金属阳离子为钾、钠或钙,但 Si/Al < 3 的一些无水架状结构铝硅酸盐矿物的总称,也称副长石)的有无及含量。它们的种类和含量差别不仅反映岩石类型的不同,而且也反映了岩浆岩的成分和岩石的形成环境。超基性岩以不含石英、基本上不含长石和富含大量暗色矿物为特征;酸性岩类则以富含石英、贫暗色矿物为特征;基性岩及中性岩类以其所含长石类型及暗色矿物种类加以区别。钙碱性系列的岩石以不含似长石为特征,而且斜长石成分较同类的碱性系列岩石富含 CaO;碱性系列岩石的暗色矿物均为碱性暗色矿物,富含 Na、Ti、Fe,如碱性角闪石、碱性辉石等。

(三)按产状、结构构造分类

岩浆岩的结构和构造能够反映岩石形成过程的许多特点,因此是岩浆岩分类的重要依据之一。但是,在同一岩浆岩岩体的不同部位,其结构、构造有很大差异,以结构、构造作为岩浆岩分类的依据有一定的局限性,必须与矿物成分和化学成分相互配合进行分类(表 1 - 1)。

岩浆岩的产状能反映岩石生成的地质条件,是决定岩浆岩结构特征的重要因素。如果岩石的化学成分、矿物成分相同,但其产状不同,则岩石的结构也不同。在以成分为分类依据的基础上,再按产状、结构、构造的不同把各大类岩石进一步划分出深成岩、浅成岩和喷出岩。

本教材的岩浆岩分类采用了以化学成分、矿物成分及结构、构造、产状为依据的综合分类方法,并参考有关分类方法,编制的岩浆岩分类如表 1 - 1 所示。

六、岩浆分异和混染

原生岩浆形成后,在其上升过程中,由于岩浆本身成分的分异与围岩的互相作用,或不同岩浆之间的混合作用,可使最初一种成分的岩浆最终形成种类繁多的岩浆岩。造成岩浆岩在演化过程中成分发生变化的因素和方式较为复杂,其主要原因有自身成分的分异、围岩物质的同化混染、两种以上不同成分岩浆的混合等,分别被称为分异作用、同化混染作用和混合作用。

(一)分异作用

分异作用是指原来成分均匀的岩浆在没有外来物质加入的情况下,依靠本身的演化,最终产生不同组分的岩浆岩的作用,包括分离结晶作用和岩浆分异作用。

1. 分离结晶作用

分离结晶作用是指早晶出的矿物由于某种原因与熔浆分离,不与熔浆发生反应,这样可演化成多种不同成分的岩浆岩。分离结晶作用的最终结果是:越到晚期,岩浆越向富硅富碱的方向演化,形成较酸性的岩浆岩。造成晶体从岩浆中分离的原因有晶体的流动分异、重力沉降和双扩散对流边界层分异作用。

1)流动分异

流动分异主要发生在流速变化较大的岩浆通道内,如岩墙和岩脉中。在岩浆上侵过程中,由于岩浆与上侵通道侧壁围岩间的粘滞摩擦作用,使流速从通道中心向边缘降低,悬浮于岩浆中的矿物质点会向高流速带(如岩浆通道的中央)聚集,而导致先结晶出的矿物与熔体分离,结果使均匀的岩浆形成了不同的岩浆岩。

2)重力沉降

在熔浆中,最先结晶的矿物一般是熔点高的铁镁矿物,如橄榄石、辉石。这些矿物密度大,在重力作用下可下沉到熔浆底部;而密度小的矿物可向上浮动,主要是富硅铝的矿物。结果使原来均匀的岩浆形成了成分不同的岩石,下部偏基性,上部偏酸性。

3)双扩散对流边界层分异作用

岩浆房中原来均一的岩浆由于顶部与底部、侧壁与中心冷却速度的不同形成了温度梯度,此外,岩浆房内组分的扩散和不均匀的晶体结晶分离以及与围岩的同化混染作用形成了成分梯度。在这两种梯度作用下,岩浆房中出现密度倒置现象,产生重力失稳,形成对流。较简单的模式是:岩浆房顶部冷却速度较底部快,由于冷却和结晶作用使岩浆的密度增加,冷的、重的岩浆在重力作用下沿一定的运动轨迹下沉,而下部热的低密度岩浆则由于浮力的作用沿一定的运动轨迹上升,从而产生了对流分异。

随着温度的下降,岩浆由上向下逐步冷却,首先在岩浆房顶部出现密度倒置,产生对流层,随后向下可产生多个类似的对流层,而使岩浆房变为具多个对流层单元的层状岩浆房,在没有晶体分离的情况下也可实现岩浆成分的分异。在分离结晶的情况下,晶体在每个对流单元层下部富集,形成层理、韵律层理构造。该模式较好地解释了一些层状侵入体的成因,也有人用来解释火山碎屑流堆积物在剖面上的成分变化,认为这也是层状岩浆房喷发的结果。

2. 岩浆分异作用

岩浆分异作用是指岩浆结晶之前仍处在均匀液态的情况下发生的分异作用。这种作用可以发生在地壳深处,也可以在岩浆侵入和喷发的过程中。前者为深处分异,后者为就地分异。岩浆分异是通过扩散、熔离、气体搬运的作用来完成的。

1)由扩散产生的分异

岩浆活动过程中,不同部位的散热情况不同,因此熔体中就有温度梯度的产生,高熔点的组分就向低温区扩散,结果又形成了组分的浓度梯度,一般岩体边部成分比中间成分相对地偏基性。某些捕虏体周围有暗色矿物集中形成的环带,也可能是扩散作用的结果。

2)熔离作用(分液作用)产生的分异

熔离作用是指原来混熔的熔体因物理或化学的原因分离为不混熔或混熔程度低的两种熔体的过程。物理因素可以是温度、压力的变化,化学因素则与第三种成分的加入有关。由熔离作用导致的分异并不多见。目前认为,某些基性和超基性岩体中的铜镍硫化物、铬铁矿和钒钛磁铁矿床可能是从岩浆中熔离出来的。

3)气体搬运作用产生的分异

岩浆中含有一定数量的挥发组分,其中以 H_2O 为主。在不同组成和不同温压条件下,岩浆对这些挥发组分的溶解度是不一样的。岩浆在上升过程中的压力降低或结晶度的增加,都会使挥发组分过饱和出溶,形成包括气相和热水溶液相的流体。流体可携带部分易溶物质和密度小的组分向上迁移,在岩浆体顶部富集,完成气体搬运过程,并最终在此沉淀出所携带的组分而导致岩浆的成分分异。这一过程与岩浆的成矿作用有关。

(二)同化混染作用

岩浆在上升或停留于岩浆房期间,除与围岩具有热交换外,还可能与围岩发生物质交换,其结果是熔化围岩及捕虏围岩体,或与其发生反应,而使岩浆的成分发生变化,这一过程称为同化混染作用。同化混染的规模及强度取决于岩浆及围岩的热状态和组成。同化混染的可能方式有以下三种:

(1)岩浆熔化比自己熔点低的围岩物质使熔体的总成分发生改变。这种混合方式只可能出现在岩浆的熔点高于围岩的情况下。如玄武质岩浆侵入到花岗质围岩中时,因花岗岩中的矿物位于鲍文反应系列的低温位置,所以玄武质岩浆不需要有过热的温度就可能熔化花岗质岩石。玄武质岩浆在同化花岗质岩石时要损失热量,并促进熔体的结晶作用,而结晶时产生的结晶潜热又可使热损失得到补偿,因此,同化混染作用与分离结晶作用往往是同时进行的。

(2)岩浆不能熔化比自己熔点更高的围岩,只能通过离子交换反应,改变围岩及捕虏体成分使之达到平衡。因为该过程是在围岩物质处于固体的状态下进行的,离子交换反应主要受离子在固相中的扩散速度的控制,而离子在固相中的扩散系数比在液相中要小得多,所以这种反应一般难以彻底,最终将形成含围岩捕虏体的混染岩石。如花岗岩岩浆同化基性围岩(辉长岩或角闪岩)时岩浆中的 H_2O、Si、K、Na 会对围岩捕虏体进行交代,而围岩中的 Mg、Fe、Ca 则向岩浆中迁移,其结果是围岩及围岩捕虏体中的基性斜长石可因反应而生成更长石,暗色矿物出现橄榄石→辉石→角闪石→黑云母的变化。因此这种类型的捕虏体经反应后成分近似于闪长岩,其矿物成分以角闪石、黑云母、斜长石为主,可以有钾长石和石英带入,并富含磷灰石。如果捕虏体进一步破碎,则形成散点状,分散于花岗岩之中,形成成分较基性、颜色较深的混染岩。Hyndman(1985)认为,某些花岗岩体较富铁、镁质的边缘,尤其是同时含有富 Mg、Ca 的围岩捕虏体时,通常都是同化混染作用的结果。

(3)与岩浆相适应的围岩物质可在岩浆中保持稳定。并非所有的围岩物质都会受到岩浆的改变改造,在岩浆岩中也经常可以见到一些未受到或基本上未受到改造的包体或捕虏体。这些捕虏体有的来自于岩浆源区,它们在部分熔融出岩浆时就已经与岩浆达到了热平衡和化学平衡,如玄武岩中的地幔橄榄岩包体;有的则是围岩破碎而来的,但其化学成分与岩浆接近,矿物组合与岩浆中的斑晶相当,因此,不需要经过明显的改造就能与岩浆的物理化学条件相适应。

由同化混染作用形成的岩浆固结而成的岩石常具以下几个方面的特征:

(1)主要出现在大型侵入体的边缘带,与围岩之间常形成渐变过渡带;

(2)在同化混染带,常含有围岩的捕虏体或捕虏晶,出现不平衡矿物和不平衡结构;

(3)岩石的结构构造不均一,出现斑杂构造。

(三)混合作用

仅从化学成分的角度考虑,两种不同成分的岩浆以不同的比例混合可以产生一系列过渡类型的岩浆。但是,岩浆的混合作用除了需要有两种岩浆相遇的条件外,两种岩浆的物理化学性质和流体动力学性质对混合作用能否发生及混合的规模和方式具有重要的制约作用。岩浆的混合作用可发生于从岩浆产生到侵入和喷发的各个环节。

在岩浆源区,渐进深熔作用形成的熔体在分异之前可在扩散与对流的共同作用下混合均一化，从而形成与源区的残留矿物达到平衡的熔体。

岩浆的混合作用可以从宏观和微观的岩石学特征上来识别。从宏观上看，在岩体中常可出现基性岩浆的岩石团块、微粒包体甚至是枕状体；在喷出岩中混合不彻底的基性岩浆的熔岩还可在酸性岩浆的熔岩中呈具明显流变特征的熔岩条带产出；更显著的特征是，有些混合岩中还可观察到侵入于酸性岩浆中的岩墙及其边缘的机械混合带和成分过渡带（由扩散混合形成的）。我国江西省的港边岩浆杂岩体中这些宏观上的混合特征都十分明显。在微观上，混合不彻底的岩石中可出现矿物间明显的不平衡现象，如两种成分差别较大的斜长石共存、矿物间的交代结构发育等。另外，还可以通过混合作用产生的中间过渡岩石的常量和微量元素的演化趋势和同位素组成特征来进行识别。

七、常见的岩浆岩

（一）花岗岩

花岗岩为酸性岩类的深成侵入岩。常为肉红色或灰白色。主要由石英、长石组成，含量在85%以上，此外还有角闪石、辉石、黑云母等。花岗岩具有全晶质等粒结构或似斑状结构，块状构造。花岗岩有时出现很大的长石斑晶，则称斑状花岗岩（图1-5）；若暗色矿物以角闪石为主，则称角闪石花岗岩；若无或极少含暗色矿物，则称白花岩。花岗岩主要以岩基形式出现，也有的以岩株、岩盖产出。

（二）闪长岩

闪长岩为中性岩类的深成侵入岩。灰或灰绿色。主要由斜长石和角闪石组成，此外还有辉石、黑云母等，很少或没有石英。具有全晶质—粗粒等粒结构，块状构造。由于次生变化，斜长石变为绿帘石，角闪石变成绿泥石，使岩石呈浅绿色。闪长岩以岩株、岩盖、岩墙出现，常与花岗岩及辉长岩共生。

（三）辉长岩

辉长岩为基性岩类深成侵入岩。一般为灰至灰黑色，主要组成矿物为辉石和斜长石，其次为角闪石和橄榄石（图1-6）。具有全晶质中—粗粒等粒结构，块状构造。辉长岩多以岩盆、岩床、岩墙产出，与超基性岩、闪长岩共生或独立存在。

图1-5　斑状花岗岩

图1-6　粗粒橄榄石辉长岩

（四）流纹岩

流纹岩（图 1－7）是成分与花岗岩相当的酸性喷出岩，一般为灰色、灰红色、肉红色。具斑状结构和流纹构造，斑晶为石英、透长石（透明斜长石），基质部分为玻璃质或隐晶质，有时可见气孔或块状构造。

此外，尚有一些几乎全部由玻璃质组成的玻璃质流纹岩，如松脂岩、珍珠岩等。流纹质火山玻璃中可具有大量气泡，形成浮石构造。具有这种构造的岩石能浮于水面，故有“浮岩”之称。

（五）安山岩

安山岩是成分与闪长岩相当的中性喷出岩。呈深灰、浅玫瑰、褐色等。一般为斑状结构，斑晶为斜长石、辉石等，有时含角闪石。具有气孔和杏仁（图 1－8）或块状构造。安山岩形成较大的熔岩流并与玄武岩、英安岩等共生，分布面积仅次于玄武岩，占岩浆岩分布面积的 22%。

图 1－7　流纹岩

图 1－8　杏仁状安山岩

（六）玄武岩

玄武岩是成分与辉长岩相当的基性喷出岩。常呈黑、灰黑、黑绿、灰绿色等。具隐晶、细粒至斑状结构，块状构造，有时也具气孔或杏仁构造（图 1－9）。玄武岩在地壳上分布很广，约占岩浆岩总分布面积的 35.1%，常以大面积的熔岩流、岩被形式出现。陆相喷发常具柱状节理，水下喷发常形成枕状构造。大洋底几乎全部由玄武岩组成。它也是月球表面的主要岩石。

（七）橄榄岩

橄榄岩呈暗绿、灰黑色，主要矿物为橄榄石和辉石，橄榄石含量占 40% ~70%，有时含有少量角闪石、黑云母。具有全晶质—中粗粒结构、块状构造。

（八）花岗伟晶岩

花岗伟晶岩的成分与花岗岩相似，主要由石英、碱性长石组成。晶体颗粒粗大，粒径由几厘米至几十厘米，一般多呈脉状体产出。有时也有少量斜长石、白云母、电气石、绿泥柱、各种含有稀有元素和放射性元素的矿物等，这些矿物常呈较好的晶形穿插在主要矿物中，有时可富集成矿。

(九)正长岩

正长岩(图1-10)是半碱性岩类的深成侵入岩,颜色多为肉红色或灰白色,几乎全由肉红色或灰白色的钾长石组成,含少量斜长石。暗色矿物多为角闪石、黑云母、辉石等,一般无石英或含量极少。具全晶质中粒结构,块状构造,风化后常形成铝土矿。正长岩体一般不大,多呈小型岩株、岩盖,常与花岗岩共生。

图1-9 杏仁状玄武岩

图1-10 正长岩

第二节 变质岩的主要特征

一、变质作用及变质岩的概念

地球上已形成的岩石(岩浆岩、沉积岩、变质岩),随着地壳的不断演化,所处的地质环境也不断改变。为了适应新的地质环境和物理化学条件的变化,它们的矿物成分、结构、构造就会发生一系列的改变。由地球内力作用促使岩石发生矿物成分及结构构造变化的作用称变质作用。

变质作用基本上是在岩石保持固态条件下进行的,但是在某些高级变质过程中,变质岩中低熔点的长英物质可能被熔融,形成部分流体相,这些熔融的部分与不熔的残留体混合而形成的一种新的岩石,这种作用称为混合岩化作用。显然,混合岩化作用已开始具有岩浆作用的某些性质,所以变质作用和岩浆作用并无绝对的截然界限。

变质作用与沉积作用之间也没有一个截然的界线,两者是连续过渡的。但一般认为,变质矿物浊沸石、硬柱石的出现即意味着变质作用开始。

由变质作用形成岩石叫变质岩。变质岩可根据原来岩石的类型划分为两大类:由岩浆岩变质而成的称为正变质岩,由沉积岩变质而成的称为副变质岩。由于变质作用基本上是在固态下进行的,变质岩的矿物成分、结构、构造及产状都与原岩有着密切的联系,一方面具有一定的继承性,另一方面经过变质作用后也产生了一系列新的变化。

变质岩分布较为广泛,约占地壳总体积的27.4%,各个地质时代均有分布,特别是前寒武纪的地层绝大部分由变质岩系组成。变质作用过程中产生大量的矿产，据统计，现在世界上开采的矿石中有53%的铁矿、55%的铬铁矿、47%的铜矿、81%的金矿、85%的铀矿等均产于变质岩系中，所以对变质作用和变质岩的研究具有重要的理论意义和实际意义。

二、变质作用的影响因素

变质作用是由于外在因素（温度、压力以及化学活动性流体）和内在因素（岩石的性质和成分）相互矛盾、相互制约而发生的。下面分别讨论外在因素在岩石变质过程中所起的作用。

（一）温度

温度是变质作用中基本而主要的因素。原岩的重结晶、新矿物的形成，以及岩石的矿物组合的变化都与温度有直接关系。

岩石在温度升高时可以引起两方面的变化：

第一，引起重结晶作用。在高温条件下，岩石内部的质点活动能力增大，导致质点重新排列，使晶粒由小变大、由粗变细。如沉积岩中胶体状态的蛋白石变为石英、褐铁矿变为赤铁矿、石灰岩变为大理岩等，都是在温度的影响下发生的。

第二，促进原有矿物成分之间的化学反应，形成新的矿物组合，这种反应向吸热和脱水的方向进行。如高岭石粘土岩在温度升高时，形成红柱石和石英组合的红柱石角岩，其反应为：

$$\underset{\text{高岭石}}{Al_4[Si_4O_{10}](OH)_8} \rightleftharpoons 2\underset{\text{红柱石}}{Al_2[SiO_4]O} + 2\underset{\text{石英}}{SiO_2} + 4H_2O$$

温度升高为变质反应提供能量。温度持续升高还可以使原岩在变质结晶和重结晶的基础上进一步部分重熔（长英质低熔组分成为流体相），引起混合岩化作用。

变质作用的温度上限对于大多数岩石可估计为700～900℃（有人认为不超过850～900℃）。变质作用的温度下限大约在180～230℃左右（有人认为在150℃左右）。

（二）压力

岩石的变质作用通常都是在一定外界压力状态下进行的，所以压力也是控制变质作用的重要因素。这种压力可根据作用的方式和性质分为静压力、粒间流体压力和定向压力三大类。

1. 静压力

静压力又称围压，是一种均向压力，指各个方面相等的围压，主要是由上覆岩石重量引起的，其大小随深度的增加而增大。静压力的增高有利于形成分子体积较小、密度较大的矿物。如辉长岩中的钙长石和橄榄石在压力增大时可生成石榴子石，其分子体积将减小24%。静压力的增高还可引起结构的改变，可促进岩石重结晶，使细晶岩石变为粗晶乃至巨晶结构的岩石，如粗晶大理岩。

2. 粒间流体压力

粒间流体压力是指存在于岩石的粒间、显微裂隙及毛细孔隙中的流体物质（主要是水、二氧化碳等）对周围物质包括孔隙四周的壁、顶、底所产生的压力。在地壳较深的封闭条件下，当流体相在岩石系统中呈饱和状态时，固体岩石所承受的压力能全部传导给流体相，所以一般是静压力等于流体压力，它们都决定于上覆岩层的重力。如果在地壳的较浅部位裂隙发育，流体相自由流通,成为开放体系,此时流体压力只等于相应深度该流体相本身的重力,而小于上覆岩层的重力。流体压力的增大可促进岩石颗粒的重结晶作用,而对某些含结构水的矿物的分解则起抑制作用。

3. 定向压力

定向压力是指由于构造运动或岩浆侵入围岩时所产生的侧向挤压应力。在地壳浅处,由于静压力较弱,温度也较低,岩石在较大应力作用下常常会发生矿物晶格变形或晶粒破裂,乃至整个岩石的破裂。在地壳深处,由于静压力较大,温度较高,岩石的塑性程度较高,在应力的作用下,组成岩石的矿物常沿垂直于应力的方向平心排列,形成片理构造。

(三)化学活动性流体

化学活动性流体通常指的是气态或液态的水溶液,它对于岩石的变质也起着重要的作用。因为在水溶液中经常含有不同数量的二氧化碳、氟、氯等挥发性物质,这些物质大大增强了水溶液的化学活动性。当这些溶液在岩石孔隙和裂隙中(分别称为粒间溶液和裂隙溶液)由于压力差或溶液中活动组分的浓度差而流动时,便对周围岩石发生交代作用,也就是说,可以产生组分的迁移(带出或带入),形成与原岩性质截然不同的变质岩石。由此可见,组分的迁移主要是通过溶液来实现的。此外,渗透于矿物颗粒间的粒间溶液对矿物彼此间的反应还能起接触剂的作用,通过这种溶液作为媒介,促进组分的溶解和沉淀,从而促进矿物的重结晶作用。水和碳酸还直接参与组成含水和含碳酸的矿物的形成。在变质作用过程中,经常发生矿物的水化(温度降低)和脱水作用(温度增高)、碳酸盐化和去碳酸盐化作用。

总之,上述各种变质作用的因素不是孤立的,通常是同时出现、互相配合又互相制约的。在一般情况下,温度总是最重要的因素。由于原岩的成分、结构和构造等方面的不同,产生的影响和效果也不尽相同。因而在研究变质岩的变质作用因素及变质过程时,应根据具体地质条件和变化特征进行综合分析。

三、变质作用的类型

一般根据变质作用的地质成因和变质作用因素将变质作用分为以下几种类型:

(1)接触变质作用:指当地壳深处的岩浆上升时与其接触的围岩受岩浆高温烘烤引起的变质作用。

(2)动力变质作用(碎裂变质作用):在构造运动产生的定向压力作用下岩石发生的变质作用。一般温度不高,重结晶作用不强烈。往往与断裂带有关,常呈带状展布。

(3)交代变质作用(气液变质作用):具有化学活动性的气态或液态溶液对岩石进行交代而使岩石发生变质的一种作用。这些溶液既可来自岩浆体的挥发组分,也可来自地壳内与岩浆体无关的区域性分布的热水。只要条件适合,就可以发生交代变质作用。

(4)区域变质作用:由温度、压力和化学活动性流体的综合作用所造成、大面积分布、作用因素复杂的一种变质作用。区域变质作用主要分布在古老的结晶地块和造山带中,与构造运动和岩浆活动关系密切。

(5)混合岩化作用:在区域变质作用的基础上,地壳内部热流继续升高,产生深部热液和局部重熔熔浆的渗透和交代,贯入于变质岩中,形成混合岩,这种作用称为混合岩化作用。混合岩化作用多是区域变质作用进一步深化的结果,但区域变质作用后不一定都有混合岩化。

四、变质作用的方式

变质作用的方式是指使岩石发生变质的途径或形式,主要有重结晶作用、变形与碎裂作用、变质分异作用以及交代作用等。

(一)重结晶作用

重结晶作用是变质作用的一种主要方式,它是在高温下矿物在固态条件下重新成长的过程,或是岩石中的化学组分重新分配形成新矿物的过程。一般说来,重结晶作用过程中没有物质的带入和带出,因此,岩石总的化学成分不变。

成分单纯的岩石在重结晶过程中基本上不产生新矿物,主要是晶粒变得粗大。如石灰岩重结晶变为大理岩,石英砂岩重结晶变为石英岩。

(二)变形与碎裂作用

岩石或矿物所受的应力超过弹性极限时产生塑性变形称为变形作用。该作用作用于柔性岩石(如页岩)时,岩石因塑性变形挠曲而产生褶皱,或由于垂直压力方向的重结晶而使片状及柱状矿物定向排列,形成片理及线理。

碎裂作用主要作用在浅部低温、低压条件下,多数岩石具有较大的脆性,在定向压力作用下,受力超过一定限度时就会出现碎裂现象。

(三)变质分异作用

岩石变质时,在不发生熔融和交代作用的情况下,原岩本身的某些组分在间隙溶液中经扩散作用不均匀地聚集,使成分均匀的原岩变成矿物成分不均匀的变质岩石,称为变质分异作用。常见的角闪质岩石中以角闪石为主的暗色条带和以斜长石为主的浅色条带成互层状,绿色片岩中出现形态不规则的钠长石、绿帘石、石英脉等,都可能属于变质分异作用的产物。

(四)交代作用

岩石中有物质组分带入和带出的变质作用,称之为交代作用。交代作用是一种机理复杂的成岩和成矿作用。发生交代作用时,原有矿物的破坏和新矿物的形成同时进行,是一种物质逐渐置换的过程,而不是注入填充过程。整个过程是在有溶液参加的固体状态下进行的,作用后岩石的总体积基本不变。

在变质过程中,交代作用普遍存在,它可以在各种不同的地质环境下进行,许多不同类型的变质作用都离不开交代作用。

变质作用通过以上这些方式,最后形成了各种类型的变质岩及与其有关的矿产。

五、变质岩的一般特征

(一)变质岩的物质成分

1. 变质岩的化学成分

变质岩是由不同原岩变来的。对于没有发生交代作用的变质岩,其化学成分取决于原来岩石的成分。当变质过程中有交代作用时,由于有组分的带入或带出,所以与变质岩相比较,变质岩的化学成分发生了很大的变化。

组成变质岩的化学成分主要有 SiO_2、Al_2O_3、Fe_2O_3、FeO、MnO、MgO、CaO、Na_2O、K_2O、H_2O、CO_2 以及 TiO_2、P_2O_5 等，但在不同的变质岩中含量变化很大。一般来说，正变质岩化学成分变化范围较小，副变质岩的化学成分的变化范围则很大。

2. 变质岩的矿物成分

原岩成分的多样性和变质作用的复杂性，决定了变质岩矿物成分较岩浆岩和沉积岩要复杂得多。根据矿物适应温度、压力等变质因素变化的情况，可将变质岩的矿物成分分为两类。一类是能适应较大温度、压力变化范围的矿物，在变质岩中可以保存下来，如石英、长石、云母、角闪石和辉石等。另一类是变质作用形成的新的变质矿物，如硅灰石、红柱石、蓝晶石、石榴子石、十字石、绿泥石、绿帘石、滑石、蛇纹石、石墨等。后一类是变质岩中特有的矿物，它们的大量出现就是岩石发生变质作用的有力证据，同时也是区别岩浆岩和沉积岩的主要标志。

(二)变质岩的结构和构造

1. 变质岩的结构

变质岩的结构是指岩石中矿物的结晶程度、颗粒大小、形状及其结合方式。根据岩石特点和结构的成因，可把变质岩的结构分为变晶结构、变余结构、压碎结构、交代结构。

1)变晶结构

变晶结构是原岩在变质过程中经重结晶作用而形成的结晶质结构的总称。变晶结构是变质岩的重要特征。

(1)根据变晶矿物颗粒的相对大小可分为：

① 等粒变晶结构：岩石中大部分主要变晶矿物颗粒大小大致相等。

② 不等粒变晶结构：主要变晶矿物颗粒大小不等但呈连续变化。

③ 斑状变晶结构：矿物颗粒直径大小相差悬殊，在较细粒的变质基质中有较大的变晶矿物。

(2)根据变晶矿物粒度绝对大小可分为：

① 粗粒变晶结构：矿物颗粒平均直径大于3mm。

② 中粒变晶结构：矿物颗粒平均直径1～3mm。

③ 细粒变晶结构：矿物颗粒平均直径小于1mm。

(3)按变晶矿物的外形可分为：

① 粒状变晶结构(花岗变晶结构)：岩石大致由等轴状矿物颗粒组成，镶嵌紧密，不具方向性，其组成矿物常为长石、石英、方解石、白云石、辉石、角闪石、石榴子石等。大理岩、石英岩、矽卡岩、角闪岩、榴辉岩等常具此种结构。

由接触变质作用形成的显微粒状变晶结构称为角岩结构，镶嵌紧密，片理不发育，它是在无应力条件下重结晶所形成的特征结构。

② 鳞片变晶结构：岩石主要由云母、绿泥石、滑石等片状、鳞片状矿物组成，一般呈定向排列，形成岩石的片理构造，常见于云母片岩、绿泥石片岩等岩石中。

③ 纤状变晶结构：岩石主要由纤维状、针状或长柱状矿物组成，如阳起石、透闪石、硅线石、硅灰石等。它们常呈平行排列，从而构成岩石片理构造，如阳起石片岩。当这些矿物呈束

状、放射状排列时,可形成束状变晶结构和放射状变晶结构。

2)变余结构

变余结构也称为残留结构。它是因为重结晶作用不彻底,使原岩的矿物成分和结构特征部分保留下来形成的一种结构类型。变余结构在浅变质带形成的变质岩中最常见。这主要是由于温度较低,溶液活动性不强,使得原岩的部分结构特征得以保留。变余结构的命名原则,是在原岩结构之前加“变余”二字即可。

变质岩中常见的变余结构有变余花岗结构、变余斑状结构、变余砂状结构、变余泥质结构等。

3)压碎结构

压碎结构是变质作用较为典型的结构,根据矿物的机械破碎程度分为碎裂结构和糜棱结构。

(1)碎裂结构:岩石受定向压力作用后,其本身及组成矿物发生破裂、移动、研磨等现象,部分矿物被压碎为细粒,部分保留原形但也出现裂纹。

(2)糜棱结构:岩石中所有矿物均被压碎成细小的颗粒,并呈锯齿状接触,其内部物质在滑动时可形成一种类似流动的构造的排列。

4)交代结构

交代结构普遍见于各类变质岩中,特别是交代变质岩。它的主要特点是:岩石中原有矿物的溶解消失和新矿物的产生是同时进行的,既可置换原有矿物而保持其假象,因而有物质的带入和带出,也可以交代重结晶的方式形成新的矿物。交代结构的类型繁多,现将其常见者介绍如下:

(1)交代假象结构:一种矿物被另一种矿物完全交代,但仍保持原来矿物的形态或晶形,如橄榄石的蛇纹石化,辉石、角闪石、黑云母的绿泥石化,红柱石、斜长石的绢云母化等。

(2)交代蚕蚀及交代残留结构:两种矿物之间接触界限常极不规则,呈港湾状或锯齿状,好像蚕吃桑叶的样子,这种结构就叫做交代蚕蚀结构。当此作用进一步加强时,被交代矿物即被分割成零星孤立的残留体包含在新形成的矿物之中,称为交代残留结构。这些残留体在外形上虽极不规则,但有时却能从其双晶、消光方位等方面显示出它们原来是连续的一个晶体。

(3)交代蠕虫结构:由于某些组分的加入,反应后剩余的组分形成蠕虫状分布于被交代矿物的边缘,主要是指由斜长石所含的微粒蠕虫状石英所组成的结构。蠕虫状石英是交代反应的产物,即当钾长石被斜长石交代时,同时有剩余的 SiO_2 游离产物析出呈蠕虫状。当微斜长石交代斜长石时,同时也能析出多余的 SiO_2。

2. 变质岩的构造

变质岩的构造是指变质岩中各种组分的空间分布特点及其排列状态,按其成因也可分为两类:

1)变余构造

岩石经变质后仍保留有原岩的构造特征称为变余构造。变余构造是恢复原岩性质的重要标志。

正变质岩中常见的变余构造有变余气孔构造、变余杏仁构造、变余流纹构造、变余枕状构造、变余斑杂构造等。

副变质岩中常见的变余构造有变余层理构造、变余泥裂构造、变余波痕构造等。

2)变成构造

经变质作用形成的构造称变成构造(变质构造),主要由重结晶作用形成。变成构造常见的主要类型有:

(1)斑点状构造:在轻度变质时,岩石中的主要成分没有达到重结晶的地步,只有某些组分首先集中,不均匀地围绕某些中心进行化学反应,产生新矿物,生成形状各异、大小不同的斑点,这就是斑点状构造。

(2)板状构造:岩石在应力作用下产生一组密集平行的破裂面即劈理,这些劈理就组成了板状构造。

(3)千枚状构造:岩石中各组分基本重结晶并呈定向排列,使岩石呈薄片状,片理面上具丝绢光泽,还常见挠曲和小褶皱。

(4)片状构造:是变质岩中极为常见的构造类型,矿物结晶更粗,具显晶质粒状变晶结构,一般肉眼即能分辨其矿物颗粒,主要由大量片状、柱状、针状等矿物和部分粒状矿物平行排列而成。矿物平行排列所成的面称为片理面,片理面可以较平直,也常有小的波状弯曲。

(5)片麻状构造:是在变质程度较深的情况下出现的一种变质构造。这种构造以粒状变晶矿物为主,其间有鳞片状、纤柱状变晶矿物断续定向分布而成,它们的结晶程度都比较高,是片麻岩中常见的构造。

(6)块状构造:在变质程度更深的情况下,由矿物成分和结构都成无定向的均匀分布所组成的一种构造,是一些大理岩和石英岩等岩石中常有的构造。

板状、千枚状、片状和片麻状构造中的粒状、柱状、片状等变晶矿物定向排列可通称为“片理”,是变质岩的重要特征之一。

六、变质岩的分类及常见变质岩

(一)变质岩的分类

根据变质作用类型,将变质岩划分为五大类:

(1)接触变质岩类:由接触变质作用形成的岩石。

(2)动力变质岩类:由动力变质作用形成的岩石。

(3)区域变质岩类:由区域变质作用形成的岩石。

(4)混合岩类:由混合岩化作用形成的岩石。

(5)交代变质岩类:由气液变质作用形成的岩石。

(二)常见变质岩

1. 板岩

板岩是由粉砂岩、粘土岩等经区域变质作用或接触热力变质作用形成的具板状构造的浅变质岩石。颜色多为灰至黑色。主要具变余结构,有时具变晶结构。岩石均匀致密,矿物颗粒用肉眼难以识别。板理面上可有少量绢云母、绿泥石等新生矿物,微显丝绢光泽,敲击时可发出清脆声。

2. 千枚岩

千枚岩是具有典型的千枚状构造的浅变质岩。颜色有黄、绿、浅红、蓝灰等色。主要由很细小的绢云母、绿泥石、石英等组成,容易裂成薄片。一般为鳞片变晶结构,具有较强的丝绢光泽。这种岩石由粘土岩、粉砂岩、凝灰岩等变质而成。

3. 片岩

片岩具明显片状构造。颜色有黑、灰黑、绿、浅褐等色。富含云母、绿泥石、滑石、角闪石等片状或柱状矿物,矿物结晶程度较高,多为鳞片变晶结构和纤维变晶结构。

4. 片麻岩

片麻岩是具有明显片麻状构造的变质岩。颜色多为灰和浅灰。具中至粗粒变晶结构。主要矿物成分有长石、石英。片状或柱状矿物有黑云母、角闪石和辉石。有时出现矽线石、石榴子石等变质岩特有矿物。片麻岩是变质程度较深的变质岩,主要由花岗岩、长石石英砂岩经区域变质作用而成。

5. 大理岩

大理岩由石灰岩和白云岩变质而成。岩石主要由碳酸盐矿物方解石和白云石组成。一般为白色,因含杂质不同,也有灰、绿、黄等色。具粒状变晶结构、块状构造。以我国云南大理盛产而得名。质地致密的白色细粒大理岩又称为"汉白玉"。

6. 石英岩

石英岩由各种石英砂岩受热变质而成,一般呈白色或灰白色,具粒状变晶结构,块状构造。矿物成分主要为石英,其含量大于85%;其次为长石、绢云母、绿泥石、白云母、角闪石等。

7. 蛇纹岩

蛇纹岩主要由橄榄岩、辉岩经热液交代作用而形成。矿物成分上以蛇纹石为主,有时残存少量橄榄石与辉石。颜色为黄绿至黑色,质软且具滑感,蜡状光泽,隐晶质变晶结构,块状构造。

第三节　沉积岩的主要特征

一、沉积岩的概念

沉积岩是在地壳表层条件下,由风化作用、生物作用和火山作用的产物经过搬运作用、沉积作用及沉积后作用而形成的一类岩石。

沉积岩是组成岩石圈的三大类岩石之一,仅分布于地壳表层,其出露面积约占大陆面积的75%。沉积岩是地壳发展历史的重要记录,一层层的沉积岩层犹如万卷书画向人们展示了地壳的发展历程。沉积岩中含有丰富的矿产,给人类提供了可燃性矿产(石油、天然气、煤)和铁、铝、磷、钾、锡、铜、金、金刚石等矿产,作为重要建筑材料的水泥也是沉积岩的加工制品。因此,研究沉积岩具有巨大的科学价值和经济意义。

二、沉积岩的形成过程

(一)沉积物的来源

组成沉积岩的沉积物有母岩的风化产物、生物物质、火山物质及与宇宙物质。

1. 母岩的风化产物

母岩的风化产物是指母岩遭受各种风化作用后形成的各种风化产物,按风化产物物质成分、性质不同可以分为三类。

(1)碎屑物质:母岩物理风化的产物,包括母岩的岩石碎屑和矿物碎屑。它们是碎屑岩的主要成分。

(2)残余物质:母岩在化学风化过程中所形成的一些不溶解的风化残余物质,如各种粘土矿物、铝土矿、褐铁矿等。它们是组成粘土岩的主要物质成分。

(3)溶解物质:化学风化的产物,主要为易溶物质,常呈溶液状态随水迁移。它包括真溶液物质(如钠、钾、钙、镁的真溶液)和胶体溶液物质(如铝、铁、硅的胶体溶液)。它们是化学岩及生物化学岩的主要物质成分。

2. 生物物质

生物物质是由生物生活活动及其遗体分解而生成的有机质。这类物质在沉积岩中虽然广泛分布,却含量不多,但在特殊条件下也能集中沉积。

3. 火山物质

火山物质是指火山喷发而成的固体碎屑产物。它们在沉积岩中的分布不广,仅在火山活动地区及其附近才有大量的堆积。

4. 宇宙物质

宇宙物质是指降落于地球上的天体物质,如陨石等。在沉积岩中,宇宙物质的含量极微小。因此,在讨论沉积物的形成过程时,主要研究来源于母岩风化产物的沉积物形成过程。

(二)沉积岩的形成过程

沉积岩形成的一般过程,可分为以下五个相互衔接的阶段。

1. 风化作用阶段

风化作用是指在地表或近地表的环境下,由于气温变化以及大气、水溶液、生物活动等因素的作用,使岩石在原地遭受破坏的过程。根据风化作用的性质及其结果不同,风化作用可分为物理风化、化学风化和生物风化三种类型。

1)物理风化作用

物理风化作用主要是在温度变化等因素的影响下,不同矿物间热胀冷缩的差异造成岩石的机械破碎,物质成分并未改变的风化作用,也称机械风化。另外,当岩石中含有潮解性盐类时,夜间由大气中吸收的水分顺着毛细管渗入岩石内部,并沿途溶解盐类;白天在烈日照射下水分蒸发,原来在溶液中的盐类结晶出来,新的晶体对岩石产生撑裂作用。天长日久,岩石就崩裂成碎块,这是温度变化导致岩石机械破碎的过程。

2)化学风化作用

化学风化作用是指在大气、水和水溶液的影响下发生的岩石、矿物的分解作用。它不仅使岩石、矿物破碎,化学成分改变,并能形成稳定的次生矿物。化学风化的作用方式主要有氧化作用、溶解作用、水化作用和水解作用。如黄铁矿经氧化变成褐铁矿,具有变价元素的矿物如角闪石、辉石、黑云母等遭受氧化,硬石膏水化变为石膏,钾长石经水解成高岭土和铝土矿等。

3)生物风化作用

生物风化作用是指由生物生命活动引起原岩的破坏作用。生物风化作用分为生物物理风化作用和生物化学风化作用。由生物活动导致岩石的机械破坏称为生物物理风化作用,如田鼠、蚯蚓、蚂蚁等不断地挖洞掘穴,人类活动尤其是工程建筑,如筑路、采矿、打隧道、挖水渠等等,使岩石破碎、土粒变细。植物生长在岩石的裂缝中,植物根使岩石裂缝扩大从而引起岩石的崩解,这一过程称为根劈作用。

2. 剥蚀作用阶段

自然界中各种地质营力,如风、地面流水、冰川、湖和海中的波浪各种水流等,对地表岩石产生破坏,并把破坏产物搬离原地的作用,称为剥蚀作用。

剥蚀作用和风化作用都是外力破坏作用。但风化作用是相对静止地对岩石起破坏作用,而剥蚀作用是流动着的物质对地表岩石起破坏作用。岩石风化之后便于剥蚀的进行,而岩石风化产物被剥蚀后又便于继续风化。二者相互依赖,相互促进地进行,这样就不断地为沉积岩提供充足的物质来源。

3. 搬运作用阶段

母岩风化剥蚀的产物,通过流动的水体、冰川、风及生物等动力,被从原地搬到沉积地区的作用称之为搬运作用。搬运作用和剥蚀作用往往是同一种动力,它一方面把风化产物剥蚀下来,另一方面又把剥蚀下来的物质搬运走。搬运作用的方式可分为机械搬运作用、化学搬运作用及生物搬运作用三种方式。一般说来,风化和剥蚀产生的碎屑物质及大部分粘土物质多以机械搬运为主,而胶体和溶解物质则以胶体溶液及真溶液形式进行搬运。

4. 沉积作用阶段

母岩的风化、剥蚀产物在外地质营力的搬运过程中,当搬运能力减弱或介质的物理化学条件改变时沉淀、堆积的过程,称为沉积作用。根据沉积物沉积的地区不同,分为海洋沉积、陆地沉积两大类。海洋沉积又分滨海、浅海、半深海和深海等沉积;陆地沉积又分河流、湖泊、冰川等沉积。根据沉积作用的方式不同,沉积作用可分为机械沉积作用、化学沉积作用和生物沉积作用三种类型。沉积物以在水中沉积最为普遍。

5. 成岩作用阶段(沉积后作用阶段)

沉积作用的结果,是在大陆的河流、湖泊、沼泽等低洼地带和海洋里堆积了许多松散的沉积物,在漫长的地质历史中,经过物理、化学、生物作用,使疏松的沉积物变成坚硬的沉积岩的作用,统称为成岩作用。成岩作用的方式是多样的,在不同阶段也不一样,主要有以下几种成岩方式。

1)压固脱水作用

随着沉积作用的进行,沉积物的厚度越来越大,下部沉积物在上覆沉积物重压下,水分排出、孔隙度降低和体积缩小的作用,称为压固脱水作用。

2)胶结作用

充填在沉积物孔隙中的矿物质将松散的颗粒粘结在一起的作用称为胶结作用。

3)重结晶作用

重结晶作用是指沉积物中某些细小的矿物质在温度、压力的影响下所进行的结晶作用,包括由原来矿物成分转变为新矿物及原来的晶体长大等作用。

另外,还应指出,各种风化剥蚀物质当被搬运到新环境中沉积时,常常随着环境的特点(例如气候干燥或气候湿热,或是氧化环境,或是还原环境)而使沉积物发生变化产生新的矿物,形成新的矿物组合。如在还原环境下,可以使高价化合物变为低价化合物等等。因此在成岩过程中,沉积物不仅物理性质发生变化,而且化学成分也发生相应的改变。

三、沉积岩的一般特征

(一)沉积岩的物质成分

沉积岩中已发现的矿物有160多种,其中最常见的约20种,但对于每一种岩石来说,造岩矿物只有3~5种。常见的矿物有氧化物、硅酸盐(长石类、粘土矿物及云母类矿物)、碳酸盐、硫酸盐等。这些矿物的来源,一是从母岩区搬运而来的较稳定的不易风化的陆源矿物;二是在沉积、成岩过程中形成的新矿物,即自生矿物。沉积岩中的矿物成分与岩浆岩中的矿物明显不同,如橄榄石等高温高压条件下形成的矿物因在地表易分解,所以在沉积岩中很少,而在地表条件下形成的有机质和粘土矿物等则为沉积岩所特有。

在化学成分上,沉积岩中 Fe_2O_3 多于 FeO,K_2O 多于 Na_2O,岩浆岩则与此相反。因为地表环境富含水和二氧化碳,所以沉积岩中水和二氧化碳的含量也明显比岩浆岩中的高。

(二)沉积岩的颜色

颜色是沉积岩重要的直观特征,它不仅反映岩石本身的物质成分、沉积环境及成岩后的次生变化,对鉴定岩石具有重要意义,而且还可作为地层划分与对比、推断沉积环境的重要标志之一。

1. 颜色的成因类型

沉积岩的颜色按成因可分为原生色和次生色,原生色又进一步分为继承色和自生色。继承色主要取决于岩石中所含矿物碎屑的颜色,常为碎屑岩所具有,如长石砂岩呈红色是继承了母岩中红色长石颗粒的颜色;自生色是在沉积成岩阶段由自生矿物造成的,为大部分粘土岩、化学岩所具有,如海绿石砂岩呈绿色是自生海绿石造成的。次生色是在沉积岩形成后由于次生变化而产生的,如在露头上海绿石砂岩常被风化成黄褐色、褐红色等。研究沉积岩要注意区分原生色和次生色。

次生色常沿裂隙、孔洞和破碎带分布，呈斑点状。原生色分布均匀、稳定，且与岩层的界线一致。原生色常能指示沉积环境。如岩石含有机质或分散状硫化铁，含量越高则其颜色越深，而硫化铁形成于还原环境，碳质常形成于沼泽环境。在氧化或强氧化环境下形成的大陆沉积物常因岩石中含高价铁而呈红、黄色。当岩石中高价铁和低价铁并存时，高价铁含量多的岩石呈红色，低价铁含量高的岩石呈绿色。在红色岩层中，有时可见绿色斑点，或红、黄、绿、灰诸色掺杂，这主要是氧化铁局部还原的结果。如氧化铁受到植物有机体的局部还原作用，可使红层中的植物根呈现模糊的绿色或灰蓝色枝状痕迹。碎屑岩的绿色有时是含有角闪石、绿泥石等绿色矿物碎屑的缘故。

影响岩石颜色的因素是多方面的，除岩石的成分及沉积环境外，还有颗粒大小、干湿程度、风化程度等。一般来说，粒度越细，越潮湿，观察面越阴暗，颜色越深；反之则浅。因此，描述颜色必须观察岩石的新鲜面，并说明是在怎样的状态下观测的。

2. 几种典型自生色的致色成分及其成因意义

1）白色或浅灰白色

当岩石不含有机质、构成矿物（不论其成因）基本上都是无色透明时常为白色或浅灰白色，如纯净的高岭石、蒙脱石粘土岩、钙质石英砂岩、结晶灰岩等等。

2）红、紫红、褐或黄色

当岩石含高价铁氧化物或氢氧化物时可表现出红、紫红、褐或黄色，其含量低至百分之几即有很强的致色效果，通常高价铁氧化物为主时偏红或紫红，高价铁氢氧化物为主时偏黄或褐黄。由于自生矿物中的高价铁氧化物或氢氧化物只能通过氧化才能生成，故这种颜色称氧化色，可准确地指示氧化条件(但并非一定是暴露条件)。

陆源碎屑岩的氧化色多由高价铁质胶结物造成，泥质岩、石灰岩、硅质岩的氧化色常由弥散状高铁微粒造成。由具有氧化色的砂岩、粉砂岩和泥质岩稳定共生形成的一套岩石称为红层或红色岩系。

3）灰、深灰或黑色

沉积岩呈灰、深灰或黑色通常是因为岩石含有有机质或弥散状低铁硫化物（如黄铁矿、白铁矿）微粒，它们的含量越高，岩石越趋近黑色。有机质和低铁硫化物均可氧化，故这种颜色只能形成或保存于还原条件，也因而称为还原色。陆源碎屑岩、石灰岩、硅质岩等的还原色大多与有机质有关，泥质岩的还原色既与有机质有关，也与低铁硫化物有关。

4）绿色

沉积岩呈绿色一般由海绿石、绿泥石等矿物造成。这类矿物中的铁离子有 Fe^{2+} 和 Fe^{3+} 两种价态，可代表弱氧化或弱还原条件。砂岩的绿色常与海绿石颗粒或胶结物有关，泥质岩的绿色常是绿泥石造成的。此外，岩石中若含孔雀石也可显绿色，但相对少见。

除上述典型颜色以外，岩石还可呈现各种过渡性颜色，如灰黄色、黄绿色等等，尤其在泥质岩中更是这样。泥质沉积物常含不等量的有机质，在成岩作用中，有机质会因降解而减少，高锰氧化物或氢氧化物（灰黑成分）常呈泥级质点共存其间，一些有色的微细陆源碎屑也常混入,这是泥质岩常常具有过渡颜色的主要原因,而砂岩、粉砂岩、石灰岩等的过渡色则主要取决于所含泥质的多少和这些泥质的颜色。

(三)沉积岩的结构

沉积岩的结构是指岩石组分的大小、结晶程度、形态及其排列方式等微观特征。沉积岩的结构按成因可分三类。

1. 机械作用形成的结构

由机械作用形成的结构既可见于陆源碎屑岩(包括粘土岩)中,也可见于碳酸盐岩中。其主要特点是岩石由碎屑颗粒与基质或胶结物组成,如陆源碎屑结构、粒屑结构、粘土结构等。

2. 化学结构

化学结构是由化学沉淀作用形成的,如隐晶质结构、显晶质结构等。显晶质结构按晶粒大小可分粗晶、中晶、细晶、粉晶、泥晶等。其中,较粗的晶粒结构主要是在成岩及后生阶段由交代作用或重结晶作用形成的次生结构。化学结构可见于碳酸盐岩中,也可见于碎屑岩的胶结物中。

3. 生物结构

生物结构主要由生物骨架及生物化学组分构成,如珊瑚礁结构、藻礁结构等。生物骨架结构常见于生物礁灰岩中。

(四)沉积岩的构造

沉积岩的构造是指沉积岩各组分在空间的分布、排列和充填方式,一般包括层理、层面构造和层内构造。

1. 层理

层理是由岩石的成分、颜色、结构等在垂直于沉积层方向上的变化所形成的一种构造现象。层理是沉积岩所具有的重要特征,是区别于岩浆岩的主要标志。根据层理可以确定岩层产状,正确判断地质构造。

层理由细层、层系、层系组等要素组成。细层又称纹层,是组成层理的最小单位,其厚度极小,常以毫米计。同一纹层是在相同的水动力条件下形成的,其产状有水平的、倾斜的或波状的。层系由许多成分、结构、厚度和产状相似的同类纹层组成,它们是在相同的介质动力条件下不同时期形成的。层系内的成分和结构可以是一致的,也可以是递变的。层系组也称层组,由两个或两个以上相似的层系或成因上有联系的层系叠覆而成。由若干个纹层、层系或层组构成一个层。

层是由成分基本一致的岩石组成的沉积地层的基本单位。它以成分或结构上的不一致性与上下邻层分开。层与层之间有层面分隔。层的厚度可分为块状层(大于1m)、厚层(1.0~0.5m)、中层(0.5~0.1m)、薄层(0.1~0.01m)、微细层或页状层(小于0.01m)。在自然界,常见的层理构造有下列几种类型(表1-2)。

表 1－2 层理的基本类型(据冯增昭,1993)

层理类型		层理形态	层系	层组
水平层理				
波状层理				
交错层理	板状交错层理			纹层
	楔状交错层理			
	槽状交错层理			
递变层理				
透镜状层理				
韵律层理				

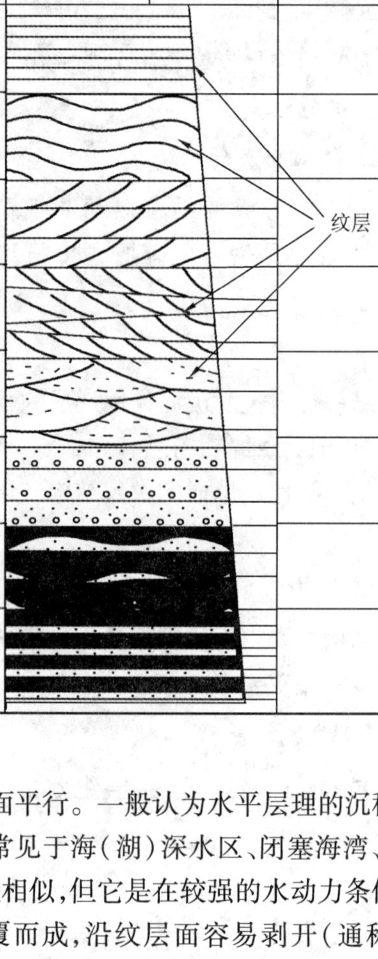

1)水平层理和平行层理

水平层理和平行层理的特点是细层平直且与层面平行。一般认为水平层理的沉积物来自悬浮物或溶液,故多见于细粒的粉砂或泥质沉积中,常见于海(湖)深水区、闭塞海湾、潟湖、沼泽及牛轭湖等低能环境中;平行层理外貌与水平层理相似,但它是在较强的水动力条件下由连续滚动的砂粒粗细分离或含不同重矿物的纹层叠覆而成,沿纹层面容易剥开(通称剥离线理)。平行层理多形成于河道、湖岸、海滩等高能环境。

2)波状层理

波状层理由许多波状起伏的纹层重叠在一起组成,是由于波浪引起沙纹的移动造成的。其特点是纹层呈波状,但总的方向是平行于层面,当沉积速率较高时可保存连续的波状。波状层理常形成于海、湖的浅水区及河漫滩。

3)交错层理(斜层理)

交错层理由一系列彼此交错、重叠、切割的细层组成。按其层系形态可分板状、楔状、槽状三种基本类型。板状交错层理的层系界面为平面,且彼此平行。大型板状交错层理常见于河流沉积之中,其层系底界有冲刷面,纹层内常有下粗上细的粒度变化,有的纹层向下收敛。楔状交错层理的层系界面也为平面,但互不平行。楔状交错层理常见于海、湖的浅水区和三角洲沉积。槽状交错层理的层系底界为槽形冲刷面。大型槽状交错层理多见于河床沉积中,其层系底界冲刷面明显,底部常有泥砾。

4)递变层理

递变层理又称粒序层理。其特点是由底至顶颗粒逐渐变化,除了粒度变化之外,无任何内部纹层(图1-11)。根据递变层的内部构造特征,主要分两种基本类型。

(1)颗粒向上逐渐变细,但下部不含细粒物质,它是由于水流速度或强度逐渐减低而沉积的结果[图1-11(a)]。

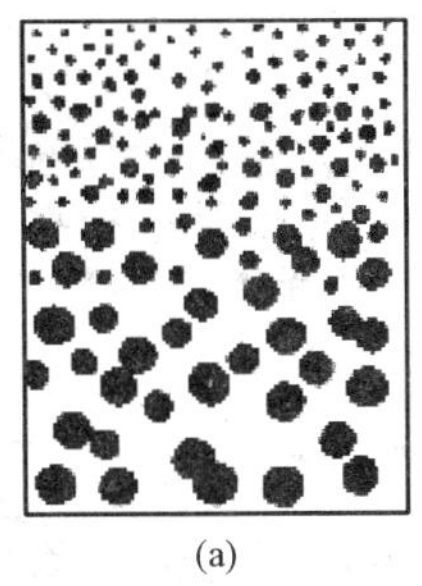
(a)

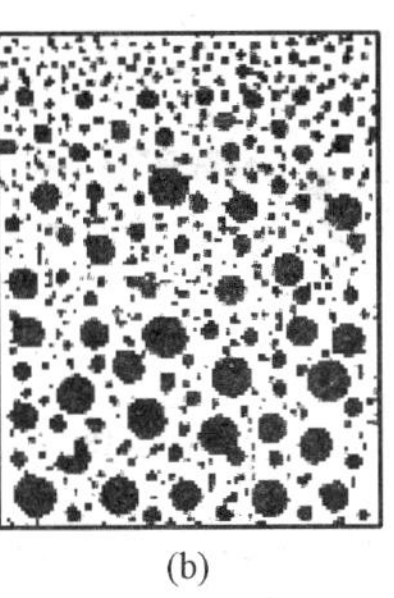
(b)

图1-11 递变层理的两种基本类型
(据 H. E. 赖内克等,1973)

(2)以细粒物质作为基质全层均匀分布,粗粒物质向上逐渐减少和变细。它是悬浮体含有各种大小不等的颗粒,在流速减低时因重力分异而整体堆积的结果[图1-11(b)]。它属于浊流成因,大多数递变层理属于此类。

除以上两种基本类型之外,有时偶见递变序列中部颗粒粗、上下颗粒细的双向递变层理和下细、上粗的反向递变层理。

5)透镜状层理和压扁层理

这是砂、泥沉积中的一种复合层理。在水流或波浪作用较弱、砂质供应不足、对泥质沉积与保存都较有利的情况下,可形成泥包砂的透镜状层理;在水流或波浪作用较强、有利于砂质沉积和保存的情况下,因波峰处泥质缺乏或较薄,形成被砂质包围的泥质压扁体,称压扁层理或脉状层理。透镜状层理和压扁层理之间的过渡类型为砂、泥交互的波状层理,它是在水动力条件强弱交替出现的情况下形成的。这类层理常见于潮汐环境中。

6)韵律层理和沉积旋回

韵律层理和沉积旋回由不同成分、结构或颜色的沉积物有规律地交替叠置而成。

例如,由潮汐变化产生的潮汐韵律是一种砂、泥薄层相间的交替纹层,其砂层是在涨、落潮的水流活动期形成的,泥层是在高、低潮的滞流时期沉积的。潮汐韵律在潮滩和河口湾地带常见。

又如,由于气候季节变化产生的季节韵律由暗色层和浅色层交替沉积而成,其构成韵律的单层都是很细的粉砂和泥,因此肉眼观察通常只能根据颜色的深浅来识别。冰融水在冰川湖中沉积的冰川纹泥也是一种季节韵律层理。夏季冰融化,释出大量碎屑物质,形成颗粒较粗的浅色层;冬季因没有新的陆源物质,悬浮的细粒物质下沉形成暗色层。这种层序年年重复,日久天长便形成韵律。

季节韵律和潮汐韵律有明显区别。滞水盆地中形成的季节韵律层颗粒细,显示韵律层的主要是颜色,横向延伸远;潮汐形成的韵律层是由砂层和泥层交替组成,显示韵律层的主要是粒径的变化,横向延伸短,只能追索几米甚至几分米。

大规模的沉积韵律常称为沉积旋回。一般来说,沉积韵律的形成多与局部的地区性因素有关,如季节变化、潮汐变化、河道迁移摆动等。沉积旋回是指地壳运动引起的、在沉积岩层的剖面上相似岩性的岩石有规律重复出现的现象。当沉积区地壳下降、水体面积扩大时,可形成

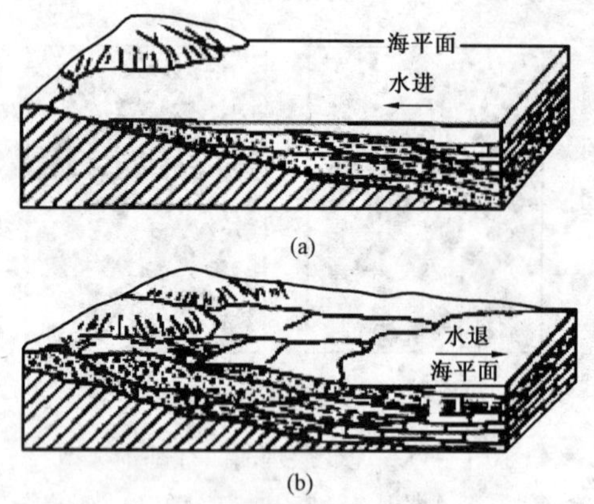

图 1－12　水进、水退沉积旋回示意图
（据刘本培，1986，略有改动）
（a）水井；（b）水退

水进旋回，即沉积物由浅水相变为深水相，沉积物由下至上由粗变细；当地壳上升、水体面积缩小时，则形成水退旋回，即沉积物由深水相变为浅水相，沉积物由下至上由细变粗（图 1－12）。在地层剖面中，一个完整的沉积旋回可表现为一个水退旋回叠置在一个水进旋回之上（图 1－13）。但是，地壳上升阶段形成的水退旋回易被剥蚀，难以保存，故自然界中常见水进型半旋回。由于地壳运动的影响范围宽广，而在同一构造区域内同一时期沉积旋回的性质是相同或相似的，因此，沉积旋回是地层划分对比和推断地壳运动情况的重要依据之一。

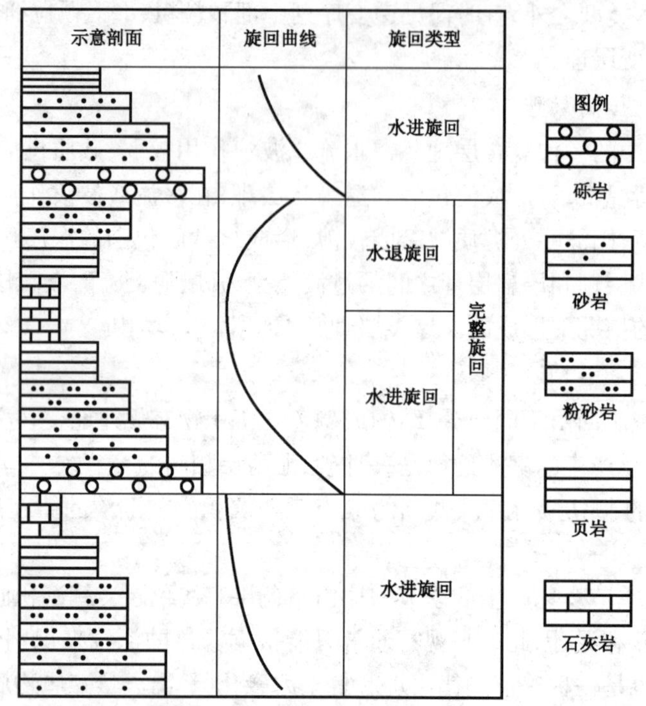

图 1－13　沉积旋回示意图

7）块状层理（均匀层理）

块状层理是一种不显示任何纹层构造的层理。其特点是外貌大致均匀，组分和结构无分异，也称无层理。块状层理可由悬浮物质快速堆积而成（沉积物来不及分异），如洪水沉积，也可由沉积物重力流快速堆积而成。有时强烈的生物扰动、重结晶或交代作用破坏原生层理，也可造成块状层理。严格说来，真正的块状层理，即便使用仪器也辨认不出内部纹层。

2. 层面构造

层面构造是指岩层表面呈现出的各种构造痕迹。沉积岩中常见的层面构造有波痕、冲刷痕迹、泥裂等。

1)波痕

波痕是指由于波浪、流水、风等介质的运动，在沉积物表面形成的一种波状起伏的痕迹(图1－14)。波痕按成因可分三种类型(图1－15)：

(1)浪成波痕。常见于海、湖浅水地带。其特点是波峰尖、波谷圆，形状对称。其波痕指数(L/H)为4～13，多数为6～7；但拍岸浪的波痕指数可达20，且不对称，陡坡朝向岸。

(2)流水波痕。由定向水流形成，见于河流或有底流存在的海、湖近岸地带。波峰、波谷都较圆滑，不对称，陡坡倾向水流方向，在海、湖滨岸地段陡坡朝向陆地。

(3)风成波痕。由定向风形成，见于沙漠及海、湖滨岸沙丘沉积中，呈极不对称状，陡坡的倾斜方向与风向一致。其波痕指数(L/H)为10～70，一般在20以上，波峰波谷都较圆滑，但谷宽峰窄，沉积颗粒在波峰处粗，在波谷处细，与流水波痕情况相反。

图1－14 波痕石

2)冲刷痕迹

由于流速加大或河流改道，先沉积的较细沉积物被冲蚀形成凹坑。当流速减缓时，凹坑又被沉积物充填，在充填物底部常有来自下伏岩层的岩块(图1－16)。在河床沉积中常见有冲刷痕迹。

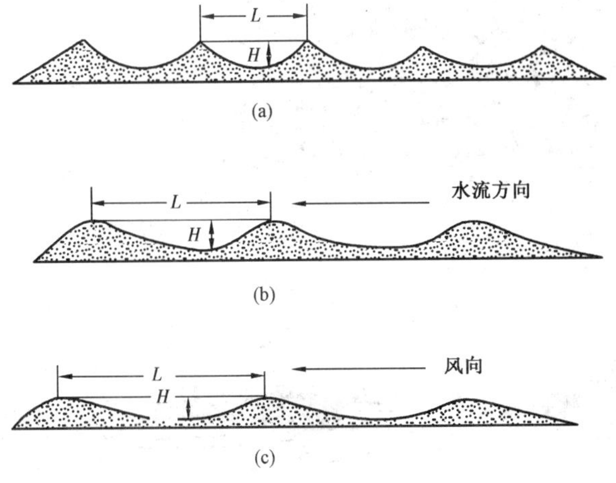

图1－15 波痕的成因类型

(a)浪成波痕；(b)流水波痕；(c)风成波痕

L—波长；H—波高

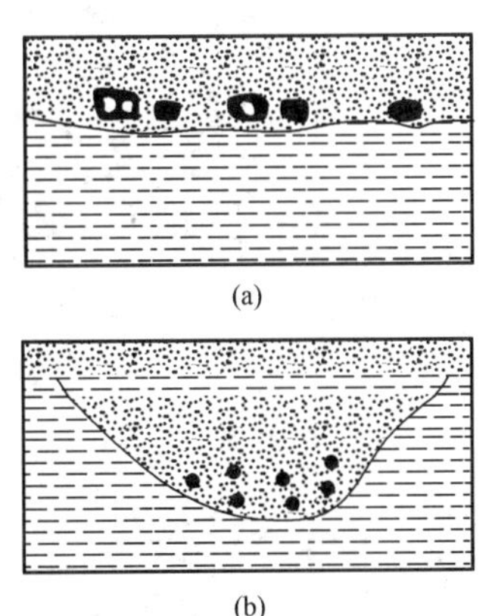

图1－16 冲刷痕迹示意图

(a)泥岩碎块包含在上覆砂岩中；

(b)河流下切形成凹陷，被砾、砂充填

3）泥裂

泥裂也称干裂，由未固结的沉积物被阳光暴晒、脱水收缩形成的多角形龟裂纹（图1－17）。其平面是不规则多边形裂块，横剖面呈V形，常位于粘土岩和石灰岩的顶面，在上覆岩层的底板上可留下印模。泥裂主要出现在间歇性暴晒的潮汐带、滨岸带和河漫滩等地区，是干旱气候条件下的产物，因此可以作为鉴定沉积相的标志。借助泥裂的产状（下尖的V形），还可判别岩层的顶面和底面。

图1－17 泥裂石

3. 层内构造

沉积岩的层内构造有结核、缝合线等。

1）结核

结核是一种与围岩成分有明显不同的自生矿物团块，属化学成因的构造（图1－18）。其形态有球状、卵状及各种不规则状；内部构造样式很多，有同心圆状、放射状等；大小不一，自数厘米至数十厘米不等，最大者达几米。结核有单体和复体之分。有的结核顺层断续分布，呈串珠状；有的呈层状分布，可延伸达数十米，如石灰岩中的燧石结核条带。结核按形成时期可分为三种类型（图1－19）。

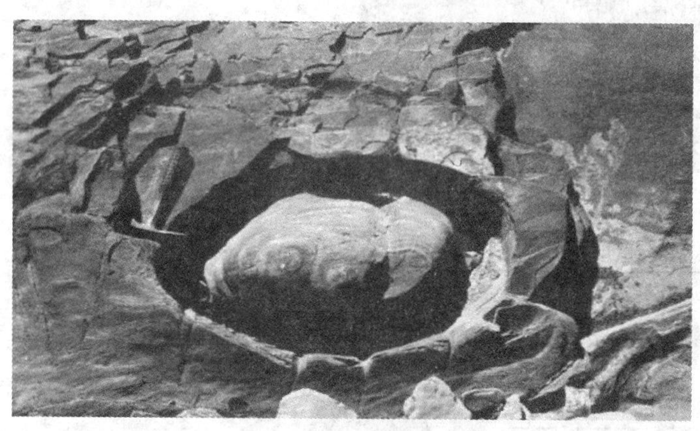

图1－18 神农架寒武系中的结核

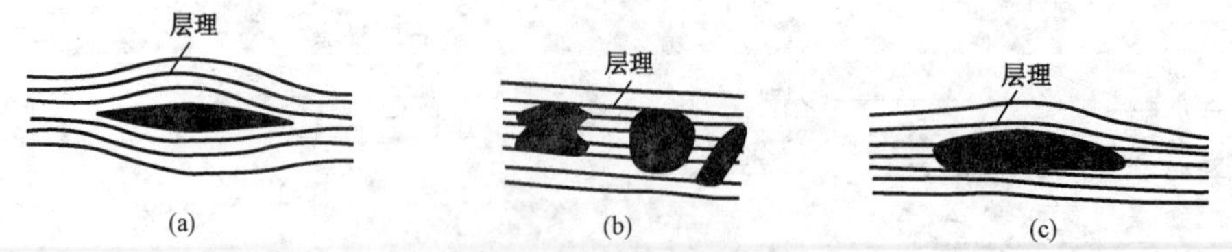

图1－19 结核的类型示意图

（a）同生结核；（b）后生结核；（c）成岩结核

(1)同生结核:即与沉积作用同时形成的结核,它可以是胶体物质围绕某些质点凝聚,或呈凝块状析出。其特点是结构不切穿层理,层理绕过结核呈弯曲状,如现代海底的铁锰结核。

(2)后生结核:形成于沉积物成岩之后,外来溶液沿裂隙或层理渗入岩石内沉淀而成。其特点是结核形状不规则,并切穿围岩层理。

(3)成岩结核:即成岩阶段物质重新分配的产物。其特点是结核切穿部分层理,部分层理绕结核弯曲。

结核的成分有钙质、硅质、磷质、锰质、铁质、石膏、重晶石等。研究结核有助于了解岩石形成的地球化学环境,结核还可作为找矿及地层划分对比的标志之一。

2)缝合线

缝合线在地层剖面中呈锯齿状曲线(图1-20),在平面上是一个起伏不平的面,沿此面较易劈开。缝合线裂隙中常充填有粘土、沥青或其他物质。一般认为它是后生阶段的压溶作用造成的,即在上覆岩层的静压力和构造应力作用下,因岩石发生不均匀的溶解而成。它常见于碳酸盐岩地层中。

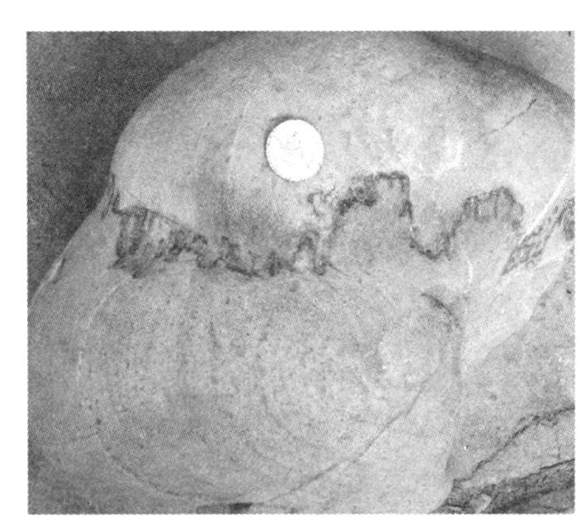

图1-20 碳酸盐岩中的缝合线

4. 生物成因的构造

底栖生物的活动使沉积物遭到破坏,通常形成下列四种生物构造。

1)生物痕迹

生物构造是指动物在未固结的沉积物表面活动所保留在岩层中的痕迹。常见的生物痕迹有动物足迹、爬痕、虫孔等(图1-21)。

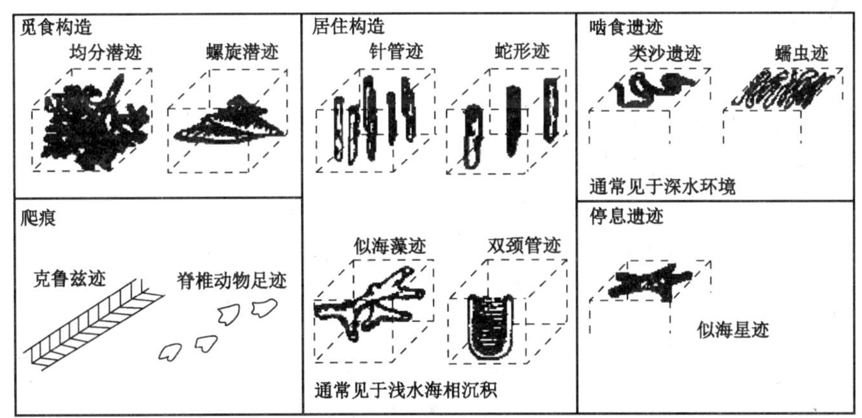

图1-21 生物痕迹构造的类型(据Tucker,1981)

2)生物扰动构造

自然界中还存在着大量的不具确定形态的生物扰动构造,人们可借助发育良好的层理被生物扰动所破坏来识别它们。斑点构造就是一种常见的生物扰动构造,其特点是在泥质沉积物中有呈不规则斑点状分布的砂质潜穴。当生物扰动强烈时,会使层理全部破坏,形成生物扰动岩。

3)叠层构造

在碳酸盐岩中常见叠层构造(简称叠层石,见图1-22)。它是主要由蓝绿藻等生物分泌的粘液粘结沉积物形成的一种生物—沉积构造。它由暗色的富藻纹层和浅色的贫藻纹层交替叠置而成,其形态特征取决于形成环境的水动力条件。

4)植物根痕迹

陆相地层中常见碳化的植物根痕迹或枝状矿化植物根。它们在煤系地层中尤为常见,并且常常是陆相沉积的重要标志。

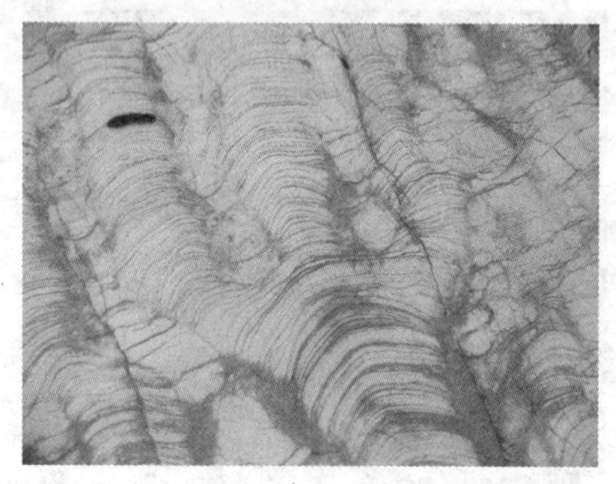

图1-22 叠层石

(五)沉积岩的分类

沉积岩分类的主要依据是岩石的成因、成分、结构和构造等。沉积岩的成因是指沉积作用的性质和环境、沉积物质的来源、沉积分异的顺序、成岩作用和沉积方式等。成因分类不仅可以反映各类岩石在成因上的不同,同时也反映了主要成分及结构特点上的差异。所以,通常是以成因作为划分基本类型的基础,而以成分、结构等特征作为进一步分类的依据。实践证明,这种综合分类的方法是比较合理的,既能反映岩石的内在联系,又便于对岩石进行命名,而且使用方便。根据这个原则,将沉积岩划分为三大类。

1. 碎屑岩

碎屑岩是主要由碎屑物质组成的岩石(碎屑含量大于等于50%)。这类岩石又按碎屑物质的成因、成分和结构的特点划分为两个亚类。

1)正常碎屑岩

正常碎屑岩即沉积碎屑岩类,是指由母岩经过风化作用后所产生的碎屑物质而组成的岩石,如砾岩和角砾岩、砂岩、粉砂岩等。

2)火山碎屑岩

火山碎屑岩是指火山喷发出来的火山碎屑物质就地或在附近堆积而形成的岩石。

2. 粘土岩

粘土岩是介于碎屑岩和化学岩之间的过渡型岩石,主要由50%以上粒径小于0.01mm的粘土矿物组成,其中常含少量细碎屑物质。它是沉积岩中分布最广的一类岩石。

3. 化学岩和生物化学岩

这类岩石是母岩风化产物的溶解物质以化学或生物化学方式沉淀析出而形成的,由生物遗体直接堆积而成的岩石也属此类。根据其成分可分为:

(1)铝质岩,如铝土矿岩。

(2)铁质岩,如菱铁矿岩、鲕状赤铁矿岩。

(3)锰质岩,如菱锰矿岩、氧化锰矿岩。

(4)硅质岩,如碧玉岩、燧石岩等。

(5)磷质岩,如结核状磷块岩、层状磷灰岩。

(6)盐岩,如盐岩、白云岩。

(7)碳酸盐岩,如石灰岩、白云岩。

(8)可燃有机岩,如煤、油页岩。

沉积物质的三种主要组分为碎屑物质、粘土物质、化学及生物化学沉积物质。在自然沉积作用过程中,常有两种或两种以上物质同时混杂于一种岩石中,它们的含量接近相等时叫混积岩。

四、常见沉积岩简介

(一)碎屑岩

1. *碎屑岩的物质成分*

碎屑岩的物质成分取决于母岩的成分,主要由碎屑物质、杂基和胶结物构成。

1)碎屑物质

碎屑物质是碎屑岩中最主要的组分,如砾岩中的砾石、砂岩中的砂粒。碎屑物质主要来源于陆源区母岩机械破碎的产物,也称陆源碎屑。它是由母岩(如岩浆岩、变质岩、先成的沉积岩)继承下来的。陆源碎屑可分为矿物碎屑和岩石碎屑(简称岩屑)。因各种矿物和岩石的稳定性不同,故它们在岩石中的含量也不同,常见的有石英、长石、云母等矿物碎屑,还有少量的重矿物和岩屑。矿物碎屑常分布于中、细粒碎屑岩中,岩屑在粗碎屑岩中较多。在碎屑岩中较常见的矿物约20种,但在每种碎屑岩中一般只有3~5种。除母岩继承组分外,碎屑岩中有时含有少量火山喷发物质等其他碎屑。

2)杂基(基质)

杂基是与砂、砾等碎屑一起以机械方式沉积下来的细粒碎屑物质,主要为高岭石、水云母、蒙脱石等粘土矿物,还有细砂、粉砂、泥和碳酸盐等。在粗碎屑岩中,杂基也相对变粗,如砾岩中的杂基甚至可有砂级颗粒。碎屑岩中若含大量杂基,表明其沉积环境簸选作用不强,致使不同粒度的砂和泥混杂堆积。在潟湖等低能环境中形成的砂岩,以及洪积和深水重力流形成的砂岩,杂基含量都很高。杂基对碎屑可起胶结作用,但与胶结物不同,它不是化学成因的。

3)胶结物

胶结物是以化学沉淀方式形成于碎屑粒间孔隙中起胶结作用的沉积物质。它们多数形成于晚期成岩作用阶段,也有在沉积—同生期形成的。常见的胶结物有硅质、钙质、铁质和泥质四种类型。硅质包括石英、蛋白石等,多呈灰白色,质坚硬;钙质遇盐酸起反应,强烈起泡;铁质主要包括赤铁矿、褐铁矿,多呈红或红褐色,质坚硬;泥质呈土黄色,较疏松。此外,石膏、黄铁矿、海绿石、绿泥石等自生矿物也是常见的胶结物质。

在碎屑岩中,杂基和胶结物都可充填于碎屑颗粒之间,作为孔隙的充填物,故杂基和胶结物合称填隙物。

2. 碎屑岩的结构

碎屑岩的结构包括碎屑颗粒的大小(粒径)、形状(圆度、球度)、分选性和胶结类型等。

1)碎屑颗粒的大小

碎屑颗粒直径的大小称为粒度,它是碎屑岩最重要和最基本的结构特征。在正常的碎屑岩中,粒度的变化是连续的。粒度通常分为砾、砂和粉砂三级。我国现在广泛采用的粒度分级如表1-3所示。

表1-3 常用的碎屑颗粒粒度分级表

名称	砾				砂			粉砂		粘土
粒级	巨砾	粗砾	中砾	细砾	粗砂	中砂	细砂	粉砂砂	细粉砂	
颗粒直径 mm	大于1000	1000~100	100~10	10~1	1~0.5	0.5~0.25	0.25~0.1	0.1~0.05	0.05~0.01	小于 0.01

粒度特征是碎屑岩分类定名的基础。如果某岩石中的碎屑基本为同一粒级,只需在相应的粒级后加上“岩”字即可,如中砂岩、粗砂岩等。但岩石往往由几种不同含量和不同粒级的矿物成分组成,故需采用三级定名方法。根据粒级分类标准,将含量大于或等于50%的粒级定为主名;含量在25%~50%者称“质”,写在主名之前;含量在10%~25%者称“含”,放在最前面。例如某碎屑岩由55%的粉砂、27%的粘土和18%的细砂组成,则定名为“含细砂的粘土质粉砂岩”。

若碎屑岩中没有一个粒级含量大于或等于50%,含量在50%~25%的粒级又不止一个,则以“××—××”岩的形式复合命名,含量多的写在后面。

岩石中含量小于10%(或小于5%)的粒级或矿物成分一般不反映在名称中,若属有特殊意义的矿物或化学成分可用“微含”表示。如果任何粒级的含量都不足50%,含量在50%~25%的也没有或只有一个,则将岩石中的全部粒级合并为砾、砂、粉砂三大类,然后再按上述原则命名。如某碎屑岩含中砾石8%,含细砾石10%,含粗砂17%,含中砂16%,含细砂18%,含粉砂31%,则命名为“含砾的粉砂质砂岩”。

碎屑岩的粒度及其分布特征不仅与储油物性密切相关,而且可反映沉积时的水动力条件,为沉积环境分析提供依据。

2)碎屑颗粒的形状

(1)圆度:即碎屑颗粒的棱角被磨圆的程度,一般分为四级。颗粒具尖锐棱角的为棱角状;棱角稍有磨蚀的为次棱角状;棱角明显磨蚀的为次圆状;棱角已消失的为圆状(图1-23)。一般来说,随搬运距离和时间加长,颗粒的圆度变好。

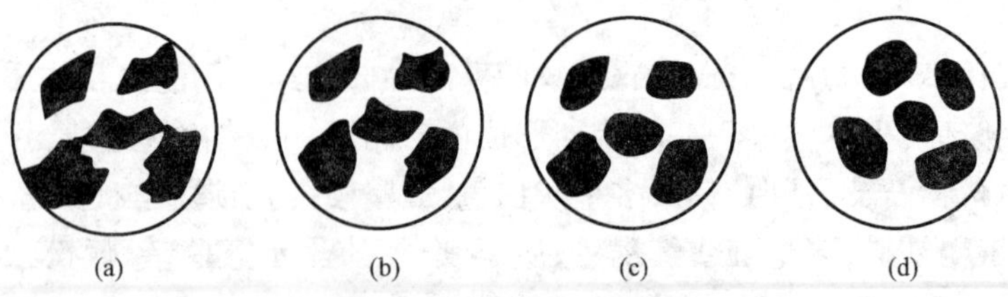

图1-23 圆度等级示意图

(a)棱角状;(b)次棱角状;(c)次圆状;(d)圆状

(2)球度:即碎屑颗粒近于球体的程度,通常分为球状、扁球状、椭球状和不规则状四类。

3)分选性

碎屑岩中颗粒大小的均匀程度称为分选性,通常分为三级:若岩石中某一粒级含量大于或等于75%,说明岩石中颗粒大小均匀,为分选好;若某一粒级含量为50%~75%,为分选中等;若任何粒级的含量都小于50%,为分选差。

4)胶结类型

在碎屑岩中,填隙物的分布及其与碎屑颗粒的接触关系称为胶结类型。它取决于填隙物的数量、生成条件及沉积后的变化等因素。胶结类型通常可分四种(图1-24)。

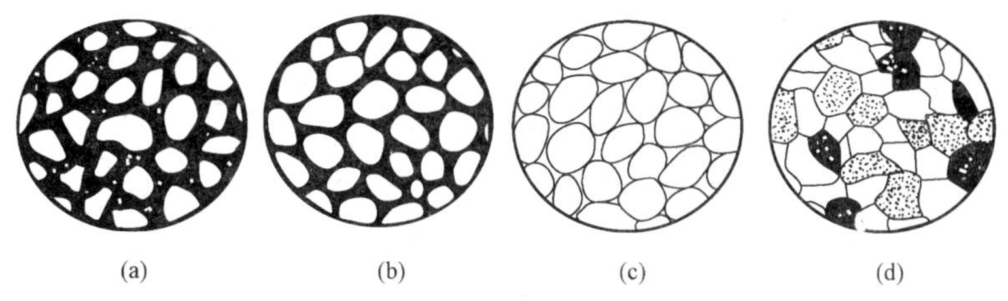

图1-24 胶结类型(据冯增昭,1993)
(a)基底胶结;(b)孔隙胶结;(c)接触胶结;(d)镶嵌胶结

(1)基底胶结:填隙物含量多,碎屑颗粒互不接触而呈游离状分散在填隙物中,杂基通常为高密度流快速堆积的产物。基底胶结实际上就是杂基支撑结构,它形成于沉积同生期。

(2)孔隙胶结:填隙物含量少,充填于颗粒之间的孔隙中,形成颗粒支撑结构。颗粒之间多呈点状接触,填隙物为成岩期或后生期的化学沉淀产物。

(3)接触胶结:为颗粒支撑结构,颗粒之间为点接触或线接触。胶结物含量少,分布于颗粒彼此接触之处。

(4)镶嵌胶结:胶结物更少,颗粒之间呈凸凹甚至缝合状直接接触,有时碎屑与硅质胶结物区分不开。镶嵌胶结是因成岩期的压固或压溶作用,致使颗粒接触更加紧密。

上述四种胶结类型中,颗粒从点接触到缝合接触,反映了沉积物的埋藏深度及压固、压溶等成岩作用的强度和进程。

5)碎屑岩的结构与储油物性的关系

碎屑岩是重要的油气储集岩。埋藏在地下的油、气、水储集在岩石的孔隙和裂缝中,并沿着互相连通的有效孔隙或层理进行渗流。岩石的孔隙性和渗透性统称为储油物性。岩石中孔隙的体积与岩石总体积之比称为孔隙度。互相连通的有效孔隙(即可供油气流动的孔隙)的体积与岩石总体积之比称为有效孔隙度,它直接关系到油气的储量。在一定的压差下,岩石能使流体通过的能力称为岩石的渗透性,它关系到油井的产量高低。有效孔隙度越高、渗透性越好的岩石,其储油物性就越好。

碎屑岩的结构与储油物性密切相关。一般来说,分选好、堆积疏松、圆度好、胶结物少的碎屑岩储油物性较好。如孔隙胶结和接触胶结的、颗粒较大的、分选较好的砂岩具有较高的有效孔隙度和渗透率;而基底胶结和镶嵌胶结的,胶结物为硅质、铁质的岩石,孔隙度和渗透率较低,储油物性较差。

3. 碎屑岩的类型及特征

1）砾岩

主要由砾石构成的粗碎屑岩称为砾岩。因在地质上有特殊的意义，故有人把砾石含量大于30%的岩石都称砾岩。砾岩中的碎屑颗粒主要是岩屑，矿物碎屑则较少。砾石的成分是推断母岩性质及物源位置的可靠依据。与其他碎屑岩相比，砾岩中的基质较粗，除粘土物质外，还常有细砂、粉砂，其胶结物常常是沉积期后从胶体溶液和真溶液中沉淀出的方解石、二氧化硅、氢氧化铁等化学物质。砾岩的沉积构造常为大型斜层理和递变层理，有时不显示层理而呈均匀块状。

砾岩有以下几种分类方法。

(1)按圆度分类。

① 砾岩：圆状、次圆状砾石含量大于50%，一般由沉积作用形成。

② 角砾岩：棱角状、次棱角状的砾石含量大于50%。角砾岩除沉积形成之外，还常与构造作用、火山作用、重力作用或化学作用有关。

(2)按成分分类。

① 单成分砾岩：成分较单一(同种成分的砾石占75%以上)，砾石多为稳定性高、圆度好的岩屑或矿物碎屑，如石英岩碎屑、燧石、石英等，其成熟度高，受水动力作用改造较彻底。单成分砾岩常分布于地势平缓的滨岸地带。

在近岸陡崖、坡脚下或生物礁旁，可形成由石灰岩碎屑堆积而成的单成分的石灰岩质角砾岩。

② 复成分砾岩：成分复杂，由多种砾石组成，各种砾石含量都小于50%。砾石分选圆度不好。多沿山区呈带状分布，厚度变化大，为母岩快速剥蚀和堆积之产物，如山麓洪积砾岩等。

(3)按地层剖面中的位置分类。

① 底砾岩：一种位于水进层序底部的砾岩，其下为一侵蚀面。一般分选性和圆度较好，厚度不大，分布面积很广。它以成熟度高的砾石为主，不稳定的组分完全被破坏，因此它代表一长期的侵蚀间断，如我国华北元古界长城系底部的砾岩属此类。

② 层间砾岩：也称层内砾岩或同生砾岩。它与上下地层之间为连续沉积，无沉积间断。

(4)按成因分类。

① 滨岸砾岩：由河流携带的砾石在滨海、滨湖地带沉积而成。常呈叠瓦状排列，最大扁平面向深水方向倾斜，长轴多与岸线平行，成分较单一，圆度较好，横向分布较稳定。滨岸砾岩，特别是湖成砾岩，常与河成砾岩呈过渡关系。

在陡峻岩岸，由于岩石崩塌、碎块就地堆积，可形成分选差的近岸角砾岩，常呈透镜状分布。

② 河成砾岩：常见于山区河流，位于河流沉积的底部、呈透镜状分布。成分复杂，分选差，最大扁平面向源倾斜。

③ 洪积砾岩：岩体多沿山麓呈透镜状或楔状分布，是洪积锥的主体；厚度大，砾石粗，分选和圆度差，基质成分与砾石成分相似，且多有泥质。洪积砾岩是毗邻山区剧烈上升遭受剥蚀、沉积物快速堆积之产物。

④ 冰碛岩：成分复杂，大砾石和泥、砂混杂，分选极差，砾石多呈棱角状，常具丁字形冰川擦痕。

在自然界砾岩分布很广，各地质时期都有。大面积分布的砾岩常与侵蚀面相伴生，因此它常作为沉积间断和地层划分的标志。砾岩的形成通常与地壳运动有关，所以研究砾岩有助于了解地壳运动情况。在古地理、古气候研究中，根据砾岩分布，可了解古海（湖）岸线和古河床的位置。测量砾石的排列状况，可了解沉积环境和古水流方向。如冰碛岩长轴方向平行于流向，呈高角度（20°～40°）迎流叠瓦状；陡坡河流砾石长轴方向平行于流向，呈中角度（15°～30°）迎流叠瓦状；缓坡河流砾石长轴方向垂直于流向，呈中角度（15°～30°）迎流叠瓦状；海滩砾石长轴方向平行于海岸线，即垂直于波浪传播方向，呈低角度（小于15°）向海倾斜叠瓦状。砾石的成分可指示陆源区的位置和母岩的成分。总之，砾岩中砾石的大小、成分及其含量、圆度、分选性以及砾岩体的几何形态等，都是重要的成因标志。砾岩在一定条件下可成为储集油气的岩石，如我国的克拉玛依油田有的为砾岩储油气层。

2）*砂岩*

主要由砂粒（其含量大于50%）组成的碎屑岩称为砂岩。根据粒径大小，按十进制（表1－3）可将砂岩进一步分为粗砂岩、中砂岩和细砂岩。砂岩成分较复杂，砂级碎屑主要是石英，其次是长石、岩屑，有时含有云母、绿泥石等，重矿物含量一般小于1%。

从结构上看，砂岩由砂级碎屑、基质和胶结物三部分组成。基质和胶结物都起胶结作用，但两者成因不同。基质是细粒机械组分（粒径小于0.03mm），其含量可反映介质的流动条件；胶结物是化学沉积物，有原生、次生之分，主要反映砂岩形成阶段的物理化学条件。

砂岩的分类方案有多种，较常用的是四组分体系，即根据石英、长石、岩屑和粘土杂基的相对含量分类。首先按基质含量将砂岩分为纯净砂岩（通称砂岩）和混杂砂岩（简称杂砂岩）两大类。前者基质含量小于15%，分选较好；后者基质含量大于15%，分选较差。当粘土基质大于50%时，则为粘土岩。在砂岩和杂砂岩中，再按三角图解中石英、长石、岩屑的三个端元组分的相对含量进行分类（图1－25）。如长石含量大于25%，且长石多于岩屑的砂岩为长石砂岩（杂砂岩）类；岩屑含量大于25%，且岩屑多于长石的砂岩为岩屑砂岩（杂砂岩）类；石英含量大于50%，长石和岩屑都小于25%的砂岩为石英砂岩（杂砂岩）类。每类再按各组分的具体含量划分亚类（表1－4）。

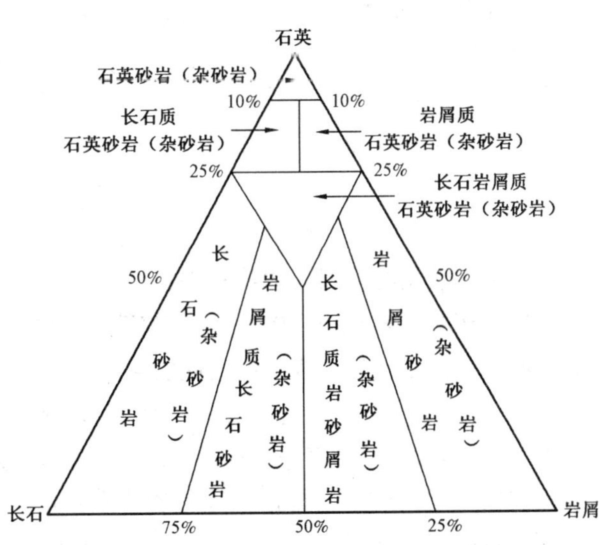

图1－25 砂岩的成分分类
（据冯增昭，1993）

表1-4　砂岩成分分类表(据冯增昭,1993,有补充)

岩类名称	岩石名称	主要碎屑颗粒含量,%			长石、岩屑的相对含量	碎屑颗粒分选性及圆度	形成条件
		石英	长石	岩屑			
石英砂岩类	石英砂岩	>90	<10	<10	长石大于岩屑	好	相对稳定的浅海、浅湖沉积
	长石质石英砂岩	75~90	5~25	<15			
	岩屑质石英砂岩	75~90	<15	5~25	岩屑大于长石		
	长石岩屑质石英砂岩	50~70	<25	<25			
长石砂岩类	长石砂岩	<75	>25	<25	长石大于岩屑	变化大,由差至好都有	富含长石的母岩风化产物经短距离搬运,快速堆积
	岩屑质长石砂岩	<65	25~75	10~50			
岩屑砂岩类	岩屑砂岩	<75	<25	>25	岩屑大于长石	差	母岩较复杂,物理风化作用强烈,近源快速堆积
	长石质岩屑砂岩	<65	10~50	25~75			

注:当基质含量大于15%时,岩石名称相应改称石英杂砂岩、长石杂砂岩、岩屑杂砂岩等。

砂岩及杂砂岩基本类型的划分没有考虑次要矿物和特殊矿物。当砂岩中含这些矿物时,可采用附加定名,如海绿石石英砂岩等。胶结物在岩石名称中也应表示出来,如钙质石英砂岩、含钙石英砂岩等。

(1)石英砂岩(类)。石英砂岩常为白色、灰白色或黄白色,若为铁质胶结则呈褐色,若为海绿石胶结则呈绿色等。主要碎屑成分为石英,含量大于50%,长石、岩屑的含量分别小于25%,所含重矿物为稳定的锆英石、电气石、金红石等;胶结物多为硅质、钙质、铁质胶结,也有海绿石胶结,而泥质胶结的少见。一般分选好,圆度也好。石英砂岩往往经过了长期的风化、长距离搬运后沉积而成。多形成于浅海、浅湖地区,常具交错层理及波痕等构造。为有利的储集岩。

(2)长石砂岩(类)。常为肉红色、灰白色等。长石含量占碎屑总量的25%以上,主要以钾长石为主。胶结物一般为泥质和钙质,也见有铁质。分选性和圆度变化大。为富含长石的母岩的风化产物经较短距离的搬运、较快速沉积而成。多形成于大陆沉积盆地或河流中。长石砂岩在我国东部地区成为良好的储集岩。

(3)岩屑砂岩(类)。颜色较深,多呈灰、灰绿、黑灰、灰褐等色。岩屑含量占碎屑总量的25%以上,岩屑成分种类复杂,长石含量少于25%;重矿物成分复杂,含量高于长石砂岩。胶结物以泥质为主,分选性和圆度很差,多形成于近母岩区的山间盆地、山前坳陷或河流的上游等,为快速堆积的产物。此类岩石储油物性较差。

砂岩是良好的油气储集岩。目前,在世界上已发现的油气田中,储集层(常简称为储层)有半数以上是砂岩。良好的砂岩储集层多数是中砂岩和细砂岩,其次是粗砂岩和粗粉砂岩,个别地区有砾质砂岩和细砾岩。从砂岩的储油物性看,石英砂岩最好,其次是长石砂岩,岩屑砂岩渗透率低因而一般不是良好的储集岩。

3）粉砂岩

主要由粉砂级碎屑颗粒（含量大于50%）组成的细碎屑岩称为粉砂岩。其碎屑成分较单纯，以稳定的石英为主，白云母较多，长石较少，岩屑极少或无，常含稳定重矿物（含量可达2%～3%）。胶结物以碳酸盐为主，铁质和硅质较少。

根据粒度、碎屑成分和胶结物，粉砂岩可进一步分类。如按粒度划分粉砂岩可分为粗粉砂岩、细粉砂岩；如果含砂和粘土较多，可按三级复合命名原则命名，如含砂泥质粉砂岩；按胶结物成分可分为铁质粉砂岩、钙质粉砂岩等。

粉砂岩是经过较长距离搬运、在稳定的水动力条件下缓慢沉积而成的，多形成于湖、海的较深水地带以及河漫滩、三角洲、潟湖和沼泽地带。粗粉砂岩也可以成为较好的储集油气的岩石。

4）火山碎屑岩

火山碎屑岩包括狭义的正常火山碎屑岩和广义的火山碎屑岩两种类型。

（1）正常火山碎屑岩。正常火山碎屑岩是指主要由火山碎屑（含量大于90%）组成的岩石，碎屑颗粒的分选和圆度都很差。其成岩作用方式分为熔结成岩和压实固结或水化学胶结两种方式。按碎屑粒径大小，前者可细分为熔结集块岩、熔结角砾岩和熔结凝灰岩；后者可细分为火山集块岩和火山角砾岩。

（2）广义的火山碎屑岩。广义的火山碎屑岩是一种介于熔岩与沉积岩之间的过渡类型岩石，主要由火山作用形成的各种碎屑物堆积而成。火山碎屑物含量在10%以上的岩石均属此类，统称火山碎屑岩。它可由风、流水等短距离搬运火山碎屑物质沉积而成，或在火山口附近堆积而成。

由于火山碎屑岩形成于火山喷发时期，因此研究火山碎屑岩对了解火山活动情况和划分对比地层有着重要意义，国内外已发现许多火山碎屑岩油气储集岩（层）。

（二）粘土岩

粘土岩是一种主要由粒径小于0.01mm且主要是由粘土矿物组成的沉积岩。粘土矿物含量大于50%，疏松的称为粘土，固结成岩的称为泥岩或页岩。粘土岩具有一些独特的物理性质，如非渗透性、吸附性、吸水膨胀性、可塑性、烧结性、粘结性等，因此它的应用范围极为广泛。

1. 粘土岩的物质成分及颜色

粘土岩的矿物成分主要是粘土矿物如高岭石、蒙脱石、伊利石、绿泥石、水云母，还含有一些陆源碎屑矿物、化学沉淀的自生矿物及有机质等非粘土矿物。其中，陆源碎屑物质有石英、长石、云母；自生矿物有赤铁矿、褐铁矿、蛋白石、方解石、白云石、菱铁矿、石膏、磷灰石、石盐等；有机质有煤、腐泥质、沥青质、生物遗体等。粘土岩的化学成分主要是SiO_2、Al_2O_3、H_2O，其次是Fe_2O_3、FeO、MgO、CaO、Na_2O、K_2O等。

粘土岩的颜色主要是原生色，比如在强氧化环境形成的粘土岩因含Fe^{3+}而呈红色及紫红色；在弱氧化—弱还原环境形成的粘土岩因含Fe^{2+}离子或含海绿石、绿泥石而呈绿色；在还原环境形成的粘土岩因富含有机质及低价铁的硫化物而呈黑色、灰色等。

2. 粘土岩的结构及构造

粘土岩的结构按其粘土矿物颗粒及粉砂、砂等碎屑物质的相对含量，可分为表1－5中的几种结构类型。

表 1－5　粘土岩结构类型

结构类型 \ 粘土及粉砂(砂)含量	粘土,%	粉砂(砂),%
粘土结构	>90	<10
含粉砂(砂)粘土结构	75～90	25～10
粉砂(砂)质粘土结构	50～75	50～25

粘土岩的结构还可按粘土矿物结晶程度分为显晶质、非晶质等结构类型。此外,若粘土矿物在沉积过程中围绕核心凝聚呈同心状颗粒,则形成鲕粒(粒径小于 2mm)结构、豆粒(粒径大于 2mm)结构等。粘土岩的构造分宏观(包括水平层理、块状层理、水底滑动构造、搅混构造、干裂、雨痕、结核、虫迹、晶体印痕等)和显微构造(显微鳞片构造、显微杂乱构造、显微定向构造)两大类。后者是由各种微细的鳞片状、纤维状粘土矿物分别按不规则、杂乱、定向方式排列而成,需在显微镜下才能辨别。

粘土岩常具水平层理,其中细层厚度小于 1cm 者称为页理或页状层理,细层厚度小于 1mm 者常称为纹理。

3. 粘土岩的分类

由于粘土岩的成分及成岩作用复杂,质点极细,肉眼与显微镜不能准确地鉴定它的矿物成分,需采用电子显微镜、X 射线衍射等综合研究方法,故粘土岩的分类方案不易统一。一般先按粘土岩在成岩作用中的变化及沉积构造划分大类,然后再按结构、矿物成分、混入物成分进行细分类。

1)泥岩

泥岩是一种成分较复杂、页理不发育的粘土岩,它是弱固结的粘土经压固、脱水、微弱的重结晶等作用形成的。根据泥岩中所含非粘土矿物的成分,它可分为钙质泥岩、硅质泥岩、铁质泥岩、碳质泥岩和黑色泥岩等。由于黑色泥岩富含有机质,因此是良好的油源岩。

2)页岩

页岩是一种成分较复杂、具有页状层理的粘土岩,它是由弱固结的粘土经较强的压固、脱水和重结晶等作用形成的,遭锤击很容易分裂成薄片,颜色有绿、黑、灰、红等。它的成分除粘土矿物外,常混有石英、长石等矿物碎屑及其他化学物质。根据页岩中所含的非粘土矿物成分,页岩可分下列五种类型。

(1)钙质页岩:一种富含碳酸钙(含量小于 50%)的页岩,滴稀盐酸起泡,常见于陆相红色地层及海相钙泥质岩系中。

(2)铁质页岩:一种含少量铁矿物(如赤铁矿、褐铁矿、针铁矿、菱铁矿、鲕绿泥石、鳞绿泥石)的页岩,常呈红色或灰绿色,产于陆相红层、煤系地层及海相砂泥质岩层中。

(3)硅质页岩:一种富含游离二氧化硅的页岩,硬度比一般页岩大,致密而坚硬,常与铁质岩、锰质岩、磷质岩及燧石等共生,成因有生物的、化学的等。

(4)黑色页岩:一种富含有机质及分散状黄铁矿的页岩,外貌类似碳质页岩,但不污手。

它形成于深湖、深海、淡化湖等滞水环境，厚度大的黑色页岩可成为良好的油源岩，我国松辽盆地白垩系湖相黑色页岩属此类。

（5）碳质页岩：一种含大量分散状碳化有机质的页岩，能污手，含灰分高，不易燃烧，形成于湖泊、沼泽环境，常见于煤系地层。

3）油页岩

油页岩又称干酪根页岩。它是一种高灰分的低变质腐泥煤，由低等动、植物经过生物化学和地质作用而成，形成于内陆湖泊或滨海潟湖中较深水还原环境，常与油源岩或煤系地层共生；颜色呈棕色至黑色，具细微的水平层理；硬度和密度都比一般页岩小，韧性较大；含气态和液态烃，含油率一般为4%～20%，最高达30%，质轻，有油腻感；用指甲刻划时，划痕呈暗褐色；用小刀沿层面切削时，呈刨花状薄片；燃烧时冒烟，有沥青臭味；含油率高时，可用作炼油和其他化工原料，也可直接作燃料，灰渣可做水泥等建筑材料。我国油页岩分布也很广，几乎遍及全国各省；时代分布也较普遍，包括石炭纪、二叠纪、侏罗纪、白垩纪、古近纪、新近纪。

（三）碳酸盐岩

碳酸盐岩是指主要由方解石和白云石等碳酸盐矿物组成的沉积岩。其分布极广，仅次于粘土岩和碎屑岩，是重要的油源岩和储集岩。

1. 碳酸盐岩的成分

碳酸盐岩的矿物成分主要是方解石、白云石等碳酸盐矿物及自生矿物石膏、石英、黄铁矿、赤铁矿、海绿石等，另外还常含有机质和陆源碎屑。碳酸盐岩的主要化学成分是CaO、MgO和CO_2，其次还含有一些其他氧化物及混合物。

2. 碳酸盐岩的结构组分

碳酸盐岩主要由颗粒、泥、胶结物、晶粒及生物格架几种结构组分构成，另外还有一些陆源物质、其他沉淀物、有机质等次要组分。

1）颗粒

碳酸盐岩中的颗粒与碎屑岩中的碎屑颗粒相似，按其是否形成于沉积区内可分为内颗粒和外颗粒两大类。

（1）外颗粒（盆外颗粒）：即陆源碎屑颗粒，按粒度可分为砾、砂、粉砂和泥四级，其中最常见的是泥。在碳酸盐岩中外颗粒总是次要的，如果其含量大于50%，则过渡为陆源碎屑岩。

（2）内颗粒：指沉积区内形成的各种碳酸盐颗粒，是碳酸盐岩的主要结构组分，为化学沉积、机械破碎、生物作用或多种作用的综合产物。福克（Folk）称之为“异化颗粒”。常见的内颗粒有内碎屑、鲕粒、藻粒、球粒、变形颗粒、生物颗粒等。

① 内碎屑：主要由盆地内沉积不久、未完全固结或刚固结的碳酸盐沉积物被波浪或水流作用破碎、搬运、磨蚀、再沉积而成。根据其直径大小可分为砾屑、砂屑、粉屑和泥屑四级。砂屑和粉屑还可进一步细分。内碎屑的粒级划分和定名，与碎屑岩的碎屑粒级及碳酸盐岩中晶粒的划分定名原则相同（表1－6）。如直径为0.5～1.0mm的颗粒，在碎屑岩中称粗砂，在碳酸盐岩中若为内碎屑则称粗砂屑，若为晶粒则称粗晶。

表1-6　沉积岩的碎屑颗粒粒级划分及定命(据华东石油学院岩矿室,1982,有改动)

粒径,mm	碎屑岩中的碎屑		碳酸盐岩中的内碎屑		碳酸盐岩中的晶粒	
>2.0	砾(石)		砾屑		砾晶(巨晶)	
1.0~2.0	极粗砂	砂	极粗砂屑	砂屑	极粗晶	砂晶
0.5~1.0	粗砂		粗砂屑		粗晶	
0.25~0.5	中砂		中砂屑		中晶	
0.1~0.25	细砂		细砂屑		细晶	
0.05~0.1	极细砂		极细砂屑		极细晶	
0.01~0.05	粗粉砂	粉砂	粗粉屑	粉屑	粗粉晶	粉晶
0.005~0.01	细粉砂		细粉屑		细粉晶	
<0.005	泥(粘土)		泥屑		泥晶	

陆源碳酸盐岩碎屑与碳酸盐岩中的内碎屑成分相同,但成因不同。主要由陆源碳酸盐碎屑组成的岩石属于碎屑岩,如灰屑岩、云屑岩。

② 鲕粒:指具核心和同心层及放射性包壳结构的球状颗粒,因像鱼子(鲕)而得名。其直径一般为0.25~2mm,通常为0.5~1mm。鲕粒的核心为内碎屑、生物残骸、陆源碎屑或其他物质。同心层主要由泥晶方解石组成。根据结构和形态特征,可将鲕粒分为正常鲕(同心层厚度大于核心直径)、表皮鲕或表鲕(同心层厚度小于核心直径)、复鲕(一个鲕粒中包含两个或多个小鲕粒)、放射鲕(具放射结构)、负鲕或空心鲕(核心及同心层大部分被溶蚀,基本上只有一个外壳层)等五种类型。

关于鲕粒的成因,有多种认识,一般认为主要是碳酸盐围绕水体搅起的核心沉淀而成,所以同心层数越多厚度越大,表明水体搅动的次数越多,颗粒反复处于悬浮状态和缓慢沉淀的时间越长。

③ 藻粒:指与藻有成因关系的颗粒,常见的有藻灰结核、藻鲕粒、藻团块、藻屑等。藻灰结核又称核形石或藻包粒,是一种具有不规则同心层的颗粒。藻灰结核是蓝绿藻的粘液围绕一定的核心粘结碳酸盐沉积物,同时受水动力作用悬浮或滚动而形成,其同心层不如藻粒规则,个体较大。藻鲕粒是一种与藻有成因关系的鲕粒。藻团块也是藻类粘结沉积物而成,但它没有同心层,形状也不规则。藻屑是由藻粒破碎磨蚀而成,外形类似砾屑或砂屑,具藻类粘结结构或藻丝体等。

④ 球粒与粪球粒。球粒指不具内部构造、分选较好、近似球形的细砂级或粉砂级颗粒,由碳酸盐机械破碎磨蚀或化学凝聚而成。粪球粒由生物排泄而成,因富含有机质,故颜色较暗。

⑤ 变形颗粒:原来的颗粒(鲕粒、内碎屑等)在成岩后生作用阶段因压溶或其他力学作用发生变形,形成扁豆状、蝌蚪状、链状等颗粒,统称变形颗粒。

⑥ 生物颗粒:指生物的硬体残骸,包括完整的化石及化石碎屑,故也称化石颗粒或骨屑、骨粒等。生物颗粒是碳酸盐岩的重要组成部分,常形成生物碳酸盐岩。生物碳酸盐岩不仅是重要的烃源岩,而且其原生骨骼内的孔隙往往是油气及多种金属矿液的渗滤、交代和富集的空间。

2)泥

碳酸盐岩中的泥是指泥级的碳酸盐质点(粒径多数小于0.005mm),与粘土岩中的粘土(泥)相当,按成分可分为由方解石构成的灰泥和由白云石构成的云泥。

(1)灰泥:成因有化学沉淀、生物作用和机械破碎作用三种。由化学沉淀及生物作用生成的灰泥称为泥晶,由机械破碎作用生成的灰泥称为泥屑。

(2)云泥:成因较复杂,一般认为是潮上带的碳酸钙刚沉积不久便被高镁粒间水白云化而成,是“准同生”交代作用的产物。

3)胶结物

碳酸盐岩中的胶结物主要是指充填于颗粒之间的结晶方解石或其他矿物,如白云石、石膏等。它是在颗粒沉积后由粒间水以化学沉淀方式形成的,常围绕颗粒分布呈栉壳状。其晶粒一般比灰泥粗,因清洁明亮,故常称亮晶(淀晶)方解石或简称亮晶(淀晶)。

4)晶粒

晶粒是结晶碳酸盐岩的主要结构组分,根据粒径大小可分为砾晶、砂晶、粉晶、泥晶。其中砂晶和粉晶还可细分。泥晶和细粉晶的方解石及白云石主要是原生或准同生的。粗粉晶以上的晶粒主要是次生的,为重结晶或交代作用的产物。晶粒的粒级划分及定名与碎屑岩中碎屑粒级、碳酸盐岩内碎屑粒级的划分及定名原则相同。如粒径为0.25~0.5mm,在晶粒中称为中晶,在碎屑岩中称为中砂,在碳酸盐岩内碎屑中称为中砂屑。

5)生物格架

生物格架(也叫生物骨架)是礁碳酸盐岩不可缺少的组分,它主要是由原地生长的造礁群体生物(如珊瑚、苔藓虫、层孔虫、藻类等)的坚硬骨骼组成的碳酸盐格架。

3. 碳酸盐岩的成分分类

根据方解石和白云石的相对含量,碳酸盐岩可分为两大类(表1-7)。方解石含量大于50%的为石灰岩类,白云石含量大于50%的为白云岩类,二者之间还有一些过渡类型。在碳酸盐岩与粘土岩、砂岩或粉砂岩之间也都存在一些过渡类型的岩石(表1-8、表1-9),其分类命名原则类似于碎屑岩的粒度分类定名原则,因此不再重复。

表1-7 根据方解石与白云石相对含量划分岩石类型

岩石类型		方解石,%	白云石,%	CaO含量与MgO含量之比
石灰岩类	纯石灰岩	100~95	0~5	>50.1
	含白云的石灰岩	95~75	5~25	50.1~9.1
	白云质石灰岩	75~50	25~50	9.1~4.0
白云岩类	灰质白云岩	50~25	50~75	4.0~2.2
	含灰的白云岩	25~5	75~95	2.2~1.5
	纯白云岩	5~0	95~100	1.5~1.4

表1-8 石灰岩—粘土岩系列的岩石类型

<table>
<tr><th colspan="3">岩 石 类 型</th><th colspan="2">方解石,%</th><th colspan="2">粘土矿物,%</th></tr>
<tr><td rowspan="4">石灰岩</td><td colspan="2">纯石灰岩</td><td colspan="2">100~95</td><td colspan="2">0~5</td></tr>
<tr><td rowspan="2">含泥*的石灰岩</td><td>微含泥*的石灰岩</td><td rowspan="2">95~75</td><td>95~90</td><td rowspan="2">5~25</td><td>5~10</td></tr>
<tr><td>含泥*的石灰岩</td><td>90~75</td><td>10~25</td></tr>
<tr><td colspan="2">泥*质石灰岩</td><td colspan="2">75~50</td><td colspan="2">25~50</td></tr>
<tr><td rowspan="3">粘土岩</td><td colspan="2">灰质粘土岩</td><td colspan="2">50~25</td><td colspan="2">50~75</td></tr>
<tr><td colspan="2">含灰的粘土岩</td><td colspan="2">25~5</td><td colspan="2">75~95</td></tr>
<tr><td colspan="2">纯粘土岩</td><td colspan="2">5~0</td><td colspan="2">95~100</td></tr>
</table>

*这里的“泥”是粘土成分的泥,也可用“粘土”代替“泥”。

表1-9 碳酸盐岩—砂岩(或粉砂岩)系列的岩石类型

岩 石 类 型	方解石(或白云石),%	砂(或粉砂),%
纯石灰岩(或白云岩)	100~95	0~5
含砂(或粉砂)的石灰岩(或白云岩)	95~75	5~25
砂质(或粉砂质)石灰岩(或白云岩)	75~50	25~50
灰质(或白云质)砂岩(或粉砂岩)	50~25	50~75
含灰(或白云)的砂岩(或粉砂岩)	25~5	75~95
砂岩(或粉砂岩)	5~0	95~100

4. 石灰岩的主要类型

根据石灰岩的结构组分类型,可将石灰岩分为下列几种主要类型。

1)颗粒—灰泥石灰岩类

该类岩石主要由内碎屑颗粒和灰泥这两个组分所组成,分布最广,种类很多,其类型划分和定名以颗粒与灰泥(或基质)的相对百分含量、颗粒类型、颗粒的形状和大小等为依据,按内碎屑的形状和大小可进一步分为以下八种。

(1)竹叶状砾屑石灰岩:简称竹叶状灰岩,通常呈薄层状产出。平面观察由圆形、椭圆形扁平砾石组成,平行层面排列;在垂直切面上,砾石的形状似竹叶,故名竹叶状灰岩。砾石边缘常见一层黄色或紫红色的氧化铁质圈。砾石大小不等,一般长几厘米至十几厘米,成分单一,多为泥晶方解石,胶结物为微晶方解石、细晶方解石,局部有白云石化现象。它形成于潮汐波浪活动频繁的浅海地区,在我国广泛分布于华北寒武纪和奥陶纪地层。

(2)角砾状砾屑石灰岩:简称角砾石灰岩。砾屑以棱角状为主,基质多种多样。按成因可分为正常的内碎屑角砾石灰岩和礁旁的礁屑石灰岩。前者以其砾屑呈棱角状而区分于竹叶状灰岩;后者是位于海、湖滨岸的礁灰岩被波浪击碎后,礁屑未经搬运、磨蚀,原地堆积而成。礁屑的分选性和圆度极差。

(3)砂屑石灰岩:指主要由砂屑颗粒组成的石灰岩,常含有一些生物颗粒、粉屑和亮晶等,灰泥含量一般较少,具有交错层理及波痕等,形成于水动力条件较强的近岸浅水地区。

(4)粉屑石灰岩:指主要由粉屑组成的石灰岩,基质部分多为泥晶,形成于水动力条件较弱的安静的海(湖)湾环境。粉屑石灰岩由于颗粒太细,故难以用肉眼鉴别它与泥晶石灰岩、球粒石灰岩的区别。

(5)生物颗粒石灰岩:简称生物灰岩,主要由生物颗粒(含量大于50%)组成。其岩石类型多种多样,其中在安静的沉积环境下原地堆积而成者,生物颗粒完好无磨损,具灰泥基质,如瓣鳃类石灰岩;在水流或波浪作用强烈的地区形成者,生物颗粒破碎,圆度较好,被亮晶胶结,如三叶虫碎屑灰岩、介壳碎屑灰岩等。生物灰岩因化石丰富,富含有机质,加之生物碎屑的孔隙发育,故往往成为良好的烃源岩及储集岩。

(6)鲕粒石灰岩:简称鲕粒(或鲕状)灰岩,是一种以鲕粒为主要组分的石灰岩。按鲕粒之间的填隙物成分可分为亮晶鲕粒灰岩和微晶鲕粒灰岩;按鲕粒内部的结构特征,可分为正常鲕灰岩、假鲕灰岩、表鲕灰岩、负鲕灰岩等。鲕粒石灰岩是兼具化学和机械成因的石灰岩。亮晶鲕粒灰岩形成于碳酸钙处于过饱和状态的海、湖波浪活动地带或潮汐通道水流活动地带;若鲕粒被带到低能环境,则形成微晶鲕粒灰岩。

(7)藻粒石灰岩:简称藻灰岩,是一种由钙藻堆积或者由于藻类生命活动产生的石灰岩。如有些藻类可以分泌钙质或促使水介质沉淀出钙质,构成坚硬钙质鞘,直接形成岩石。有些藻类通过特殊的生长方式,例如蓝绿藻的生命活动过程,可形成一种具有叠层构造的石灰岩。藻灰岩常以藻灰结核、藻团块、藻屑及藻鲕粒的形态出现,在我国震旦纪地层中较常见。

(8)灰泥石灰岩:简称灰泥岩,又称泥晶灰岩、微晶灰岩等,是指以灰泥组分为主的石灰岩。灰泥石灰岩偶含或不含颗粒,在结构上相当于陆源粘土岩,常形成于低能环境,如潟湖、潮上带、浪基面以下的深水区。有些灰泥石灰岩在软泥阶段被生物扰动或遭受滑动变形,形成所谓"扰动泥晶灰岩"。在近岸潮滩形成的灰泥石灰岩常见鸟眼构造及干裂构造,并有氧化颜色。较深水环境下形成的富含有机质的暗色泥晶灰岩可以成为良好的油源岩。

还有一种具泥晶结构的石灰岩,颜色多为灰黄色,在隐晶方解石组成的基质中分布有黄褐色的泥质或白云质花斑,形似豹皮,故称为豹皮灰岩,在我国华北地区的中寒武统张夏组、下奥陶统冶里组中广泛发育。

2)晶粒石灰岩类

这类石灰岩又称结晶灰岩。它是一种主要由方解石晶粒(含量大于50%)组成的石灰岩,常常是泥晶灰岩或其他类型的石灰岩通过重结晶形成,按晶粒的大小可以细分为粉晶石灰岩、细晶石灰岩和粗晶石灰岩等。

3)生物骨架石灰岩类

这类石灰岩又称礁灰岩,是一种具有原地固着生长状态的生物骨架构成的石灰岩。它是由造礁生物(如群体珊瑚、钙藻类、苔藓虫、层孔虫、海绵、牡蛎蛤、腕足类、棘皮动物、软体动物等)的遗体在原地堆积并被碳酸盐胶结而成,如藻礁灰岩、珊瑚礁灰岩等。由于礁灰岩多孔,渗透性良好,因此常是良好的油气储集岩,在一定条件下也可以成为良好的油源岩。礁灰岩在我国西南泥盆纪和二叠纪地层中较为发育。

5. 白云岩简介

1)结构组分

与石灰岩类似,白云岩也是由颗粒、泥、胶结物、晶粒和生物格架五种结构组分构成的,因此石灰岩的分类和定名原则也适用于白云岩。在白云岩中,晶粒结构和交代结构较发育。晶形较好的白云石菱形体常具环带或污浊核心,这是交代残余现象。部分白云化的石灰岩中的云斑及白云岩中的石灰岩残体等也是交代作用的产物。这些都与白云岩的成因有关。

2)成因分类

白云岩按成因可分原生、次生两大类。原生白云岩是指以化学沉淀方式从水中直接沉淀而成的白云岩,但至今尚无确切证据证实有从水中直接生成的白云石晶体。澳大利亚南部考龙潟湖和美国加利福尼亚深泉盐湖的白云石是所谓原生白云石沉积的典型代表,但仍有争议。次生白云岩是指一切由交代(白云化)作用形成的(非原生沉淀)白云岩。次生白云岩可进一步分为以下四种类型。

(1)同生白云岩:指刚形成的碳酸钙沉积物,即在沉积物—水界面处通过交代(白云化)作用生成的白云岩。其特点是白云石晶体微细,岩石呈稳定层状。其形成环境有咸化海、咸化潟湖和内陆咸水湖等。

(2)准同生白云岩:指形成不久的碳酸钙沉积物,在其沉积环境中,基本脱离沉积水体后经交代(白云化)作用而生成的白云岩。其特点是白云石多为泥晶或粉晶状。在干旱气候条件下的潮上带,高镁粒间水使沉积物中的文石被交代(白云化),可形成准同生白云岩。

(3)成岩白云岩:指碳酸钙沉积物在成岩过程中由交代(白云化)作用形成的白云岩。其特点是晶粒较粗,具明显的晶粒结构,岩石常呈不稳定层状或透镜状夹于石灰岩中。成岩白云岩的成因可分多种,有在干热的潮上带由毛细管浓缩作用所产生的高镁粒间水对表层沉积白云化基本完成后,多余的高镁盐水因密度大而向下回流渗透,使其穿过的下伏碳酸钙沉积物或石灰岩白云化而成;有大气水(淡水)与一定量的海水混合,引起白云化作用而成;也有因大气水影响使原来的碳酸盐沉积物经淋滤作用和交代作用,使化学成分和矿物成分进行重新组合、调整而发生白云岩化作用而成等。

(4)后生白云岩:指石灰岩形成后由交代(白云化)作用生成的白云岩。其特点是晶粒粗大,岩性不均匀,层位不稳定。

石灰岩、泥灰岩和白云岩在外表上相似,但性质不同,肉眼鉴别时常借助稀盐酸(表1-10)。

表1-10 石灰岩、泥灰岩、白云岩的肉眼鉴别

鉴别方法＼岩石名称	石灰岩	泥灰岩	白云岩
岩石碎块上加稀盐酸	起泡强烈	起泡;含泥多的干后留下一撮泥,含泥少的干后留下斑点	反应微弱
岩石粉末上加稀盐酸	起泡极强烈	起泡剧烈	微起泡,有轻微的嘶嘶响声

第二章　地质录井技术应用

地质录井是一项传统录井项目，通过岩屑录井、岩心录井、井壁取心录井、工程录井、钻井液录井、气体录井获取钻遇的岩性、地层、油气水信息，为油气田勘探开发决策提供可靠的第一手资料。地质录井在油气田勘探开发过程中发挥着巨大作用，为此，被石油勘探家们誉为“眼睛”。

第一节　地层划分与对比

一、基本概念

为了认识整个地区的地质情况，对各个孤立的井眼剖面进行分层、对比，划分出相同或相当的地层，并把各井剖面联系起来，进而从整体上认识沉积地层在纵向上和平面上的分布特征和变化规律，这个过程就叫做地层划分与对比。

全区性井间全井段地层对比称为区域地层对比；局限于油田范围内，对含油层系内部的储层段进行的小层对比称为油层对比。

二、地层划分与对比的依据

在某一个地区，同一时代的地层，如果沉积时环境条件相似，常具有相似的特征；若沉积环境发生变化，则地层特征也会变化；而不同层位的地层常具有不同的特征；这就是地层划分与对比的依据。地层对比应遵循以下规律：

（1）老的沉积在下，新的沉积在上，即沉积成层原理。对比时不允许对比线交叉。

（2）地层连续沉积时，它在空间的变化也是连续的。它表现为相邻井间的地层特征是相同、相似或按一定规律变化的。具体表现如下：

① 岩性变化。在沉积时纵向上的岩性变化是有规律的，横向上的变化（空间的）和岩性分区也是有规律的。

② 岩相变化。岩相是环境的产物，而环境在时间、空间上的变化都是连续的、有规律可循的，众多的岩相标志如粒度、矿物组合、岩性组合等变化也是有规律的，岩相及各个标志都可作为井间地层对比的依据。

③ 厚度变化。在区域上地层厚度变化是有规律的，在小范围内厚度可作为控制对比的因素。

三、现场地层划分与对比技术的应用

（一）岩石地层学法

1. 标准层法

标准层即地层剖面中层位稳定、厚度不大、分布广泛、特征明显的特殊岩性层，具有明显的

等时面。利用标准层来控制大段地层,这种划分对比地层的方法叫做标准层法。

2. 岩性组合法

岩性组合即地层剖面的岩石类型及其纵向上的排列关系。不同的岩性组合类型是不同沉积环境和不同沉积阶段的产物,而同一地层由于形成条件基本相同或相似,具有相同的组合特征。沉积地层剖面中的岩性组合包括以下几种:

(1)岩性单一,但其他特征有变化;

(2)两种或两种以上岩石类型互层;

(3)以某种岩石类型为主,包含其他夹层;

(4)岩石类型有规律地重复。

3. 特殊标志对比法

在纵向变化大、不易找到标准层的情况下,利用某些岩石特征(如岩石的颜色、特殊成分、结构、构造等)的差异作为对比标志,鉴别地层层位,进行地层对比的方法,称为特殊标志对比法。

(二)构造地层学法

1. 地层接触关系

利用地层间的接触关系来划分对比地层,如整合接触、平行不整合接触、角度不整合接触。

2. 沉积旋回

沉积剖面上相似的岩性组合呈现有规律重复出现的现象叫做沉积旋回。它可分为正旋回、反旋回和完整的旋回。同一个旋回在相当大的范围内具有形成时期上的一致性,所以可用来进行地层对比。

3. 岩浆活动及变质作用

在掌握了一个地区岩浆活动和变质作用的规律及相应的地史阶段以后,就可根据其存在与否来进行地层对比。

(三)地球物理测井方法

在油气勘探和开发中,普遍利用地球物理测井资料来划分对比地层。同一地层,当其岩性相似时,常具有相似的电性特征。常用的对比方法有两种。

1. 电性标准层对比

作为电性标准层的条件是:具有明显和稳定的电性曲线特征,横向上分布广,厚度不大,易于识别,变化较小。在缺失区域性电性标准层的情况下,可分地区在小范围内选择局部电性标准层对比地层。

2. 电性组合特征对比

根据标准曲线形态及其组合关系,可在纵向上划分出若干个具有明显差异的岩性段,如高电阻段、低电阻段、高低电阻互层段、电性韵律段等。各井剖面都划分了电性段以后,即可根据对应关系对比连线。

(四)判断井下断层

(1)判断地层有无重复或缺失现象:

① 判断有无断层。将单井的综合解释剖面图与该区的综合柱状剖面图对比,可以确定该井剖面上地层的重复或缺失。对于同一岩层厚度的急剧增厚或减薄,在排除相变的可能之后,可以初步确定断层存在。

当地层倾角小于断层面倾角时,钻遇正断层时地层缺失,钻遇逆断层时地层重复;反之,当断面倾角小于地层倾角且断面倾向与地层倾向一致时,钻遇正断层地层重复,钻遇逆断层地层缺失。

② 确定断点及断距大小。本井与邻井电性剖面对比后,地层的重复或缺失的起点即为断点,断缺层段的厚度即为视断距,若为直井即铅直断距或断层落差。

(2)若钻井过程中出现钻井液漏失或意外的油气显示现象,则可能有断层存在。

(3)若短距离内同一层厚度有突变,则可以通过地层的细分对比把小断层判断出来。

(4)若近距离标准层标高相差悬殊,则可能有断层从井间通过,也可能是单斜挠曲造成的,应参考其他资料综合分析。

(5)若短距离内同层内流体性质、折算压力和油气水界面有明显差异,则可能钻遇断层。

(6)若钻井取心见明显的擦痕和破碎带,则可能钻遇断层。

(7)根据地层倾角矢量图分析断层;

由于断裂作用,断层上下盘地层产状发生变化,在倾角矢量图上出现明显的差异。构造力使岩石破裂,在断层面附近形成破碎带,在倾角矢量图上呈现杂乱模式或空白带;通常在断层附近发生牵引现象,使局部地层变陡或变缓,这种变形在倾角矢量图上表现为红模式或蓝模式。根据倾角矢量图的变异特征,可比较准确地确定断点位置、断层走向及断面产状。一般同生断层按逆牵引解释,非同生断层按正牵引处理。一般正牵引的地层倾角与断面倾角一致,牵引处最大倾角接近于断层面的倾角。

(8)若石油性质存在明显变化,则可能存在断层。由于断层的切割,同一油层可成为互不连通的断块。各断块中的油气是在不同的地球化学条件下聚集并保存下来的,因而出现明显差异。

(9)邻近断点的渗透层的声波时差值要比远离断点的渗透层的声波时差值大,一般均出现明显的幅度增大台阶。

(五)识别井下不整合

1. 沉积识别标志

岩性有明显差别,见底砾岩(石灰岩内的孔隙带、古土壤剖面、重矿物组合突变带、氧化铁带、海绿石带)等明显的沉积间断特征。

2. 古生物识别标志

地层中所含的古生物化石突然变化,古生物演化出现间断。

(六)注意事项

(1)同一构造没有地层完整的邻井时,可多选几口井作对比参考。

(2)对比中地层出现异常时,要根据相应位置和构造关系分析出异常的原因。经常出现的异常有两类:一类是地层层序出现重复、缺失或倒转,这些现象与构造运动有关;另一类是厚度异常变化。除不整合引起的异常外,其他厚度变化都有规律且具区域性特征。如果只出现在个别井段,则与断层有关,对比时可采用由正常井段逼近异常井段的方法找出断缺或重复井段。

(3)要求典型井地层资料齐全,对比标志明显,位置适当。

(4)骨架剖面应通过典型井,尽量穿过较多的井,最好与地震测线平行或重合,建立标准剖面。应首先考虑古生物资料和地层的接触关系,但也不能忽略其他因素。

(5)标志层、标准层的古生物、岩性、电性特征明显。

(6)要进行地质分析,使分层闭合误差最小,井间对比连线协调。

(7)地层对比时要区别正断层与不整合所造成的地层缺失。

(七)地层对比应用

1. D21 井与 D16 井地层对比

D21、D16 井位于饶阳凹陷蠡县斜坡上,由西向东地层依次增厚。蠡县斜坡地区有两套标志层,为该区的主要对比标志,即新近系馆陶组杂色砾岩及古近系沙一段下油页岩。标志层岩性、电性特征明显,十分便于识别。D21 井与 D16 井地层主要依据标志层进行对比,两井之间在地震剖面上没有发育断层。D21 井馆陶组杂色砾岩底界深度为 1745m,而 D16 井为 1880m,相比深度增加 135m;D21 井沙一段下油页岩顶深 2605m,而 D16 井为 2812m;D21 井馆陶底至沙一下油页岩顶剖面厚度为 860m,D16 井馆陶底至沙一下油页岩顶剖面厚度为 932m,比 D21 井厚度增加了 72m,与区域地层厚度相吻合(图 2-1)。

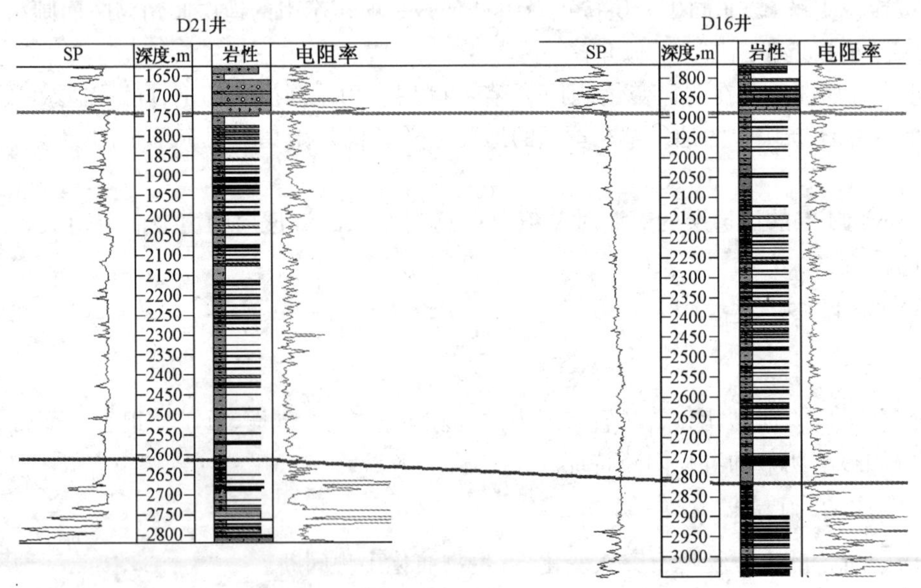

图 2-1 D21 井与 D16 井地层对比图

2. N30 井与 N32 井断层识别

N30、N32 井位于冀中坳陷饶阳凹陷肃宁构造带 N603 构造上两口预探井。区域地层稳定,区域标志层为新近系馆陶组底砾岩与古近系沙一下油页岩。N30、N32 井位于 N603 构造上不同构造位置,但在沙一段过同一正断层,断点位置不同。经过岩性、电性对比,N30 井在井深 2792m 过断点,断缺了相当于 N32 井 2982~3040m 特殊岩性油页岩及沙一下尾砂岩,视厚度 58m。N32 井在井深 2925m 过断点,断缺了相当于 N30 井 2672~2738m 深灰色泥岩,视厚度 66m(图 2-2)。

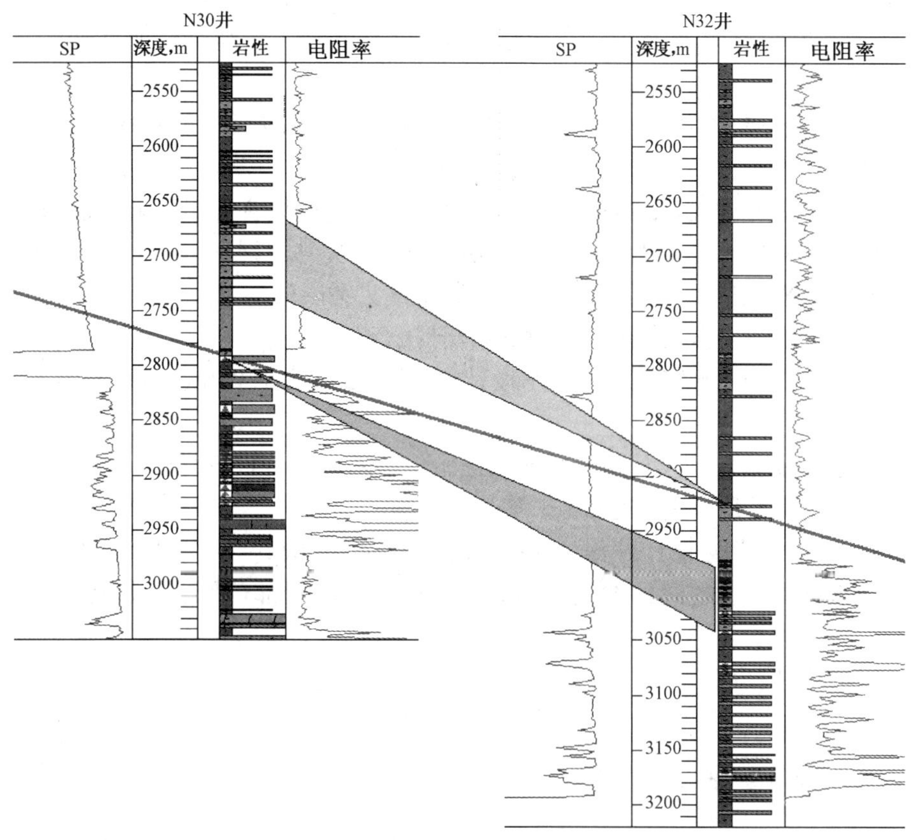

图 2-2 N30 井与 N32 井断层识别图

第二节 卡准完钻层位技术应用

卡准完钻层位是现场地质技术人员应掌握的基本技能。及时卡准完钻层位,可减少无效进尺,节约钻井成本。

卡准完钻层位的基本方法是掌握施工井区域地层、构造特征,及时观察岩屑,绘制录井岩性剖面并与邻井进行对比,根据构造、地层厚度变化、岩性变化确定完钻层位。

一、掌握施工井设计完钻原则

施工井设计完钻原则一般有以下几种：按设计井深完钻、钻达某层位完钻、揭开某层位××米完钻、揭开潜山×××米无油气显示完钻、揭开邻井××××～××××井段留足口袋完钻等。不同井别、不同钻探目的的井完钻原则各不相同，现场施工中一定掌握设计完钻原则，掌握完钻层位岩性及其组合特征。

二、卡准完钻层位（井深）方法

(1)熟悉本井所在地区的地层、构造、岩相变化特征，了解本井所在位置和邻井的关系。

(2)及时描述岩屑，绘制录井草图，并与邻井对比确定正钻层位，预测将要钻遇的标准层、目的层的深度。

(3)施工井和邻井对比，根据标志层、辅助标志层、岩性组合等出现的深度，结合构造关系，预测完钻井深。对于钻达设计层位的，一般应按设计完钻原则完钻。

(4)根据测井对比情况，结合岩性、电性资料卡准完钻层位。

(5)设计书中若规定按设计井深完钻，依设计执行。

(6)若钻井过程中出现特殊情况或与设计出入较大，应及时提出提前完钻或加深钻探的意见，报请上级批准。

① 提前完钻：提前钻达设计目的层或钻进中发现新的良好油气层时，应立即向上级主管部门汇报，由上级确定是否提前完钻。

② 加深完钻：已钻达设计井深，但未钻达目的层，经认真对比，认为继续钻进在钻机负荷能够满足加深可以达到目的层时，应立即向上级主管部门汇报，由上级确定是否加深钻探。

钻达设计井深但油底沉砂口袋不够时，应立即向上级主管部门汇报，由上级决策是否加深钻探。

三、卡完钻层位实例

X61井位于冀中坳陷饶阳凹陷马西构造带上，钻探目的层为沙一段，目的是了解马西构造带沙一段含油气情况，完钻层位沙二段，完钻井深3300m。

X61井地区地层特征：自上而下地层为第四系平原组，古近系明化镇组、馆陶组（杂色砾岩为区域标志层），古近系东营组，沙一上、下段（油页岩为区域标志层），沙二段。

X61井岩性特征：沙一上段上部主要为紫红色泥岩与浅灰色细砂岩不等厚互层，沙一上段下部为灰色、深灰色泥岩；沙一段下部为棕褐色油页岩（厚度大约110m），底部为深灰色泥岩与灰色细砂岩互层（厚度大约30m）；沙二段为紫红色泥岩与灰色细砂岩交互层。

X61井实钻过程中在井深3128m揭开棕褐色油页岩，预测在3268m左右钻达沙二段。在实钻井深3273m时见紫红色泥岩（图2－3），根据区域地层特征判断进入沙二段，钻达设计层位，为此，请示上级决策完钻。

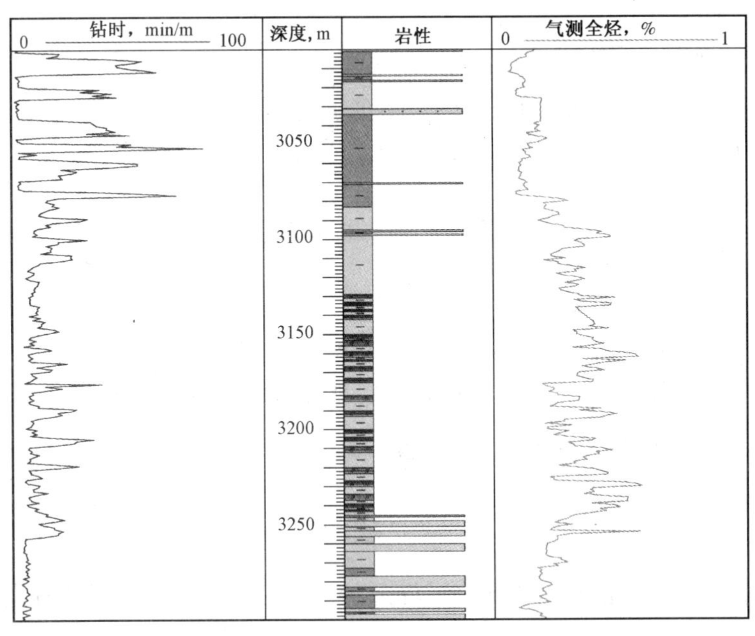

图 2－3　X61 井卡完钻层位、完钻井深图

第三节　卡准钻井取心层位技术应用

在油气田勘探、开发过程中，需要获取反映井下岩层最直观的岩心实物。其目的是了解地层沉积特征、岩性特征、含油气水特征、储层物性、地下构造情况，同时通过岩心进行岩电对比研究、测井参数标定及为生油指标评价提供样品。

卡准钻井取心层位是现场地质技术人员应掌握的基本技能。及时卡准钻井取心层位，取出目标层位岩心，为油气勘探、开发提供丰富、翔实的资料。

卡准钻井取心层位的基本方法是掌握施工井区域地层、构造特征，及时观察岩屑，绘制录井岩性剖面并与邻井进行对比，根据构造、地层厚度变化、岩性变化预测取心层位深度。

一、掌握施工井设计钻井取心原则

不同井别、不同取心目的，取心原则差异较大，如储层取心、盖层取心、生油岩取心、不整合界面取心、油气层取心等。以取油气层为主要目的取心原则一般为见油气显示取心、某层位见油气显示取心、卡准邻井某层位××××～××××油层段取心。为此，施工前要求现场技术人员掌握钻井地质设计取心原则，做到有的放矢。

二、熟悉卡钻井取心层位工作流程

施工前，掌握钻井地质设计取心原则与要点；收集区域地质、构造、地震、邻井录井资料；对资料进行分析对比，掌握区域地层、构造、油气显示特征；制定卡准钻井取心层位的施工方案。施工中，及时绘制录井图并与邻井进行对比，根据邻井油气显示深度预测施工井取心位置；进入目的层段发现钻时变化及时停钻循环，确保进入储层及油气层；根据取心原则决定取心。

三、卡准钻井取心层位方法

不同的取心目的,卡准钻井取心层位的方法有所不同。

(1)目的层储层(或见油气显示)取心:进入目的层后,见低钻时层位 1~2m 立即停钻循环,待岩屑返出经落实后,决定取心。

(2)生油岩取心:进入目的层后,经对比预测相对厚度较大的暗色泥岩层段深度,同时在预测深度内见到暗色泥岩,决定取心。

(3)定位取心:在进入取心井段前 20~30m 进行对比测井,用测井曲线和岩性剖面与邻井对比,卡出取心层位,确定取心目的层深度。若因某种原因不能进行对比测井,应在现场用岩屑、钻时等录井资料与邻井对比,确定取心目的层预计深度。钻至预测的井深后决定取心。

四、卡准钻井取心层位应用实例——D30 井

D30 井位于冀中坳陷饶阳凹陷蠡县斜坡带,设计取心原则为:沙一下段尾砂岩见油气显示储层取心。

区域地层特征:沙一下段油页岩为区域标志层,取心井段为位于标志层下部。蠡县斜坡沙一下段地层厚度特征为东厚西薄。

D30 井钻井取心层位对比邻井为 D28 井。D28 井位于 D30 井西。D28 井沙一下段油页岩厚度为 60m,D30 井区沙一下段油页岩厚度大于 60m。

D30 井在 2910m 发现油页岩,根据油页岩厚度,预测取心井深在 2980m 左右(图 2-4)。

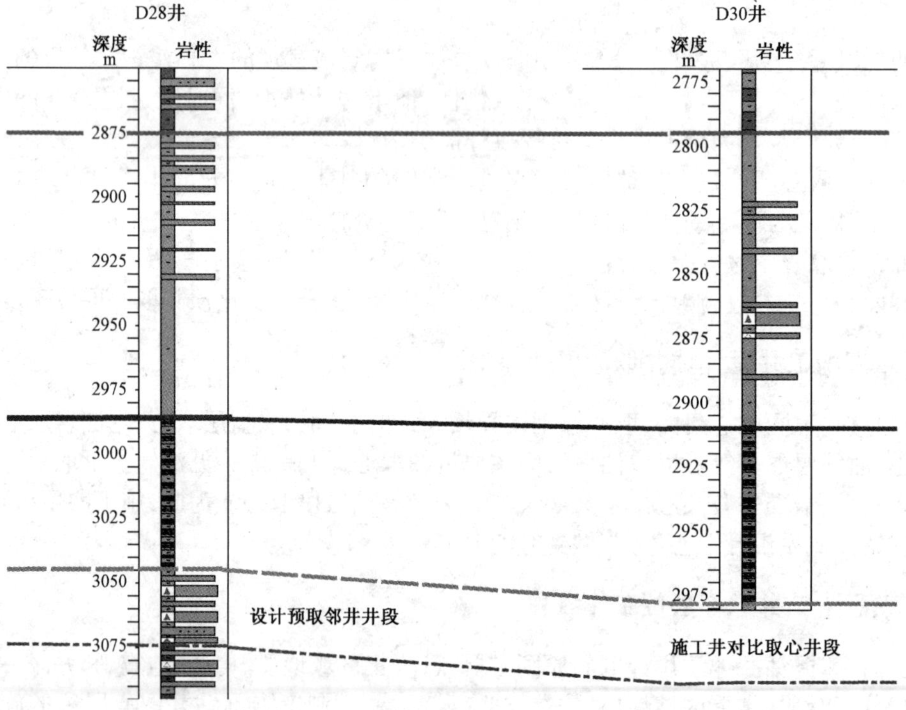

图 2-4 D30 井卡取心层位地层对比图

D30 井在 2984m 钻遇低钻时层位，及时停钻进行地质循环，岩屑返出后见到油斑显示，决定取心。

第四节 卡准潜山界面技术应用

潜山地层经过长期剥蚀、风化、淋滤，具有孔洞缝十分发育、地层压力相对较低的特点。钻探中一旦揭开潜山界面，易产生钻井液漏失，导致工程复杂。因此，需要在刚刚揭开碳酸盐岩层本体时(一般要求在 3 ~5m 以内)下一层技术套管，将潜山上部易垮塌的砂泥岩地层封住，对目的层进行先期完成。

如果“漏卡”，即潜山地层揭开过多，继续钻进中随时会出现井漏、油气侵，导致恶性事故的发生或严重复杂情况的出现；若是“误卡”，即没有卡准潜山界面而是提早下了技术套管，没能将潜山上部砂泥岩地层完全封固，这对继续钻进和完钻后的试油及采油工作将带来困难。所以卡准潜山界面是录井关键工作。

一、潜山定义

潜山是在盆地接受沉积前就已经形成的基岩古地貌山后被新地层覆盖埋藏而形成的。可见，一个潜山的构成必须具备三个基本地质条件：一是经过侵蚀；二是相对于周围侵蚀面的一个局部隆起；三是被新沉积物所掩埋。

潜山按岩石类型分为碳酸盐岩潜山、碎屑岩潜山、火成岩潜山和变质岩潜山。本教材中潜山特指碳酸盐岩潜山。

二、潜山界面岩石组合特征

盆地的基岩经过漫长地质时期的构造变动和风化、淋滤溶蚀等地质作用后，因不稳定矿物不断分解、可溶物质伴随地下水逐渐流逝，以及构造运动和古地形的差异造成的机械崩塌等对基岩表层进行改造。这种经过构造运动和物理、化学、生物作用所改变的基岩表层俗称“风化壳”。

在冀中潜山勘探中，潜山风化壳是指古近系以下的不整合面，即主要是指潜山体的表层部分(图 2 –5中的Ⅲ)，在盆地的沉降初期紧覆于潜山顶面，物源来源于潜山本体厚度有限的部分残积层(图 2 –5中的Ⅱ$_2$)，与潜山的形成、分布有着极其密切的关系。在卡潜山界面过程中(潜山界面指图 2 –5 中Ⅱ$_2$ 与Ⅲ的分界)，一旦钻头进入Ⅲ内，即称“进山”了。

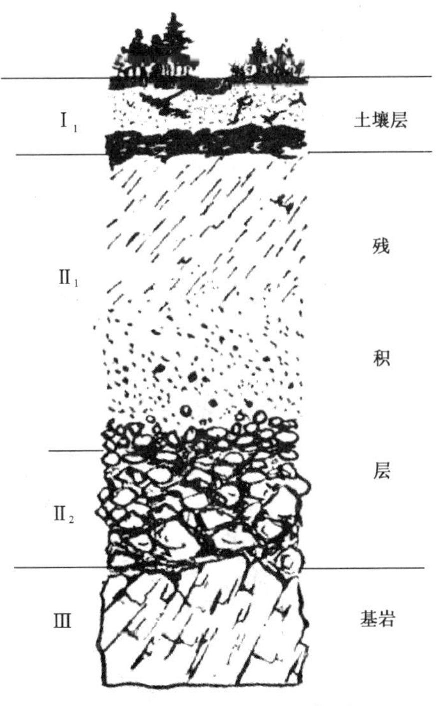

图 2 –5 潜山界面示意图

潜山风化壳的形成是一个复杂的过程。同一盆地可形成规模不同、性质不一、多种形式的风化壳。目前实际钻到的潜山顶面，是经受多次自然力影响和反复改造的最终结果。由于潜山发育历史、潜山所处的区域构造位置与覆盖层的沉积古地理环境、潜山本身的地貌形态的差异，使风化壳地层组合的十分复杂。

图2－6中①所示位置为山顶组合。处于构造运动频繁而又活动剧烈的盆地中的潜山有许多具有高峻、陡坡的特点，而峰顶又最易遭受风化、剥蚀。各种营力的强烈作用，使这些潜山大都缺失残积砾石层，则年轻的地层直接覆盖于潜山本体之上。

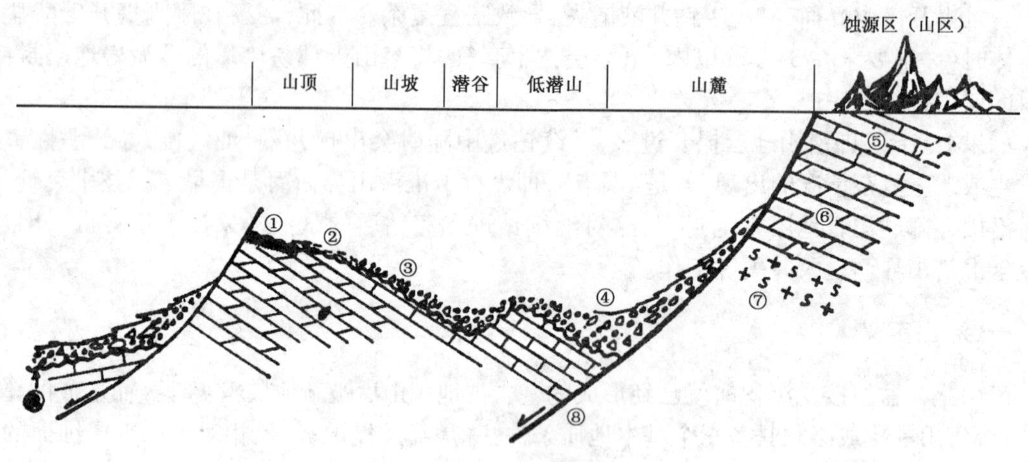

图2－6 潜山界面剖面组合示意图

图2－6中②～④所示位置为山坡组合。沿山坡顺坡而下，坡积物越来越厚，主要为砾石层夹质软、色鲜的红色泥岩，厚度一般为几米至几十米。位于盆地边缘或大断裂的根部、紧邻物源剥蚀区的低幅度潜山，由于地形高差悬殊，机械剥蚀强烈，高能量的水流从母岩剥蚀区携带大量的岩块以洪积、冲积的形式堆积覆盖在盆地边缘及其内部潜山上，形成厚度不等的砾岩层。对于具体潜山而言，砾石层的分布一般具有“顶薄翼厚”的特点。

当潜山在生长过程中隆起缓慢，上升速度接近风化、剥蚀速度时，潜山峰顶就会逐步被改造成为顶圆、坡缓的“丘陵”山，这样潜山的风化物会或多或少地在原地堆积成层（多为角砾状砾石层）。因这些风化物来自于潜山本体，故岩性与母岩基本一致。如冀中坳陷龙虎庄潜山是有奥陶系石灰岩组成的，其顶面的残积砾石层砾石成分与潜山本体相近（图2－7）。

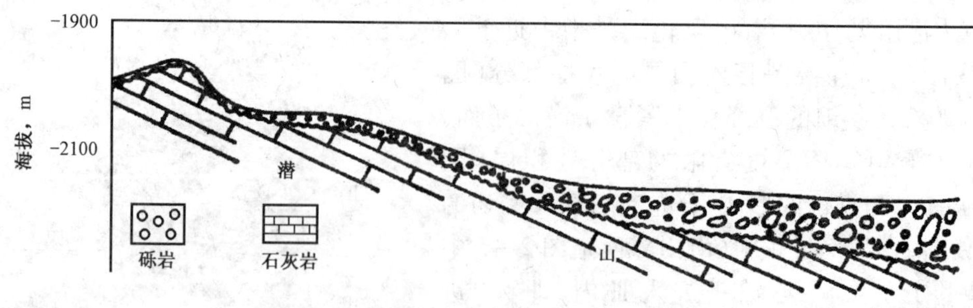

图2－7 龙虎庄潜山砾岩分布剖面图

三、卡潜山界面录井方法

在各类潜山油气藏的勘探开发过程中，根据不同的地质条件，有严格的揭开潜山程度和完井方法。

若出现误卡或漏卡的情况，会造成被迫增加下技术套管和继续钻井的困难。若一旦钻入潜山内部缝洞发育段，钻井液大量漏失，就会引起井壁坍塌，甚至造成油井报废。这样的教训在国内外屡见不鲜。所以，卡准潜山界面是一项非常复杂而又细致的重要工作。

(一)掌握潜山地层特征与岩性特征

不同地区的潜山地层不同，不同层位岩性特征也有较大的差别，这为卡准潜山界面、识别潜山层位提供了基础。

例如，冀中地区潜山层位主要为奥陶系、寒武系、青白口系、蓟县系、长城系，不同层系组段岩性组合及特征均有一定的差别。奥陶系以灰褐色石灰岩为主夹灰色白云岩，寒武系以褐灰色鲕灰岩、灰质白云岩为主夹白云质灰岩，青白口系为紫红色灰绿色泥灰岩互层(俗称玫瑰紫、鸭蛋青泥灰岩)夹灰色石灰岩及含泥石灰岩，蓟县系雾迷山组为浅灰色、灰黑色白云岩。

掌握潜山地层岩性、组合特征、岩性识别标志，一旦揭开潜山，根据岩屑岩性特征、岩矿特征比较容易识别潜山层位。

(二)潜山界面深度预测

根据不同类型潜山界面的地质特点，欲准确、及时地卡准潜山界面，要掌握潜山界面岩性组合特征及其空间分布规律，在钻井过程中利用地震资料、实钻邻井资料对比，不断预测潜山顶面的埋深，做到“早期预测”、“中期预测”和“临近预测”三级预测，科学地预测潜山界面深度。

1. 地震剖面预测(早期预测)

地震剖面是反映潜山形态、潜山界面深度的第一性资料。不同类型的潜山在地震剖面上均有各自不同的波阻特点。在一口井开钻前，必须对有关地震资料进行深入分析，了解潜山在地震剖面上的可靠程度、埋藏深度，上覆地层层序、厚度以及接触关系。长期发育的碳酸盐岩潜山界面反射波阻能量较强、连续性好，在地震剖面上可清楚地表现出上覆年轻地层对潜山的超覆关系(图2－8)，根据地震反射剖面预测潜山界面深度。

2. 对比预测(中期预测)

对比预测潜山界面深度包括地震剖面深度修正与地层对比两个方面。

(1)地震剖面深度修正：根据施工井钻遇的区域标志层(重要的地层界面)，及时与地震剖面进行校核，修正因地震速度误差导致潜山界面深度的差异，提高对潜山界面深度预测的精度。

(2)地层对比：在潜山井开钻前，收集区域地质、构造及邻井录井资料，经过地层对比、分析，掌握区域地层、岩性组合特征以及潜山界面特征。根据潜山界面形态及不同位置，预测施工井潜山上覆地层厚度。

钻井过程中，录井人员及时描述岩样、绘制录井图，并进行地层对比，修正标志层深度，预测潜山界面埋藏深度(图2－9)；发现地层出现与设计不符时，及时向上级部门汇报，同时根据

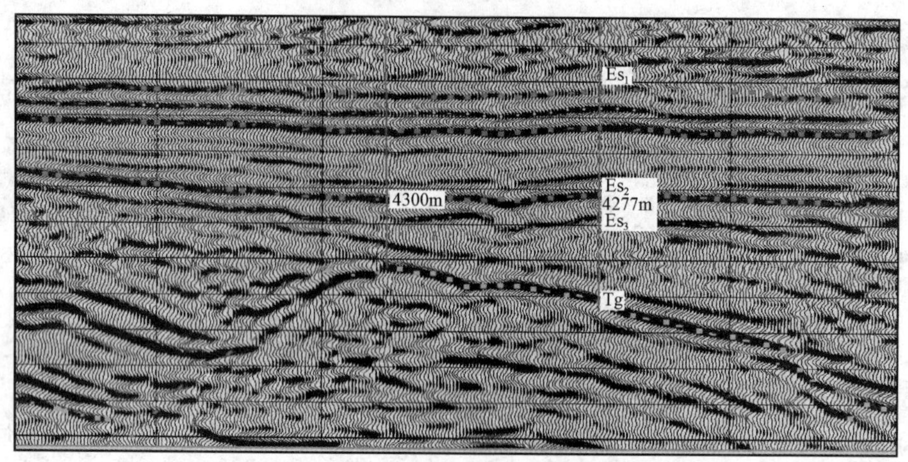

图 2-8　地震剖面预测潜山界面深度图

新出现的情况及时对潜山界面进行预测。

由于潜山的形态变化、地形起伏不平，以及潜山不同部位上覆年轻地层层位、厚度、岩性有一定变化，越接近潜山界面，地层对比越困难，因此，应分析潜山可能具有的古地貌类型。如果古地貌条件复杂，即使两口井平面距离很近，潜山界面埋藏深度也可能相差很大，尤其是岩溶地貌发育和断裂活动剧烈地区的中小型潜山因地层的超覆而使潜山高低部位被掩埋的时间有先后次序，导致上覆沉积物复杂多变。在地层对比时，应针对潜山所处的不同地质条件作多方面考虑。

3. 临近预测

钻进至预测的潜山界面深度时，进行预报，提醒钻井施工单位做好各项监测，启动各项预案。

利用地震资料预测潜山界面深度的成功率比较高，所以在冀中地区卡潜山过程中地震资料已得到广泛应用。

四、潜山界面识别

潜山界面由于地质层位、年代、岩性的差异，在钻井特征、可钻性、岩性、岩屑特征均有变化，根据其变化在揭开潜山界面 3~5m 能够及时识别。

(一)钻时识别

钻时的变化特征是录井在卡潜山界面首先采集到的信息。当地下岩性发生变化时，钻时也随之发生或快或慢的变化。一般情况下，潜山地层钻时比上覆年轻地层中的泥岩要小，比砂岩、砾石层钻时要大。潜山地层钻时的最大特点是钻速均匀，连续几米钻时变化幅度小。根据 3~5m 钻时特征，能够及时判断揭开潜山界面。

如 M39 井(图 2-10)潜山界面为 4497m，4497m 以上地层钻时一般大于 200min/m，揭开潜山界面后钻时明显下降。

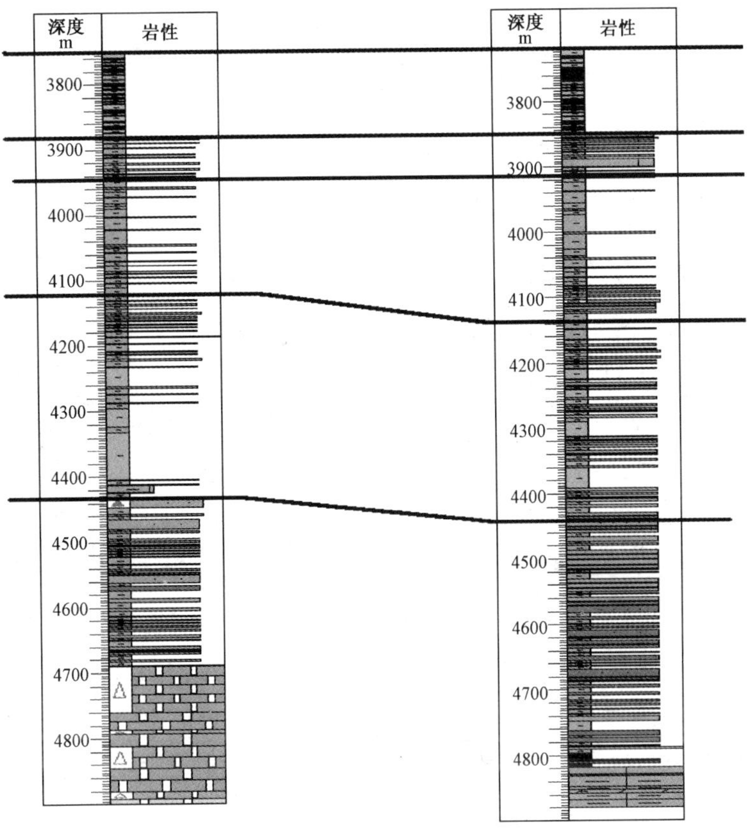

图2－9 地层对比预测潜山界面图

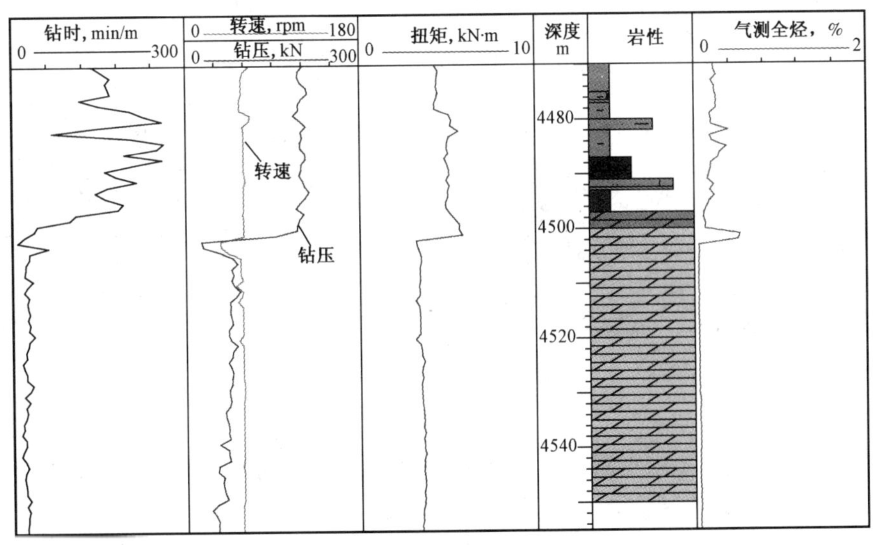

图2－10 钻时变化识别潜山界面图

(二)岩屑特征识别

潜山本体岩屑成分单一,颜色单调,碳酸盐岩在岩屑中百分比高(图2-11),常见较多的次生矿物方解石(图2-12)、石英等,形状多为片状,棱角明显,断口新鲜。一般老地层中的碳酸盐岩结晶程度高、质纯、硬脆;而新地层的碳酸盐岩则结晶程度低,普遍含泥砂质,岩屑具污浊感。

图2-11 潜山本体岩屑图

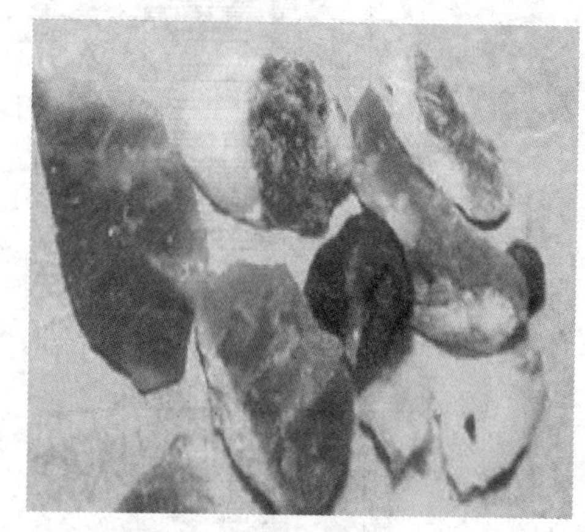

图2-12 潜山次生矿物图

紧覆于潜山界面的砾石层,其来自于潜山本体,因成分与潜山本体一致,常难以与其区分。在冀中地区勘探开发工作实践中,总结出潜山上覆砾岩特点:砾石岩屑常有磨损面及胶结痕迹,形状不规则(块状、棱角状、片状),风化程度较深表面缺凡新鲜感,岩屑中常发现有较多的红色浸染现象(图2-13)。

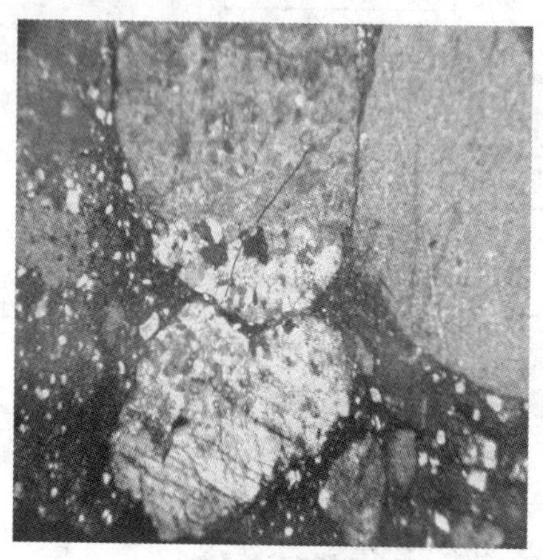

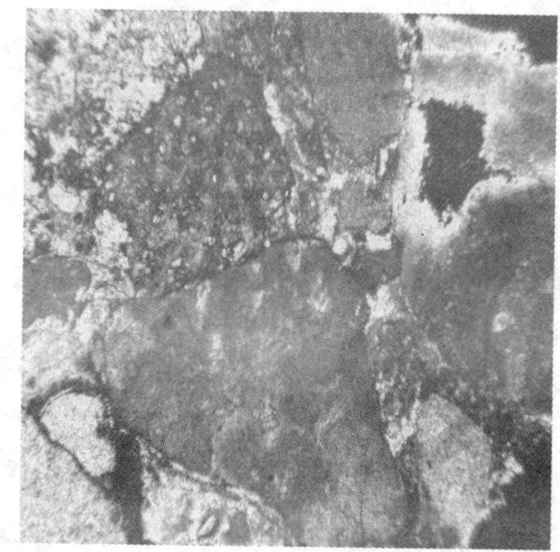

图2-13 残积砾岩图

(三)岩矿鉴定识别

应用偏光显微镜,从微观上观察岩石的成分、结构、含有物、化石等,可把组成古潜山的碳酸盐岩层和上覆的碳酸盐岩及砾石层准确地区分开来。

(四)钻井显示辅助识别

钻遇潜山界面往往有蹩钻、跳钻、钻具放空和钻井液漏失等现象。

(五)专家识别

在潜山界面识别过程中,掌握钻井工程、地质构造、岩性特征、岩矿特征等资料进行综合判断。尤其在特殊情况下,由于岩性比较混杂、井下复杂岩屑代表性差等情况,要将各种资料收集整理好后,召集卡潜山界面有经验的技术专家集体讨论,集思广益,从不同角度分析、判断潜山界面。

五、卡潜山界面应用实例

(一)ng8x 井

ng8x 井是一口重点深潜山井,设计潜山界面为 4627m(垂深),设计潜山层位为蓟县系雾迷山组。

该井位于潜山构造的高部位,邻井有处在同一构造低部位的 ng2 井和另一潜山构造上的 ng1 井。

施工前,根据潜山界面组合特征,进行初期预报。ng8x 井是设计 ng2 潜山的一口预探井。ng2 潜山位于肃宁构造带与大王庄构造带的中间过渡地带,隶属于肃宁构造带。经三维地震资料连片时间偏移重新处理,潜山地震反射形态较清楚,高点位于 n609 井附近,ng2 井位于潜山的低部位。以 ng2 井为界,圈定潜山圈闭面积 8km^2,高点埋深 4600m,幅度 250m。经落实认为,该潜山规模较大,形态较完整。ng2 井潜山圈闭西侧受一条北东走向的西掉断层控制,该断层最大断距 800m,圈闭地层产状西抬东倾。

该井设计钻遇地层自上而下为新生界第四系平原组,新近系明化镇组、馆陶组,古近系东营组及沙河街组沙一段、沙二段、沙三段,蓟县系雾迷山组。根据设计潜山界面组合为角度不整合,根据同一潜山底部位 ng2 实钻剖面潜山之上未见砾岩,因此,认为位于高部位的 ng8x 井潜山界面上也没有砾岩,为古近系砂泥岩与潜山组合。

施工中,根据实钻剖面及时校正标志层在地震剖面上的误差,预测潜山界面的深度。ng8x 井主要标志层有馆陶组、沙一段。通过实钻,馆陶组底界深为 2246m,比设计深 70m,预测潜山界面比设计深;沙一段地层分布广泛、稳定,与 ng2 井深度接近,沙一段实钻底界深 3867m,比设计深 19.5m,预测潜山界面与设计基本吻合(表 2-1)。

表 2-1 ng8x 实钻沙一段标志层深度与地震剖面误差表

地层时代				设计地层,m	实钻分界		与设计误差
界	系	组	段	底界深度	斜深	垂深	
新生界	第四系	平原组		350			
	新近系	明化镇组		1950			
		馆陶组		2176	2284.5	2246.29	-70.3
	古近系	东营组		3296	3295	3234	62.0
		沙河街组	沙一段	3848	3929	3867.49	-19.5
			沙二段	4230	4229	4166.92	63.1
			沙三+四段	4627	4688	4624.66	2.3
元古界	蓟县系	雾迷山组		4850(∇)			

注:∇ 表示未钻穿。

对过 ng2 井、ng8x 井连井地震剖面分析，沙三、四段地层厚度变化比较大，由 ng2 向 ng8 井方向变薄，并且地震剖面呈楔状，地层对比困难。因此，以稳定的沙一段底部为标准深度，按厚度方法预测潜山界面深度，ng2 井沙一段至潜山界面厚度为 995m，ng8x 设计沙一段至潜山界面厚度为 779m，为此预测潜山深度为 4646m（表 2－2）。

表 2－2　ng8x 潜山界面深度预测表

层位＼井名	ng8x		ng2	
	垂深，m	厚度，m	底深，m	厚度，m
Ng	2246.29		2381	
Ed	3234	324.88	3231.5	288
Es_1	3867.49	633.49	3890.5	659
潜山界面	预测潜山界面深度 4646m	设计沙一至潜山界面厚度 779m	4885	995

卡潜山界面采用钻时识别技术、工程特征、地质循环、岩性识别技术。

ng8x 井用 PDC 钻头钻进，岩屑碎小，增加了岩性识别困难。当钻至井深 4688.95m 时，钻时由原来的 55min/m 突然增大，超过了 120min/m。由于钻时过高，钻井队钻至井深 4689m 循环，准备起钻换牙轮钻头。待 4689m 岩屑返上后观察，仔细挑选发现了少量的灰褐色白云岩，初步分析判断为潜山岩性。由于岩屑太碎小，代表性太差，白云岩量不足 1%，立即进行岩矿鉴定，鉴定结果为白云岩、硅质岩，确定为雾迷山组岩性。该井揭开潜山界面不到 1m，及时发现了少量的白云岩，卡准了潜山界面（图 2－14）。之后牙轮钻头下至井底循环测后效过程中发生井漏，严重影响了岩屑的代表性，钻至 4695m 中期完井。岩屑中白云岩量不足 1%，细碎的混样中白云岩、硅质岩量达 30%～40%，并随井深有增加趋势。

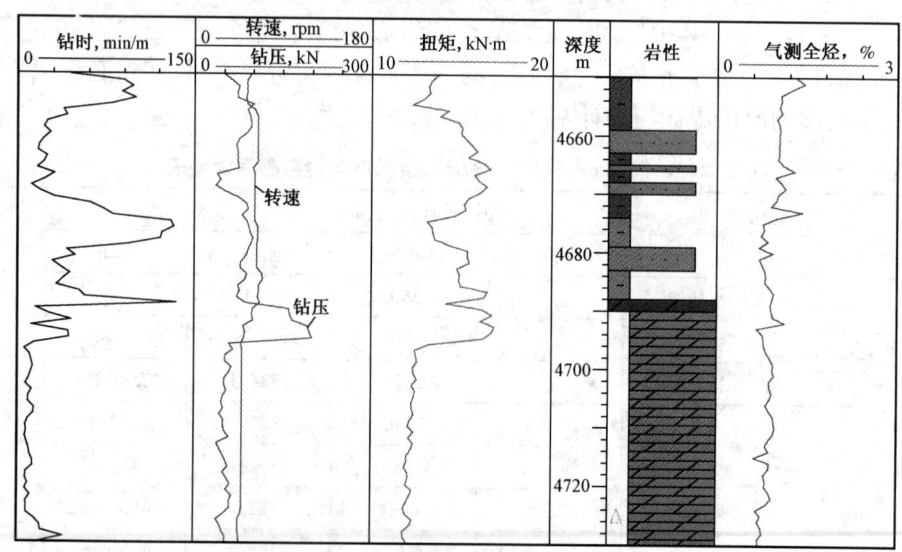

图 2－14　ng8x 井潜山界面识别图

(二)h18x 井

h18x 井是设计在饶阳凹陷孙虎潜山构造带 h5 潜山高部位的一口预探井。h5 潜山受 h5 断层控制,为一断块山;潜山地层西北抬、东南倾,潜山顶面反射特征清楚,潜山构造形态落实可靠,其闭合幅度为 220m。

设计钻遇地层自上而下为新生界第四系平原组,新近系明化镇组、馆陶组,古近系东营组、沙四段、孔店组,长城系高于庄组。馆陶组的底砾岩为冀中区域标准层。根据邻井 h2、h5、h8 井资料,潜山上覆地层未见砾岩,为角度不整合,潜山界面为古近系砂泥岩与潜山组合。

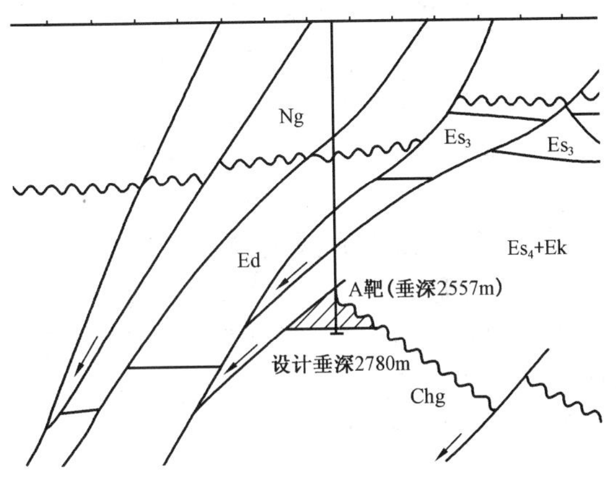

图 2-15 h18x 井地震解释剖面图

施工井标志层馆陶组设计底深为 1780m,实钻垂深 1741m,比设计提前 39m。由于该井区断裂发育,构造复杂(图 2-15),地层对比较困难,按厚度方法预测潜山界面 2518m。

卡潜山界面采用钻时识别技术、工程特征、地质循环、岩性识别技术。

钻进至井深 2699m(垂深 2683.55m)时,钻时下降明显(图 2-16),至 2704m 钻时较稳定,岩屑岩性为硅质白云岩,确认进山。

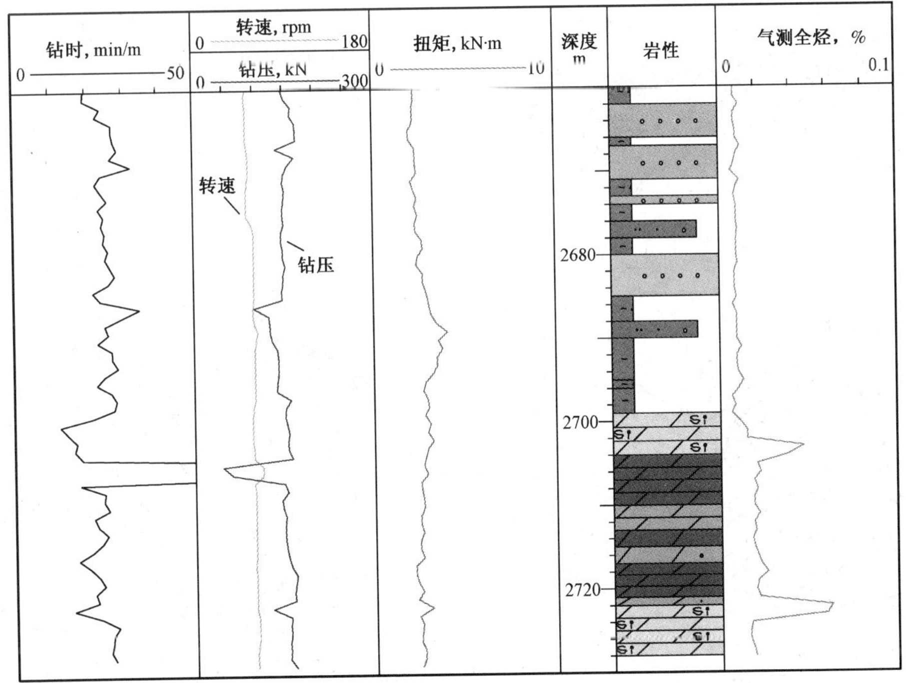

图 2-16 h18x 井潜山界面图

第五节　油(气)水界面判断

含水识别是潜山钻探中重要技术环节,目前总结出电导率、定量荧光、气测组分、直接显示等识别含水方法,可以准确识别水层及油水界面。由于油气性质差异、储层类型不同,以上识别含水方法应用效果不同,为此,需要根据潜山储层类型、油气性质进行含水综合判断。

一、潜山储层特征

碳酸盐岩主要由方解石、白云石等碳酸盐矿物组成,主要矿物为方解石、白云石、菱铁矿、菱镁矿等。

在不同的沉积作用及沉积条件下,碳酸盐岩的结构组分特征不同。碳酸盐岩的结构组分包括颗粒、灰泥、胶结物、晶粒和生物骨架,它们相互组合构成不同的结构类型。

潜山储层主要由沉积作用形成的原生孔隙有粒间孔(图2－17)、骨架孔等,由溶解作用形成的孔隙有溶孔(图2－18)、溶沟、溶洞(图2－19),由白云石化作用形成的孔隙为晶间孔(图2－20),由角砾化作用形成的孔隙有溶解塌陷砾间孔(图2－21)和裂缝(图2－22)。

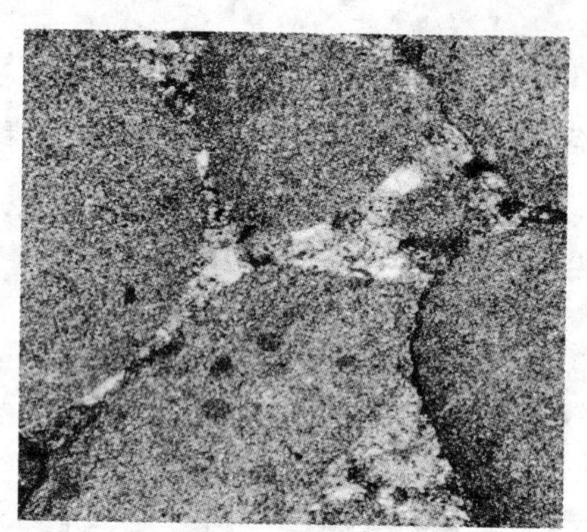

图2－17　粒间孔

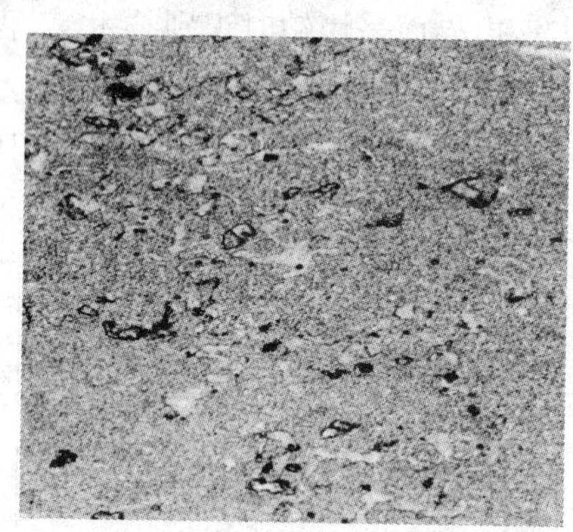

图2－18　溶孔

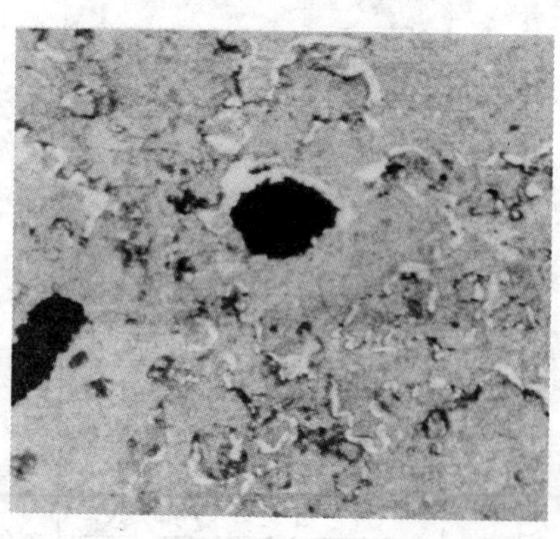

图2－19　溶洞

图2－20　晶间孔

图 2－21 溶解塌陷砾间孔

图 2－22 裂缝

碳酸盐岩的主要储集空间为孔隙、孔洞和裂缝，根据其不同的组合储层可划分为以下六种：孔隙型储层、孔洞—孔隙型储层、裂缝—孔隙型储层、孔隙—裂缝型储层、裂缝型储层、孔洞—裂缝型储层。

碳酸盐岩潜山中主要储集空间为裂缝、孔洞。

二、油（气）水界面基本特征

碳酸盐岩具有非均质性极强的特点，基质有效孔隙度、渗透率非常低，往往作为盖层。当其作为储层时，储集空间主要为裂缝及孔洞。裂缝、孔洞的形成与地质构造运动关系密切，裂缝及孔洞在纵横向上往往呈组或套出现。在地层条件下，在同一地质事件中形成的一组或一套裂缝及孔洞连通性较好，具有统一的压力系统。当部分储集空间被油气填充时，由于重力分异作用，一般存在自由油（气）水界面。

在油（气）水的界面位置，由于水的溶解作用、冲洗作用，与水接触的原油易溶于水的组分被溶解，保留下较重的组分，所以在油水界面处油质变重。在油（气）水界面处，由于流体性质发生变化，烃类气体在原油中与水中的溶解度差异十分明显，在录井气测组分上有很大的变化，烃类重组分明显减少甚至消失。

三、潜山储层油（气）水界面判断

电导率、定量荧光、气测组分等录井技术，在钻至潜山含水储层时，都有明显的响应，因而可用来很好地判别含水显示。

（一）电导率识别油水界面

在潜山储层内油（气）水界面处，由于流体性质发生了变化，储层含油段电导率相对较低；遇到水层后，电导率明显上升，利用其参数变化可以识别储层油（气）水界面。

如 zg19 井揭开井段 4547. 5 ~4967m 储层发育段后，气测全烃异常高达 50%，岩屑中未见含油显示，而电导率由 1. 2mS/cm 上升至 71. 2mS/cm。钻过该储层后，电导率基线抬升，表现为含气水层的特征（图 2－23）。经对该井段试油，日产水 462. 18m^3。

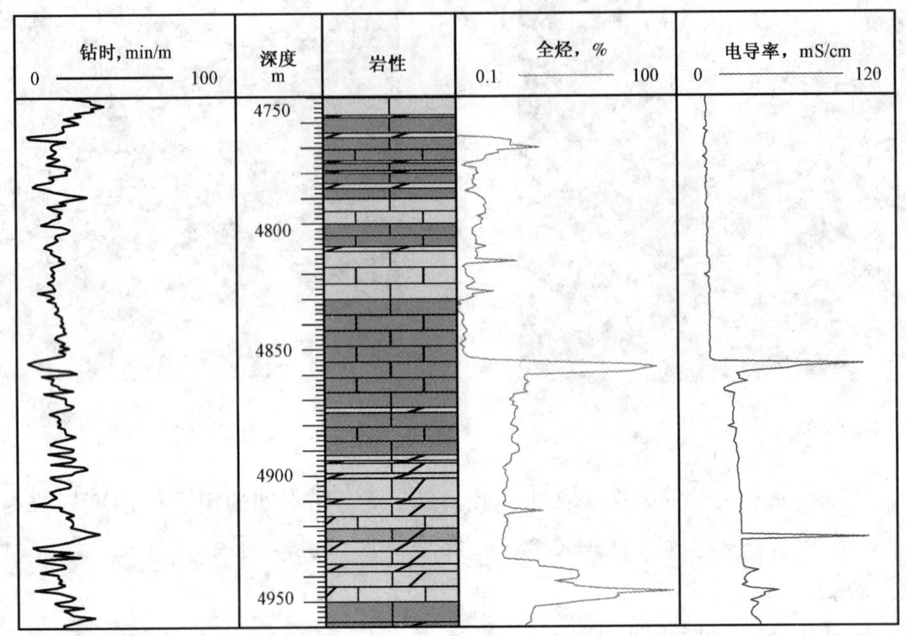

图 2－23　zg19 井电导率油水界面识别图

(二)定量荧光油性指数识别油水界面

由于油(气)水密度的差异,缝洞型潜山储层中油(气)水自然分异,形成油(气)水的界面。在油(气)水的界面处,由于水的溶解作用,在油水界面处油质变重,利用定量荧光能够识别油质的特点可以识别储层含水情况。

如 ng8x 井在井深 4910m 以前定量荧光油性指数一般小于 1,井深 4910m 以后油性指数抬升大于 1.8,4910m 以后储层含水(图 2－24)。经对 4913.87～4958m 井段试油,日产水 58.49m^3。

(三)气测组分识别油水界面

烃类气体在油中的溶解度较高,而在水中的溶解度较小,利用其溶解度的差异可以识别储层是否含水。

C3 井在 4086～4188m 井段储层发育,气测组分齐全;而 4230～4270m 储层发育段气测组分不全,仅见甲烷。分析认为,4230～4270m 储层发育段含水(图 2－25)。经对 4274.67～4366m 井段试油,日产水 97.47m^3。

(四)直接显示识别油水界面

潜山储层中充满油气或水。在充满油气的储层中通过观察岩屑、气测录井、定量荧光等录井技术能够及时发现油气显示,而在充满水的储层中没有含油显示或者没有气测异常,为此认为在储层发育段没有显示为含水特征。

N18 井在 2066～2076m 储层发育段录井未见直接含油显示及气测异常,认为该储层段含水(图 2－26)。对 1972.98～2082m 井段试油,日产水 719.52m^3。

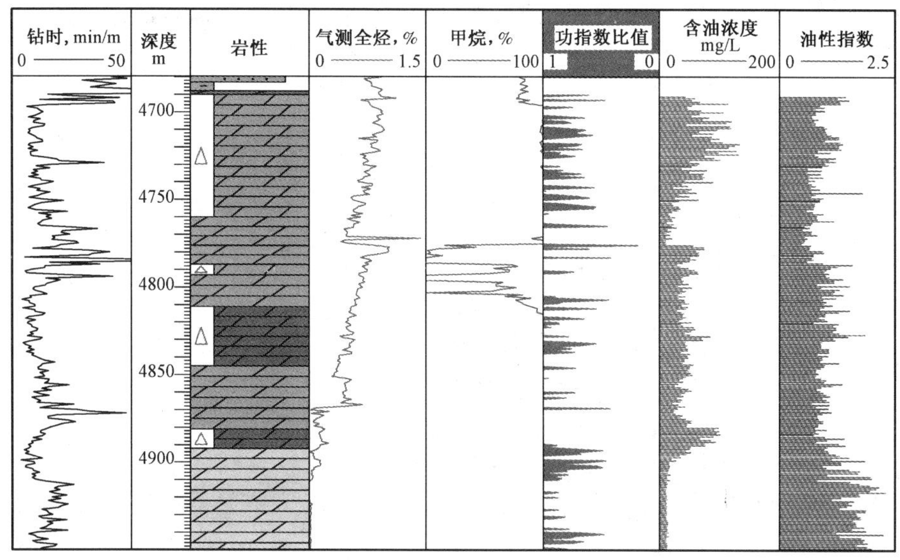

图 2－24 ng8x 定量荧光油性指数油水界面识别图

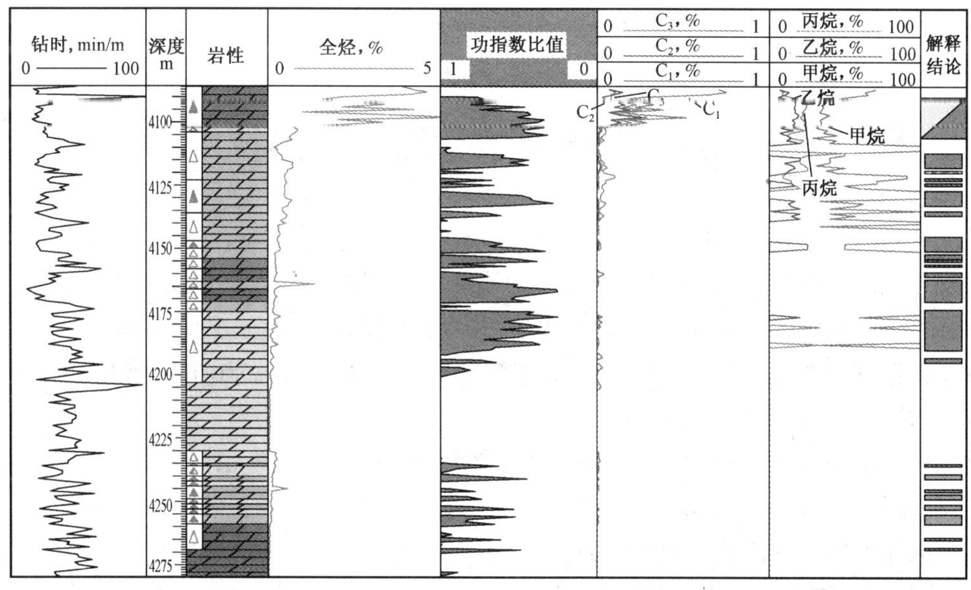

图 2－25 C3 井气测组分油水界面识别图

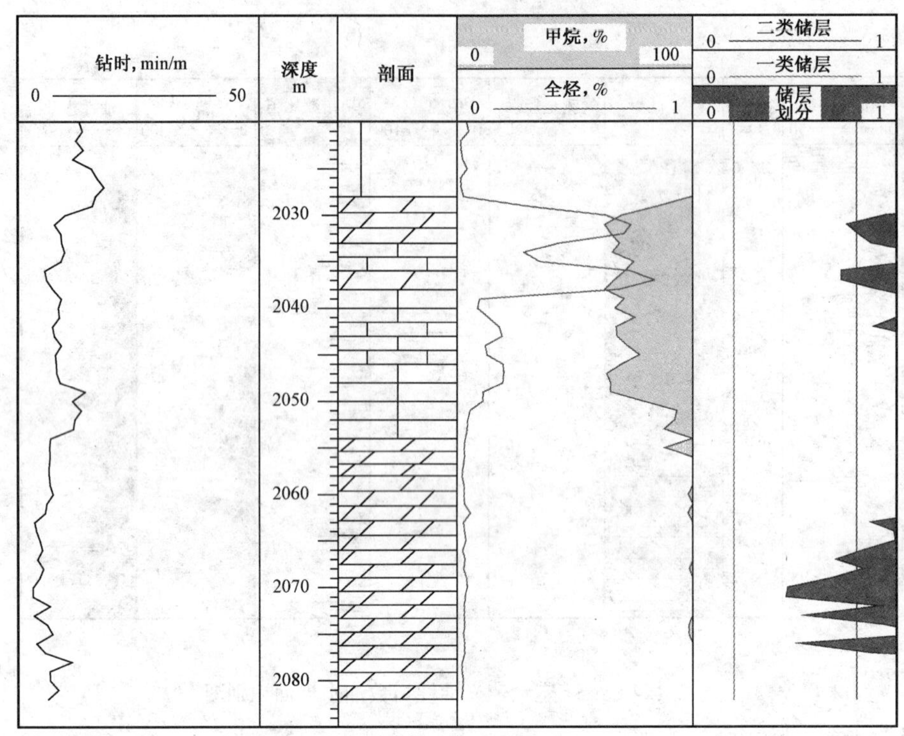

图 2－26 N18 井直接显示判断含水图

第六节 水平井录井综合导向技术

水平井钻井技术在国内广泛应用,为油气开发增产发挥了重要作用。根据统计,部分水平井有效储层钻遇率相对较低、狗腿度大,影响了钻井速度及油气开发整体经济效益。

水平井钻探成功的重要标志是:准确入轨,井身轨迹良好,有效储层钻遇率高。

水平井钻探成功需具备三大要素:一是稳定的地层条件,二是准确的岩性识别与目标层预测能力,三是准确的井身轨迹控制能力。

复杂的地层条件是客观存在的,不以人的意志为转移。而准确识别岩性、准确预测目标层、井身轨迹控制可以通过技术手段实现。

水平井录井综合导向技术主要目的是准确预测目标层深度,控制钻头按地层实际情况准确着陆,在井身轨迹良好的状态下提高有效储层钻遇率。

一、水平井定义

所谓水平井,是指一种井斜角大于或等于 86°并保持这种角度钻完一定长度水平段的定向井。

二、水平井基本术语

水平井基本术语如图 2－27 所示。

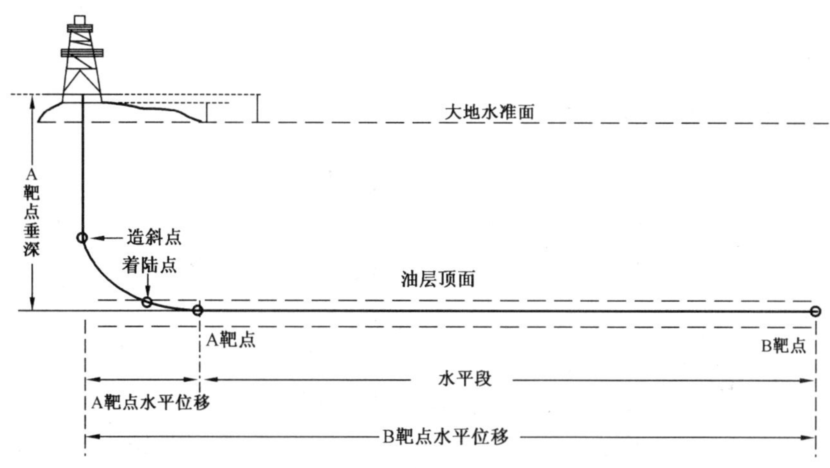

图 2－27　水平井基本术语示意图

斜深：井口（以转盘面为基准）至测点的井眼长度。

垂深：井眼轴线上某测点至井口转盘面所在水平面的垂直距离。

造斜点：定向井中开始定向造斜的位置。

靶点（目标点）：由设计确定的定向井目的层的坐标点，如图 2－27 中的 A、B 点。

靶区半径：允许实钻轨迹偏离设计目标点的水平距离。

靶心距：在靶区平面内，实钻轨迹轴线与目标点之间的距离。

井斜角：井眼轴线上某一点的切线（钻进方向）与该点铅垂线之间的夹角。

方位角：井眼轴线上某一点的切线（钻进方向）在水平面上的投影线与正北方向线之间的夹角（沿顺时针方向）。

注：磁性测斜仪测是以地球磁北方位线为基准的，测出的方位角是磁方位，并不是真方位，要经过换算成真方位后才能使用，这种换算叫磁偏角校正。磁北位与正北方位并不重合，而是有个夹角，该夹角称“磁偏角”。磁偏角又分东磁偏角和西磁偏角。东磁偏角是磁方位线在正北方位线以东，西磁偏角是指磁方位线在正北方位线以西。

$$\text{真方位角} = \text{磁方位角} + \text{东磁偏角}$$

$$\text{真方位角} = \text{磁方位角} - \text{西磁偏角}$$

水平位移（闭合距）：井眼轨迹上的某点到井口所在铅垂线的距离。

平移方位角（闭合方位）：平移方位线所在的角度，即以正北方位线为始顺时针旋转到平移方位线上所转过的角度。国外将平移方位角称为闭合方位，我国油田现场闭合方位特指完钻时的平移方位角。

水平段长：入靶点与终止点的轨道长度。

梯形靶:纵向为 a、横向为 b 的夹角内。

圆柱靶:沿水平段设计井眼轴线的半径为 R 的圆柱。

矩形靶:纵向为 a,横向为 b 的长方体。

设计着陆点:水平井的增斜段设计线与入靶点平面的交点。

实际着陆点:水平段实钻轨道与入靶点平面的交点。

三、水平井地质导向工作流程

水平井钻探目的是使实钻井身轨迹按设计轨迹运行。由于地层的变化、地层倾角及倾向、钻井工艺、钻井施工参数的影响,入靶点相对于井口就像一个移动靶。为确保钻井准确中靶,施工中需要实时掌握入靶点的变化,实时进行井身轨迹的调整,控制钻头进入靶心及在油层中运行。

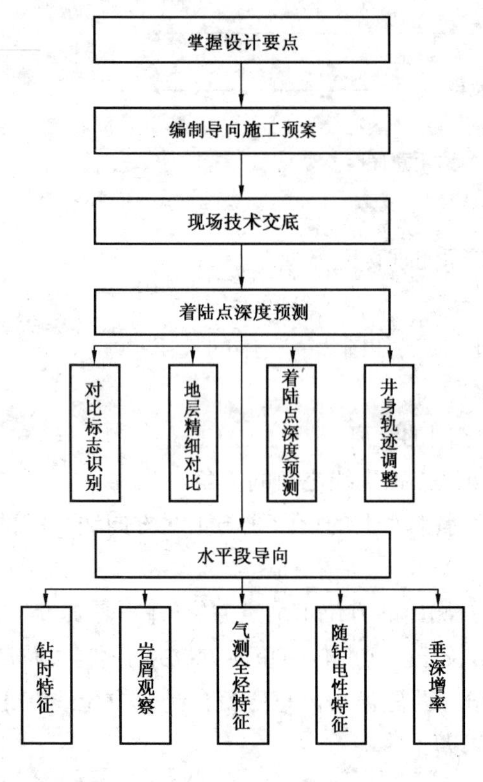

图 2－28　水平井录井综合导向流程图

水平井钻进中为准确入靶,频繁采用滑动与转动,导致钻时变化与地层可钻性没有对应性。水平井钻井工程需要使用 PDC 钻头、动力钻具,为确保钻井安全在钻井液中加入原油、润滑剂、磺化沥青等有机物质,井斜角度较大等因素导致岩屑取样困难、油气显示发现困难,给录井导向带来一定难度。

经对现场水平井录井多年导向实践总结,认为在水平井钻井中录井导向应遵循以下工作流程(图 2－28)。

(一)掌握设计要点

施工前录井技术人员需要根据钻井地质设计书收集邻井录井、钻井、测井、施工井区地震解释剖面、目的层构造等资料;根据钻井地质设计书掌握设计要点,如设计井深、井口、入靶点、出靶点、地层倾角、地层倾向、地层厚度横向变化。

(二)编制导向施工预案

对收集的资料进行认真分析、对比,掌握施工井区主要标志层、辅助标志层、岩性纵向组合特征、构造特征、地层厚度横向变化、目的层油气显示特征、目的层上下围岩特征、电性特征,编制卡准着陆点、水平段导向施工技术方案。

(三)现场技术交底

根据钻井地质设计要求及编制的施工预案,在二开前对现场施工录井人员、钻井队进行全面细致的交底,使现场施工人员了解设计要点、施工的关键点及技术要求。

(四)着陆点深度预测

利用标志层、辅助标志层、岩性组合、地层对比、垂深计算等方法及时预测着陆点,为井身轨迹调整提供依据。

(五)水平段导向

进入 A 靶点后,为顺利到达 B 靶点,确保井身轨迹在油层内按设计层位运行,根据岩性、显示特征、钻头运行轨迹及时分析预测,调整钻头上下波动,确保油层钻遇率。

四、卡准着陆点的方法

卡准着陆点有两点关键环节:

一是预测着陆点深度。着陆点深度预测是否准确,对钻井施工影响极大。预测着陆点深度提前,将浪费钻井井段;预测着陆点深深推后,钻头将钻过目标层,导致填井(图2-29)。

二是着陆点的识别,钻头着陆后若不能及时准确进行识别,导致井身轨迹调整困难,给钻井施工增加难度。

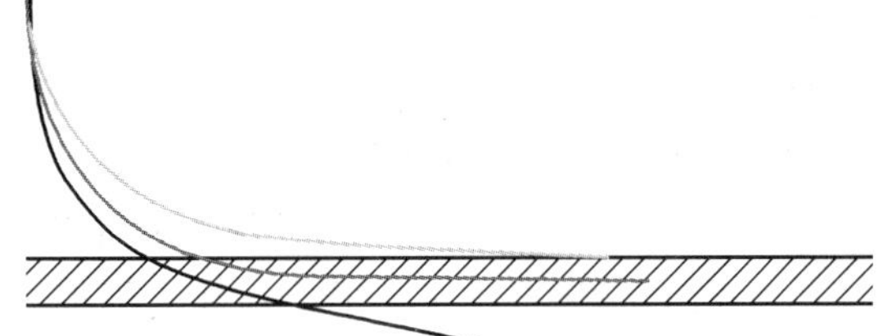

图 2-29 水平井井身轨迹示意图

(一)着陆点深度预测方法

1. 地层对比预测

地层对比是录井生产中的常用方法,主要采用标志层对比法、辅助标志层对比法、岩性组合特征对比法、地层等厚对比法。

水平井钻进施工中,由于自造斜点开始至着陆点之间井斜角逐渐增大,导致现场技术人员地层对比比较困难,需要技术人员根据实时定向井测量的井斜角、方位角进行计算,将斜深换算为垂深,绘制对比图进行对比。

水平井地层对比预测着陆点深度时,尽量建立多个对比标志,每钻遇一个对比标志后与邻井对比,校正与设计误差,及时预测着陆点深度(图 2-30),为定向井身轨迹调整提供信息。着陆点深度预测越接近着陆点越准确。

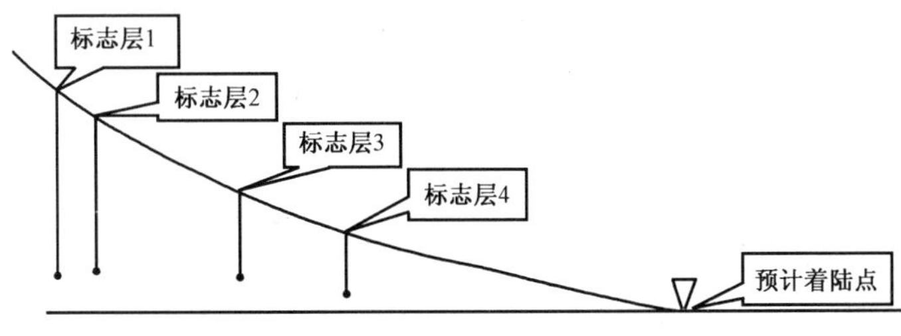

图 2-30 地层对比预测着陆点示意图

2. 目标层顶面构造等深线图示预测

将邻井按坐标绘制在平面图上,标注目标层顶面深度(垂深),绘制等深线。将施工井井身轨迹实时绘制在图上,根据井底位置预测着陆点深度(图 2-31)。

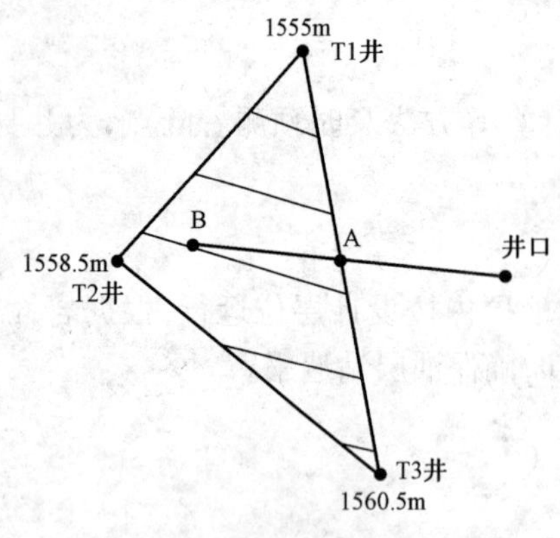

图2-31　目标层顶面构造等深线图示预测着陆点示意图

(二)着陆点识别

1. 钻时识别

钻时是反映地层可钻性的直接参数。地层成岩性差,可钻性好,钻时低;成岩性强,钻时高。砂岩可钻性好于泥岩,所以砂岩钻时相对较低。利用钻时这一特性可以识别着陆点,在钻井参数稳定的情况下,揭开储层后,钻时将明显下降,钻时曲线呈逐渐下降的趋势(图2-32),钻时下降点可判断为着陆点。

应当注意的是,在水平井钻井中,常采用滑动、转动两种方式进行交替钻进,导致钻时高低起伏变化,滑动钻进的钻时不能反映地层可钻性。

2. 岩屑岩性观察识别

对邻井实钻地层、岩性、油气显示资料进行认真分析,掌握目标层及上下围岩层岩性、矿物成分、粒度、颜色特征。施工中根据目标层特征,认真观察岩屑砂岩含量变化、矿物成分、粒度、颜色,若与邻井目标层特征一致可判断为着陆。

由于PDC钻头条件下岩屑颗粒较为细小,砂岩甚至成为散沙颗粒,导致粒度、颜色不易观察,尤其揭开目标层初期几米岩屑砂岩百分含量非常少,需要通过精细描述以及借助镜下观察。

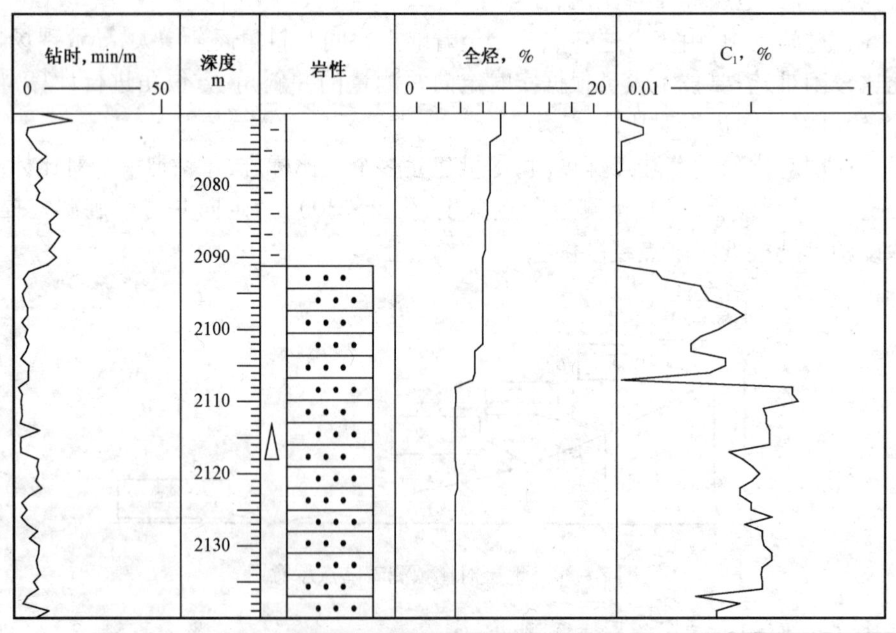

图2-32　着陆点钻时曲线变化图

3. 气测全烃异常及烃组分异常识别

水平井的目标层均为油气显示，揭开目标层后气测全烃、烃组分有明显异常，其变化点可判断为着陆点。

由于水平井钻井过程中一般要混入大量原油或其他有机物，气测全烃在高背景值下往往变化不明显。根据统计，油气显示层中气测烃组分甲烷相对含量比较高，可以利用甲烷相对变化判断着陆点（图2－32）。由于同区原油中气测组分具有相似的特点，因此，要求水平井施工中应当加入异地原油。

4. 随钻电性特征对比识别方法

掌握目标层邻井电性特征，如目标层自然伽马、电阻率等参数及围岩层电性特征，将施工井电性参数与邻井对比，判断着陆点。

五、水平段录井综合导向方法

水平段钻进过程中，由于钻井工艺原因，井身轨迹一般呈波浪形。为防止钻头钻穿油层，需要实时掌握钻头在目标层中的位置。一旦钻头钻穿油层，需要判断钻头是在目标层上围岩中还是在下围岩中，并指导钻井调整钻井参数，使钻头重新进入目标层。

（一）水平井段导向工作流程

掌握目标层地层倾角；掌握目标层岩性特征、韵律特征；根据钻时、气测、岩屑判断钻头位置；根据垂深增率判断钻头位置；应用随钻测井曲线形态判断钻头位置。

（二）水平井段导向方法

1. 钻时特征导向方法

钻头在水平段储层内，钻时相对较低且曲线形态平稳；当钻头在目标层上下界面进入围岩泥岩时，钻时将明显增加。因此在钻井参数相对稳定的条件下，可根据钻时变化判断是否钻穿目标层。当目标层内存在夹层时，钻时也会增加，这时需要结合地层倾角、岩性变化判断。由于影响钻时的因素比较多，在应用时要充分了解工程参数、岩性变化。

2. 气测特征导向方法

依据油气藏成因理论和重力分异机理，认为在均质储层“上气、中油、底水”的典型油气藏中，顶在油藏的顶部轻烃组分相对富集，即有部分游离气聚集在顶部，越往下气体越少。在地层条件和钻井条件不变的情况下，储层顶部全烃值较高，C_1 相对含量也较高，储层中下部全烃及 C_1 逐渐降低。在目标层内水平钻进时，全烃值及 C_1 基本维持稳定；当从储层底部钻出时，全烃值及 C_1 呈逐渐降低趋势，储层时接近基线值；当从储层顶部钻出时，全烃值及 C_1 在逐渐升高过程中突然下降接近基线值。因此，可以利用全烃曲线形态变化规律调整钻头位置。应当注意的是，钻时对气测全烃影响比较大，全烃曲线必须经过校正后应用效果才比较理想。

3. 岩屑观察导向法

根据邻井目标层岩性粒度、成分、颜色在纵向上的变化规律，判断钻头位置。

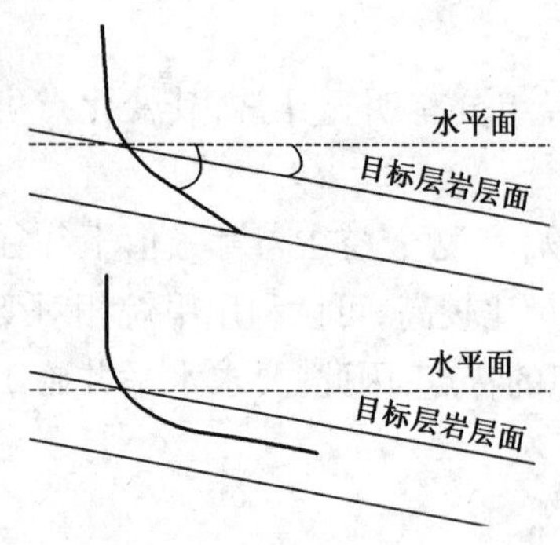

图2-33 垂深增率导向示意图

4. 垂深增率导向方法

沿设计目标层轨迹,地层或呈水平状或下倾或上倾。当钻头钻达目标层A靶点后,实钻井身轨迹倾角与设计地层倾角应该一致。若实钻井身轨迹倾角大于设计地层倾角,钻头有可能在储层下部钻出;若实钻井身轨迹倾角小于设计地层倾角,钻头有可能在储层上部钻出(图2-33)。为控制钻头在目标层内运行,必须实时掌握井身轨迹倾角与地层倾角关系。

5. 随钻测井曲线形态特征导向方法

MWD或LWD随钻测井仪器一般距离钻头10m以上,仪器无法及时测量至井底,因此随钻测井数据导向相对滞后。随钻测井主要包括自然伽马曲线与电阻率曲线,钻头在目标层运行时,自然伽马一般较低,电阻率较高;当钻头偏离目标层时,随泥岩层揭开厚度的增加,自然伽马呈增加趋势,电阻率呈下降趋势(图2-34)。实际随钻过程中,依据随钻测井曲线形态结合其他方法综合判断钻头位置,进行导向。

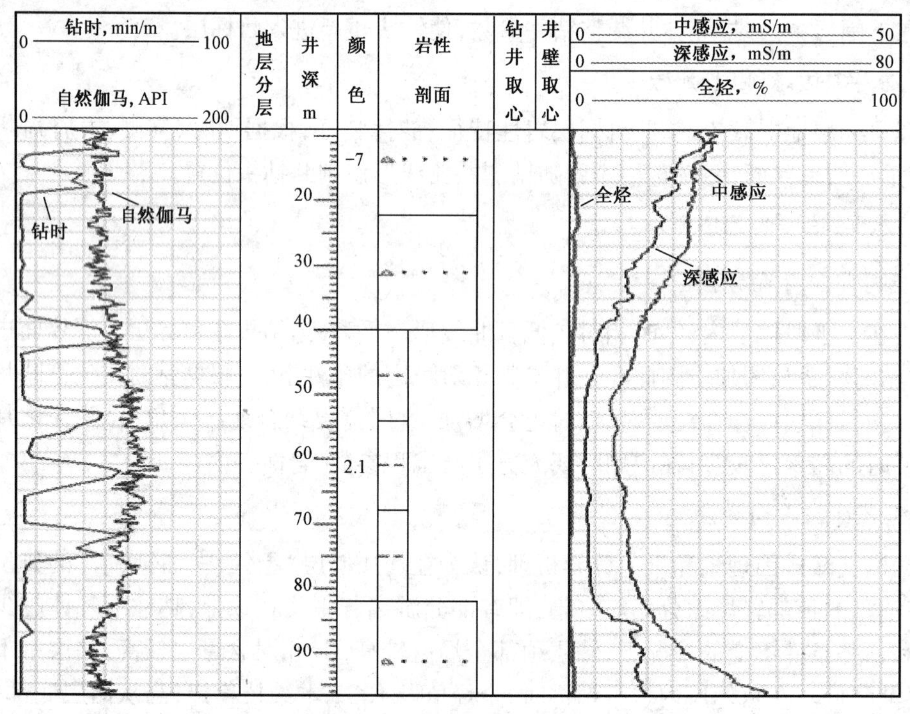

图2-34 随钻测井曲线形态导向方法特征图

六、水平井录井综合导向应用实例

(一)L107平2井

L107平2井目标层为沙一下油层段,设计A靶点垂深1629.8m,B靶点垂深1630m,目标层厚度4.8m，水平井段长度300m。设计目标层视地层倾角约4°。区内有两套标志层：Ng底砾岩、Es_1特殊岩性段，地层横向相对稳定，储层显示异常明显。

邻井为L107－8井，目标层深度为1626.5m，比L107平2井目标层高3.3m。Ng底砾岩底界深度为1552.5m，Es_1特殊岩性段白云岩顶面深度为1619.5m（图2－35）。

实钻中目标层深度对比预测：L107平2井馆陶组底界深度为1552.5m，按等厚度对比预测目标层深度为1626.5m，与设计基本吻合；钻遇沙一下白云岩顶深为1620.0m，比邻井深0.5m；预测目标层深度为1627.0m，实际钻遇目标层深度为1627.5m，目标层预测深度比实钻深度提前0.5m。与设计相比，提前2.3m进入目的层（表2－3）。

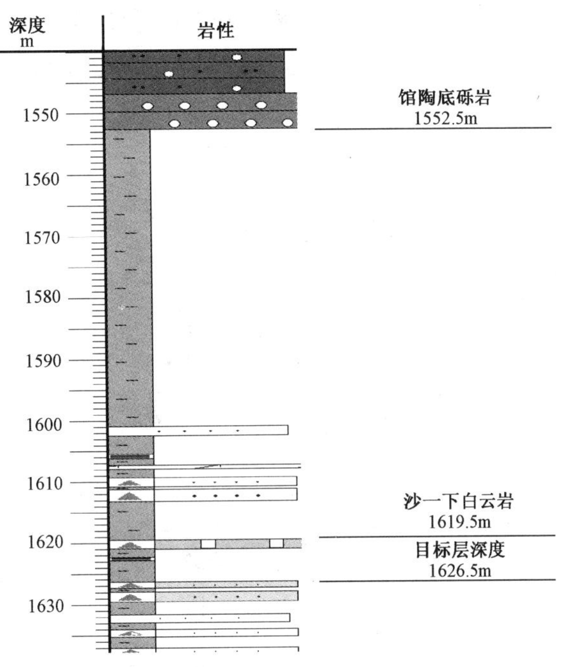

图2－35 L107平2井对比标志图

表2－3 L107平2井目标层深度预测表

标志层 / 深度预测	馆陶组底砾岩底深 m	沙一下白云岩顶深 m	目标层实钻深度 m	目标层设计深度 m
L107－8	1552.5	1619.5	1626.5	
L107平2	1552.5	1620	1627.5	1629.8
目标层预测深度，m	1626.5	1627		

（二）L4平3井

L4平3井目的层岩性为砂砾岩（图2－36），邻井目标层上下围岩为钙质粉砂岩，对邻井L4－13x测井资料进行分析，发现目标层上下围岩声波测井曲线有差异，上围岩部声波数值大于下部。根据区域地质资料分析，L4断块目标层上围岩灰质含量低于下围岩。

实际钻井中L4平3井钻至井深1767m时着陆，钻时由11min/m下降至5min/m，气测全烃含量由1.6%上升为3.5%，岩性由泥岩变为白云质粉砂岩。

当钻至1810m时，岩屑由砂砾岩变为白云质粉砂岩。经过对岩性细致观察与分析，发现与着陆前白云质粉砂岩岩屑特征有差异。着陆前白云质粉砂岩呈细小块状，而1810m以下钻遇的白云质粉砂岩岩屑呈棱角状，灰质含量明显高于上部白云质粉砂岩。滴酸后分析下部白云质粉砂岩与稀盐酸反应强烈，而上部较弱（图2－37）。依据邻井资料分析，判断1810m进入目标层下部，钻井依据录井进行调整，及时返回目标层。

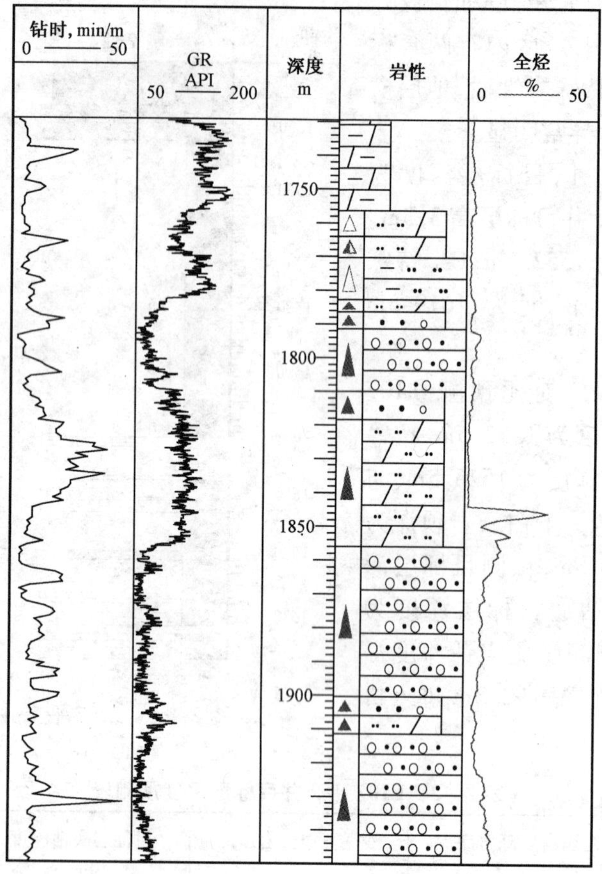

图 2-36 L4 平 3 井录井图

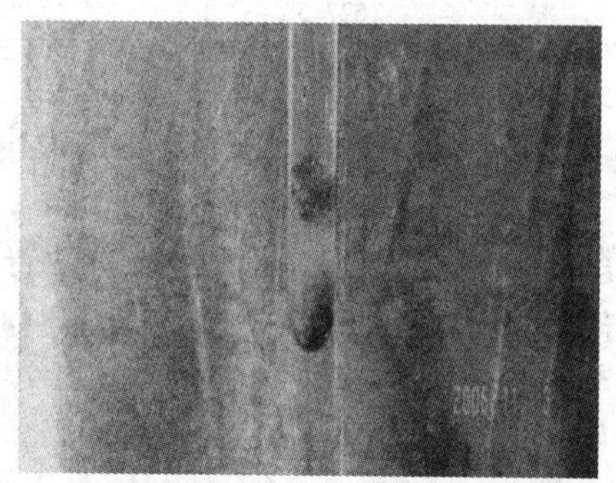

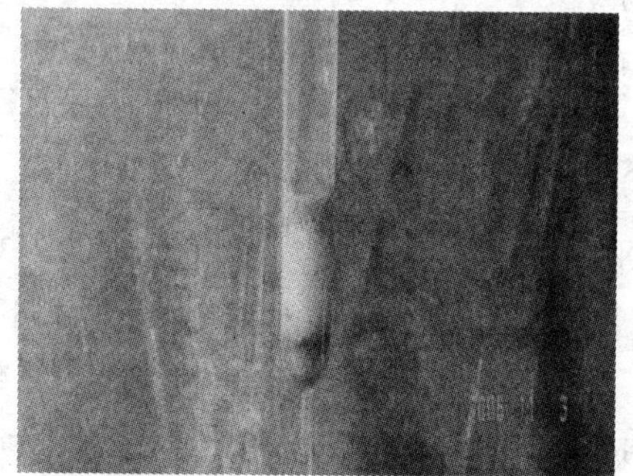

图 2-37 L4 平 3 井 1763m、1822m 岩屑与稀盐酸反应对比图

(三)J11 平 7 井

J11 平 7 井目标层厚度 8m，设计地层倾角 0.7°。着陆井深 1978m，井斜 89.09°，至 2255m 完钻井斜控制在 88.31°~89.42°。实钻与地层倾角接近，目标层钻遇率 100%（图2-38）。

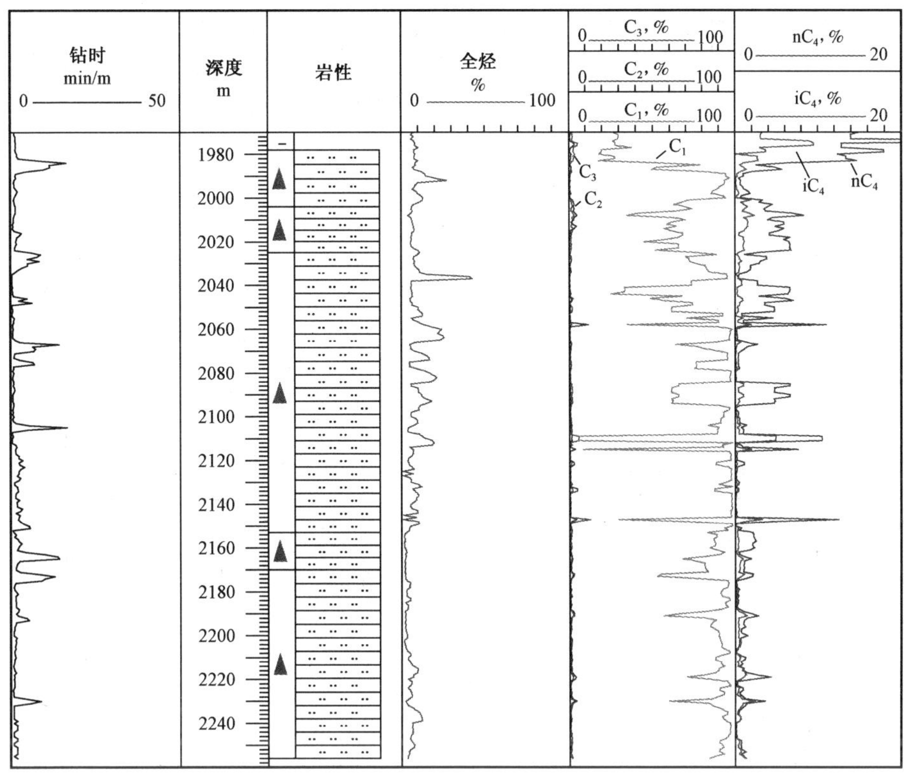

图 2-38 J11 平 7 井录井图

(四)J11 平 9 井

J11 平 9 井目标层厚度 3m,设计地层倾角 5.7°。着陆井深 1752m,井斜 83.2°。着陆后至 1870m 井斜角逐渐下降到 80.02°,井身轨迹与水平面夹角达到 9.98°,明显大于地层倾角(表 2-4)。钻至井深 1892m 在目标层下部钻穿油层,之后进行回调,在井深 1973m 再次返回目标层(图 2-39)。

表 2-4 J11 平 9 井井斜角数据表

测深,m	井斜,(°)	方位,(°)	垂深,m	垂深增量,m	轨迹倾角,(°)
1750	83.37	95.37	1537.39	0.53	6.63
1755	82.77	95.03	1538	0.61	7.23
1760	82.42	94.62	1538.65	0.65	7.58
1770	82.65	94.12	1539.96	1.31	7.35
1780	82.71	93.7	1541.23	1.27	7.29
1790	83.87	94.88	1542.4	1.17	6.13
1800	84.5	95.7	1543.41	1.01	5.5

续表

测深,m	井斜,(°)	方位,(°)	垂深,m	垂深增量,m	轨迹倾角,(°)
1810	84.24	95.43	1544.39	0.98	5.76
1820	84.24	96	1545.4	1.01	5.76
1830	84.16	96.12	1546.41	1.01	5.84
1840	83.88	96.53	1547.43	1.02	6.12
1850	81.61	96.5	1548.69	1.26	8.39
1860	80.02	95.82	1550.33	1.64	9.98
1870	80.25	95.95	1552.05	1.72	9.75
1880	81.72	96.4	1553.61	1.56	8.28
1890	82.49	96.56	1554.96	1.35	7.51
1900	83.27	96.17	1556.24	1.28	6.73
1910	85.82	95.4	1557.22	0.98	4.18
1920	87.5	95.19	1557.72	0.5	2.5
1930	87.28	95.22	1558.18	0.46	2.72
1940	87.79	95.1	1558.64	0.46	2.21
1950	88.1	95.2	1558.96	0.32	1.9
1960	88.14	95.67	1559.3	0.34	1.86
1970	88.37	95.27	1559.61	0.31	1.63
1980	88.55	95.18	1559.88	0.27	1.45
1990	89	95.28	1560.1	0.22	1
2000	90.43	95.47	1560.16	0.06	0.43
2010	90.11	95.92	1560.09	0.07	0.11
2020	87.63	96	1560.25	0.16	2.37
2030	86.36	96.56	1560.79	0.54	3.64
2040	87.13	96.79	1561.37	0.58	2.87
2050	87.83	96.8	1561.81	0.44	2.17
2060	88.2	97.1	1562.16	0.35	1.8
2070	88.27	97	1562.46	0.3	1.73
2080	87.63	97	1562.82	0.36	2.37

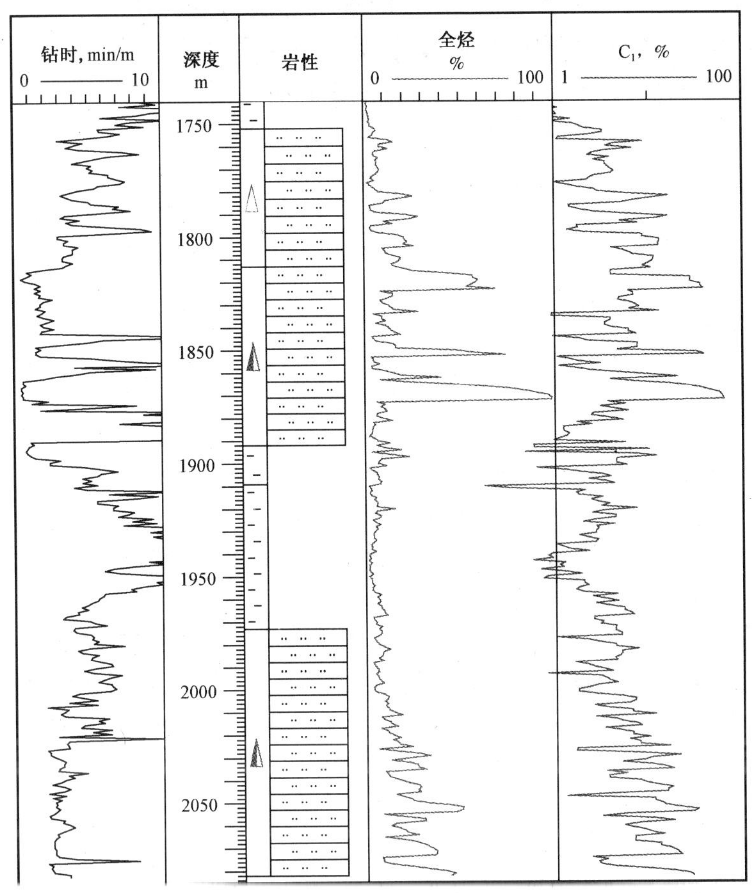

图 2-39 J11 平 9 井录井图

第七节 生、储、盖层评价

一、生、储、盖层基本概念

(1)生油层(烃源岩):通常把能够生成油气的岩石称为生油气岩(或称为生油气母岩、烃源岩),由生油气岩组成的地层为生油气层。

(2)储集层:凡具有一定的连通孔隙,能使流体储存并在其中渗滤的岩层,称为储集层。

(3)盖层:指在储集层的上方,能够阻止油气向上逸散的岩层。

二、生油层评价参数及标准

生油层评价主要指标为有机质类型、丰度、成熟度。

生油岩的岩性特征一般是粒细、色暗,富含有机质和微体生物化石,常含原生分散状黄铁矿。常见的生油层主要包括粘土岩类和碳酸盐岩类。

岩石中有足够数量的有机质是形成油气的物质基础,是决定岩石生烃能力的主要因素。通常采用有机质丰度来代表岩石中所含有机质的相对含量,衡量和评价岩石的生烃潜力。有机碳含量是最主要的有机质丰度指标。好生油岩都具有较高的有机碳含量,通常将有机碳含量小于0.4%作为泥质生油岩的下限(表2-5)。

表2-5 中国陆相油源岩评价标准(据胡见义等,1991)

油源岩类别 项目	好油源岩	中等油源岩	差油源岩	非油源岩
干酪根类型	腐泥型	中间型	腐殖型	腐殖型
有机碳含量,%	3.5~1.0	1.0~0.6	0.6~0.4	<0.4
氯仿沥青A,%	>0.12	0.12~0.06	0.06~0.01	<0.01

沉积岩中有机质的丰度和类型是生成油气的物质基础,但是有机质只有达到一定的热演化程度才能开始大量生烃。

成熟度是表示沉积有机质向石油转化的热演化程度。镜质体反射率是目前用于评价生油岩成熟度的最有效指标。

随有机质热演化成熟度的增加,镜质体反射率逐渐增大。在生物化学生气阶段,镜质体反射率低于0.5%;在热催化生油气阶段和热裂解生凝析气阶段,反射率从0.5%上升到2%;至深部高温生气阶段,镜质体反射率继续增加。因此,测定生油岩中的镜质体反射率,可以预测油气的分布。

三、储集层评价参数及标准

储集层评价主要指标为孔隙度、渗透率。

储集层岩性比较广泛,常见岩性为碎屑岩、碳酸盐、火成岩、变质岩等。

(一)储集层的孔隙性

(1)绝对孔隙度:岩样中所有孔隙空间体积之和与该岩样总体积的比值。

(2)有效孔隙度:指彼此连通的,且在一般压力条件下允许液体在其中流动的超毛细管孔隙和毛细管孔隙体积之和与岩石总体积的比值。

(二)储集层的渗透性

(1)渗透性:指在一定的压差下,岩石允许流体通过其连通孔隙的性质。

(2)绝对渗透率。单相液体充满岩石孔隙,液体不与岩石发生任何物理化学反应,测得的渗透率称为绝对渗透率。

(3)有效渗透率。储集层中有多相流体共存时,岩石对每一单相流体的渗透率称该相流体的有效渗透率。油、气、水的有效渗透率分别用K_o、K_g、K_w表示。

(4)相对渗透率。对每一相流体局部饱和时的有效渗透率与全部饱和时的绝对渗透率之比值,称为该相流体的相对渗透率。

(三)储集层评价标准

孔隙型储层评价标准见表2-6,裂缝、缝洞型储层评价标准见表2-7。

表 2-6 孔隙型储层物性评价标准

孔隙度,%	分级	渗透率,mD	评价
>30	特高	>2000	特高孔、高渗
25~30	高	500~2000	高孔、高渗
15~25	中	100~500	中孔、中渗
10~15	低	10~100	低孔低渗
<10	特低	<10	特低孔低渗

表 2-7 缝洞型储层物性分级评价标准

特征 \ 分级 / 类型		高渗透层	中渗透层	低渗透层
		溶洞裂缝型	裂缝型	微细裂缝型
钻井特征	井漏	有进无出,漏量 $>100m^3$	有漏失现象,断续、连续返出漏量 $\leq 100m^3$	无漏失现象
	放空	有放空现象	无放空现象	无放空现象
	井喷	连续井涌井喷	有时井涌井喷	无井涌、井喷
岩性特征	缝洞密度	>10 条/m(洞/m)	5~10 条/m(洞/m)	<5 条/m(洞/m)
	张开程度	全张开或自形晶/非自形晶 >50%	半张开或自形晶/非自形晶 10%~50%	充填缝洞或自形晶/非自形晶<10%
	缝洞大小	大缝大洞为主	大中缝为主,洞少	微细裂缝
	结晶白云化程度	强、明显	较差、中等	无或差
功指数比值		<0.2	0.2~0.8	>0.8

(四)盖层评价参数

盖层是覆于储集层之上,可以封隔储集层使其中的油气免于向上逸散的保护层。盖层岩性致密,渗透性差,并具有较高的排替压力(岩层中的水被油气排替所需的最低压力)。如果驱使油气运移的动力未达到进入盖层所需的排替压力,则油气就被遮挡于盖层之下。常见的盖层有页岩、泥岩、盐及石膏等,某些致密的石灰岩也可作为盖层。

盖层评价指标主要为厚度、孔隙度、渗透率及排替压力。据统计,最薄的盖层仅几厘米厚。目前,盖层评价没有统一的标准。

第八节 油气层综合评价技术

含油气性是油气层具备的基本特征,而含油气的丰富程度则决定油气显示层是否具有工业价值。录井的目的不仅仅是发现、落实油气显示,其核心是利用先进的评价技术、方法对录井显示正确评价,确定油气显示层是否具备工业油气流价值,为完井方案决策及试油层位优选提供有利依据。

影响油气层评价的主要因素有四项：

(1)油气丰度；

(2)油气性质；

(3)储层物性；

(4)油气丰度、油气性质与储层物性的配伍性。

只有各项参数达到一定标准且各项参数配伍适当时，油气显示层才能达到工业油气层价值。因此，油气层评价的重点就是对油气丰度、油气性质、储层物性及其配伍性进行评价。

因储层类型、油气性质十分复杂，油气层评价是一项复杂的工程。

录井油气层解释符合率是录井成果的最终体现。搞好油气层解释评价，可以促进录井质量的提高。

一、评价参数优选及意义

油气层评价涉及油气性质、原油性质、储层类型、含油气丰度、储层物性、储层所处构造位置等参数。

利用地质录井、综合录井、气测录井、快速色谱录井、地球化学录井、储层热解气相色谱、荧光显微图像及其他分析化验技术对油气显示层含油气丰度、油气性质、储层物性进行描述，实现油气层定性、半定量评价。

地质录井资料可以掌握储层类型、油气显示宏观分布、油气显示分布特点。

分析化验资料可以对储层进行定量评价，判断原油密度、液态烃类组分构成、液态烃在储层中微观赋存状态，所以分析化验资料是油气层评价关键参数。

综合评价技术充分发挥各项录井技术资料优势，通过综合分析对储层流体性质评价。

二、油气层评价流程与步骤

(一)油气层评价流程

油气层综合解释评价主要遵循以下程序：收集并分析已完钻、正钻井的各项录井资料、化验资料、试油资料，做到去伪存真；确定综合解释评价井段(油气显示井段)、储层类型、油气性质、油气丰度，利用各项技术方法进行流体性质、储层评价，通过综合分析确定储层流体性质(图2-40)。

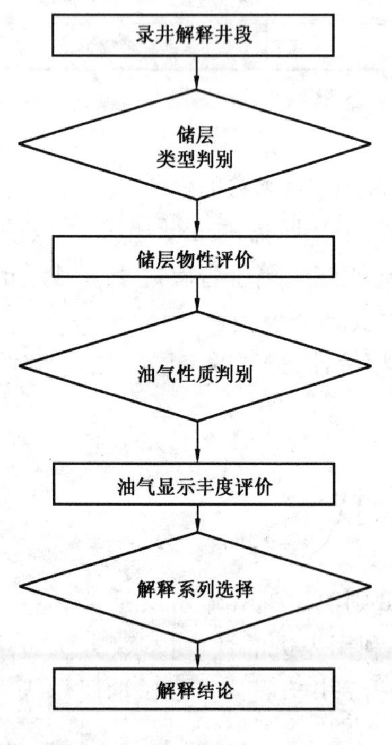

图2-40 油气层综合评价流程图

(二)油气层评价步骤

油气层录井综合解释评价是一个复杂的过程，在解释评价中以石油地质理论为指导，应用新技术、新思路、新方法和工作经验，系统认真地综合分析各项录井和化验的定性、半定量、定量的数据，观察描述资料，确定解释井段，选择解释技术系列，得到合理的解释结论。油气层综合评价步骤如下。

1. 综合解释井段划分

直接显示、荧光显示以及气测全烃高于背景值两倍以上，且全烃绝对值大于0.2%的异常井段，确定为综合解释井段。

2. 储层类型识别与储层物性评价

根据对实物样品岩屑、岩心、井壁取心的观察描述确定储层类型。储层类型不同，解释方法也不同。储层类型识别不准确，将影响最终解释结论。

1)储层类型识别

储层类型主要分为三类：孔隙型、裂缝型和缝洞型。

(1)孔隙型储层：以孔隙为主要储集空间的储层，如砂岩、砾岩。

(2)缝洞型储层：以裂缝、溶洞为主要储集空间的储层，如潜山石灰岩、白云岩等。

(3)裂缝型储层：特指以裂缝为主要储集空间的储层，如角砾岩、泥灰岩、泥岩等(图2-41)。

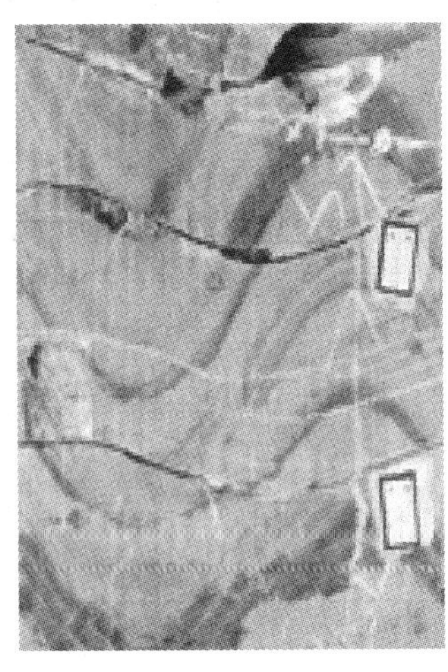

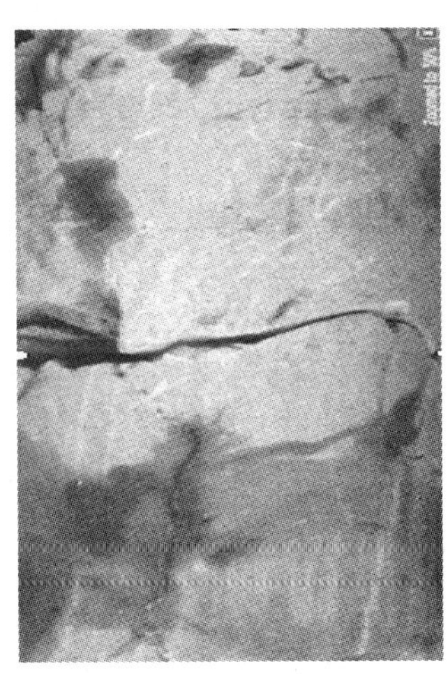

图2-41 泥灰岩、泥岩裂缝岩心图

2)储层物性评价

(1)孔隙型储层物性评价标准。孔隙型储层物性评价主要采用室内常规物性分析仪。孔隙型储层物性评价标准见表2-6。

(2)缝洞型储层物性评价方法与评价标准。缝洞型储层为非均质性储层，常规物性分析仪不能准确获得储层物性参数，为此采用了地质录井法、气体录井法、工程录井法。

① 地质录井法。

——岩心观察识别方法：对岩心实物进行观察描述，可以准确描述缝洞发育程度、产状、长度、宽度、密度、缝洞充填情况等特征。岩心观察描述是定量识别缝洞最直接也是最有效的方法。

——含油岩屑识别方法。通过岩心观察可以直接发现缝洞，然而岩心成本高，绝大部分井段没有岩心资料，因此在一般井段可以像描述岩心的方法一样，利用岩屑、次生矿物含量准确描述缝洞发育情况，可以根据含油量变化间接判断缝洞的存在。

在缝洞储层未被充填物完全充填的情况下，其空间被液态烃占据，缝洞面被液态烃浸染，岩屑录井过程中含油岩屑被检测发现。因此，观察岩屑中含油岩屑含量以及其纵向变化，也可间接了解有效裂缝发育情况。含油岩屑含量高，有效缝洞发育；含油岩屑含量低，则有效缝洞发育程度差。

同等程度的缝洞由于其产状不同，井筒范围内破碎面积不同，含油岩屑含量就会存在差异，所以含油岩屑含量为定性识别有效裂缝发育段的方法。

——次生矿物含量识别方法。一般情况下，缝、洞中多少会有一些充填物，那些完全张开、毫无充填的缝洞比较少见。因此，观察岩屑中充填物含量以及其纵向变化，可以了解裂缝发育情况。充填物含量高，则裂缝发育；充填物含量低，则裂缝发育程度差。次生矿物含量为定性识别缝洞发育段的方法。

② 气体录井法。气测录井是直接测定高架槽出口处钻井液中烃类气体含量的一种录井方法。气测录井只有全烃为连续测量。气测全烃曲线实时记录了对应地层中的气态烃丰度。气测全烃不仅能够指示油气在地层中的位置，同时全烃曲线形态富含油气水以及储层信息。利用气测全烃信息是识别缝洞发育段的有效手段。

钻遇油气显示时，气测全烃上升；油气显示过后，气测全烃下降。据此特性可以定性识别储层发育情况。气测全烃曲线的起伏表现为储层发育。气测全烃曲线起伏的频数越高，储层越发育。把气测全烃曲线起伏井段划分为储层发育段。气测全烃曲线单峰宽度能定性反映储层发育规模。气测全烃曲线单峰越宽，储层规模也越大，反之则小。

根据统计，在缝洞储层发育段气测全烃曲线形态主要表现为三种：缝洞连续发育段全烃曲线呈梳状（图2－42），缝洞间断发育段全烃曲线呈尖峰状（图2－43），微细缝洞发育段全烃曲线呈低幅箱状（图2－44）。

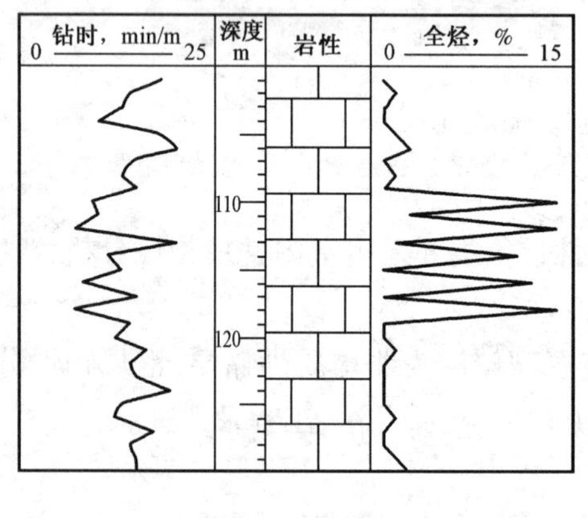

图2－42 梳状

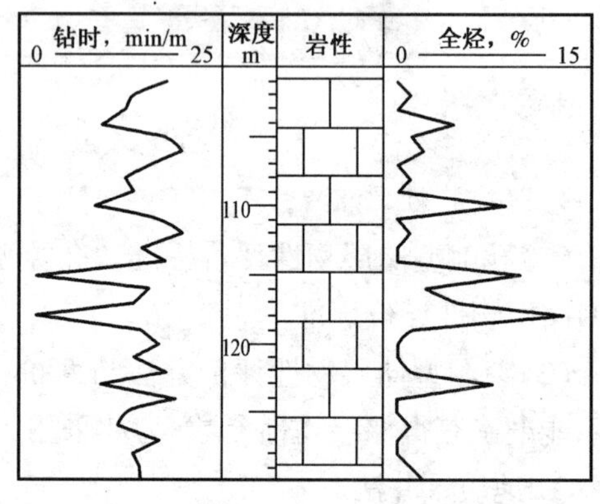

图2－43 尖峰状

③ 工程录井法。

——钻井工程识别方法。在碳酸盐岩地层钻进中，往往发生放空、井漏、井涌、井喷等现象。这些特征的出现表明钻遇缝洞发育段，可根据放空、井漏、井涌、井喷的井段识别有效缝洞发育段。

——功指数快速识别评价碳酸盐岩储层方法。功指数建立在破碎单位体积地层岩石所要做的功基础上。破碎相同岩性、相同强度的岩石所做功相近，破碎不同岩性、不同强度的岩石所做功不同。岩石强度大，所需要破岩功指数高；反之则小。因此，功指数能够反映地层的可钻性。

在相对均匀的致密地层中，由于缝洞的发育导致缝洞发育段岩石强度下降（相对于岩石本体），所以钻遇缝洞发育段所需做功小。功指数可以识别缝洞发育段。功指数的计算公式为：

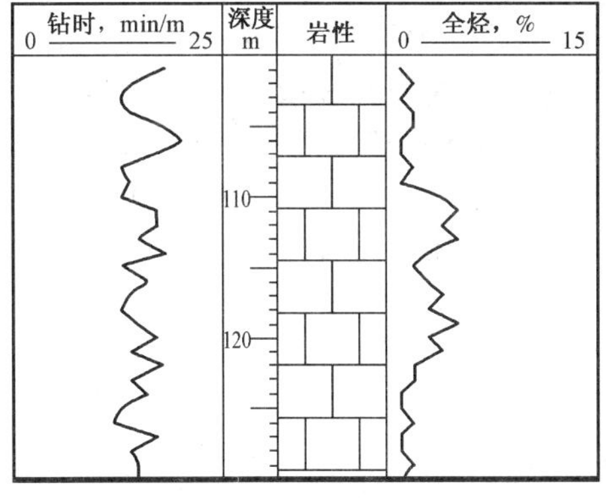

图 2－44　低幅箱状

$$W_{m} = \left(Y_{j} + Y_{j}^{\sqrt[C]{\frac{Y_{j}}{a} \times \frac{R}{b}}} + \pi \frac{D}{4} N\right) RZ$$

式中　W_m——功指数，量纲为 1；

Y_j——钻压，kN；

R——转盘转速，r/min；

N——扭矩，kN · m；

Z——钻时，min/m；

D——钻头直径，m；

a——地层经验数据，kN；

b——地层经验数据，r/min；

c——实验数据，量纲为 1。

将功指数小于基值线的井段识别为缝洞发育段（图 2－45）。

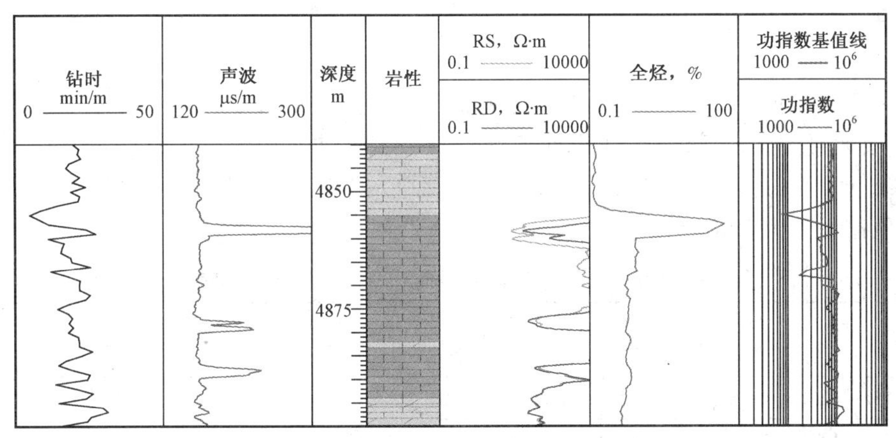

图 2－45　功指数碳酸盐岩储层识别图

缝洞型储层非均质性强，仪器检测数据不能真实反映储层物性。根据前人利用岩心观察描述、岩性特征、钻井特征划分缝洞储层物性评价标准及功指数比值物性分级标准（表 2－7）。

(三)油气性质判断方法

根据直接油气显示及气测组分判断油气性质,一般将油气性质划分为两类:气(或以气为主的油气)、油(或以油为主的油气)。油气性质不同,选择的解释评价技术方法不同。油气性质判断准确与否,影响解释方法的选择,直接影响综合解释结论。

油气性质判断有两种方法:气测组分油气比值方法和综合判断方法。

1. 气测组分油气比值方法

记 GOR 为气测烃组分油气比值,计算公式为:

$$GOR = 51.8 \times (C_1 + C_2 + C_3 + C_4) \times (C_2 \times C_3)^{\frac{1}{2}} \div C_4^2$$

式中 C_1, C_2, C_3, C_4——烃组分分析值,%。

根据 GOR 值大小可以划分油气性质。冀中探区油气性质划分采用如表 2-8 所示的界限值。

表 2-8 油气性质判断标准

油气性质	GOR	录井显示
干气(或残余油)	>100000	无或残余油
凝析气	8000~100000	无或荧光
油气	3000~8000	荧光及直接显示
油	<3000	荧光及直接显示

2. 油气性质综合判断方法

采用气测组分油气比值在凝析气、油气、油性质划分中应用效果良好,在干气及重油油气性质上的判断存在一定的偏差。为此利用地球化学、储层色谱与实物样品,对干气与重油进行综合判断。

(1)干气特征见表 2-9。气测全烃有明显异常,组分不全,甲烷相对百分含量大于 95%;录井部分层无直接显示,部分层可见油迹、油斑、油浸;含油实物样品具干燥感,不饱满,无油脂感,含油颜色为灰褐色;含气水层直接显示水湿感重。地球化学 TPI 较低一般小于 0.50,$P_g <$ 15mg/g,色谱无正构烷烃。

表 2-9 干气气测组分、地球化学、储层色谱特征表

井名	井段 m	全烃 %	现场 C_1,%	全脱 C_1,%	录井显示	TPI	P_g,mg/g	色谱谱图	油气性质
固 33X	1252~1264	48.6	99.6	99.1	油斑	0.48	13.7		气
	1067~1077	8.77	99.95	100					气
固 34X	1701~1705	33.27	99.3	99.6	荧光	0.76	2.6		气
	1805~1812	29.82	99.6	99.1	荧光	0.42	0.29		气
	1914~1922	48.7	98.3	97.3	油浸	0.56	9.12		气

(2)重油特征见表2-10。甲烷相对百分含量大于95%。录井见直接显示，一般为油浸、含油，含油颜色一般为深褐色，含油较饱满，油脂感中—强，油质重，TPI一般小于0.65；气测全烃大于等于10%的重油P_g≥25mg/g，色谱谱图异构烷烃明显抬升，无正构烷烃或正构烷烃组分不全。

表2-10 重油气测组分、地球化学、储层色谱特征表

井名	井段 m	全烃 %	现场 C_1,%	全脱 C_1,%	录井 显示	TPI	P_g,mg/g	色谱谱图	油气 性质
曹13	1276~1284	31.41	100.00	99.99	油浸	0.6	56.1		油
州17X	1362~1365	3.46	100.00	99.53	油浸	0.62	38.3		油
	1377~1381	17.80	100.00	99.53	油浸	0.66	36.4	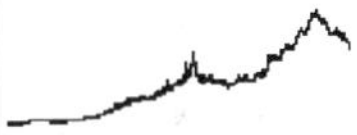	油
州16X	1797~1803	10.85	99.23	97.40	油浸	0.77	43.7	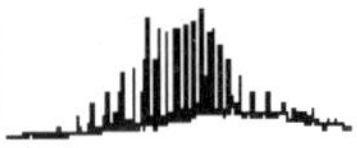	油
苏55	1463~1465	3.80	97.69	97.02	油浸	0.48	14.3		油
	1476~1479	11.82	97.92	95.74	油浸	0.48	24.5		油

干气与重油相似点：气测异常明显，全烃值高，一般不小于10%，组分不全，以甲烷为主，其相对含量大于95%。

干气与重油差异：干气一般无直接显示，有直接显示时含油样品实物具干燥感，无油脂感，TPI一般小于0.50，P_g小于15mg/g；重油录井见直接显示，含油样品实物含油饱满，油脂感中—强，TPI一般小于0.65，P_g≥25mg/g。

(四)油气显示丰度评价

油气显示丰度包含两个方面内容，一是指油气在单一储层中纵向上分布情况、油气充满储层程度，即显示厚度与储层厚度关系，显示厚度与储层厚度相同时为显示丰度高(即显示饱满)，显示厚度小于储层厚度时为显示丰度低(即显示不饱满)(图2-46)；二是指油气在储层中赋存状态，孔隙中均为油气充填为饱满，否则为不饱满(图2-47)。

(五)油气层综合评价技术系列

(1)孔隙型储层油气层评价技术：若油气性质为气，以气测解释为主；若油气性质为油，以气测、地球化学、岩石热解气相色谱、荧光显微图像、荧光定量以及综合解释为主。

(2)裂缝、缝洞型储层油气层评价技术：以气测、地质观察、综合录井参数、荧光定量以及综合评价技术为主。

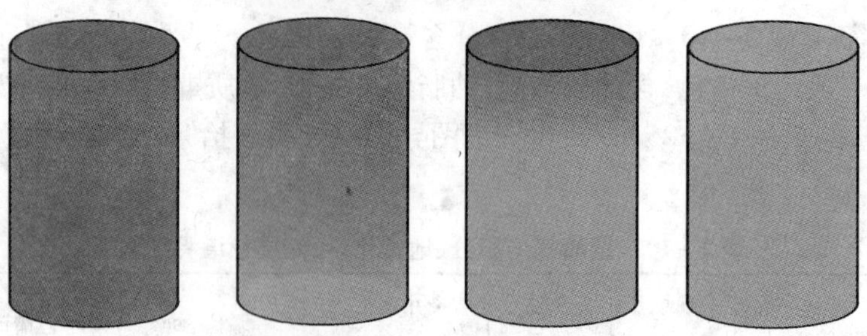

图 2-46 油气饱满程度在储层中纵向分布示意图

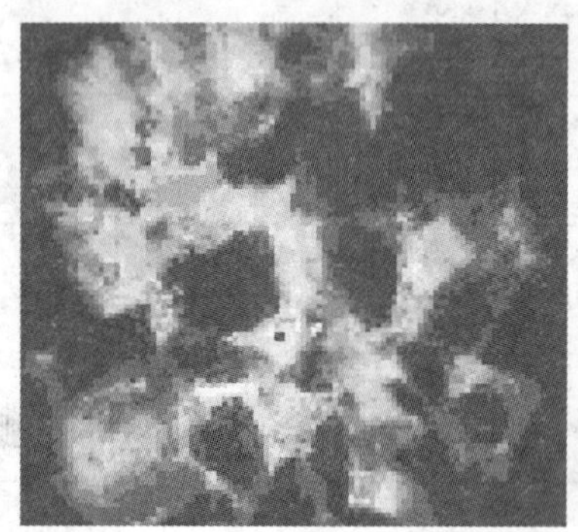

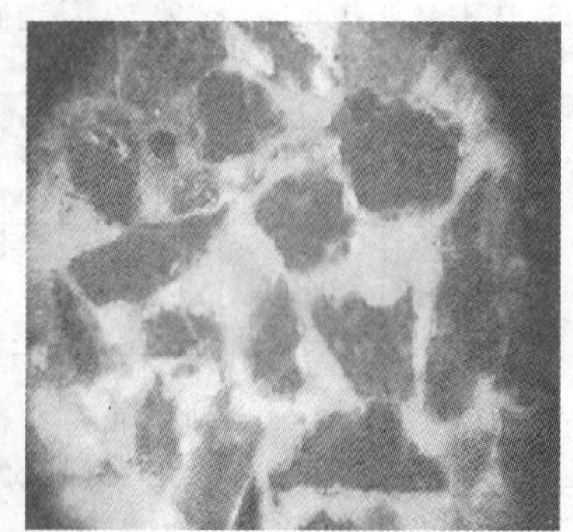

图 2-47 储层含油不饱满

三、油气层评价方法

由于储层类型、油气性质十分复杂，油气层评价是一项复杂的工程。

油气层评价以现场录井资料为基础，可以掌握储层类型、油气显示宏观分布、油气显示分布特点；分析化验资料可以对储层定量评价，可以观察石油微观赋存状态；有机地球化学录井可以评价原油密度以及烃类组分构成。所以，录井质量制约油气层评价效果。

综合评价技术以录井、分析化验资料为基础，充分发挥各项录井资料的优势，通过综合分析、结合评价标准对储层、流体性质评价。

油气层评价目前常采用井间对比评价、层间对比评价、层内对比评价、构造幅度评价等方法。

(一)井间对比评价

井间对比评价利用新井的物性、油质、含油丰度等资料与同构造、同断块、同层位、不同部位的已完成井对比，结合已完成井试油资料，更加准确确定新井解释结论。

如饶阳凹陷 G55 井(Es_2)与 XL12 井属于一个断块，G55 井位于断块高部位，目的层段横向分布稳定，但比 XL12 井高约 40m(图 2-48)。

XL12 井 3216~3228m 与 G55 井 3178~3183m 储层相当(图 2-49)，G55 井油质、含油丰度均好于 XL12 井。XL12 井试油日产油 0.61t，日产水 0.78m^3，为油水同层。虽然 G55 井含油略好于 XL12 井，但未达油层标准，综合解释 G55 井 3178~3183m 为油水同层，试油结论为油水同层，产油 2.08t/d，产水 13.32m^3/d。

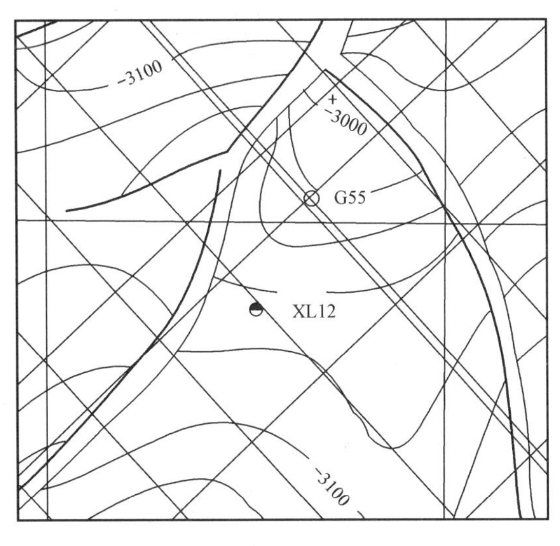

图 2 - 48 XL12 井构造井位图

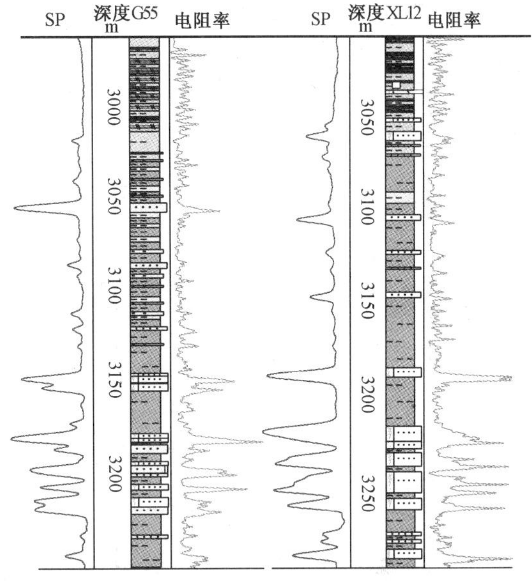

图 2 - 49 G55 井与 XL12 井井间对比评价图

(二)层间对比评价

同一口井在钻井条件相似的条件下,同一砂组将解释层的物性、含油丰度、油质、气测全烃、烃组分、电性进行纵向对别,依据层间差异评价储层流体性质。

如 J59 井在井段 3740 ~ 3840m 井段发育一组储层(图 2 - 50)。在钻井环境、储层类型、储层物性详细的环境下,3745 ~ 3755m 井段显示层气测全烃达 6%,C_3 相对百分含量超过 C_2 但比较接近;3774 ~ 3784m、3813 ~ 3835m 显示层气测全烃小于 2%,明显比 3745 ~ 3755m 井段显示层气测全烃,C_3 的相对百分含量超过 C_2 但差异逐渐加大,表明储层流体性质发生了变化。试油结论:3745 ~ 3755m 为油层,3774 ~ 3784m、3813 ~ 3835m 为油水同层。

(三)层内对比评价

根据含油储层纵向含油丰度、气测全烃、组分地球化学、色谱变化确定油气层评价结论。当纵向录井参数明显变化时,表明储层明显含水。

如 L15 井(图 2 - 51)1369 ~ 1386m 为油迹、油斑砂砾岩。气测全烃曲线较饱满,顶部高达 17.4%,底部下降至 3.3%,呈倒三角形。岩石热解分析上部 P_g 为 4.26mg/g,下部 P_g 为 18.03mg/g,含油丰度呈三角形。含气丰度与含油丰度相反。经综合评价为上气下油特征,综合解释为油气层。试油:1369 ~ 1376m,产气 11931m^3/d,产油 2.46t/d,为油气层;1376 ~ 1381m 产油 7.72t/d,为油层。

(四)构造幅度评价

岩心实验资料证明,油气藏任何部位都含有一定数量的不流动水,即束缚水。束缚水饱和度的分布符合毛细管压力曲线分布规律。水的上升高度与毛细管(孔隙)半径成反比,与油水密度差成正比,与油水界面的张力和岩石对油水润湿角的余弦值成正比。距自由水界面越高,

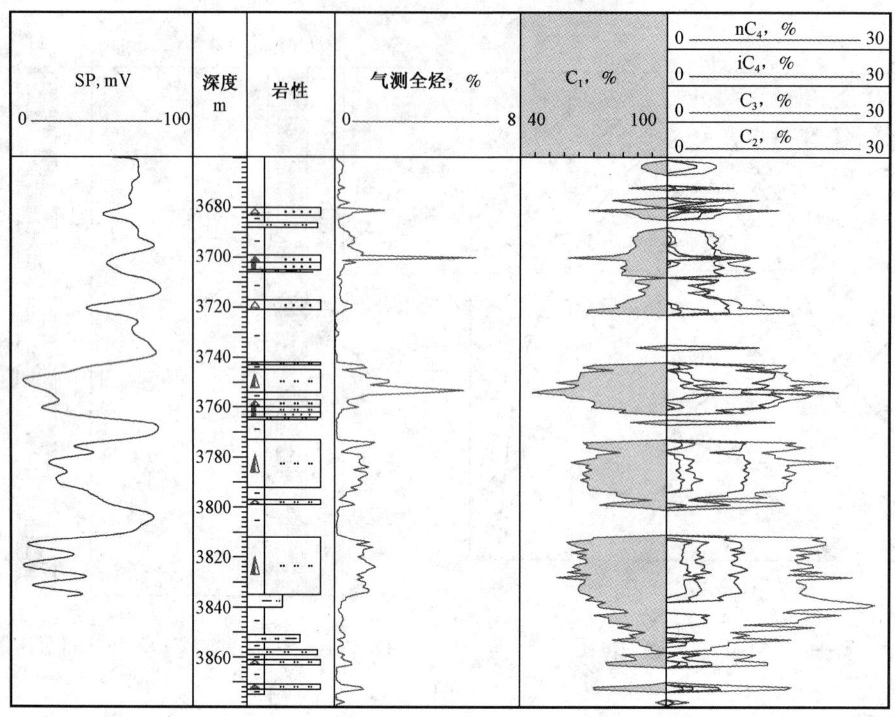

图 2－50　J59 井层间对比评价图

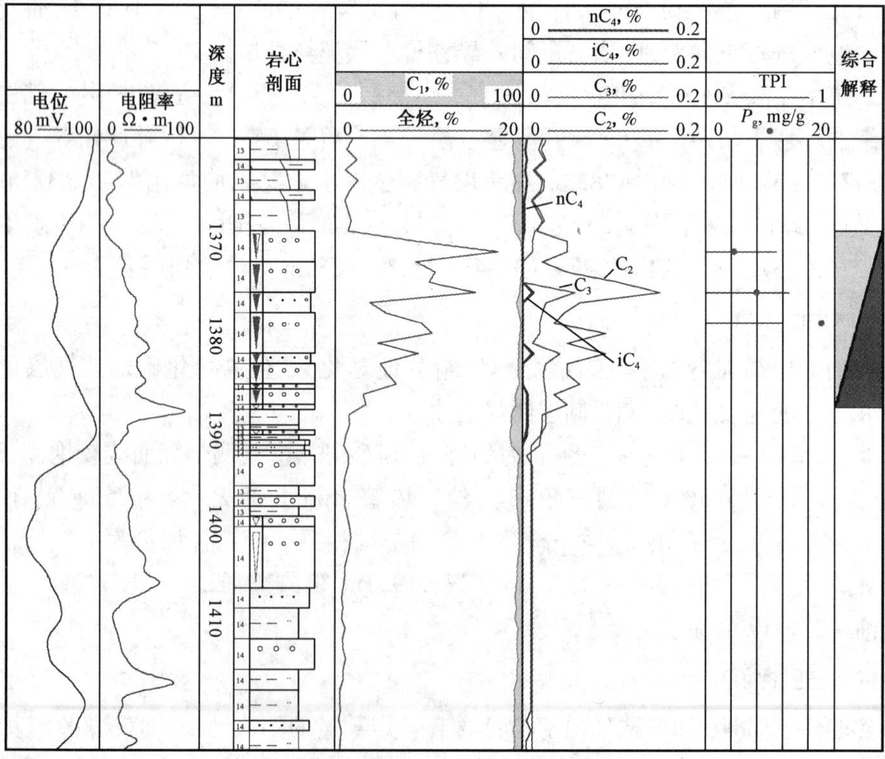

图 2－51　L15 井层内对比解释评价图

束缚水饱和度越低，反之则高。

不同的油层，由于岩石和流体性质不同，束缚水饱和度差异很大。油水界面张力越大，水对岩石的润湿性越好，孔隙半径越小，油驱水的压力越小，则油层中的束缚水饱和度亦越高。显然，油藏内不同位置处的饱和度受自由水面之上的高度、孔隙结构以及油水密度差等因素控制。

在充满油气的单一圈闭中，由于油气分布遵守毛细管压力曲线分布规律，在自由水平面之上当含油饱和度达到某一界限时，在常规试油的条件下，为生产纯油层段，在自由水平面与产纯油的层段之间为油水过渡带。在油水过渡带中，自由水平面向上至产纯油层段之间，含油饱和度逐渐增加。油水过渡带内试油为油水同出，距自由水平面越近，油越少，水越多；向上则油多水少（图 2－52）。

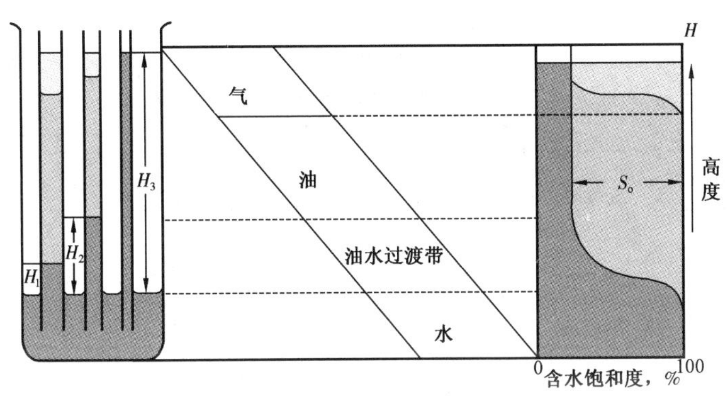

图 2－52 孔隙大小与纯油层高度关系图

构造幅度评价图版（图 2－53）横坐标为储层有效孔隙度，纵坐标为闭合点之上高度。构造幅度评价图版可以划分为两个区域：上部为纯油区，下部为油水同层及含油水层区。从图上可以看出，孔隙度越小，达到纯油层需要的高度就越大，反之则小。这一规律符合毛细管压力曲线分布特征。

（五）综合评价方法

目前，录井油气层评价技术包括气测、地球化学、色谱、定量荧光、轻烃、核磁共振、荧光薄片及综合录井电导率等项目，但每项评价技术均不能实现储层物性、油气性质、油质、丰度及其配伍评价，所以单项技术均有一定局限。为提高油气层评价准确率，必须充分发挥各项技术优势进行综合性评价。

储层类型识别主要采用岩心、井壁取心及岩屑实物观察。

对于储层物性评价，孔隙性储层主要采用室内物性评价仪器分析、核磁共振及测井参数；缝洞型主要采用岩心、井壁取心及岩屑实物观察，气测全烃曲线形态、含油及次生矿物含量、钻具防控、漏失、井喷及功指数方法。

油气性质判断主要采用 GOR、3H 及综合判断技术。

油质判断主要采用地球化学 TPI、S_2/P_g、定量荧光油性指数及色谱峰形曲线形态技术。

油气丰度评价主要采用岩心、井壁取心及岩屑实物观察，气测全烃曲线形态、地球化学、定量荧光及荧光薄片技术。

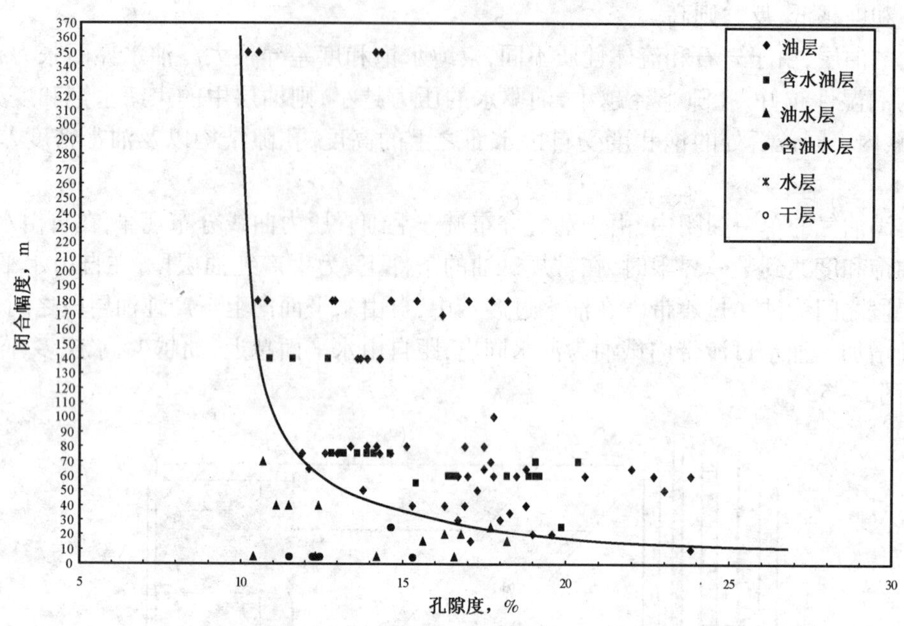

图 2－53 构造幅度油气层评价图版

孔隙型储层单项评价技术系列包含气测、地球化学、定量荧光、色谱、荧光薄片、核磁共振、构造幅度评价方法。缝洞型储层单项评价技术系列包含气测、定量荧光、色谱及电导率评价方法。

经过单项解释评价结合井间、层间、层内储层物性、油气丰度、油质、试油情况等对比，确定最终解释结论。

四、油气层单项技术评价标准

储层类型、油气性质不同，采用的油气层评价方法与评价标准也不同。

（一）油气性质为气储层流体性质评价标准

储层中油气性质判断为气时，评价储层流体性质主要采用气测评价方法。

天然气在地层中有三种状态：游离、溶解、吸附。钻井施工中破碎地层岩石，天然气随钻井液返至地面后，也有游离、溶解、吸附三种状态。不同的是，随着压力、温度降低，在地层中呈溶解、吸附状态的天然气转为游离状态。

天然气在地层中以游离状态为主时，气测表现为高全烃、高全脱烃总量；天然气在地层中以溶解状态为主且溶解度较高时，气测表现为中全烃、高全脱烃总量；天然气在地层中以溶解状态为主且溶解度较低时，气测表现为低全烃、低全脱烃总量。

（1）气层：一般气测全烃大于10%；全脱烃总量低于气测全烃值；全烃曲线形态饱满，呈快起快降特点。

（2）油气层（以气为主）：具备气层特征，一般情况气测全烃大于10%；全脱烃总量大于等于气测全烃值；全烃曲线形态呈快起快降特点，饱满；组分齐全，以甲烷为主。

（3）气水同层：具备气层特征，一般气测全烃大于10%；全脱烃总量低于气测全烃值；全烃曲线形态呈快起快降特点，但不饱满。

(4)含气水层：一般情况气测全烃较低，小于10%；由于溶解气溶解度不同，全脱烃总量变化较大；全烃曲线形态饱满，但幅度低。

(二)油气性质为油储层流体性质评价标准

1. 孔隙型储层岩石热解评价标准

1)原油密度与岩石热解 P_g 价值区图版评价标准

在相同的孔隙度条件下，储层含油饱和度一定时，随原油密度增加，岩石热解总烃 P_g 值而增加。据此原理建立了原油密度与岩石热解总烃 P_g 评价图版(图2-54)。其横坐标为原油密度，纵坐标为岩石热解总烃 P_g。图版上油层区、油水同层区、含油水层区(水层)区域分异明显。

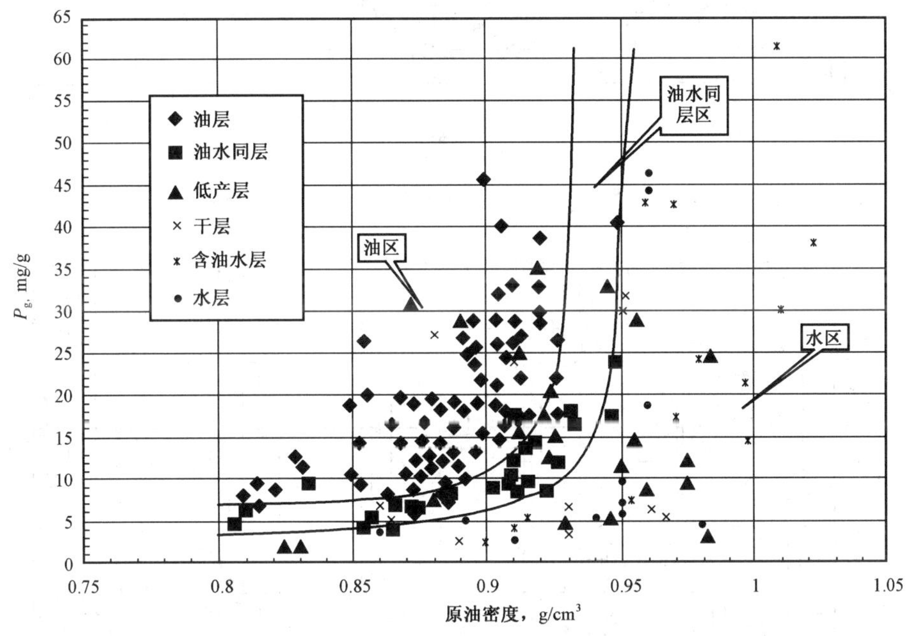

图2-54 原油密度与岩石热解总烃 P_g 评价图版

2)孔隙度与岩石热解总烃 P_g 价值区图版评价标准

含油饱和度一定时，随孔隙度增加，岩石热解总烃 P_g 相应增加。据此原理建立了孔隙度与岩石热解总烃 P_g 评价图版(图2-55)。其横坐标为孔隙度，纵坐标为岩石热解总烃 P_g。图版上油层区、油水同层区、含油水层区(水层)、干层区四个区域分区明显。

3)渗透率与岩石热解总烃 P_g 价值区图版评价标准

渗透率与孔隙度具有正相关性。据此特点建立了渗透率与岩石热解总烃 P_g 评价图版(图2-56)。其横坐标为渗透率，纵坐标为岩石热解总烃 P_g。图版上油层区、油水同层区、含油水层区(水层)、干层区四个区域分区明显。

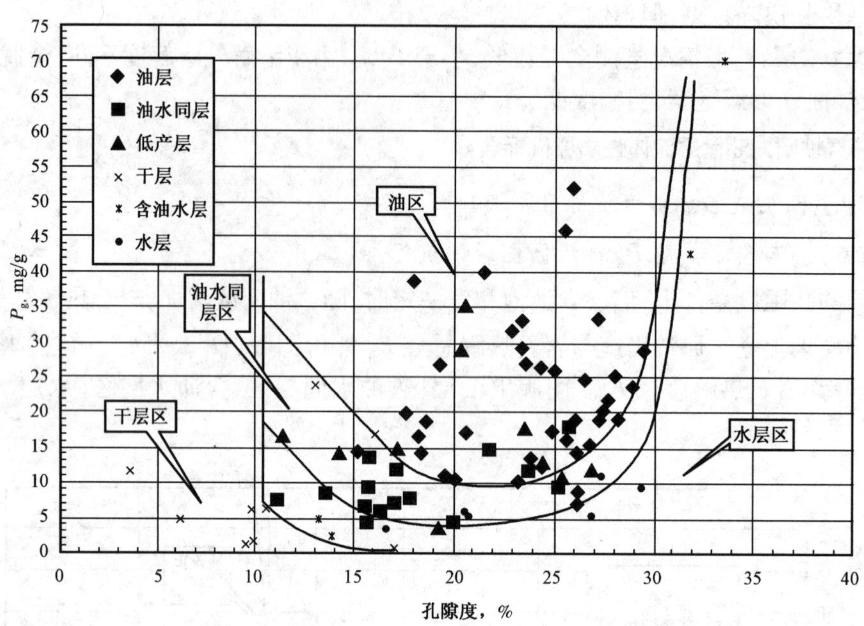

图 2-55 孔隙度与岩石热解总烃 P_g 评价图版

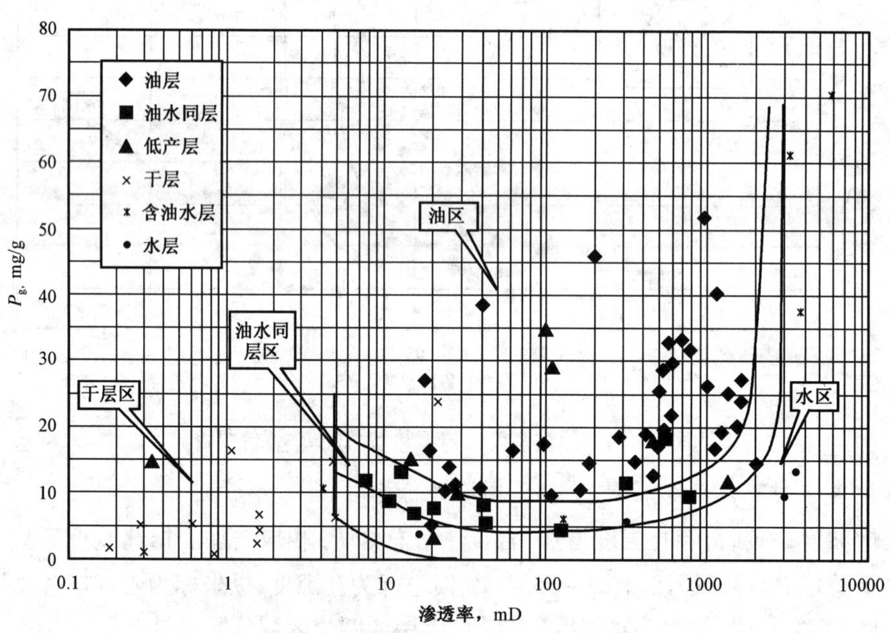

图 2-56 渗透率与岩石热解总烃 P_g 评价图版

2. 孔隙型储层荧光显微图像评价标准

(1)油层(图 2-57):镜下视含油面积通常占 90%;粒间发光均匀,具色晕、色序,多为彩色光;含油饱满程度较高。

(2)油水同层(图 2-58):镜下视含油面积通常占 90% ~40%;发光部位不均,多呈斑状;

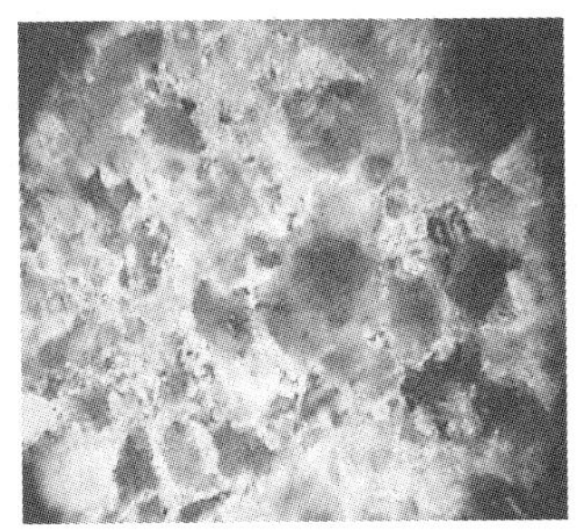
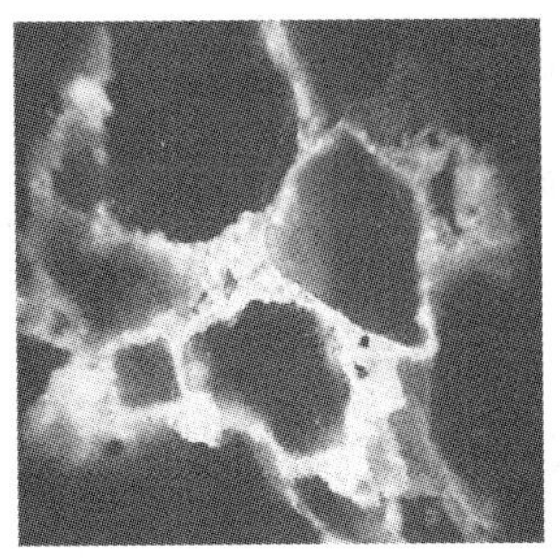

图 2－57 油层荧光显微图像

发光颜色随含水量的不同而发生变化，色泽暗淡，大孔隙中可见油珠亮点和溶有芳香烃的发灰绿色弥漫状可动水的暗光；次生孔隙发育的储层，粒内溶孔的发光强于粒间溶孔；碎屑颗粒与发光的粒间烃类的边缘不清，呈雾状油膜光性。

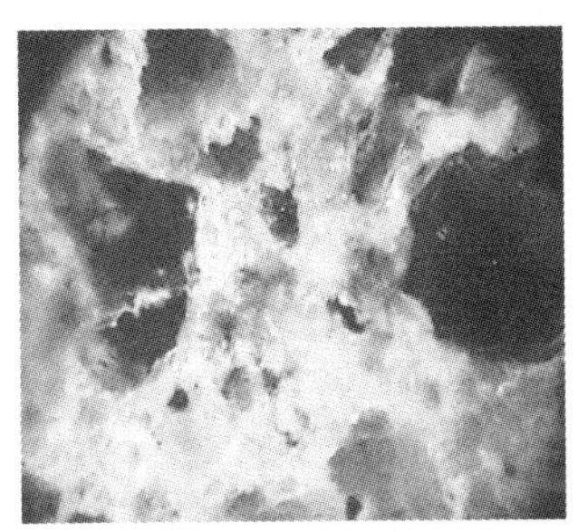
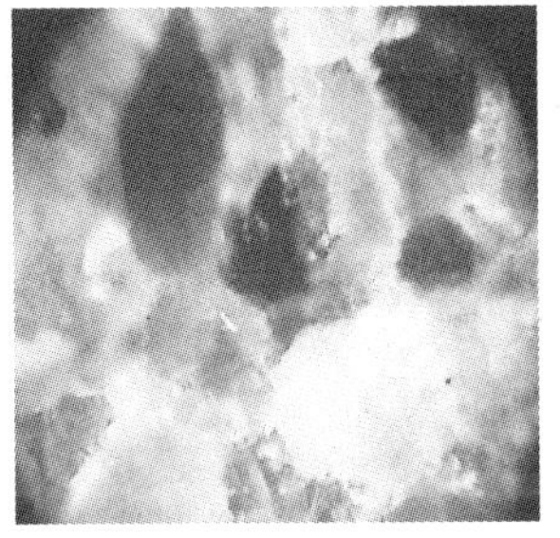

图 2－58 油水同层荧光显微图像

（3）含油水层（图 2－59）：镜下视含油面积通常占 40％～10％；可连通的孔隙和喉道内的原油已被水洗得所剩无几，孤立状孔隙及粒内溶孔残留原油，孔隙内以水溶芳香烃展布的灰绿色暗光为主，偶见孔隙中间漂浮的细小油珠。连接孔隙中剩余油的孔喉变得不稳定，剩余油的分布位置为：小球形油珠悬浮在较大孔隙中间；延伸范围达数个孔隙的较大油片处于完全被水包围之中；依附于碎屑外缘以线状出现或在孤立孔隙内以点状出现。

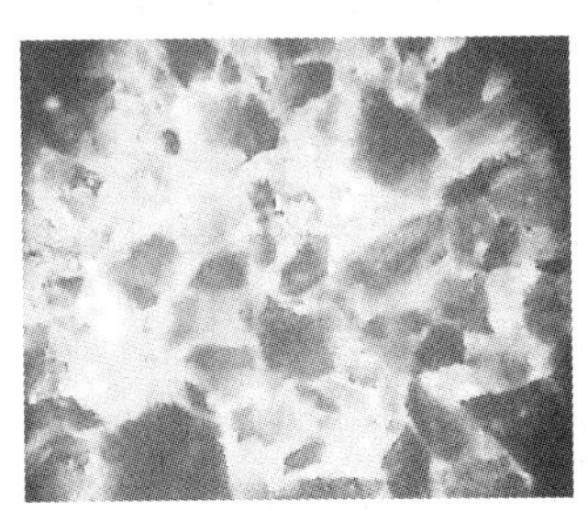
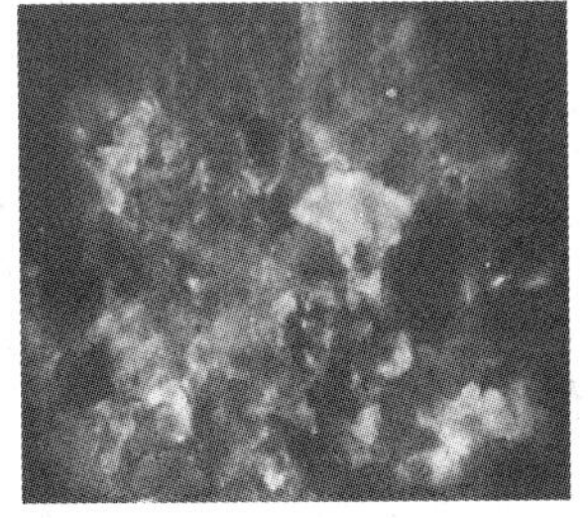

图 2－59 含油水层荧光显微图像

（4）水层：镜下视含油面积小于 10％，孔隙内的原油几乎损失殆尽；岩石整体发光暗，仅可从颗粒的局部外缘及细小喉道的线性和斑点状发光处找到原油遗留的痕迹。

3. 气测储层流体性质评价标准

油气性质、流体类型不同，气测全烃、烃组分响应也有差异，并具有一定规律性。应用气测全烃、烃组分、冲淡系数、钻井液含气量、地层含气量等参数进行评价。冀中地区气测评价标准分为两类：定性解释标准、图版解释标准。

1）定性解释标准

（1）油层：全烃显示明显，峰形饱满；烃组分齐全，C_1 一般在 60% ~85% 之间；后效反应明显。

（2）油气层：全烃显示值较高，一般在 10% 以上；烃组分齐全，C_1 在 85% ~95%；油型气的 C_1 随钻与全脱差别较大，凝析油气的 C_1 随钻与全脱差别不大；后效反应明显。

（3）油水同层：组分特征与油层相似，但全烃值低于油层，峰形欠饱满；具有上油下水特征，后效不明显。

（4）含油水层：组分不全；全烃值较低，峰形不饱满，无后效反应。

2）图版解释标准

在冀中探区建立了十几种评价图版：三角形图版（图 2 -60）、地层含气量图版（图 2 -61）、皮克斯勒图版（图 2 -62）、四边形图版（图 2 -63）、轻重烃比值图版（图 2 -64）、含油系数图版（图 2 -65）、烃类比值图版（图 2 -66）。

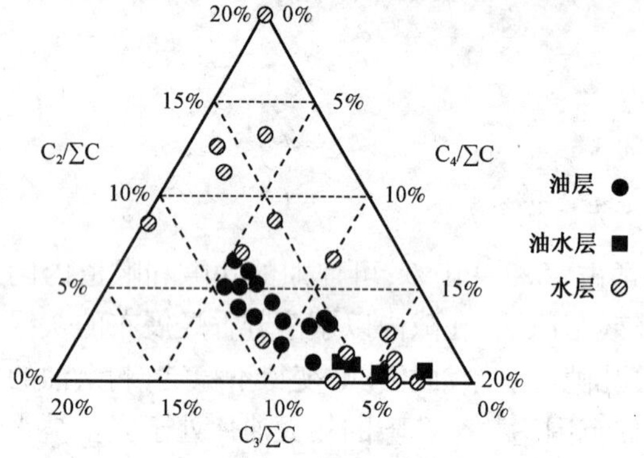

图 2 -60 三角形图版解释

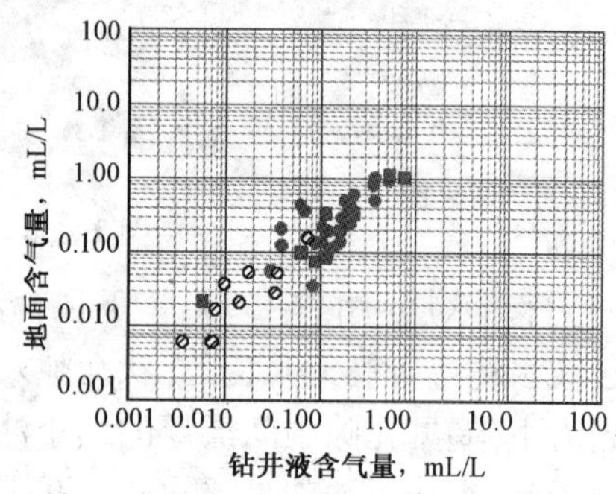

图 2 -61 地层含气量图版解释

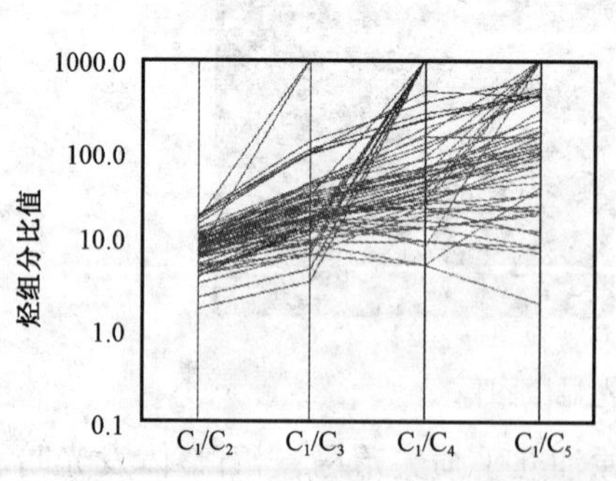

图 2 -62 皮克斯勒图版解释

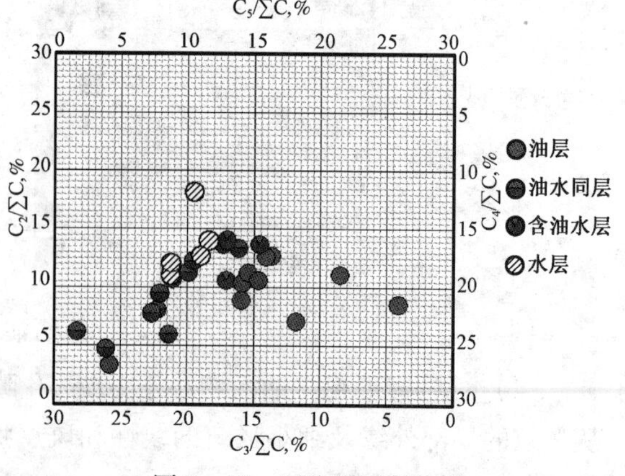

图 2 -63 四边形图版解释

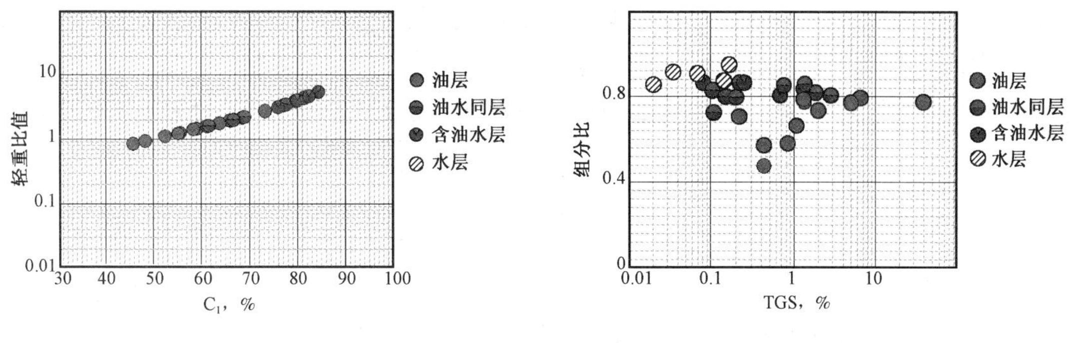

图 2－64 轻重烃比值图版解释

图 2－65 含油系数图版解释

由于气测评价图版较多，每种图版应用有一定的局限性，有些方法仅适合局部地区。

（三）缝洞型储层流体性质评价标准

缝洞型储层油气层解释相对简单，主要采用气测、荧光薄片、定量荧光、钻井液出口电导率参数、功指数等方法，用以发现显示、判断油水界面。将油气水界面以上油气显示层根据储层等级评价为：油气层、油层（Ⅰ、Ⅱ储层），差油气层、差油层（Ⅲ储层）；油水界面以下储层评价为含油（气）水层。

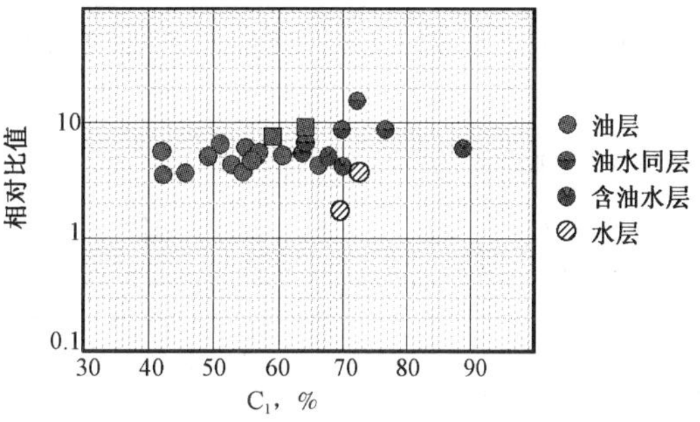

图 2－66 烃类比值图版解释

五、油气层评价技术应用实例

（一）J81 井

图 2－67 为 J81 井油气层评价图。

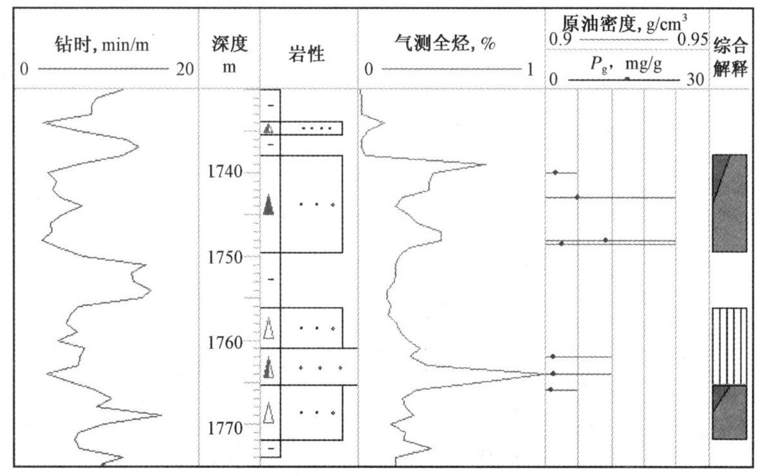

图 2－67 J81 井油气层评价图

1. 井段一

1738～1749m，油斑含砾不等粒砂岩。储层类型：孔隙型。油气性质：GOR 值 138。含油颜色:灰褐色。油气性质判断为油。解释评价方法选择以地球化学、热解气相色谱、荧光显微图像、气测为主。储层评价:无岩心资料,观察岩屑、井壁取心,定性为中孔中渗。显示丰度:直接显示分布不均匀,气测全烃曲线呈倒三角形,不饱满,显示丰度低。录井过程中无水侵现象。纵向上自上至下含油不均匀,原油上轻下重,热解气相色谱、荧光显微图像表现为上油下水特征,地球化学解释评价为含油水层;综合解释为含油水层。试油:产油 1.54t/d,产水 6.55m^3/d。结论:油水同层。

2. 井段二

1755~1765m,油斑砾岩。储层类型:特殊型。油气性质:GOR 值 121。含油颜色:灰褐色。油气性质判断为油。解释方法选择以地球化学、热解气相色谱、荧光显微图像、气测为主。显示丰度:直接显示分布不均匀,气测全烃曲线呈多峰形,不饱满,显示丰度低。录井过程中无水侵现象。纵向上自上至下含油极不均匀,原油密度无明显变化,热解气相色谱、荧光显微图像表现为上油下水特征,地球化学解释评价为含油水层;综合解释为差油层。试油:产油 0.35t/d。结论:低产油层。经过压裂,产油 4.44t/d,产水 26.07m^3/d,结论调整为油水同层。

(二)Z23x 井

图 2-68 为 Z23x 井油气层评价图。

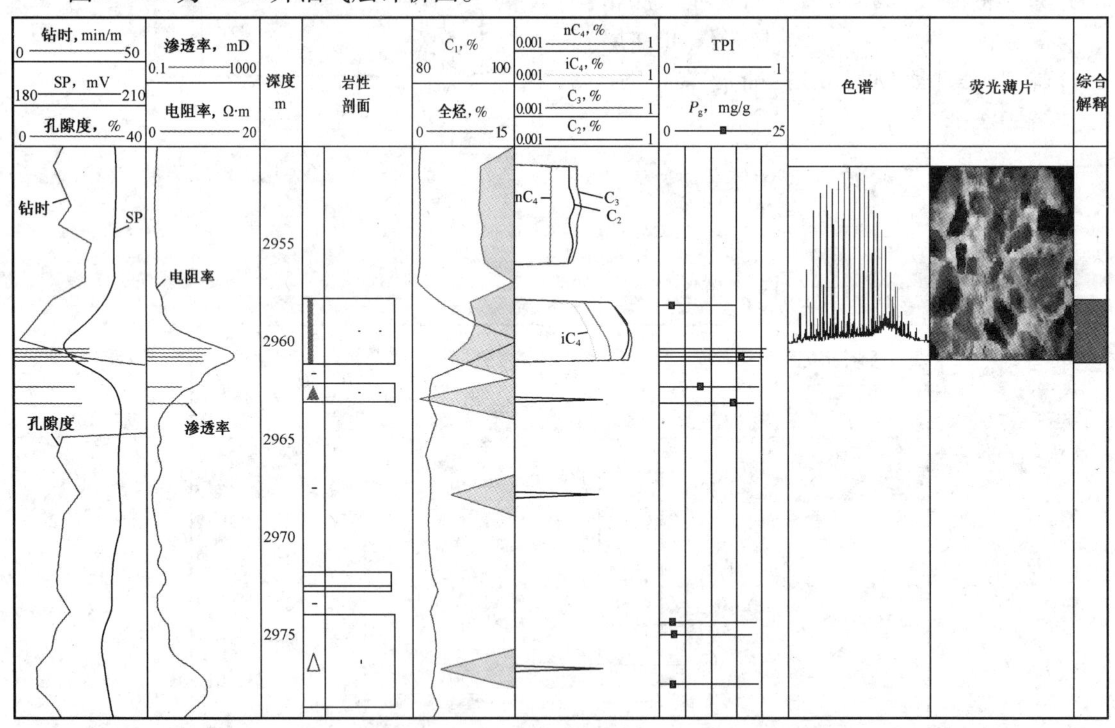

图 2-68 Z23x 井油气层评价图

2957~2961m 井段录井为油浸细砂岩,含油颜色为褐灰色,分布均匀;含油面积为 85%,较饱满;油味浓,有油脂感,滴水缓渗不渗。

综合分析评价:储层岩性为细砂岩,疏松。钻井取心物性分析:孔隙度 16.3%~22.8%,

渗透率 8.66～18.8mD，属中孔特低渗储层。

气测全烃曲线对应储层较饱满，钻井取心含油纵向较均匀，含油较饱满，地球化学 P_g 为 16～28.3mg/g。

油质分析：含油颜色为褐灰色，地球化学 TPI 为 0.81～0.83，为中质油；色谱组分齐全，为正常油；根据 S_2/P_g 与原油密度图版，该层原油密度应为 0.86g/cm^3。

综合评价：根据廊坝型原油密度与地球化学 P_g 评价图版，该层落在油区。由于渗透率低，自然产量低。

试油情况：2957.8～2979.0m 日产油 2.01t，压裂后产油 4.29t/d，产水 0.64m^3/d。试油结论为油层。

（三）D29X 井

图 2－69、图 2－70 为 D29x 井油气层综合评价图。

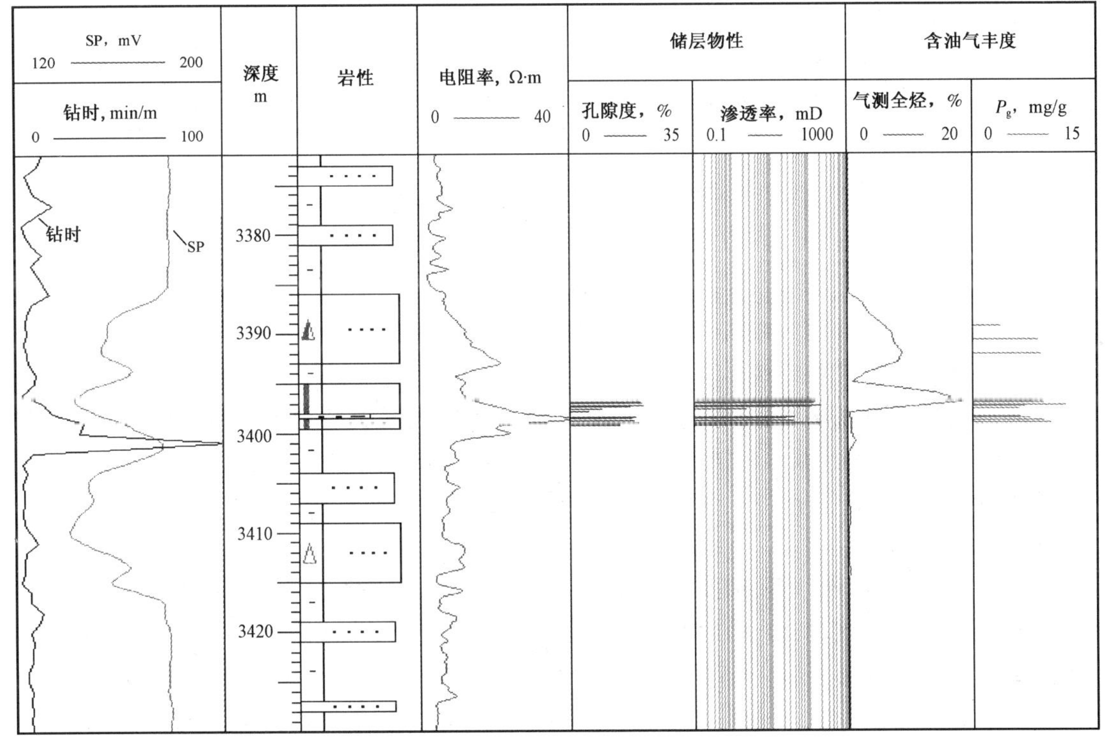

图 2－69 D29X 井油气层综合评价图一

3386～3398m 井段录井为 13m（3 层）油斑、油浸细砂岩。井壁取心 3 颗，其中 2 颗油斑、1 颗油浸细砂岩；3396～3399m 钻井取心。

储层类型：岩性为细砂岩，储层类型为孔隙型。

储层物性：岩心物性分析孔隙度均值为 18.06%，渗透率均值为 100mD，属中孔中渗储层。

油气性质判断：气测组分齐全，甲烷相对含量为 62%；GOR 计算为 800，油气性质为油；3H 曲线 Wh < Bh，Wh < 40，油气性质判断为油，与 GOR 判断相同。

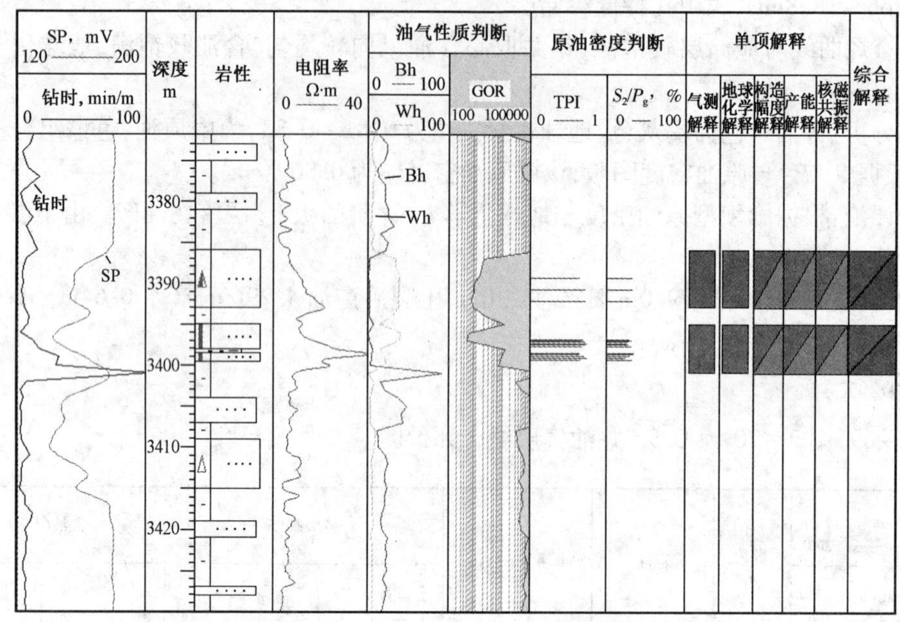

图 2－70 D29X 井油气层综合评价图二

油质评价：地球化学 S_2/P_g 为 30%，评价油质为中等。

油气丰度评价：岩心含油均匀，含油面积大于 70%，宏观含油较饱满；地球化学分析 P_g 为 8.59～11.53mg/g；荧光薄片 85% 孔隙中含油；核磁共振分析可动水饱和度 24.1%～55.2%，含油饱和度 17.19%～34.55%。

油气层评价系列选择：储层为孔隙型，油气性质为油，油质中等，因此选择气测、地球化学、色谱、荧光薄片及核磁共振评价技术系列。

单项评价：气测组分、地球化学图版评价为油层；荧光薄片、核磁共振评价、构造幅度评价为油水同层。

综合评价：储层物性中等，油质中等，部分孔隙中含水，含油不饱满，同时没有达到产纯油构造高度。与邻井对比，储层物性相当，含油丰度高于邻井，但邻井试油为油水同层。综合以上资料综合评价为油水同层。试油 3387.6～3397m，产油 38.55t/d，日产水 49.44m^3，为油水同层。

(四)ND1 井

图 2－71 为 ND1 井油气层评价图。

ND1 井在 5639m 揭开潜山至井深 6027m 完钻，钻厚 388m。岩性为白云岩及石灰岩。录井岩屑中未见含油显示，气测异常明显，组分较全。钻井中未见明显漏失。

利用功指数方法及气测全烃异常对碳酸盐岩非均质性储层进行快速识别与评价，共识别储层 181m(53 层)，储层主要为裂缝，未见溶洞。一类储层 90m(17 层)、二类储层 65m(21 层)、三类储层 26m(15 层)，储层占钻遇地层厚度 51%。5643～5652m、5695～5814m、5926～6015m 为裂缝相对发育段。

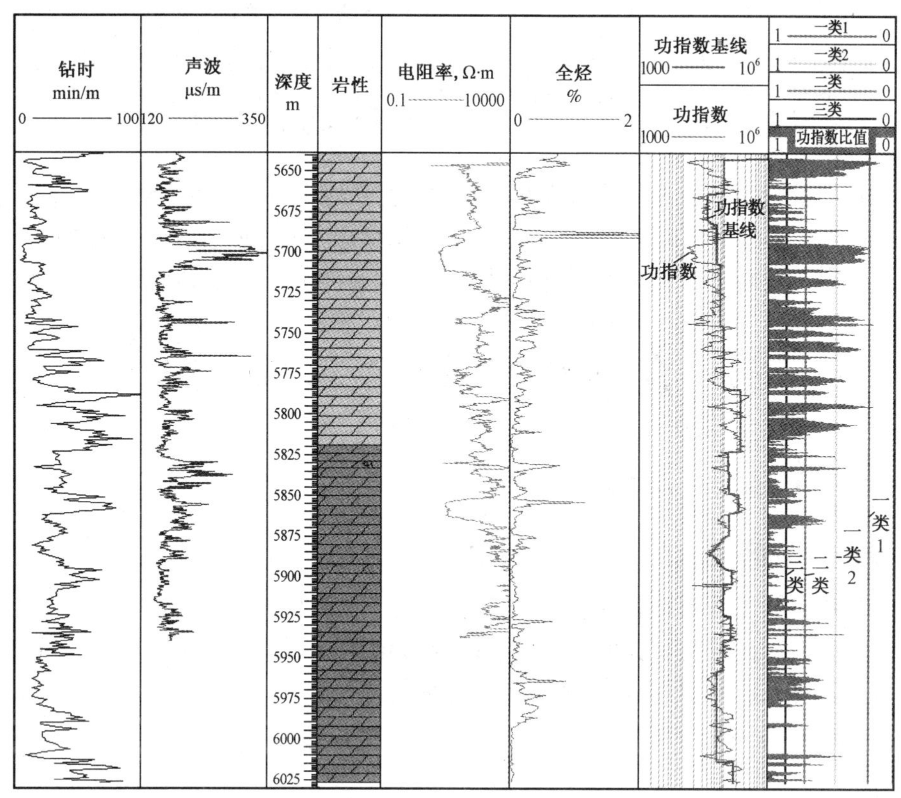

图 2-71　ND1 井油气层评价图

录井过程中气测组分、油性指数、电导率没有明显变化，为此判断未见油水界面。将一、二类储层评价为油气层，厚度 155m；将三类储层评价为差油气层，厚度 26m。裸眼试油井段 5642～6027m，日产原油 604t，天然气 $53\times10^4m^3$。

第三章　特殊条件下的录井技术

特殊条件特指特殊地质条件及特殊钻井条件。特殊地质条件指对钻井安全存在隐患的膏盐岩地层、对人身存在安全隐患的硫化氢地层以及煤层气藏、页岩气藏。特殊钻井条件指PDC钻头、油基钻井液、欠平衡及水平井钻井等。特殊条件下的录井工作侧重点有所差异。

第一节　特殊地质条件下录井技术

一、膏盐岩地层录井技术应用

(一)膏盐岩蠕变性及危害

膏盐岩地层是指以石膏或盐为主要成分的地层。在高围压下，膏盐岩具有好的流变性。膏盐岩地层由于受到高温及较大的地应力作用，在井眼钻开后会发生蠕变，极易引起阻卡、坍塌等井下复杂情况，成为钻井中需要解决的一项难题。

(二)膏盐岩地层地质特征

1. *膏岩*

膏岩有石膏岩和硬石膏岩两种。单矿物的硬石膏($CaSO_4$)、石膏($CaSO_4 \cdot 2H_2O$)主要为白色、灰色、浅黄色或少部分染有不同颜色，常常以层状、透镜状产出。石膏岩粒度较粗，而硬石膏岩较细，石膏岩相对硬石膏岩要致密一些。

在钻井作业中，膏岩无论是在淡水钻井液还是在饱和盐水钻井液中均发生水化分散、破坏。井场的主要鉴定手段是:挑选不能确定的石膏岩样与热盐酸溶解后，加氯化钡溶液观察是否有硫酸钡白色沉淀。

2. *盐岩*

盐岩包括石盐岩和钾镁质盐岩等。盐岩主要矿物为石盐($NaCl$)，并含少量其他盐类矿物(如钾石盐 KCl)。纯净盐岩无色，当含有混入物或液体等包体时呈黑色、灰色、褐色、红色、白色等，具立方晶体，吸潮，有咸味，易溶于水。钾镁质盐岩主要矿物是钾石盐(KCl)等，通常含有大量的石盐，并与石盐岩共生。盐岩以粗粒结晶结构或变晶结构为主。

(三)膏盐岩地质录井

因为膏盐岩地层能给钻井带来安全隐患，所以地质录井必须做好准确预测与识别，及时为钻井提供信息。

1. *掌握膏盐岩分布特点*

钻前收集并掌握邻井剖面、构造图、钻井等资料，认真分析对比后，掌握膏盐岩纵横向分布、厚度变化及识别方法，预测膏盐岩地层顶、底界深度和岩性特征，掌握钻井工程的监测重点（卡钻等）和钻遇膏盐岩地层的录井参数特征。

2. 膏盐岩地层识别

1）非饱和盐水钻井液情况下的膏盐岩识别

（1）钻时特征：膏盐岩地层可钻性较好，钻遇膏盐岩地层时，钻时会明显下降。

（2）岩性特征：岩屑中可见膏盐岩。钻时较小井段岩屑返出少或捞不到岩屑也是钻遇膏盐岩地层最为明显的特征之一。

（3）氯离子含量变化识别：钻遇膏盐岩地层，氯离子含量会大幅度增加，数值由原先的几千毫克每升（淡水钻井液）或者几万毫克每升（盐水钻井液）达到十几万毫克每升，饱和以后接近 190000mg/L。

（4）出口电导率识别：钻遇膏盐岩地层，膏盐岩不断溶解于钻井液中使钻井液导电能力增加，导致出口电导率大幅度上升。

（5）钻井液参数识别：揭开膏盐岩地层后，膏盐岩不断溶解于钻井液中造成钻井液性能明显变化，如粘度上升等。

（6）钻井工程参数识别：钻时变快、转盘扭矩略有上升、有蹩跳钻现象、活动钻具阻卡等现象也是判断是否钻遇膏盐岩地层辅助方法。

2）饱和盐水钻井液情况下的膏盐岩识别

饱和盐水钻井液钻进情况下，由于钻井液中盐岩溶解近饱和，氯离子、电导率、钻井液参数等方法不能进行识别膏盐岩，同时钻井液溶解膏盐岩能力下降，大部分膏盐岩碎屑会以岩屑形式返出，根据观察岩屑可识别膏盐岩地层。同时，结合钻时、钻井工程参数识别膏盐岩。

（四）膏盐岩录井应用——J59 井

J59 井地质设计在古近系沙二段为膏盐岩发育段。实钻过程中加强地层对比，及时预测膏盐岩在井深 3330m 左右。钻到井深 3300m 后钻井施工依然采取淡水钻井液体系，录井采用了饱和盐水清洗岩屑方式。在井深 3330m 钻遇含膏泥岩，3344m 见到泥质膏岩，3350m 见到膏盐岩，直至 3633m 膏盐岩段结束（图 3－1）。进入膏盐岩发育段电导率明显抬升，岩屑中见部分膏盐岩岩屑。

二、硫化氢录井技术应用

1993 年 9 月 28 日，位于河北省赵县境内华北油田赵 48 井在试油射孔作业中发生井喷失控。2003 年 12 月 23 日，位于重庆市开县境内四川石油管理局川东钻探公司罗家 16H 井在起钻过程中发生天然气井喷失控，由于地层中大量硫化氢气体随着喷出井口，毒气扩散导致多人伤亡事故。以上两起事故不仅给人民的生命安全带来了巨大危害，同时给国家带来巨大的经济损失。

为避免或减少有毒气体井喷事故，及时发现地层中硫化氢气体并进行预警是录井工作的重点。

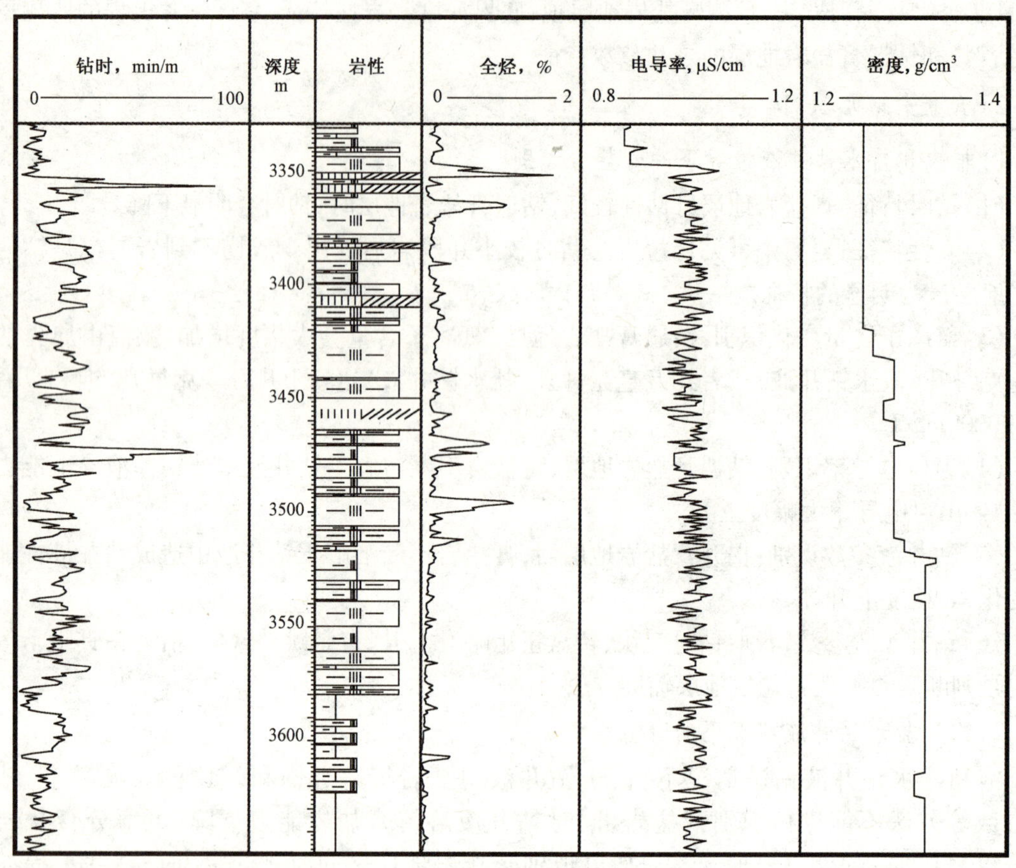

图 3－1 J59 井膏盐岩录井图

(一)硫化氢录井检测方法

1. 综合录井仪检测法

1)检测原理

将硫化氢传感器分别置于槽面和池面的上方、钻台以及录井仪房内气样放空处。

将硫化氢传感器输出信号进入记录仪和报警器。根据检测硫化氢气体含量，确定地层是否有硫化氢气体。其次，对地层硫化氢含量进行评价，进行预警。

地层中是否含有硫化氢气体，以录井仪房内气样放空处检测数据为判断依据（放空处气体浓度高于大气含量）。

2)注意事项

综合录井硫化氢传感器目前对硫化氢气体、氢气以及二氧化碳等气体均有反映，所以，综合录井硫化氢检测不具备唯一性。一旦仪器报警，首先通知井场工作人员，然后对气体进行其他方式检测，确定其唯一性，达到检测硫化氢的目的。

2. 碘量法

1)检测原理

向定量钻井液中加入盐酸，使其中的硫化氢及硫化物以硫化氢形式挥发出来，经吸收液吸收后，再与过量的碘液反应，然后用硫代硫酸钠标准溶液滴定，确定钻井液中硫化氢（硫化物）含量。

2）检测步骤

（1）准确量取5～20mL钻井液于反应瓶内，加20mL蒸馏水摇匀，置于磁力搅拌器上。

（2）分别向两个包氏吸收管内加入10%的醋酸锌溶液10mL，与反应瓶和大气采样器串联好，使气体由反应瓶经包氏吸收管流向大气采样器。

（3）打开大气集样器和磁力搅拌器，向反应瓶内加入足量盐酸酸化后以醋酸锌溶液吸收。

（4）将吸收液转移到250mL碘量瓶内，用移液管移取足够碘液加入其中，然后加入6mol/L盐酸5mL，加塞摇匀置于避光处。

（5）5min后，用0.01mol/L（或0.1mol/L）的硫代硫酸钠标准溶液滴定碘量瓶内溶液至黄色，再加3～5滴淀粉指示剂，继续滴至蓝色刚退色为止。

钻井液硫离子含量由下式计算：

$$S = (V_0 - V_1) \times N \times 17 \times 1000$$

式中 V_0——空白分析中消耗硫代硫酸钠标准溶液的体积，mL；

V_1——实际消耗硫代硫酸钠标准溶液的体积，mL；

N——硫化氢的浓度，mol/L；

V——所取钻井液体积，mL。

3. 离子计法

1）检测原理

硫电极表层由一层薄的Ag_2S膜组成，在溶液中与甘汞电极组成下列测量电池：

$$Ag_2S(\text{膜}) \parallel \text{溶液} \parallel \text{甘汞电极}$$

溶液所产生的电势取决于硫电极与溶液中银、硫离子的浓度。

2）检测步骤

取50mL钻井液于检测瓶内，在搅拌状态下，将处理好的硫离子与甘汞电极插入，按下测量开关，测量硫离子电位。

现场可用离子电位直接反映钻井液中硫离子含量的变化。

4. 岩样醋酸铅试纸法

1）检测原理

利用醋酸银试纸遇硫化氢气体变黑的现象以及颜色深浅检测（岩屑、岩心）样品中硫化氢含量。

化学反应方程式：

$$Pb(C_2H_3O_2)_2 + H_2S = PbS(\text{黑色})\downarrow + C_4H_8O_4$$

2）检测步骤

（1）岩样检测。

取1g岩样置于试管内，加入6mol/L的盐酸1～2mL，同时以醋酸铅试纸覆于试管口，均匀加热试管底部（切勿使浓盐酸大量挥发，影响检测）。

加热30s后，取下试纸，将熏烤部分剪下贴好。

试纸熏烤部分颜色的深浅反映了岩样中硫离子含量的多少。

试纸颜色的深浅序列是：无色→黄色→棕色→浅褐色→褐色→褐灰色→灰黑色→黑色。

大气检测：钻进或测后效期间将醋酸铅试纸悬挂在钻井液出口槽上方20～40cm处（防止钻井液污染试纸），以检验槽面挥发气中硫离子的含量。

每隔2～5h更换一次试纸，将取下的试纸贴好。

试纸颜色的深浅反映了槽面上方挥发气的硫离子含量的多少。

试纸颜色的深浅序列是：无色→黄色→棕色→浅褐色→褐色→褐灰色→灰黑色→黑色。

（2）注意事项。

醋酸铅试纸法可以检测硫化氢，但不能确定硫化氢浓度，因此，需要根据硫化氢浓度进行实验，建立浓度试纸颜色系列。

（二）含硫化氢地层级别划分

根据华北油田赵县地区30口井检测及试油结论，对含硫化氢地层进行级别划分（表3－1）。

表3－1 华北油田赵县地区硫化氢地层级别划分

含硫化氢地层级别	标志与指标
含硫化氢地层	（1）硫离子电位160～300mV； （2）槽面醋酸铅试纸呈浅黄—褐黄色； （3）岩样醋酸铅试纸呈黄—褐色
低含硫化氢地层	（1）钻井液中硫化氢含量10～50mg/L，硫离子电位300～600mV； （2）槽面醋酸铅试纸呈褐—黑色，大气中可检测到少量硫化氢气体； （3）岩样醋酸铅试纸呈褐—黑色
中—高硫化氢地层	（1）钻井液中硫化氢含量大于等于50mg/L，硫离子电位大于等于600mV； （2）岩样、槽面醋酸铅试纸黑色，大气中可检测到硫化氢气体； （3）钻井液粘度增加，颜色呈墨绿—褐色

（三）硫化氢录井预警原则

录井中发现硫化氢进行及时提示；当大气中含有硫化氢气体后，根据硫化氢检测浓度分级报警。

（1）录井中在钻井液中一旦发现硫离子，空气中发现硫化氢，及时提示钻井做好预防措施。

（2）硫化氢录井报警级别划分。

根据Q/SY HB0002—2001《录井作业硫化氢检测规范》和SY/T 6277—2005《含硫油气田硫化氢监测与人身安全防护规程》，对钻井过程中硫化氢监测报警级别进行划分。

施工前预警：在施工区域，若邻井地层含硫化氢，二开前向钻井队和录井队进行地质预告。

预告邻井钻遇硫化氢的层位、深度、含量；预计本井硫化氢地层层位、深度。

钻井施工中采用三级报警：

一级报警：硫化氢气体在空气中的最大浓度达到15mg/m^3，进行一级报警。

二级报警：硫化氢气体在空气中的最大浓度达到30mg/m^3，进行二级报警。达到此浓度，现场作业人员必须佩戴正压式呼吸器。

三级报警：硫化氢气体在空气中的最大浓度达到150mg/m^3，进行三级报警。达到此浓度，现场作业人员应按预案立即撤离井场。

三、煤层气地质录井技术应用

（一）煤层气定义

煤层气是指赋存在煤层中以甲烷为主要成分、以吸附在煤基质颗粒表面为主并部分游离于煤孔隙中或溶解于煤层水中的烃类气体。

煤层气属非常规天然气，具有巨大潜在储量，作为一种洁净能源开发利用前景广阔，日益引起人们的重视。我国相关部门对煤层气勘探开发做了大量的工作。煤层气开发与油气田常规油气开发差异明显，录井侧重点也有一定差异。

（二）煤层气基本特性

1. 含气饱和度

含气饱和度是指在一定条件（储层压力、温度和煤质等）下，实际含气量与相应条件下的理论吸附量的比值。

2. 煤层孔隙结构

煤是一种固态胶质体，是双孔隙介质，含有基质孔隙和割理孔隙。

3. 煤层渗透率

煤层的渗透性是指在一定压差下允许流体通过其连通孔隙的性质，也就是说，渗透性是指岩石传导流体的能力，煤层渗透率是反映煤层渗透性大小的物理量。

4. 煤层渗透率各向异性

由于裂缝系统的几何形态，使得面割理和端割理渗透率存在差异，面割理方向渗透率最大，这种现象称为煤层渗透率各向异性。

5. 临界解吸压力

对于未饱和煤层气藏，只有压力下降到含气量落在吸附等温线上，气体才开始解吸，该压力称为临界解吸压力。

6. 镜质体反射率

镜质体反射率（R_o）是指投射在磨光面上光线的反射能力，即煤（镜质体）光片表面的反射光强度与入色光强度的百分比值。

7. 煤的分类

（1）褐煤（低煤阶煤）：煤化程度低，外观多呈褐色，光泽暗淡或成沥青光泽，含有较高的内在水分和不同数量的腐殖酸。

(2)烟煤(中煤阶煤):煤化程度高于褐煤而低于无烟煤,其特点是挥发组分产率范围大,燃烧时有烟。

(3)无烟煤(高煤阶煤):煤化程度高,挥发组分低、密度大,燃点高,燃烧时多不冒烟。

(三)煤层气开发中地质录井的作用

煤层气开发中地质录井的主要作用为:恢复地层剖面,地层对比卡准煤层及取心层位,观察煤质煤阶。

(四)煤层气地质录井方法

煤层气地质录井目前采用与石油钻探相同的方法,但与石油钻探观察、描述内容有所不同。

1. 钻时录井

在钻井过程中,把钻头每钻进单位进尺的岩层所需要的时间记录下来,即钻时录井,单位为min/m。由于岩性不同,地层可钻性也不同,钻遇不同性质的岩层时,表现在钻时上有明显的差异。在钻压、转速、排量等钻探工程参数以及在钻井液性能、钻头类型与新旧程度基本相似的情况下,钻时的大小变化在一定程度上反映了地层的岩性特征。

在晋城、沁水等地区含煤地层中,煤层性脆、易碎,内生裂隙发育,可钻性最好,钻时相对较小;砂岩泥岩成岩性较好,致密,可钻性较差,钻时相对较慢。

2. 岩屑录井

井下岩层被钻头破碎后,随钻井液带到地面,录井人员按照一定的间距、一定的顺序时间将岩屑采集并保存,通过对岩屑样品观察、岩性识别、岩性描述,恢复地下原始地层剖面的过程叫岩屑录井。

煤岩岩屑描述内容:定名、颜色、成分、夹矸、煤岩类型、含有物等。

3. 岩心录井

根据设计要求,地质录井人员及时进行地层对比,预测取心煤层顶深,确保卡准取心层位。

1)煤岩岩心描述顺序

定名、颜色、成分、结构、构造、裂隙发育情况、含有物及含气情况。

2)煤岩分析项目

(1)解吸测试:煤层含气量测定。

(2)煤质分析:密度、孔隙度分析。

(3)煤岩分析:煤岩显微组分分析、矿物含量测定、镜质体最大反射率测定。

(4)气组分分析:气体组分构成及含量测定。

(5)等温吸附:等温吸附实验。

3)绳索取心

由于煤层具有特殊的物理、力学性质,而煤层气井对取煤心采样又有特殊要求,因此用现有常规石油钻井取心工具和工艺无法满足煤层气井的取煤心作业。为解决破碎煤层和粉煤取心收获率低、煤心质量差和取心成本高的技术难题,根据煤层气井取心特点和煤层特性采用绳索取煤心工具。

绳索取心钻探技术是指在钻杆底部投入一个几米长取心内管，岩心直接进入取心内管。当取心管快满时，投入打捞器，取出岩心管。取出岩心后，再将岩心管投入井底，实现不起钻连续取心的目的。

（五）煤层气钻探多分支水平井录井

为提高煤层气的采收率，煤层气钻探中采用多分支井钻井新工艺。多分支井井身主要由洞穴井与工艺井组成（图3－2）。

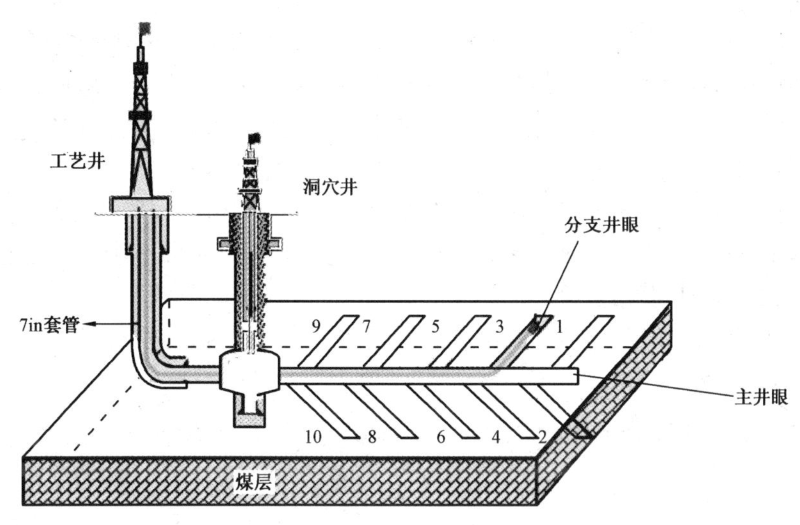

图3－2　煤层气多分支水平井示意图

1. 洞穴井

洞穴井采用二开井身结构。一开井段：钻穿基岩风化带后，留好套管口袋（一般为20m），下入表层套管，封固地表疏松层、砾石层，固井水泥返至地面。二开井段：钻穿目标煤层底界以下60m完井（留排采口袋），下入生产套管固井，注水泥封固至地面。

煤层段套管柱下入玻璃钢套管一根，便于后期造洞穴铣割套管，要求玻璃钢套管上端面超出煤顶不少于3m，下端面位于煤底以下10cm。

固井试压合格后，在煤层段造直径大于500mm的洞穴。造完洞穴后，用原钻机循环出所有煤屑，然后从井口下光钻杆至洞穴底部，从井口钻杆向井底填河道细砂，预填井底后完井。

2. 工艺井

工艺井采用三开井身结构，一开井段：钻穿基岩风化带后，留好套管口袋（一般为20m），下入表层套管，封固地表疏松层、砾石层，固井水泥返至地面。二开井段：牙轮钻头钻达着陆点中期完井，井斜86°左右，下入生产套管固井，注水泥封固至井深200m。三开阶段：钻完全部进尺，所有井眼全部裸眼完井。

水平井完钻后，在造斜点以下7in套管内打100m水泥浆封隔垂直井眼与水平井眼。

3. 多分支井录井工作要点

洞穴井录井的关键是卡准目标层及开采口袋深度。

工艺井录井的关键是卡准中期完井井深、着陆点及水平段导向。卡中期完井井深主要依据洞穴井资料进行对比，根据设计要求及时卡准。水平段导向主要采用钻时、自然伽马、气测全烃及岩屑观察判断井身轨迹在煤层中运行状态。

四、页岩气录井方法探索

页岩气近年来在非常规天然气中异军突起，已成为全球油气资源勘探开发的新亮点。页岩气是指赋存于页岩系统中的天然气，与煤层气、致密砂岩气构成当今世界三大非常规天然气，是一种新类型能源资源。

页岩气是从页岩层中开采出来的天然气，是一种重要的非常规天然气资源。页岩气的形成和富集有着自身独特的特点，往往分布在盆地内厚度较大、分布广的页岩烃源岩地层中。较常规天然气相比，页岩气开发具有开采寿命长和生产周期长的优点，大部分产气页岩分布范围广、厚度大，且普遍含气，这使得页岩气井能够长期地以稳定的速率产气。

据专家估算，我国页岩气可采资源量约为 $26\times10^{12}m^3$。我国页岩气资源调查与勘探开发还处于探索起步阶段，至今尚未对其潜力进行全面估算，页岩气资源有利目标区有待进一步落实，勘探开发处于“空白”状态。

目前，国内西南油气田在蜀南区块与壳牌公司进行合作勘探，并取得了一定效果。

（一）页岩气的成藏条件

页岩气成藏受多种因素综合影响，包括沉积环境、总有机碳含量、干酪根类型和热演化程度等。

1. 沉积环境

页岩气的工业聚集需要丰富的气源物质基础，要求生烃有机质含量达到一定标准。那些有机质丰度高的黑色泥页岩是页岩气成藏的最好源岩，它们的形成需要较快速的沉积条件和封闭性较好的还原环境。沉积速率较快，可以使得富含有机质的页岩在被氧化破坏之前能够大量沉积下来；而水体缺氧可以抑制微生物的活动性，减小其对有机质的破坏作用。在沉积埋藏后控制甲烷产量的因素是缺氧、缺硫酸盐环境，低温、富含有机物质和具有充足的储存气体的空间。

2. 总有机碳含量(TOC)

总有机碳含量是烃源岩丰度评价的重要指标，也是衡量生烃强度和生烃量的重要参数。有机碳含量随岩性变化而变化，对于富含粘土的泥页岩来说，由于吸附量很大，有机碳含量最高，因此，泥页岩作为潜力源岩的有机含量下限值就越高，而当烃源岩的有机质类型越好，热演化程度高时，相应的有机碳含量下限值就低。对泥质油源岩中有机碳含量的下限标准，目前国内外的看法基本一致，为0.4% ~0.6%，而泥质气源岩有机碳含量的下限标准则有所不同。大量研究结果表明，气态烃分子小，在水中的溶解能力强，易于运移，气源岩有机碳含量的下限标准要比油源岩低得多。美国五大页岩气盆地的含气页岩总有机碳含量一般在1.5% ~20%。Antrim页岩与New Albany页岩的总有机碳是五套含气页岩中最高的，其最高值可达25%；Lewis页岩的总有机碳含量最低，也可达到0.45% ~2.5%。一般认为，总有机碳含量在0.5%以上就是有潜力的源岩。

3. 干酪根类型

众所周知，在不同的沉积环境中，由不同来源有机质形成的干酪根，其组成有明显的差别，其性质和生油气潜能也有很大差别。因此，研究干酪根的类型（性质）是油气地球化学的一项重要内容，也是评价干酪根生油、生气潜力的基础。干酪根类型是衡量有机质产烃能力的参数，同时也决定了产物以油为主还是以气为主。一般来说，Ⅰ型干酪根和Ⅱ型干酪根以生油为主，Ⅲ型干酪根则以生气为主。纵观美国页岩气盆地的页岩干酪根类型，主要以Ⅰ型干酪根与Ⅱ型干酪根为主，也有部分Ⅲ型干酪根，而且不同干酪根类型的页岩都生成了数量可观的气。有理由相信，干酪根类型并不是决定产气量的关键因素。

在实验条件下，不同升温速率有机质的成气转化基本一致，但主生气期（天然气的生成量占总生气量的70%～80%）对应的R_o值不同。Ⅰ型干酪根为1.2%～2.3%，Ⅱ型干酪根为1.1%～2.6%，Ⅲ型干酪根为0.7%～2.0%，海相石油为1.5%～3.5%。因此，页岩气可以在不同有机质类型的源岩中产出，有机质的总量和成熟度才是决定源岩产气能力的重要因素。

4. 热演化程度

含气页岩的热成熟度通常用R_o来表示。R_o越高，表明生气的可能越大。美国五大产气页岩的热成熟度可以从0.4%～0.6%（临界值）到0.6%～2.0%（成熟），页岩气的生成贯穿于有机质向烃类演化的整个过程。也就是说，只要页岩层中的有机质达到了生烃标准，即$R_o>0.4\%$，就可以生成天然气，它们就有可能在页岩中聚集成藏。一般地，当$R_o>1.0\%$更易于生气，$1.0\%<R_o<2.0\%$为生气窗，当$R_o>1.4\%$时则生成干气；$R_o<0.6\%$为未成熟阶段，$0.4\%<R_o<0.6\%$时可生成生物成因气。

作为页岩储层系统有机成因气研究的指标，干酪根的成熟度不仅可以用来预测源岩中生烃潜能，还可以用于高变质地区寻找裂缝性页岩气储层潜能。干酪根的热成熟度也影响页岩中能够被吸附在有机物质表面的天然气量。因此，热成熟度是评价可能的高产页岩气的关键参数。热成熟度越高，越有利于页岩气的生成，也有利于页岩气的产出。

（二）页岩气的勘探技术

1. 页岩气地质理论

页岩气藏因为页岩基质孔隙度很低，最高仅为4%～5%，渗透率小于1mD，因此，主要由裂缝提供储气空间。

页岩在地层组成上多为暗色泥岩与浅色粉砂岩的薄互层。在页岩中，天然气的赋存状态多种多样，除极少量溶解状态的天然气以外，大部分均以吸附状态赋存于岩石颗粒和有机质表面，或以游离状态赋存于孔隙和裂缝之中。吸附状态天然气的赋存与有机质含量密切相关，其中吸附状态天然气的含量变化于20%～85%之间。页岩气介于煤层吸附气（吸附气含量在85%以上）和常规圈闭气（吸附气含量通常忽略为零）之间。页岩气成藏有着非常复杂的多机理递变特点，体现为成藏过程中的无运移或极短距离的有限运移。因此，页岩气藏具有典型煤层气、典型根缘气和典型常规圈闭气成藏的多重机理。

页岩气藏的形成是天然气在烃源岩中大规模滞留的结果。页岩气藏是“自生自储”式气藏,运移距离极短,其现今保存状态基本上可以反映烃类运移的状况,即天然气主要以游离相、吸附相和溶解相存在。在生物化学生气阶段,天然气首先吸附在有机质和岩石颗粒表面,饱和后富余的天然气以游离相或溶解相进行运移。当达到热裂解生气阶段后,由于压力升高,若页岩内部产生裂缝,则天然气以游离相为主向其中运移聚集,受周围致密页岩烃源岩层遮挡、圈闭,易形成工业性页岩气藏。由于扩散对气态烃的运移能起到相当大的作用,天然气继续大量生成,会因生烃膨胀作用而使富余的天然气向外扩散运移,故此时不论是页岩地层本身还是薄互层分布的砂岩储层,均表现为普遍的饱含气性。

2. 页岩气勘探方法

页岩气勘探方法有地质、地球物理、地球化学勘探、钻井等方法。采用多学科综合勘探是页岩气勘探发展方向。

3. 页岩气开发技术

由于页岩气藏的自身特性,页岩气只有在某些特定条件下才能被开采出来。美国地质调查局(USGS)认为,页岩气产自连续的气藏。与含气页岩有关的独特特征包括区域性分布、缺少明显的盖层和圈闭、无清晰的气水界面、天然裂缝发育、最终采收率低于常规气藏,以及极低的基岩渗透率等。此外,页岩气的经济产量在很大程度上还依赖于完井技术。

页岩气是充填于页岩裂隙、微细孔隙及层面内的天然气,储层的渗透率低,气流的阻力比传统天然气大得多,从而难以开采。开采页岩气层需要采取压裂增产措施、特殊的钻井与完井方法,目前多采用水平井或斜井开采。

(三)页岩气录井技术应用探索

根据页岩气成藏、勘探、钻探及开发特点,录井在页岩气勘探开发中的工作重点是发现气显示、储层识别与评价及气层评价,依据现有录井技术装备以及借助国外经验,对页岩气录井技术进行应用探索。

1. 页岩气录井技术难点

通过西南油气田和壳牌公司合作,在西南油气田分公司已完成两口页岩气直井,目的层都是志留系龙马溪组和寒武系筇竹寺组,完钻井深 2800~3600m。井身结构为三开结构。二开钻进主要采用了气体钻井技术,三开至完钻采用液体钻井液+PDC 钻头钻井技术。

依据页岩气录井要点,录井中有三大技术难点:

(1)空气钻井条件下岩性识别困难。空气钻井条件下,由于岩屑细碎,岩性直观识别十分困难,导致地层对比、卡准中期完井井深困难。

(2)页岩储层识别与储层困难。页岩较致密,基质孔隙较低,其主要储集空间为裂缝。目前录井技术还不能准确识别与评价页岩储层,成为一大难点。

(3)页岩气层评价困难。页岩储集空间评价困难,页岩气含气饱和度检测困难,同时页岩孔隙细小,束缚水含量高等,导致页岩气层评价困难。

2. 录井技术应用探索

针对页岩气录井中的技术难题,主要应用气体录井技术、岩石热解录井技术、核磁共振录井技术、岩屑数码显微放大技术解决以上问题。

1)岩屑数码显微放大识别岩性技术

气体钻井和PDC钻井是页岩气钻井的主要技术,优点是机械钻速快,但是岩屑细小或为粉末状(图3-3),岩屑识别难,导致岩性剖面质量降低,影响地层对比与卡准中期完井井深。为此采用岩屑数码显微放大技术,借助其放大功能,可以观察岩屑细小结构,识别岩性,提高剖面质量,从而能够准确地分层卡层。

图3-3 粉状岩屑经显微放大效果

2)微钻时卡层技术

在W210井、Y101井、N201井利用微钻时卡层技术准确卡准志留系石牛栏组和龙马溪组分层界限。

微钻时卡层技术是将现场采集的以时间记录的数据库通过连续转换处理,形成深度记录步长为0.1m连续钻时记录。利用微钻时的变化,结合区域地层可钻性特征,识别分层界限。在微钻时上,石牛栏组底界一般为50min/m左右;而进入龙马溪组后,降为25min/m左右(图3-4)。

3)气测全烃曲线形态储层识别技术

在页岩储层发育段,孔隙空间内赋存一定量的游离、吸附天然气。在钻井过程中,游离气随着钻头对岩屑的破裂而进入钻井液,气体录井可以检测钻井中的含气性。气测全烃含量的变化可以定性地反应页岩储层的发育程度。在储层发育段,气测全烃相对升高。如在W201井深1492~1531m气测显示明显,全烃值在0.1%上升到40%(图3-5),是龙马溪组页岩储层中游离气发育的主要井段。

4)核磁共振储层识别与评价技术

核磁共振录井技术可以对岩屑进行检测,通过T_2谱图获取页岩孔隙度、渗透率、含水饱和度等相关参数。根据T_2谱图判断储层类型,进行储层物性评价。

5)岩石热解含气丰度评价技术

岩石热解参数可以对页岩有机质丰度、热演化程度、干酪根类型等进行评价,根据页岩气成藏条件、页岩有机质丰度、热演化程度、干酪根类型对页岩生烃能力、吸附量进行评价,可辅助评价页岩储气丰度。

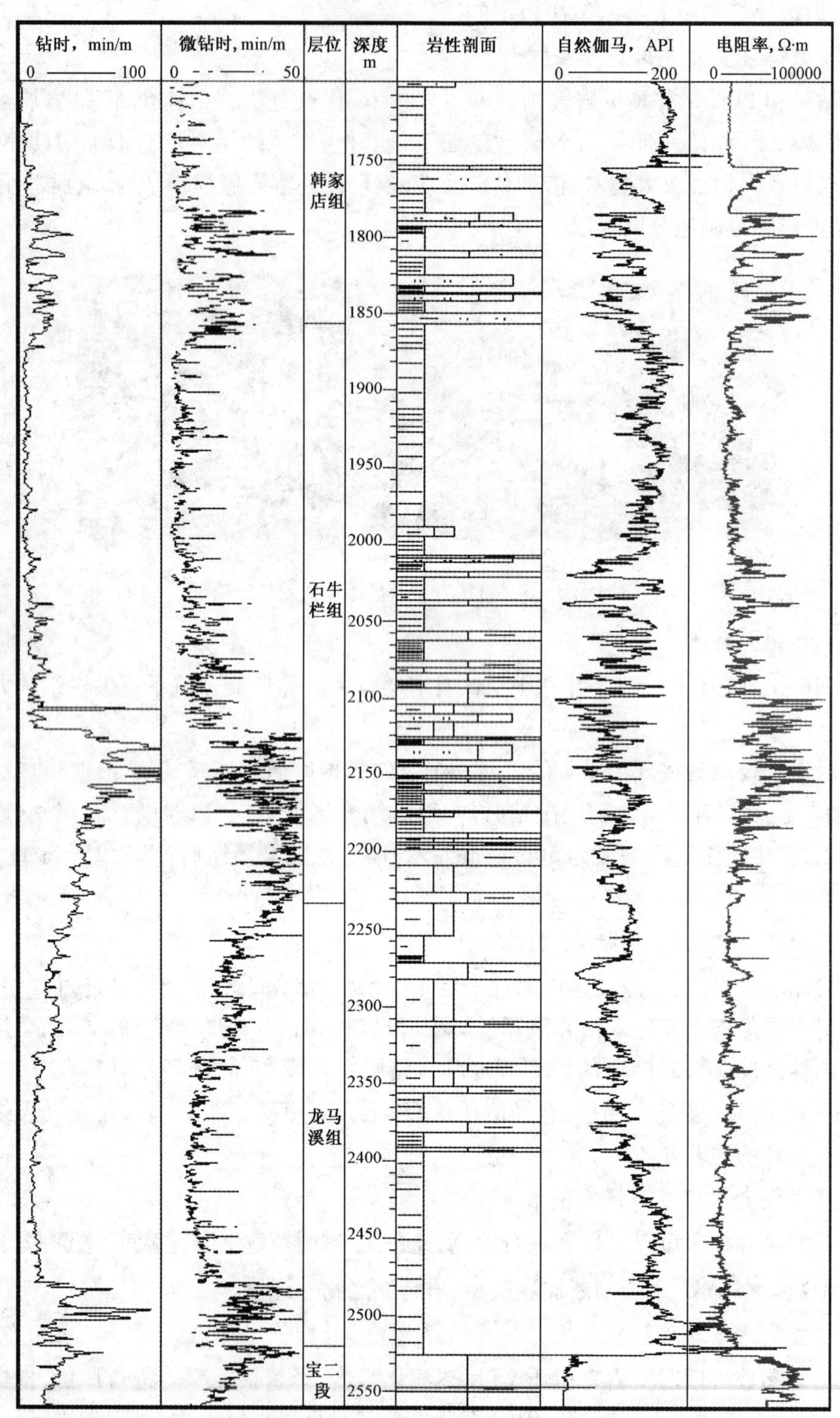

图 3－4　微钻时识别石牛栏组和龙马溪组分界图

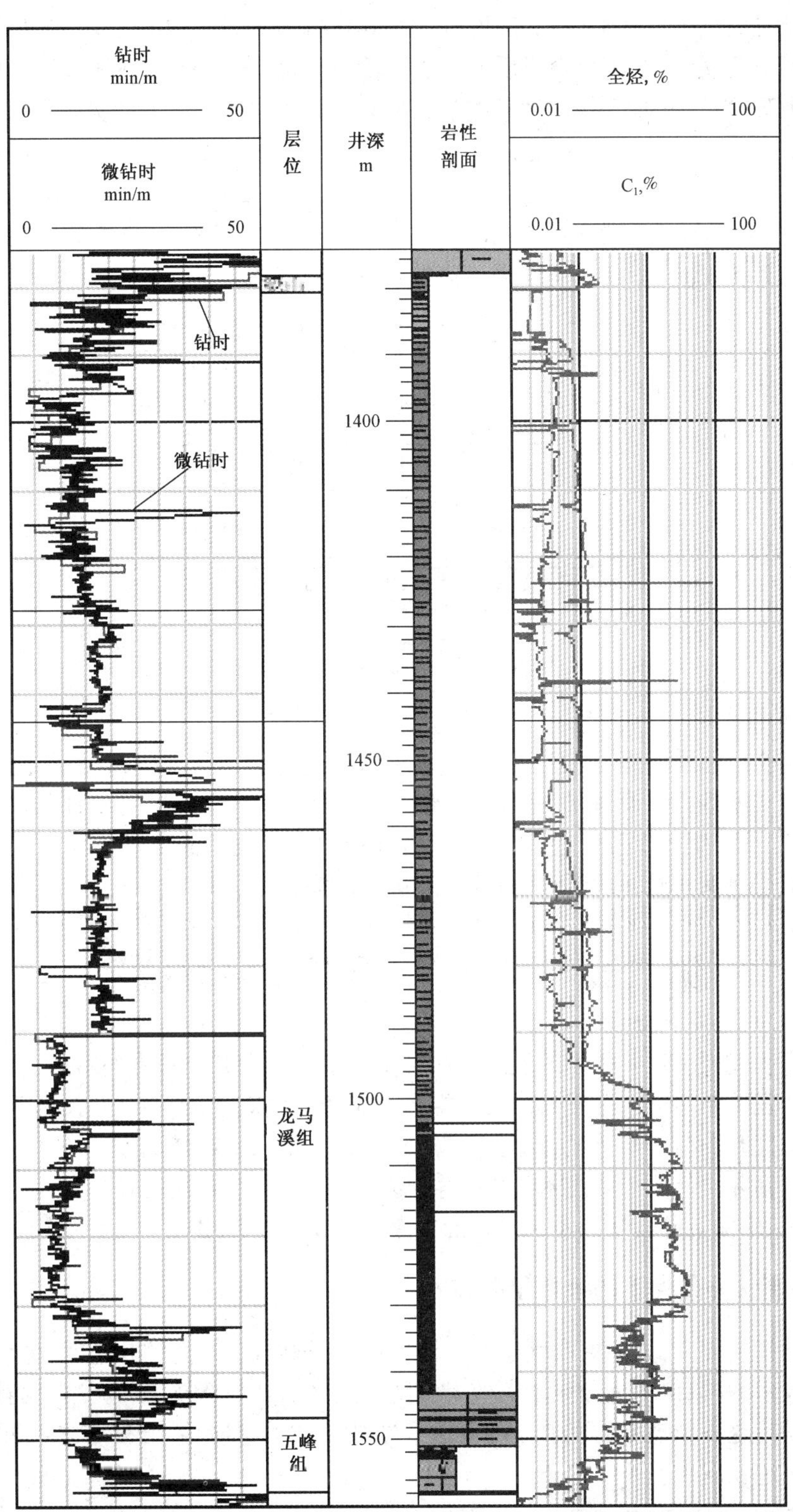

图 3－5 W201 井气测全烃储层识别图

据资料统计，页岩气中游离气和吸附气的存在比例大约各占50%。页岩气的吸附介质主要是页岩中的有机质颗粒，不含有机质的页岩吸附能力较差。页岩岩屑由于受到取样条件和岩屑中油气散失等不利因素影响，虽不能准确反映页岩中未完全散发的吸附气，但通过对岩屑（心）加热可以检测页岩中未完全散发的吸附气。当页岩中含有吸附气时，地球化学录井中所测含气态峰 S_0（90℃下检测的单位质量岩石中的吸附烃量）将有一定的增加。图3－6为W201井岩心吸附气与有机碳含量关系图，当有机碳含量在2.5%～4%之间时，页岩储层中天然气的含量为2.5～3m³/t，是具有开采价值的良好储层。

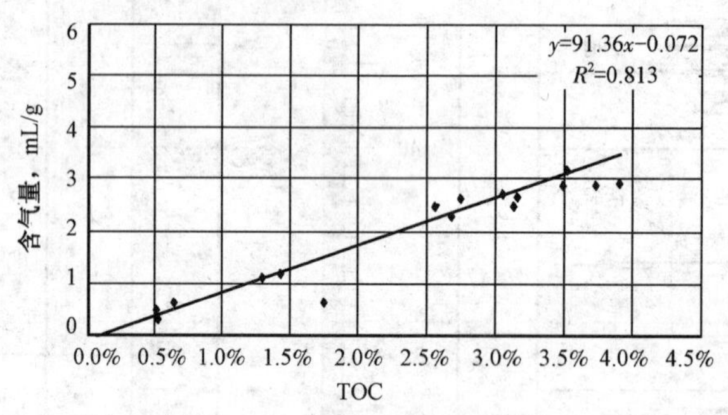

图3－6　W201井岩心吸附气与有机碳含量关系图

6）页岩气层评价

依据气测全烃曲线形态、核磁共振等技术对储层进行识别与评价，利用气测全烃、岩石热解参数对含气丰度进行评价，根据储层发育情况及含气丰度对页岩气进行评价。

目前，我国页岩气开发位于起步阶段，页岩气录井配套技术需要进行应用探索，以上录井技术应用仅限于目前实验井，有待规模开发后进一步完善。

第二节　特殊钻井条件下录井技术

科技的进步促进了钻井技术的发展应用。随着油气勘探开发难度的增加，特殊储层、特殊油气藏勘探开发不断增加。为提高油气勘探开发整体经济效益，新的钻井技术不断推广应用，明显提高了勘探开发节奏与速度，同时对常规录井技术带来困难与挑战。

通过特殊钻井条件下录井技术应用探索，逐步形成了有针对性的录井配套技术，适应了钻井新技术发展，确保录井质量以及录井在油气勘探开发中的作用。

一、欠平衡钻井条件下的地质录井技术

在石油钻探过程中，为了更有利于发现油气层，保护储层，提高钻井速度，越来越多地采用欠平衡钻井技术，并取得了十分显著的效果。随着欠平衡钻井新技术的应用，现有录井技术和方法已不能满足这一新技术的发展。随着这一新技术的大量应用，开展与之相配套的录井技术的应用探索迫在眉睫。

（一）欠平衡钻井工艺工作概况

欠平衡钻井技术是与常规过平衡钻井相对的概念。在常规钻井工艺钻井过程中，作用于

井底的液柱压力大于地层孔隙压力,以防止地层流体进入井筒,保证钻进、起下钻等其他作业的安全。欠平衡钻井是通过采用特殊的工具、设备,钻井过程中作用于井底的液柱压力小于地层孔隙压力,边溢流边钻进的一种钻井方式。

欠平衡钻井的概念包含以下两个主要方面:

第一,井筒环空中循环介质的当量循环密度一定要低于所钻地层(储层)的孔隙压力当量密度;

第二,地层流体一定要"有控制地"流入井筒,并把它循环到地面再分离出来。

欠平衡钻井技术俗称为"边喷边钻",关键是在钻井过程中使地层流体连续进入井筒,因此欠平衡钻井技术的实质就是二次井控技术。它不同于常规钻井,是存在一定技术风险的新型钻井技术。

欠平衡钻井按工艺可分为液相欠平衡钻井、气相欠平衡钻井和气液两相(雾化、泡沫、充气)欠平衡钻井等几种类型。

1. 液相欠平衡钻井工艺特点

欠平衡钻进过程中,从井筒内返出的混合物经过井口四通,再经过节流管汇节流阀的降压控制,进入液气分离器将气相分离出来,被分离出的可燃气体通过燃烧管线排出井场并燃烧掉,液相和固相进入固控系统将固相清除,液相进入撇油系统后将油与钻井液分离开,油进入储油罐,干净的钻井液被泵回循环系统。

液相循环流程:钻井泵→地面高压管汇→立管→钻具内→钻头→环空→封井器四通出口→节流管汇→液气分离器→体外振动筛→油液分离器→原钻井循环罐体系→钻井泵。

2. 气相欠平衡钻井工艺特点

气相欠平衡钻井是指采用纯气体作为循环介质的欠平衡钻井。采用的气体类型可以是空气、氮气、天然气、柴油机尾气或任一混合气体。气相循环流程:空压机→增压机→地面高压管汇→立管→钻具内→钻头→环空→沉砂池。

气相钻井的缺点是存在井壁不稳定因素,存在携岩和卡钻问题。地层出水对该技术影响较大。气相欠平衡钻井需要专项设备技术。

3. 气液两相欠平衡钻井工艺特点

按照不同的气液比和工艺,气液两相欠平衡钻井可分为雾化钻井、泡沫钻井。气液两相欠平衡钻井需要专项设备技术。

(二)欠平衡钻井工艺对录井的影响及录井难点

欠平衡钻井施工过程中,由于钻井工艺、流程和循环体系的改变,对常规录井设备、方法影响比较大,常规录井技术已经不能满足录井质量要求,主要反映在以下方面:

(1)仪器设备的安装受到限制。欠平衡钻井过程中,由于钻井设备的增加和改进,所需设备的数量和安装条件发生了变化,致使部分仪器设备的安装、使用及操作需进行相应的变动。

(2)岩屑采集与归位困难。由于欠平衡钻井采用密闭循环体系,无法采用常规的振动筛实现分离液固相的方式来收集岩屑。其次是岩屑归位问题。传统的岩屑录井是在取得了对应某一深度处的岩屑进行岩性的识别与油气层的监测。由于欠平衡钻井工艺流程的变化,岩屑经过液固或气固分离器后才能排出循环系统,是某几个层位的混合物,影响岩性归位。

(3)气体录井识别油气显示困难。钻井工艺流程的变化,主要带来以下几方面的问题:

① 以钻井液脱气为主的气体采集系统没有了基础,也就是说,从井口上来的就是气体,常规以脱气为主的工艺要改变为如何在高压力下采集到有代表性的气体。

② 欠平衡钻井如果采用油基钻井液,气测采集分析的是经油气分离器分离之后的流体内的气体,背景值较高,对地层油气发现有影响;同时,若井口回压控制较高,原油容易进入气管线造成污染而发生漏测。

③ 在以液相作为钻井介质的欠平衡钻井中,流体间断返出,分离器中的气体不能充分排净形成滞留气,使得信息被混淆或被干扰、叠加;同时,因欠平衡钻井,上部地层流体源源不断地进入井筒,对新钻遇油气层的发现造成困难。以气相为钻井介质时,地面有机气体(有些地区部分井采用天然气钻进)将直接影响气测监测。

(4)迟到时间实测与理论计算困难。欠平衡钻井录井技术缺少相应的理论支持,尤其在气体循环介质条件下,迟到时间的计算缺少理论支持,缺少迟到时间实测方法,给岩屑、气体采集归位带来困难与挑战。

(三)欠平衡钻井条件下录井方法

1. 液相欠平衡条件下录井方法

1)录井设备配置与安装

除常规录井需要配置的传感器外,在附加的欠平衡钻井泥浆罐上增加一套出口钻井液性能传感器,在欠平衡振动筛上增加一只 H_2S 传感器;根据设计钻井液密度范围,对低密度的钻井液体系选择使用适合量程的传感器,或对传感器性能进行改进;更换适合欠平衡钻井的套管压力传感器,配备测量范围在70MPa以上的套管压力传感器;增加电磁流量计和气体流量计,实时监控钻井介质的流量。

2)岩屑录井

液相欠平衡钻井条件与常规钻井条件下录井方法相同,只是岩屑采样地点发生略有不同。常规钻井条件岩屑是在振动筛下或高架槽取样,欠平衡钻井条件下岩屑要在经过液气分离器后振动筛下取样。

液相欠平衡钻井条件下,井筒压力低于地层孔隙压力,储层流体会不断进入钻井液中导致岩屑污染;当液相采用水包油钻井液时,对岩屑污染比较重,所以通常以定量荧光、岩石热解等方法对污染进行识别;当储层中气体含量较高时,液气分离器将游离气体分离出去,导致气测全烃、组分不能真实反映地层流体特征。

2. 气相欠平衡条件下录井方法

1)录井设备配置与安装

气相欠平衡钻井条件与常规钻井条件下录井方法相同,只是岩屑采样地点、采样方式发生变化。常规钻井条件岩屑是在振动筛下或高架槽取样,气相欠平衡钻井条件下岩屑要在排砂管线安装取样分支管线及采样开关(图3-7)。

2)气相钻井液特点

气相钻井液密度低,对井底及井筒地层压力明显降低;气体排量大,循环速度快,迟到时间

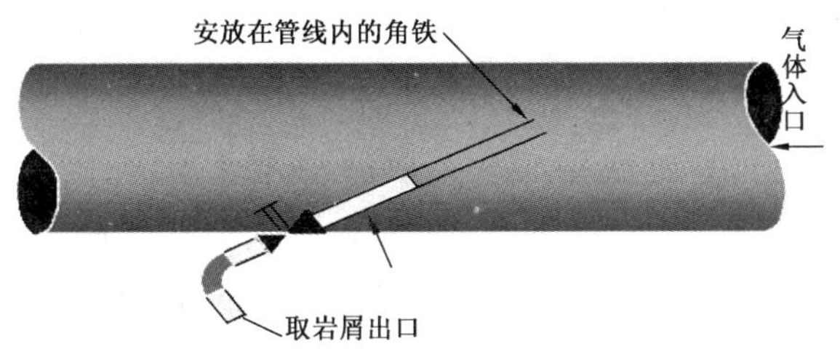

图 3-7　岩屑采集位置与取样分支管线安装

短,能迅速将井底岩屑传输至地面,岩屑代表性较好。

3)气相欠平衡条件下岩屑迟到时间测量方法

由于气体钻井的特殊性,常规液相钻井使用迟到时间的测定、计算方法已不适用。通常使用的方法有:

(1)岩屑观察法:记录钻头接触地层开始钻进的时间,同时记录排砂管线出口观察到岩屑粉末高峰返出的时间,两个时间差值即为岩屑实际迟到时间。

(2)气体染色法:在注入的气体中入口处加入一定量的染色剂,记录开始注入时间与染色气体返出排砂管线出口时间;两个时间的差值即为实际迟到时间。

(3)理论计算法:把井眼当成一个理想的几何体(圆筒),用以下公式可以计算出钻井液迟到时间:

$$T = V/Q$$

$$= \frac{\pi(D^2 - d^2)H}{4}Q$$

式中　T——气相钻井液迟到时间,min;

V——井眼与钻杆之间的环形空间容积,m^3;

Q——气相钻井液排量,m^3/min;

D——井径(即钻头直径),m;

d——钻杆外径,m;

H——井深,m。

气相钻井液迟到时间影响因素较多,计算比较复杂,迟到时间理论计算方法可参阅有关文献。

在以上三种方法中,用岩屑观察法计算迟到时间比较准确。

通过对欠平衡钻井工艺技术条件的分析及对录井施工作业的影响,需要对录井设备和技术加以改进和完善。

二、PDC 钻头钻井条件下的地质录井技术

PDC 与螺杆组合技术的应用使钻井机械转速提高十分明显,减少了钻井周期,提高了油气勘探开发经济效益;但同时,对常规录井采集(岩屑、气测全烃、组分等)影响十分明显,严重制约了录井质量的提高。

(一)快速钻进对录井质量的影响

1. 高钻速导致岩屑高度混杂

以S85X井为例,在1410~1509m井段,钻时最小0.3min/m,最大2.5min/m,一般为0.6min/m;10m连续钻时最小6.2min/m,最大12min/m,一般为8min/m。在该井段,迟到时间为20~22min。根据以上统计数据分析,在迟到时间内井筒内最多有35m岩屑,最少有17m岩屑,需要接单根2~4个,接单根最短时间按2min计算,钻井液静止时间为4~8min。井内岩屑较多,接单根多,静止时间长,导致井筒内岩屑高度混杂,同时影响气测全烃、组分。

2. PDC钻头与转盘高转速导致岩屑细碎混杂

PDC钻头在低钻压、高转速状态下切削破岩,岩屑细碎。在钻具高转速旋转的环境下,岩屑在井筒内呈螺旋状态返出井口,加长了岩屑返出路径,使散砂颗粒与泥岩相互搅浑形成泥砂球。

3. 动力钻具应用制约了钻头转速、扭矩检测

常规钻井条件下,转盘转速与钻头转速同步,转盘扭矩为钻具与钻头扭矩之和。动力钻具的应用改变了常规模式,导致综合录井不能监测到钻头转速与扭矩参数。

(二)录井采集难点

通过对录井采集影响因素分析与现场实际情况,总结出快速钻井条件下采集难点:

(1)岩屑岩性观察识别困难。PDC钻头、转盘高转速、高钻速导致岩屑细碎与高度混杂,岩性观察与岩性识别十分困难。

(2)岩性界面划分困难。砂泥岩钻时无变化,不能用钻时变化幅度确定砂泥岩界面;岩屑数量少,尤其砂岩井段,砂岩含量变化不明显,不能根据岩屑百分含量变化划分层界,导致录井剖面符合率降低。

(3)含油级别确定困难。由于砂岩呈散砂状,不能观察含油产状以及含油岩屑百分比,无法进行滴水试验,因此含油级别不能准确确定。

(三)录井采集技术应用探索

快速钻井条件下录井采集技术是录井行业一大难题,目前国内没有突破性进展,但在积极寻找办法解决这一难题。根据华北探区的实际情况,对岩性识别、岩性归位与含油级别描述进行了应用探索。

1. 岩性识别与储层划分方法

1)岩屑观察法

岩屑观察描述方法是岩性识别的基础,是地质录井建立录井剖面的根本。在牙轮钻头条件下,岩屑颗粒相对较大,不同岩性岩屑含量变化比较明显,同时,砂泥岩钻时变化幅度变化明显。在正常钻进施工中,录井剖面符合率可达95%以上,基本真实再现了所钻地层剖面。在快速钻井条件下,岩屑颗粒较小,泥岩呈泥球状,砂岩被破碎呈散砂颗粒状,砂岩颗粒被泥岩包裹及粘附,使砂岩含量变化不明显,砂层顶底界不易确定,砂岩厚度与实际差异较大,降低了剖

面符合率。

岩屑直观描述按岩屑描述标准操作，描述方法：大段摊开，远看颜色，近察岩性，干湿结合；量、捻、筛、描。

由于研磨式钻井条件下砂岩特点不同，录井剖面符合率在不同岩屑、不同粒度、不同成岩程度、不同厚度条件下也不同。根据统计，大于2m砂层、有显示的砂层、成岩性较好的层位剖面符合率基本符合要求，薄层、粉细砂岩以及成岩性差的层位剖面符合率较低。

总之，在快速钻井条件下，岩屑描述即使按标准操作也不能满足录井质量要求，泥质粉砂、粉—细砂岩尤其明显，砂岩界面准确划分困难，需要其他方法完善。

2）气测全烃曲线形态储层划分方法

在烃类气体含量高的地区以及含有油气显示的储层，当储层被揭开后，破碎气体被采集，气测全烃连续曲线形态能够反映储层所在深度、厚度，因此，利用气测全烃曲线形态可以识别储层。

3）对数钻时储层划分方法

在成岩性较差的地层快速钻进，一般情况下砂泥岩钻时有微小的差异，砂岩钻时略小于泥岩钻时。在1:500录井剖面上，钻时曲线为线性，砂泥岩钻时在图上变化幅度很小，不易识别。采用对数曲线后，可以将高低钻时幅度差异变得明显，因此，可以识别储层（图3－8）。

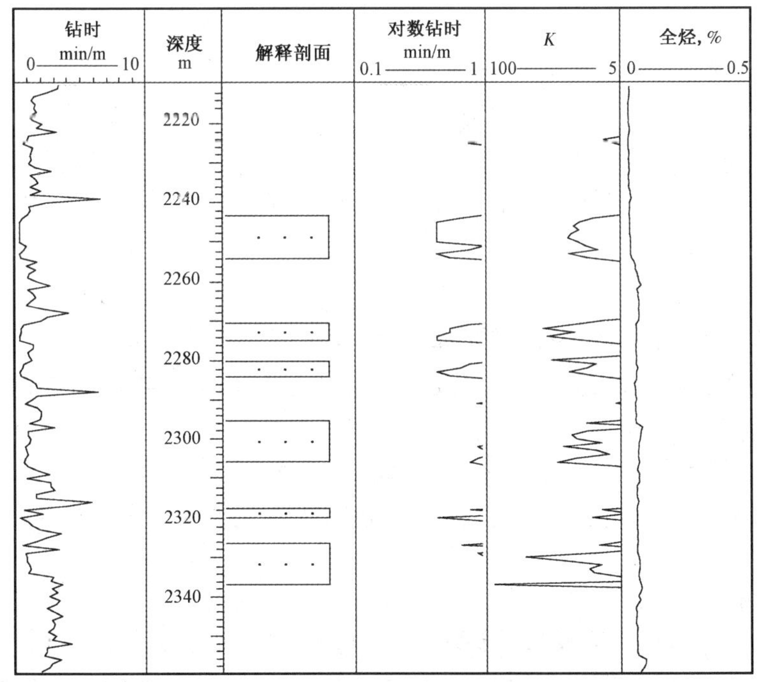

图3－8 储层识别方法图

4）K 指数储层识别方法

地层可钻性与钻头类型有关，不同钻头类型钻相同地层（其他钻井参数相同）机械钻速不同。在相同钻头类型的条件下，机械钻速与钻头直径、钻压、钻头转速相关，钻压、钻头转速越高，机械钻速越高。在砂泥岩地层中，砂岩相对于泥岩可钻性高，相同的钻井参数条件下砂岩钻时低于泥岩钻时。为此，引进了可钻性方程（K 指数）：

$$K = NPZ/47.982D$$

式中 K——地层可钻性指数；

D——钻头直径，mm；

N——钻头转速，r/min；

P——钻压，kN；

Z——钻时，min/m。

利用该公式随钻处理综合录井参数，可消除钻头转速、钻压、钻头直径的影响，获得更能真实反应地层可钻性的 K 指数值。K 指数值越小，地层可钻性差，为泥岩；K 指数值越大，地层可钻性越好，为砂岩。运用计算所得的 K 指数值绘制曲线，消除了大部分钻井参数包括螺杆动力钻具对钻时造成的影响，曲线幅度差异明显，划分储层界面效果较好（图 3－8）。

5）综合识别储层方法

由于钻速过快，动力钻具不能检测钻头转速、扭矩等参数，导致气测全烃曲线形态、对数钻时、K 指数以上三种储层识别方法在应用中均有一定的局限性。为了满足生产需求，通过对录井钻时、钻压与储层识别参数分析，在储层发育段内，钻时变小，钻压降低，气测全烃升高，K 指数下降。凡是符合这一规律可以识别为储层，否则为泥岩层（图 3－8）。

6）岩性识别与储层划分应用

（1）S79 井。

井段 1775～1865m，厚度 90m。钻时最小为 1min/m，一般为 3min/m。岩屑录井砂岩层 8 层，气测全烃曲线形态识别储层 8 层，对数钻时识别储层 10 层。与测井解释（划分 10 层）对比，岩屑、气测符合率为 80%，对数钻时符合率 100%（图 3－9）。

通过 S79 井储层识别方法的应用，得出结论：钻时在 1～3min/m，储层厚度大于 2m，中砂岩以上级别，气测异常比较活跃，利用气测全烃曲线形态、对数钻时识别储层效果良好，能够满足生产要求。

（2）S85X 井。

井段 1410～1530m，厚度 120m。钻时最小为 0.3min/m，一般为 1min/m。岩屑录井砂岩层 13 层；气测全烃曲线形态受接单根影响较重，不能识别储层；对数钻时识别储层 12 层。与测井解释（划分 9 层）对比，岩屑录井多划分 3 层，4 层厚度不符，剖面符合率为 70%；对数钻时多划分 3 层，剖面符合率 80%（图 3－10）。

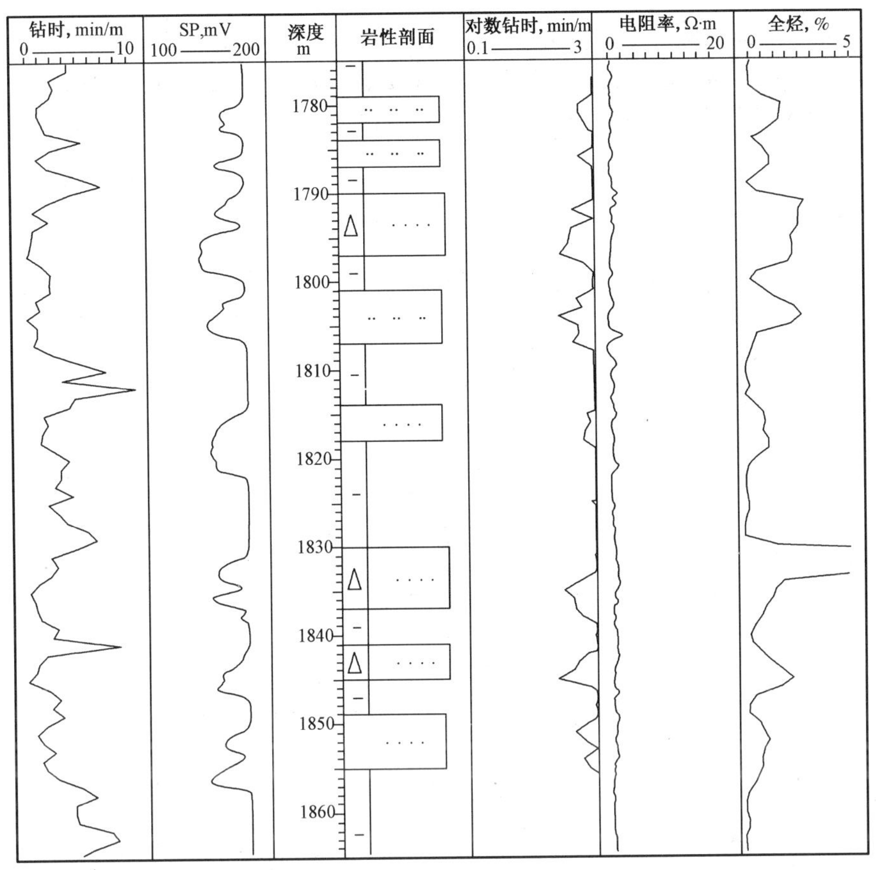

图 3-9 S79 井对数钻时储层划分图

通过 S85X 井储层识别方法的应用，得出结论：钻时小于 1min/m 时，依据钻时、气测识别方法不能满足生产需求。

(3) L82X 井。

井段一：2210～2360m，厚度 150m。钻时最小为 0.5min/m，一般为 2min/m。岩屑录井识别出砂岩层 7 层；气测异常不明显，不能识别储层；对数钻时、K 指数识别储层 7 层；综合识别储层 6 层。与测井解释（划分 6 层）对比，岩屑录井多划分 3 层，漏失 2 层，剖面符合率为 67%；对数钻时识别多划分 1 层，3 层储层厚度不符，剖面符合率为 70%；K 指数多划分 1 层，其他层吻合；综合识别储层 1 层厚度小，剖面符合率 90%（图 3-11）。

井段二：2360～2710m，厚度 350m。钻时最小为 0.5min/m，一般为 2min/m。岩屑录井识别出砂岩层 19 层；气测异常不明显，不能识别储层；对数钻时、K 指数识别储层 14 层；综合识别储层 15 层。与测井解释（划分 14 层）对比，岩屑录井多划分 6 层，漏失 1 层，剖面符合率为 75%；对数钻时、K 指数多划分 2 层，漏失 1 层，剖面符合率 87%；综合识别多划分 1 层，剖面符合率 92%（图 3-12）。

通过 L82X 井储层识别方法的应用，得出结论：钻时在 0.5～2min/m 时，依据钻时、K 指数、综合识别，剖面符合率可以达到 90%，能满足生产需求。

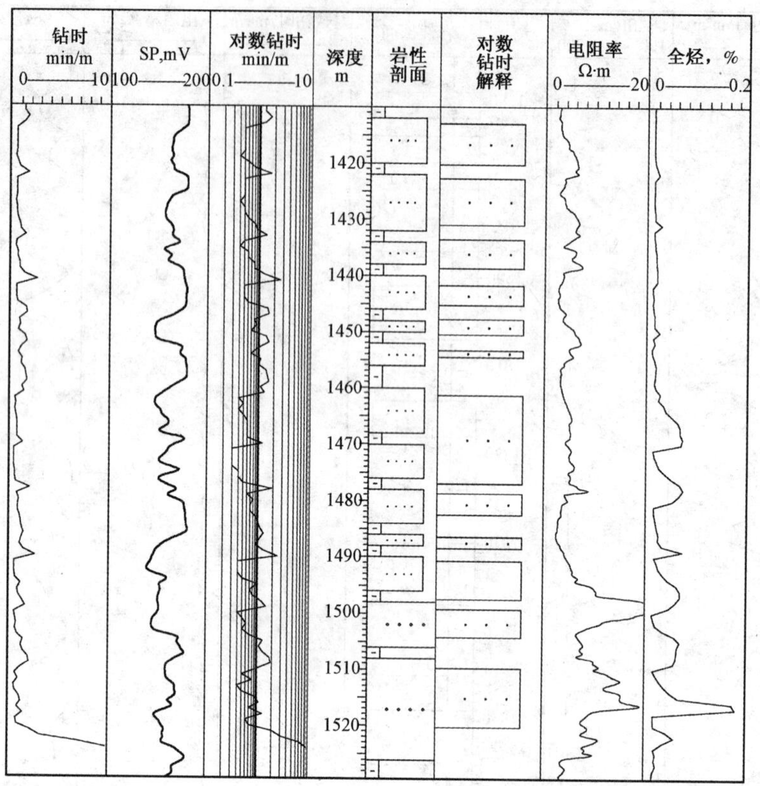

图 3－10 S85X 井对数钻时、气测全烃曲线形态储层划分图

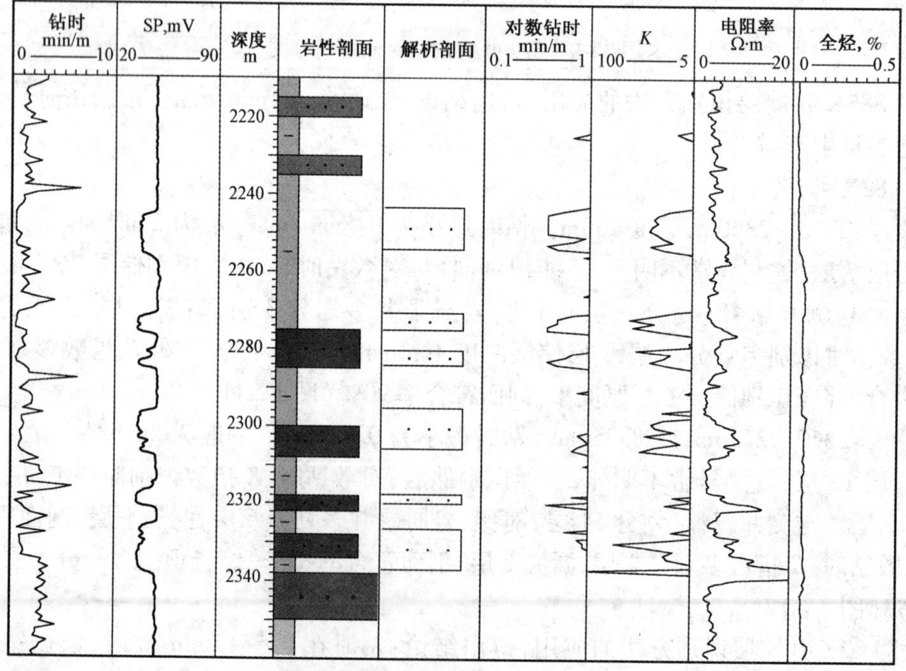

图 3－11 L82X 井 2210～2360m 储层综合划分图

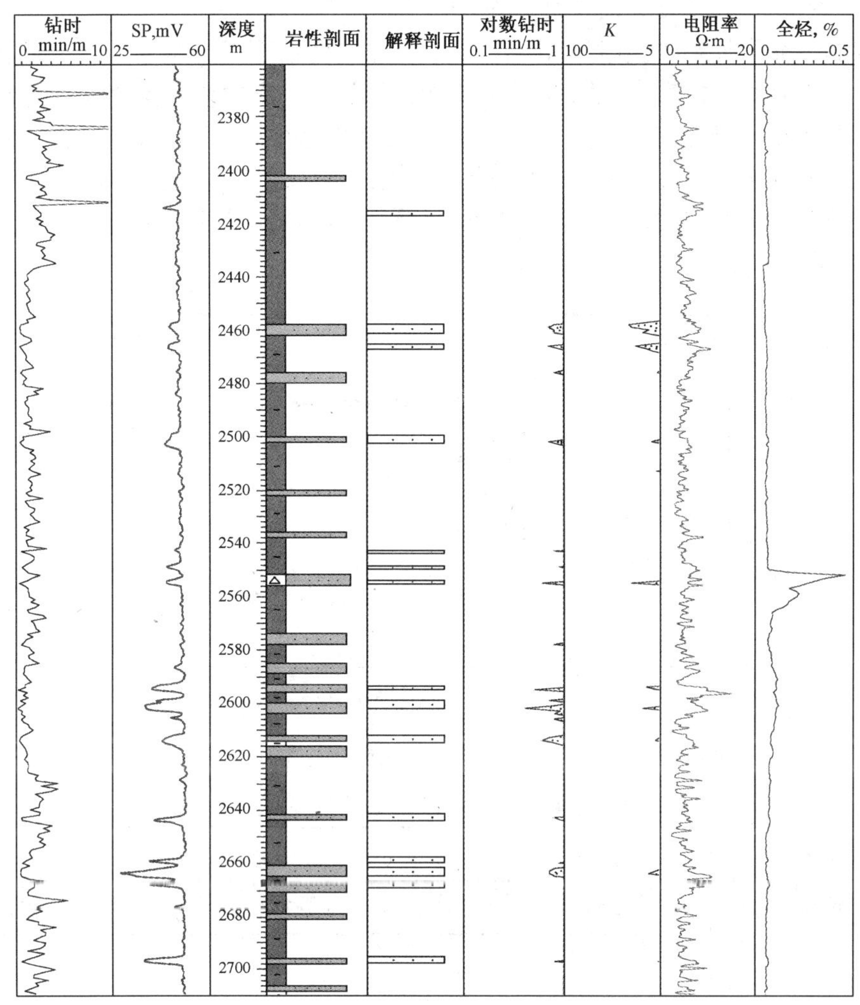

图3-12 L82X井2360~2710m储层综合划分图

综合以上实例分析认为,当钻时小于2min/m时,岩屑、气测分辨储层能力较差,K指数、综合储层识别效果较好;当钻时大于2min/m时,岩屑、气测、K指数、综合储层识别效果较好。

2. 定量荧光参数确定含油级别方法

定量荧光录井技术可以在一定程度上解决快速钻进给常规录井手段带来的困难。定量荧光录井技术的高灵敏度可以弥补常规录井油气显示发现方面的缺憾,取样量大,只要细碎岩屑中含有含油岩屑,就可以检测到细微的油气显示踪迹,从而准确发现油气显示;定量荧光录井技术的宽检测范围可以有效地检测发荧光能力弱的轻质油气,也可以检测发荧光能力强的重质油气显示,同时还可以将油气显示与添加剂之间的微弱荧光差别图像化呈现出来,从而有效识别真假油气显示。

定量荧光录井技术是一项成熟的录井技术,在快速钻进条件下能及时发现含油显示并准确确定含油级别中发挥重要作用。

1)定量荧光含油浓度与含油级别关系

快速钻进导致岩屑细碎,岩屑录井不能观察含油产状,不能为岩屑含油准确定级。岩屑破碎导致孔隙中液体烃类散失,定量荧光录井所能检测的是岩屑剩余烃类含量。当储层含油丰度高时,定量荧光检测到的含油浓度应该数值大,否则应该小。定量荧光录井含油浓度与储层含油产状是否有明显的对应关系?选取华北油田淀南地区录井参数进行对比统计,建立了定量荧光录井含油浓度与储层含油级别对应关系(图3-13)、定量荧光录井含油浓度与含油级别分类标准(表3-2)。

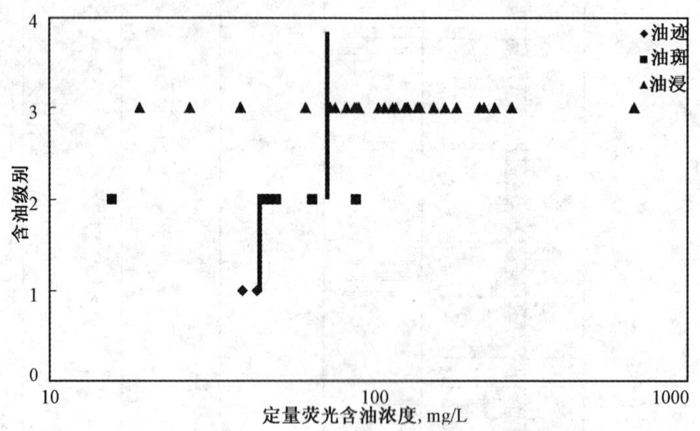

图3-13 定量荧光含油浓度与储层含油级别对应关系图

表3-2 定量荧光录井含油浓度含油级别分类标准

含油级别	油迹	油斑	油浸
定量荧光含油浓度,mg/L	40~45	45~72	>72

2)应用实例

D30井三开后欠平衡井段为2795~3080m,进行了现场定量荧光录井。定量荧光分析异常与录井显示对应关系良好,录井过程中发现显示39m(11层)(表3-3)。依据定量荧光录井含油浓度与含油级别分类标准,2795~2797m、2836~2843m、2897~2899m、2902~2906m、2908~2914m井段岩屑录井为油斑、油迹级别,定量荧光划分为油浸级别。

表3-3 D30井定量荧光含油级别划分表

层位	井段,m	厚度 m	岩性	相当油含量 mg/L	对比级	定量含油级别
Es_1	2795~2797	2	油斑细砂岩	118.80~144.30	8.6~8.9	油浸
Es_2	2836~2843	7	油斑细砂岩	1.95~120.00	2.7~8.6	油浸
Es_2	2882~2885	3	油斑细砂岩	11.40~51.55	5.2~7.4	油斑

续表

层位	井段,m	厚度 m	岩性	相当油含量 mg/L	对比级	定量含 油级别
Es_2	2887~2889	2	油斑细砂岩	24.80~96.90	6.3~8.3	油斑
Es_2	2891~2893	2	油斑细砂岩	6.43~10.60	4.4~5.1	—
Es_2	2897~2899	2	油斑细砂岩	107.40~117.00	8.5~8.6	油浸
Es_2	2902~2906	4	油迹细砂岩	72.90~275.60	7.9~9.8	油浸
Es_2	2908~2914	6	油斑细砂岩	351.00~950.40	10.2~11.6	油浸
Es_2	2914~2920	6	油迹细砂岩	36.00~182.40	6.4~9.2	油浸
Es_2	2925~2928	3	荧光细砂岩	42.30~183.68	7.2~9.1	油斑

M51X 井在 3380~3703m 井段分别加入了钻井液添加剂乳化沥青 5t 及防塌润滑剂 2t,引起基值在部分井段抬升。通过反复清洗样品,基本消除了污染影响,根据谱图峰形特征及含油浓度发现油气显示 37m(15 层)(表 3-4),定量荧光分析异常与录井显示对应关系良好。依据定量荧光录井含油浓度与含油级别分类标准,3479~3484m、3530~3532m、3540~3543m、3550~3551m、3600~3603m、3604~3606m、3633~3635m、3681~3684m 井段应为油浸。

表 3-4 M51X 井定量荧光含油级别划分表

层位	井段	厚度 m	岩屑 含油级别	相当油含量 mg/L	对比级	定量荧光 含油级别
Es_3	3479~3484	5	油迹细砂岩	77.7~319.4	8~10	油浸
Es_3	3497~3499	2	油迹细砂岩	38.82~88.03	7~8.2	油斑
Es_3	3530~3532	2	油迹细砂岩	339.9~356.0	10.1~10.2	油浸
Es_3	3535~3538	3	油斑细砂岩	197.3~528.4	9.3~11.4	油浸
Es_3	3540~3543	3	油迹细砂岩	47.8~243.3	7.3~9.6	油浸
Es_3	3547~3548	1	荧光细砂岩	68.94	7.8	油斑
Es_3	3550~3551	1	荧光细砂岩	117.24	8.6	油浸
Es_3	3583~3585	2	荧光细砂岩	43.42~68.48	7.2~7.8	油斑
Es_3	3600~3603	5	油迹细砂岩	211.0~1715.2	9.4~12.5	油浸
Es_3	3604~3606	2	荧光细砂岩	137.02~144.84	8.8~8.9	油浸
Es_3	3633~3635	2	油迹细砂岩	407.95~572.40	10.4~10.9	油浸
Es_3	3681~3684	3	油迹细砂岩	132~663.25	8.8~11.1	油浸

第四章　综合录井技术

随着钻井技术的发展需要，综合录井仪在录井市场中逐渐占据了主导地位。综合录井仪的面世赋予“录井”更为丰富的内涵，使它不再是简单的地质记录，而是涉及石油地质、钻井工程、地球化学、传感技术、信息处理与传输等多种现代科学于一体的现代录井技术。虽然根据现场需要的不同综合录井仪可进行泥页岩密度、碳酸盐岩含量、核磁共振以及定量荧光、地球化学分析等项目的服务，但其核心依旧由气体录井、工程录井、钻井液录井和压力录井四部分组成，在地层评价、油气层解释和钻井施工监控等方面发挥着越来越重要的作用。

第一节　综合录井技术概述

综合录井仪是通过在钻机相关部位安装的传感器，在随钻施工作业中将各种变化的物理量转换成电信号，经计算机系统采集、处理、解释，达到对在钻地层进行含油气评价、孔隙压力预测以及钻井监控的目的。综合录井技术则是指在钻井过程中，借助综合录井仪对油气地质、钻井工程及其他随钻信息进行分析处理的一项随钻石油勘探技术。

综合录井技术是多学科的综合性技术，涉及石油地质、钻井工程、地球化学、地球物理、传感技术、信息处理和传输技术等多个学科，集常规地质录井、钻井液录井、气体录井、钻井工程监测录井等于一体，实现了油气钻探过程的全面监控，是油气钻探现场的“信息中心”。

一、综合录井系统的构成

综合录井系统大致可以分为四个部分：数据采集工具、数据采集和初步处理、数据解释处理、信息输出，如图 4－1、图 4－2 所示。

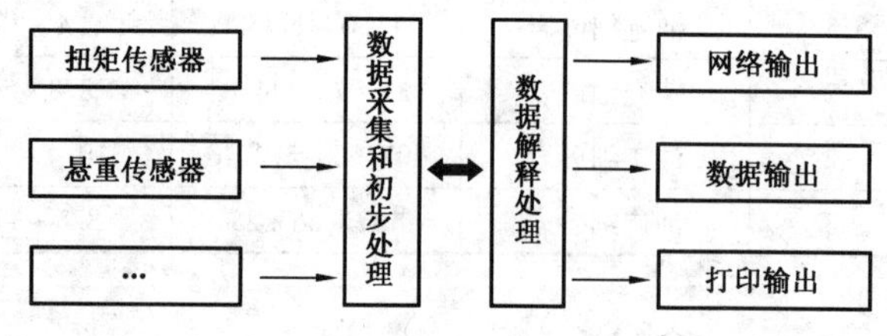

图 4－1　综合录井系统构成框图

二、数据采集工具

数据采集工具包括综合录井系统全部的传感器、电动脱气器等，按照其功用可以分为如下三类。

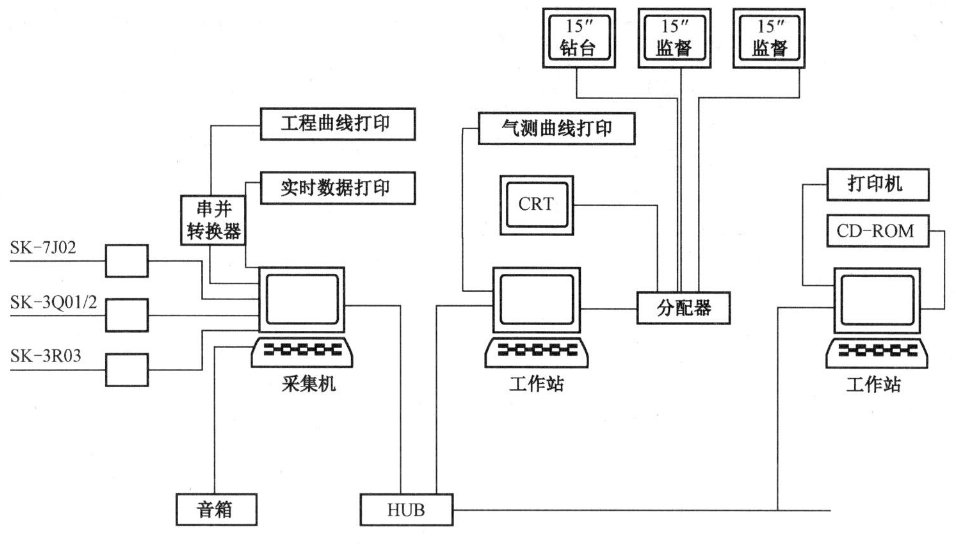

图4－2 综合录井系统配置图

第一类是与钻井工程施工密切相关的数据采集工具，其获得的数据常被称为“工程参数”，如悬重传感器、绞车传感器、扭矩传感器、转盘转速传感器等。这类采集工具提供的数据不仅能指示钻井工程运行是否正常，而且能够展示钻遇地层的岩性、物性信息。

第二类是采集钻井液物理性质及钻井液循环情况的数据采集工具，其采集到的数据一般被归类为“钻井液参数”，包括反映钻井液循环流动情况的流量传感器、立管压力传感器、套管压力传感器、泵冲传感器、池体积传感器等，以及测量出入井筒钻井液物理性质的密度传感器、温度传感器和电阻率传感器等。这类采集工具所提供的数据主要用来判断井下工况是否正常、地层孔隙压力的趋势变化和地层流体的性质。

第三类是油气信息采集工具，包括对烃类（全烃、C_1、C_2、C_3、iC_4、nC_4、iC_5、nC_5）和非烃类（H_2、CO_2、N_2、H_2S）等气体信息进行采集的综合录井仪器固有气体监测单元，以及VMS真空蒸馏脱气分析仪等根据在钻井实际要求临时添加的现场油气分析辅助工具。这些信息是发现油气和分析地层流体性质的主要手段，同时也可用来监测地层压力变化和地层岩性变化。

数据采集工具测得的信号大多是模拟信号或脉冲信号，如表4－1所示。这些信号不能直接进入数字计算机，需要经由数据采集系统将非标准信号转换成二进制数字信号，并对各个变量的信息数据进行调校、刻度等初步处理后，才能获得准确的标准二进制数字信号。

表4－1 综合录井常用传感器分类统计表

系列类别	传感器名称	传感器用途
光学系列	光学路码器	连续测量井深数据变化
	光电绞车	
声学系列	钻井液体积	连续测量钻井液体积变化
	钻井液流量	连续测量钻井液出口流量变化

续表

系列类别	传感器名称	传感器用途
电学系列	电扭矩	连续测量扭矩变化
	压差式大钩高度	连续测量井深数据变化
	万向轴扭矩	连续测量扭矩变化
	钻井液温度	连续测量钻井液出、入口温度变化
	顶丝扭矩	连续测量扭矩变化
	大钩负荷	连续测量大钩负荷变化
	立管压力	连续测量立管压力变化
	套管压力	连续测量套管压力变化
	浮子式钻井液体积	连续测量钻井液体积变化
	钻井液密度	连续测量钻井液出、入口密度变化
	钻井液电导率	连续测量钻井液出、入口电导率变化
磁学系列	磁电绞车	连续测量井深数据变化
	转盘邻近开关	连续测量转盘转速
	泵冲邻近开关	连续测量钻井泵冲数
	电磁流量计	连续测量钻井液入、出口流量变化
机械学系列	靶式流量计	连续测量钻井液出口流量变化
	过桥轮机械扭矩	连续测量扭矩变化

三、数据采集和初步处理

数据采集和初步处理系统的主要功能有将模拟信号、脉冲信号等非标准信号转换成二进制数字信号和对各数字信号进行初步处理两项，一般由模数转换器和一台配有专用软件的计算机（通常称为处理机或联机主机或前台机）构成，有的另外配备一台辅助计算机用于参数曲线图的打印。

模数转换器是实现原始信号向计算机可采集的数字信号转换的主要元件，通常配备模拟输入道端口、脉冲输入道端口以及已编码数据输入端，既可以将大钩负荷传感器、钻井液密度传感器、钻井液电导率传感器等数据采集工具采集的模拟信号转换为二进制数字信号；又能够在一定时间间隔上对转盘转速、泵冲等脉冲信号进行脉冲计数，直接得到数据；还可以通过编码数据输入端进行绞车等编码数字信号的数码识别。

采集参数的初步处理由配有专用软件的计算机（通常称为处理机或联机主机或前台机）实现，主要是对转换完成的二进制数据进行调校、刻度，并录入钻探工具参数，如钻杆在钻柱的顺序和长度、内外直径等数据，为后期的数据解释处理提供精确的数据基础。数据初步处理一般包括调校原始测量数据、初始化各个钻探作业参数、系统判断所需钻井各状态的门限设置和浓度跟踪操作等。

（一）调校

录井系统安装后，必须对原始测量变量进行刻度调校，以保证数据采集的变量数值精度。调校的方法是测量各个变量的实际值，读出数据采集系统显示的计算值，这样的对应值要有多组(多点)即可算出相邻两个调校点间的校正系数。一般而言,调校点越多越准确。调校点数的选择视参数测量工具的精度、刻度的线性变化可靠程度和气在录井中的重要性而定。

数据采集系统内有专门的调校程序。运行调校程序,屏幕出现对话窗口,把各点调校数值一一对应输入即可完成参数的调校。如神开 SK－DLS2000 综合录井仪的数据变量调校通过通道设置、CAN 总线通道设置、通道标定、数值型逻辑参数修改等对话窗口实现,并可同时完成工作曲线绘制和仪表显示状态模拟,如图 4－3 至图 4－6 所示。

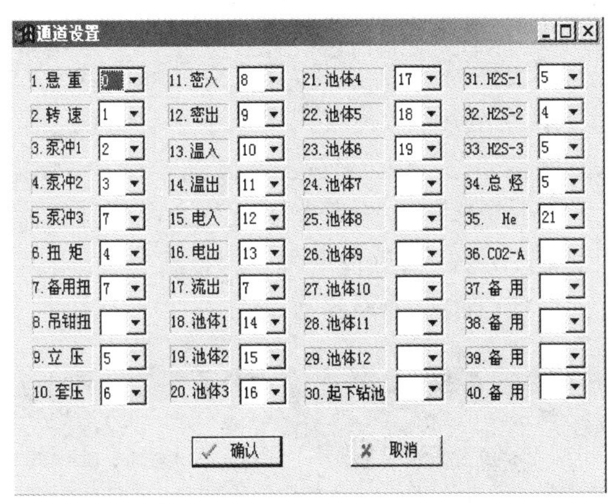

图 4－3 综合录井系统通道设置界面

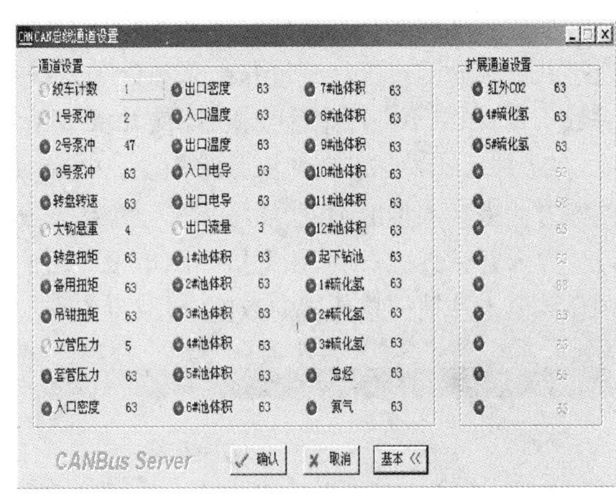

图 4－4 综合录井系统 CAN 总线通道设置界面

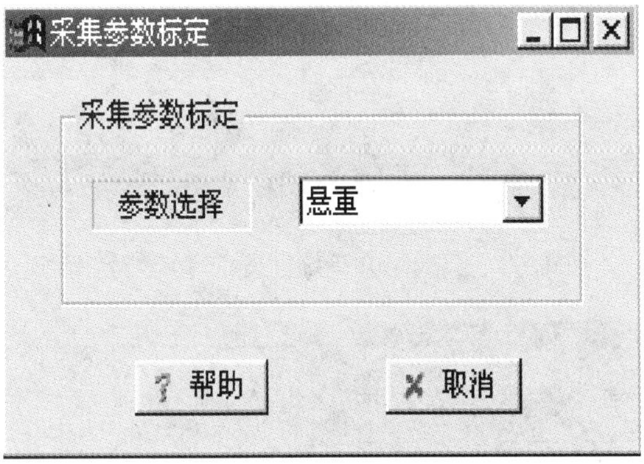

采集参数标定

采集参数标定

参数选择 悬重

帮助 取消

图 4－5 综合录井系统采集参数标定选择界面

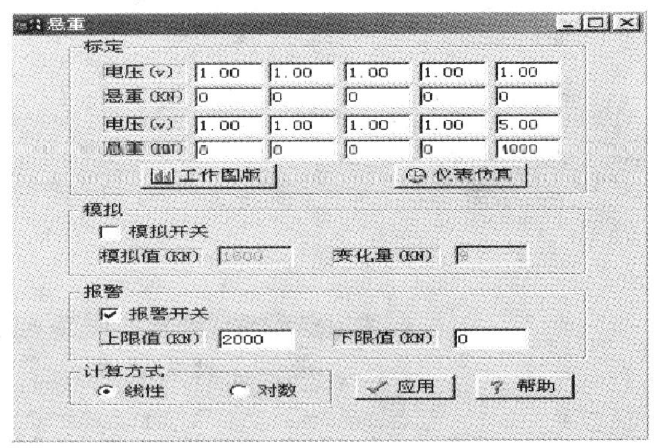

图 4－6 综合录井系统采集参数标定界面

(二)初始化

要实现综合录井对油气钻探的全面监测,仅仅依靠几十个原始参数测量信息是远远不够的,还需要若干计算派生的钻井工程相关参数,如钻井液、钻井泵、泥浆池、钻具、井身、地层、深度、钻头、绞车、方钻杆、水龙头、输出等。这些参数变量均需要输入到录井系统中,通常称为系统初始化或基础数据设置。初始化的参数变量大致可以分为五类:

(1)钻井液类:粘度、切力、屈服值、pH 值、API 失水、含砂量、固相含量以及流变模型等。

(2)井身结构类:套管和衬管的井段、直径,钻杆、钻铤的长度、内径和外径等。

(3)钻井泵类:钻井泵的型号、活塞冲程、缸套内径、缸套数量、拉杆直径等。

(4)钻头类:钻头类型、入井序号、尺寸、轴承系数、牙磨、轴磨、水眼大小数量、已钻时间(该钻头已使用的纯钻进时间)等。

(5)地层孔隙压力类:上覆地层压力系数、泊松比系数、d 指数趋势定义值、泥页岩密度等。

这些初始化参数对计算派生参数至关重要,现场录井实施过程中应准确、详细地收集。

(三)深度跟踪

井深是录井信息的标尺变量,综合录井所测量获得的信息基本上都用井深进行标定。在录井过程中,深度的微细变化(在下入一根单根或立柱的长度范围内,一般为10m或30m左右)是通过井深变量测量工具测量并由采集处理系统计算处理进行显示。但是,油气井钻探深度一般为数千米,如果不进行中途校正,即使井深变量测量工具精确度高,其累积误差也不容忽视。因此,在录井系统中都设有井深跟踪模块,从标定井深测量初始值、减少测量工具微细变化、检测误差等方面提高测量准确度,如图4-7、图4-8所示。另外设有钻具管理模块,如图4-9所示,跟踪计算入井钻具总长度,在每接一次单根(立柱)时,根据入井钻具总长度校正一次深度,把井深调整到已入井钻柱总长度的数值上,减少累积误差,保证深度跟踪的准确性。

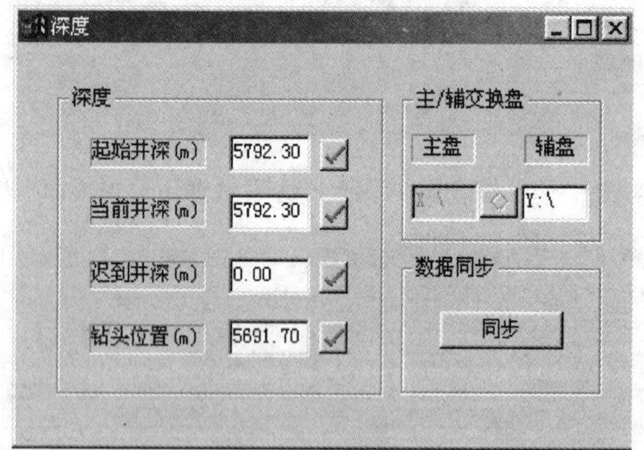

图4-7 综合录井系统深度标定界面

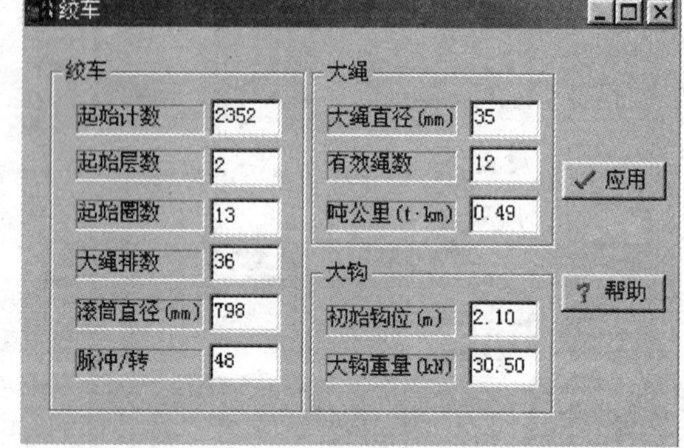

图4-8 综合录井系统深度跟踪调整界面

钻具管理

序号	长度(m)	外径(mm)	内径(mm)	场地号	累长(m)
610	9.53	127	109	578	5782.28
609	9.51	127	109	577	5772.75
608	9.51	127	109	576	5763.24
607	9.54	127	109	575	5753.73
606	9.54	127	109	574	5744.19
605	9.53	127	109	573	5734.65
604	9.53	127	109	572	5725.12
603	9.39	127	109	571	5715.59
602	9.39	127	109	570	5706.20
601	9.47	127	109	569	5696.81
600	9.47	127	109	568	5687.34
599	9.54	127	109	567	5677.87
598	9.54	127	109	566	5668.33
597	9.54	127	109	565	5658.79
596	9.54	127	109	564	5649.25
595	9.53	127	109	563	5639.71
594	9.53	127	109	562	5630.18
593	9.52	127	109	561	5620.65

未入井
已入井
添加
插入
修改
删除
打印
确认
取消

图4-9 综合录井系统钻具管理界面

钻具管理模块作为井深跟踪的基础,必须保证与入井钻柱的一致与统一。在下钻前,钻具需由钻井工程和地质录井技术人员共同进行编号丈量,并准确无误地输入至钻具管理模块中。综合录井井深数据采集系统会自动根据钻井作业状态,依次从钻具管理模块中提取钻柱数据,计算显示井下钻柱总长度,这是录井深度跟踪的关键所在。跟踪深度操作只需要调出深度跟踪对话框,把修改的深度输入即可。在钻进状态下,应同时修改井深和钻头深度两个参数。若在一个单根的钻进中检测到井深误差过大,应当逐步修改,跟踪到位,以免影响与进尺有关参数的可靠性;如果连续发生单根井深偏差大现象,应当进行深度跟踪模块的参数调整。

需要强调的是,钻井施工必须严格按编号顺序进入钻柱入井操作,如有变动应通知录井作业人员,否则将会造成录井深度的错误,从而引起录井参数在这一井段上失去准确性。

(四)状态识别

钻井作业中有各种状态出现,如坐卡、重载、钻进、划眼、起下钻、接单根等。录井系统是依据井场测量工具检测得到的变量值自动输入到数据采集系统中,经处理而把状态识别出来。钻井作业状态是一种信息,可以传送到信息用户的相关部门。另外,这些状态是引导数据处理计算机启用不同子程序的重要依据,是很重要的一种变量。

如图 4－10 所示,系统采集过程中的状态识别按门限设定进行智能判断。

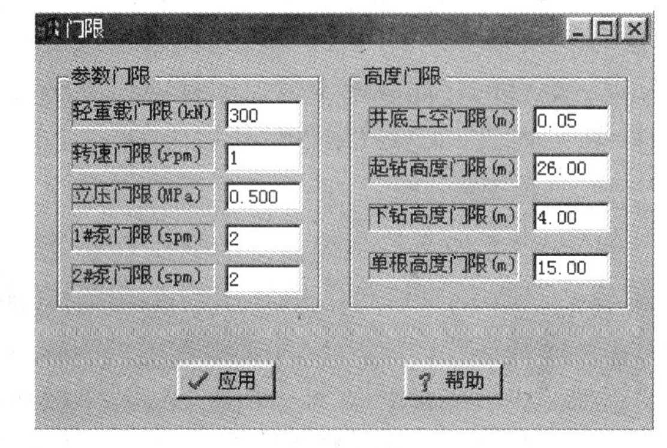

图 4－10 综合录井系统门限设置界面

(1)轻重载门限:大钩轻/重载的门限值。

(2)转速门限:泵冲转盘转/停的门限值。

(3)立压门限:判断是否循环的门限值。

(4)井底上空门限:井底上空在门限值以内可认为是钻进状态。

(5)起钻高度门限:大钩高度位于起钻门限以上,由重载变为轻载,系统认为是起钻。

(6)下钻高度门限:大钩高度位于下钻门限以下,由重载变为轻载,系统认为是下钻。

(7)单根高度门限:大钩位于单根高度门限以上、起钻高度门限以下,由轻载变为重载,系统认为是接单根。

系统采集过程中状态不能及时切换,多数为门限值设置错误所致。

(五)参数数据库的产生

通过数据采集工具获得的几十个原始变量,借助数据采集系统的计算机初步处理可得到数百个派生参数,如 BG2.0 综合录井系统便派生了 500 余个参数。根据不同的数据采集间隔和采集密度,会产生数量庞大的参数和参变量数据。这些数据除采集系统本身要存储若干数据信息外,还要输送到数据解释处理系统中进行进一步的计算应用。为了保证每口井、每个阶段的数据清楚明了,还要进行井名、录井队名、开钻日期、语言等项目的设置,形成井名 . TXT 或井名 . DBF 等数据库文件,便于参数数据的管理和应用。

四、数据解释处理与信息输出

综合录井系统的数据解释处理可由一台脱机计算机或由多台计算机构成一个网络式数据处理系统。其中一台计算机作为系统服务器,其主要功能是入网的计算机通过网络集线连接,在网络内部实现数据、应用软件和外接设备资源的共享,如地质监督、工程监督等相关技术人员所用的信息显示终端,绘制图表用的打印机和绘图仪等。

数据的输入输出要由服务器接收和发送来完成。数据采集系统得到的参数和参变量数据由服务器接收进入数据处理系统,同时还可以接收其他井筒服务技术测量成果,如测井数据、固井数据、邻井录井数据等等。解释处理的数据、曲线、图形成果也可以通过服务器实现。

数据解释处理与输出主要可分为以下四个过程。

(一)系统设置和管理

系统配置众多的外围设备,如数台打印机、绘图仪和摄像系统等。这些外设的任务由后台机设置。入网的计算机也要有服务器给予注册,并限定数据和软件资源的范围。

(二)数据编辑、存储和备份

数据采集系统传送来的数据需要进行编辑,如剔除无效数据、修改失真数据等。除此之外,还有地质岩屑分析(岩性、碳酸盐岩含量、岩屑成分百分比等)也要编辑到相应深度的数据文件中。数据的存储应便于数据的管理和使用,并满足业主提出的要求。为确保数据资料安全,每隔一段时间要对数据进行备份。

(三)数据解释处理

通常录井系统有多个编制好的通用资料处理软件(脱机软件处理系统),用来分析作业参数,解释钻遇地层,如综合录井图、井身结构图、井斜数据处理(水平投影图、垂直投影图、三维轨迹图)、气测解释评价图版(三角形解释评价图版、皮克斯勒解释评价图版、地层含气量解释评价图版)、地层压力检测报告、钻头报告、水力学分析报告等。另外,不同区域的钻探作业技术服务部门还有针对本区域的解释处理程序,也可以将采集到的数据录入或导入后进行所需要的处理。

(四)输出

数据解释处理结果输出可分为屏幕显示、打印绘图和网络发布等多种形式,通过由服务器软件支持的形式,根据实际需要实时或阶段性地呈现到用户面前。现场屏幕显示实时输出一般有地质监督信息终端(录井图和地质相关数据信息为主)、钻井监督信息终端(钻井工程数据和曲线信息为主)和具有防爆防震特性的钻台司钻信息终端(信息较少,但字体较大,主要为优选出的数个钻井工程监测参数)。

打印输出又可分为纸质打印和电子打印两种模式。目前综合录井系统已经逐步进入无纸化输出的阶段,除现场技术分析需要和业主需求提供纸质资料外,一般均进行电子打印。如将工程监测成果、录井图等以 PDF 格式存储,既能满足各方资料需要,也相当便捷。

网络发布就是将现场综合录井采集、处理的数据按照要求的格式通过移动通信网(GPRS 或 CDMA)和卫星通信方式远程传输至基地服务器,将各项现场资料送到相关部门和人员。

五、综合录井技术应用

综合录井的应用使得录井技术从单一的地质服务向全方位、多功能、综合性的服务转变。

它不仅在发现油气显示、储层产能预测、地质分层等方面大显身手，而且在工程安全监测、指导科学快速钻井、降低钻探风险与成本等方面具有其他井筒服务技术无法取代的优势。在本书中，由于定量荧光录井、热解色谱录井、核磁共振等新技术有专门章节进行讲述，因此，本单元主要对综合录井的气体录井、工程录井、钻井液录井和压力录井四个部分进行重点描述。这四部分同样是综合录井技术的固定服务内容，其他录井基本上是根据区块油气特点或勘探开发需要选择性添加的。

（一）开展地层评价

地层评价包括岩性确定、地层划分、构造分析、沉积环境分析、岩相古地理分析、以单井评价为基础进行区域对比。地层评价是勘探活动的一项基础工作。在钻探施工现场，利用综合录井收集的大量资料可以有效地完成岩性确定、地层划分等地层评价任务，在 PDC 钻头、大位移井钻探技术普遍推广的今天，其作用更为突出。如利用钻时、扭矩、气体参数以及 d_c 指数、Sigma 指数等识别储层，利用电导率、温度、气体参数等识别地层的突然变化等等。

（二）识别地层流体性质

综合录井配套的各种技术和仪器设备可在现场高质量地完成油气显示的发现、评价任务，为完钻决策提供依据，有助于加快勘探开发步伐。发现油气层是资源勘探的基础。综合录井技术使用了多种方法来检测、发现钻井中的油气显示。在一般岩屑录井、岩心录井、荧光录井的基础上，使用了气测随钻录井、VMS 真空蒸馏脱气分析等方法，及时、有效、准确地发现油气显示。特别是随着电子技术的进步，综合录井仪配备的色谱分析仪分析灵敏度越来越高，分析周期越来越短，大大增加了气体录井的精度和采样密度，在薄层、微弱油气层的发现上作用显著。此外，综合录井还采集钻井液密度、电导率、温度、流量、泥浆池体积等参数进行井下流体性质的分析、判断，以发现油气显示。

利用综合录井技术不仅可以快速、准确地发现油气显示，而且还可以利用自身的解释软件或通过区域研究建立起来的解释评价标准或图版进行油气层的综合解释，在实际生产中取得了良好的效果，大大提高了现场资料的运用效果。

（三）钻井施工安全监测

在钻井施工过程中，钻井工程事故的可能性随时都存在，是威胁钻井安全的最大隐患，也是影响经济效益和勘探效益的重要因素。综合录井应用于随钻录井，能够直接监测钻井工程、钻井液、气体和地层压力等多项参数，尽早发现事故隐患，及早获知是否完成勘探目的，准确预报工程参数异常，合理保护油气层，实施对钻井施工全过程的连续监测和量化分析判断，进而指导安全优化钻井。

第二节　气体录井技术

用录井仪器直接测定钻井液中的气体含量，从而判断油气层的过程叫气体录井。气体录井是钻井过程中发现油气层最直接的方法和手段，尤其是在新探区发现新含油气层系不可缺少的资料。此外，还可根据油气显示判别油气水层，进行油气层对比。根据气体录井中的任务、方法和目的不同，可将气体录井分为随钻气体录井、后效录井和热真空全脱气气体录井。

一、气体录井理论基础

气体录井技术所研究的对象是地层流体。只有充分了解石油、天然气的成分、性质，天然气在钻井液中的存在形式，脱气器气体分离等基础理论，才能更好地分析钻井液中所含天然气与油气藏的关系。

（一）石油与天然气的成分及性质

1. 成分

石油是一种以烃类为主的混合物，由 C、H 和少量的 O、S、N 等元素组成。常温常压下，$C_1 \sim C_4$ 以气态形式溶解在石油中。石油的组成成分因成因、生成条件、生成年代和后期改造等诸多因素的不同而有很大的差异，因此，不同源区所形成的油气所含各类碳氢化合物组成不尽相同。我国大多数油田所产的石油以烷烃为主，其次是环烷烃，而芳香烃一般较少。

天然气广义上指岩石圈中一切天然生成的气体，主要成分是甲烷（CH_4），其次是乙烷（C_2H_6）、丙烷（C_3H_8）、丁烷（C_4H_{10}）、戊烷（C_5H_{12}）等烃类和氮气（N_2）、二氧化碳（CO_2）、氢气（H_2）、硫化氢（H_2S）等非烃类气体。

2. 性质

从气体录井角度来分析，石油和天然气主要有以下特性。

1）石油的特性

（1）可燃，发热量高。

（2）密度一般在 $0.75 \sim 0.98g/cm^3$ 之间（也有密度大于 $1g/cm^3$ 的原油）。

（3）具有一定的粘度，且随温度升高而降低。

（4）易溶于有机溶剂（如三氯甲烷、环乙烷等）。

（5）具有荧光性。无论是其本身还是在大多数有机溶剂中，石油在紫外线照射下可产生荧光。一般来说，轻质油发乳白色、浅蓝色荧光，重质油多发绿色或黄色荧光，沥青质较多的石油发褐色荧光。

2）天然气的特性

（1）可燃性。烷类气体与充足的空气（氧气）混合，当达到一定温度时，在铂丝的催化作用下可完全燃烧，生成二氧化碳和水，并放出大量的热。

（2）导热性。导热性是指气体传播热量的能力，一般用导热系数或导热率来表示。导热系数是指单位距离上温度变化1℃时在单位时间内垂直通过单位截面的热量。不同成分的气体，其导热系数不同。

（3）吸附性。由于固体表面分子和气体表面分子之间存在着引力，当气体分子与固体表面发生碰撞时，气体分子会暂停在固体表面上，这种现象称为吸附。天然气具有被某种物质吸附的特性，吸附量除与温度和压力有关外，主要与吸附能力以及气体本身分子质量有关，分子质量越大，越易被吸附。这种吸附特性是气相色谱分离技术的理论基础。

（4）溶解性。天然气溶于石油，微溶于水，其溶解能力一般用溶解度来表示。在一定的温度和压力下，单位体积溶剂所能饱和溶解某气体的体积，叫做气体的溶解度。

(二)地层中石油与天然气的储集状态

一般情况下,大多数的石油与天然气以不同的数量和储集形式存在于沉积岩层中,储集岩性一般是砂岩和碳酸盐类地层。在岩层的裂隙中和节理发育的地方以及泥质岩类的地层中,有时也会有油气的聚集。石油、天然气不仅储集在不同的地层和岩性中,而且在同一地层和岩性中的储集形态也不同。烃类气体的储集状态一般有游离状态、溶解状态和吸附状态三种。

1. 游离状态

当源岩生成的天然气满足了油、水两相的溶解量之后,就会有游离状态气的产生。游离气是指纯气藏形成的天然气储集和油气水藏中气顶形成的天然气储集,这种类型的气体以游离状态存在于地层中。

2. 溶解状态

天然气具有溶解性。它不仅能溶解于石油,而且还能溶解于水,这样就形成了溶解气的储集。天然气的各组分在石油和水中的溶解度极不相同:天然气和水是属于不易互溶的气—液系统,一般常用亨利定律表示;而天然气和石油具较强的互溶能力,用亨利定律表示偏差较大。天然气中常见组分在纯水中、20℃、1×10^5Pa 下的溶解系数如表 4-2 所示,烃类气体和氮气在水中的溶解度很小,二氧化碳和硫化氢的溶解度较大。天然气在水中的溶解系数很大程度上还取决于气体组分和水的互溶能力、温度和水的含盐量,而同一组分则取决于温度和水的含盐量。此外,烃类气体在水中的溶解度还与 CO_2 含量有关。当地层水被 CO_2 所饱和时,烃类气体溶解度明显增加。

表 4-2 常见的天然气组分在纯水中的溶解系数(20℃,1×10^5Pa)

天然气组分	甲烷	乙烷	丙烷	丁烷	异丁烷	二氧化碳	硫化氢	氮气
溶解系数	0.033	0.047	0.037	0.036	0.025	0.87	2.58	0.016

烃类气体与石油具有互溶关系,在石油中的溶解度比在水中的溶解度大得多。据 Sokolov(1956)研究,在常温、常压下,甲烷在石油中的溶解系数为 0.3,比甲烷在水中的溶解系数大 9 倍;乙烷在油中的溶解度比在水中大 25~45 倍;丙烷在油中的溶解度更大,约为水中的 1000 倍。

天然气在石油中溶解度的影响因素很多,其中主要是地层温度、压力、天然气的组成和原油轻组分含量。当地温一定时,压力上升,气体溶解度增加,直到饱点压力为止。在高压下,石油可溶解数百万倍于自身体积的天然气。天然气的溶解度随地层温度升高而降低。天然气的溶解度随烃气碳数增加而增大。重烃气含量越高,溶解度越大。在相同温压条件下。低碳数烃含量高的轻质原油比重质原油溶解天然气的能力强得多。

总之,烃类气体属于极易溶解于石油而难溶解于水的气体。所以,在油藏内有大量的烃气储集,一般以液态形式存在于油田内或以气态的形式存在于凝析油田内;在地层水中,烃气的储集量很少,特别是含残余油的水层,天然气的含量更少。

3. 吸附状态

分子引力使岩石颗粒对天然气有一定的吸附能力,但吸附的数值不大。在接近 20℃、1×

10^5Pa 时，砂岩和粘土对烃类气体的吸附值如表 4－3 所示。由表中可知，岩石对甲烷的吸附值最低，对烷烃的吸附值随碳数增加而增加。

表 4－3　岩石对气态烃吸附值(据 кулищ,1953)

气体	岩石	压力,mmHg	吸附含量,cm^3/kg
甲烷	砂岩	685.8	29.6
	粘土	762.25	71.8
丙烷	砂岩	73.87	600.6
	粘土	725.07	1012.9
丁烷	砂岩	791.53	1152.3
	粘土	690.40	1643.9

(三)气体进入钻井液的形式与分布状态

在钻井过程中，石油、天然气以破碎气、压差气、扩散气、再循环气四种主要方式进入和存在于钻井液中。

1. *破碎气*

在钻进过程中，岩石破碎后而释放到钻井液中的气体称为破碎气。单位时间释放破碎岩石的气体可由下式表示：

$$q = \frac{p_2 T_2}{p_1 T_1}\phi S_g \frac{\pi d^2}{4r}$$

式中　q——单位时间破气在地面的体积，m^3/min；

d——钻头直径，m；

S_g——岩石含气饱和度；

ϕ——岩石孔隙度；

p_1,p_2——地面压力、地层压力，MPa；

T_1,T_2——地面温度、地层温度，K；

r——钻时，min/m。

由上式可知，钻井作业影响破碎气出气量大小与地层孔隙度、含气饱和度、地层压力、温度以及钻头尺寸和钻进速度有关。

2. *压差气*

当地层孔隙压力大于井筒钻井液压力时，地层的流体将向井筒钻井液运移，由此产生的气称为压差气。在钻井作业中，循环钻井液的压力通常大于地层孔隙压力，因此产生压差气的机会不多。但在接单根、起下钻和短起下作业中，仍会产生压差气。

(1)接单根气(单根峰)：接单根抽汲作用使钻井液柱对井底压力瞬时降低，地层中的流体由于压差作用进入井筒产生的气显示异常，一般在完成接单根作业重新循环延迟一个钻井液上返时间和管路延迟时间后出现。

(2)起下钻气(后效气)：起钻过程中，停泵、上提钻柱必然会有钻井液静止和抽汲效应，使井中钻井液柱压力下降,有利压差气的产生;起出钻具时,虽然会往井筒补充钻井液,但井中钻井液经常处在不满状态,有利于压差气的产生;上提钻具必然会造成钻具与井壁的摩擦、碰击,这可能使井壁坍塌和剥落,从而形成地层孔隙中气体向井筒释放的有利通道。这些因素都会增加井中钻井液的含气量,且地层出气量大的井段含气量就多。在正常起钻过程中,停留在井筒钻井液中的气体要等到下钻后再次循环才能检测到,因此起下钻气又通称为后效气。

3. 扩散气

地层气以扩散方式进入井筒钻井液中,只要地层流体的浓度高于钻井液中该成分的浓度,按菲克第二定律,地层流体该成分将向钻井液流动(扩散定律),以这种方式进入井筒钻井液的气体称为扩散气。扩散气不受压力平衡状态影响,只与浓度有关,不过钻井液流动有利于浓度差的维持,因此扩散是一种较漫长的过程。

4. 再循环气

循环的钻井液只有一小部分流经脱气器,且钻井液中所携带的天然气不可能经过脱气器而全部脱出,一般情况下现用的脱气器的脱气效率只有30%～90%,因此,循环钻井液中的气体不可能全部在地面循环过程中完全释放。当这种脱气不完全的钻井液再次入井后,将会出现气测异常,称为再循环气。

再循环气在气测全烃测量曲线上表现为出峰时间上比首次出现气显示晚一个钻井液循环周期;曲线的峰形较宽;幅值平缓;烃组分以重烃为主,烃组分结构呈反顺序排列。在油气层,一般正常气体组分是按轻烃浓度高、重烃浓度低的顺序排列的;再循环气可能使浓度排列顺序反转过来,即轻烃浓度低,而重烃浓度反而高。

(四)气体录井的基本术语

1. 基线

基线是只有纯载气通过色谱柱和鉴定器时的记录曲线,通常为一条直线,即电信号为零毫伏时的记录曲线,如图4-11所示。

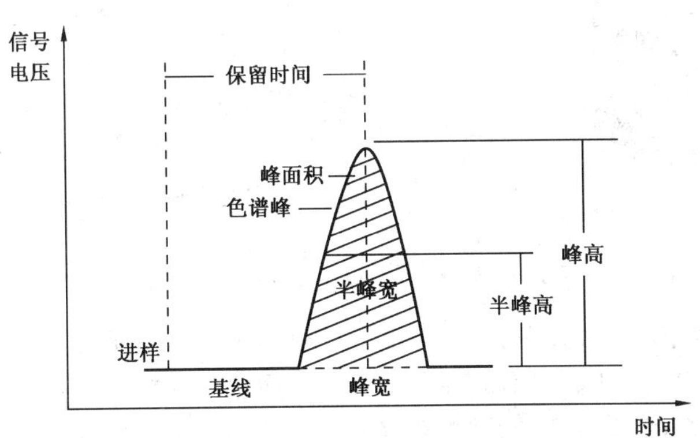

图4-11 气测显示峰形示意图

2. 色谱峰

组分从色谱柱馏出进入鉴定器后,鉴定器的响应信号随时间变化所产生的峰形曲线称为色谱峰。

3. 峰高

色谱峰最高点与基线之间的垂直距离称为峰高。

4. 峰宽、半峰宽

在色谱峰两侧曲线的拐点作切线与基线相交于两点之间的截距差为峰宽;半峰高处色谱峰的宽度叫做半峰宽。

5. 峰面积

色谱峰与峰宽所包围的面积即峰面积。

6. 保留时间

从进样开始到某一组分出峰顶点时所需要的时间,称为该组分的保留时间。

二、气体录井流程与设备

(一)气体样品采集

循环钻井液携带的天然气体主要以游离状态或者以溶解状态存在于钻井液中,把气体从钻井液中分离获得分析鉴定样品,通常采用电动脱气器和真空蒸馏脱气器来完成。

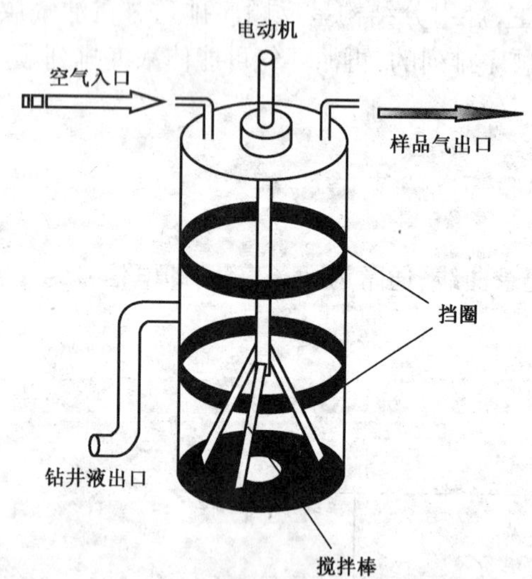

图 4-12 电动脱气器构成示意图

1. 电动脱气器

电动脱气器的主要部件构成如图 4-12 所示。电动脱气器有一个锥形搅拌棒安装在顶部封闭的圆筒中央,搅拌棒上部与动力电动机的轴相连。当钻井液流经电动脱气器时,钻井液从圆筒(脱气室)底部的敞开口进入筒内;搅拌棒在电动机的带动下,对脱气室内钻井液进行快速旋转搅拌。

由于离心作用和脱气室的限制,钻井液呈旋涡状并沿桶壁快速上升。当遇到挡圈时,钻井液被破碎成细滴状。此时钻井液面积急速增大,钻井液所携带的天然气大量析出,完成脱气过程。

圆筒上部开了两个气孔,分别为样品气出口和空气入口。样品气出口与分析仪器端口上的隔膜抽气泵相连。当隔膜抽气泵工作时,降低了脱气器圆筒上部空间的压力,有利于钻井液中的天然气体从钻井液中脱出,并抽入分析仪器检测。空气入口设置的目的是:钻井液内脱出的气体时多时少,脱气室内压力波动较大;为了保证样品气进入仪器的稳定,避免钻井液进入仪器,通过空气入口连通脱气室与外界空气,在大气压力的作用下,保持脱气室内的压力恒定。

电动脱气器的工作原理表明,当单位时间从钻井液脱出的天然气量多时,空气入口进入的空气量少,即天然气稍有被稀释或无稀释,在这种情况下,气体检测结果基本与脱出的天然气品质相吻合；当单位时间从钻井液脱出的天然气量少时，空气入口进入的空气量多，这样的气体检测结果就不同于脱出的天然气品质了。

需要说明的是，电动脱气器的脱气效率除受设备本身性能影响外，还与单位时间内进入脱气室的钻井液体积密切相关，且脱气室内钻井液体积过多或过少均会影响电动脱气器的脱气效率。因此，电动脱气器进入钻井液的深度应按其说明书严格控制。

2. 热真空蒸馏脱气器

鉴于随钻录井过程中所使用的电动脱气器受脱气效率的限制，只能脱出部分游离气和吸附气，而对溶解气却不易脱出，因此目前的随钻脱气为一种不彻底脱气，一般为 30% ~ 70%。所以综合录井系统通常同时使用热真空蒸馏脱气器对钻井液样品进行全脱气分析，以弥补随钻电动脱气器的不足。

如图 4 – 13 所示，通过真空泵的抽吸作用，使球形烧瓶内部处于真空状态；然后取定量的钻井液样品（一般为 250mL）在球形烧瓶内加热、搅拌一定时间，使钻井液样品内的气体在压力降低、温度升高的条件下尽可能全部析出，脱气效率一般可达 95%，然后送仪器检测，得到较为准确的钻井液内气体含量和成分检测数据。

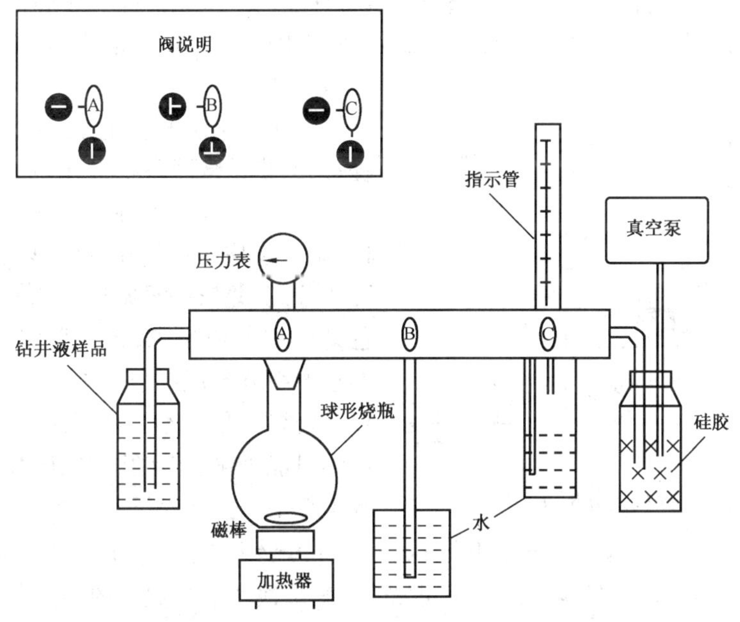

图 4 – 13 热真空脱气器结构示意图

A,B,C—阀

在现场录井过程中，为了保证随钻气测检测资料的准确性和区域上不同仪器录取资料的可对比性，一般要进行油气显示样、基值样、矛盾层样和脱气器效率样四种样品的热真空脱气分析。

（二）样品气分析、鉴定、记录

在综合录井系统中，样品气的分析、鉴定、记录装置合称为气相色谱仪，一般由气路系统、进样系统、色谱柱、鉴定器、温控系统、信号放大系统、记录仪等七部分组成。气路系统一般由氢气发生器、空气压缩机、减压阀、气体流量调节稳压阀、稳流阀、气路分配控制系统、连接气路管线等组成，是载气和样品气体的通路。载气一般为氢气、空气，部分使用氮气。进样系统由进样阀、样品泵、多孔阀、定量管等组成。色谱柱、鉴定器、温控系统是气相色谱仪的核心部件，用来分析鉴定样品气中不同成分的含量。信号放大系统、记录仪以及计算机、打印机构成分析、鉴定结果的记录输出系统。

1. 气相色谱分析原理

气相色谱分析是实验室气相色谱分析法在石油天然气勘探开发上的应用。气相色谱分析法又可分为气液色谱分析法和气固色谱分析法，在综合录井系统的气体录井色谱分析单元一般采用气固色谱分析法。

气固色谱分析法以固体作为固定相，当样品气随载气通过装有固定相的色谱柱时，样品气中的各组分均可能被吸附。由于吸附剂对各组分的吸附能力不同，当载气不断地通过色谱柱时，组分随载气向前移动。在移动过程中，经多次连续不断地吸附与解吸，吸附能力弱的组分随着载气向前移动的速度快，而吸附能力强的组分随载气向前移动的速度慢。各组分将依吸附能力的大小依次分开，从而使各组分分流出色谱柱的时间产生差异，达到分离、鉴定、记录各组分浓度的目的。由一定压力和流速的载气，携带样品气进入色谱柱，经色谱分离将样品分离成不同组分，以先后顺序进入鉴定器，经鉴定器所产生的电信号至记录器，记录数据与曲线（图4－14）。

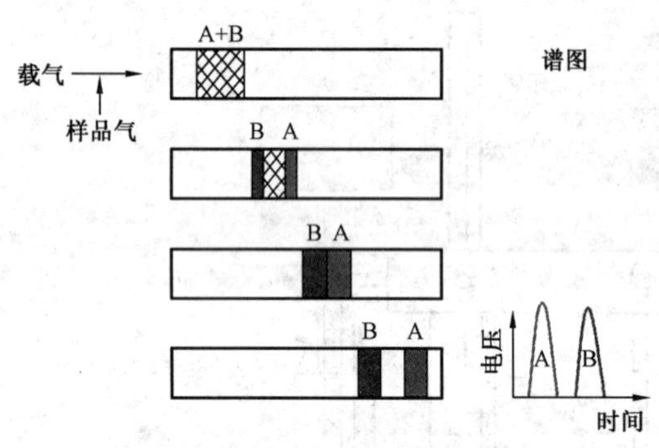

图4－14 气固色谱分析原理图

气相色谱分析过程大体上可分为三个过程：第一步是从脱气器脱出的样气流中截取定量的样品气，并使其在载气的作用下进入色谱柱；第二步是样品气在载气推动下在色谱柱中开始分离，并依据吸附能力自小而大的顺序从色谱柱中分流出来，进入鉴定器；第三步是在要求的组分分流出色谱柱后，载气对色谱柱进行“清洗”，通常又称为“反吹”，这一过程是为了尽可能地减少吸附在色谱柱上的残留样品气干扰下一个样品气的组分浓度。

由气相色谱分析过程可以看出，组分分离并非一个连续过程，而是一个点测量的过程，两个样品气分析点间存在时间间隔，其时间间隔的长短取决于分析组分的多少和分析样品的量。因此，目前的仪器生产厂商纷纷采用了双色谱柱、毛细管等技术，减少分析时间间隔，缩短测量盲区。通用的快速色谱一般能够实现在30s内完成 $C_1 \sim nC_4$ 的分析，基本上能够满足地层流体分析的需要。

2. 气体全量检测

为了进行钻井液中气体含量的连续检测，大部分的综合录井仪器专门设置了气体全量检测单元，样品气在载气的推动下，连续进入鉴定器进行分析，获得全量记录数据。气体全量检测是地层流体成分分析技术中唯一的一项连续资料，因此在地层流体性质分析中有着十分重要的意义。

气体全量检测的英文是 total gas detector，意即天然气总体检测。使用“全烃”名称是不确切的，应叫气体“全量”。脱气器送出的样品气并不只反映地层天然气的含气量，因此，气测的全量不应等于烃类组分之和，一般情况下，由于烃类组分分析的局限性，全量大于组分之和；然而，由于气体分析刻度方法和气体鉴定原理的差异，偶尔会出现烃类组分之和大于全量的现象。

鉴于石油成分的复杂性，而气相色谱分析的组分分析单元仅能对 $C_1 \sim nC_5$ 间的烷烃组分进行分离检测，对石油中的异构烷烃、环烷烃等成分却无能为力，因此，全量检测浓度值与组分分析之和有着较大的差别。有的色谱分析仪采用了种种计算方法来弥补不能直接进行全量测量的缺陷，如加拿大 Datalog 公司的快速色谱分析仪采用组分和来代替全量，国产德玛仪器采用 $C_1+2C_2+3C_3+4iC_4+4nC_4+5iC_5+5nC_5$ 的方法来代替全量。在进行区域油气气测资料对比时，要注意直接测量全量仪器和组分和全量测量仪器间的差别。

3. 气体检测鉴定器

气体检测鉴定器的作用是将色谱柱分离出的各组分或直接输入的样品气转变成电信号，供记录仪或计算机采集记录，并通过与标准浓度校验气样的电信号强弱变化对比，得到检测样品气的全量和各组分浓度。目前使用最多的是氢火焰离子化鉴定器、热导池鉴定器和红外线鉴定器三种。

1）氢火焰离子化鉴定器

氢火焰离子化鉴定器（FID）的原理是：有机物在氢气（空气）火焰中燃烧，发生离子化反应，在具有一定电压差的两极间形成离子流，通过测量离子流的强度，即可完成对样品气的检测。离子室是 FID 的核心部分，一般是由不锈钢制作而成，主要包括样品气入口、火焰喷嘴和收集极等，如图 4－15 所示。当样品组分从色谱柱馏出后，由载气（氢气）携带进入鉴定器从火焰喷嘴喷出。在离子室氢火焰高温作用下，样品组分被电离形成正离子和电子，离子数与烃成分的原子数目成正比。在直流电场作用下，正离子和电子各向其相反极性的电极移动，从而产生微电流信号。样品组分离子化过程如下：

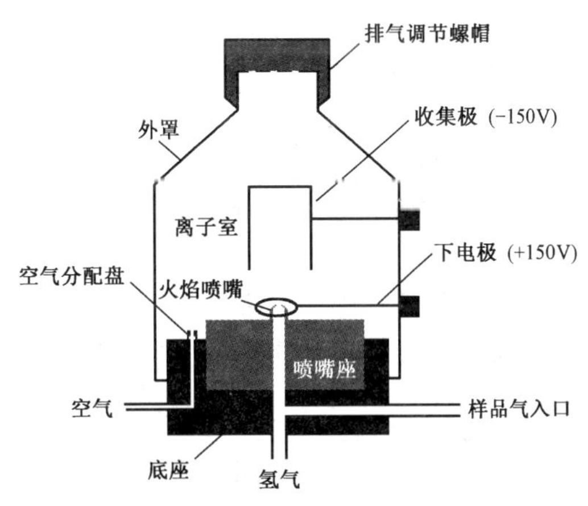

图 4－15 FID 结构图

$$CH_4 \rightarrow CH_3^- + H^+$$

$$CH_3^- \rightarrow CH_3 + e^-$$

$$C_2H_6 \rightarrow 2CH_3^- \rightarrow 2CH_3 + 2e^-$$

氢火焰离子化鉴定器具有气体浓度响应的线性好而且稳定、灵敏度极高以及检知范围较大（从百万分之一到 100%）等优点，故被广泛应用在气体组分分析鉴定中。此外，该种鉴定器也存在输出与样气中烃体积浓度密切相关、样气中的其他成分也会对输出产生某种影响的缺点,气体样品中的杂质容易导致基线漂移,需要不断地调整基线。

2)热导池鉴定器

热导池鉴定器又称热导检测器,是在一不锈钢块体上钻出四个细长的孔作为池体,在每个池体中都固定有一根长短、粗细、阻值相同的钨丝热敏电阻。四个池体对对相同,其中一对通载气,称为测量臂;一对通空气,称为参考臂。将四个钨丝热敏电阻接成惠斯通(Wheatstone)电桥,用于进行气体浓度的检测,如图4-16、图4-17所示。

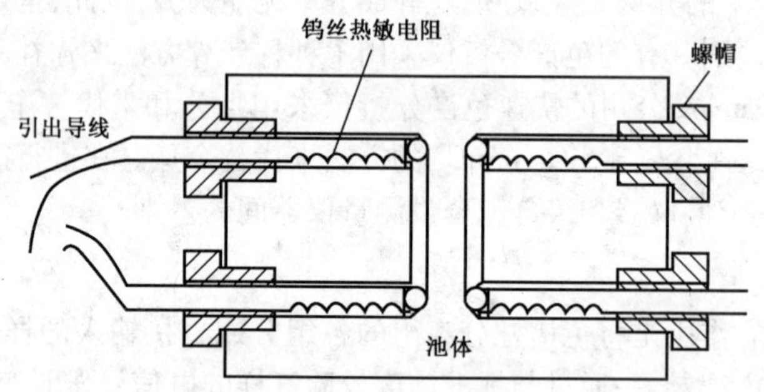

图4-16 热导池结构图

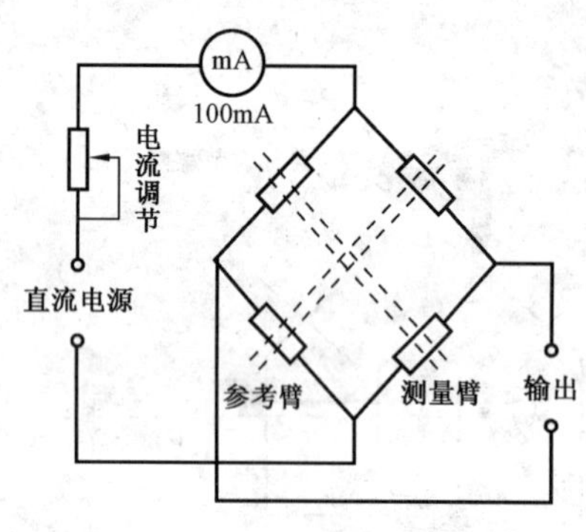

图4-17 热导池鉴定原理图

参考臂的池内通以空气,而检测臂的池内通以由脱气收集的样品气。样品气热导系数与空气热导系数的差别将导致电桥输出信号的变化。样品气中天然气含量越高,与空气的差别越大,从而提供天然气在样品气中浓度的信息。遗憾的是,天然气本身成分复杂,且各成分所占比例也是随机的,故只能提供大体的样品气中天然气浓度信息;还有,样品气中各成分的相对热导系数差别较大,如表4-4所示,有的成分相对热导系数大于1,有的成分相对热导系数则小于1,这预示着用此鉴定器可出现正值和负值。

表4-4 几种气体相对热导系数统计表

气体名称	相对热导系数	气体名称	相对热导系数
空气	1.00	丁烷	0.57
甲烷	1.25	二氧化碳	0.59
乙烷	0.75	氢气	7.09
丙烷	0.63	氮气	1

热导池鉴定器的优点是操作和维护简单,可在钻井现场稳定工作,但存在着测量灵敏度低、零线漂移大、其他气体可能导致同样反应的缺陷,因此,虽然不少型号的气体全量检测设备中配备热导池鉴定器,但一般不用作烃类气体的检测,而主要用作 H_2、CO_2 等非烃类气体检测设备。

3)红外线鉴定器

红外线鉴定器是基于不同气体对红外线有选择吸收这一原理而制成的。吸收关系遵循朗伯—比尔定律。红外光源发出的红外线强度为 I_0,它通过一个长度为 l 的气室后,能量变为 I_1。如果气室中没有吸收红外线能量的气体,可以为 $I_0=I_1$;如果气室中有吸收红外线能量的气体,I_1 满足下式:

$$I_0 = I_1 e^{-kcl}$$

式中 c——被测气体的浓度;

k——气体的红外线吸收系数,当气体的种类一定时,k 就为一定值;

l——气室的长度。

当 l 一定时,I_1 的大小仅与气体浓度有关,所测量得到 I_1 的变化即为被测气体浓度的变化(图 4-18)。

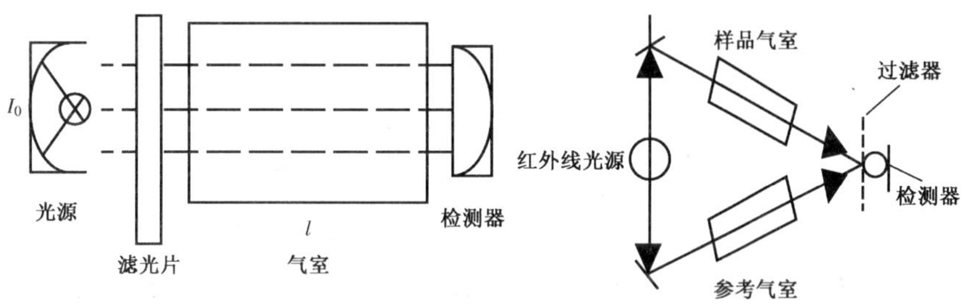

图 4-18 红外线鉴定器分析原理图

红外线鉴定器可检测 CO_2、CO、CH_4 等,仪器性能稳定,安装、维护方便,但监测成分单一,一直被用作非烃组分检测。近年来由于煤层气勘探开发作业的增多,且由于煤层气成分单一,甲烷成分占 90% 以上,恰好适用于红外线鉴定器。因此,红外线鉴定器逐渐被应用到煤层气综合录井作业的烃类气体检测中,而不再仅仅局限在非烃类气体检测。

三种鉴定器中氢火焰离子化鉴定器灵敏度最高,设备也最复杂,需要配备空气压缩机、氢气发生器等诸多辅助设备,成本也最高;而热导池鉴定器和红外线鉴定器虽然灵敏度较低,但相对简单,稳定性好。目前的综合录井气体色谱分析系统一般采用两种鉴定器相结合的方式完成现场气体测量工作,通常采用灵敏度较高的氢火焰离子化鉴定器作为烃类组分分析单元,而用热导池鉴定器或红外线鉴定器进行非烃类气体的分析。

(三)气体测量刻度

气体全量测量和组分分析是确定油气层位置和分析地层流体性质的基础,因此,尽可能精确地获取各项分析数据是进行资料运用的前提。而鉴定器所得仅为电信号,需要建立样品气分析电信号与钻井液气体含量浓度间的关系;此外,对于不同型号的鉴定器,甚至同一种型号鉴定器的不同阶段,相同浓度的气体在电信号检测结果上均会有差别。所以,无论使用何种鉴定器,都要使用标准浓度的气体(通常有甲烷和 $C_1 \sim nC_5$ 混合气样)刻度色谱分析仪的检测系统。

1. 录井前刻度

一般而言，综合录井仪器操作规范中均要求在录井前进行仪器的录井前刻度，以保证在不同仪器、不同作业时段所录取资料间的可对比性，有利于区域资料的对比分析研究工作开展。录井前刻度主要包括刻度仪器建立电信号与数字信号的对应关系，也称毫伏—含量对比表，便于直接获取气体含量浓度；确定仪器不同组分的保留时间，供计算机进行气体数据采集时使用，保证采集数据的准确性。

如图 4－19 所示，刻度仪器使用的标准气样或空气采用与样品气分析相同的气路进入色谱分析仪，并保证在同样的流量条件下对仪器进行刻度。首先采用空气，以取得仪器的标准零点位置；其次用不同浓度的甲烷标准气样进入仪器分析，得到不同浓度甲烷标准气样与仪器分析电信号间的对应关系和保留时间，建立全量、甲烷的毫伏—含量对比表；最后，依次进行非烃及 $C_2 \sim nC_5$ 的刻度和保留时间测定，建立相应的毫伏—含量对比关系图版和对比数据表，如图 4－20 所示。

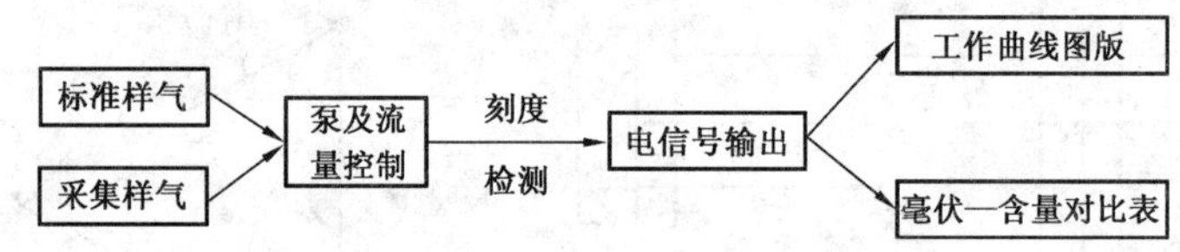

图 4－19 气体刻度流程图

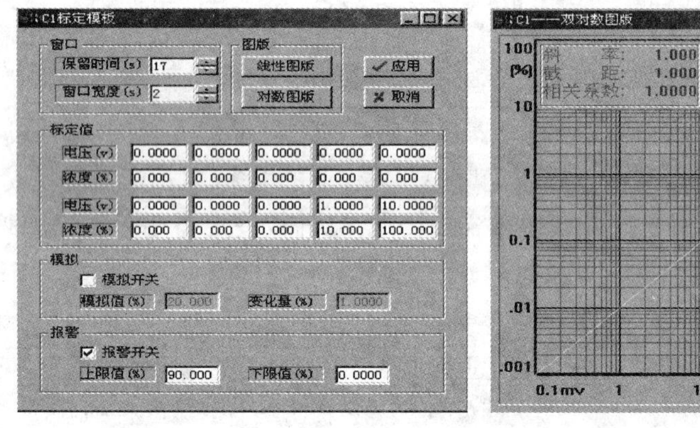

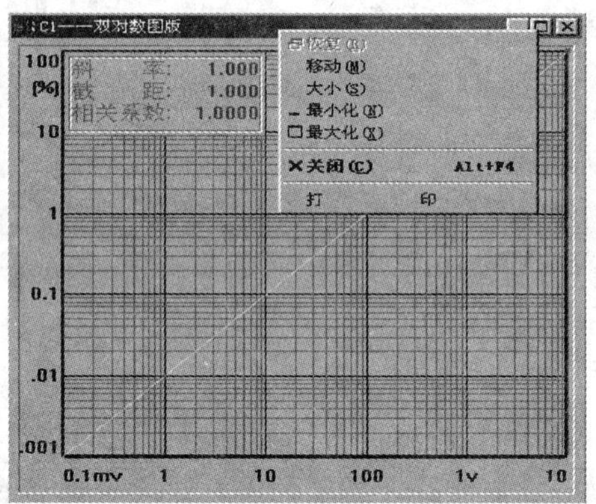

图 4－20 气体标定刻度界面

2. 录井间刻度

在录井前刻度的基础上，在录井过程中为了检验仪器运行的稳定性要进行注入标准气样检测仪器测量的灵敏度和准确度、注入混合样检测保留时间是否发生偏差、注入空气校验仪器测量零位等工作。

三、气测异常影响因素

气测异常是发现储层、确定油气层解释评价重点的基础。一般而言，气测值在基值背景上明显升高的现象称为气测异常（引自 SY/T 5788.2—2008《油气探井录井规范》）。

然而，在录井过程中，气体录井资料受到来自地层因素、钻井技术条件和录井技术自身条件等诸多方面的影响。从理论和实践认识中发现这些影响因素主要有气油比、地层压力、储层物性、钻井液性能、钻井条件、钻井液处理剂、上覆油气层等。因此,在进行气测异常识别时,首先要分析影响录井资料的因素,正确区分真假地层显示,及时排除非地层流体造成的假异常,从而为后期资料解释奠定基础。

(一)气油比

气体录井是直接分析钻井液中油气含量的一种录井方法。在钻井过程中,被钻碎的岩石中的油气和被钻穿油气层中的油气经过渗滤和扩散作用而进入钻井液。油气层的厚度越大,地层孔隙度和渗透率越大,地层压力越大,则在钻穿油气层时进入钻井液中的油气含量多,气体录井异常显示值高。

单位质量原油中含有的天然气体积称为气油比,通常用 m^3/t 表示。气油比越高,含气浓度就会越高。一般气油比大于 $50m^3/t$ 的储集层气测异常明显;对于低气油比的储集层,提高脱气效率或进行岩屑、岩心、钻井液脱气分析将会见到好的效果。

(二)地层压力

由于气体具有可压缩性,地层压力对于气层或轻质油气层影响较大。地层中蕴藏天然气时,地层压力高,气体容易向井中扩散,从而形成高浓度的气测异常。地层压力对于未被气体饱和的油层影响不大。

(三)储层物性

储层物性是指储层的孔隙度和渗透率。当钻井液柱压力大于地层压力时,钻井液发生超前渗滤,由于钻井液滤液的冲洗作用,进入钻井液的油气含量减少。储集层的渗透率越高,冲洗带越深,进入钻井液中的油气含量越少,气体录井异常显示值就越低。反之,当钻井液柱压力小于地层压力时,储集层的渗透率越高,进入钻井液中的油气含量越多,气体录井异常显示值越高。

(四)钻井液性能

1. 钻井液密度

钻井液密度的大小直接关系到钻井液柱压力的大小。在相同的地质条件下,钻井液密度增大,则钻井液柱压力增大,气体录井异常显示相应降低。一般情况下,为了保证钻井施工正常进行,总要使钻井液柱压力略大于地层压力。由于钻井液密度增大,压差随之而增大,地层中的油气不易进入钻井液,使气体录井异常显示值较低。若钻井液密度较小,钻井液柱压力低于地层压力,在压差的作用下,地层中的油气易进入到钻井液中,使气体录井异常显示值增高;同时,由于钻井液柱压力的降低,地层上部已钻穿的油气层中的油气可能会因泥饼的剥落而进入钻井液中,产生后效影响。

2. 钻井液粘度

钻井液粘度高,降低了气体录井的脱气效率,使气体录井异常显示值较低。另外,钻井液粘度高,在钻过油气层后,钻井液内烃类气体不易脱出,长时间滞留在钻井液中,气体录井的基值会有不同程度的增加。钻井液粘度大,油气的上窜现象不明显。

3. 钻井液失水量

钻井液失水量过多会使井壁泥饼增厚，造成气测后效录井效果差。

4. 钻井液 pH 值

若钻井液 pH 值低，呈酸性，在钻遇碳酸盐岩地层时，会产生二氧化碳。

（五）钻井条件

1. 钻头直径

进入钻井液中的油气一部分来自被钻碎的岩屑中。钻头直径不同，破碎岩石的体积和速度不同。单位时间内破碎岩石体积与钻头直径成正比。因此，当其他条件一定时，钻头直径越大，破碎岩石体积越多，进入钻井液中的油气含量越多，气体录井异常显示值越高。

2. 钻进速度

在相同的地质条件下，钻速越大，单位时间破碎岩石体积越大，进入钻井液中的油气含量越多。同时，当钻速加快时，单位时间破碎岩石的表面积增大，较短的时间内，钻井液未能在刚钻开的井壁表面上全部生成泥饼，造成钻井液渗滤深度增加，在一定程度上影响了进入钻井液中的油气的含量，呈现出在较低钻时井段气体录井异常显示值不是很高的情况。

3. 泵排量

气体录井异常显示值的高低与泵排量有着密切关系。泵排量越大，钻井液流量越大，钻井液在井底停留的时间越短，通过扩散和渗滤方式进入钻井液中的油气含量相对减少，气体录井异常显示值降低。

4. 转盘转速

钻具在井筒内的扰动越厉害，岩屑中和钻井液中吸附的气体越少，相应的游离气浓度增加，气测显示值相对较高。

（六）钻井液处理剂

钻井过程中，为了达到正常钻进的目的，钻井液中要根据不同的钻井施工需求加入一定数量的钻井液处理剂。一般情况下，钻井液处理剂对气体录井均会产生不同程度的影响。

钻井液有机添加剂名目繁多、类型多样，有的分解出 C_1、C_2，原油一般产生高 C_4、C_5，它们均造成全烃曲线背景值升高，组分结构改变。

（七）上覆油气层

油气层被钻穿后，当钻井液静止时，油气将渗入到钻井液中。再次循环时，气体录井出现异常，称为后效假异常。由于这种假异常又分为接单根和起下钻两种情况，为了区分，分别称为单根峰和后效。

单根峰一般出现在较浅的井段。接单根时，在高压管线和方钻杆内充满了空气，开泵后由于压力的改变，空气段会急剧地从钻井液中分离出来。分离过程造成井内钻井液柱部分井段压力降低，地层中的油气由于压差作用大量进入井筒，形成气体录井假异常。在较深的井段，钻井液循环时间加长，接单根时钻具内的空气被分散在大段的钻井液中。当钻井液返至井口时，钻井液中烃类气体的浓度相对降低，形成的气体录井假异常较小。在接单根的过程中，由于钻具的上提与下放，也存在抽汲作用的影响；钻井液停止循环，井筒内钻井液柱压力相对降低。以上三种情况共同作用形成单根峰。

当钻开油气层后，进行起下钻作业时，由于钻井液在井内静止时间较长，油气层中的油气受地层压力的影响，同时起钻过程的抽汲作用使地层中的油气不断地进入钻井液中。下钻到底后，当钻井液返至井口时，气体录井会出现后效。

后效和单根峰假异常虽然同钻井液处理剂等产生的假异常一样，关系到气测资料的正确性，但它们可以从另一个侧面反应地层流体性质和地层能量，同样是气体录井的一项重要资料。

总之，气测显示值的高低虽然主要由地层含烃类气体的多少决定，但一些外部客观因素的影响也是不能忽视的。综合分析影响气体录井资料的主要因素，对分清资料真伪是十分重要的。录井中要根据具体情况消除影响，取全取准各项资料。影响气体录井资料的主要因素可以分为以下四大类：

工程因素：钻压、转盘转速、钻头尺寸。钻压大，转速高，则钻速快，单位时间内破碎的岩石多，产生的气量大，气测显示高，反之则低；钻头尺寸大，则对岩石破碎面大，单位时间内破碎的岩石多，产生的气则多，气测显示高，反之则低。

钻井液因素：密度、粘度、排量。密度大，过平衡，会压死油层；粘度大，气体不易脱出；排量大，对气体冲淡稀释程度高。这些均造成气测值降低，反之则高。

地层因素：地层压力系数、储层物性。地层压力系数高，则扩散气、渗透气多，气测值高，反之则低；储层物性好，则易遭受钻井液超前冲洗，使气测值降低；物性差，则不易遭受钻井液超前冲洗，气测值更能反映地层真实含油气情况。

地面脱气因素：脱气器类型、液面的高低、电源电压、频率的波动等均会影响脱气效率。

四、气测资料解释

气体录井是地质勘探中寻找油气的重要手段。在油气层中，含有大量的甲烷、乙烷、丙烷、丁烷等烃类气体，以及氢气、氮气、氦气、二氧化碳、硫化氢等非烃气体。通过色谱仪的检测，可以确定其含量的高低及组分的构成，再参考其他有关资料便可进行油气层解释；通过对区域性资料进行系统的综合研究，还可以基本上了解一个地区的油气显示特征及分布规律。综合录井系统均有相当全的气测解释程序，关键是区域性特征系数的求取。

（一）气测资料油气水层显示特征

1. 油层

全烃含量较高，峰宽且较平缓，幅度比值较大，烃组分齐全，重烃含量较高，钻时小，后效反应明显。

2. 气层

全烃含量高，曲线呈尖峰状，幅度比值较大，烃组分不全，C_1 的相对含量一般在 95% 以上，钻时小，后效反应明显。

3. 水层

不含溶解气的纯水层气测无异常，含有溶解气的水层一般全烃值较低，组分不全，主要为

C_1,非烃组分较高,无后效反应或反应不明显。

此外,还有油气层、油水同层、气水同层、含油水层、含气水层、差油层、差气层、差油气层以及干层等解释结论,其气测资料特征为介于上述三种典型特征之间的过渡性显示。

(二)解释流程

气体录井作为一种地球化学录井方法,采用色谱分离技术,检测地层侵入钻井液中的烃类气体。它只与烃类物质的丰度有关,而受油气藏储层岩性、电性、物性影响相对较小,现已成为发现和评价油气藏最及时、最直接的手段之一。

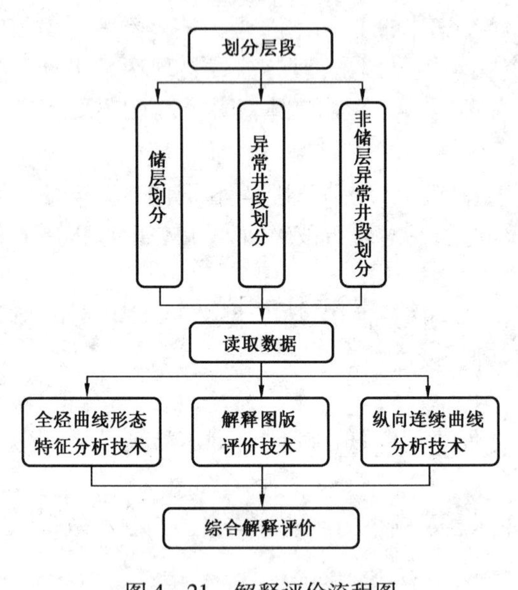

图4-21 解释评价流程图

气体录井的应用机理是:相同或相近的地球化学环境,生油母岩会产生具有相似成分的烃;同一地区同样性质的油气层,产生的气显示的烃类组分是相似的。如果通过对已经证实的油气层的流体样品进行色谱分析,找出不同性质油气烃类组分的规律,就可利用这些规律来判识显示层的性质。

为了寻找出不同油气烃类组分的规律,要按照一定的解释评价流程进行。气测解释评价流程如图4-21所示,一般可概括为分层、选值、评价三个步骤。

1. 分层

异常井段的划分是在认识异常真实性的基础上进行的,主要有如下三点:

(1)确定储集层:根据钻时曲线划分出具有渗透性地层的厚度。

(2)确定储集层的烃异常井段:根据全烃曲线、烃组分分析,划分出储集层的异常井段。异常井段可能超前或滞后于储集层的上界或下界,造成这种现象的主要原因是钻井液性能、地层压力、后效或迟到时间计算等误差累积。

如图4-22所示,色谱原图上全烃曲线有时一峰跨2m或以上,仪器自动采集会把这几米都读为高值,导致薄层变厚,影响解释准确性。因此,建议在主要显示层段人工读值,进行全烃值校正。

如图4-23所示,现在PDC钻头大量使用,钻速越来越快,尤其在浅层,钻时甚至以秒计算。迟到时间误差1min,全烃和深度就会相差几米,使厚层变薄,不能真实反应浅层的气测显示情况,严重影响解释结果的准确度。这时,快钻时井段好显示层的气测显示复查和显示归位,就显得比较重要。

(3)确定非储集层的烃异常井段:在不具备储集层条件的地层中,如泥岩、煤系地层等烃源岩层同样也会产生气测异常。对这类异常也要划分出来,作出相应的解释评价。

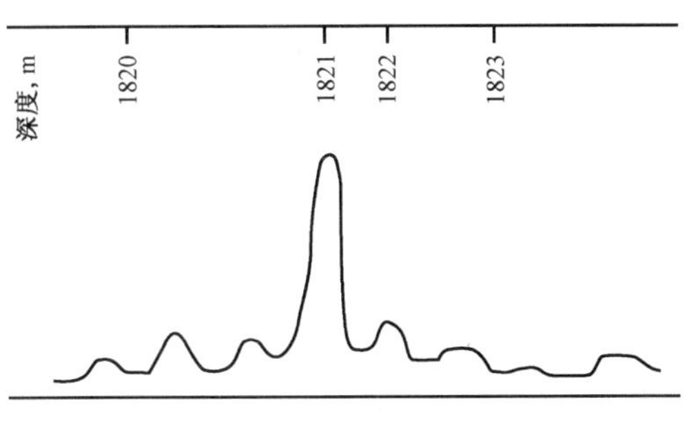

图 4－22 气测显示薄层变厚图示

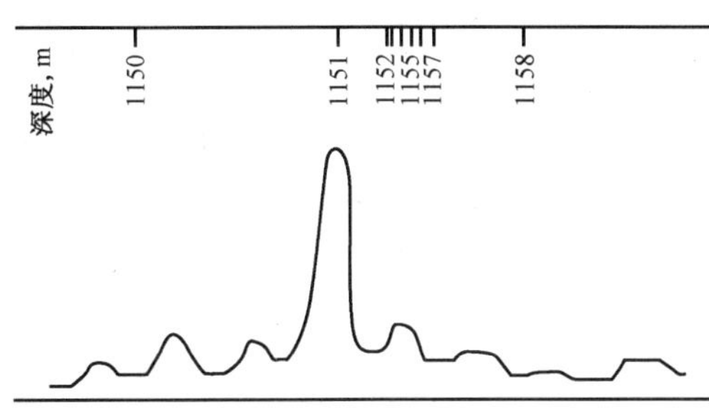

图 4－23 气测显示厚层变薄图示

2. 选值

解释层段选值是判断油气水层的数据依据，一般遵循最低钻时、最高全烃值、相应的组分值及全脱气分析数据的原则。

3. 评价

气体录井资料解释评价油气层方法是通过地面检测到的烃类气体与储层中流体进行比较而开发的。由于地面所能检测到的烃类气体源于地层流体中的轻烃（$C_1 \sim C_5$），因此两者之间在数量和特征上的趋势是一致的。根据流体中烃组成及含量，可判断出储层中流体的性质。

（三）气测解释方法

1. 全烃曲线形态解释法

在气体录井过程中，全烃曲线是唯一连续测量的一项重要参数，全烃曲线幅度的高低、形态变化均富含储层信息（油气水信息、地层压力信息等）。全烃曲线形态解释法就是应用这些直观的信息对储层流体性质进行判别。在钻开地层时，储集层中的油气一般是以游离、溶解、吸附三种状态存在于钻井液中。如果储层物性好，含油饱和度高，储层中的油气与钻井液混合返至井口时，气体录井就会呈现出较好的油气显示异常。所以，建立全烃曲线形态特征与油气水的关系意义重大。

对于储层而言，其孔隙间被流体所充填，在同一储层中，可以认为孔隙间非油即水。由于全烃曲线的连续性，当地层被钻开后，流体的特性通过全烃曲线的形态特征表现出来，所以，全烃曲线形态特征反映地层信息。通过全烃曲线形态与储集层厚度的对应关系，可将全烃曲线形态划分为饱满形（箱形）、欠饱满型（钟形、半箱形）、单尖峰形、波浪形、指形、倒三角形和正三角形等形态。

1）饱满形（箱形）

进入储层后，全烃上升速度快，上升幅度较大，到达最大值后曲线形态出现一段较平直段，后下降到一值上，峰形跨度较大，峰形饱满，如图 4－24（a）所示，亦称为箱形。全烃曲线呈现饱满形态特征的层段，全烃曲线的异常显示厚度基本上与储层度相等，油气充满整个储层，多解释为油层、气层、油气层。

2）欠饱满形（钟形、半箱形）

进入储层后，全烃上升速度快，上升幅度较大，到达最大值后曲线形态出现一段较平直段，

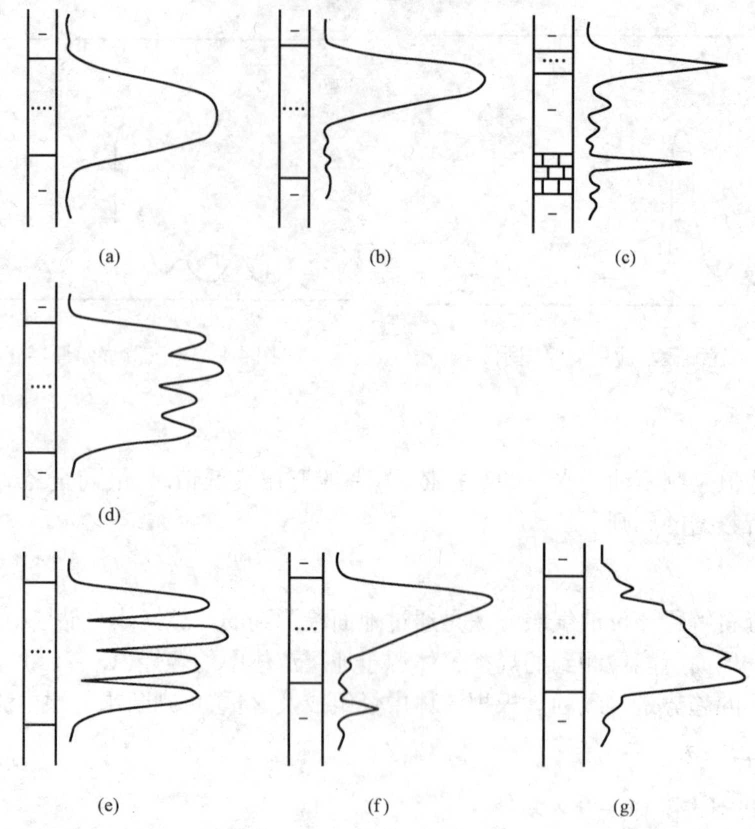

图 4－24 解释评价流程图

后下降到一值上，峰形跨度较大，但显示厚度小于储层厚度，如图 4－24(b)所示。根据高峰与储层厚度和界面的对应关系，将油气显示集中在储层中上部的称为半箱形，将油气显示集中在储层中部的称为钟形。全烃曲线呈现欠饱满形态特征的层段，储层含油不饱满，上油下水，多解释为油水同层、含油(气)层。

3)单尖锋形

全烃曲线上升的速度和下降的速度均较快，曲线峰形跨度较小，形成一单尖峰。全烃曲线形态特征为快起快落，前后沿较陡的"单尖峰状"，如图 4－24(c)所示，有效地层一般较薄或裂缝显示，多出现在碳酸岩、泥灰岩、致密砂岩、泥岩等，一般将具有该种形态特征的地层解释为"差油层"或"干层"。

4)波浪形

进入储层后，全烃曲线呈波浪形，在高值附近震荡，如图 4－24(d)所示。出现这种全烃曲线显示形态的储层物性不均，物性好的地方含油饱满，物性差、泥质含量高的地方不含油或含少量油，一般解释为油层、差油层。

5)指形

进入储层后，全烃曲线形态呈忽高忽低的趋势，但低的部位不低于原基值，同一层段内出现若干尖形峰，形如"手指状"。出现这种全烃曲线形态的地层，钻时普遍较快，钻井过程中有时出现放空现象。钻开储层后，全烃曲线呈现出上升、下降速度快、幅度大的形态，如图 4－24

(e)所示。对于孔隙型储集层,说明物性差有夹层,一般解释为差油层、干层;对于裂缝型油藏,要根据实际情况进行分析。

6)倒三角形、正三角形

倒三角形全烃曲线形态,曲线前沿陡,后沿缓慢回落,高点在上部如图4-24(f)所示;储层顶部有部分游离气,呈油(气)帽特征。正三角形全烃曲线形态,曲线前沿缓慢爬升,后沿陡,高点在下部,如图4-24(g)所示;水中溶解的气欠饱和,顶部无游离气。全烃曲线形态呈现正三角形或倒三角形的井段,普遍存在钻时较快的特征。在全烃曲线低值时,烃组分主要以C_1为主,重烃含量低或没有;而全烃曲线在高值时,烃组分含量明显增加,重烃组分齐全。一般将具有该曲线形态的地层解释为含油水层或含气水层。

2. 图版解释法

在油气层解释评价过程中,对于某个地区来说,在掌握了大量的油气层试油资料的基础上,运用统计学的方法寻求该地区的油气层的特征,运用不同的算法对统计数据进行图版交会,得到油气层解释评价图版。以此油气层图版作为解释评价依据,这种方法就叫做图版解释评价油气层方法,简称图版解释法。

气测解释图版很多,有三角形图版、皮克斯勒图版、烃类比值图版、相对比值图版、轻重烃比值图版、烃气指数图版、气体密度图版、气体湿度图版、相对质量图版、储层指数形态图版、地层含气量图版、四边形图版、含油系数图版和含气系数图版等等,在实际解释时,要视本地区的油气显示特征,优选效果较为理想的图版作为解释依据。本节仅对最常用的三角形图版、皮克斯勒图版和地层含气量图版进行介绍。

1)三角形图版

三角形解释图版是由三角形坐标系和三角形内价值区组成。三角形坐标是个极坐标,极角为60°,极边默认为20个单位(用户可以自行设置极边数值),构成等边三角形。等边三角形的三个顶点分别为坐标系的零点,各轴上刻度分别对应$C_2/\Sigma C$、$C_3/\Sigma C$、$nC_4/\Sigma C$的值,其中$\Sigma C = C_1 + C_2 + C_3 + iC_4 + nC_4$,$C_1$、$C_2$、$C_3$、$C_4$分别为甲烷、乙烷、丙烷、丁烷百分比含量。用数据中的$C_2/\Sigma C$做$C_3/\Sigma C$的平行线,$C_3/\Sigma C$做$C_4/\Sigma C$的平行线,$C_4/\Sigma C$做$C_2/\Sigma C$的平行线,构成一个内三角形。通过内三角形的大小及形状判断储层中油气的性质。

用三角形坐标系与内三角形的顶点对应相连,其连线交于一点M,此点在三角形解释图版上为价值点,由已知试油结果的地区数据价值点M构成价值区,如图4-25、图4-26所示。解释人员可以根据解释点落在图版区的位置及内三角形的形状对解释层进行油气层的解释评价。

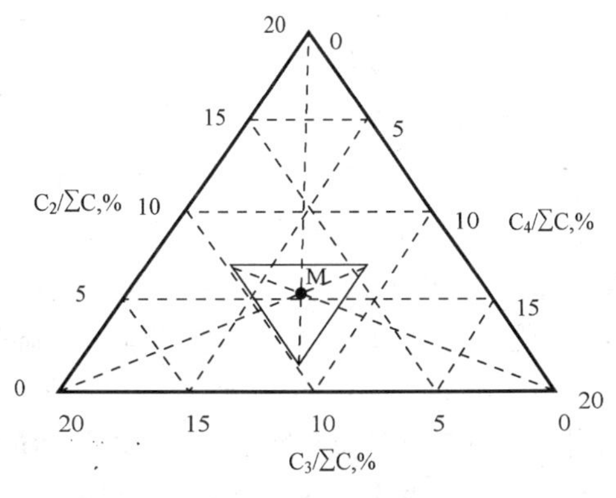

图4-25 三角形图版

一般而言,若内三角形为正,则说明是含气层;若内三角形为倒,则说明是含油层。大三角形说明气体来自于气层或低油气比油层;小三角形说明气体来自湿气层或高油气比油层。若两个三角形对应顶点的连线的交点位于图版的价

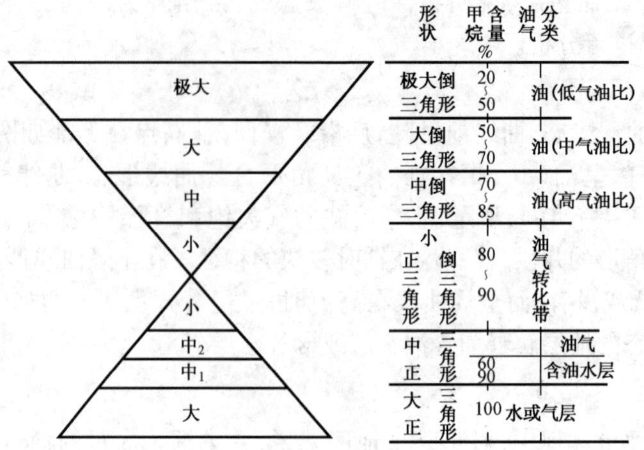

图 4-26　三角形形状与油气水层对应关系图

值区内,则认为该储集层有产能;否则,无生产能力。

2)皮克斯勒图版

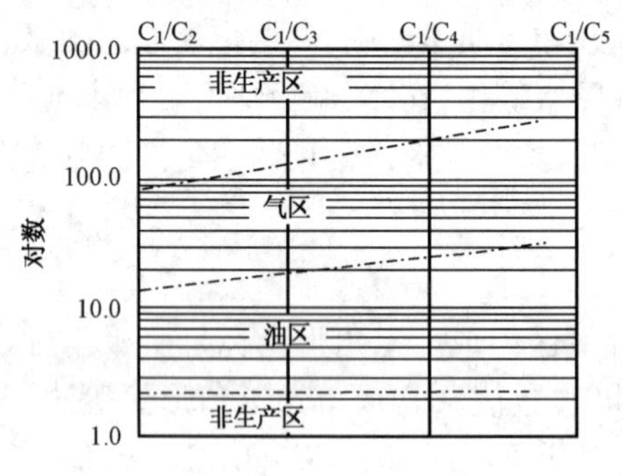

图 4-27　皮克斯勒图版

分别选用 C_1/C_2、C_1/C_3、C_1/C_4、C_1/C_5 四个比值绘制在纵坐标为对数的图上,将其各点相连,构成皮克斯勒图版,如图 4-27 所示。

在解释图版上一般可分为油区、气区和两个非生产区。解释层的比值数据落在哪个区带内,即为那种流体特性。C_1/C_2 小于 2 或大于 45,一般判断为非生产层;C_1/C_2 的值在油层的底部,而 C_1/C_4 的值在气层的顶部时,则可能为非生产层;C_1/C_3 与 C_1/C_4 的值基本接近或 C_1/C_4 小于 C_1/C_3 时,一般判断为含水层或水层。

一般默认解释标准如下:

油区:$C_1/C_2=2\sim14$,$C_1/C_3=2\sim14$,$C_1/C_4=2\sim21$。

气区:$C_1/C_2=10\sim35$,$C_1/C_3=14\sim82$,$C_1/C_4=21\sim200$。

无产能区:C_1/C_2 大于 35 或小于 2,C_1/C_3 大于 82 或小于 2,C_1/C_4 大于 200 或小于 2。

3)地层含气量图版

以 C_1、C_2、C_3、C_4、C_5(其中,$C_4=iC_4+nC_4$,$C_5=iC_5+nC_5$)、脱气量、蒸馏时所用钻井液量、钻时、钻井液排量、钻头直径等作为基本数据源,以钻井液含气量为横坐标,以地面含气量为左纵坐标,以地层含气量为右纵坐标构成地层含气量图版,如图 4-28 所示。

地层含气量图版解释方法的理论基础是:地层含气量是在地层条件下每钻进单位体积岩石所释放出的气体体积,破碎单位体积岩石气体体积量的变化,反映出岩石相对孔隙度的变化和岩石中含气饱和度的变化。假设已知显示段的天然气值与该显示段的岩石破碎体积有直接关系。在钻穿两个完全一致的储集层时,由于钻速、钻井液排量、钻头直径(不考虑无法控制的因素)的不同,烃显示将有较大的差别,地层含气量图版解释法的关键是对烃显示进行标准

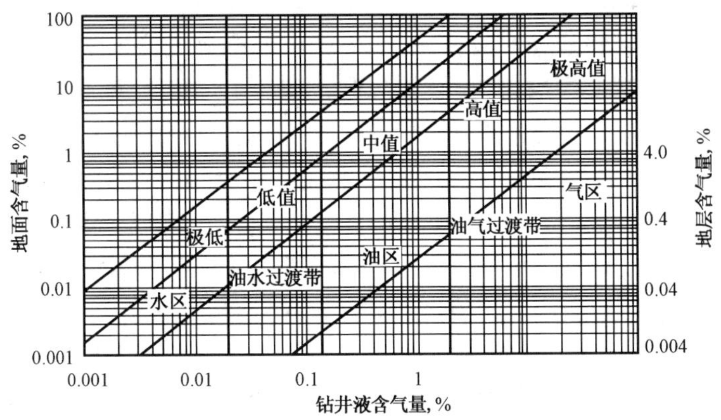

图 4-28 地层含气量图版

化,消除钻时、钻头和钻井液排量等因素的影响,求出地层含气量。因此,对同一井中不同深度含气量的变化进行对比,可判断油气水层。

(1)钻井液含气量:是指钻井液中经校正后气体的真实含量,用 G 表示。

$$G = \frac{a}{b}x$$

式中 G——钻井液含气量,%;

x——各组分浓度之和,$x = C_1 + C_2 + C_3 + iC_4 + nC_4 + iC_5 + nC_5$,%;

a——钻井液蒸馏后所收集的气样量(即脱气量),mL;

b——蒸馏时所用钻井液量,mL。

(2)地面含气量:指破碎单位体积岩石释放出的气体在地面所测量得到的体积,用$\bar{C}$表示。

$$\bar{C} = 0.01G\frac{QT}{\frac{\pi}{4}d^2}$$

式中 $\bar{C}$——地面含气量,m^3/min;

Q——钻井液排量,m^3/min;

T——钻时,min/m;

d——钻头直径,m/m;

G——钻井液含气量,%。

(3)地层含气量:在地层温度、地层压力条件下,每钻进 $1m^3$ 岩石所得到的烃类气体体积,也可以称为地面含气量经气体压缩系数校正后得到的结果,用 C 表示。

$$C = 100B\bar{C}$$

式中 C——地层含气量,m^3/min;

$\bar{C}$——地面含气量,m^3/min;

B——气体压缩系数,一般经验值取 0.004~0.005。

地层含气量图版一般默认解释标准如下：

(1)极低值区域：当钻井液含气量在0%～0.02%时为极低值区域，图版上一般为水区；

(2)低值区域：钻井液含气量0.02%～0.15%，图版上一般为水区和油水过渡带；

(3)中值区域：钻井液含气量在0.15%～2.0%，图版上一般为油区；

(4)高值区域：钻井液含气量在2%～20%，图版上一般为油气过渡带；

(5)极高值区域：钻井液含气量在20%～100%，图版上一般为气区。

解释评价图版实际上是对区域油气显示规律认识的图示反应，因此在应用过程中，一定注意使用本区经过试油验证的点建立价值区，这样图版才有应用价值。此外，随着计算机技术的普及，可根据本区的油气显示特点新建所适合的图版，而不必局限于已有模式。本节所介绍的三种图版均为前人早期气测解释评价过程中建立起来的，影响范围较大，目前雷达图版、3H图版等新式图版不断被开发出来。

3. 纵向连续曲线解释评价法

纵向连续曲线解释评价油气层方法的研究，改变了以往油气层解释评价过程中“以点代面”的传统模式，充分利用录井资料的大量信息数据，总结纵向连续曲线解释评价油气层模型，分析录井过程中的影响因素，对录井数据进行合理的校正，用连续解释曲线的形式，较真实地反映地层的实际情况及油气水在纵向上的分布规律。纵向连续曲线解释评价油气层方法也是多种多样的，常用的是全烃曲线纵向对比和组分含量纵向对比两种。

1)全烃曲线纵向对比

全烃曲线纵向对比解释方法就是将录井过程中的全烃值经过校正后，得到相应的校正曲线，通过对曲线幅度、形态的分析研究，判别储层流体性质。全烃曲线纵向对比从原理上讲消除了钻井液排量、钻头直径、钻井速度对气体录井资料的影响，从而使录井资料更能真实地反映地层实际情况，为解释评价提供更有利的依据。

例如，D30井是一口欠平衡井，气测异常变化受欠平衡钻井影响，原始全烃录井曲线代表性较差。通过对全烃进行校正，可见到气测全烃曲线校正前与校正后11号层、12号层有较明显的变化，如图4－29所示。由纵向全烃曲线对比可以看出，气测全烃在12号层有一个明显的变化，7～11号层自上而下物性、含油性、油质变好；11号层为全井最好显示层，表现为一套正旋回沉积组合，组分特征无明显变化，为油的特征；7～10号层与11号层相比，全烃显示储层薄、物性差；12号层与11号层相比，含油性、油质明显变差，组分显示特征C_1相对百分含量升高有含水迹象，校正后全烃曲线隔层明显，显示厚度与自然电位显示储层厚度不匹配，含水特征明显。综合解释评价7～10号层为差油层，11号层为油层，12号层为油水同层。

2)组分含量纵向对比

在典型油气水藏中，由于重力分异作用，一般表现为上气中油下水。根据油气水的烃类组成成分，自上而下，甲烷的相对百分含量会出现由高而低再高的现象。也就是说，在一个储集层内部甲烷相对百分含量如果上高下低，可能为油气层；如果上低下高，则可能为油水同层或含油水层。因此，通过层内组分的纵向连续对比，可以进行地层流体性质的确定。

如图4－30所示，1370～1386m气测全烃纵向显示上高下低，既可能为油气层，也可能为

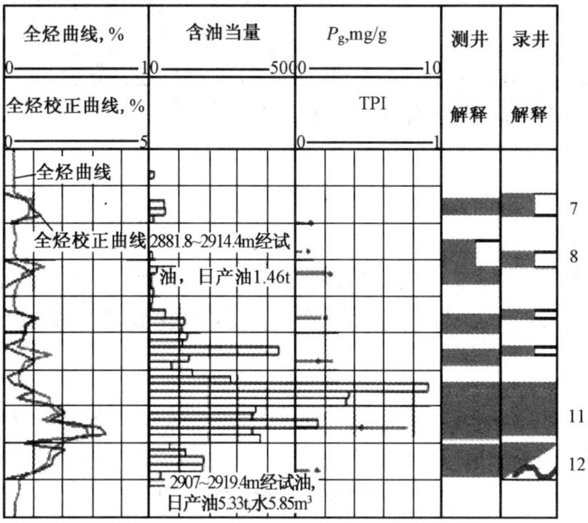

全烃曲线,%
0 10
含油当量
0 500
Pg,mg/g
0 10
测井解释
录井解释
全烃校正曲线,%
0 5
TPI
0 1
全烃曲线
全烃校正曲线
2881.8~2914.4m经试油，日产油1.46t
2907~2919.4m经试油,日产油5.33t,水5.85m³
7
8
11
12

图 4-29　D30 井气测解释评价图

油水同层,或者是气测显示受物性影响为气层或油层。通过对层内组分的纵向对比分析,组分呈现上高下低特征(表 4-5),解释为油气层。试油:1369～1376m,产气 11931m³/d,产油 2.46t/d;1376～1381m 产油 7.72t/d,为油层。

自然电位
mV
80 100
电阻率
Ω·m
0 100
深度
m
岩心
剖面
C1,%
0 100
全烃,%
0 20
nC4,%
iC4,%
C3,%
C2,%
0 0.2
TPI
0 1
Pg,mg/g
0 20
综合
解释
1370
1380
1390
1400
1410
C3
C2
全烃

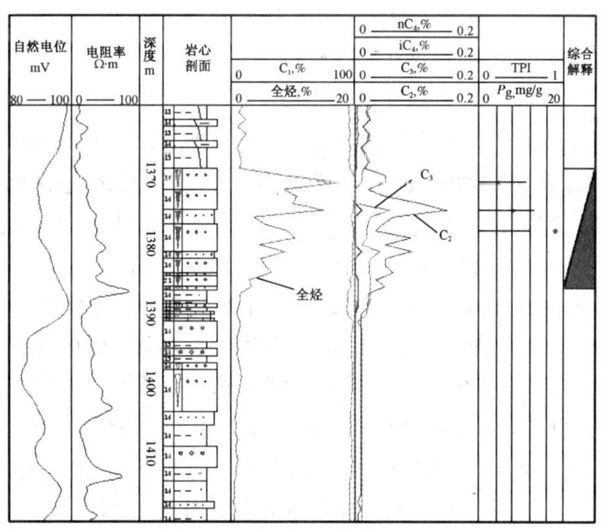

图 4-30　L15 井气测解释评价图

表 4-5　L15 井层内组分纵向变化统计表

井深,m	全烃,%	C_1,%	C_2,%	C_3,%	iC_4,%	nC_4,%
1371	17.38	99.64	0.29	0.07	—	—
1375	14.99	98.42	1.04	0.39	0.08	0.07
1381	8.83	98.18	1.07	0.48	0.14	0.12
1386	2.42	96.57	1.95	1.04	0.24	0.2

4. 综合解释

在气测资料的基础上,结合岩性资料、电性资料、地球化学资料、邻井资料等对流体性质进行综合判断。此部分有专门章节进行介绍,在此不再赘述。

五、气测资料应用

随着钻井技术和色谱技术的发展,气测资料的应用已不仅仅局限在发现油气显示、进行油气层评价方面,在克服研磨式钻头带来的录井难题、识别真假显示等方面的作用也日渐突出,为加快完钻决策节奏、缩短钻井周期、提高钻井综合效益起到了积极的作用。

(一)油气显示发现

气体录井由于灵敏度高,检测连续,在不同钻井条件、不同钻井液体系下都能准确地发现油气显示。尤其是在PDC钻头、空气钻井等条件下,实物录井受到限制,而由于PDC钻头钻时快,单位时间内破碎岩石的体积增多,气测显示更加活跃,使气体录井落实油气显示的作用更加突出。一般情况下,具有一定油气产能的储集层在全烃曲线上表现为上升迅速、异常值较高、上升倍数大等特点。干层或产油气能力较低的储集层则表现为上升平缓、异常值较低、上升倍数较小或无显示。

例如,CH25－18井井段2440～2570m全烃显示异常显示层段与测井解释油层位置和厚度基本相当,如图4－31所示,井壁取心12颗油浸,1颗油斑;而2470～2474m、2482～2484m、2494～2498m三个储层段异常幅度低,测井未解释。

(二)准确判断地层流体性质,提供试油测试依据

气体录井解释方法经过多年地发展已经有了一套较为成熟的解释理论,例如依据现场实测全烃显示峰形、皮克斯勒图版、含量解释图版、三角形解释图版等多种方法,而且随着勘探要求的增高,对解释精确度和及时性的要求越来越高。气测解释的随钻解释评价作用越来越显著,在中途试油、完井措施以及试油选层等环节为合理决策提供着坚实的资料基础。

例如,L43井是布于L88南沙三水下扇体上的一口预探井,主要钻探目的是要了解两个扇体的含油气情况。气体录井在两个扇体均发现较好油气显示,尤其是二扇体,在钻井液密度由1.28g/cm³提至1.37g/cm³的情况下,气测异常仍然十分活跃,如图4－32所示。气测解释的22号层全烃由0.36%上升至4.62%,全烃曲线峰形饱满,烃组分随钻及全脱C_1～C_5均齐全,全脱C_1相对百分比为60.23%,油层特征明显,见表4－6。图版交会如图4－33、图4－34和图4－35所示,三角形、含油系数和含水系数图版交会均处于含油区,故解释为油水同层。

表4－6 L43井22号层气测显示统计表

序号	井段 m	全烃 %	全脱组分相对百分比,%							烃总量 %	图版解释			综合解释	试油结果,t/d		
			C_1	C_2	C_3	iC_4	nC_4	iC_5	nC_5		三角形	含油系数	含水系数		油	气	水
22	3530～3535	0.363～4.621	60.28	15.42	14.12	1.80	5.33	1.23	1.82	14.66	含油区	含油区	含油区	油水同层	15.3	—	2.65

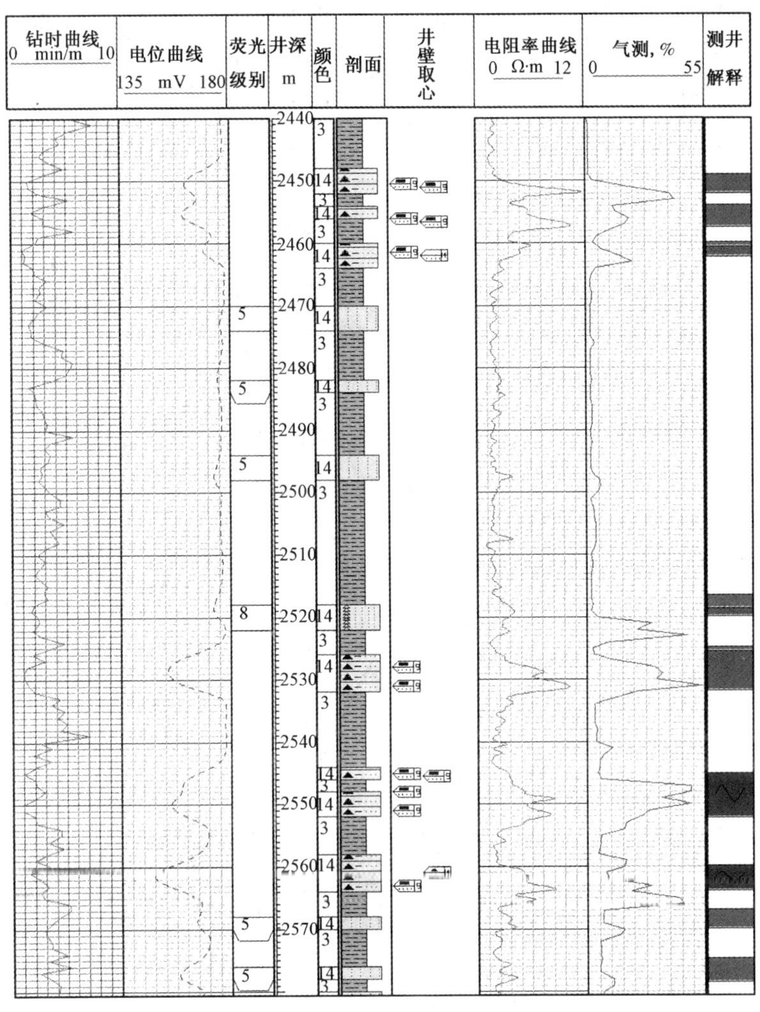

图 4-31 CH25-18 气体录井图

本井完钻后由于井下情况复杂，多次处理钻井液，油层浸泡时间较长，造成电性曲线不理想，测井二扇体均解释为含油水层；气体录井由于是实时跟踪检测，不受后期因素影响，所以它较好地记录下了地层的原始状况。完井后对该层测试获日产油 15.3m^3，乳化水 2.65m^3。22 号层获工业油流后，通过对比分析认为原解释含油水层测 23 号层、24 号层虽然全烃值略低，但组分结构与 22 号层相同，复查提高为差油层和油水同层，对这两层合试又获得了工业油流（日产油 11.63m^3，水 7.09m^3）。这两层出油使二扇体获得了彻底解放，这是气测发挥其实时测量优势的典型一例。

（三）划分储层，提高剖面符合率

定向斜井以及 PDC 钻头的使用导致岩屑采集困难，甚至采集不到岩屑，砂泥岩钻时无明显区别，常规录井方法识别岩性困难，难以有效地划分储集层与非储集层。但是在油气显示活跃地区和油气显示层段，地层含气性与岩层的孔、渗性和含烃饱和度密切相关，一般来讲，储层的含烃饱和度高于非储层的含烃饱和度，全烃值的变化可指示储层的发育程度。

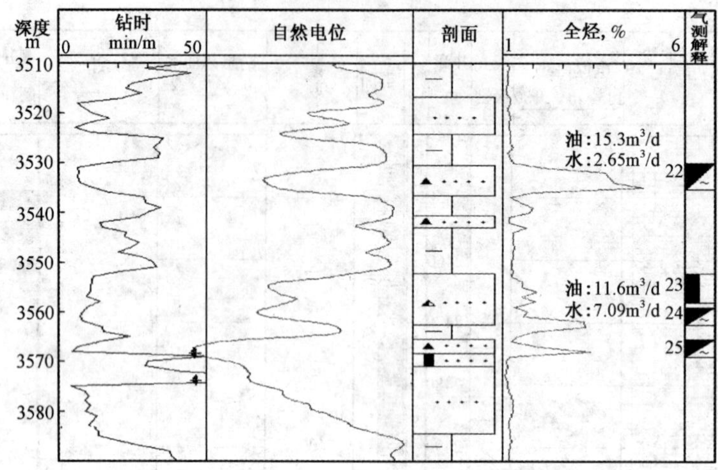

图 4-32 L43 井气体录井图

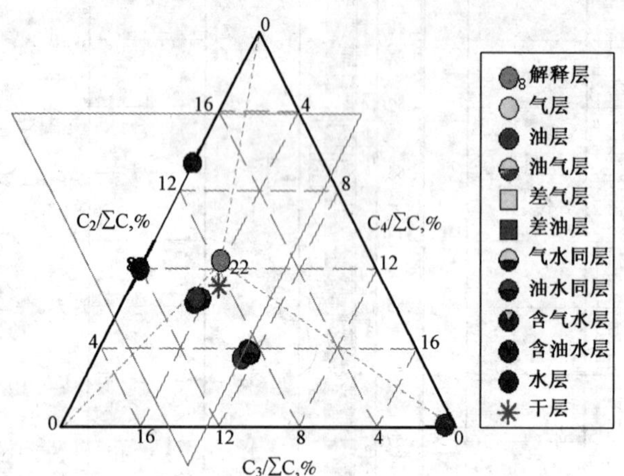

图 4-33 三角形评价图版

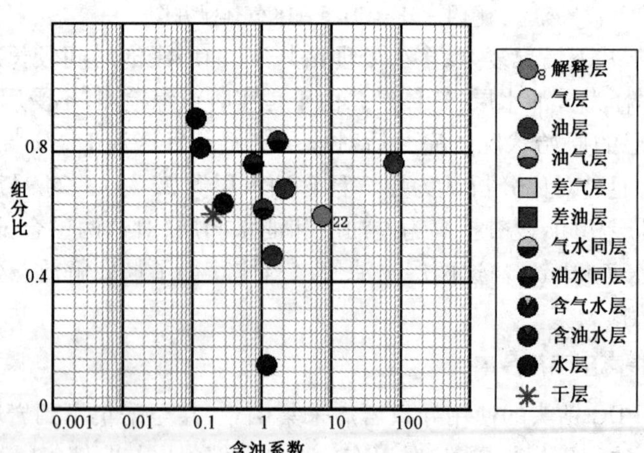

图 4-34 含油系数评价图版

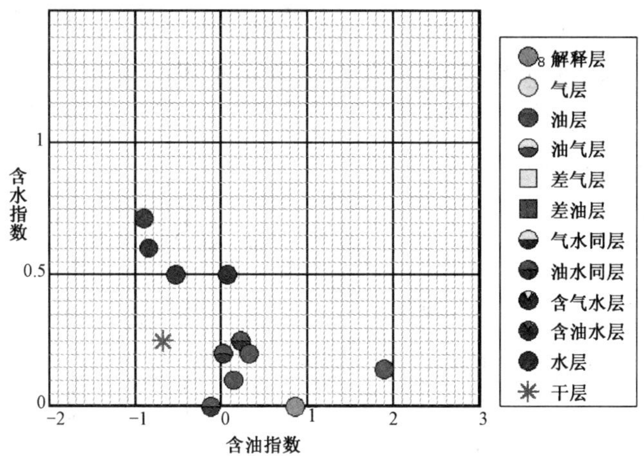

图 4－35 含水系数评价图版

例如，CH25－23 井 2450～2570m 段岩屑录井与测井解释储层对应，全烃曲线形态与 2.5m 视电阻率曲线形态基本一致，符合率达到 100%，如图 4－36 所示。

（四）水平段地质导向

在水平井钻探过程中，由于地层的多变性，着陆后钻出水平段的现象时有发生，因此准确判断地质导向（是顶出还是底出）非常重要，决定着钻穿油层段进尺的多少甚至水平井的成败。

油气成藏后，按照重力分异理论，在油藏的顶部轻烃组分相对富集，即有部分游离气聚集在顶部，越往下气体越少。在地层条件和钻井条件不变的情况下，气体录井所表现出的特征是：在储层顶部，全烃值较高，C_1 相对含量也较高；在中下部，全烃及 C_1 逐渐降低。对于水平井而言，在着陆时，全烃值及 C_1 迅速上升；在油层段内水平钻进时，全烃值及 C_1 基本维持稳定；当从储层底部钻出时，全烃值及 C_1 呈逐渐降低趋势，直至消失；当从储层顶部钻出时，全烃值及 C_1 在逐渐升高中突然下降甚至消失，表现为"缓升突降"现象；当底出底进时，全烃值及 C_1 逐渐降低至消失再逐渐升高，表现为"缓降缓升"现象；当顶出顶进时，全烃值及 C_1 在逐渐升高中突然下降或消失再突然出现，表现为"快降快升"现象。

例如，T8P2 井从 2092m（垂深约 1906m）着陆以后 C_1 含量明显升高，实测绝对含量一般在 0.15% 左右。因在着陆前和着陆后都混过原油，对全烃影响较大，导致全烃曲线表现特征不如 C_1 好。本井设计着陆点在 4 号小层的鞍部，为保证在油层内钻进，着陆后井斜角要大于 90°，故着陆后以 89°左右钻进到 2145m 以后便把角度调整到 90°以上，最大到 94.21°，直至 2300m 以后才降到 90°以下，此时垂深约为 1900m，已高出着陆点约 6m。由于井斜角偏大，降斜较晚以及地层产状发生变化，最终导致从顶部钻出油层，如图 4－37 所示。

在 2300m 以后的降斜钻进过程中，C_1 含量呈逐渐升高趋势，至 2362m 时达到最高值 0.388% 以后便快速下降，表现为典型的"缓升突降"特征，岩性由荧光中砂岩变为泥岩，据气测资料判断从 2362m 由顶部钻出油层。

（五）提供完钻依据，确定完钻井深

目前，开发井普遍采用定深完钻或钻穿邻井某层后留足口袋完钻，完钻目的层的有无、储

图 4－36　CH25－23 井气体录井图

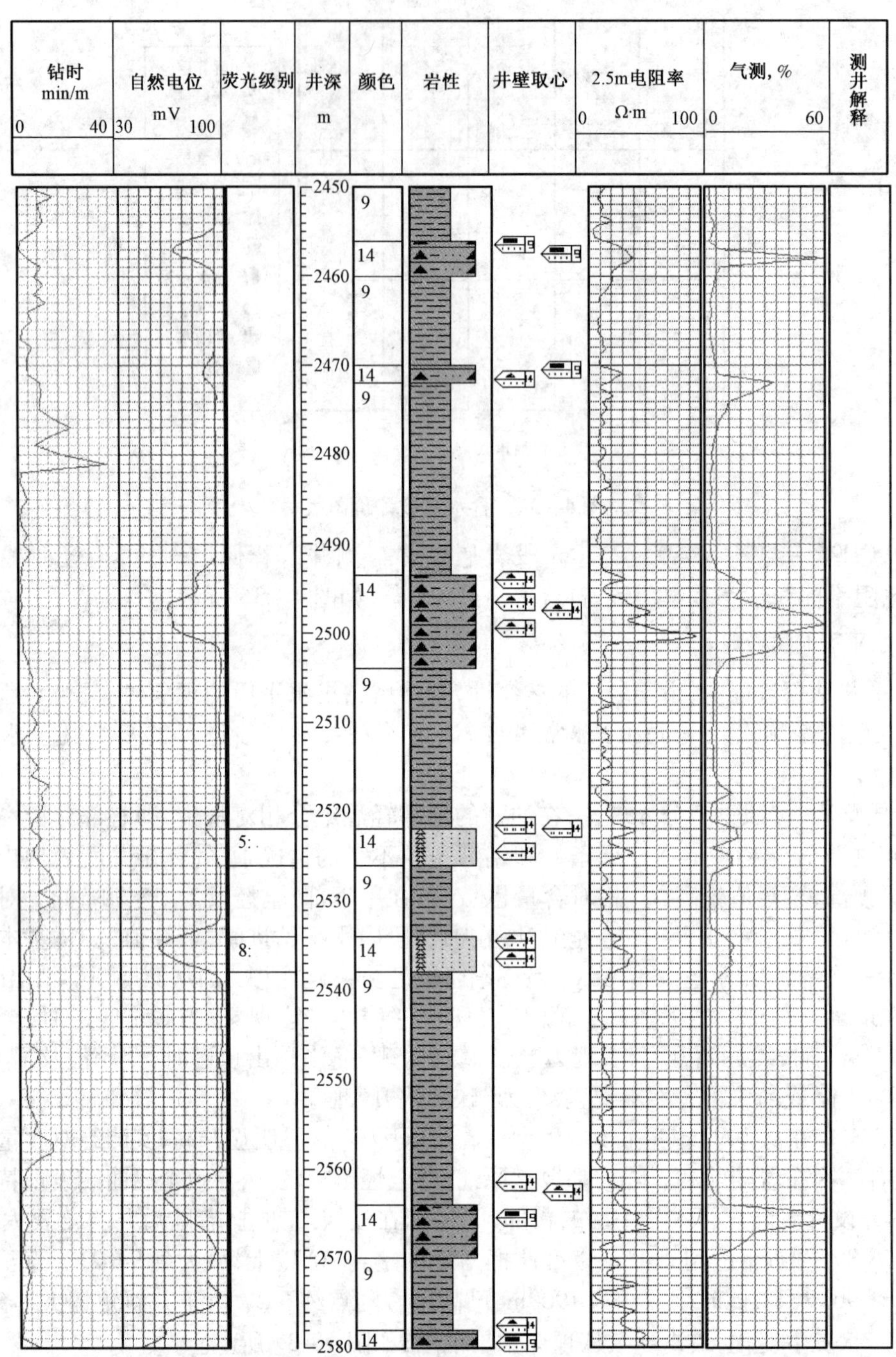

图 4－36　CH25－23 井气体录井图

集层含油性如何，只能依据完钻测井资料来确定。由于地下情况复杂多变，经常遇到实钻情况与设计不符。在开发井上使用全烃钻时仪可及时准确发现油气显示，随钻判断目的层钻遇情况，确定油气显示底界，提供完钻依据，确定最佳完钻井深。

例如，Q241－34 井在井段 1865～1885m 钻穿设计完钻目的层（泉 241－25 井的 19 号差油

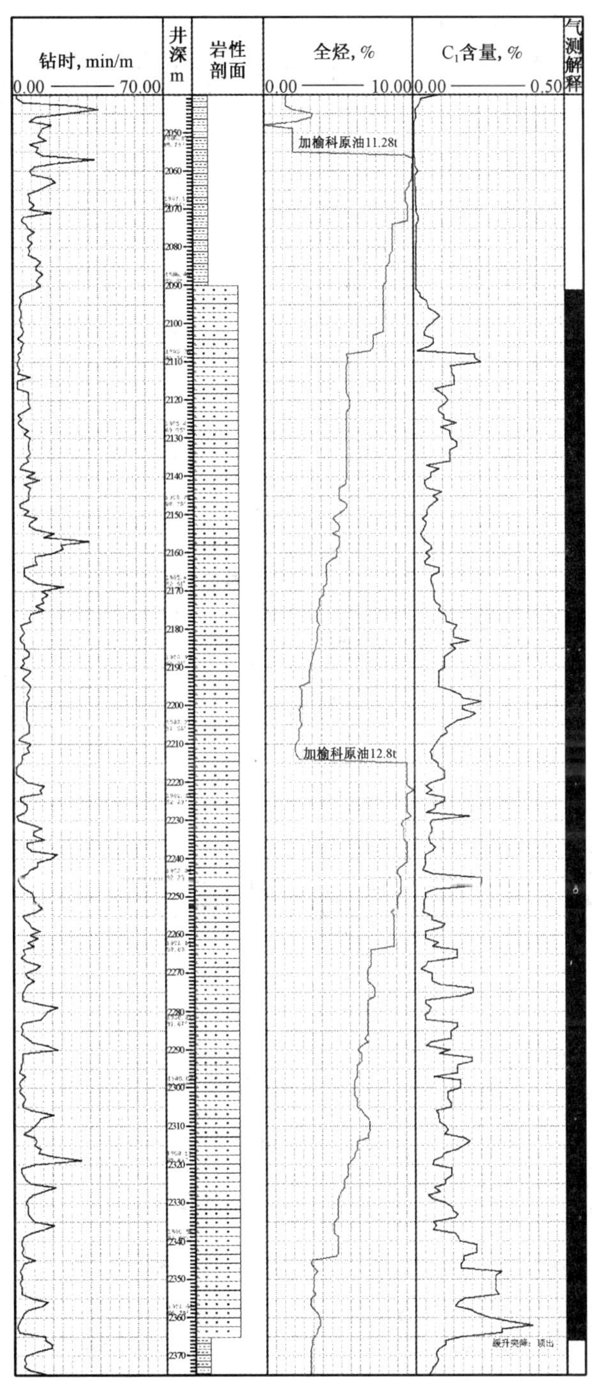

图 4－37　T8P2 井气体录井图

层)，岩屑录井为浅灰色油迹细砂岩，从全烃曲线确定油底为 1884m，建议留足口袋钻至井底 1922m 完钻，完钻井深合理，这与测井结果相符，如图 4－38 所示。

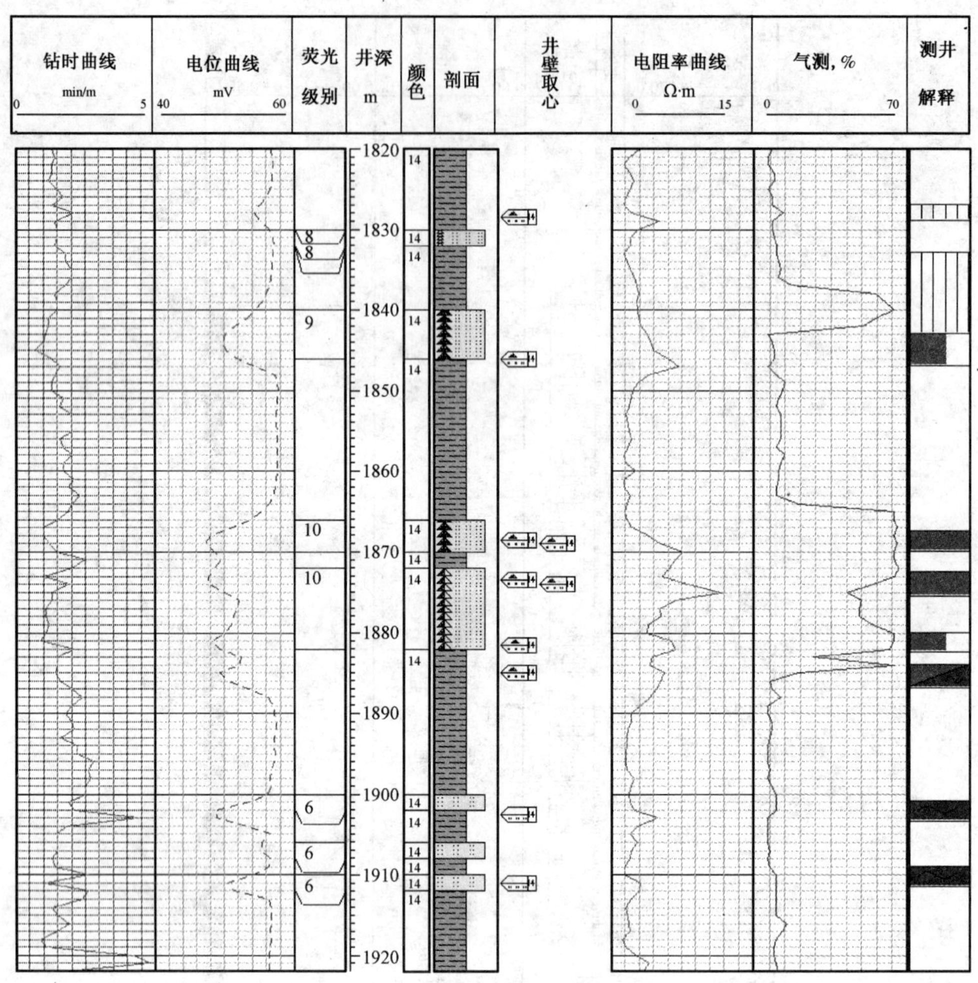

图 4－38　Q241－34 井气体录井图

(六)识别真假油气显示

在大位移定向井的钻进过程中,钻井液中一般都要混入带荧光反映的石油制品添加剂,使岩屑受到污染,常规录井方法确定显示层受客观因素影响较大,而气体录井部分受钻井工程、井身轨迹的影响则相对较小,全烃曲线变化可以直观、准确地反映地层的含油气情况,从而识别真假油气显示。

钻井液中混入石油制品添加剂对全烃曲线影响可以分为两种状态:一种是一次加入添加剂量大或钻开油气层能量高,在气测曲线上连续出现循环两周或三周类似于后效显示的峰形后,基值抬升,如图 4－39 所示;另一种是缓慢加入添加剂或钻开油气层后,钻井液受到污染,在气测曲线上仅表现为基值抬升。钻开新的油气层后,全烃曲线在基值抬升的背景下,出现明显幅度异常,如图 4－40 所示。

例如,CH102－19x 井在钻穿 2870～2894m 油气层前,全烃基值在 0.1% 左右,钻穿该层后,全烃基值抬升至 1% 左右,但当再次钻遇油气层时,全烃在基值抬升的基础上依然出现明显幅度异常,如井段 2940～2944m 和 2954～2960m(图 4－40)。因此,利用全烃曲线异常,可

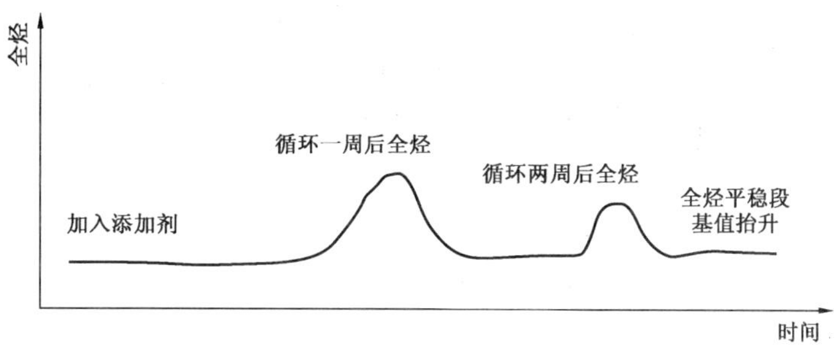

图 4－39 全烃曲线变化示意图

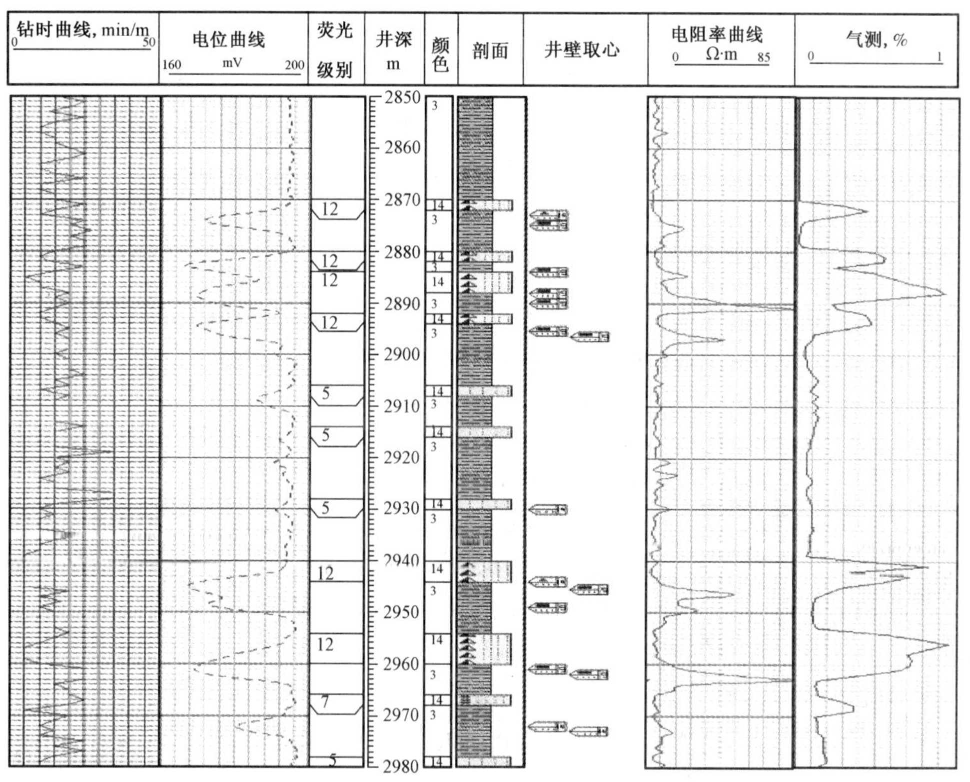

图 4－40 CH102－19x 井气体录井图

以排除上部油气层对岩屑录井显示的影响。

第三节 工程录井

工程录井是指在钻井过程中钻进、起下钻循环(划眼)及其他施工状态下,对各种工程参数进行连续实时监测,由地面监测、计算参数进行工程运行状态分析。

一、工程录井的任务

20 世纪 80 年代初期,录井技术在国外一直是以“钻井的眼睛”(eye of drilling)来对待的,无论是称为“钻井全过程控制”(Total Drilling Control),还是称为“钻井液录井及钻井过程监控”(Mud Logging and Drilling Monitor)。实际上,目前的综合录井仪就是从钻井仪表和气相色谱分析仪逐步结合发展起来的。综合录井技术是钻井工程和地质录井融合一体的专业技术。因此,广义的工程录井应当定位为:为钻井提供安全保障服务、提高时效及降低成本服务和随钻综合信息服务的录井工程。

工程录井的任务可以概括为以下几个方面。

(一)安全钻井监测

1. 检测地层压力

通过泥(页)岩密度、d_c 指数、Sigma 指数、气体监测(随钻气体测量、单根峰、后效气)、钻井液温度等的分析,对地下欠压实地层孔隙压力、压力异常段作出预测。综合录井利用地层压力预测技术,可以对地层压力进行钻前预测和实时监测,及时发现高压异常预兆,及时处理,对于防止由于地层压力异常引起的井控事故具有重要作用。

2. 起下钻监测

统计表明,多数的井喷事故都发生在起下钻作业过程中,例如震惊全国的“12.23”特大井喷事故就是在起钻过程中发生的,因此,进行起下钻监测,可以及时发现井涌、井喷的前兆,可以有效地避免井喷事故的发生。起下钻导致井涌的直接原因是井内环形空间钻井液静液压力小于地层压力,而造成静液压力不够的主要原因有:起钻时井内未及时灌满钻井液、过大的抽吸压力、钻井液密度不够、井漏、地层压力异常。导致井喷的大多数井涌发生在起下钻过程中。在起钻时发生井涌,特别是在钻具都起出井眼以后的井涌是很难控制的。

综合录井对起下钻进行实时全程监测,起钻时可以监测起钻速度(大钩速度)及起钻灌钻井液情况,下钻时可以监测下钻速度(大钩速度)及泥浆池体积变化情况,进而及时地发现判断井涌、井漏等异常情况,通知钻井采取相应措施,预防井喷事故的发生;还可通过运行抽汲压力、激动压力程序计算钻井液当量密度,确定适当的起下钻速度。

3. 实时计算压井数据

通过运行压井(或井涌)程序,计算出压井所需要的钻井液密度、重晶石数量等参数,以便确定井控措施,控制或消除井涌。

4. 预测工程事故隐患

钻井工程参数是通过各类传感器输出信号,经接口处理后进入计算机进行采集、存储、处理后,实时显示和实时打印,主要包括悬重、钻压、钻时、离底标志、卡瓦信号、时间标志,以及转盘转速、扭矩、泵冲等测量参数。通过分析各个参数的运行状态,可以进行井下复杂情况以及地面设备运行状态的判断。

在钻井施工过程中,钻井工程事故的可能性随时都存在,是威胁钻井安全的最大隐患,也是影响经济效益和勘探效益的重要因素。综合录井仪应用于随钻录井,能够直接监测钻井、钻井液、气体和地层压力等多项参数,在钻井施工的全过程中,实现对钻井工程事故的连续监测和量化分析判断,进而指导安全、优化钻井。

随着录井技术的发展,充分发挥综合录井仪的实时监测功能,可以使工程施工的各技术环节更加完美。进行现场工程异常预报的实用价值如下:一是可以尽早发现事故隐患,节约作业成本,降低钻井风险;二是随着钻井实施,及早获知是否完成勘探目的,避免加深或重新布井的费用投资;三是利用压力检测获取地层压力的信息,既可保护油气层,又防止井涌、井漏事故的发生;四是在处理事故或工程异常情况中,准确地预报钻井参数异常情况,可以为处理工程异常赢得宝贵的施工时间,使井下复杂情况得到及时有效的控制,减少经济损失,提高工程时效,保障钻井施工的安全进行。

录井现场工程异常预报,是使用综合录井仪通过对钻井工程参数、钻井液参数、气体参数、地层压力检测参数及钻具振动参数进行实时监测,及时发现因地面或地下异常而直接导致的相关参数的变化,预测异常发展趋势的技术手段。

(二)提高钻井效率

通过工程录井,合理选择钻井液密度、套管下入深度、钻头类型,确定最优化钻进技术措施,提高钻压传递效率,以降低钻井成本,提高钻井时效。

1. 合理选择钻井液密度

通过对各项工程录井资料的综合分析,在没有地层压力异常时,合理选配低密度钻进液钻井,以提高机械钻速。

2. 提供优化钻井服务

通过运行参数优化程序,可以优选钻头类型,优选喷射钻井的水力学参数,确定最优钻压和转盘转速等钻井参数。

3. 合理使用钻头

根据井底钻压和扭矩,计算并绘制钻头成本曲线,掌握钻头使用情况,选择最佳起钻时间,合理使用钻头。

4. 预测井下复杂隐患

及时准确地预测各类钻井工程事故隐患,确保钻井安全,加快建井周期,提高钻井效率,节约钻井成本。

(三)井场综合信息服务

通过录井装备所建立的客户—服务器和录井人员在现场的管理角色,可以提供全方位的井场综合信息服务。

1. 提供 CAD 和 OA 服务

计算机储存的完钻井的井史资料和工程录井资料是新井进行最优化设计的重要参考资料,可以在系统提供的计算机辅助设计工具(CAD)中完成钻井设计的增补和校正,同时在系统提供的专用办公自动化工具(OA)中完成各类钻井报表的统计、编制和井身结构图、井史曲线、纯钻进时间曲线、时效分析图等的制作。

2. 提供智能工具服务

通过定向服务器加载的各类钻井工具软件和专家系统,提供包括纠斜、井身质量检查、地质导向、定向辅助分析、应力分析和摩阻分析等在内的各类智能工具平台。

3. 建立生产信息的高速通道

通过已经建立的录井远程网络系统，不仅可以完成井场实时信息的上传，更能实现各级生产指挥系统对井场的远程监控与管理。

二、钻井参数信息采集

综合录井仪监测的参数可以分为钻井液参数（出口流量、泥浆池体积、温度、密度、电导率等）、钻井参数（井深、钻时、装盘转速、泵冲、扭矩、悬重、钻压、立管压力、套管压力等）和气体参数（全烃、甲烷、乙烷、丙烷、丁烷、戊烷以及硫化氢、氢气、二氧化碳、氦气等）三大类，其作用如表4－7所示。其中，泵冲、立管压力、套管压力三个参数既可应用于钻井状态的判断，又可进行循环系统的应用，因此有的参数分类将这三个参数归类于钻井液参数。综合录井仪参数信息的采集通过各种类型的传感器来实现。

表4－7　综合录井参数作用一览表

类别	参数	作　用
钻井液参数	出口流量	通过出、入口流量对比，预测井漏、井涌、井喷
	泥浆池体积	预测井漏、井涌、井喷
	密度	为计算地层压力等提供实时数据，为调整钻井液性能、优化钻井提供依据
	温度	间接反映地热梯度，监测异常地层压力
	电导率	判断侵入钻井液中地层流体的性质
钻井参数	钻时	判断钻头使用情况和动力钻具的运行状态
	转盘转速	判断溜钻、顿钻、蹩钻
	泵冲	辅助判断井漏、井涌、井喷，监测泵的运行状态
	悬重	判断卡钻、遇阻、断钻具等钻井复杂情况
	钻压	判断溜钻、顿钻
	扭矩	反映钻头使用情况、钻井复杂情况（井塌、钻具扭断、动力钻具异常等）以及地层物性等
	立管压力	监测循环系统工作状态，提供水动力学计算参数，判断刺钻具、堵水眼等钻井复杂情况
	套管压力	监测井筒内压力变化，为测试计算地层压力梯度和处理井涌、井喷等提供依据
	深度	监测钻头运动方向，判断溜钻、顿钻等
气体参数	全烃	检测有害气体和可燃气体含量，判断井涌、异常压力等
	CH_4	
	H_2S	
	CO_2	
	后效气	
	单根气	

目前使用的传感器就输出而言主要分为五大类，即压力型传感器、脉冲开关型传感器、电阻型传感器、电磁型传感器和超声波型传感器；从参数功用划分可分为十二类，即泵冲传感器、转盘转速传感器、转盘扭矩传感器、大钩悬重传感器、立管压力传感器、套管压力传感器、钻井

液温度传感器、钻井液密度传感器、钻井液电导率传感器、钻井液出口流量传感器、泥浆池体积传感器和绞车传感器。随着电子技术的快速发展，综合录井仪所配备传感器也日新月异，且由不同厂家生产有一定的差异，但其原理基本相同。用于钻井参数信息采集的传感器主要有泵冲传感器、转盘转速传感器、转盘扭矩传感器、大钩悬重传感器、立管压力传感器、套管压力传感器、绞车传感器。

(一)泵冲传感器、转盘转速传感器

1. 原理

泵冲传感器、转盘转速传感器是经固定支架和进口接近开关组合的电感式二线制接近开关式传感器，用于测量泵冲或转盘转速。

2. 一般故障判断及排除

(1)如果泵冲传感器、转盘转速传感器在正常状态下使用无信号输出，首先观察传感器上的指示灯是否有相应的闪烁。如指示灯常灭或常亮，应检查加长电缆是否断路或短路。

(2)确定加长电缆正常后，测试传感器的工作电压。

(3)如工作电压正常，可用金属物体靠近传感器的端面，指示灯应亮，远离时应灭，否则传感器损坏。没有指示灯的，可以通过测量其电流是否变化或观察仪器上接口指示灯来判断。

(4)若传感器未损坏，应调整传感器与被测物体之间的距离，直到指示灯正常。

(5)泵冲传感器、转盘转速传感器如果发生故障，因出厂时已进行全密封处理，不可在现场拆卸和维修，需返厂修理。

(二)转盘扭矩传感器

钻井过程中，通过转盘扭矩传感器来测定转盘驱动钻具扭矩大小的变化，可正确反映出井下钻具的工作情况和井底地层的变化。钻头磨损，牙轮咬住或脱落，钻柱遇卡或折断，地层硬度改变等，均会引起转盘驱动扭矩大小的变化。因此，用转盘扭矩传感器正确测定和显示转盘扭矩，有助于及时掌握井下工况，一旦出现事故苗子能及早采取相应措施，避免事故的发生。

1. 普通转盘扭矩传感器

1)原理

钻井过程中，转盘驱动钻具实现钻进，同时钻具会产生一个大小与驱动扭矩相等、方向相反的反扭矩，作用在转盘上，使转盘有反向旋转的趋势。在转盘四周有若干顶丝固定转盘，因而顶丝上就受到转盘反向旋转的推力，其大小与转盘扭矩成正比。根据这一力学原理，在转盘与顶丝之间放入一只传压器，它将顶丝的作用力转换成油压，转盘扭矩传感器再将传压器输出的油压信号转换成电信号，电信号的强弱就反映转盘驱动扭矩的变化。再通过电缆将电信号传递到二次仪表或计算机接口，以显示和采集转盘驱动扭矩的信息。

2)一般故障判断和处理

在工作时如发现无信号，应首先查看压力表读数。如压力表无压力，查看传压器顶丝是否松动。如压力表压力正常，则检查压力传感器读数，进一步排除系统故障。油路系统漏油也可能造成扭矩无信号或信号不正确，必须排除漏油。

2. 张紧轮式转盘扭矩传感器

1)原理

钻井过程中,柴油发动机通过一系列传动装置,经传动链条带动绞车和转盘,转盘驱动钻具实现钻进。传动链条的张紧程度可相对应于转盘的扭矩。当井下钻具发生异常或地层岩性发生变化时,转盘扭矩产生变化,从而影响到链条张紧力的变化。根据这一原理,在传动链条的下方放入一张紧轮式转盘扭矩传感器,它将链条的张紧力转换成油压,再通过一压力传感器把输出的油压信号转换成电信号,电信号的强弱就反映转盘驱动扭矩的变化。通过电缆将电信号传递到二次仪表或计算机接口,以显示和采集转盘驱动扭矩的信息。

2)一般故障判断和处理

在工作时如发现无信号,应首先检查链条是否张紧。如链条松紧正常,则检查压力传感器读数,进一步排除系统故障。液压系统漏油也可能造成扭矩无信号或信号不正确,必须排除漏油。

3. 交直流两用电扭矩传感器

1)原理

交直流两用电扭矩传感器是采用霍尔元件组成的电流传感器。

2)日常维护和故障维修

交直流两用电扭矩传感器一般采用工程塑料外壳,虽有一定的强度,但经不起强力碎打。如果发现传感器输出信号异常,可以先检查电源电压和电缆线路是否正常。在排除了电源和线路故障后,若传感器仍有异常,可以与生产公司有关部门联系,或直接发回公司修理。

(三)大钩悬重传感器、立管压力传感器、套管压力传感器

大钩悬重传感器、立管压力传感器、套管压力传感器均属于压力型传感器,在量程许可的情况下可以交换使用。

1. 原理

采用集成压力敏感元件组成惠斯顿电桥,在恒流或恒压的供电条件下,由于压阻效应,桥路输出与被测压力成正比的直流电压或标准的 4~20mA 电流,进行大钩负荷、立管压力和套管压力信号的采集。

2. 一般故障和判断和排除

(1)如果压力传感器钻进过程中无信号输出或超值,首先应检查加长电缆的断线或短路。

(2)检查传压器是否缺液压油,如缺油应用手动泵加油。

(3)检查高压软管是否缺油、是否有空气气泡,可由手压泵的加油处掀动公头,有无气或油溢出,直至液压油喷出,该操作应在卡瓦过程中进行。

(4)怀疑压力传感器出故障,可拆下压力传感器,使其与活塞式压力计连接,依据该压力传感器的公称量程,在输入压力为零和满量程时,信号电流应分别为 4mA 和 20mA 左右,否则压力传感器有故障。

(四)绞车传感器

1. 原理

绞车传感器是一种增量型旋转编码器,将它安装在绞车轴上后,就可以监测钻井过程中绞车

轴的角位移变化,通过计算机处理就可以得到钻井时大钩的高度位置变化,从而测得钻井深度。

绞车传感器内部装有检测开关和一片铁质的齿片。当齿片随绞车轴转动时,齿片会分别穿过两只相位差为90°的检测开关的采样通道,从而发出两组相应的电脉冲信号。此信号送入仪器经识别处理后就可以得到相应的角位移方向和变化值,通过计算就可以得到钻进过程中大钩的高度变化,从而得到当前的钻井深度。

2. 一般故障判断及处理

(1)如果绞车传感器在绞车轴旋转过程中无信号输出,即两路脉冲信号或一路脉冲信号出故障,首先应检查加长电缆的断线或短路,检查接口的输出电压是否正常。

(2)如果确定传感器电缆完好,则可能是传感器感光元件表面受污染造成的,只要将传感器下部的两只螺钉拧下,就可取出传感器的电路板,用软织物清洁光敏元件表面(注意:清洁时要小心,因为电路板进行过防水绝缘处理,清洁时不要破坏绝缘)。清洁后再将电路板装入,拧紧螺钉即可。

(3)如故障仍未排除,则是电路板损坏,建议返厂维修。如因特殊原因需要现场更换,要注意焊完线路后要进行防水绝缘处理。

(4)传感器发生转动过程中有轧动声或转轴卡滞,应视为轴承破损等故障,建议返厂维修。

三、钻井参数的工程应用

综合录井技术从20世纪80年代的发展初期至今,从最初在钻井中的应用仅仅局限于气体检测和几个主要的工程参数的采集,到今天作为钻井现场信息中心,可以实时地对钻井工程参数、钻井液参数、气测参数及地层压力参数进行全面随钻采集和监测,取得了质的飞跃。在现代钻井中,综合录井利用先进的计算机采集处理系统,可以及时捕捉事故预兆,预报事故的发生,并能及时发现一些突发性事故,防止事故扩大化,最大限度减少事故损失,在提高钻井效率、保障钻井施工安全方面起着重要的作用;同时,通过对钻井参数的记录分析,确定最优化钻进技术措施,提高钻压传递效率,降低钻井成本,提高钻井时效。

(一)常见工程事故的钻井参数响应特征

钻井事故发生的可能性伴随着钻井作业的整个过程,因此成了威胁钻井安全的头号隐患。钻井工程事故包括钻井液循环系统的刺钻具、刺泵、堵水眼、掉水眼,钻具的遇阻、遇卡、溜钻、断钻具、钻头掉牙轮等。综合录井仪所监测的参数异常变化与工程事故有着直接或间接关系,它是进行工程异常预报的依据(表4-8)。

表4-8 钻井工程参数异常变化

事故类型	大钩负荷	钻压	超拉力	立管压力	泵速	扭矩	流量	钻进成本	钻速
刺钻具				下降	上升		增大		减小
掉水眼				下降	上升			增大	减小
堵水眼				增大	下降		减小	增大	
溜钻	减小	增大	减小			增大			
遇阻	减小		减小						

续表

事故类型	大钩负荷	钻压	超拉力	立管压力	泵速	扭矩	流量	钻进成本	钻速
遇卡	增大		增大						
断钻具	减小		减小	减小	增大	减小	增大		
快钻时	增大	减小				跳变		减小	增大
钻头后期	波动					增大		增大	减小
井壁垮塌	增大减小		增大减小	增大	增大		减小	能谱异常	

也就是说，各类钻井异常必然要通过工程参数的异常表现出来，工程参数异常变化与钻井事故复杂有着直接或间接的关系。这些参数的异常变化，有的能够直接反映事故的发生，如悬重的忽然减小反映的是钻具断；在气测单根峰活跃、背景值持续升高、后效气增大以及在泵冲排量不变的情况下，出口流量和总池体积的增加为井涌的征兆；在泵冲排量不变情况下，出口流量、立管压力和总池体积的减小是井漏的特征。有的出现渐变过程是某种事故的预兆，如扭矩的逐渐增大、钻进时间增大及钻井成本的变大，说明钻头已到后期，牙轮磨损严重。有的出现异常反映的是某种小事故渐变为大事故的可能，如钻具刺漏会逐渐扩大成断钻具。

不但不同钻井复杂情况下工程参数异常有差异，而且不同钻井复杂情况下各个录井参数的异常权重也就各不相同，如表4－9所示。在实际应用过程中，要根据实际地层特点和钻井工艺特点具体对待，灵活运用。

表4－9 井下复杂情况诊断表

参数	变化情况	井塌	砂桥	键槽	断钻具	卡钻	井漏	动力钻具异常
扭矩	正常						B	
	增大	A				A		A
	减少				A			
悬重	上提增大	A		A		A		
	上提减少				A			
	上提正常							
	下放减少	A				A		
	下放正常			A				
泵压	正常			B				B1
	增大	A						B2
	缓降							B3
	突降				A		A	
流量	正常			B	B	B		
	增大							
	减少	A1	A1				A1	
	不返	A2	A2				A2	
钻时	减少							
	增大							A

注：表中A项为该类复杂情况的充分条件，可对井下复杂进行定性分析。表中B项为该类复杂情况的必要条件，可作为辅助判断依据。角码1、2、3表示同一判断中的2项或3项可能同时存在，也可能只有1项存在。

综合录井仪使钻井作业的全过程处于仪器的监控之下，实现了对钻井事故的连续测量和量化的分析判断，并逐步实现了先期的主动预报，在降低钻井成本、安全、高效完成钻井任务的过程中发挥着越来越重要的作用。

（二）钻井事故分类与实例

钻井事故主要分为钻头事故、钻具事故和其他事故三大类。

1. 钻头事故

钻头分为牙轮钻头与研磨式钻头（包括 PDC 钻头）。钻头事故占钻井工程事故中的比例较大，通过综合录井参数的实时监测，及时发现钻时、转盘扭矩、转盘转速、钻压、立管压力、出口流量、钻头成本等参数异常变化，能准确判断钻头使用状况，避免钻头事故的发生，对提高机械钻速、安全钻井具有重大的意义。钻头事故类型一般有钻头寿命终结、堵水眼、掉水眼和钻头泥包。

1）钻头寿命终结

在钻头寿命终结钻井事故中，牙轮钻头事故占的比例较大。牙轮钻头寿命终结一般表现为掉牙轮、掉牙齿。PDC 钻头虽然不存在掉牙轮和断齿现象，但由于采用高转速，其磨损情况极为严重，若不引起重视，就会出现钻时缓慢，影响钻进时效；如果情况进一步恶化，就会出现小井眼，从而导致卡钻或卡套管等恶性事故。

一般情况下，钻头寿命终结在综合录井参数上的表现为以下三个方面：

（1）在实钻过程中地层没有发生突然变化的情况下，在综合录井参数上的表现特征为米钻进成本随纯钻进时间的变化达到最小值，继续钻进不仅时效差，且易发生钻头事故，应及时预报钻头寿命终结（图 4－41）。

（2）在实钻过程中其他参数及地层无变化的情况下，钻时逐渐增大，说明钻头使用到后期，继续钻进易发生钻头事故，应及时预报钻头寿命终结（图 4－42）。

（3）在实钻过程中地层无变化的情况下，机械钻速变慢，转盘扭矩波动幅度增大，在曲线上出现尖峰状，转盘转速不稳，钻压蹩跳，应及时预报钻头寿命终结（图 4－43）。

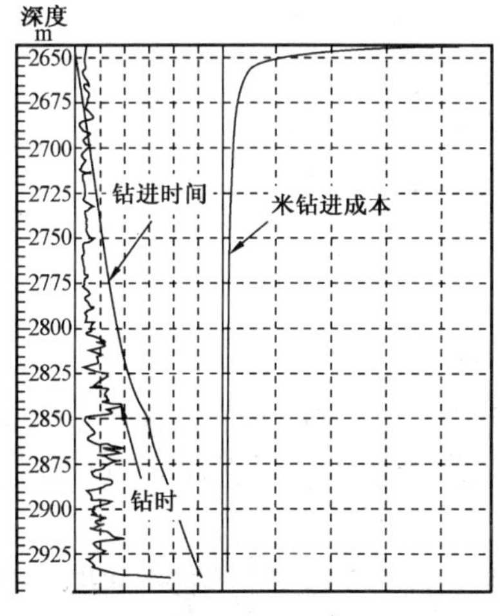

图 4－41 钻头成本变化模型图

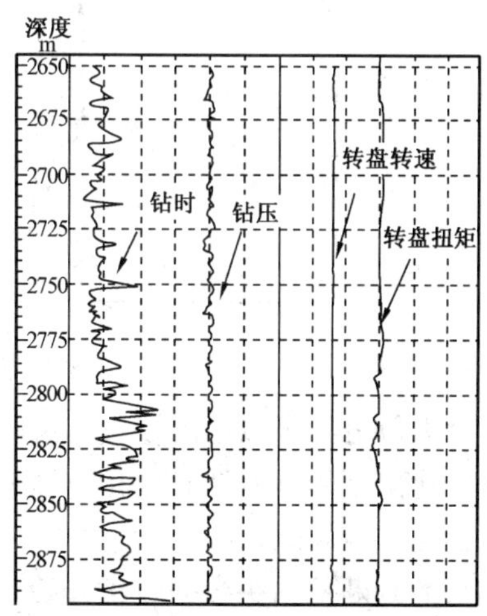

图 4－42 钻头时变化模型图

(1)牙轮钻头寿命终结及实例。

牙轮钻头是通过牙轮滚动使牙轮上的牙齿对地层岩石产生冲击破碎实现钻进的,由于长时间在高压下滚动,牙轮上的牙齿、牙轮轴承使用到一定程度就会磨损、松动甚至脱落。牙轮落井后,不能正常钻进,影响钻井工期,加大钻井成本。

例如,JG13 井用 H517G 钻头钻至井深 3073.2m,钻压 230kN,转速 58r/min,转盘扭矩 9.4~10.1kN·m,钻时无异常变化。此时的纯钻时间已达 46.2h,通过钻头成本曲线分析,如图 4-44 所示,发现米钻进成本增大,判断为钻头寿命临近终结,通知司钻注意异常变化。井队试钻观察 30min,转盘扭矩由 9.4kN·m 突然升至 11.7kN·m,转盘转速和钻压也出现不稳情况,如图 4-45 所示,立即建议起钻。井队采纳建议起钻。钻头出井后发现牙轮钻头 20 余颗牙齿断落,1 个牙轮松动严重,轴承间隙最大达 35mm,用手可随意晃动。由于综合录井及时发现事故苗头并准确预报,避免了一次掉牙轮事故。

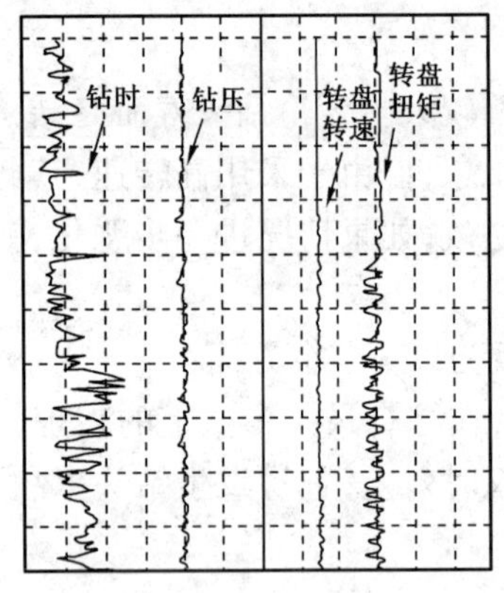

图 4-43　转盘扭矩变化模型图

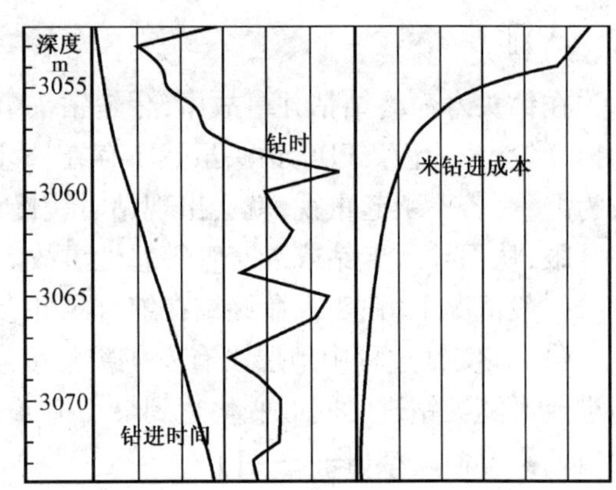

图 4-44　钻头成本变化曲线图

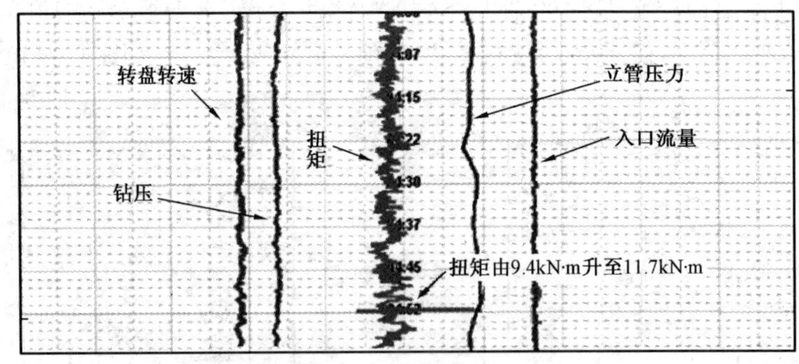

图 4-45　钻井参数变化曲线图

通过事例分析可以看出,上述三种状态判断钻头寿命终结方法相互之间有一定的联系,钻头成本变化出现异常时钻时也相应增大,如果继续钻进,转盘扭矩就会出现波动,因此出现任何一种情况都应及时预报,从而避免钻头事故的发生。

钻头的判断从钻头数据收集开始,如入井钻头类型,是新钻头还是旧钻头;如果是旧钻头,它的纯钻时间、已钻进尺、新度,井底是否干净,新钻头入井后是否按要求磨合,钻头正常钻井的钻时、钻压、转速、扭矩、所钻岩性剖面等参数之间的变化规律；钻井过程中送钻是否均匀，钻压、转速的搭配是否合理，有无溜钻、顿钻。这些数据要在工程录井监测中建立模式，这样可以为以后判断钻头使用情况提供参考依据。

一般情况下，牙轮钻头异常主要表现为机械钻速变慢，扭矩增加，扭矩波动变大。对钻头的监测就是要在钻头磨损严重、掉牙轮之前作出判断，保证最大限度地使用钻头，而又不发生掉牙轮事故。

(2) PDC 钻头寿命终结及实例。

刮切类钻头是用钻头本体上镶的牙齿切削地层岩石来实现钻进的。当钻头牙齿切削地层岩石到一定程度时，钻头上镶的牙齿会脱落或磨平，这时机械钻速明显降低，增加钻井成本。

现代钻井中多使用 PDC 加螺杆钻具的复合钻井方式，且直井越来越少。由于所钻井均为大斜度井，钻具与井壁产生的摩阻大，仪器显示的钻压无法展现加在钻头上的正确压力。目前扭矩测量（无论是机械扭矩传感器还是电扭矩传感器）为地面驱动数据，所测得数据主要为钻具与井壁或钻井液的摩阻所至，钻头转动中的主要贡献者——螺杆的地下驱动扭矩无法获得，无法准确由扭矩数据来判断钻头运行情况。当用以判断钻头寿命终结的主要参数——扭矩失去主导作用后，以钻速和岩性录井为主要参照量，仔细分析相关工程参数，同样可以准确判断钻头寿命终结。

例如，NB－20 井钻进至井深 4168ft（1270m），钻速由 112ft/h 陡降至 15ft/h，其他参数无变化（图 4－46），分析该段岩性为大段灰色泥岩夹薄层粉砂岩地层，无大的变化，说明钻速变化与岩性无关；其他参数无变化，可以排除螺杆故障、钻头泥包等事故；结合该钻头为重复入井钻头，且已高强度钻进 2598ft（792m）。由此判断为钻头寿命终结，通知司钻及甲方监督，继续钻进 1ft，至 4169ft 钻速降至 8ft/h 起钻，起出后钻头与入井前钻头对比见图 4－47与图 4－48。

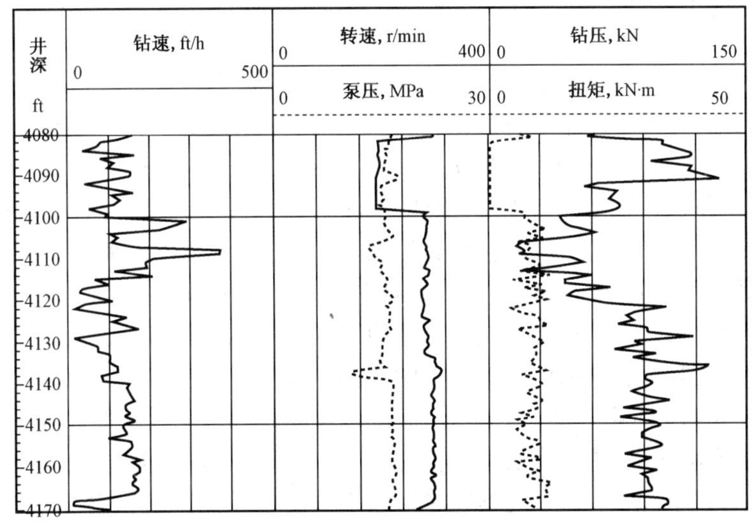

图 4－46　NB－20 井钻井参数图

图 4－47 入井前

图 4－48 起出后

例如，NB－16 井钻进至井深 6313ft(1924m)，钻速突然由 113ft/h 降至 33ft/h，钻井参数无明显变化(图 4－49)，斜深 6301～6319ft，垂深 5397.58～5411.99ft，钻进至井深 6316ft(1925m)后，钻速下降至 8ft/h。经过对比邻井 NB－14 井工程参数资料和岩屑录井剖面，此段地层为同一区块的 LTA 地层厚层石英砂岩与薄层泥岩互层段，在钻头选型不变(均为 S－94－PX 8.5in PDC 钻头)、钻井参数相似，且 NB－16 井转速(顶驱转速＋螺杆马达转速)明显高于 NB－14 井所采用的转速，见图 4－50(斜深 6110～6160ft，垂深 5385.64～5427.19ft)，而 NB－14 井该井段钻速为 21～130ft/h，由此判断钻进速度变慢是钻头磨损导致的，通知甲方监督钻头寿命终结，决定继续钻进 3ft 观察，钻压由 31kN 加至 66kN，泵压由 18.1MPa 升高至 20.8MPa，钻速降至 5ft/h，扭矩由 9.9kN·m 降低至 6.4kN·m，起钻后观察钻头严重磨损。

由以上两次预报实例可以看出，在复合钻进过程中，钻速变慢是钻头寿命终结的主要特征。在钻头磨损初期，泵压、扭矩等工程参数无明显变化，所以当发现钻速变慢时，首先要进行纵向对比，排除钻压、定向钻进、校正井斜方位等工程技术操作的因素。众所周知，PDC 钻头受岩性影响极大，所以接下来就要进行纵向和横向岩性对比。排除了上述因素影响后，就可以判断是否钻头寿命终结。如在 NB－20 井钻井参数图(图 4－46)4084～4098ft 井段出现钻速变慢现象，观察钻井参数图可以看出，扭矩回零，转盘转速降低，说明是进行定向钻进、校正井斜方位造成的；4114～4130ft 井段钻速变化大，伴随着钻压、扭矩的大幅度波动，经分析发现是在厚层泥岩夹薄层粉砂岩井段出现石英砂岩导致。

在钻头严重磨损的情况下，除了出现钻速明显变慢的现象外，还会出现由于钻头水眼与井底间隙变小、泵压上升、钻头磨秃、扭矩变小的情况。

在大斜度井和水平井的钻进过程中，由于钻压监测难以准确反映加在钻头上的压力，不确定因素增加。在此情况下，更要密切注意钻速、钻压以及岩性的变化，在录井初期了解该地区的岩性变化特征和基本钻井参数，这样在录井过程中加以纵向和横向对比就能发现细微的异常变化，并作出准确的判断，既保证了最大限度地使用钻头，而又不发生恶性钻井事故。如 NB－16 井和 NB－14 井位于地层稳定的同一区块上，NB－14 井油顶在 5083ft(垂深)，而 NB－16 井油顶在 5072ft(垂深)，仅差 11ft，地层对比性强，在使用相似钻井工具及钻井参数的情况下，

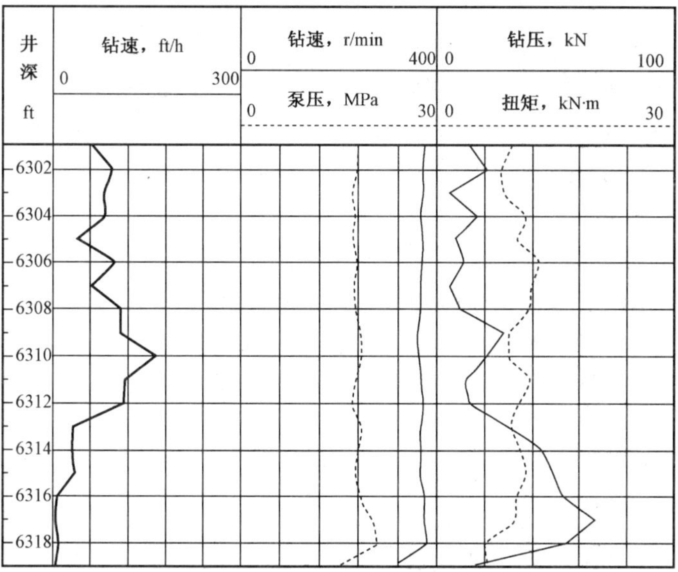

图 4－49　NB－16 井钻井参数图

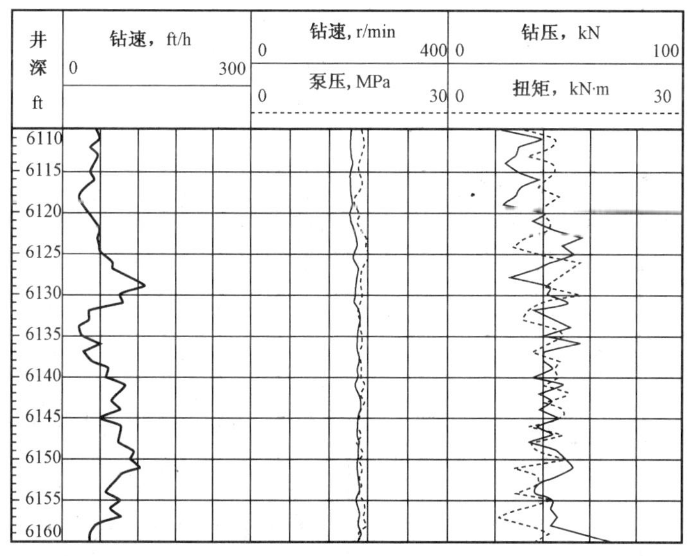

图 4－50　NB－14 井钻井参数图

具有较强的参照性。

刮切类钻头钻进要求井底干净，如果井底有落物或落物打捞不干净，将使刮切类钻头的牙齿较早磨平、脱落，缩短钻头的使用寿命。刮切类钻头老化后，机械钻速降低，泵压在钻头到底与钻头提离井底时不同，钻头到底后泵压将上升，这是由于刮切类钻头老化后牙齿磨平或脱落使钻头水眼与井底间隙变小造成泵压上升。另外，刮切类钻头老化还表现为扭矩变小、波动幅度减弱。准确及时判断钻头老化，及时更换钻头，可提高钻井时效。

2）堵水眼

下钻过程中由于钻头没有做防堵水眼措施，或钻进时钻井液中大颗粒物体进入水眼，将水眼堵死，钻井液无法循环，只有起钻通水眼，这样将增加一次起下钻，影响钻井时效。

当下钻到底开泵或钻进循环时，泵压持续升高，停泵后泵压不降或下降很慢，通常情况下判断为堵水眼，但要区别钻井液加重后密度不均匀引起的泵压升高（图4－51）。

3）掉水眼

掉水眼是由于水眼安装不到位，钻井液沿水眼周边刺漏，最后刺掉水眼。掉水眼后，钻头水马力下降，脱落的水眼引起钻头蹩跳导致钻速下降，降低钻头使用寿命。

掉水眼早期由于钻井液沿水眼周边刺漏，表现为泵压缓慢下降；刺漏到一定程度时，水眼被刺掉，表现为泵压不再下降，转速扭矩蹩跳，钻速降低，此时水眼已经掉入井内（图4－52）。

4）钻头泥包

在钻大段泥岩时，由于钻头选型不合理（牙齿大小、水眼大小等）或转盘转速、钻压、泵压等工程参数的搭配不合理，牙轮钻头或刮切类钻头就会泥包。泥包后的钻头机械钻速明显下降，会影响钻井工期。如果以泥包钻头起钻，还将诱发井涌甚至井喷。

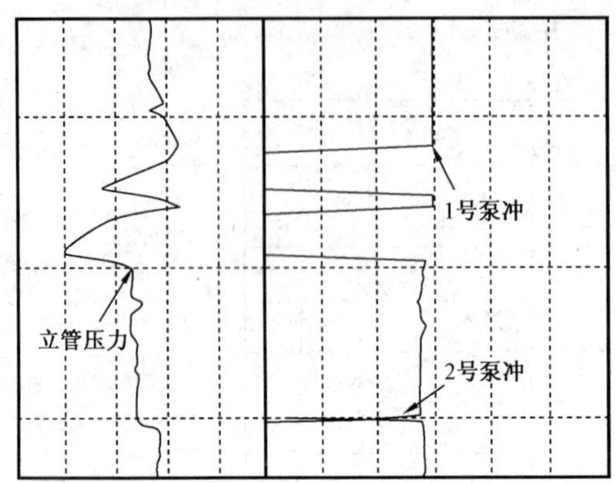

图4－51　堵水眼钻井参数变化图

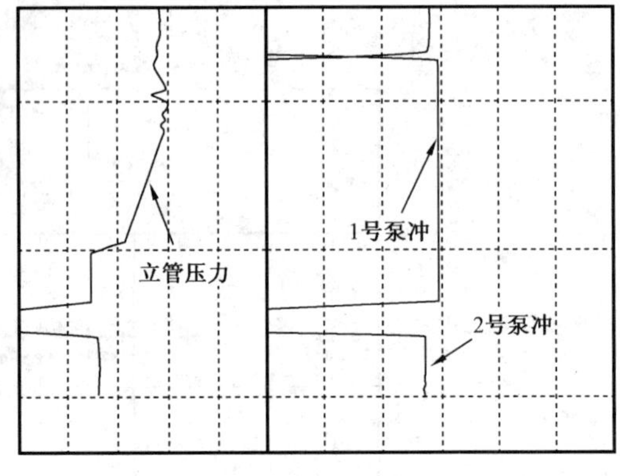

图4－52　掉水眼钻井参数变化图

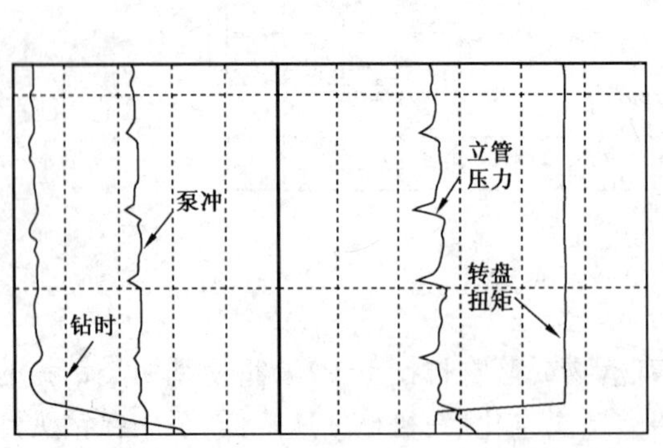

图4－53　钻头泥包钻井参数变化图

钻头泥包一般发生在钻大段泥岩。钻头泥包后，机械钻速会明显降低，扭矩变小而且波动变小，扭矩曲线比钻头没有泥包时平滑。钻头泥包后，还表现为钻头到底与钻头离井底扭矩变化较小，泵压会略微上升，返出的岩屑为泥岩（图4－53）。

2. 钻具事故

钻具事故包括钻具刺漏、断钻具、钻具阻卡、螺杆钻具故障等。

1）钻具刺漏

钻具刺漏是钻井中较为常见的现象。发生钻具刺漏的原因有：钻进所使用的钻具较为陈旧，在高含硫地区钻井液对钻具腐蚀较大，以及钻井时使用的钻井液泵泵压较高。钻具刺漏的后果轻者需起钻检查钻具，重者因钻具刺漏导致钻井液循环短路引起干钻，干钻引起掉牙轮、卡钻等一系列事故。钻具刺漏如果没有及时发现，钻具还会刺断落井，这样会严重影响钻井周期，甚至会因钻具打捞不成功造成井眼报废。

钻具刺漏的明显特征是泵压缓慢下降，机械钻速下降，泵冲增加，出口流量增加，因钻井液循环短路返出的岩屑将减少（图4－54）。但要注意区别钻井液加重后密度不均匀引起的泵压下降以及由于泵上水效率不好引起的泵压下降。

2）断钻具

断钻具的原因是：钻进所使用的钻具较旧，钻进中没有及时发现钻具刺漏，钻进时因溜钻、顿钻引起的扭矩急剧升高，以及起钻过程中遇阻后野蛮性的强拉断钻具。断落的钻具打捞出来后通常不能再使用，如果打捞不成功将侧钻，这将严重影响钻井周期甚至造成井眼报废。

钻井过程中出现刺漏、溜钻、顿钻、H_2S 侵入以及起钻中遇卡上提吨位较大时，就要密切注意悬重的变化。一般钻进过程中断钻具工程参数表现为悬重下降（悬重下降的多少可判断落鱼的长短）、泵压突降、扭矩突降以及出口流量增加；起钻过程中断钻具表现为上提钻具时大钩负荷持续上升，然后突然下降并且小于钻具总量，可能是钻具被拔断，如图4－55所示。

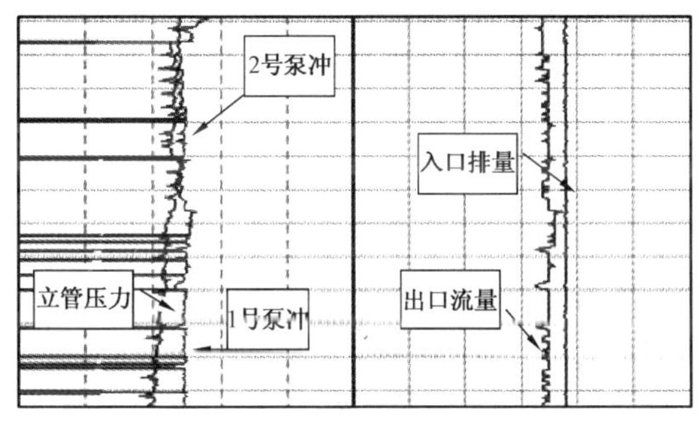

图4－54 钻具刺漏钻井参数变化图

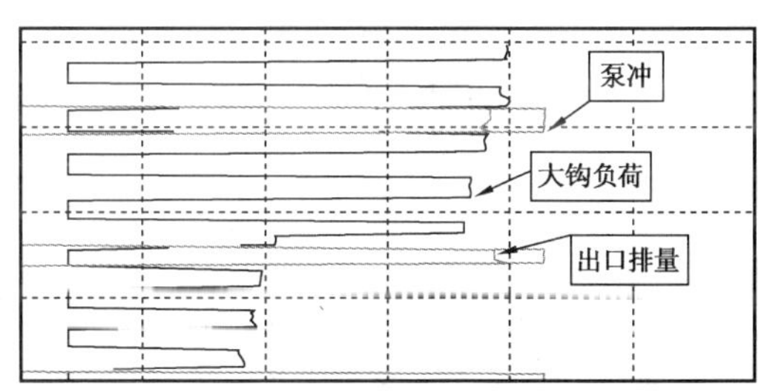

图4－55 钻具断实时参数变化图

例如，M48x 井在06:30钻至井深3294.85m，排量为1432L/min，立管压力为13.4MPa；06:32发现立管压力有下降趋势，操作员通知井队司钻注意立管压力异常变化；06:45立管压力下降至13.0MPa，排量及出口流量无明显变化，根据参数异常变化特征判断为钻具刺漏，再次通知司钻参数异常变化，建议司钻起钻检查钻具，建议未被采纳，继续钻进；06:50钻至井深3295.42m，立管压力降至12.7MPa，操作员第三次通知井队钻具刺漏，井队司钻安排当班人员观察钻井泵使用情况，同时继续循环钻进。07:01值班操作员通知钻井工程技术员钻具刺，此时立管压力降至12.2MPa，07:11停泵起钻。起钻井深3296.22m，从综合录井操作员发现钻具刺漏到起钻，循环钻进41min，进尺1.37m，如图4－56所示。07:28起钻检查钻具过程中悬重量由1013kN突然降至375kN，如图4－57所示，值班操作员判断为钻具断，上钻台通知值班司钻钻具断。07:32继续起钻，上提钻具过程中悬重最大为380kN，证实断钻具事故的发生。根据悬重变化，认为井底落鱼在2100m左右，鱼顶1200m左右。

本次事故是井队未及时听取综合录井人员的建议、未采取相应处理措施导致的。本次事故造成直接经济损失近10万元。

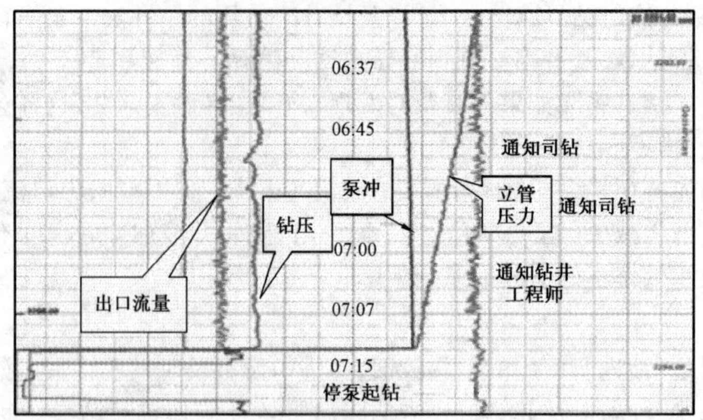

图 4－56　钻具刺漏实时参数变化图

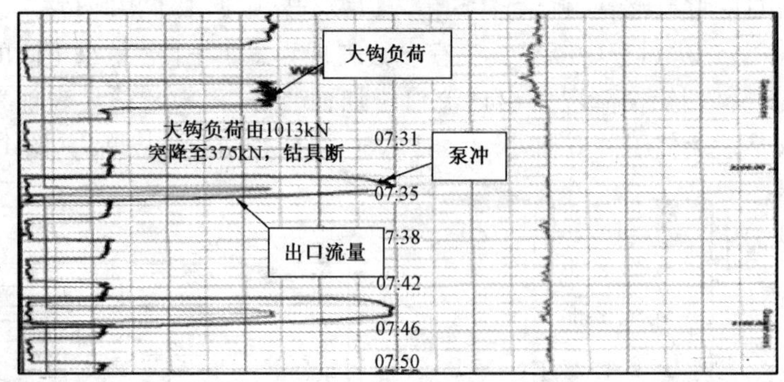

图 4－57　钻具断实时参数变化图

3）钻具阻卡

在起下钻或接单根时，由于钻井液性能及地层岩性引起的井眼缩径或井壁垮塌，将导致下钻时遇阻大段划眼、接单根时下不到底重复钻进，在起钻或接单根上提时遇卡。遇卡严重时，如果工程处理不当，将引起卡钻事故。

判断遇卡首先要了解区域地质情况及已钻地层岩性剖面的分布、地层压力的变化以及钻井液的使用情况等，对于易缩径、垮塌的地层要及时防患。起钻遇卡时，大钩负荷将持续上升并远大于钻具实际负荷。下钻遇阻时，大钩负荷将持续下降并小于钻具的实际负荷。起下钻遇阻时，录井人员应及时提醒司钻并记录遇阻井段，以及上提下放的最大、最小负荷等数据，并提供给井队及钻井液工程师（图 4－58）。

例如，JG13 井 00:43 井深 2870m，钻时由 16min/m 降至 5min/m。由于本井预计在井深 2870～2930m 存在含膏岩地层，值班操作员通知井队值班干部建议循环观察，井队值班干部要求再观察下一米的钻进情况。

00:58 钻至井深 2874m，钻时由 4min/m 降至 3min/m，立即通知钻台循环观察。00:59 停转盘上提活动钻具，上提悬重由 932kN 增大至 1495kN，上提下放活动钻具困难，判断认为钻至含膏地层引起缩径卡挂，综合录井值班人员立即提醒司钻异常情况。00:59 至 01:30 上提钻具悬重最大为 1860kN，钻具遇卡，经反复活动钻具；01:31 上提钻具悬重最大为 2006kN，活动钻具成功，悬重恢复至 940kN，解卡成功，见图 4－59。

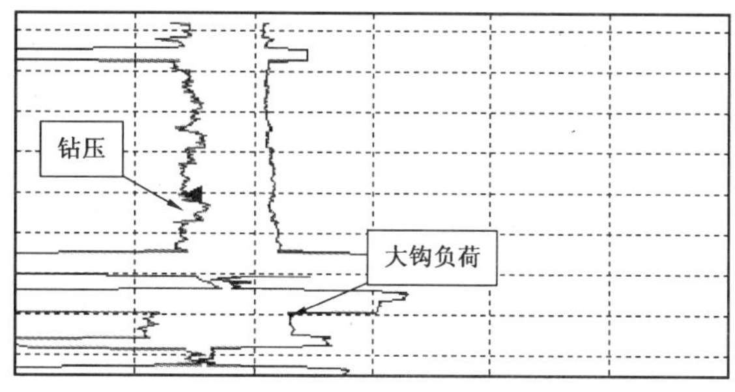

图 4－58 钻具阻卡钻井参数变化图

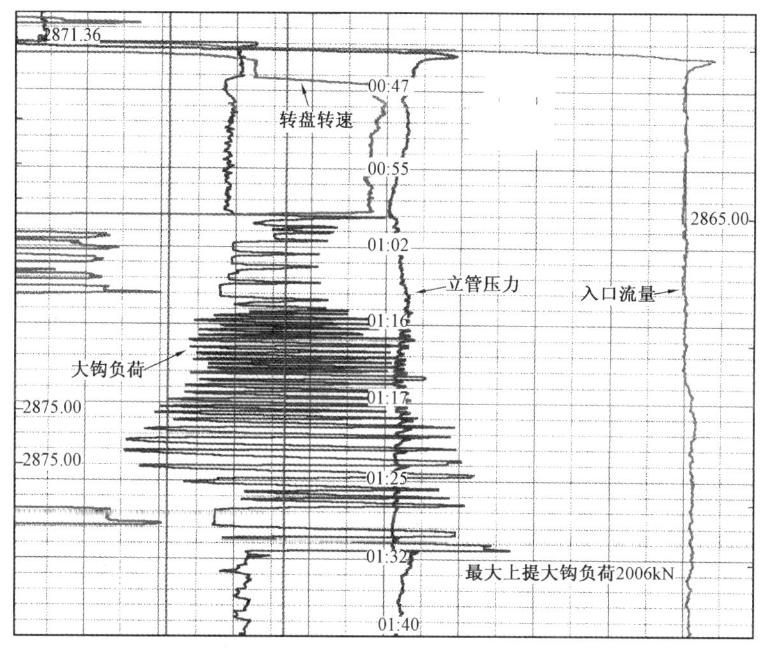

图 4－59 JG13 井钻具挂卡参数曲线图

由于综合录井根据地层变化及时作出预报，并在钻具遇卡时及时向井队反映异常情况，使钻井队及时采取措施，避免了严重卡钻事故的发生。

卡钻、上提遇阻、下放遇卡这三种情况基本相似。原因有井眼不规则、排量不够、井内砂样不能返出、泥岩缩径、井壁垮塌等，钻具可在一定范围内活动。参数异常主要是在泵冲数不变的情况下立管压力升高，出口排量减少，上起不能起出，大钩负荷增大，下放不能放下，大钩负荷减少，转盘转动时，扭矩急剧增大。卡钻卡死时，立管压力急剧上升，泵开不起来，大钩上提，超拉严重，转盘不能转动。

4）螺杆钻具异常

螺杆钻具是以钻井液为动力的一种井下动力钻具，由旁通阀、液马达、万向轴和传动轴四个部件总成组成。它是复合钻具中的重要组成部分，同时因为其较为复杂的工艺，对抗拉、抗压、抗扭以及钻井液压力降和井下温度的承受力均远远低于钻具组合中的其他部分，因而成为另一故障频繁出现的部件。

(1)螺杆马达失速导致螺杆钻具异常。

所谓螺杆马达失速,是指当钻井液压力高到一定程度后,由于马达本身结构的限制,破坏了定子与转子间形成的密封空腔的密封性能,高压钻井液不经马达做功而强行穿过定转子间形成的缝隙,造成马达转数严重丢失甚至停车。若不能及时发现,就会导致螺杆钻具损坏。

在目前钻井施工过程中,一般使用带有中空转子的螺杆马达。由于中空转子装有喷嘴,因此钻压增大则马达压降相应增大。因此,在复合钻进过程中,由于司钻操作失误而突然加大钻压,往往会导致螺杆损坏。需要说明的是,综合录井仪监测的立管压力为循环泵压与螺杆马达压降之和。

例如,NB－20 井 5:30 钻进至井深 5320.65ft(1621.73m),钻压由 12klb(5t)上升至 54klb(24t),泵压由 2400psi(16.5MPa)上升至 4088psi(28.2MPa),扭矩由 6200lb·ft(8.6kN·m)上升至 15820ft·lb(21.9kN·m),井深由 5318.63ft(1621.12m)溜至 5320.65ft,发生溜钻事故。将钻头提离井底后循环,泵压、扭矩恢复正常;下放至井底,缓慢加压,无泵压升高现象,钻头无进尺,如图 4－60 所示。

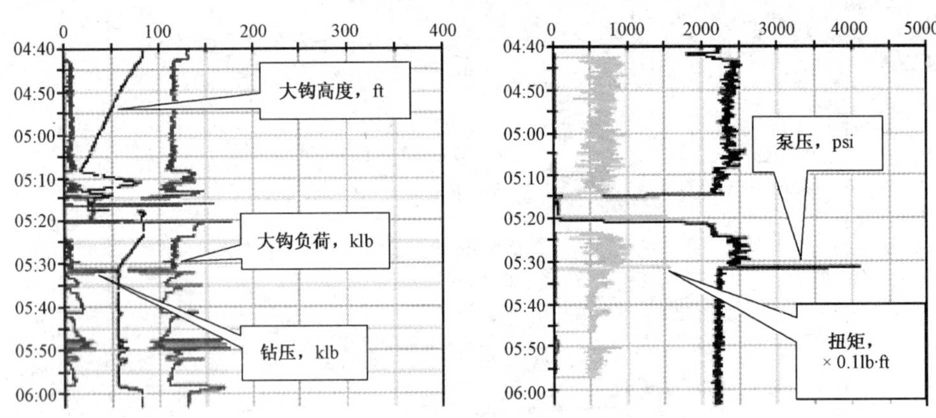

图 4－60 NB－20 井实时钻井参数录井曲线

分析认为,钻压突然增大,引起泵压升高,马达失速;马达转速变慢或停止,全部钻具由顶驱带动,引起顶驱扭矩的突然变大。上提钻具后泵压和扭矩恢复正常,下放加压泵压无变化,证明螺杆坏。起钻检查结果为螺杆损坏,证实分析结论。

(2)马达损坏导致马达易失速。

例如,NB－21 井 18:00 钻达井深 4424ft(1348.44m),停止顶部驱动,试图接单根,扭矩 4790～5900lb·ft(6.6～8.2kN·m),上下活动钻具至扭矩恢复正常;接完单根后,划眼至井底时,开双泵泵压 2100psi(14.5MPa),钻头接触井底时,泵压突然上升至 3487psi(24MPa),连续 3 次发生同样的现象(图 4－61)。

分析认为,划眼时泵压正常,一接触井底即发生泵压升高现象,说明螺杆马达易失速,判断为马达定子与转子接触松或定子、转子磨损严重。经起钻证实,螺杆马达定子、转子磨损严重,定子的橡胶已经剥落。

由以上两例可以看出,泵压突然升高、钻进缓慢甚至无进尺是与马达失速有关的螺杆异常的主要特征。它与水眼堵的区别在于:水眼堵时钻头离开井底泵压不降。

此外,螺杆钻具的马达的定子是在钢壁内壁上压注并粘结橡胶,混有气体的钻井液在钻具

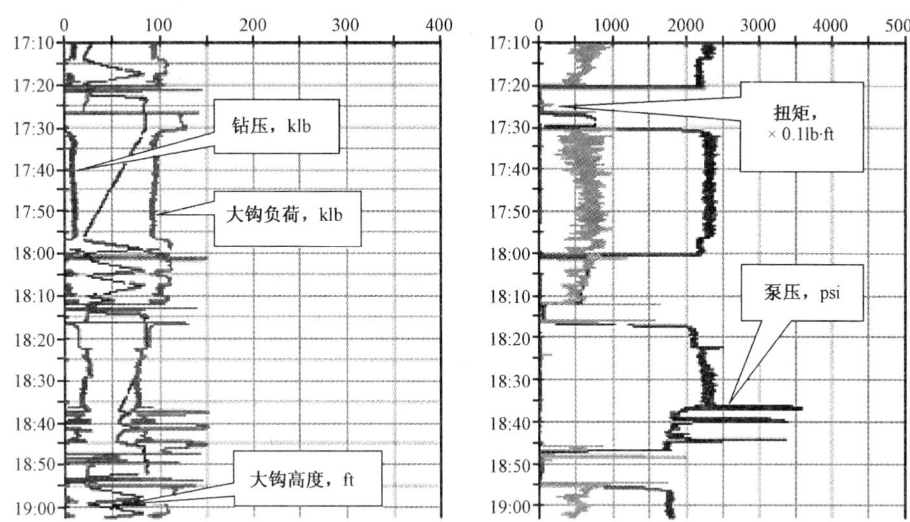

图 4－61　NB－21 井实时钻井参数录井曲线

中压力变化造成的汽蚀、钻井液中所含的各种硬颗粒（如塑料小球）超过限定量（一般为 1%）和异常高地温易损坏橡胶。在钻进缓慢的情况下，应观察岩屑中是否有橡胶，若有橡胶，则可作为螺杆损坏的力证之一。

3. 其他事故

1）溜钻

溜钻一般是司钻送钻大意，在钻头上突然加上超限的钻压，使钻具压缩、井深突然增加的现象。溜钻如果不及时发现，将损害钻头及钻具，在地质上形成假钻时，造成地质师判断失误。

溜钻时井深、钻速突然增大，钻压突然增加，扭矩也突然变大，只要录井人员认真综合分析，溜钻比较容易判断。

例如，2004 年 3 月 12 日 6：06，LU1 井钻至井深 3903m，大钩负荷由 1010kN 下降至 806kN，钻压由 164kN 上升至 359kN，井深由 3903m 冲至 3903. 61m，见图 4－62。综合录井判断出现溜钻，立即通知司钻及值班干部并建议起钻检查钻头。井队未采纳综合录井的建议，继续钻进。钻至 3917. 48m 时，钻压加至 210kN，转盘发生蹩跳，立即起钻之后发现三牙轮掉落。

分析认为，钻头由于溜钻受损伤，在继续钻进过程中，三个牙轮磨损过度造成牙轮脱落。处理事故两次下入磨鞋，一次下入捞杯，耗时 6d。

由这次掉牙轮事故可以看到，综合录井溜钻事故预报后，在井队未及时采取措施的情况下，综合录井应当再次积极与井队沟通，共同分析事故的原因及后果。掉牙轮事故应当是可以避免的，因此，在今后的施工作业中，综合录井应当加强与井队的沟通联系，避免该类事件的发生。

2）干钻

干钻是钻井液停止循环的情况下继续钻进的作业状态。干钻后果非常严重，如不及时发现，极易造成卡钻事故。

如图 4－63 所示，J108 井在正常钻进至井深 3248. 5m 时，发现立压、泵冲、出口流量曲线

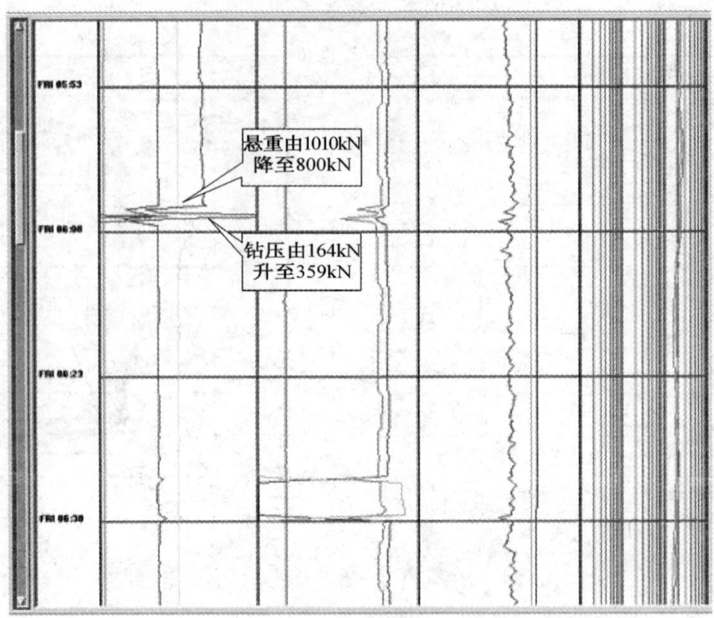

图 4－62　LU1 井溜钻参数变化图

忽然回零，但悬重和钻压参数呈现继续钻进状态。操作员及时发现这一现象判断发生干钻，立即通知司钻停钻。司钻立即停钻进行检查，发现由于柴油机转轴销子脱落，导致泵停，恰遇泵压表因表头冻死不能反映泵压回零的情况。此次干钻时间持续 2min，干钻进尺 0.4m，如继续钻井，卡钻事故在所难免。

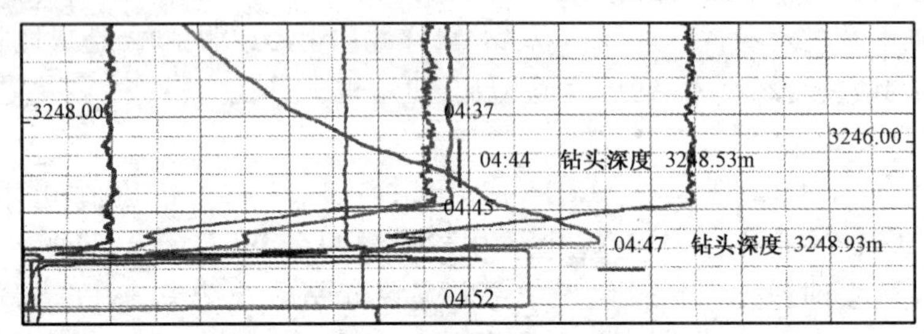

图 4－63　J108 井干钻参数变化图

3）井壁垮塌

井壁垮塌一般是由于地层与钻井液性能的不匹配以及工程上使用的钻具组合不当引起的。井壁垮塌将引起井下复杂情况，起钻遇卡，下钻遇阻，井壁垮塌严重时将引起卡钻，造成固井质量下降等。

判断井壁垮塌最可能的依据是井内返出的岩屑情况。井壁垮塌后，录井参数表现为泵压上升，出口流量增加，循环返出的岩屑较正常时量大、块大、性杂、色杂。由于岩屑的返出情况最能反应井壁垮塌，这就要求录井操作员要与地质工联系，了解振动筛上的岩屑返出情况。地质工在捞样时应及时将振动筛上的岩屑返出异常情况告知录井操作员，这样就能及时准确地预报井壁垮塌。

4）泵刺、上水效率低

泵刺、上水效率低主要表现是立管压力下降，出口流量减小，而泵冲数不变。

此外，工程录井还可检测工程事故处理过程，如磨铣、套铣是否完成，打捞是否成功。磨铣、套铣是当井内有落物时无法打捞而进行的作业。落鱼卡死在中途套铣时需要密切观察立管压力、进尺、划眼井深的变化，以及转盘转速与扭矩变化的对应关系。当套铣成功时，立管压力迅速下降，扭矩变小，转盘转速变快，划眼进尺增加，钻压放空。打捞是否成功主要观察立管压力及大钩负荷的变化，探到鱼顶时大钩负荷下降，立管压力上升，转盘启动扭拒增大，当立管压力明显升高时大钩负荷增大，说明打捞成功。

（三）钻井参数资料的其他应用

1. 优选钻井参数

优选钻井参数是提高钻井速度、加快勘探步伐的一项非常重要的技术。要实现科学钻井，除了地层因素关外，还在于如何选择合理的钻井参数、钻井液性能、水力参数，以提高钻井机械钻速。钻井三要素指钻压、转速、排量，是提高机械钻速的关键因素。以前钻井参数的选择是由人的经验进行的，而今与综合录井技术配套的计算机软件可根据钻头使用情况结合地层岩性特征实时地进行钻井参数的优选设计，选择合理的钻井参数，指导施工作业，实现科学打井。

水平井钻井过程中，水平段钻进钻头上的“有效钻压”直接影响钻进速度，但由于摩阻的存在，难以准确确定，盲目加压容易损害螺杆钻具。在现场应用中可以利用泵压参数建立起监测有效钻压的方法：当井下出现摩阻时，首先上提钻具至活动钻具顺畅段，记录泵压值；然后下放钻具至泵压升高处，说明接触到井底，此时的钻压为摩阻值；继续下压钻具，产生的钻压减去摩阻即为有效钻压，且只要泵压不出现蹩跳现象即为钻具能够承受的范围。此方法可以较为准确的计算出钻头上的有效钻压，避免钻头空转的现象，人人加快钻井速度。

水平钻进过程中的自然造斜率不仅与单弯螺杆的角度、地层斜度有关，还与所采用的钻井参数尤其是钻压息息相关。一般而言，钻压越大，自然造斜率越高，如表4－10所示。稳斜或小幅度增斜有利于水平钻进，因此在钻井参数选择上要避免井斜变化无规律或变化较大的参数。

表4－10　ZP05－1H井L7－L2分支井斜数据统计表

测深，m	井斜，(°)	井斜变化，(°)	方位，(°)	施工情况
1371.35	90.35	1.35	148.50	复合钻进，钻压3t，转速15r/min
1381.00	91.41	1.06	148.80	复合钻进，钻压3t，转速15r/min
1389.00	88.99	－2.42	149.90	间断定向钻进
1398.65	88.20	－0.79	148.80	
1407.94	85.52	－2.68	149.60	
1417.37	85.61	0.09	149.40	复合钻进，钻压3t，转速15r/min
1426.50	86.26	0.65	148.80	复合钻进，钻压3t，转速15r/min
1435.78	88.50	2.24	148.60	定向钻进
1445.31	89.21	0.71	149.00	复合钻进，钻压2t，转速18r/min

续表

测深,m	井斜,(°)	井斜变化,(°)	方位,(°)	施工情况
1454.37	89.60	0.39	148.40	复合钻进,钻压2t,转速18r/min
1463.68	90.04	0.44	148.70	复合钻进,钻压2t,转速18r/min
1473.42	90.79	0.75	148.10	复合钻进,钻压2t,转速18r/min
1482.33	91.14	0.35	147.90	复合钻进,钻压2t,转速18r/min
1491.70	89.91	-1.23	146.30	复合钻进至1485.06m,钻压2t,转速18r/min
1501.25	89.65	-0.26	145.00	定向钻进至1494.61m
1510.19	90.40	0.75	145.20	复合钻进,钻压2t,转速18r/min
1519.13	91.01	0.61	145.00	复合钻进,钻压2t,转速18r/min
1529.09	91.58	0.57	144.80	复合钻进,钻压2t,转速18r/min
1539.05	91.88	0.30	14.70	复合钻进,钻压2t,转速10r/min
1549.01	92.52	0.64	144.50	复合钻进,钻压2t,转速10r/min
1557.41	93.34	0.82	144.60	复合钻进,钻压2t,转速10r/min
1570.00	94.00	0.66	144.50	复合钻进,钻压2t,转速10r/min

2. 划分储集层

常规条件下,原始录井剖面岩性主要依据岩屑含量变化、钻时变化进行归位。在快速钻井条件下,由于钻时变化幅度小、砂泥岩钻时不易区分,同时PDC钻头破岩细碎、高速钻具旋转将岩屑高度搅混,砂泥岩百分含量变化不明显,导致原始岩屑岩性归位十分困难,制约了剖面符合率的提高,为了提高快速钻井条件下录井岩屑岩性剖面符合率,利用综合录井检测的钻时、扭矩、钻压、转盘转速等参数进行储层识别,在生产中应用有较好效果。

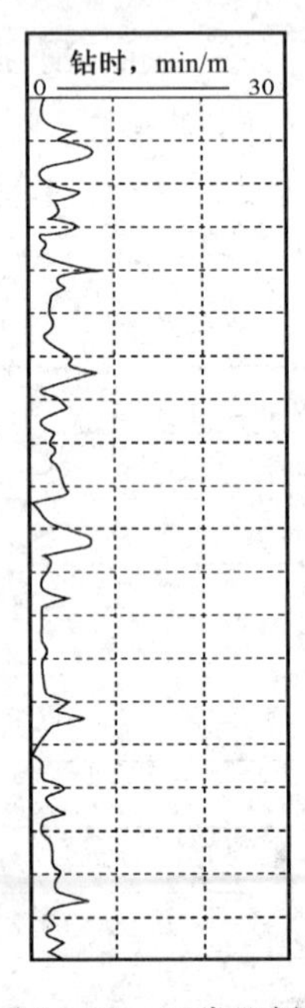

图4-64 正常比例钻时

1)钻时比例放大法

钻时是地层可钻性最直接的反映,通过放大钻时比例而使微小的钻时差异变得明显,从而有利于层厚的卡取。在PDC钻头加螺杆复合钻井条件下,钻时在砂泥岩井段变化不明显,不能直观的反映砂泥岩,参考原始的钻时曲线无法对岩性归位。不同地区或油田、区块及地层,砂泥岩钻时各具特征。总体上讲,砂泥岩钻时的规律不明显,但在有的地区还是有一定规律的,在实际生产中应用钻时放大的办法收到了较好的效果。如八里庄油田L107断块目的层是沙一段,泥岩是脆硬的灰色泥岩,使用PDC钻头加螺杆复合钻井技术钻时差别较小,采用将钻时放大5倍的方法,就是对每米的钻时同时乘以5,这样也就把砂泥岩钻时的差别放大了相同的倍数,变化也就相差很明显。图4-64、图4-65所示为L107-27x井将钻时放大5倍后录井效果对比。此方法有效地提高了钻时的参考价值,基本上能够反映地层的砂泥岩钻时变化。L107-27x井利用此方法进行岩性归位的剖面和测井曲线相对比,剖面符合率达到了88.9%。

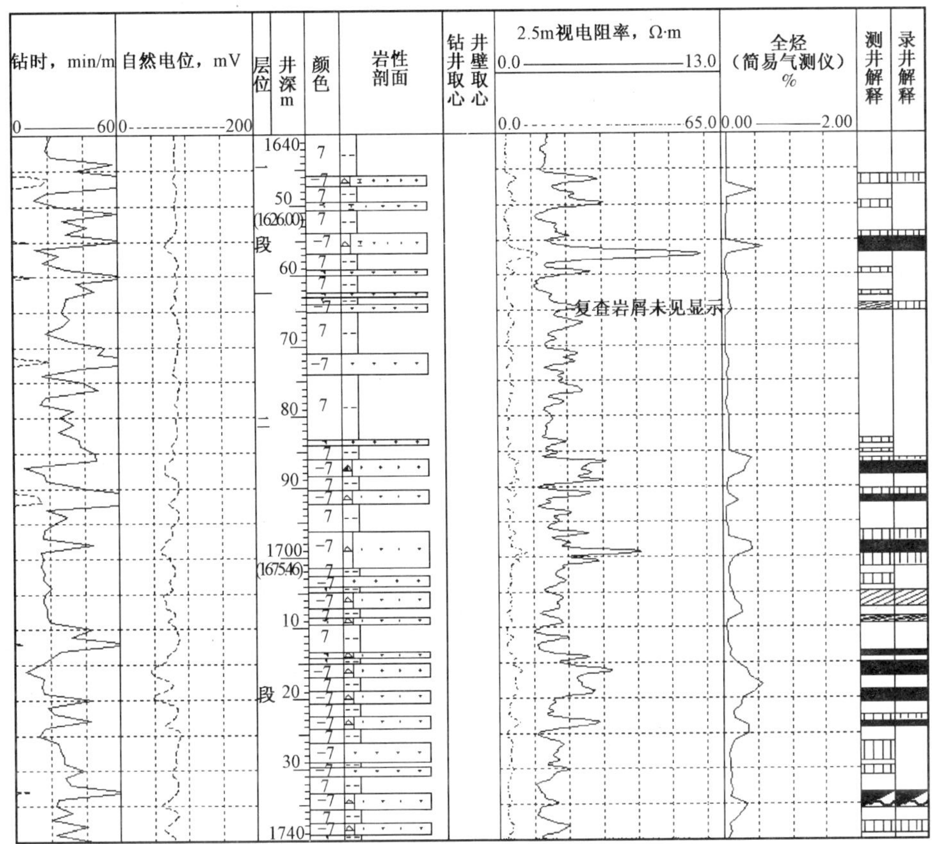

图4-65 钻时扩大5倍后效果图

2）钻时对数处理法

钻时对数处理法主要适应于钻速变化较频繁、钻时一般大于10min的井段，通过钻时对数处理，有效地减弱钻时曲线的齿状变化，使其呈现台阶状起伏，从而确定岩性变化界面。如在L108X井2250～2500m井段利用此方法划分储层15层（图4-66），自然伽马测井分层17层，自然电位分层12层，划分符合率达88%。

3）K（地层可钻性）指数法

钻井速度（钻时）受井径、钻井参数、钻井液性能、岩性和钻头及水力效率等的影响。在复合钻进条件下，钻井速度受钻井参数的影响更大，单单使用钻时来判断储层受到极大的限制。为了消除部分影响因素，根据钻速与转盘转速、钻压、地层可钻性成正比，与钻头直径成反比的原理，建立钻速与地层可钻性的关系式：

$$K = 47.982D/(NP \cdot \mathrm{ROP})$$

式中 K——地层可钻性指数；

D——钻头直径，mm；

N——钻头转速，r/min；

P——钻压，kN；

ROP——钻时，min/m。

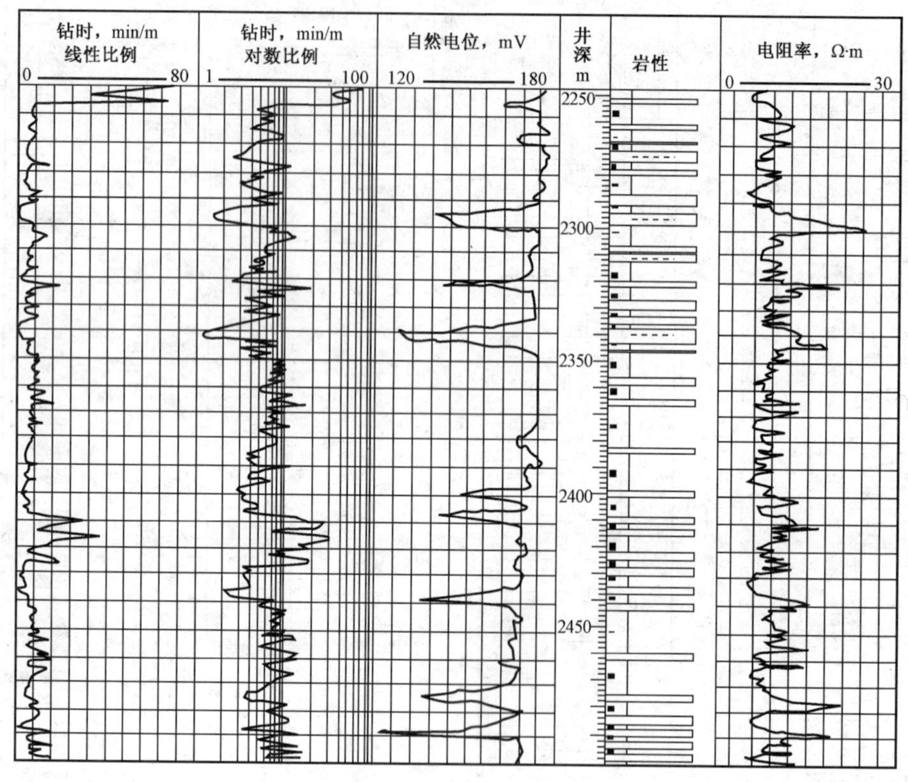

图 4-66 L108X 井录井剖面图

上述公式中钻头转速的确定分为两种情况:对于使用转盘或顶驱驱动的钻具组合,转盘转速可认为与钻头转速相等;对于使用井下动力(螺杆)钻具的钻头转速,可以通过计算动力钻具的转速与地面驱动转速相加获得。由于井下动力钻具的转速受其本身的额定功率和钻井液流量控制,因此使用井下动力钻具的钻头转速可通过以下计算公式获得:

$$N = \frac{(N_2 - N_1)F_0}{F_2 - F_1} + N_0$$

式中 N——钻头转速,r/min;

N_2——动力钻具转速上限,r/min;

N_1——动力钻具转速下限,r/min;

F_0——钻井液排量,L/min;

F_2——动力钻具钻井液排量上限,L/min;

F_1——动力钻具钻井液排量下限,L/min;

N_0——地面驱动转速,r/min。

利用该公式随钻处理综合录井参数,可消除钻头转速、钻压、钻头直径的影响,获得更能真实反应地层可钻性的 K 指数值。K 指数值越小,地层可钻性差,为泥岩;K 指数值越大,地层可钻性越好,为砂岩。运用计算所得的 K 指数值绘制的曲线,消除了大部分钻井参数包括螺杆动力钻具对钻时造成的影响，曲线幅度差异明显，划分储层界面效果较好。

如图 4－67 所示，CH68x 井在井深 2125.94m 下入 5LZ172B 型动力钻具，使用地层可钻性指数法计算后得到的校正钻时曲线与随钻测量钻时曲线相比，不但将钻时曲线恢复到了同一基值，剔除了多数由钻井参数变化引起的低钻时，而且地层可钻性曲线的幅度变化更能真实地指示储层位置和反映储层发育情况，为落实储层和确定卡层循环位置提供更准确的指示。

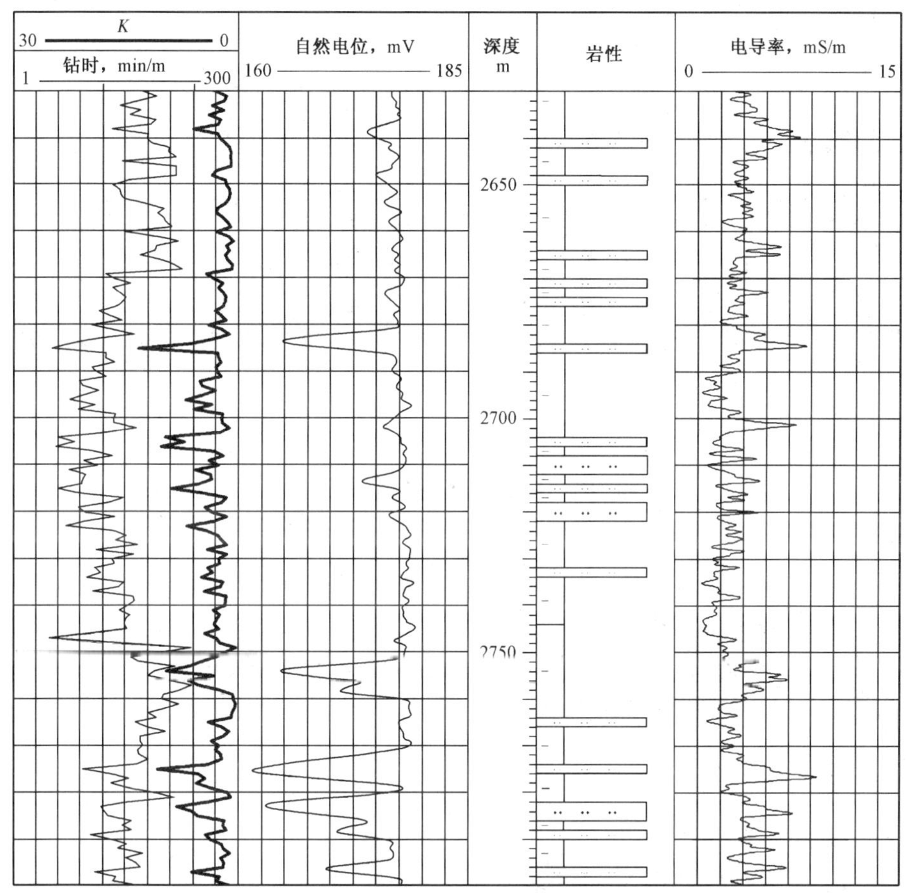

图 4－67 CH68x 井剖面划分示意图

3. 识别特殊岩性

某井采用 PDC 钻头钻至井深 1686m，发现钻时增大，出现蹩跳；降低钻压继续钻进，仍出现蹩跳，同时扭矩振幅增大。如图 4－68 所示，综合分析排除钻头故障后，认为是砾岩引起，由于未到岩屑录井井段，通知地质录井，及时进行岩屑录井取样观察，发现岩屑含砾，提前进行录井，取样进行薄片分析，为馆陶组底砾岩，由于该井馆陶底设计 1990m，继续钻进，钻至 1926.64m 起钻测井，确定馆陶底 1721.50m，比设计提前 268.50m。

随着对综合录井应用研究的深入，综合录井钻井参数在石油天然气勘探开发进程中的应用也越来越广泛，如利用微钻时识别储层裂缝发育程度、判断潜山或地层界面等等，这都需要结合施工区域特征进一步挖掘应用。

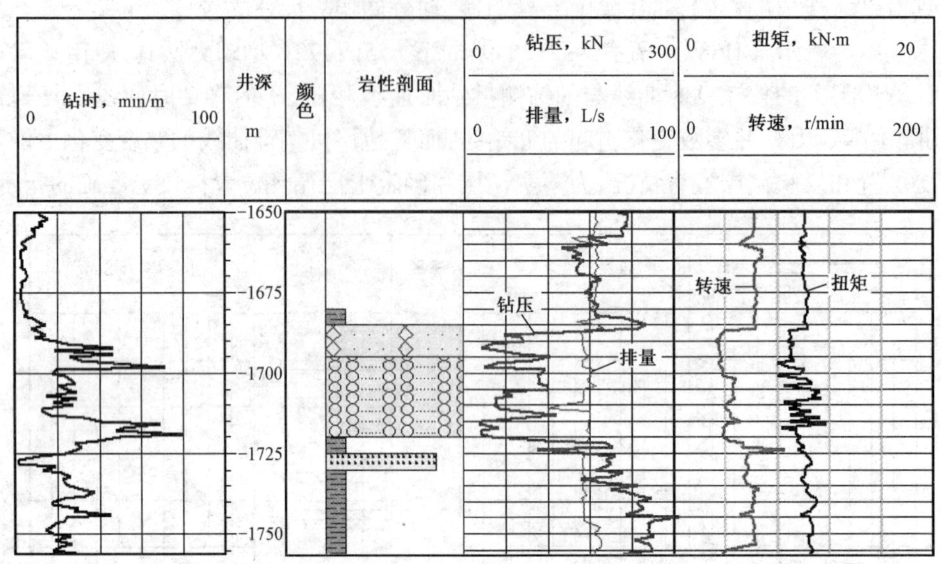

图4-68 馆陶底砾岩钻井参数变化曲线

第四节 钻井液录井

钻井液是钻井时用来清洗井底,并把岩屑携带至地面、维持钻井操作正常进行的流体。钻井液在钻遇油、气、水层和特殊岩性地层时,其性能将发生各种不同的变化。根据钻井液性能的变化及槽面显示,来判断井下是否钻遇油、气、水层和特殊岩性的方法称为钻井液录井。钻井液测量的参数有钻井液进出口温度、钻井液进出口密度、钻井液进出口电导率、钻井液液面(体积)等。

一、钻井液基本知识

(一)钻井液的功能

在钻井过程中,钻井液具有以下功能:

(1)清洗井底岩屑;

(2)冷却和润滑钻头和钻柱;

(3)造壁作用;

(4)控制地层压力;

(5)悬浮岩屑和其他加重材料;

(6)传递水力功率;

(7)携带地层资料。

(二)钻井液的组成及类型

钻井液成分比较复杂,不同类型的钻井液其成分组成不同,一般有以下组分:

(1)液相,可以是水或油;

(2)活性固相,包括加入的膨润土、地层进入的造浆粘土和有机膨润土(油基钻井液使用);

(3)惰性固相,如岩屑和加重材料、各种钻井液添加剂。

随着钻井技术的发展,钻井液的种类越来越多,其分类各异,主要有水基钻井液、油基钻井液和清水。水基钻井液一般用粘土、水、适量药品搅拌而成,是钻井中使用最广泛的一种钻井液。油基钻井液以柴油(约占90%)为分散剂,加入乳化剂、粘土等配成。油基钻井液失水量小,成本高,配制条件严格,一般很少使用,主要用于取心分析原始含油饱和度。清水钻进适用于井浅、地层较硬、无严重垮塌、无阻卡、无漏失及先期完成井。

API及IADC把钻井液体系分为以下九类:不分散体系、分散体系、钙处理体系、聚合物体系、低固相体系、饱和盐水体系和完井修井液体系,这七类为水基钻井液;油基钻井液体系,为油基型;空气、雾、泡沫和气体体系,以气体为基本介质。

(三)钻井中影响钻井液性能的地质因素

了解钻井过程中影响钻井液性能的地质因素,对于判断油、气、水层和岩屑的变化十分重要。影响钻井液性能的地质因素是比较复杂的,归纳起来有以下几方面。

1. 高压油、气、水层

当钻穿高压油气层时,油气侵入钻井液,造成钻井液密度降低、粘度升高。当钻遇淡水层时,钻井液密度、粘度和切力均降低,失水量增大。钻遇盐水层时,钻井液粘度增高后又降低,密度下降,切力和含盐量增加。水侵会使钻井液量增加。地层流体性质的判断是石油钻探的主要任务之一,钻井液作为载体,有着多方面的痕迹,因此,要注重这方面资料的收集。

钻遇油气水层后收集的资料如下:

钻遇油、气显示时,应加密测量钻井液密度、粘度及观察槽面显示情况,并详细记录。

油侵时,钻井液出口处有外涌现象,槽内液面升高,常可见到油膜、油花或油流显示;如显示不明显,可取一杯钻井液用荧光灯照射,观察荧光显示,夜间钻进时,有时可用荧光灯直接照射出口槽钻井液,观察荧光显示,观察时要注意区分地层中的原油和混入钻井液中的成品油(机油、柴油等)。钻井液中天然原油多呈黑褐色、黄褐色斑状油花,外缘较圆滑,易集结,污手,具油香味,钻井液密度降低,粘度增高;混入钻井液中的成品油一般多呈带状,搅动易散不再集中。在进行荧光观察时,应随时与机油、柴油对比,加以区别。

气侵时,钻井液中常可见气泡,天然气的气泡一般呈小米粒状,分布较均匀。油层气气泡破碎后有油花,呈条带或串珠状流动,具油香味。气层气一般具硫化氢味或无味。气样可点燃,气层气呈蓝色火焰,油层气呈黄色火焰。钻井液粘度显著增加,密度有所降低。

在钻井液槽面出现油花、气泡时要做燃气试验。一般可用一个气样瓶,装入约3/5瓶体积的含气钻井液,用手堵住瓶口,再加入1/5清水,摇晃使瓶倒置。钻井液被水稀释后,气体就要聚到瓶的上部,然后划燃火柴,再倒转瓶口向上,用火试燃,观察其是否可燃及燃烧情况。同时,空气的气泡较大,多连片集中,破裂后无油花,无味,颜色发暗。钻井液中空气泡用手捞取不易破裂,根据这些特点可或区分天然气与空气。

在油气显示较难确定时,可用一张干净的纸放在槽面粘附油花、气泡,取出在荧光灯下观察有无油气显示。

钻井液受水侵时，一般钻井液量增多，泥浆池液面不降或增高，甚至钻井液出口间断见水。淡水侵时，钻井液粘度、密度降低；盐水侵时，钻井液粘度增高，密度变化。钻井液中有水侵现象时，要取钻井液滤液测定其 Cl^- 含量。

对于油气显示，除了前述要注意判断井下地层的原油显示与混入钻井液的地面油的显示之外，还应注意钻井液的处理情况。一些钻井液处理剂经井内循环，在高温高压下，往往发生一些物理化学反应，如产生大量气泡等，甚至钻井液性能的某些变化与油气显示相似，所以要随时了解钻井液处理情况，掌握其性能的变化。此时所需收集的资料内容主要是：处理剂名称、数量，处理时井深、时间和处理前后性能的变化。一般要求在钻目的层以前将钻井液处理好，钻目的层时不处理钻井液。另外，探井及资料井因卡钻而泡油时，在解卡后必须将原油替净。

2. 盐侵

当钻遇可溶性盐类如岩盐（NaCl）、芒硝（Na_2SO_4）或石膏（$CaSO_4$）时，会增加钻井液中的含盐量，使钻井液性能发生变化。由于岩盐和芒硝这些含钠盐类的溶解度大，使钻井液中 Na^+ 浓度增加，使其粘度和失水量增大。当盐侵严重时，还会影响粘土颗粒的水化和分散程度，而使粘土颗粒凝结，粘度降低，失水量显著上升。

3. 钙侵

钻遇石膏层或钻水泥塞而带入了氢氧化钙时，均发生钙侵，使钻井液粘度和切力急剧增加，有时甚至使钻井液呈豆腐块状，失水量随之上升。当氢氧化钙侵入时，还将使钻井液的 pH 值增大。

4. 砂侵

砂侵主要是粘土中原来含有的砂子及钻进过程中岩屑的砂子未清除所致。含砂量高，则影响钻井液密度，并使粘度和切力增大。

5. 粘土层

钻遇粘土层或页岩层时，因地层造浆使钻井液密度、粘度增高。

6. 漏失层

钻井液漏失在钻井中是经常遇到的。轻微的漏失类似于高度的失水现象。在一般情况下，钻进漏失层时要求钻井液具有高粘度、高切力，以阻止钻井液流入地层。但在漏失严重时，应根据发生漏失的地质条件，立即采取行之有效的堵漏措施。

钻井液录井方法的设备简单，对油、气、水层反映快，所以是应当予以重视的。尤其在某些情况下，如在颗粒很细的疏松砂岩层段，取岩屑比较困难，而钻井液的粘度增加很大，可以帮助判断石膏存在的可能性，所以钻井液录井有一定的作用。当然，也应该了解钻井液录井并不能确定地层时代及油气水的数量，甚至有些情况下连岩性的反映也常常是不明显、不确切的。因而它是一种辅助性的录井方法，必须与其他录井资料配合使用才能收到一定的效果。

某些岩层对钻井液性能的影响可大致归纳如表 4－11 所示。表 4－11 所列的只是一个大致关系，由于影响钻井液变化的因素较多，情况也比较复杂，所以在钻穿各种地层时，钻井液性能的变化并不总是这么明显的,要结合具体情况分析。尤其是在处理钻井液时,必须了解处理后的钻井液性能变化情况。

表4-11 岩层对钻井液性能的影响

	油层	气层	盐水层	淡水层	粘土	石膏	盐岩	疏松砂岩
密度	减	减	增→减	减	增		增	略增
粘度	略增	增	增→减	减	增	剧增	增	略增
失水量			增	增	减	剧增	增	
切力	略增	略增	增	减	增	剧增	增	
氯离子含量	不变或增	不变或增	增	减			增	
含砂量								
泥饼			增	增		增	增	

二、钻井液参数

钻井液参数可分为两类:一类是涉及循环钻井液的动态参数,这类参数具有很强的实时性,在钻开渗透性好的油气层时,这类参数可以立即显示循环钻井液压力与地层孔隙压力的平衡状态;另一类是返出钻井液携带的涉及地层物理性质的参数,这类参数从钻开岩层进入钻井液到返出地面需要一个运载上返时间,因此实时性较差,但仍不失判断钻过地层性质的一种有效方法。

(一)钻井液动态参数

钻井液动态参数有三种:在用池钻井液体积、钻井液循环流量和钻井液进出口压力。

1. 在用池钻井液体积

钻井液在循环流动中,在用池的总体积应当基本保持不变。换言之,往井中泵入多少钻井液,就应从井中返回多少钻井液。当然,随着进尺的增加,要有钻井液去填充新钻开的井段。这样在用池钻井液体积随着进尺的增加而缓慢下降,这种正常缓慢下降是很容易识别的。地层流体通入井筒或挤入地层都将引起在用池钻井液体积的变化。因此,在用池钻井液体积是很关键的一个参数,在钻探的全过程中(从开钻到完井)都应对它进行检测。

测量液面高度多用超声波法和浮子法,不论采用哪种测量装置,都要求在各连用的泥浆池中安装检测在用池钻井液体积的装置,把各在用池钻井液体积加起来,就得到在用池钻井液体积参数。

为防止钻井液搅拌器引起液面波动对检测的干扰,通常安装一个防波动干扰装置。

起钻作业时,钻井液不通过循环钻井液池往井中灌钻井液而通过起下钻池。在起钻过程中,井内钻井液是否灌满也是一个重要信息,故也应在起钻泥浆池安装检测在用池钻井液体积的装置。

2. 循环钻井液流量

循环钻井液流量是影响钻井液水力学特征的主要参数,一般检测入口流量 MFI 和出口流量 MFO 两个变量。其中入口流量的检测是必不可少的。

入口流量有两种常用的测量方法：一是用泵冲率计算法，二是用电磁式流量计。

泵冲率传感器采用邻近开关，将邻近开关安装在泵窗上，而在泵活塞杆上套一个金属激励器。这样，每一冲程产生两个脉冲，对脉冲按时间间隔计数即算得单位时间泵冲数——泵冲率。再由泵的容积和上水效率就可将泵冲率换算成入口钻井液流量 MFI。这种方法安装简单，比较实用；缺点是上水效率随泵冲率而变，从而影响了流量的精度。

电磁式流量计是利用钻井液具有导电性而制造的。当钻井液以一定速度流动时，相当于导体的运动。导体在磁场切割磁力线的运动将产生感应电势，该电势与钻井液流速有关。换言之，电磁式流量计是用感应电势来检测钻井流量的，因此用在油基钻井液场合效果不佳。电磁式流量计另一个问题是要求将其安装在循环钻井液泵的下游管道的高压部分，对其维护将影响钻井作业。因此，钻井工程方面一般不支持采用电磁式流量计，除非它稳定可靠、作业期间不维修。

出口流量是检测井涌、井漏的重要参数。遗憾的是，目前还没有稳定实用的出口流量计，原因是钻井液出口导管中存在三相物质，即液相——钻井液、固相——返出的岩屑、气相——空气和地层逸出的气体。在三相混合的物质中检测钻井液流量是一个困难的课题。目前常用的为挡板式流量计，用一块带有弹簧的挡板横在钻井液通道中，当流量变化时挡板受力而改变角度，从而表示钻井液流量。电磁式流量计也试图用在出口流量的检测中，这需在钻井液出口导管近旁另设一钻井液引流导管线，使管线中的钻井液始终充满，而且其流量应与主导管流量成比例。电磁式流量计安装在引流管线上，以获取出口流量参数。该办法存在这样的问题是引流管线常沉积岩屑而使检测失灵。

出口流量参数也可以用计算法获取：

$$\mathrm{MFO} = \mathrm{MFI} + \frac{\Delta V}{\Delta t}$$

式中 MFO——出口流量，m^3/min；

MFI——入口流量，m^3/min；

ΔV——用在池钻井液体积变化量，m^3；

Δt——时间间隔，min。

由于出口流量是用在池钻井液体积变化量来计算的，故人们常用在池钻井液体积的变化直接判断井涌、井漏。

3. 钻井液进出口压力

在钻井现场，钻井液进出口压力一般通过立管压力和套管压力

立管压力是指示钻井液在循环路径上压力损失的参数。钻井液流速、钻井液性质和环路各处的尺寸是影响立管压力大小的主要因素，但井涌、井漏、井下钻杆刺漏、钻头水眼堵塞都将引起立管压力异常变化。在关井时，立管压力的值与地层孔隙压力有密切关系。立管压力传感器要安装在循环管路的立管上。

套管压力是指示关井套压的，在循环状态下其值接近零。关井套压主要用在井涌关井时确定地层涌出流体的类型，例如判定油气水。立管压力和套管压力的采集在前面的内容中已经进行过阐述。

(二)钻井液性质参数

循环钻井液性质参数有钻井液密度、钻井液温度、钻井液电阻(电导)率三种信息。这些信息中含有钻开地层孔隙储集物的信息,如含油、含气或含水。它们是传统钻井液录井的主要参数。

在钻井液密度上的地层信息是出口密度 MDO,减去当时的迟到密度 MDL,与此类似,在电阻率上的地层信息是出口电阻率与迟到电阻率之差。利用地层在钻井液性质上的信息来判断地层孔隙流体的性质和某些岩性。

(1)油气层的判断:油气流体电阻率通常比钻井液的电阻率高,因而在电阻率信息上油气层应当有电阻率升高的表现;油气流体的密度通常比地层水密度低,故应有钻井液密度降低的表现。

(2)盐水层的判断:盐水的电阻率较低,因而该层在钻井液电阻率信息上有降低的表现。

(3)地热(水)层的判断:地热层突出的特点是温度高,因而该层在钻井液温度信息上有升高的表现。

以上三种储集流体的判断的前提是钻井液中含有一定的地层储集流体。如果钻井液中地层储集流体的含量太少,在钻井液相关参数上引起的变化就会十分微弱甚至没有变化。为了增强钻井液性质参数的作用,随钻实时判断地层储集流体性质,可以采用欠平衡钻进或者在可疑油气层井段采用短起下钻技术等方法诱导地层流体进入井筒。

关于储集层的埋深,应以有信息显示时刻对应的迟到井深为导向,在这个深度的上下位置用岩层可钻性理论寻找储集层顶部的深度位置。不能用迟到井深准确确定储层顶部位置的理由是:钻井液在环空流动中,可能存在紊流,紊流起着一种搅拌钻井液的作用,因而使其对应的井底深度模糊起来;油气流体成分在随钻井液运移中有膨胀上窜的趋势,可能提早返出井口,换言之,有把深度定浅的作用;因钻井作业的接单根或短提作业才能使地层流体进入井筒,若按迟到井深定出的储层深度,就可能超过了实际井深。

应当说明,联系实时参数和非实时参数(如钻井液录井、气测录井)的桥梁是迟到井深,钻达井深和迟到井深都是对应钻头钻开地层的深度,只不过前者是实时参数标尺,后者是非实时参数标尺,它出现的时间晚一个钻井液上返时间,以地层为主体看,这两个深度具有同等的意义。

三、钻井液参数采集

钻井液参数采集同样通过传感器来实现。

(一)密度传感器

1. 工作原理

密度传感器用于测量钻井液密度。它由膜盒组件和智能电器转换部件组成。当单晶硅片的上下表面受到压力并形成压力差时将产生形变,中心处受到压缩力,边缘处受到张力,从而产生不同的压力信号。单晶硅谐振器上的两个 H 形的振动梁分别将差压、压力信号转换为频率信号,送到脉冲计数器,传递到 CPU(微处理器)进行数据处理,经 D/A 转换器转换为与输入信号相对应的 4 ~20mA DC 的输出信号(图 4 -69)。

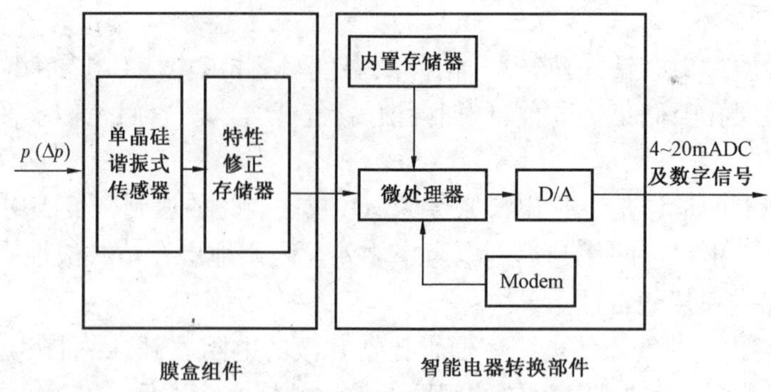

图 4-69 密度传感器智能变送器工作原理图

2. 一般故障及排除

密度传感器出现故障,用户无法排除,请返厂维修。

(二)温度传感器

1. 原理

温度传感器是用铂金属丝制成的测温电阻器,可用来测量钻井液的温度。温度传感器是利用金属在温度变化时自身电阻也随着变化的特性来测量温度的,它的受热元件是利用细铂丝均匀地双绕在绝缘材料制成的骨架上。

2. 一般故障的判断和排除

(1)如果温度传感器在使用中发生故障,应检查电缆的断线和短路及接线头的脱落。

(2)检查温度传感器是否发生故障,可用万用表的电阻挡测量 Pt100 热敏电阻引线两端,应有 100~140Ω 之间的阻值,否则可怀疑传感器内铂丝开路或连接处接触不良。

(3)若本传感器发生故障,建议返厂维修。

(三)电导率传感器

1. 原理

电导率传感器采用两个磁环线圈组成原付级线圈。原付级线圈在同一轴线上,外壳采用耐高温、耐酸碱、耐磨损的绝缘材料封装而成。传感器探头浸在钻井液中,在原级线圈中通过 20kHz 的交流信号,在呈现闭合状态钻井液中产生感应电流。通过钻井液中的感应电流再感应到传感器的付级线圈,付级线圈接收信号的大小与钻井液的导电能力(即电导率)大小成正比。传感器内部有一体化的温度传感器(热敏电阻),用于监视钻井液的温度,对被测温度下钻井液的电导率进行温度校正,补偿到该钻井液 25℃ 时的电导率值。电导率变送器对传感器信号进行整形、放大处理,输出与电导率对应的 4~20mA 的标准直流电流信号。

2. 一般故障及排除

(1)电导率传感器由变送器及探头两大部分组成,探头带有可拆卸的保护罩,可防止探头意外受损，并保证测量的准确性。因此，投入使用前，一定要注意装上保护罩，并注意在测量过程中不使异物进入护罩（如温度传感器）。

（2）探头的污染及泥皮影响测量的准确性，因此每次使用完毕后，应注意立即将附着的钻井液冲洗干净。探头上带有干涸的钻井液就投入使用是不能允许的。

（3）电导率传感器投入使用前应检查零位及满度，必要时进行线性测试检查。

（四）出口流量传感器

1. 原理

出口流量传感器（图4－70）用于测量石油钻井液出口流量相对变化。利用钻井液流体连续性原理、伯努利方程以及挡板受力的分析，可得出流量与传感器挡板摆动幅度之间的函数关系；以电阻器的阻值变化线性反映挡板的角位移，从而测得钻井液流量的相对变化。电流型的流量传感器增加了电流变送单元，使输出量变为电流，输出信号为4～20mA。

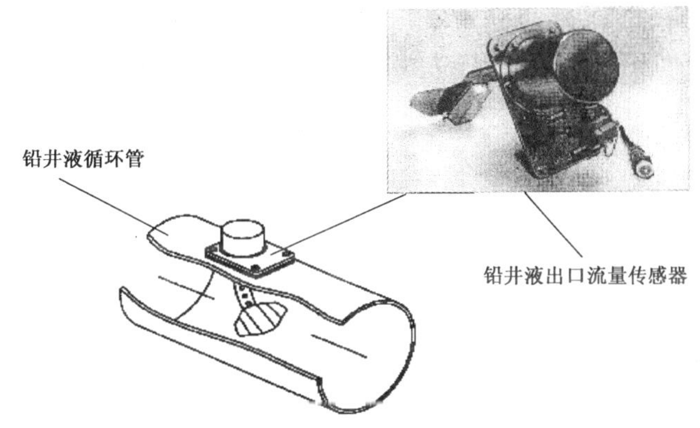

图4－70 出口流量传感器

挡板的浸入深度以不被沉砂搁滞为宜，且在安装后，应保证挡板可在管内空间自由摆动，不与管线内壁相碰，否则影响传感器输出信号正确性。

2. 一般故障判断及排除

（1）如果出口流量传感器在正常使用中无信号输出，应检查加接电缆的断线或短路。

（2）检查电阻型出口流量传感器时，可将传感器从泥浆槽中取出，用万用表的电阻挡测量传感器的阻值。如果不正常，可用相同规格的变阻器掉换原用的变阻器。如挡板有卡滞现象，而不改变角度，应拆开上部不锈钢罩，检查内部机械部件，排除机械传动部分的故障后，在活动的机械部位加注润滑油。对于电流型传感器，如电缆接线无问题，应拆开罩壳检查电位器；如电位器完好，应考虑是电流变送单元损坏。

（五）液位传感器

1. 浮子式液位传感器

浮子式液位传感器利用环形磁性浮球随液位升降，使对应位置的干簧开关吸合，将液位转换成相应的电阻信号，再经变送模块转换成二线制4～20mA标准信号输出。

如图4－71所示,传感器的检测管内装有一组干簧管和精密电阻。当管外磁性浮球随液位上下变化时,检测管内位于液面处的干簧管依次接通使传感器的电阻值发生变化,接线盒内的转换电路将电阻值转换成电流输出。

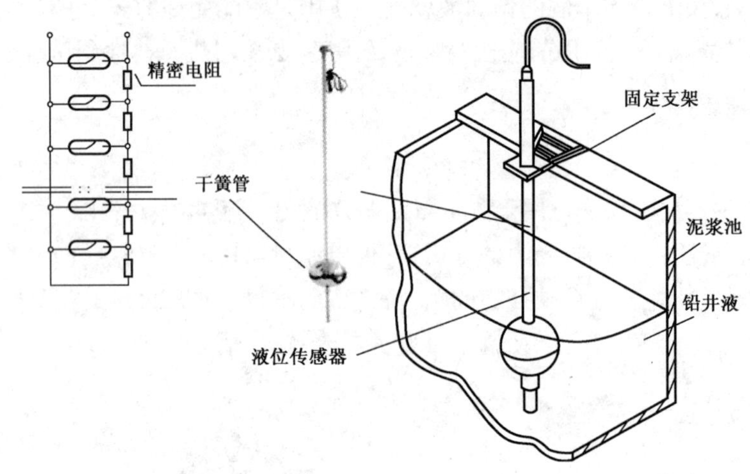

图4－71 浮子式液位传感器工作原理示意图

2. 超声波液位传感器

1)原理

超声波液位传感器将传感器与电信号处理结合在一起,用来测量敞开或密封容器中的液体液位。传感器装有超声波传感器及温度感应元件,由探头发射一系列超声波脉冲,而超声波脉冲遇到液面后返回,被传感器接收。传感器中的滤波装置可从来自声波、电波噪声及转动搅拌器桨叶噪声的各种假回波中分辨出从液面上返回的真回波。脉冲波从发射到液面再返回到传感器所用的时间经温度补偿后转换成可显示的距离,并转变为电流输出。

2)一般故障处理

(1)出现 WAITING:表示该回波不正确或在测量刷新前传感器正等待一个有效的回波。

可能原因有:被测材料或目标接触到传感器面;传感器离填装口太近;传感器与液面不垂直;液位变化太快;测量值超出范围;液体表面有泡沫;固定架振动幅度大;液位进入盲区。

(2)出现LOE/FAULT:查看对于“等待”阶段时间的调整/应答速度。

四、钻井液资料应用

钻井液参数包括钻井液的密度、温度、电导率、流量、总池体积等。钻井液参数的变化通常直接反映井下地层流体的活跃情况及井筒压力与地层压力的平衡情况。重视钻井液参数异常的预报,可以避免井喷、井漏等重大事故的发生,及时处理油气侵、盐侵、水侵,为钻井施工创造条件,见表4－12。

表 4-12 钻井液参数异常与事故类型统计表

事故类型	全烃	密度	H_2、CO_2	温度	电导率	总池体积	出口流量
井涌	增大	减小		升高	减小	增大	增大
井漏						减小	减小
盐侵		增大			增大		
油气侵	增大	减小		升高	减小	增大	增大
水侵		减小	增大		增大	增大	增大
地温异常				增大			

(一)井漏的检测和预报

当井筒钻井液柱压力大于地层压力时,钻井液从井筒漏入地层中的孔洞、缝空间的一种现象称为井漏。井漏按漏失速度的快慢可以分为渗漏、小漏、大漏和只进不出。

1. 井漏的原因

形成井漏的原因主要有:钻入裂缝、孔洞发育的碳酸盐岩地层或高孔隙度的碎屑岩地层;液柱压力大于地层破裂压力将地层压裂;下钻速度过快,引起压力激动;钻入异常低压地层。

2. 井漏的危害

井漏在钻井过程中最容易引发重大恶性事故。渗漏、小漏会增加钻井液量的消耗,增加钻井成本。大漏或只进不出的漏失将引起井壁垮塌、卡钻等井下事故。如井漏层位上部有油气层,将可能引起井喷。由井漏引起的任何事故处理起来都非常困难,因此工程录井需要对可能出现的井漏作好预测以便预防,在井漏出现时要及时预报,以便及早处理。

3. 井漏的预报与判别

1)钻前预测

首先作好压力监测,掌握区域资料,作好漏前预报及预防。井漏在不同的钻井施工过程中表现不同,最直接的表现为钻井液液位下降。利用录井参数可预报可能发生的井漏。

2)钻井过程中预报井漏

在快速钻进中,由于钻井液消耗较大,需不断补充钻井液,钻井液总量的变化较大,因此只用钻井液液位不易判断井漏,但是由于工程录井采集的参数多,通过综合分析可预先判断井漏。

在快速钻进录井监测时,通过钻时、捞取的砂样可知已钻地层的岩性剖面。如果钻入好的渗透性地层,钻井液密度较高或钻进中有泵压波动,就可能引起井漏。出现上述现象时要密切注意钻井液液位、出口排量和泵压的变化。如果快速钻进中泵压下降、出口排量减少而且钻井液液位下降,就可能是井漏。

在机械钻速较低的正常钻进过程中,钻井液液位相对平稳,可直接通过钻井液液位变化来判断井漏;另外,对钻时、砂样岩性剖面、钻井液密度与地层压力差的大小、泵压波动情况以及钻井液处理情况进行综合分析,可提早预报井漏。

例如,J21 井钻至井深 4156.62m,钻井液总池体积开始由 164.85m^3 下降,通知负责钻井液的值班人员参数异常变化情况。钻至井深 4156.74m,钻井液总池体积降至 162.07m^3。接单根后恢复钻进,总池体积为 162.00m³,变化稳定,未继续见井漏迹象。井段 4156.62 ~ 4156.74m 漏失钻井液 2.78m³,漏速 7.20m³/h。对应井深为石灰岩地层,现场判断为石灰岩裂缝造成的地层渗漏,如图 4-72 所示。

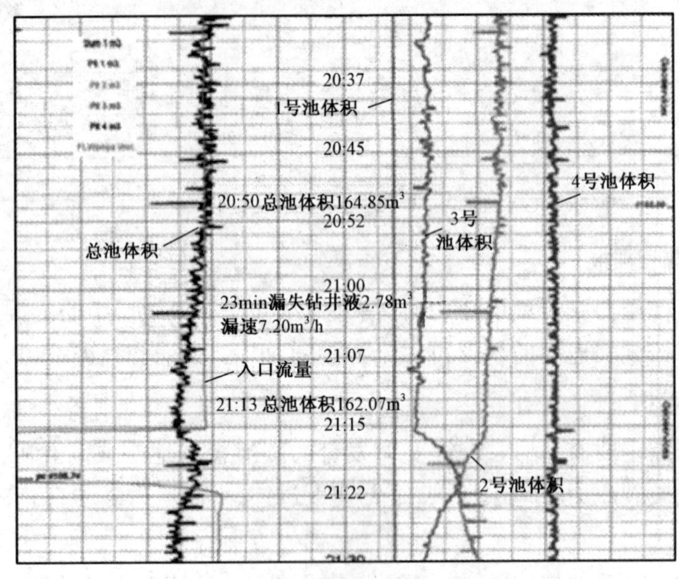

图 4-72　J21 井漏参数曲线变化图

又如,J59 井钻至井深 3594.90m,总池体积由 131.62m³ 开始下降,综合录井操作员注意到钻井液池体积异常变化后,及时通知井队钻井液值班人员及井队值班干部,注意井漏,并密切注意其他参数的变化情况。钻至井深 3596.42m,总池体积下降为 124.55m³,140min 漏失钻井液 7.07m³,漏速 3.03m³/h,再次通知井队密切观察体积参数异常变化情况。停钻观察 1h 后,开泵小排量循环,井漏情况有所控制,恢复钻进。钻至井深 3600.51m,仍有井漏现象,漏速降低,井队注入单封堵漏剂,短起下静止 2h,本次累计漏失钻井液 23.50m³,如图 4-4-5 所示。

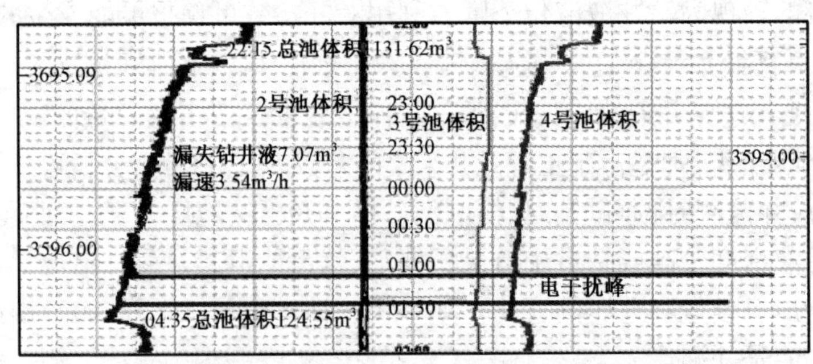

图 4-73　J59 井 3594.90m 钻井液漏失监控画面

由于综合录井操作员及时发现井漏,及时预报,井队根据综合录井井漏情况,采取相应的措施,从而避免井下更加复杂的事故发生。

3）起下钻过程中预报井漏

首先要了解已钻井段地层的岩性分布情况、地层压力情况、以前起下钻灌浆及返浆情况，拥有这些信息就能更准确判断起下钻过程中的井漏。

在起下钻过程中判断井漏观察灌浆情况，一般提出10柱钻杆灌入$1m^3$左右的钻井液，如果起出10柱钻具灌入量大于$1m^3$，就可能是井漏。

在下钻过程中，激动压力可能引起井漏。通过起下钻监测程序监测下钻速度，可以防止激动压力过大压漏地层，根据下钻返出钻井液量判断是否发生井漏。如果下入10柱钻具返出钻井液量小于$1m^3$或不返出钻井液，就可能是井漏。监测下钻是否有钻井液返出，可在钻井液返出口放电导率、温度探头，钻井液返出在电导率、温度上有相应变化。下钻有钻井液返出时，电导率由零值迅速上升，变化非常明显；在无钻井液返出时，受环境影响较大，冬季寒冷，返出钻井液温度与环境温度差别较大，温度变化易于判断，而夏季两温差较小，变化不明显。

井漏是钻井工程中较复杂的问题之一，也是引发其他重大事故的重要隐患。如果不及时发现并采取措施控制，有可能直接导致井壁垮塌、卡钻，有可能导致地层压力失控，造成井涌或井喷等事故。综合录井仪实时检测与井漏相关的各项参数的变化，并连续准确计量钻井液体积，可直接反映出参数的趋势性变化，又快又准地判断井漏的发生。在掌握了区域地层资料和邻井资料的情况下，抓住漏前预兆，可更准确预报井漏。在钻进过程中，进行井漏检测和预报的依据是钻井液总体积、钻井液出口流量的变化情况；在起下钻过程中，监测井漏的依据是监测应灌入的钻井液体积数量和应返出的钻井液体积数量，判断井漏是否发生。

（二）井涌的检测和预报

井涌是在地层压力大于钻井液柱压力的情况下，地层中的流体持续进入井筒，与钻井液一同溢出井口的现象。

1. 井涌的原因

（1）钻遇异常高压地层，地层压力驱动地层流体进入井筒造成井涌。

（2）在井底压力近平衡状态时停止循环，作用于井底地层的循环压力消失，地层流体进入井筒造成井涌。

（3）起钻时未按规定灌钻井液使井筒液面下降，钻井液柱压力减少到不能平衡地层压力时，地层流体进入井筒造成井涌。

（4）井漏时钻井液补充不足使井筒液面下降或补充的钻井液密度不足以平衡地层压力，地层流体进入井筒造成井涌。

（5）钻井液因为地层流体不断侵入而密度降低，密度降低又导致地层流体的入侵速度加快，最终造成井涌。

（6）起钻时，特别是钻头出现泥包或使用PDC钻头时，因抽汲作用诱发井涌。

（7）邻井采油实施注水开发，导致地层流体侵入井筒。

2. 井涌的危害

井涌在钻井施工中如果不及时预报，发现后不及时采取加大钻井液密度等措施，将引起井喷。所以在工程监测时录井一定要加强监测引起井涌的各项参数，尽可能提前发现井涌征兆，这对避免井喷这样的恶性工程事故可起到决定性作用。

3. 井涌的判断

1)钻前分析

作好井涌预报首先要对邻井地层压力和地层流体性质、能量进行分析,预测所钻井可能发生井涌的层位。

2)钻进中判断井涌

在钻到可能发生井涌的井段前,加强地层压力监测,及时发现井涌出现的预兆,比如钻速的突然加快或放空等。在钻开油气层时,加强地层流体性质、能量的分析,并密切观察气测异常时钻井液参数的变化情况。一般钻开油气层,地层流体进入井眼上返时,气测值上升,出口流量上升,泵压下降,出口密度下降。如果气测值、液位持续上升,出口密度持续下降,就可以预报井涌,立即通知井队采取相应措施。如果一个循环周后,上述现象持续发展,应立即发出井喷警报。

例如,W2 井钻至井深 3841.00m,钻时由 12min/m 降至 3min/m,总池体积为 86.8m^3。至 16:41 全烃由 0.06% 升至 2.96%,C_1 由 0.03% 升至 2.75%,无其他组分,总池体积升至 87.8m^3,池体积上涨了 1m^3。综合录井立即通知井队钻井液体积变化情况。继续钻进,总池体积升至 88.20m^3;综合录井再次通知井队钻井液体积变化情况,17:10 井队经核实,确认总池体积有上升,立即实施加重钻井液措施。至 18:40 全烃为 0.53%,总池体积升至 90.4m^3,操作员通知井队注意观察液面变化,并建议循环钻井液排气,如图 4-74 所示。18:45 钻至井深 3852.66m,井队停钻循环加重。20:20,钻井液密度 1.42g/cm^3,粘度 39s,停止加重。至21:05,循环观察,液面无显示、无溢流发生。至 22:10,加入重晶石粉 2t,起钻。23:21 起钻至井深 2800.00m,井筒灌满钻井液后,总池体积为 86.00m^3,总池体积上涨了 1.29m^3。综合录井判断溢流,立即通知井队。井队立即加大排量延长灌浆时间。继续起钻至井深 2326.00m 时,总池体积为 84.2m^3,总池体积上涨了 1.45m^3。综合录井再次通知井队,建议井队下钻至套管鞋。井队采纳建议,下钻至套管鞋处(3280m),循环加重。至 6:00,密度升至 1.43g/cm^3,观察液面无溢流发生,重新开始起钻。综合录井通过对起下钻过程的全程监测,及时发现溢流,有效避免起下钻过程中井控事故的发生。

3)起下钻判断井涌

在钻开油气层以后,在起下钻过程中,施工措施不当将诱发井涌、井喷,多数井喷都发生在起下钻过程中。

起钻井涌的原因是井队未按规定在起钻过程中灌浆使井筒液面下降,当井筒液面下降到不能平衡地层压力时形成负压,负压使地层流体侵入,最后形成井涌。另外,由于起钻速度过快或在泥包钻头时起钻所产生的抽汲作用也将使井筒产生负压,使地层中流体侵入井筒发生井涌。起钻时,录井人员要监测井队的灌浆情况、起钻速度,如果灌浆次数和灌浆量合理,但不见钻井液液面下降,就要观察井口有无溢流,如果有溢流马上通知井队。

下钻发生井涌的原因是下钻时的钻井液柱压力大于地层压力以及下钻速度过快产生压力激动引起井漏,当钻井液漏失使井筒内钻井液液面下降到不能平衡地层压力时,地层流体侵入井眼,最后引起井涌。下钻时监测井队的下钻速度及返浆情况是录井人员发现下钻井涌征兆

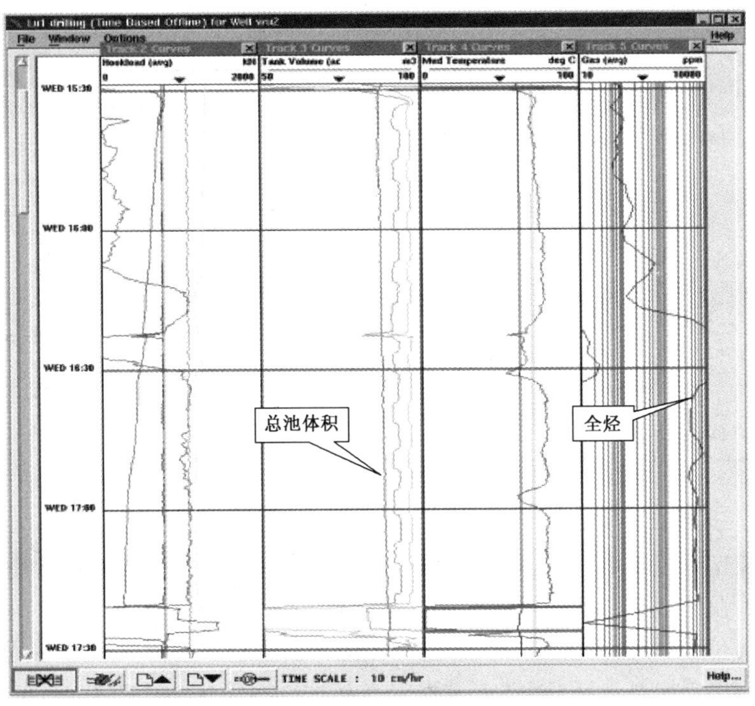

图4－74 W2井溢流参数曲线变化图变化

的主要手段。下钻时如果不返浆，就可能是井漏，此时如果没有发现井漏继续下钻到一定时候，出口返浆量将大于正常返浆量，这时在钻具没入井时观察井口有无溢流，如果有溢流就可能发生井涌。

例如，W5井在钻至井深3815m起钻前进行短起下，测后效气测全烃由0.08%上升至22.41%，组分齐全，钻井液密度由1.37g/cm³降至1.33g/cm³，综合录井立即通知司钻和相关人员。循环下钻至井深1094.00m，钻修时发现井口有溢流，外溢钻井液0.4m³，综合录井立即通知井队技术人员。经过分段循环、处理钻井液，钻井液密度由1.37g/cm³上升至1.42g/cm³，粘度为55s。下钻至井深3525m，循环钻井液，测后效，气测全烃值由0.15%上升至40.72%，组分齐全，钻井液密度降至1.14g/cm³，粘度降至28s，电导率由11.2mS降至6.9mS，CO_2由2.28%上升至2.89%，综合录井人员再次通知井队。井队处理钻井液后，下钻划眼至井深3815m后继续钻进，钻进至3837.27m发现溢流1.2m³，如图4－75所示，综合录井通知井队司钻和技术员及监督。井队立即关井，关井套管压力7.0MPa，关井立管压力5.0MPa。

4. 判断井涌的阶段划分

使用综合录井仪对井涌进行检测和预报，按照发现时间的早晚可以分为4个阶段，即早期预报、临涌期预报、上返期预报和井口发现。

早期预报分为钻前异常预报和随钻异常预报两种。钻前异常预报是通过对区域地质资料、地震资料、邻井资料进行分析后，确定可能发生井涌的层位和井段，进行钻前交底；随钻早

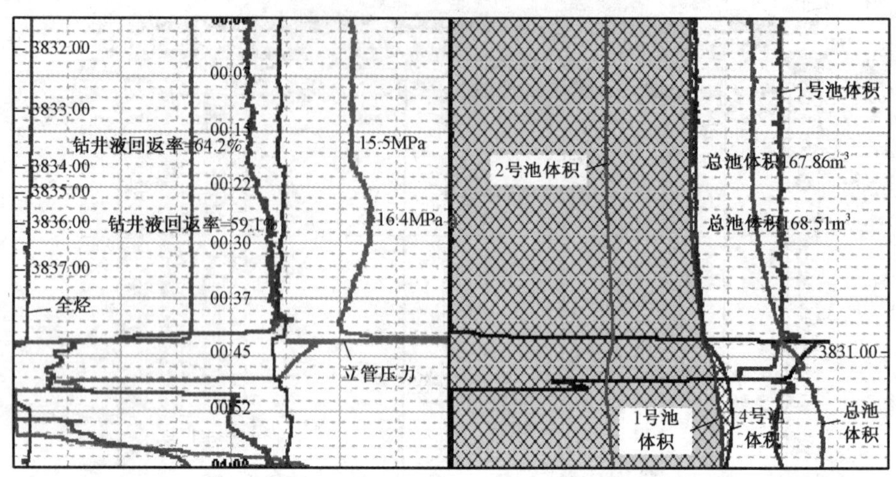

图4-75 W5井溢流实时参数曲线变化图

期预报是通过随钻地层压力检测,发现下部地层存在异常压力的信息,预报可能发生的井涌。早期预报可以为及时处理井涌提供充分的思想准备和物质准备。

临涌期预报是指捕捉井涌预兆,在发生井涌前发出预报。气体检测单根峰增大,气测基值升高,后效气升高,停泵气显示(指钻进过程中因某种原因停止循环数分钟,再恢复循环,因地层流体在停泵间歇中进入井筒造成的气测异常)升高,地层压力检测异常,地温升高,泥岩密度减小,钻井中的蹩跳现象,快钻时或放空等现象的出现均是有可能发生井涌的预兆。

上返期预报是指在地层中的流体涌入井筒时以及在上返过程中,及时发现井涌信息进行的预报。在这一阶段有立压小幅度下降、出口流量增加、总体积增加等较为明显的特征,这些参数的异常变化在地层流体进入井筒的同时就能表现出来。抓住这些参数的异常变化发现井涌,能及时为控制井涌争取时间(视地层流体产出层深度及压差而异)。

井口发现是指在地层中的流体已涌出井口时,依靠迟到参数发现井涌。这时的参数特征为流量增大,气测值大幅度上升,电导率增加(水侵时)或减小(油气侵时),钻井液密度降低,总体积增大等。此时发现井涌虽为时已晚,但也能为紧急控制井涌争取一点时间。

地层中的流体类型不同,地层压力与井筒压力压差不同,所表现出的预兆是不完全一样的。进行井涌预报要重视早期预报,重点监测发现临涌期信息,注重上返期预报,做好井口发现工作及时补救,力求快速准确地预报和发现井涌。

5. 井溢、井涌和井喷的区分

井溢、井涌和井喷都是井筒中的钻井液在地层压力大于井筒压力的情况下溢出井口,只是对应的溢出量不同。

1)井溢

井溢主要表现在井长时间静止时,井口返出钻井液,总池体积增加,出口温度MTO,电导率MCO上升,并且曲线连续升高,出口流量MFO也有信号,但如果溢流量小,MFO曲线不明显。这与地层的油气层、密度、提钻速度有关。

2)井涌

井涌一般是指钻进过程中发生的溢出,表现为泵冲数不变,MFO 增大,立管压力不稳即忽高忽低,总池体积增加,全烃明显上升,烃组分检测值明显上升;出口密度下降,出口电导率下降,出口温度有时升高但幅度不大。

3)井喷

井喷前期参数异常基本与井涌相同,不过当关井后,套管压力升高,立管压力升高。

(三)盐侵的检测和预报

盐侵是在钻遇含盐膏地层时,由于盐类的水溶性,在水基钻井液中溶解而造成污染,导致钻井液性能的改变。同时,含盐膏地层在受到钻井液浸泡时会发生膨胀,在上覆地层压力的作用下会发生塑性流动,造成井眼缩径,可能导致钻具阻卡乃至卡钻事故的发生,因此盐侵的检测和预报对确保安全钻进有很大的作用。

对钻井液盐侵进行检测和预报所依据的主要参数是钻井液电导率。钻入盐膏层,钻速加快,当出现盐侵情况时,电导率上升,上升幅度视盐侵程度不同而有差异,使用淡水钻井液时岩屑录井取样可见盐垢。钻具上提下放过程中可能会出现阻卡现象,超拉力变化明显,幅度较大。

例如,H35 井 11:17 钻至井深 3699m,钻时由 39.5min/m 降至 10.5min/m;11:20 钻至井深 3700m,钻时由 10.5min/m 降至 3.4min/m,综合录井建议井队循环观察,12:10 迟到井深 3699m,出口电导由 73.4mS/cm 升至 98.8mS/cm,出口温度由 64℃ 升至 65.1℃,气测 CO_2 含量由 0.82% 升至 1.01%,岩性为膏岩。迟到井深 3699~3702m,出口电导率最高为 100.3mS/cm,出口温度最高 65.7℃,见图 4-76。建议井队处理钻井液,防止因膏岩缩径造成井下发生复杂情况。21:25 钻至井深 3710m,钻时由 68.3min/m 降至 31.8min/m;22:41 钻至井深 3714m,钻时由 22.9min/m 降至 3.6min/m,根据钻时、电导率等参数的变化及邻井对比,认为本井可能下部钻遇膏岩地层。综合录井再次建议循环观察,防止盐侵和缩径造成事故。23:42 迟到井深 3714m,出口电导率由 97.6mS/m 升至 122.5mS/cm,出口温度由 65.8℃ 升至 66.4℃,CO_2 含量由 0.64% 升至 0.71%,岩性为膏岩。综合录井建议井队循环处理钻井液、活动钻具。

综合录井根据邻井情况及钻井液参数的变化,两次对膏岩地层提前作出预报,使井队及时采取必要措施,避免了因膏岩缩径而引发的卡钻等严重事故的发生。

(四)油侵、气侵、水侵的检测和预报

油侵、气侵、水侵是在地层压力大于钻井液液柱压力的情况下,储层中的油、气、水进入钻井液,影响钻井液性能的一种现象,视流体性质不同,通常叫油侵、气侵或水侵。

油、气、水相对于钻井液而言,均是密度较低的流体,当发生油侵、气侵、水侵时,会导致钻井液密度下降,进一步减小作用于井底的钻井液液柱压力,使油侵、气侵、水侵进一步加剧。如果不及时发现并采取措施,会导致平衡钻井失控,造成井涌、井喷等恶性事故的发生。

在发生油侵、气侵、水侵前会出现快钻时、蹩跳钻、放空现象,这时就应予以重视。一旦油侵、气侵、水侵发生,综合录井参数会有一系列的变化显示,大钩负荷增大,钻井液密度减小,粘度增大,气测烃类检测异常,油侵、气侵时电导率降低,水侵时电导率增加(增加幅度视地层水

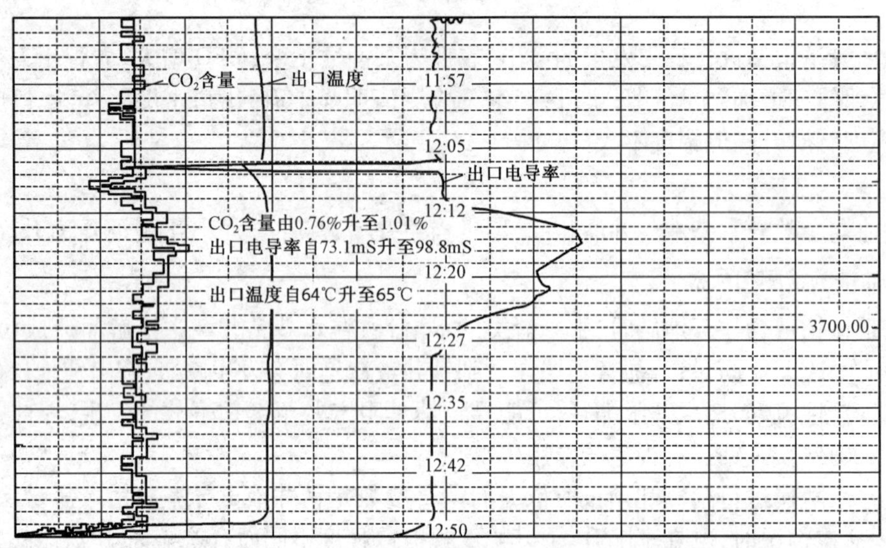

图 4－76　H35 井钻遇膏岩层参数变化图

矿化度而异)，钻井液体积增加，出口流量增加。如果地层压力高于钻井液柱压力，且相差过大，油侵、气侵、水侵会迅速发生，出现井涌现象。

1. 实例 1

M48x 井钻至最后一层显示 3265～3269m，电导率和二氧化碳上升(图 4－77)，综合分析为油水界面。由于邻井在该段为主要目的层，继续钻进至设计井深完钻，与试油资料对比(井深 3237～3246m 试油出油 43.64m^3；井深 3259～3263m 试油出油 0.43m^3，出水 32.03m^3)。

2. 实例 2

M16 井钻至 3150m，电导率开始抬升，综合分析认为电导率反应地层矿化度(图 4－77)。

3. 实例 3

AE2 井录井过程中见大套砂砾岩，并发现油浸、油斑和油迹级显示，气测显示非常活跃，全烃异常值在 1.117%～6.144%之间，随钻及全脱组分齐全，随钻 C_1 相对含量一般在 80%～90%之间。通过与先期完井的 AE1 井及巴音都兰凹陷、乌里雅斯太凹陷和塔木察格凹陷的油气显示特征进行对比，本井含油特征明显(图 4－78)。

本井储层非常发育，含油段长，且隔层很薄，准确判断油水界面是关键。尤其是气测解释的 4～8 号层几乎没有隔层，实物含油级别高。井段 1315.45～1322.56m 进行了钻井取心，取出油浸砂砾岩 4.86m，油斑砂砾岩 0.72m，油迹砂砾岩 1.53m。岩心出筒观察见少量油花，岩心断面见棕褐色原油溢出。地球化学分析 TPI 在 0.50～0.60 之间，Pg 在 18～43mg/g 之间，多数评价为中质油。全烃值最高达 6.144%，一般在 3.0% 左右，曲线呈箱状且与储层匹配较好，随钻 C_1～C_5 齐全且组分变化不大，C_1 相对含量在 85% 左右。随钻实测电导率几乎没有变化，如图 4－79 所示。各项资料显示无含水迹象。

钻至 1566.71m 后再次起钻取心。1315.45m(第四次后效)和 1566.71m(第五次后效)后效数据见表 4－13。

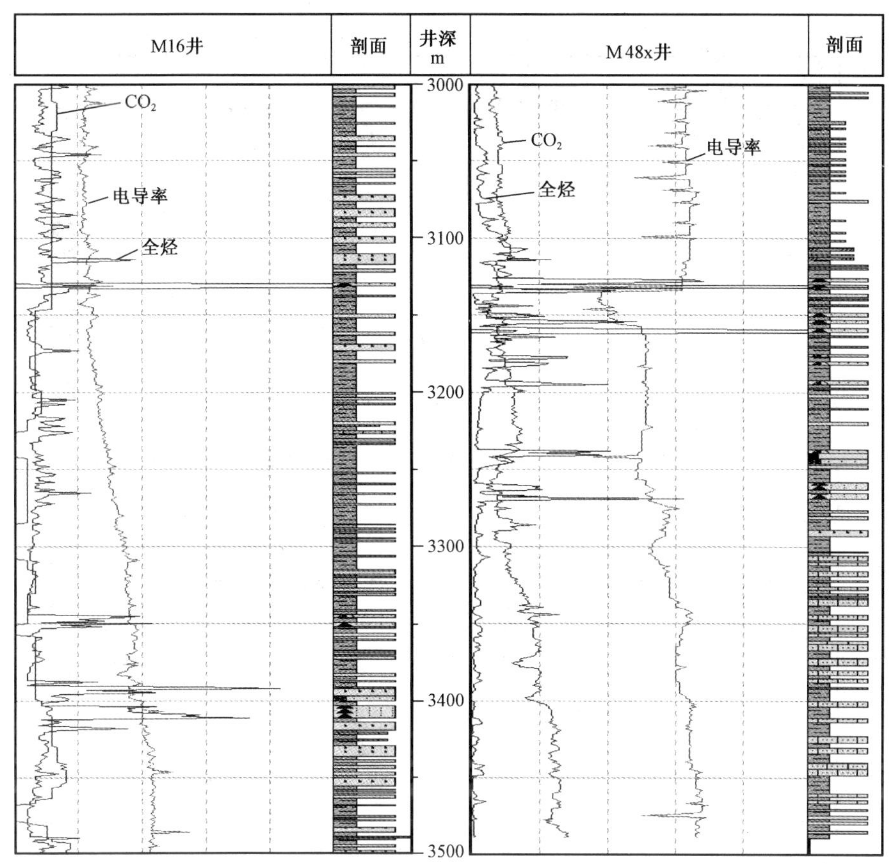

图 4－77 M48x 井、M16 井油水界面识别图

表 4－13 AE2 井第 4、5 次后效情况统计表

后效次数	静止时间 h	迟到时间 min	钻达井深 m	钻头下深 m	显示井段 m	全烃 %	出口电导率 mS/cm
4	8.3	20	1315.45	1315.00	1082～1315	2.057	17.7～19.8
5	9.6	26	1566.71	1566.00	1082～1566	1.133	16.8～21.0

两次后效出口电导率变化情况见图 4－80。由两次后效测量电导率曲线对比可以看出，第四次后效出口电导率呈缓慢爬升状，含水特征不太明显；第五次后效出口电导率出现突升现象。这两次起钻之间没有调整钻井液性能，电导率的变化应当是地层含水的指示。

分析认为：

(1)7 号层顶部取心井段 1315.45～1322.56m 物性分析 32 块，有效孔隙度最高为 22.5%，一般在 15% 左右，平均值为 14.85%；水平渗透率最高为 5.11mD，一般在 1.0mD 以下，平均值为 0.599mD，属于低孔特低渗储层。虽然含油性和物性均处于有利部位，且 SP 曲线幅度也较大，但岩心物性资料显示储层物性极差，在实钻过程中不可能产生大量流体，因此随钻实测电导率几乎没有变化。后效电导率变化主要是由于抽汲作用和压差变化进入井筒中的地层流体引起的。

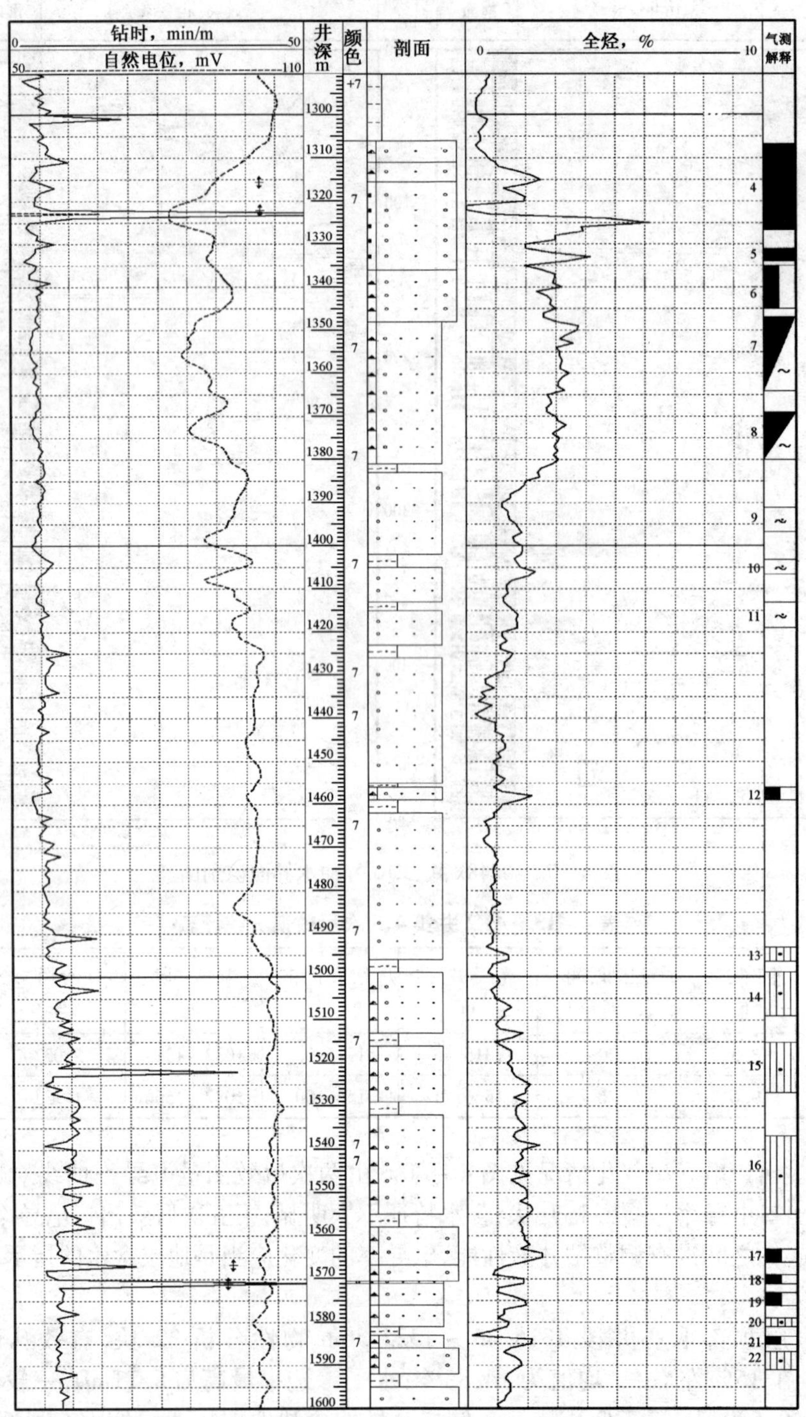

图4－78　AE2井录井图

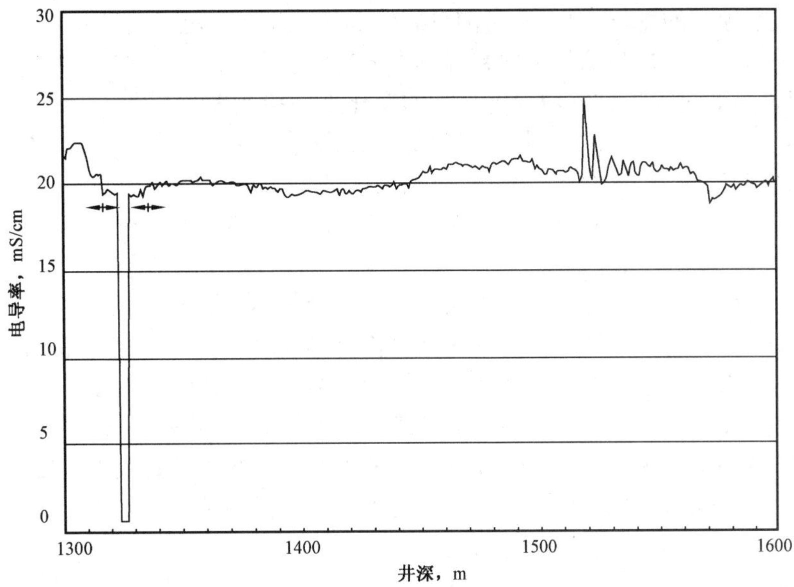

图4－79 随钻电导变化曲线图

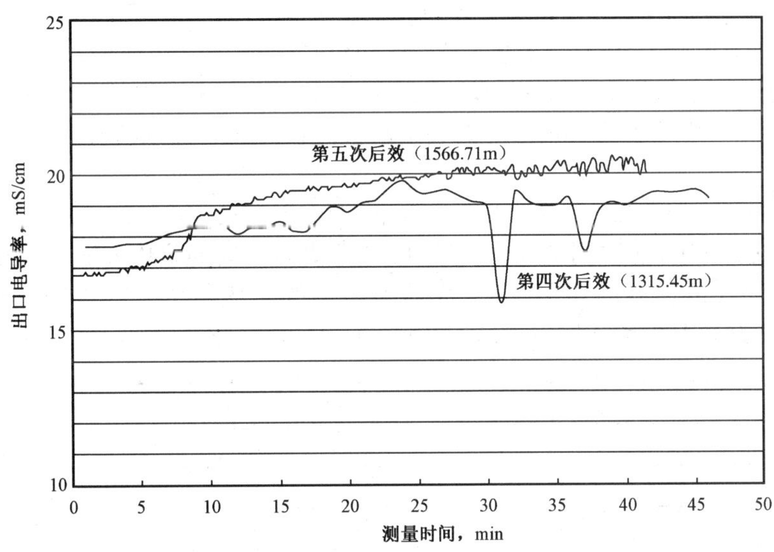

图4－80 后效电导变化曲线图

(2)第四次后效出口电导率变化不明显,说明在这套储层的顶部(4号层)含水概率低;而第五次后效出口电导率出现突升现象,说明在1315.45～1566.71m井段有明显含水迹象。结合该段内全烃显示值高低、曲线形态、实物含油级别及电性特征等,综合判断7～11号层含水,7、8号解释为油水同层,9、10、11号解释为含油水层。

试油情况:试油井段1306～1320m(气测4号层)。初试日产油0.045m^3,水0.18m^3;压裂后日产油15.79m^3,水18.87m^3,原油密度0.8395g/cm^3,粘度18.62s。

从初试结果来看,产液量极低,表明这种地层在实钻过程中单位时间内产生的流体微乎其微，根本引不起电导率的变化，只有通过测量后效电导率才有可能间接判断含水段。压裂后出水说明下部地层确实含水，与油气层解释过程中的判断吻合。

电导传感器是通过测量钻井液导电性能的变化来间接判断地层是否有流体产出，产出的流体越多，电导率变化越大；反之，则变化越小。该法适合于储层物性好、产液量大的地层。二连探区储层物性普遍较差，自然产能较低，有相当一部分井要靠压裂才能获得工业油流，因此在实钻过程中岩石破碎产生的流体极少，对钻井液性能的影响微乎其微。所以，用随钻实测电导率识别流体性质在二连探区不太适用。

起钻时，由于钻头对下部地层产生抽吸作用，产生瞬时负压，地层流体在压差作用下涌入到井筒内。当出现缩径、泥包钻头和起钻速度较快时，抽吸作用就越强烈。钻井液在长时间静止时，地层流体在浓度差作用下会向井筒内扩散和渗透，静止时间越长，浓度差越大，侵入到井筒内的流体越多。因此，起下钻时井筒内会聚集一定量的流体，若储层含水则会在相应井段上下聚集一定量的地层水，从而使该段钻井液性能发生变化。在下钻到底进行后效测量时，就可利用对水特别敏感的电导率参数变化，对地层是否含水进行判别。

（五）有毒气体（主要是 H_2S）的预报及检测

综合录井 H_2S 检测仪检测的是经过电动脱气器充分搅拌钻井液脱出的气体，其样品浓度要比检测钻井液自然外溢到空气中的 H_2S 浓度高得多。因此通过提前检测出钻井液中含有超标硫化氢，发出警报，使施工各方有一定时间采取防范措施，预防或减少硫化氢事故的危害。

固定式硫化氢监测报警设置分为三级：第一级报警值（阈限值）15mg/m^3，第二级报警值（安全临界浓度）30mg/m^3，第三级报警值（危险临界浓度）150mg/m^3。综合录井现场监测过程中，在检测出硫化氢浓度达到 15mg/m^3 时，就要立即通知司钻、井队队长和甲方监督，并进入应急程序。

例如，S50 井钻至井深 5171.50m 进行中途测试，在测试过程中，综合录井值班人员为了检查测试气体的成分，用球胆取测试气体。当用综合录井仪安装的硫化氢传感器检测时，检测气体刚刚接到硫化氢传感器的探测头上，仪器上显示的硫化氢浓度立即由 0mg/m^3 上升到 150mg/m^3（探头量程 150mg/m^3），保持在 150mg/m^3 有 30 多分钟未降（图 4－81）。综合录井

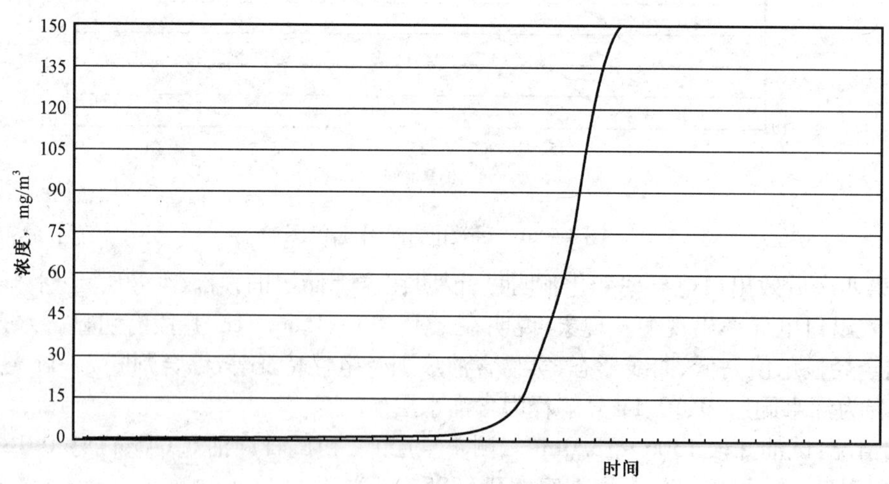

图 4－81　硫化氢检测曲线图

人员立即报警，将检测结果汇报给了现场指挥测试的领导和井队值班干部。井队立即采取措施，当晚20:00井队下钻循环处理钻井液，当井内的钻井液返出井口时，井场突然闻到浓烈的臭鸡蛋气味，立即进行紧急关井，井场全体人员撤离了现场。在这次事件中，由于综合录井及时检测出超标硫化氢气体，并及时报警，钻井各方及时采取了必要的防范措施，避免了一起严重的井控事故的发生。经用专门的硫化氢检测仪器检测，测试气中硫化氢的浓度最高达到 $6000mg/m^3$。

第五节 压力录井

地层压力、地层温度是油气田开发中重要的基础参数，决定着油气等流体的性质、油气田开发的方式、油气的最终采收率；同时，异常地层压力还是安全钻井的隐患，极易导致井喷、垮塌等恶性钻井事故。

一、有关地层压力的概念

（一）钻井液静液柱压力

在停泵的条件下，井中钻井液对井底的压力称静液柱压力 p。

停泵时，井中钻井液静压力与地层孔隙压力相抗衡，常取钻井液静压力略大于地层压力。在起钻作业中，由于钻柱的一部分被起出井筒，井中液面将下降，液柱高度不再等于井深。在钻井液未灌满的情况下，钻井液静压力减少，这时存在井底压力失衡造成井喷的风险。因此，在起钻中随时将井筒灌满钻井液是十分重要的。

通常把单位深度增加的压力值称为压力梯度。在油气钻井工程领域，通常用钻井液当量密度来表示压力梯度。

（二）循环钻井液当量密度

钻井液在循环中对井底的压力大于静压力。这是因为钻井液在环空（钻杆与井壁之间的环形空间）流动时存在压力损失。该压力损失反作用于井底，产生一个附加在静水压力之上的附加压力。附加压力的计算是一个水力问题，它涉及钻井液流速、塑性粘度、切力、屈服值和环空尺寸。录井数据处理软件用专门的子程序进行计算，一般采用循环当量密度ECD进行表示。

循环当量密度ECD可以表征各个深度上井筒内钻井液压力与地层压力的平衡态势，且与深度无关。不仅如此，人们在改变钻井液压力和地层压力的平衡态势时，总是采用改变当量密度的办法改变钻井液的相应压力。因此在钻探现场使用循环当量密度概念更方便。

一般而言，ECD比钻井液密度大几个百分点。钻井液流量增大，ECD随之增大。在钻井液循环状态下，充当同地层压力等效密度抗衡的不是钻井液密度，而是钻井液循环当量密度ECD。在压力录井时，常用到ECD这个量。

（三）抽汲当量密度

接单根或起钻作业时，总有上提钻柱的动作，产生抽汲，它将使钻头下方钻井液的压力下降，从而引出一个抽汲当量密度Swab的概念。

抽汲压力降的值随上提速度的增大而增大，从而使抽汲当量密度减少。它还与钻井液的塑性粘度、切力和屈服值有关，录井系统有运算程序计算它。一般抽汲当量密度比钻井液密度 p 小几个百分点。由于抽汲当量密度比钻井液密度 p 小，当然比当量密度 ECD 更小。即 Swab $< p <$ ECD。这表明，三种钻井液当量密度中抽汲当量密度 Swab 最小。因此，在产生抽汲效应的作业中，最容易诱发地层孔隙流体进入井筒。

（四）激动当量密度

下钻时，钻柱下行，这将引起钻头下方的钻井液压力的增大，与这个增大的压力相对应的是激动当量密度 Sur。

激动当量密度 Sur 与钻柱下行速度和钻井液的塑性粘度、切力和屈服值有关。当下行速度增大时，Sur 值越大。通常在易漏地层井段严格控制钻具下行速度，避免井漏污染地层。

（五）上覆岩层压力

某一深度以上地层岩石骨架和孔隙流体总重力产生的压力称为上覆岩层压力。

实际经常使用的是表示为当量钻井液密度的上覆岩层压力梯度。一般采用上覆岩层压力梯度的理论值为 22.7kPa/m（假设岩石骨架密度为 2.5g/cm^3，孔隙度为 10%，流体密度为 1.0g/cm^3）。实际上，由于压实作用及岩性随深度变化，上覆岩层压力梯度并不是常数，而是深度的函数，而且在不同地区压实程度、地表剥蚀程度及岩性剖面也有较大差别，故上覆岩层压力梯度随深度的变化关系也不同。实际应用时，应根据本地区地层的具体情况来确定。

（六）地层孔隙压力

地层孔隙压力即作用于岩层孔隙空间内流体上的压力，又称孔隙流体压力，常用 p_p 表示。含油气区内，地层孔隙压力被称为油层压力或气层压力。地层孔隙压力分为正常地层孔隙压力和异常地层孔隙压力。异常地层孔隙压力又分为异常高压（高于静液压力）和异常低压（低于静液压力）。在地质学上常用剩余压力表示异常高压的大小，剩余压力等于地层孔隙压力与静液压力的差值。

地层孔隙压力梯度即单位深度增加的地层孔隙压力压力值，通常表示为地层孔隙压力的钻井液当量密度。

地下某点的地层孔隙压力与该点的静水压力的比值称为地层孔隙压力系数。

（七）地层破裂压力与裂缝传播压力

当井眼内流体柱的压力达到一定值时会将地层压裂，用地层破裂压力或裂缝传播压力来描述地层的这种承压能力。钻井领域一般将地层破裂压力定义为在井下一定深度处使地层破裂并产生裂缝时井眼内流体柱的压力。

由于构造运动或钻头的破碎作用，井眼周围的岩石中往往存在许多微裂缝，使这些已经存在的微裂缝张开并扩展的压力称为裂缝传播压力。裂缝传播压力略小于地层破裂压力。因此，钻井施工中一般将裂缝传播压力作为地层破裂压力的下限，并作为设计套管下深与确定钻井液密度上限值的依据。

二、异常压力的形成机制与分类

（一）异常压力的概念

异常地层压力是指偏离静水柱压力的地层孔隙流体压力，或称为压力异常，常用压力系数或压力梯度来表示。

压力系数是指实测地层压力 p_f 与同一深度静水压力 p_H 的比值,可用 α_p 来表示:

$$\alpha_p = \frac{p_f}{p_H}$$

当 $\alpha_p = 1$ 时,属正常地层压力;当 $\alpha_p > 1$ 时,称为高异常地层压力,或称高压异常;当 $\alpha_p < 1$ 时,称为低异常地层压力,或称低压异常。

用压力梯度 G_p 表示异常地层压力的大小。当 $G_p = 0.01\text{MPa/m}$ 时,属正常地层压力;当 $G_p > 0.01\text{MPa/m}$ 时,属高异常地层压力;当 $G_p < 0.01\text{MPa/m}$ 时,属低异常地层压力。

研究和预测压力异常,对认识油层能量特征,评价油气藏形成条件,指导安全生产、保护油气层等极为重要(钻遇压力异常低时易产生井漏;钻遇压力异常高时易产生井喷)。

(二)异常压力形成机制

异常压力的成因条件多种多样,一种异常压力现象可能是由多种互相叠置的因素所致,其中包括地质的、物理的、地球化学和动力学的因素。但就一个特定异常压力体而言,其成因可能以某一种因素为主,其他因素为辅。

大量研究、实验、分析认为,异常地层压力的成因主要有不平衡压实作用、构造挤压、水热增压作用、生烃作用、蒙脱石脱水作用、浓差作用、逆浓差作用、石膏与硬石膏的相互转化、流体密度差异、水势面的不规则性、深部气体充填封存箱的分隔和抬升等。

1. 不平衡压实作用

泥质沉积物的压实过程是由上覆沉积岩的重量所引起的机械压实。平衡压实形成正常压力,不平衡压实形成异常压力。

快速沉积是造成不平衡压实的主要原因之一。由于沉积速率过快,造成沉积颗粒排列不规则(没有足够的时间),排水能力减弱,继续增加的上覆沉积载荷部分由孔隙流体承担,形成异常高压,同时造成地层的欠压实,如图4-82所示。

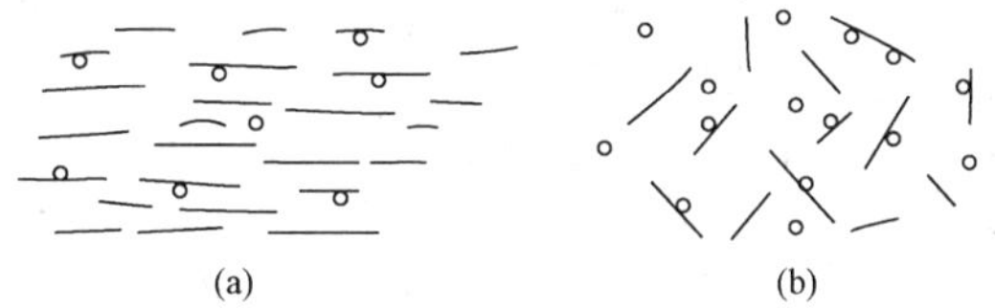

图4-82 沉积速率与颗粒排列关系图

(a)正常沉积;(b)快速沉积

另外一种常见的欠压实情况是非渗透致密盖层的快速沉积导致其下地层的欠压实与异常高压,最为典型的例子是“复合盐层”中与岩盐层伴生的软泥岩地层。

不平衡压实作用常见于陆地边缘的三角洲地区。这些地区沉积速率大,在沉积剖面中泥页岩含量远高于其他岩性,因此极易形成异常高压。

2. 构造挤压

在构造变形地区(断裂、剥蚀、刺穿等),由于地层剧烈升降,产生构造挤压应力。如果正常的排水速率跟不上附加压力(构造挤压力)所产生的附加压实作用,将会引起地层孔隙压力增加,产生异常高压。例如,在某些情况下,断层可能起着流体通道作用,但在另外一些情况下,却可能起到封闭作用,而引起异常高压。所以,同样是断块盆地,有的可能是异常高压层,有的可能不是。

1)剥蚀作用

剥蚀作用常常引起地形起伏很大,而测压面的位置未变,于是测压面与地面的高低关系可能因地而异。造成A、B两个油藏分别出现压力过剩与压力不足的现象如图4-83(a)所示。

在一些高原地区,河流侵蚀形成深山峡谷,泄水区海拔很低,测压面横穿圈闭,导致油藏内地层压力非常低,如图4-83(b)所示。

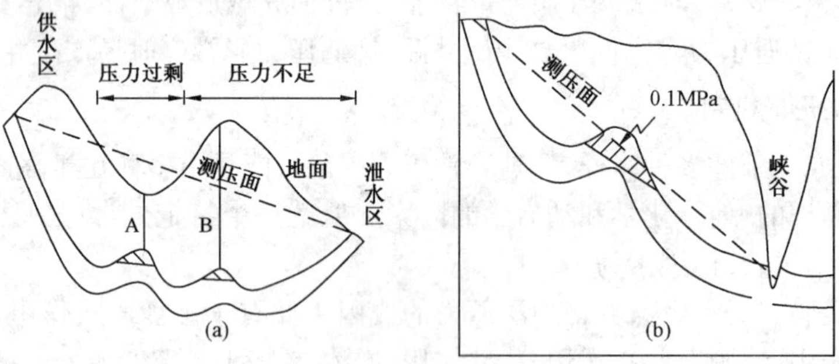

图4-83 剥蚀作用与异常压力关系图

(a)测压面的位置未变;(b)测压面的位置改变

2)构造断裂作用

油层和地面供水区连通时为正常压力;若发生断裂,切断油藏与供水区联系,且由于剥蚀作用使油藏埋深变小,油藏中保持原来压力值,造成高压异常;若断层切割,并使油层变深,油藏中保持原来压力值,造成低压异常,如图4-84(a)所示。

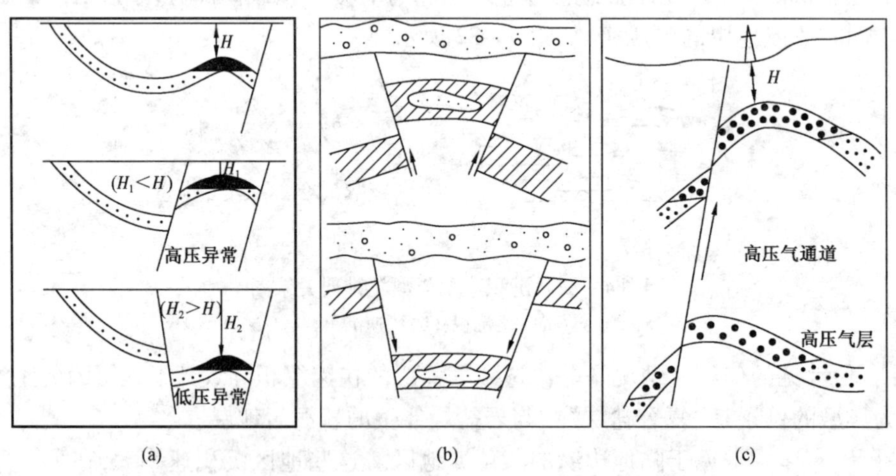

图4-84 断裂作用与压力异常关系图

对于岩性遮挡油藏,原来埋藏较深,具有较大的压力。如果断裂作用使岩性油藏上升,保持原始压力,形成高压异常;如果断裂作用使岩性油藏下沉,保持原始压力,形成低压异常,如图4-84

(b)所示。

断裂可能把深部高压气层与浅层油藏沟通，形成一个统一的压力系统。油层压力将显著高于按井深 H 计算出的静水压力，如图4－84(c)所示。

3)刺穿作用

在不均衡压力作用下，塑性岩层发生侵入、刺穿作用，使上覆一些软的页岩和固结的砂层发生挤压与断裂变动，从而减少孔隙容积，使其中流体压力增大而形成高压异常，如图4－85所示。

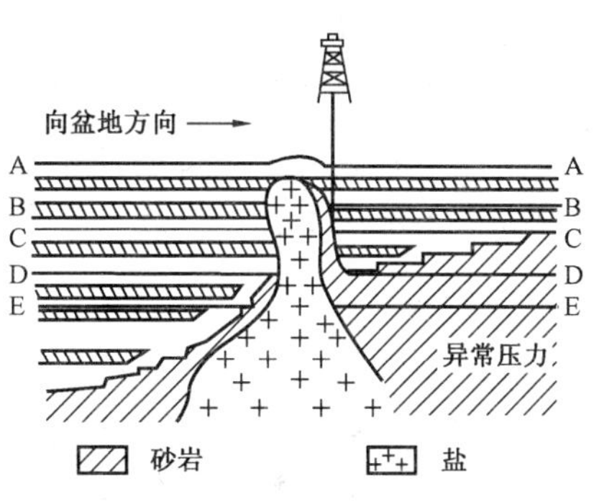

图4－85 刺穿作用与压力异常关系图
(据 Harkins 和 Bauhgher，1969)

3. 水热增压作用

随着埋深增加而不断升高的温度，使孔隙水的膨胀大于岩石的膨胀(水的热膨胀系数大于岩石的热膨胀系数)。如果孔隙水由于存在流体隔层而无法逸出，孔隙压力将升高。

此外，水热的升高造成连锁反应，如高温使干酪根热裂解，生成烃类气体；在一个封闭系统中，温度增加引起岩石和岩石孔隙中流体膨胀；温度增加引起岩石中流体相态变化，析出 CO_2 等气相物质等，都会使该系统压力增大。

4. 生烃作用

在逐渐埋深期间，将有机物转化成烃的反应也产生流体体积的增加，从而导致单个压力封存箱内的超压。许多研究表明，与烃类生成有关的超压产生的破裂是烃类从源岩中运移出来进入多孔的、高渗透储集岩的机制，尤其是甲烷的生成在许多储集层中已被引为超压产生的原因。气体典型地同异常压力有联系，异常压力具有气体饱和的特点。当源岩中的有机质或进入储集层中的油转变成甲烷时，引起相当大的体积增加。在良好的封闭条件下，这些体积的增加能产生很强的超高压。

研究证明，催化反应、放射性衰变、细菌作用等使烃类的微小颗粒裂解为较简单的化合物，导致体积增大，在封闭的系统中形成高异常地层压力。

5. 蒙脱土脱水作用

沉积的蒙脱土吸附粒间自由水，成为粘土层间束缚水。当地温达到约123℃时，粘土结构晶格破裂，蒙脱土的层间束缚水被排除而成为自由水，称为蒙脱土脱水过程，相应的埋深称为蒙脱土脱水深度。释放到孔隙中的束缚水因发生膨胀，体积远远超过晶格破坏所减少的体积。若排水通畅，则地层进一步压实，地层孔隙压力为静液压力。如果地层是封闭的，将产生高于静液压力的地层孔隙压力。若存在钾离子，蒙脱土吸附钾离子向伊利石转化。

6. 浓差作用

浓差作用是指盐度较低的水体通过半渗透隔膜向盐度较高水体的物质迁移。只要粘土或页岩两侧的盐浓度有明显的差别，粘土或页岩便起着半渗透膜的作用，产生渗透压力。渗透压差与浓度差成正比，浓度差越大，渗透压差也越大。浓差流动可以在一个封闭区内产生高压。浓差作用引起的异常高压远比压实作用和水热作用引起的高压小得多。

7. 逆浓差作用

逆浓差作用现象的研究已有文献刊载。逆浓差作用也就是水从高压、高盐度区流向低压、低盐度区的过程。当水从高压区流入时，在低盐度区的压力就会升高(高于正常压力)，而这种机制同样不能用于解释有效封存箱中产生的异常压力。

8. 石膏与硬石膏的相互转化

无论是石膏脱水转化成硬石膏，还是硬石膏在深部再水化成石膏，都被作为碳酸盐岩中产生异常压力的可能机制。石膏($CaSO_4 \cdot 2H_2O$)向无水石膏($CaSO_4$)转化时析出大量水，在封闭条件下产生高压异常；无水石膏水化变为石膏，体积发生膨胀(15% ~40%)。

9. 流体密度差异

烃类密度的差异，尤其是水、气之间的密度差异，能在烃类聚集的顶部产生异常压力。烃柱越长，烃类与周围水的密度相差越大，超压也就越大。一般说来，浮力差异能使压力上升到几百磅/平方英寸这一数量级。

10. 水势面的不规则性

在自流条件下或者由于浅层与较深的高压层间有渗透通道的存在，能使孔隙压力高于正常值。这种情况在山脚下钻井时经常遇到。

11. 深部气体充填封存箱的分隔和抬升

随着抬升和上覆地层的剥蚀，充满气体的封存箱内温度降低，气体体积收缩引起的压力下降低于上覆岩层压力梯度降低的程度，故使封存箱的压力梯度增大，呈现超压状态。

尽管关于异常高压形成的机制有以上所列 11 种之多，但不平衡压实是最常见的异常高压产生的机制，同时在构造活动强烈的盆地中构造挤压也是一种重要的增压机制。烃类的生成尤其是气的生成起重要的增压作用。

(三)异常压力研究的意义和现状

地层孔隙压力是指地层孔隙或裂缝中流体所具有的压力，存在正常压力、异常高压、异常低压三种情况，异常高压意义更大。多年的油气勘探实践表明，地层孔隙压力在油气勘探、油气井工程、油气开发及油藏工程等领域占有极其重要的地位，其确定方法一直是国内外研究的热点。按与钻井的关系可将异常压力的确定方法分为钻前预测法、随钻监测法、测井检测法。按资料来源可将异常压力的确定方法分为地震层速度预测法、测井资料解释法、钻井资料分析法、实测法。

1. 地震层速度预测法

地震波传播速度(层速度)或旅行时间与岩石密度密切相关。在正常压实情况下，泥岩、页岩密度随埋深增加而增加，即随埋深增加，层速度加大，旅行时间减小。

在异常压力过渡带，由于页岩欠压实，随埋深增加，页岩孔隙度增大，密度减小，地震波传播的层速度将偏离正常压实趋势线向着减小的方向变化，地震波传播旅行时间向着增加的方向变化。

在尚未钻探地区，利用地震层速度预测法可确定异常压力过渡带的层位与顶部位置，获得钻探目的层的压力数据，为探井设计提供依据。

图 4 -86 为美国湾岸地区的深度与传播时间关系曲线，约在 3352.8m 深处，传播时间偏离正常压实趋势线而突然剧增，该深度为高异常压力过渡带顶部位置。

2. 测井资料解释法

常用的测井资料解释法有电阻率测井法、声波测井法和页岩密度测井法。

电阻率测井法预测压力异常的原理是:若岩石为纯页岩,地层水矿化度为一定值,则地层(页岩)的电阻率主要受孔隙度的影响。在正常压实情况下,页(泥)岩的孔隙度随埋深增加而减小,电阻率随埋藏深度的增加而加大。在高异常压力井段,由于孔隙度增加,其中所含地层水数量增加,则电阻率向降低方向偏离正常趋势线。如图4-87所示,以纯页岩井段的电阻率对数值 $\lg R_{sh}$ 为横坐标,以相应井深为纵坐标,将页岩电阻率数据按相应深度点投点,获得一散点图,回归分析求出 $\lg R_{sh}$ 与井深的关系曲线,大约在4038.6m处曲线开始偏离正常趋势线的位置即为高压异常过渡带顶部位置。

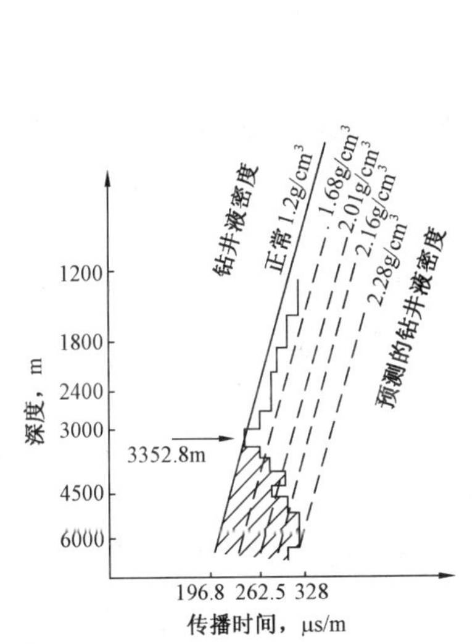

图4-86 深度与地震波旅行时间关系曲线
(据Pennebaker,1968)

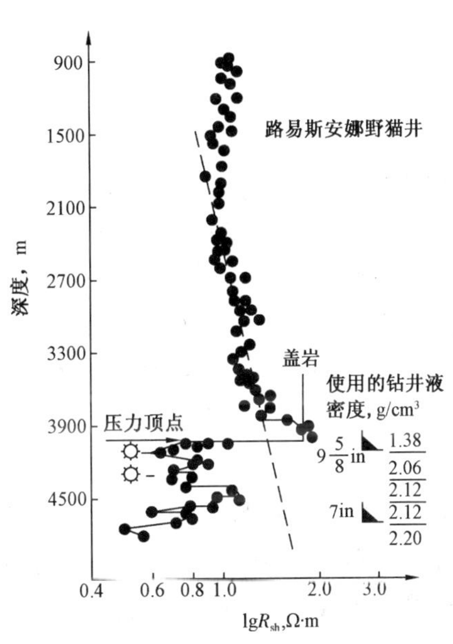

图4-87 墨西哥湾岸某井页岩电阻率曲线
(据瓦尔特,1976)

声波测井法检测压力异常的原理是:声波的纵向传播速度主要是岩性和孔隙度的函数。对页岩或泥岩,声波测井曲线基本上为一条反映孔隙度变化的曲线。在正常压实情况下,随埋深增加,声波传播速度升高,传播时间减少。在高异常压力过渡带,声波传播时间向增大方向偏离正常趋势线,如图4-88所示。

页岩密度测井法检测压力异常的原理与电阻率测井法或声波测井法相同。如图4-89所示,两条曲线均较清晰地反映出高异常地层压力过渡带的顶面约在3352.8m处,这两种资料所得结果吻合较好。密度测井受井眼大小影响,在预测异常地层压力时,其精度和效果不及电阻率测井及声波测井。

3. 钻井资料分析法

钻井资料分析法主要有钻井速度法、d 指数法、返出钻井液温度法、页岩岩屑密度法等。

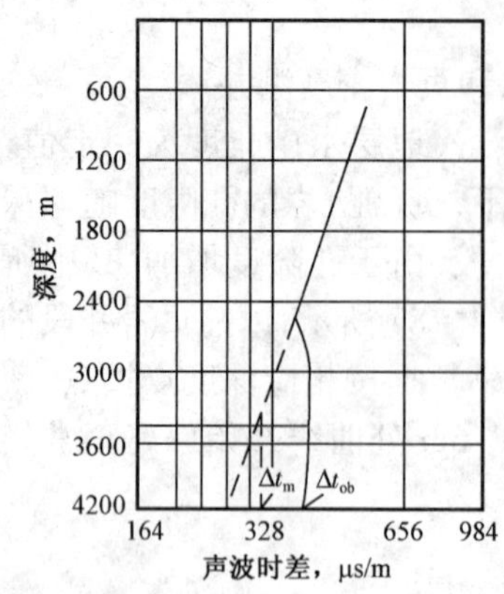

图 4－88　声波时差与深度关系曲线

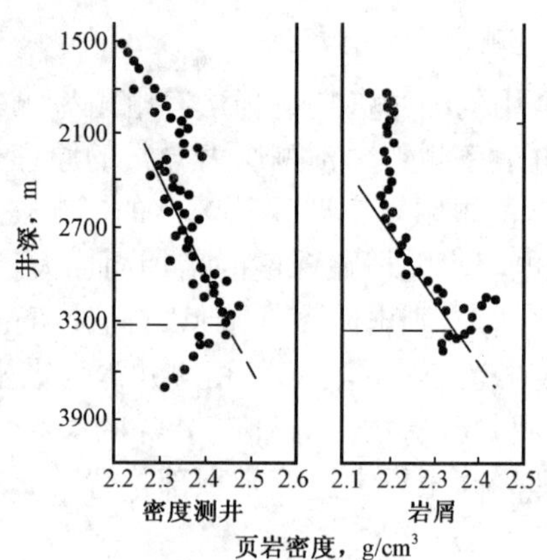

图 4－89　页岩密度资料分析对比
（据 Fertl 和 Tomko，1970）

钻井速度法检测异常压力的原理是：在正常压实的砂页岩剖面中，当钻压、转速、钻头类型以及水力条件一定时，随井深的增加，页岩的钻速减小；钻入高异常地层压力过渡带时，钻速立即增大，根据该现象可判定地下存在高异常地层压力过渡带。

d 指数法检测异常压力的原理与钻井速度法相同，只是由于影响钻速的因素较多，为了较准确反映钻速与高异常地层压力间的关系，必须消除其他因素对钻速的影响。Jorden 和 Shirley（1966）提出用 d 指数替代钻井速度（d 指数是用来标定钻进速度的）。为了消除钻井液密度对 d 指数的影响，可用 d_c 指数代替 d 指数。在正常压实情况下，深度增加，$d(d_c)$ 指数增大。钻遇高压异常过渡带时，深度增加，$d(d_c)$ 指数降低，偏离正常压实趋势线。绘制研究井的 $d(d_c)$ 指数与深度关系曲线，可预测过渡带的顶部位置和异常地层压力。图 4－90 为同一口井的 d 指数与深度、d_c 指数与深度关系曲线。由图可见，高异常地层压力过渡带顶面位置约在 2652m 处。由于 d_c 指数消除了钻井液密度的影响，d_c 指数比 d 指数更能清楚地反映出高异常地层压力过渡带的存在。

返出钻井液温度法检测异常压力的原理是：在钻遇高异常地层压力过渡带时，地层温度远远超过了正常情况，钻井液出口的钻井液温度突然增高，该现象可判断钻遇高异常地层压力过渡带。异常高压带常伴有异常高温带出现，如图 4－91 所示。

页岩岩屑密度法检测异常压力的原理是：在异常高压过渡带，欠压实段页岩岩屑的密度急剧变小而偏离正常压实趋势线。该方法简便，见效快，精度高；然而，当页岩中含有大量碳酸盐矿物和重矿物时，将影响解释精度，所以，应当对碳酸盐矿物和重矿物的含量进行校正，如图 4－92所示。

除钻井速度法、d 指数法、返出钻井液温度法、页岩岩屑密度法四种方法之外，钻井过程中的井喷、井涌、转盘扭矩突然增大、起钻时阻力加大等现象均可作为钻遇高压异常的显示。

具体应用时，应尽可能选用多种地球物理测井方法和其他方法进行综合分析，相互验证，以获得较可靠结果。

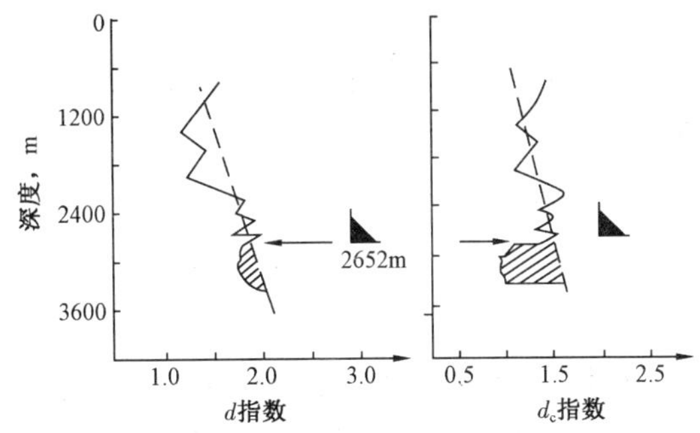

图 4－90 d 指数与 d_c 指数曲线对比

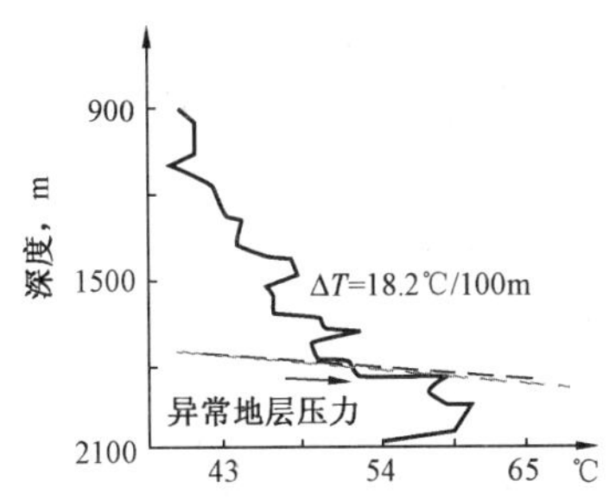

图 4－91 返出钻井液温度与井深关系曲线
（据 Wilson 和 Bush，1973）

三、综合录井异常压力检测的方法

异常地层压力是指在任何深度上的地层压力值偏离正常静水压力值的现象。异常地层压力的分布是很普遍的，其分布的深度范围从数百米至数千米深度，时代分布从新生代到前寒武纪的地层中都有。在油气田勘探开发中钻遇的异常超压常常导致井涌、井喷、井垮、卡钻等多种钻井工程事故的发生，因而需要高度重视。

在异常高压存在时，进行地层压力检测的目的是在钻穿含有异常高压的渗透性地层时，采用合适的钻井液密度，平衡地层流体压力。

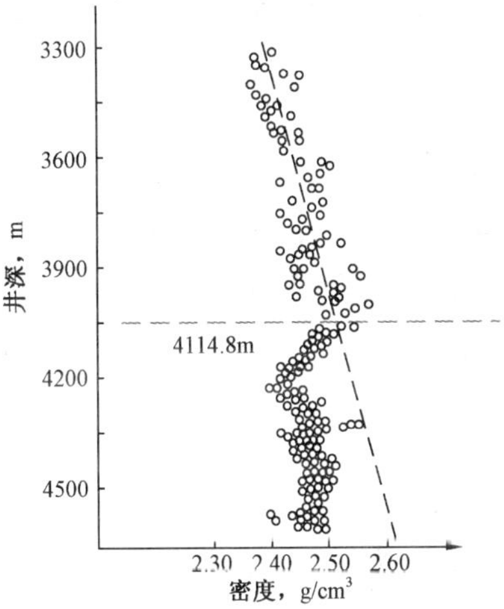

（一）异常压力层的综合录井响应特征

图 4－92 页岩岩屑密度与井深关系曲线

综合录井仪提供了钻井工程、钻井液、地质三大类数十项随钻测量参数。大量的实践经验表明，只有综合多项参数的分析，才有可能取得一个比较准确的压力解释。由于各种数据来源的方式不同，与地层压力存在的联系也是不同的，有的甚至没有关系，这就要求进行系统的分析研究，找出各种参数对压力识别和测量的程度。

在异常超压地层钻达之前，会有一系列参数发生变化（表 4－14），指示下伏地层可能存在异常高压油气层。

表 4－14 异常压力参数变化

参数	变化情况	参数	变化情况
气测基值	升高	钻井孔隙度	增大
单根峰	升高	出口温度	升高
后效气	升高	页岩密度	减小
d_c 指数	减小	出口电导率	减小
σ 指数	减小	C_2/C_3	减小

1. 钻井工程参数

凡是与钻头钻进速度有关的一切机械参数都归为此类。此类参数主要有钻速、钻压、转盘转速、扭矩、钻头参数等。由于这些参数的变化都有人为控制因素的存在，所以在用于指示地层压力变化时，需要进行一系列的修正或标准化，为此，提出了 d 指数、d_c 指数等进行压力预测、监测的方法。

2. 钻井液参数

由于超压层异常高的孔隙和异常高的含流体量，在钻开时必然会引起钻井液中的流体特征和一系列物理特性的异常变化。这就为判断超压的存在提供了依据。根据大量的实践证明，在综合录井参数中，下列参数可以检测到超压层的存在。

1）钻井液出口密度

油气侵会导致钻井液密度降低，因此钻井液出口密度可作为检测超压是否存在的辅助标志。

2）钻井液出口温度

在压力过渡带，地层孔隙压力随深度增加的速度高于正常速度，地层温度的增加也是如此。异常压力过渡带具有较低渗透率，有效阻止了下伏异常压力向上传递；同时，它也起到了“隔热板”的作用，阻止了下部热流的传导，使得异常压力过渡带的温度明显增高。所以，在随钻过程中，可通过监测钻井液的入口、出口温度来识别异常高压的存在。Lewis 和 Rose（1970）以基本热流的考虑为基础，提出了一个有关于超压和高温的数学模型（Guyod，1946）。在进入超压井段之前和（或者）进入超压井段时，可以观察到出口温度的变化。

3）电阻率、氯离子含量

Chilingarian 和 Rieke（1968）、Chilingar 等（1969）、Overton 和 Timko（1969）、Fertl 和 Timko（1970）讨论了在压实和欠压实地层中地层水矿化度与地层压力之间的关系，从而可以通过入口、出口钻井液中氯化物含量的异常变化指示地层压力的异常。盐度的异常变化必然会引起钻井液电阻率的异常变化。

4）泥浆池液位和总池体积

超压层中异常高的流体含量在异常高的压力作用下进入井筒，必然导致泥浆池液位的升高和总池体积的增加。

此外，还有两个在现场异常压力监测过程中最常用到的判断依据：气侵和井涌。

气体录井中的含气异常往往是异常高压层的显示，因此根据钻井液气侵可以预测超压的存在，但钻井液气侵受钻进的地质环境和使用的钻井技术影响很大（Fertl，1973；Daw 等，1977）。钻井液中的气侵可能来源于油气产层、钻井液添加剂老化、煤层、深层泥火山、断层、循环气、单根气等多个方面，因而查明影响钻井液气侵的主要因素对于异常地层压力的预测和监测至关重要。

出于对油气层保护和安全施工的需要，平衡钻井技术得以广泛采用。一般情况下，所使用的钻井液密度能够很好平衡井下地层压力，它们之间的压差常常小于 $35.2kg/cm^2$。所以，若发生井涌，则说明地层压力大于钻井液所能平衡的压力，是钻遇高压层的指示标志。

(二)地层压力随钻检测方法

综合录井技术用于检测地层压力的方法主要有 d_c 指数法、Sigma 法、泥(页)岩密度法、C_2/C_3 比值法等。其中,在砂泥岩地区最常用的方法是 d_c 指数法,而最简单的方法为泥(页)岩密度法。在现场的实际应用中则是几种方法同时使用,综合评价才能有较好的效果。

1. 几种常用的异常压力检测方法

1)d_c 指数法检测地层压力

d_c 指数作为预测地下复杂情况的一个重要参数受到高度重视,在国内外石油勘探开发中得到普遍应用。

d_c 指数法检测地层压力是以压实理论为基础预测地层压力的方法。d_c 指数法地层压力检测的计算结果有 d_{cs} 指数、地层压力系数、地层孔隙度 ϕ 和地层破裂压力梯度 PFG。d_{cs} 值是计算地层压力、孔隙度、PFG 的基础,也是进行地层压力检测的基础。d_{cs} 值计算不正确,就不可能得到准确的地层压力、孔隙度、PFG 值。

在实际应用中,应及时剔除不合理的 d_{cs} 数据。如在盐膏层井段、井底不干净、纠斜吊打、磨进、取心、钻头磨合期和磨损后期,钻遇裂缝性地层、断层、不整合面、水力参数变化大等情况下,应剔除不合理的检测数据。

d_c 指数检测法是建立在纯泥岩地层基础上的。实际工作中纯泥岩地层很少,多数泥岩地层含有砂质、灰质、硅质等,使检测工作变得复杂起来。但只要选择正常压实条件下较为均匀、岩性较为单一的其中一段或几段泥岩地层作为参考,就可以得到能较为准确地反映地层正常压实趋势的 d_{cs} 指数趋势值 d_{cn}。获取准确的正常趋势线及其方程,是 d_c 指数法检测地层压力的重要环节,它直接影响着地层压力系数计算的准确程度。条件许可的话,可在压力过渡带上方参考大段正常压实井段的检测数据,建立正常趋势线。

当钻达异常超压层上面的压力过渡带时,钻速加快,d_{cs} 值明显减小,偏离正常趋势线,预示着已进入欠压实地层,下伏地层可能存在异常超压,此时就须发出异常预报。实践证明,d_c 指数法是一种有效的地层压力预测方法。

2)Sigma 法检测地层压力

Sigma 法是基于钻井参数进行异常超压检测的一种方法,可用于随钻检测地层压力。Sigma 值可以作为一个反映岩石强度的参数来使用。

应用 Sigma 法可以克服 d_c 指数法中所遇到的影响因素,如岩性变化、构造影响、水力参数等,显示出更加连续规则的变化情况。Sigma 法的缺点是未考虑钻头磨损情况。

Sigma 法检测数据的使用原则与 d_c 指数法相似。

在欠压实地层中,因为水被封闭在地层中而形成非正常的孔隙,从而导致较高的地层孔隙度,因而钻井孔隙度的升高也可以指示异常超压的存在。

3)泥(页)岩密度法检测预报地层异常超压

在正常压实地层中,泥(页)岩密度随着深度的增加而增加。但在欠压实地层中,由于地层含有的水密度比其他造岩矿物小,从而造成欠压实泥(页)岩的密度小于正常压实的泥(页)岩密度。地层欠压实情况越严重,泥(页)岩密度越小。在泥(页)岩密度与深度曲线图上,欠压实地层的泥(页)岩密度会偏离泥(页)岩密度正常趋势线而减小。

应用泥(页)岩密度检测地层异常超压有三个较大的缺点:

(1)在欠压地层中要有一定的进尺,才能得到该井段泥岩密度变化值;

(2)在实施测量前,样品必须循环到地面;

(3)为得到可靠的数据,必须十分小心地进行选样和测量。

选样和测量有如下注意事项:

(1)选样应在振动筛前,避免振动筛振动导致泥(页)岩样品的物理性质发生变化。

(2)样品不能经过冲洗、干燥,只能选取纯泥岩样品。样品中如掺杂其他矿物,会使测量结果错误。

(3)确认来自井底的有代表性的泥岩岩屑是有一定困难的,取样时原则上挑选颗粒小、呈棱角状的岩屑。掉块通常颗粒较大,且被磨去棱角。

(4)每一个深度点测量4~5次,不合理的数据不予采用。

测量得到泥岩密度值按照要求绘制在泥(页)岩密度与深度图上。这些密度数据互相之间的差最大不超过0.02g/cm^3。当图上绘有足够多的点后,就可以在点的中间画一条能代表作业井控制区内平均泥岩密度的直线,这条线即为泥(页)岩密度趋势线。不同地区泥(页)岩密度的趋势线是不同的。

欠压实泥(页)岩的特征的密度负向偏离正常趋势线。如果发现偏离正常趋势线的现象,就指示有欠压实存在,偏离趋势线的幅度可以定性地指示欠压实的地层压力的大小。泥(页)岩密度曲线可以为其他预报方法提供佐证。

4)利用在用池钻井液体积的变化进行监测

(1)在用池钻井液体积TV无明显变化时,可采用低循环钻井液流量(低流量降低了循环钻井液当量密度,即微调两种压力的平衡态势)观察TV的态势。若TV仍无反应,可采取短提钻具的方法(利用抽汲当量密度较低的特点降低钻井液井底压力)进行观察,待井底钻井液循环出井口。判断出渗透层若干后,再决策继续钻进的参数。

(2)在用池钻井液体积增加,但不超过井涌容限(一般为2~3m^3),这时可以提高钻井液入口流量的方法(使ECD增大)控制井涌,钻井工程方面可能会加重钻井液。录井已经估测出地层孔隙压力当量密度略大于循环钻井液当量密度。钻井可谨慎继续钻进,录井应继续关注在用池钻井液体积的变化。在接单根作业时应加倍关注。

(3)在用池钻井液体积增加量超过井涌容限。这可能在立管压力上有异常反映,一般立管压力增大,录井在确认井涌超限后应立即向有关方面发出报警,钻井作业部门会毫不迟疑地进行关井作业操作。录井应密切关注立管压力和套管压力的变化,待其值稳定后记录着两个非常有用的信息数值,并做相关计算。

5)起钻中的井涌监测

监测起钻中的井涌,靠在用池钻井液体积的信息就不灵了,这是因为从井中起出钻具,井筒中的钻井液液面自动下降,不可能再回到循环连用池中。正确的做法是,起出多少体积的钻杆,从起下钻池往井筒灌入同体积的钻井液。因此录井关注的是起出钻杆体积量和起下钻池钻井液减少体积量,两者应相当。如果起出钻杆体积大于起下钻池钻井液减少的体积,即表明井筒中钻井液不满;而若实际观察井筒液面表明是满的,那就是发生了起钻中的井涌。

应当说,起钻发生井涌多属钻井作业未按操作规程随时往井筒灌钻井液所致。井筒钻井液不满，液柱静水压力下降，造成井底压力失衡。当然，在裸眼井段严格控制起钻速度也是重要的，录井系统可随时提供起出钻杆体积和起下钻池钻井液减少提及的信息，还可以提供起钻速度的信息。在录井信息的引导下，起钻井涌是可以避免的。

6）利用钻井液的出口温度预测地层压力

在地热作用下，随着埋深的增加，地层温度逐渐升高，使岩层孔隙中的流体受热膨胀。地温梯度越高，膨胀的速度越快。当存在地层与周围隔绝的环境时，水的受热膨胀作用受到阻碍，地层孔隙中的流体压力就会急剧增大，形成超压。另外，地温的增加还可以引起岩层中流体的相态变化，析出二氧化碳等气相物质。高温能使油页岩中的干酪根热裂解，生成烃类气体，在封闭地质环境中，这些气体将大大提高该系统的压力而形成异常高压地层。这种因地热增压引起的高压异常带周围地层的地温梯度有明显的异常。当进入超压段之前或进入超压段时，反应在钻井液出口温度上，出口温度会明显比正常地层高。

因此，在随钻出口温度的测量中，及时发现出口温度的变化，可以预测异常地层压力的存在。

7）利用气体比值预测地层压力

在钻井施工中，当钻遇欠压实的泥（页）岩地层时，常常会引起井壁垮塌、钻井液气侵、井涌、井喷等复杂工况。研究表明，地层压力的变化常常与地层中天然气成分的渐变有关，异常的地层压力可以改变天然气指数的性质和其代表性，同时也会影响地层中有机质的成熟度。因此钻遇异常压力地层常常会造成钻井液中含气量的变化。气体比值 C_1/C_2、C_2/C_3 等的减小往往是异常高压地层的预兆。其中，以 C_2/C_3 最为明显，当 $C_2/C_3 \leqslant 1$ 时，为欠压实层。

以上仅仅是预测地层压力的几种常用方法，在实际钻井施工中，对地层压力预测要通过对随钻 d_c 指数、泥岩密度、出口温度、气体比值和其他的钻井、钻井液、气测参数的变化进行综合分析，结合邻井的压力和声波测井资料，来判断地层欠压实井段，进而预测异常压力系数，为钻井提出调整钻井液密度的方案，以平衡异常地层压力，保障钻井施工的安全顺利。

2. 异常压力组合检测方法

虽然地层压力随钻检测的方法有很多，但各种压力检测方法都有自身的特点。搞清每种方法的优势、影响因素及关键点，是搞好异常压力随钻检测工作的基础。认真分析地层压力各种随钻检测方法的优缺点、影响因素、关键点、负面因素，对于把握住异常压力的成因特点并根据每种压力成因类型选用不用的方法组合、搞好异常压力检测工作具有十分重要的意义。在对压力成因机制、响应特征、方法特点进行综合分析的基础上，可实现不同条件下的地层压力随钻检测方法组合。

（1）综合录井仪的 d_c 指数、Sigma 指数等检测方法具有实时性、连续性，适合于因异常压力而引起的地层可钻性发生明显变化的地区，从压力成因角度讲则适合于因岩石孔隙体积发生明显变化的区带。该类成因的压力预测辅助方法还有钻时、扭矩等工程参数法，以及泥页岩密度、砂泥岩孔隙度（核磁共振录井技术）、岩屑大小及形状等地质方法。

（2）烃类生成或裂解引起的超压可通过气测手段加以识别，有油气存在的层位却不一定就存在异常高压，所以需综合单根气、后效、油气上窜速度等特征及参数综合判识与评价。

（3）粘土矿物脱水会导致地层水矿化度的降低，可以通过离子色谱技术检测钻井液滤液中相关离子含量的变化实现压力的预测、监测，尤其是该方法不受 PDC 钻头、岩屑大小及油气显示的影响。

(4)水热增温引起的超压可以通过地温梯度的变化来检测。济阳坳陷高温场分布普遍，在低压、常温及高压区皆有分布，因此，钻井液出口温度只能作为超压存在的辅助证据，需与其他预测监测方法相结合。

地层压力监测首先应收集邻区、邻井的压力录井、测井和测试资料，进行对比预测。对于砂泥岩地层，可利用过井地震速度剖面和垂直地震测井(VSP)进行预测，然后根据地质特征，确定使用合适的地层压力检测方法，提高钻井工程预报的及时性。

四、压力录井资料的应用

近年来，“以地质研究为基础，以区域地球物理参数预测为先导，以欠压实地层检测为手段，以综合分析各相关参数变化趋势为依据”的随钻地层压力检测方法在现场应用中收到了较好效果。

以地质研究为基础，就是通过研究区域地质资料，确定形成欠压实地层和异常地层压力的理论依据，进而确定钻井所在构造存在欠压实地层和异常地层压力的可能性。

以区域地球物理参数预测为先导，就是收集区域地震、邻井声波时差、电阻率、自然电位等资料，预测异常层位和井段，通过等效深度法计算等效地层压力梯度，预测地层压力。

以欠压实地层检测为手段，就是通过随钻 d_c 指数、泥岩密度等参数的异常，发现欠压实地层，通过等效深度法计算合适的钻井液密度。

以综合分析各相关参数变化趋势为依据，就是综合分析实时的和迟到的工程参数、钻井液参数变化，特别是通过综合分析破碎气、单根峰、后效气等气测参数的变化，以及井漏、井垮现象的变化，确定欠压实地层和异常地层压力的存在及相对准确的位置，修正钻井液密度，平衡井筒压力。

(一)发现欠压实地层，排除复杂工况

对钻井而言，欠压实地层因成岩性差、高孔、高渗、易垮塌和流体异常压力的特性，特别容易造成井下复杂情况和钻井事故。

避免欠压实地层给钻井带来的危害，最直接和有效的方法是及早发现欠压实地层，根据欠压实地层在地质参数和综合录井参数上的响应以及工程事故苗头，对欠压实地层的危害作出正确评价，及时采取应对措施。

例如，J59 井钻前对邻井 J58 井声波时差数据进行处理，作 $\Delta t-H$ 图，见图 4-93。从该图可以看出，井深 2620～3000m 声波时差曲线出现随井深增加而逆增长的趋势，Δt 从 275μs/m 升至 418μs/m。该井段为沙一段地层，岩性以深色厚层泥岩为主，井径正常。通过声波时差的异常趋势变化，结合其他资料进行分析，确认该井 2620～3000m 地层为欠压实地层。通过地层对比，预测 J59 井3000～3300m 钻遇该地层。

从 J59 井进入欠压实地层后的参数变化图(图 4-94)可以看出，井深 3175m 以前 d_c 指数、泥岩密度等参数随井深增加而正常增加；之后，钻时由 12.6min/m 降至 10.5min/m，d_c 指数由 1.39 下降至 1.30，岩屑从井底返出后，岩性为灰色泥岩，全烃基值由 0.25% 升至 2.35%，

钻井液出口温度由68℃上升至71℃，泥岩密度由2.61g/cm³降至2.39g/cm³。综合上述参数的变化特征，确定该井进入沙一段欠压实泥岩段，提醒井队采取措施预防事故。井队并未及时采取措施而继续钻进。钻至井深3212m，d_c 指数保持低位在0.96～1.22之间变化，期间岩屑掉块增多，扭矩曲线出现大幅度跳跃，随时有卡钻危险。至此井队起钻采取措施控制井壁垮塌。循环钻井液时，岩屑掉块增多，起钻过程中卡挂现象明显。换牙轮钻头下钻至井深3190m时，井下遇阻开始划眼。井深3195m左右，划眼非常困难，没有钻压只是稍微送一点井下就会有很大的扭矩出现，转盘经常被蹩停，上提钻具时有较严重的挂卡现象，返出来的垮塌岩块最大的有香烟盒大小。

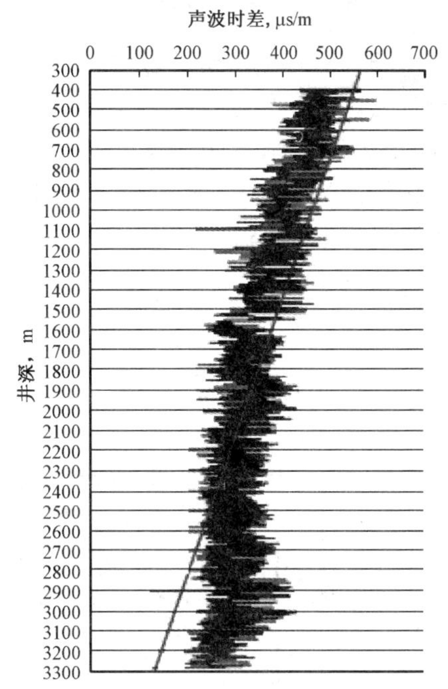

图4－93　J58井 $\Delta t-H$ 图

综合录井根据 d_{cn}/d_{cs} 公式附加定量值求得平衡地层压力所需钻井液密度不应小于1.47g/cm³。钻井队请示甲方同意上调钻井液密度，逐渐将钻井液密度由1.38g/cm³上调至1.40g/cm³，井下情况未见

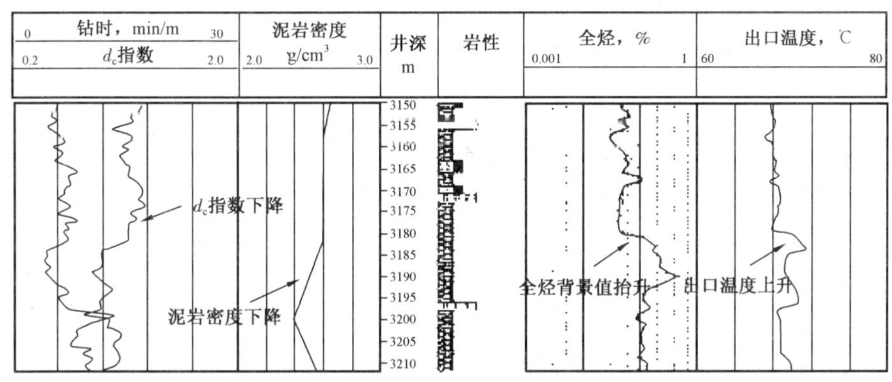

图4－94　J59井进入欠压实地层后参数变化图

好转；再上调至1.45g/cm³，井下依然垮塌严重，且返出岩屑见上部地层掉块；再上调至综合录井建议的1.47g/cm³，井壁垮塌现象好转，但仍有垮塌现象，说明所建议的1.47g/cm³钻井液密度不足以平衡异常地层压力，建议继续上调。在以后的过程中，边上调钻井液密度，边观察岩屑返出情况和气测情况，将钻井液密度上调到1.54g/cm³后，井壁垮塌现象消失，气测显示平稳，证明该密度能够平衡异常地层压力。

正是依靠压力录井对沙一段欠压实地层的准确判断，依靠综合录井仪参数监测下的钻井液密度调整，使这一口超复杂探井得以安全优质完钻，建井周期107d，用时仅相当该区域所完成同类探井的三分之一。

(二)应用 ECD 参数平衡井壁坍塌压力

ECD 即循环当量密度,是指钻井液在动态条件下所形成的相当于同等压力条件下的静态钻井液密度值。钻遇欠压实地层时,能够运用该参数指导调整钻井液密度,平衡井壁垮塌压力,防止井壁垮塌,预防钻井事故。

例如,RY 凹陷 LX 构造带位于凹陷中部的一个洼槽带内,是东营组和沙河街组沉积中心。沙河街组暗色泥岩总厚度近 600m,是深水环境快速沉降的产物,具备形成欠压实地层的条件。该区所钻的 L49 井、L45 井、L47 井等已经证实沙河街组厚层泥岩欠压实地层的存在,如图 4-95所示。

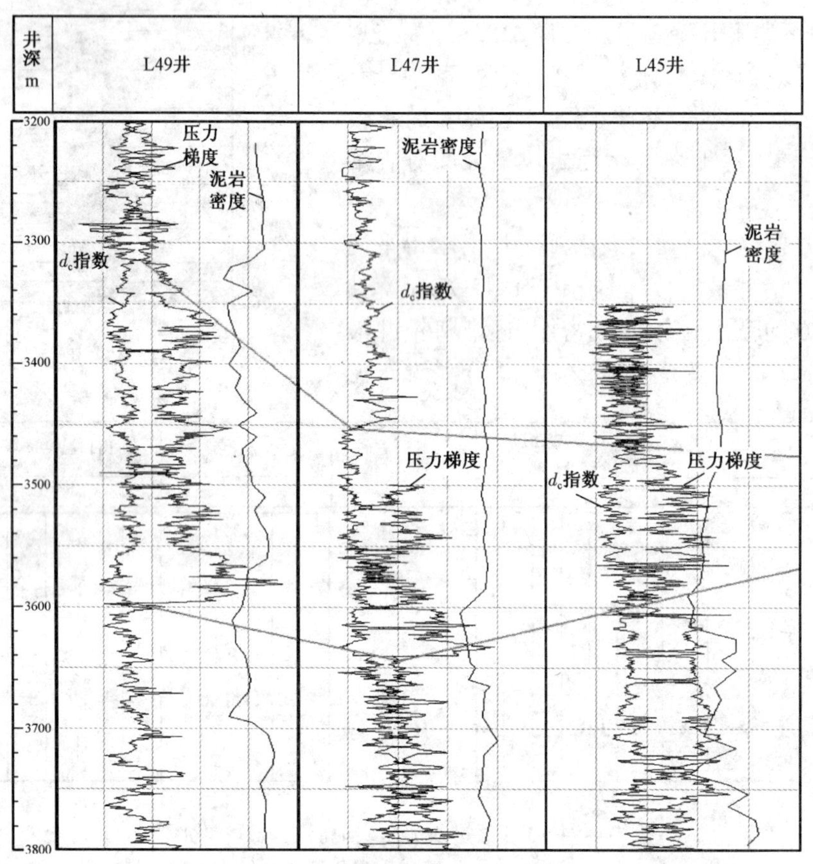

图 4-95 LX 构造带欠压实地层对比图

L43 井于井深 2850m 进入区域欠压实地层,所用钻井液密度为 1.26g/cm^3。钻进过程中,经常出现钻进时井下正常但每次下钻时都出现遇阻被迫划眼作业的现象。

根据划眼情况及岩屑返出数量、岩屑形状判断,认为井壁已发生严重垮塌,垮塌岩性为 Es_1 下—Es_2 上地层的泥岩及特殊油页岩。结合钻井过程中正常钻进时井下正常而起下钻过程中发生垮塌的现象,分析认为,钻井液停止循环时钻井液密度不能平衡地层压力而导致井壁垮塌,必须提高钻井液密度才能保护井壁。

通过 ECD 参数处理发现,保持循环时钻井液密度为 1.26g/cm^3,循环当量密度 ECD 最小值为 1.37g/cm³，此时没有井壁垮塌现象，说明 1.37g/cm³ 的动密度能够平衡井壁垮塌压力。起下钻时，循环压力消失，1..26g/cm³ 静止钻井液密度不足以平衡井壁垮塌压力，造成井壁垮塌。起钻过程中的抽吸作用进一步加大不平衡，而使井壁垮塌加剧。依据这一分析，建议将静止钻井液密度提高 1.37g/cm³ 以上，以平衡起下钻期间的井壁垮塌压力。

甲方出于保护油层的目的，认为邻井 L83 井与本井在同一地区，沉积环境、岩性特征相似，钻井施工过程中所使用的最高钻井液密度为 1.28g/cm³，仅批准将钻井液密度提至 1.28g/cm³。实施后，起下钻期间的井壁垮塌现象仍然严重。继续提高密度到 1.37g/cm³ 之后，井壁得到稳固，垮塌现象基本消失。

井径曲线证实，2850～3370m 井壁坍塌井段的井径明显大于钻头直径(216mm)，最大达 400mm；3370m 以下井径正常，基本没有井壁坍塌现象，说明 3370m 以下钻井液密度提至 1.37g/cm³ 的建议是合理的。

(三)提前发现高压油气层，预防井喷失控事故

欠压实地层、异常地层压力与高压油气层在成因上有紧密的关联性。

一方面，从欠压实泥(页)岩和异常高压形成所要求的深水环境、快速沉降和封闭的保存条件上看，其形成条件与生油条件有很好的相关性，欠压实地层往往是良好的生油层；另一方面，巨厚欠压实泥(页)岩中的透镜状储层和其下伏的储集层，在接受排烃和接受异常高压方面具有近水楼台的优势，往往能够形成高压油气层。三者在成因上的关联性，对发现油气层有指示作用、保护油气层以及控制油气层具有预告作用。

欠压实地层、异常地层压力与高压油气层在空间的组合上具有很高的复杂性。

欠压实地层具有“高孔、高渗、易坍塌”的特性，容易造成井漏、井垮；高压油气层具有高压特性，容易造成井涌。井漏和井涌在控制措施上是相反的，前者需要降低密度，后者需要增加密度。如果出现上漏下涌的组合，钻井密度窗口难以掌握，非常容易出现“非漏即涌”甚至“因漏而喷”的难以控制的复杂情况。井垮和井涌虽然在控制措施上是相同的，都需要提高钻井液密度，但提高钻井液密度的时机很重要，如果出现上垮下涌的组合再开始提高钻井液密度，往往为时已晚。井涌的同时钻井液密度会相应降低，钻井液密度降低又会加重井涌，二者恶性循环，要么出现井垮，要么出现井喷。

基于三者成因上的关联性研究与空间组合上的复杂性研究，现场异常地层压力检测和高压油气层控制一般采用“重预测、抓打开、跟上返、抢返出、盯后效”的方法。重预测，就是通过确定欠压实地层与异常地层压力，预测高压油气层，做到“有备无患”；抓打开，就是严密监测打开高压油气层时可能出现的立管压力、悬重、钻速等实时参数的响应，判断高压油气层的能量大小，提前一个迟到时间预报井涌；跟上返，就是在打开高压油气层后，高压流体边上返边膨胀的过程中，跟踪出口流量、总池体积等参数的可能变化，判断井涌的动态变化；抢返出，就是高压流体涌出井口时，气测、出口电导率、出口钻井液密度、出口温度等可能瞬间大幅度变化，抢抓瞬间信息，紧急进行井涌报警；盯后效，就是打开高压油气层后，盯紧背景值、单根峰、起钻后效的变化，判断井筒压力平衡情况，及早采取平衡地层压力的措施。

例如，WG3 井是一口潜山深探井，4461m 进入府君山组，2008 年 7 月 1 日钻至 4470m，见厚度为 1m 的气测异常，全烃高达 42%。为确保安全和进行欠平衡钻井，下技术套管至井深 4467m。

7月22日钻套管引鞋和水泥塞，主要参数如下：使用单泵，泵冲60次/min，立管压力11.5MPa，钻井液密度0.93g/cm^3，出口温度45℃，总池体积90m^3，全烃0.05%～0.20%，迟到时间80min。15:59，至井深4471m钻水泥塞完，停钻循环。循环过程中，分别于16:16至16:41和17:09至17:27停泵两次，停泵时间约43min。17:27开泵循环不久，操作员发现以下参数出现异常：立管压力出现波动（9.7～15.2MPa），出口流量小幅上涨（33%～41%），总池体积小幅上涨（91～100m^3），池溢漏参数出现5m^{3}的正增长，但气测没有异常变化。经过综合分析，结合钻开4470～4471m时出现42%的高气测异常，认为井底可能有高压流体侵入并在上返之中。综合录井将此情况向井队及时通报，井队高度重视，立即进入防喷准备状态。

17:39，气测全烃开始上涨，由0.05%逐步上涨到0.3%、0.6%、1.0%，17:42大幅上涨至24%，17:43至49%，17:44达到100%。此时，槽面气泡达100%；总池体积涨至105m^3，增加10m^3；出口流量涨至44%；钻井液密度由0.93g/cm^{3}降至0.58g/cm^3，粘度由48s增至128s，气体流量由0升至371m^3/h（图4－96）。立即发出井涌警报，钻井队立即采取关井措施，实施井控，使井涌得到有效控制。采用液气分离器循环排气后点火，火焰高度一般5～10m，最高20m，颜色呈橘黄色。槽面见原油，取样静止2h，顶部分离出淡绿色轻质原油，极易燃，火焰呈蓝色。压井过程：替入清水60.0m^3，压井未成功，继续替入相对密度1.30、粘度52s的钻井液150m^3，火焰自然熄灭，压井成功。

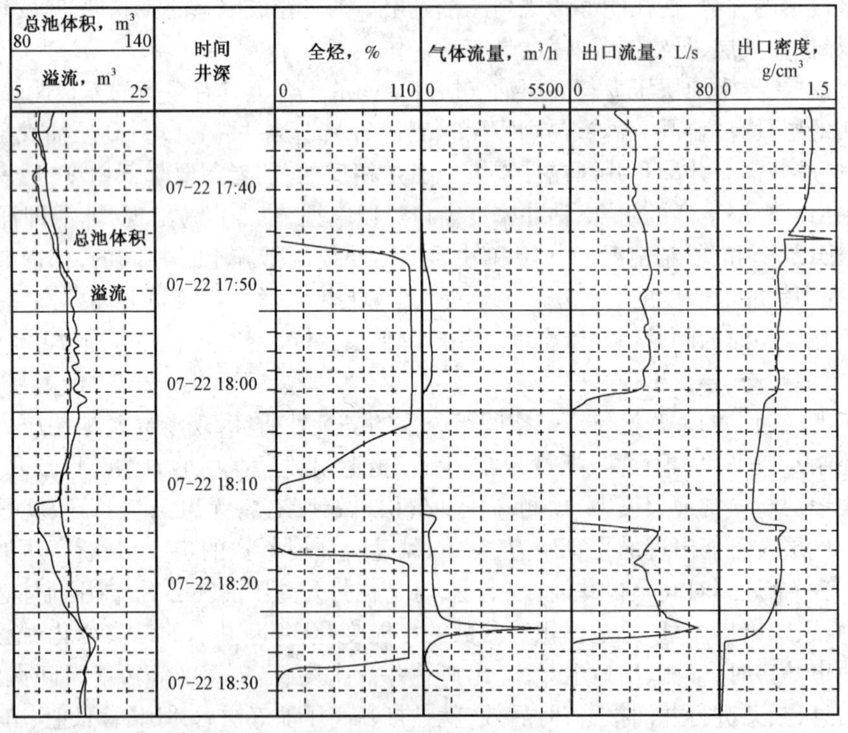

图4－96 WG3井井涌预报参数变化图

从17:27参数出现井涌预兆，到17:44高压流体返出井口后确定井涌，时间为17min。正是综合录井紧盯上返参数异常提前17min作出井涌预报，井队有充分的思想准备采取井控措施使井涌得到了及时控制。从17:42气测出现大幅异常到17:44出现井涌，时间仅有2min。如高压流体返出井口再报警，井队采取措施再迟缓一些，就非常有可能错失最佳井控时机而酿成井喷失控事故。

（四）压力录井注意事项

欠压实地层和异常地层压力既是引发多种钻井事故和影响钻井提速的重要因素，又是砂泥岩地层高压油气层的重要成因。搞好随钻欠压实地层和异常地层压力检测工作，对于减少事故、提高钻井速度和寻找高压油气层、控制油气层具有非常重要的意义。

异常地层压力成因复杂，随钻能够进行检测和评价的基本仅限于基于欠压实作用形成的异常地层压力，检测和评价原理是各种检测手段的参数对岩石物性和孔隙流体压力的响应。这种响应在理论上是有依据的，也是有规律可循的，但在实际随钻地层压力检测工作中受多种可变因素的影响。这种响应在理论与实际之间并不是一一对应的，甚至某种响应可能是相反的。这种不对应性往往表现在以下三个方面：

（1）理论上各种参数的普遍响应实际上表现为仅部分甚至仅个别参数有响应；

（2）理论上各种参数的完美响应实际上表现得并不理想甚至稍纵即逝；

（3）理论上各种参数的合理响应实际上可能表现为不合理甚至是矛盾的。

以上三个方面的不对应表现恰恰是随钻地层压力检测难于开展的原因，也是效果不理想的症结所在。有了这些方面的认识，搞好随钻地层压力检测工作中要注意以下几点：

（1）要重视理论研究和理论上的响应，但不能囿于理论上的束缚。以“宁可信其有不可信其无”为原则，发现相关参数异常，甚至仅有一个相关参数异常也要紧追不放。

（2）重视定量计算但决不能依靠定量计算。事实上，定性比定量重要，趋势比单点重要。

（3）重视主要参数的响应但不能局限于主要参数的反映。d_c 指数是修正的岩石可钻性指数，作为欠压实地层和异常地层压力检测的主要指示性指标，是基于欠压实导致可钻性差的理论依据，从理论上是无可置疑的。但现代钻井技术的应用，特别是PDC钻头、涡轮钻具、大斜度井及水平井，使这种欠压实导致可钻性差的理论依据在实际响应上变得面目全非。最重要的原因是固化在程序中的 d_c 指数计算公式在现场没有办法根据不同的工况和井况进行修正，这种修正恰恰决定着相关性的符合程度。多口井的资料表明，通常作为发现油气显示的气测参数在随钻地层压力检测方面发挥着越来越重要的作用。以前不被重视的背景值、单根峰、后效等资料往往成为定性判断欠压实地层和异常地层压力的依据，更可作为平衡地层压力的指示性指标。另外，岩屑资料，包括岩屑形状、岩屑量、掉块以及泥（页）岩岩性在作为判断欠压实地层和异常地层压力的依据方面也不可忽视。

要重视欠压实地层和由此产生的异常地层压力与高压油气层在成因上的相关性关系和空间上的伴生性关系，充分利用这种理论上的相关性关系和伴生性关系指导发现高压油气层，指导合理使用钻井液密度保护油气层，指导提前采取措施控制高压油气层，避免发生恶性井喷失控事故。

第五章　录井新技术

录井行业是伴随石油钻井业兴起而产生的。初期录井以恢复地层剖面、发现油气显示为主要目的,录井方法简单,技术含量低。随着石油工业的迅速发展,尤其在石油勘探以效益为中心的今天,石油地质勘探家们对录井非常重视,把录井提到了十分重要的位置。录井的目的不仅仅是恢复地层剖面、发现油气显示,更重要的作用是评价油气层,提高油气层解释符合率,当好石油地质勘探家们的重要参谋,为完井方案决策及试油层位优选提供可靠依据。

录井技术已从过去的手工操作、定性描述发展为应用多种仪器装备,集数据采集、处理和解释为一体的石油勘探技术。现代录井技术使用物理的、化学的、计算机的等多种方法和手段,已发展成为一种涉及石油地质、地球化学、钻井工程、传感技术、信息处理和传输等多种学科的综合技术。

从实物样品系统、钻井液系统、钻井工程系统、分析化验系统获得的信息越来越丰富。经过对所获得的信息系统分析研究,取得了多项录井研究成果,其研究成果的应用,显著提高了油气显示发现率、油气层解释符合率、工程事故隐患预报率,提高了油气勘探开发整体经济效益。

第一节　岩石热解地球化学录井技术

一、岩石热解地球化学录井技术概述

(一)技术发展背景

岩石热解地球化学录井技术简称地球化学录井技术。地球化学录井是近十几年发展起来的录井技术,它将室内热解色谱分析方法应用于钻井现场,根据岩心、岩屑样品分析结果对生储油岩层进行评价。录井设备及功能的完善为评价技术的提高打下了良好的基础,使地球化学录井在具备发现油气层、评价储集层性质、评价油质、预测产能等能力以及对生油岩进行评价等能力的基础上,功能又有新的发展,可以在水淹层的识别和评价方面为油田开发做工作,拓展了录井技术的应用范围。

通常所讲的地球化学录井,是指岩石热解地球化学录井。它以岩心或岩屑为分析对象,定量检测烃源岩的生烃量、储集层的含油气量,是评价烃源岩、发现评价油气层的有效手段。

目前,地球化学录井技术涵盖范围已经拓宽为岩石热解录井、热蒸发烃色谱录井、轻烃组分分析评价、定量荧光分析等内容。这些检测分析方法都是成熟的油气检测评价技术,与常规的现场地质录井、气测录井同步进行,获取定量评价油气资源的可靠基础数据。

(二)地球化学录井仪器简介

自 1988 年岩石热解地球化学录井仪投入使用以来,现场地球化学录井设备得到了很好的

发展,国内出现了多种型号的岩石热解地球化学仪。

从机型上看,首先是单板机微机化,仪器面板操作升级为工作站;其次是机型升级,鲁南化工仪器厂的 DH－910 型岩石热解地球化学录井仪升级到 DH－980 型岩石热解地球化学录井仪;海城市石油化工仪器厂开发了 YQ 系列油气显示评价仪,并开发出了 YQZF－Ⅱ油气组分综合评价仪,用于储集层原油热蒸发烃色谱指纹图的分析(图 5－1)。

从功能上看,由原始的三峰仪发展为五峰仪(兼顾三峰),再发展为组分综合评价仪。

从检测结果上看,由检测烃类三态发展为检测烃类馏分(兼顾三态),再发展为检测烃类组分。

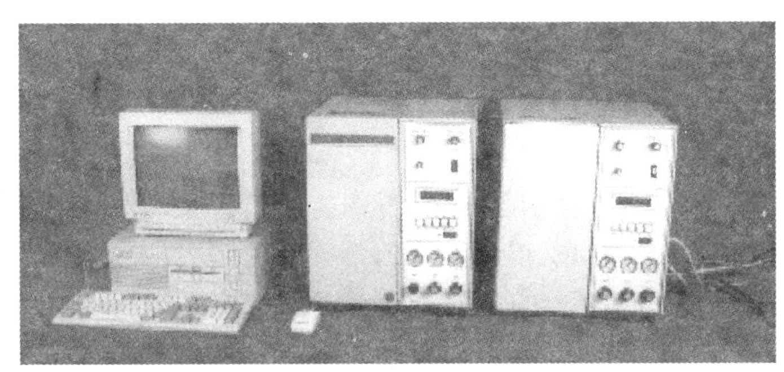

图 5－1　地球化学录井仪

(三)地球化学录井仪的分析原理

地球化学录井仪的分析原理是在特殊裂解炉中对生油层和储油层的岩石样品进行程序升温,使岩石样品中的烃类和干酪根在不同温度下挥发和裂解,通过载气(氢气)的吹洗使其与岩石样品进行定性的物理分离,并由载气携带直接送入氢焰离子检测器,将其浓度的变化转换为相应的电流信号,经微机进行运算处理、记录各组分含量和 S_2 峰顶温度,以评价生、储油岩的优劣(图 5－2)。

(四)地球化学录井的方法及技术特点

1. 分析方法

1)取样分析

称取研细后的生油岩样品或整颗砂岩 100mg,放进坩埚置于一个特制的热解炉内,利用程序升温的方法,将岩样中的烃类及干酪根在不同的温度下热蒸发成气态烃,分别由载气直接送入氢焰离子化检测器中检测,由数据处理机计算出含量并打印出来。

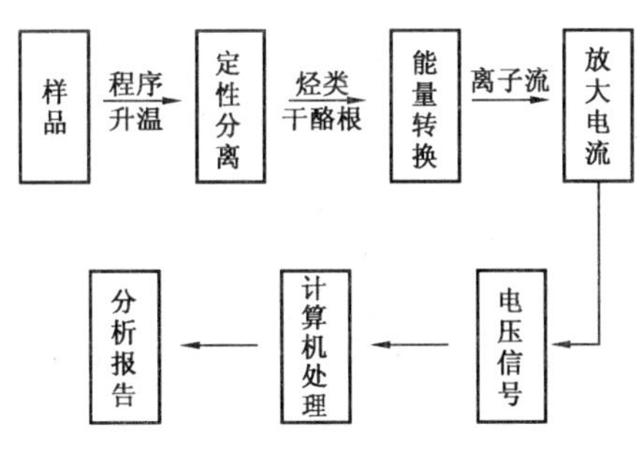

图 5－2　地球化学录井仪分析原理图

2)分析间距

与岩屑录井一样,一般根据需要确定。

3)分析周期选定

DH－910 地球化学录井仪根据分析对象的不同设置三个周期,钻井现场一般选用第二周期;YQ 系列仪器也设置了三个分析周期,需根据分析对象的不同选定分析周期。

地球化学录井分析资料提供信息的准确与否,直接影响评价准确程度,而这些信息的来源又受到样品代表性、分析及时程度、设备、技术以及其他人为因素的限制。

2. 地球化学录井的技术特点

地球化学录井自动化程度高,只需称一定重量的岩样放入坩埚中,把标样数据和分析样品重量、深度数据输入微机,按分析按钮后,仪器即按程序自动进行分析,并打印出谱图和分析结果和参数。特点是分析速度快,分析一个岩样仅需 15 ~ 20min;岩样用量少,一般只需 0.1g;得到参数多,一次分析可以得到 10 个参数。

二、地球化学录井各参数及地质意义

(一)热解分析周期一获得的参数及意义

S_0:为 $C_1 \sim C_7$ 的气态烃类组分,表示在 90℃温度条件下氢焰离子化检测器 FID 检测到的单位质量生油岩中气态组分的含量,单位为 mg/g。

S_1:原油组成中相当于汽油馏分的含量,表示在 200℃温度条件下 FID 检测到的单位质量储层样品中轻质液态烃类组分的含量,单位为 mg/g。

S_{21}:原油组成中相当于煤油 + 柴油的烃类馏分含量,表示在 200 ~ 350℃程序升温过程中 FID 检测到的单位质量储层岩样中中质液态烃类组分的含量,单位为 mg/g。

S_{22}:原油组成中蜡及重油馏分,表示在 350 ~ 450℃程序升温过程中 FID 检测到的单位质量储层样品中重质烃类组分的含量,单位为 mg/g。

S_{23}:在原油组分中相当于胶质和沥青质馏分,表示在 450 ~ 600℃的程序升温过程中 FID 检测到的单位质量储层岩样中胶质和沥青质的含量,单位为 mg/g。

(二)热解分析周期二获得的参数及意义

S_0:对生储油层为原油或有机质组分中的气态烃类组分峰,表示在 90℃温度条件下 FID 检测到的单位质量生、储油层样品中气态烃的含量,单位为 mg/g。

S_1:对生油岩,S_1 为游离烃裂解峰;对储层,S_1 为凝析油、轻质及中质烃类组分峰。它表示在 300℃温度条件下单位质量的生油层、储油层样品中的液态烃类含量,单位为 mg/g。

S_2:对生油岩,S_2 为干酪根裂解烃类组分峰;对储集岩,S_2 为蜡、重质油、胶质和沥青质裂解组分峰。它表示在 300 ~ 600℃的程序升温过程中 FID 所检测到的单位质量生油层、储油层样品中蜡、重油、胶质、沥青质或干酪根的含量,单位为 mg/g。

T_{max}:为最高裂解温度,表示在 300 ~ 600℃程序升温过程中 S_2 裂解检测量达到最大时所对应的温度,也称 S_2 峰顶温度,单位为℃。

地球化学录井参数在生油岩和储油岩中代表的含义是不同的。

1. 储层评价计算参数及意义

(1)含油气总量 ST:

$$ST = S_0 + S_1 + S_2 + 10RC/0.9(\text{周期二分析})$$

或

$$ST = S_0 + S_1 + S_{21} + S_{22} + S_{23} + 10RC/0.9(\text{周期一分析})$$

其中，RC 为岩石样品中的残余有机碳，是残余碳分析仪测定的百分数。

（2）产气率指数 GPI 用于判断气层：

$$GPI = S_0/(S_0 + S_1 + S_2)$$

（3）油产率指数 OPI 用于判断油层：

$$OPI = S_1/(S_0 + S_1 + S_2)$$

（4）油气总产率指数 TPI 用于判断油气层及确定原油性质。

（5）原油轻重组分指数 PS：

$$PS = S_1/S_2$$

（6）原油重质油指数 IS：

$$IS = (10RC/0.9)/ST \times 100\%$$

（7）凝析油指数 P_1：

$$P_1 = (S_0 + S_1)/(S_0 + S_1 + S_{21} + S_{22} + S_{23})$$

（8）轻质原油指数 P_2：

$$P_2 = (S_1 + S_{21})/(S_0 + S_1 + S_{21} + S_{22} + S_{23})$$

（9）中质原油指数 P_3：

$$P_3 = (S_{21} + S_{22})/(S_0 + S_1 + S_{21} + S_{22} + S_{23})$$

（10）重质原油指数 P_4：

$$P_4 = (S_{22} + S_{23})/(S_0 + S_1 + S_{21} + S_{22} + S_{23})$$

2. 生油岩评价计算参数及意义

（1）产烃潜量 PG：

$$PG = S_1 + S_2$$

（2）有效碳 PC：

$$PC = 0.083(S_1 + S_2)$$

（3）产率指数 PI：

$$PI = (S_0 + S_1)/(S_0 + S_1 + S_2)$$

(4)总有机碳 TOC：

$$TOC = PC + RC = 0.083(S_1 + S_2) + RC$$

(5)降解潜率 D：

$$D = \frac{PC}{TOC} \times 100\%$$

(6)氢指数 HI：

$$HI = \frac{S_2}{TOC} \times 100\%$$

(7)生烃指数 HCI：

$$HCI = \frac{S_0 + S_1}{TOC} \times 100\%$$

三、地球化学录井技术的资料解释

(一)地球化学录井技术在烃源岩评价中的解释方法

一个好的生油岩的沉积环境不仅要具有丰富的富含类脂化合物及蛋白质的有机物质，而且要具有能使这些有机质沉积和保存下来的条件。陆相沉积盆地是陆相生油岩系发育的场所。使有机质保存而又不被破坏，需要有一个缺氧的环境。古湖盆内还原环境的形成，必须有较深的水体、快速的沉积和安静的水动力条件。

1. 烃源岩有机质丰度评价

烃源岩(生油岩)定量评价分级标准见表5－1。

表5－1　生油岩定量评价分级标准

生油岩分级	P_g	C_p
极好生油岩	>20	>1.66
好生油岩	6～20	0.5～1.66
一般生油岩	2～6	0.17～0.5
差生油岩	<2	<0.17

2. 烃源岩有机质类型评价

1)评价方法

(1)烃源岩有机质类型评价标准见表5－2。

表5－2　烃源岩有机质类型评价

有机质类型	Ⅰ	$Ⅱ_1$	$Ⅱ_2$	Ⅲ
D,%	>50	20～50	10～20	<10
HI	>600	250～600	120～250	<120

(2)据氢指数 HI 与 T_{max} 值图版(图 5－3),划分烃源岩有机质类型。

(3)据降解潜率 D 与 T_{max} 值图版(图 5－4)划分生油岩类型。

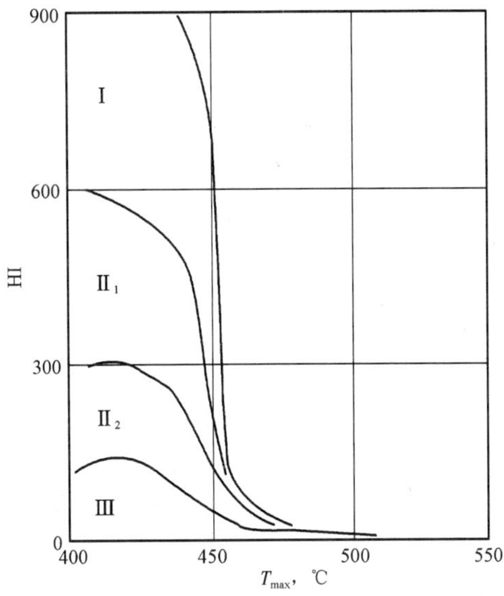

图 5－3 烃源岩有机质类型评价

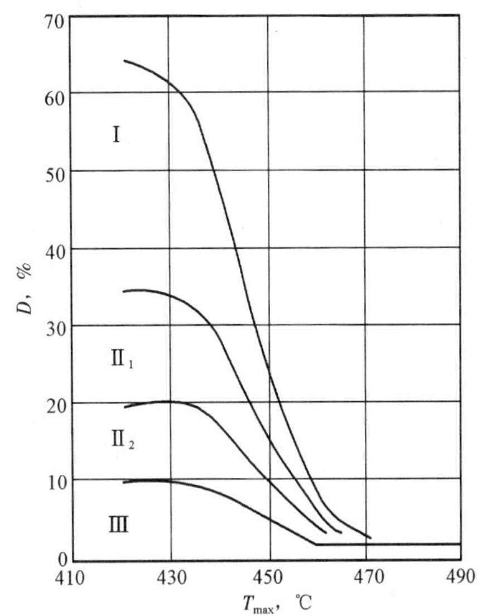

图 5－4 降解潜率 D 与 T_{max} 值划分生油岩类型图版

2)常用的指标

常用的指标见表 5－3。

表 5－3 烃源岩有机质类型(三类四分法)

项目		Ⅰ型(腐泥型)	Ⅱ型		Ⅲ型(腐殖型)
			$Ⅱ_1$ 型(腐殖—腐泥型)	$Ⅱ_2$ 型(腐泥—腐殖型)	
“A”族组成	饱和烃,%	60～40	40～30	30～20	<20
	饱/芳	>3.0	3.0～1.6	1.6～1.0	<1.0
	非烃＋沥青质,%	20～40	40～60	60～70	70～80
	(非烃＋沥青质)/总烃	0.3～1.0	1.0～2.0	2.0～3.0	3.0～4.5
岩石热解参数	HI,mg/g	>700	700～350	350～150	<150
	Tyc①,%	>20.0	20.0～10.0	10.0～5.0	<5.0
	D,%	>70	70～30	30～10	<10
	S_1+S_2,mg/g	>20	20～6	6～2	<2
饱和烃色谱特征	峰型特征	前高单峰型	前高双峰型	后高双峰型	后高单峰型
	主峰碳	C_{17}、C_{19}	前 C_{17}、C_{19},后 C_{21}、C_{23}	前 C_{17}、C_{19},后 C_{27}、C_{29}	C_{25}、C_{27}、C_{29}

续表

项目			Ⅰ型(腐泥型)	Ⅱ型		Ⅲ型(腐殖型)
				$Ⅱ_1$ 型(腐殖—腐泥型)	$Ⅱ_2$ 型(腐泥—腐殖型)	
干酪根	元素分析	H/C	>1.5	1.5~1.2	1.2~0.8	<0.8
		O/C	<0.1	0.1~0.2	0.2~0.3	>0.3
	镜鉴	壳质组,%	>70~90	70~50	50~10	<10
		镜质组,%	<10	10~20	20~70	70~90
		Ti②	80~100	80~40	40~0	<0
	模拟实验	∑HP	550~620	550~400	400~150	<150
		∑OP	>550	550~300	300~100	<100
生物标志化合物		$5\alpha-C_{27}$,%	>55	55~35	35~20	<20
		$5\alpha-C_{28}$,%	<15	15~35	35~45	>45
		$5\alpha-C_{29}$,%	<25	25~35	35~45	45~55
		$5\alpha-C_{27}/5\alpha-C_{29}$	>2.0	2.0~1.2	1.2~0.8	<0.8

① Tyc 为原始状态下有机质类型指数;

② Ti 为干酪根镜鉴参数,Ti = 无定形 +0.5 壳质组 -0.75 镜质组 - 惰质组。

成熟生油岩由于成熟度的增高,S_2 急剧变小,导致氢指数和降解潜率值比原始值低,这些参数是残余量参数,不能反映生油岩的原始有机质类型。必须把高成熟的生油岩的各分类参数还原为原始参数。

3. 烃源岩有机质热演化程度评价

(1)据镜质体反射率、T_{max} 评价烃源岩有机质热演化程度,见表 5-4。

表 5-4 判断成熟度

成熟度范围	镜质体反射率	T_{max},℃		
		Ⅰ类	Ⅱ类	Ⅲ类
未成熟	<0.5	<437	<435	<432
生油	0.5~1.3	437~460	435~455	432~460
凝析油	1.0~1.5	450~465	447~460	445~470
湿气	1.3~2	460~490	455~490	460~505
干气	>2	>490	>490	>505

(2)据Ⅰ、Ⅱ、Ⅲ类生油岩氢指数评价烃源岩有机质热演化程度,如图 5-5、图 5-6 所示。

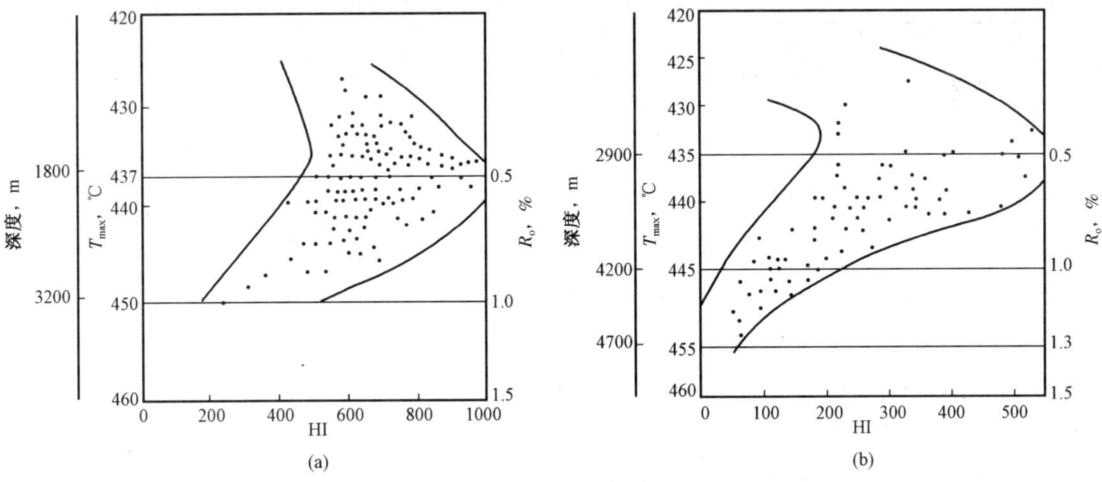

图5－5　Ⅰ、Ⅱ生油岩氢指数随成熟度变化图

（a）Ⅰ类生油岩氢指数随成熟度变化图；（b）Ⅱ类生油岩氢指数随成熟度变化图

CPI＝0.9～2.4为成熟度判别界限；

OEP＜1.2为有机质成熟界限值。

4. 烃源岩生烃量计算

在生油岩中，随成熟度的升高，干酪根逐渐降解生成油气，并运移到储集层中，热解分析得到的为残余烃量 S_1 和 S_2。因此，计算生油量时应充分考虑到这一点。首先根据评价区内各类未成熟生油岩的热模拟得到产烃率，并编制最大裂解温度 T_{max} 与热解演化分数 K 图版，然后计算已生油量，公式为（应用该公式计算成熟生油岩一点的已生油量）：

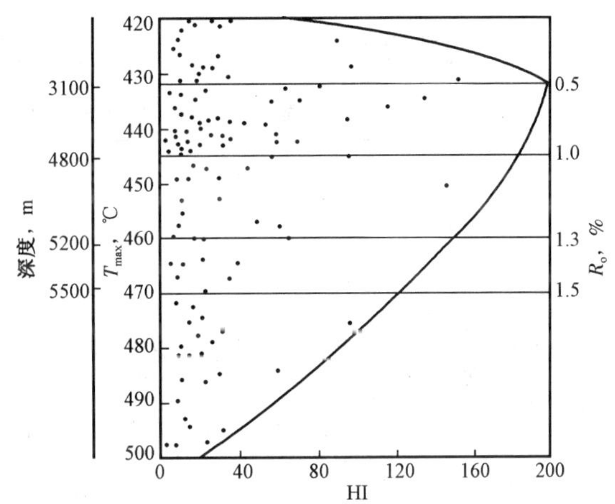

图5－6　Ⅲ类生油岩氢指数随成熟度变化图

$$Q = S_0 - S_2 = (1 + K)S_2 - S_2 = S_2 K$$

式中　Q——成熟生油岩已生烃量，kg/t；

S_0——原始产油潜量，mg/t；

S_2——成熟生油热解烃量，mg/t，从分析中得出；

K——生油岩热演化系数，从 T_{max} 与 K 图版中求取。

5. 碳酸盐岩生油岩评价

由于碳酸盐岩地层有机质含量低，一般有机碳为0.1%～0.2%，因此应用常规的化学方法研究碳酸盐岩的有机质类型及丰度较为困难，而应用热解法直接对样品分析可得到较好效果。

据环境指标、数量及转化指标进行碳酸盐岩生油岩有机质丰度评价（表5－5）。

表 5-5 碳酸盐岩生油岩有机质丰度评价

类别	地球化学相		环境指标		数量及转化指标						
			K	S_2	TOC,%	发光沥青“B”%	“A”,%	总烃	“A”/COT	烃/COT	生油指数
不利生油相	氧化相	氧化	<0.15		0.03						
		弱氧化	0.15~0.25	<0.04	0.03~0.07	<0.006	<0.01		<17	<10	<2
较有利生油层	还原相	弱还原	0.25~0.4	0.04~0.1	0.07~0.12	0.006~0.01	0.01~0.036	<50	17~30	10~17	2~12
		还原	0.4~0.58	0.1~0.24	0.12~0.20	0.01~0.07	0.036~0.08	>50	>30	>13	>12
有利生油层		强还原	>0.58	>0.2	>0.20	>0.07	>0.08				

据 T_{max}、R_{min} 判断碳酸盐岩生油层有机质成熟度（表 5-6）。

表 5-6 碳酸盐岩生油层有机质成熟度评价

地区	层位	T_{max},℃	镜质体反射率最小值 R_{min},%	演化阶段
江苏句容	T_2	427		未成熟
江苏句容	T_1	440~450	0.8	生油
贵州贵定	P	450~465		凝析油湿气
贵州凯里	O_1—S_1	440~450		生油
广西隆林常么	P	456		凝析油湿气
广西来宾	P	500~550		干气
四川龙女寺	P	490~520	2.2~3	干气

（二）地球化学录井技术的现场应用

1. 生油岩分析结果在 XL1 井储层评价中的应用

XL1 井油气藏类型以自生自储为主，油气发育程度受两个因素的影响，一是断层，二是与生油岩的接触关系。由于本井断层不发育，与生油岩的接触关系是主要决定因素。

生油岩分析结果表明，本井分析井段（3754~4935m）均已成熟，4500m 以后进入高成熟期，生油岩成熟度指标 T_{max} 值超过 450℃，主要以生成凝析油气为主；地球化学分析数据中代表生成烃的 S_1 值异常大，表明由于埋深过大，储集岩致密，运聚通道不畅，生油岩生成的烃类没有能够及时排出，很大部分蕴藏在生油岩本体中，同时泥岩本身在一定程度上也可以看做是储集岩。4500m 以后的生油岩由于生成的主要是凝析油气，粘度小，可流动性强，从排烃角度看，有利于排烃。这就是录井过程中下伏生油岩的砂层出现气测异常的根本原因。

油气性质方面，由于是就近运聚，生油岩生成的烃类轻，其相近层段储集岩中的原油也随之轻，也就是说，随埋深增加，生油岩生成的烃类越来越轻，其上覆储集岩中聚集的烃类也越来越轻。从纵向上看，本井油气显示性质随埋深加大逐渐变轻，上部以油为主，下部以气为主（图5－7）。

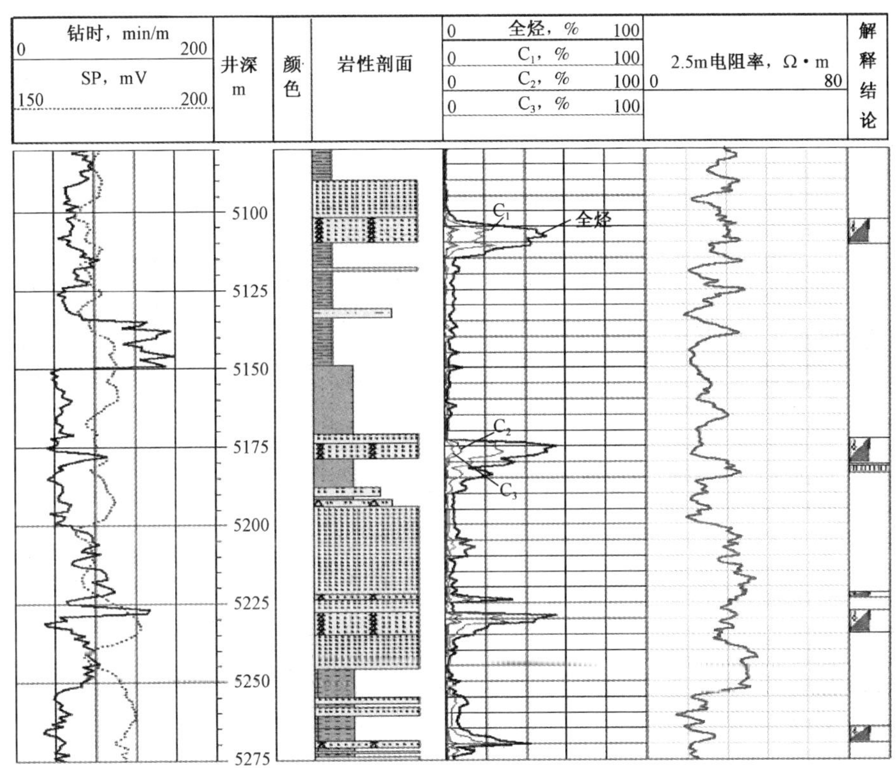

图5－7 生油岩分析结果在XL1井的应用

2. 地球化学录井技术在储集岩评价中的应用

1）地球化学录井在真假油气显示识别中的应用

（1）解释方法。

任何组成一定的有机物质通过分析都可以得到一组固定不变的色谱组分峰。有机物不同，组分峰各异。不同的油气显示具有不同的组分组成，其分析峰形不尽相同。钻井过程中加入的各种有机添加剂也可以分析出不同的色谱峰。

通过分析常见的有机钻井液添加剂样品及成品油样品，初步建立了污染源“指纹”数据库。该数据库的建立使人们明确了添加剂对地球化学录井分析值 S_1、S_2 的影响及其各自的色谱特征，为准确识别真假油气显示提供了可靠依据。

常见添加剂分析数据见表5－7。

表 5-7 常见添加剂分析数据表

序号	处理、添加剂名称	S_1	S_2	T_{max},℃	OPI
1	煤油	480.13	0		1
2	柴油	373.33	0		1
3	机油	420	13.33	376	0.97
4	液压油	580.62	0		1
5	润滑剂 RH-63	345.07	0		1
6	润滑剂 MRH-860	398	0		1
7	清泡剂 RH-4	154.28	35.71	438	0.81
8	磺化沥青	92.12	33.12	435	0.74
9	氧化沥青	121.41	109.3	438	0.53
10	解卡剂 SR-301	20.29	105.29	424	0.16
11	加重解卡剂 PIPELAX-N	193.33	0.66	332	1
12	塑料球固体润滑剂 HZN-102	26.66	463.18	411	0.05
13	棕红色通用密封脂	250.95	111.33	470	0.69
14	螺纹密封脂	465	7	384	0.99
15	有机皂土	43.85	49.08	449	0.47
16	铁铬木质素磺酸盐 FCLS	10.09	7.02	335	0.59
17	生物聚合物	3.85	0		1
18	抗饱和盐高温稳定剂	7.6	24.56	449	0.24
19	高温钻井液处理剂 SPNH	1.12	10.06	431	0.1
20	阴离子有机硅缩聚物	0.71	6.67	342	0.08
21	聚阴离子纤维素 PVV-L	1.26	0		1
22	磺化基酚醛树脂 SMP-1	0.28	2.3	480	0.11
23	氧化铁解卡剂	0.01	0		1
24	降失水剂	0	0.22	541	0
25	PAC-HV	0.14	0.03		0.82
26	MSN-101	0.15	0.06		0.71
27	WFT-666	0.08	0.02		0.8

根据添加剂热解结果、热解色谱分析结果，可将其分为如下四类。

第一类：对地球化学录井分析参数 S_0、S_1、S_2 均无大的影响，热解气相色谱分析分流曲线平直的有机添加剂，包括正电胶 MMH[图 5-8(a)]、防塌剂 SB_1-2、腐殖酸钾和防塌剂 ZFJ-1。

第二类：对地球化学录井分析参数 S_0、S_1、S_2 有一定的影响，但热解气相色谱分析分流曲线较平直或有个别杂峰的有机添加剂，包括磺甲基酚醛树脂、无荧光防塌润滑剂 FT-346、PAC-141、水解聚丙烯腈铵盐、胺盐 NPAN-II、聚丙烯酸钾[图 5-8(b)]和聚丙烯腈复合胺盐 NH_4-HPA。

第三类：对地球化学录井分析参数 S_0、S_1、S_2 有较大影响，热解气相色谱分析分流曲线组分较齐全的有机添加剂，包括：水解双聚胺盐 HMP－21、塑料球 HZN－102、润滑剂 8501 和润滑剂 525[图 5－8(c)]。

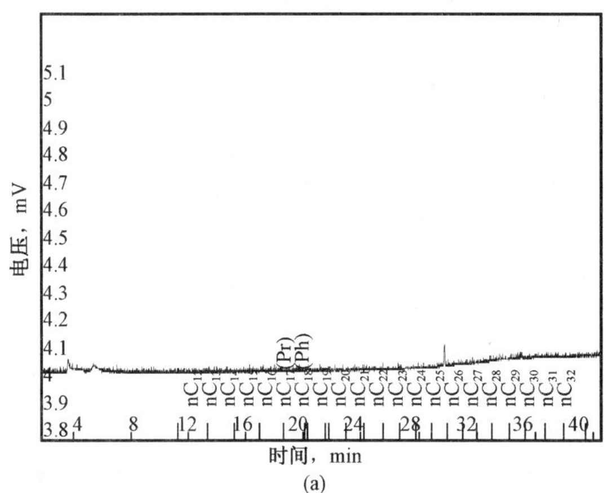

(a)

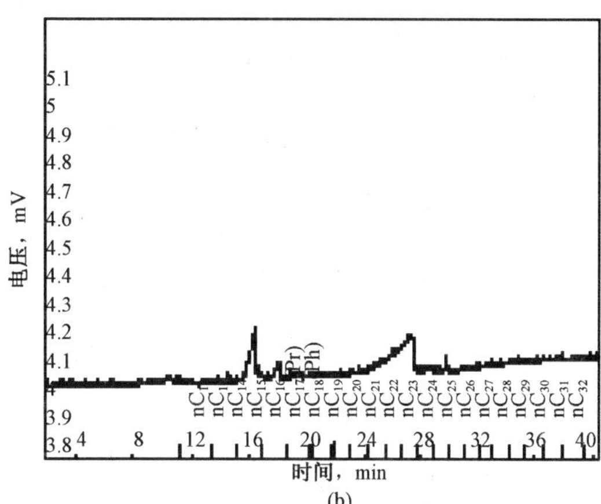

(b)

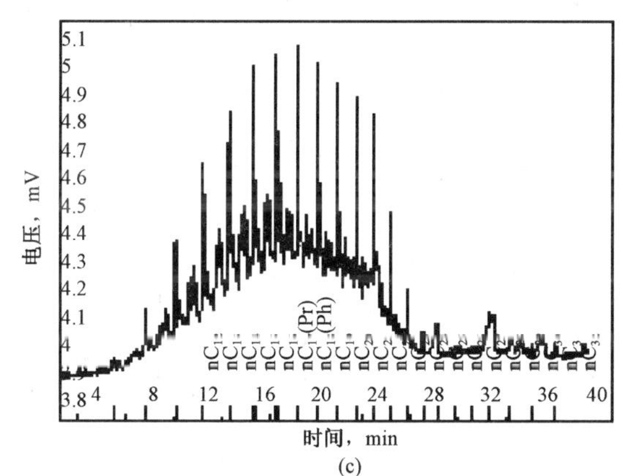

(c)

图 5－8 常见添加剂分析图

(a)正电胶 MMH；(b)聚丙烯酸钾；(c)润滑剂 525 原液

(2)现场应用。

① 饶阳型原油。

这种原油母质类型较好，成熟度比京津霸型原油略低，密度、粘度、含硫量、胶质、沥青质含量比京津霸型原油略高，其色谱分析特征为(图 5－9)：

——姥鲛烷少于植烷，Pr/Ph 一般小于 0.6；低碳数类异戊间二烯烷烃相对较少，$iC_{15+16+18}/iC_{19+20}$值一般为 0.21～0.64；$Pr/nC_{17}>0.6$，$Ph/nC_{18}>1$，比京津霸型原油高。

——色谱图呈不对称双峰形；正构烷烃主峰碳数高，主要是 C_{22} 或 C_{23}，还有一个次主峰一般为 C_{17} 或 C_{18}；轻重比 $\sum C_{21-}/\sum C_{22+}$ 普遍小于 1。

② 京津霸型原油。

这种原油成熟度高，密度低，粘度低，硫含量低，胶质、沥青质含量低，蜡含量高，其色谱分析特征是(图 5－10)：

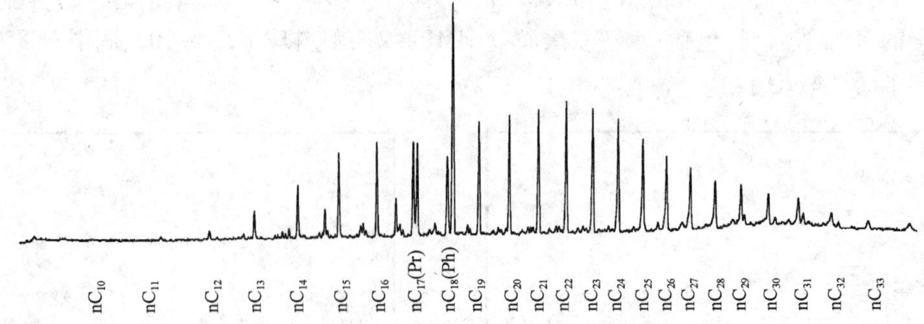

图 5－9 饶阳型原油色谱图

——在类异戊间二烯烷烃中，姥鲛烷多于植烷，Pr/Ph 普遍大于 1；低碳数的法呢烷(iC_{15})、异 16 烷(iC_{16})和降姥鲛烷(iC_{18})相对较高，$iC_{15+16+18}/iC_{19+20}$ 值一般为 0.6～1.64；Pr/nC_{17} 和 Ph/nC_{18} 普遍小于 1。

——正构烷烃主峰碳数低，主要是 C_{17}，也有 C_{16}、C_{15}、C_{14} 等更低的碳数；色谱图呈单峰形；轻重比 $\sum C_{21-}/\sum C_{22+}$ 普遍大于 1，凝析油的轻重比可以达到 7 以上。

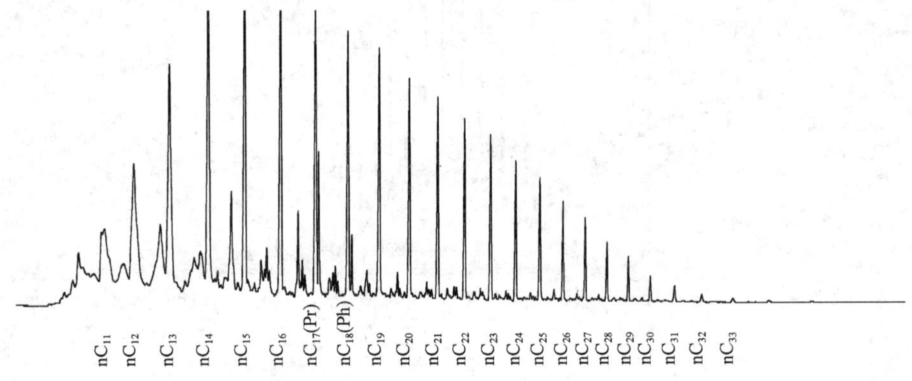

图 5－10 京津霸型原油色谱图

2）地球化学录井在原油性质评价中的应用

（1）解释方法。

原油性质通常是指原油的密度、粘度。在温度为 20℃ 的条件下，把密度小于 0.84g/cm³ 的原油定为轻质油，密度在 0.84～0.90g/cm³ 的原油定为中质原油，密度在 0.9～0.94g/cm³ 的原油定为重质原油，密度大于 0.94g/cm³ 的原油定为超重原油或稠油。凝析油是指有露点的油，密度一般在 0.7～0.86g/cm³。石油由烷烃、环烷烃和芳香烃及不等量的胶质和沥青质组成。组成石油的烃类碳数不同，胶质及沥青质含量不同，原油油质也不相同。胶质及沥青质含量高，轻质及中质液态组分含量低，油质就重。通常凝析油主要由 C_7～C_{15} 的烃类组成，轻质原油主要由 C_8～C_{25} 的烃类组成，中质原油主要由 C_8～C_{35} 的烃类组成，重质原油主要由 C_{15}～C_{50} 的烃类组成，稠油及超特重原油主要由胶质及沥青质组成（表 5－8）。

表 5－8　不同原油密度及碳数范围数据表

原油性质	原油密度，g/cm^3	碳数范围
凝析油	0.74	$C_7 \sim C_{15}$
轻质原油	0.74～0.84	$C_8 \sim C_{25}$
中质原油	0.84～0.90	$C_8 \sim C_{35}$
重质原油	0.90～0.94	$C_{15} \sim C_{50}$
稠油	>0.94	胶质及沥青质

若无油品分析资料，可利用地球化学参数划分原油性质（表 5－9）。

表 5－9　根据地球化学参数划分原油性质

原油性质	GPI	OPI	TPI	HI	T_{max}，℃
天然气	>0.8	0.01～0.2	0.98～1.0	<0.02	
凝析油	0.15～0.4	0.60～0.85	0.95～1.0	<0.05	<400
轻质原油	0.05～0.2	0.6～0.8	0.8～0.9	0.1～0.2	360～410
中质原油	0.03～0.1	0.55～0.7	0.6～0.8	0.2～0.4	390～440
重质原油	0.01～0.05	0.4～0.55	0.45～0.6	0.4～0.55	420～450
稠油	0.00～0.03	0.35～0.45	<0.5	>0.5	>440

（2）利用地球化学参数图版（图 5－11、图 5－12）划分原油性质。

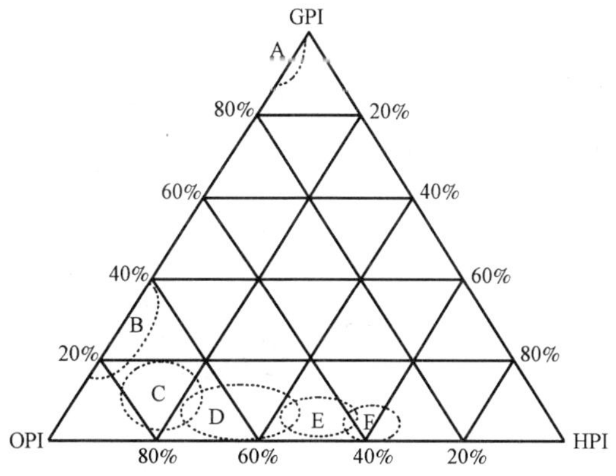

图 5－11　原油性质判别图版一

A—气区；B—凝析油区；C—轻质油区；D—中质油区；E—重质油区；F—稠油区

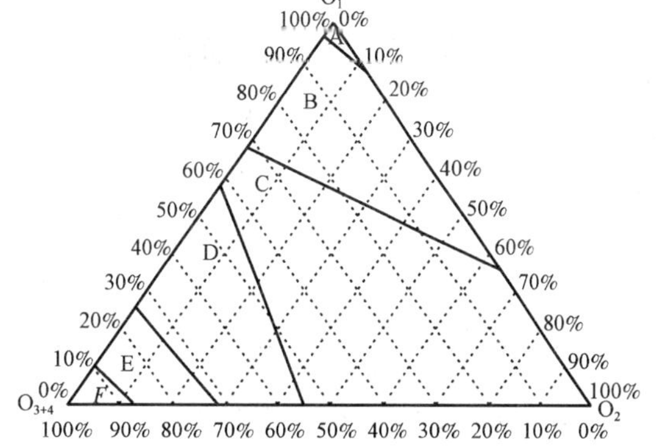

图 5－12　原油性质判别图版二

A—凝析油；B—轻质原油；C—中质原油；D—重质原油；E—超重质原油；F—沥青

（3）公式法判别储层原油性质。

统计国内油田部分地区和层位的含油储层热解计算参数 HPI 和原油密度的对应关系，发现两者之间存在着较明显的相关性，相关方程为：

$$D_0 = 0.24\text{HPI} + 0.741$$

式中 D_0——原油密度，g/cm³；

HPI——计算参数，$HPI = S_2/(S_0 + S_1 + S_2)$。

3）地球化学录井在储层流体性质评价中的应用

（1）解释方法。

在沉积及成岩过程中，储集岩孔隙体积始终充满原生水。后期运移至储层中的原油只占据部分孔隙体积，另一部分有效孔隙体积和死孔隙体积中仍然充满了水。在漫长的地质历史过程中，储集层中原油与水及其中的氧和细菌发生菌解和氧化作用及其他一系列作用，从而改变储集层流体性质。

地球化学录井由于受取样条件和岩屑中油气散失等不利因素影响，有时不能准确反映储层，需要参考测井、气测、荧光灯录井结果对地球化学录井资料进行综合解释，并根据试油资料来不断修正本地区的油气水层热解参数的范围。

① 储层流体性质影响因素。

——重力分异作用，其结果是：在储层中形成气、油、水的分层分布状态。在色谱曲线上表现出原油组分峰轻质组分逐渐减少，重质组分逐渐增多，油质从轻到重的变化趋势。

——氧化、生物降解作用，其结果是：正构烷烃、少量支链烷烃、低环烷烃及芳香烃组分部分或全部消失，形成一定量的无法细分但能检测到总体含量的不可分辨物。

——水洗（溶）作用，其结果是：在漫长的地质历史进程中，水的溶解作用也会对原油性质变化产生不可低估的影响。在色谱曲线上表现为不可分辨物增多，基线隆起，重质成分增加。

一般而言，对储集层原油的改造来讲，重力分异、氧化、生物降解及水溶这几种因素中除了生物降解有一定的深度限制外是共同起作用的。

② 储层含油级别的确定。

以本地区或本井的岩心含油气总量 $P_g(S_1 + S_0 + S_2)$ 来划分含油级别（表5-10）。

表5-10 某区根据 P_g 值划分砂岩（岩心、岩屑）含油级别

岩样	富含油	油浸	油斑	油迹
	P_g，mg/g	P_g，mg/g	P_g，mg/g	P_g，mg/g
岩心	>20	10～20	5～10	1.2～5
岩屑	>5	2.5～5	1.2～2.5	0.3～1.2

③ 储层流体类型的判别。

用 KP_g/ϕ_e 比值判别储层类型，其中 K 为烃类恢复系数，ϕ_e 为储层有效孔隙度。比值法判别储层类型没有考虑原油物性影响。对于轻质原油，比值在1.5左右即为油层；对于凝析油，比值在1.1～1.4仍为油层。使用时应考虑原油性质的影响，适当降低轻质原油的比值（表5-11）。

表5-11 储层流体类型划分标准

储层	油层	含水油层	油水同层	含油水层	干层	水层
KP_g/ϕ_e	>1.8	1.3～1.8	0.6～0.3	0.3～0.6	0.2～0.3	<0.2

4）现场应用

（1）S55 井。

1476～1479m，分析 5 块样品，岩性为褐色—灰色油斑细砂岩、褐色油浸细砂岩。地球化学分析 P_g 值为 8.411～24.460mg/g，TPI 为 0.342～0.479。初步解释为油水同层，为重质原油。1475.6～1481.2m 井段试油：初期产油 4.36m³/d、水 22.92m³/d（图 5－13）。

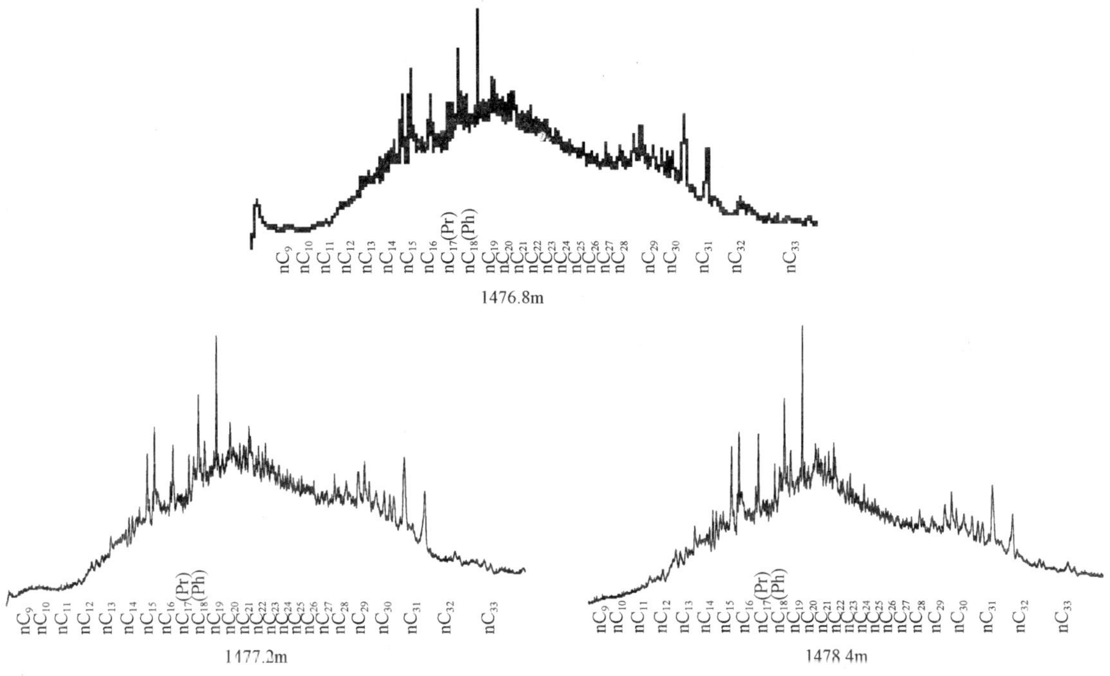

图 5－13 S55 井地球化学分析图

（2）43 井。

2573.6～2620m，地球化学录井分析 P_g 值为 1.26mg/g，TPI 为 0.53。热解色谱分析基线平直，组分较齐全（轻质组分已经散失，重质组分很少），含水指数 12；综合评价为轻质油层。试油结果：日产油 31.186t，气 8845m³，无水。原油密度 0.8119g/cm³，粘度 1.54mPa·s（图 5－14）。

（3）Q52 井。

2674.4～2685m，地球化学录井分析 P_g 值为 21.5mg/g，TPI 为 0.45；含水指数 25，综合评价为油层。试油结果：日产油 14.986t，无水。

2690～2693m，地球化学录井分析 P_g 值为 28.95mg/g，TPI 为 0.43；含水指数 28；综合评价为油层。试油结果：日产油 6.046t，无水（图 5－15）。

（4）L80 井。

L80 井热解分析井段 3542～3998m，分析样品 49 块。TPI 为 0.111～0.60，一般为 0.45；P_g 为 0.22～12.39mg/g，一般为 5～7mg/g，油质重。热解分析数据整体异常，主要表现为：TPI 异常小，P_g 值较低。

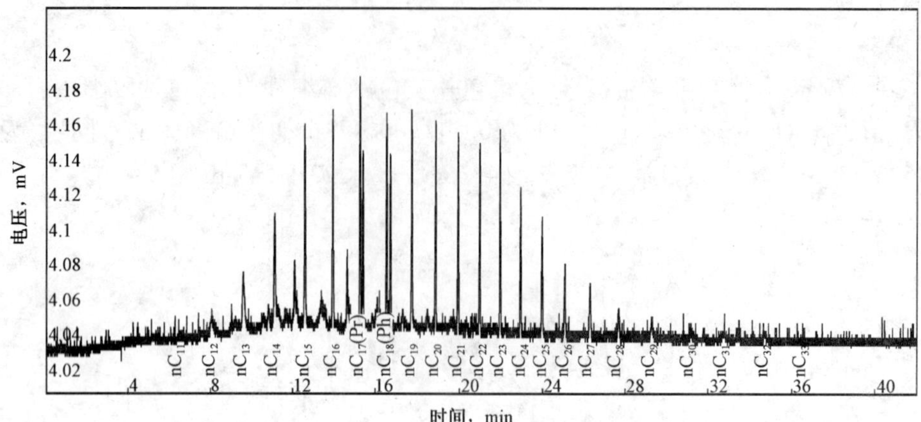

图 5－14　43 井地球化学录井分析图

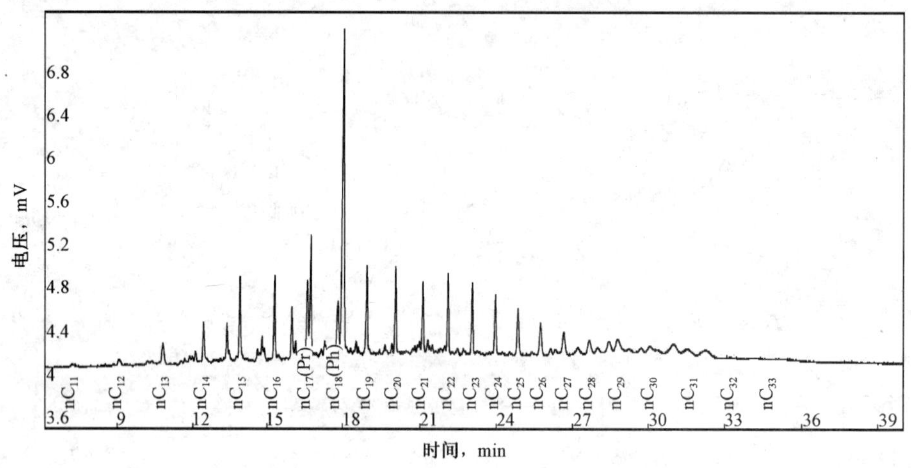

图 5－15　Q52 井地球化学录井分析图

色谱分析在 3542～3980m 井段共分析 45 块样品。轻质组分异常低，起峰碳数基本在 C_{15}、C_{16}，基线隆起明显。碳数范围 nC_{14}～nC_{38}，主峰碳 nC_{24}～nC_{31}。基线平直，组分不全，主峰位于生标带位置（图 5－16）。

试油：3757～3775m 井段获得 20.9t/d 工业油流，无水。与录井各项资料产生了矛盾。之后对原油样品进行地球化学、色谱分析，TPI 达到 0.73，色谱分析组分齐全，基线平直为油层特征，油样色谱与岩屑色谱特征差异明显。

油样色谱与岩屑色谱特征差异明显（图 5－17），地球化学录井与色谱分析资料对比，主要由特殊工况引起。小井眼钻进使用涡轮钻具，水功率加大，钻头转速高，同时由于井身结构复杂，钻井液在上返过程中流程变化大，因而对岩屑冲洗严重。综合作用导致岩屑中轻质组分大量损失，重质组分由于吸附能力强附着在岩屑颗粒上而得以保留。由于重质组分保留，轻质组分损失，故视 S_2 不变。将岩屑分析 S_2 值与原油分析的 P_S 值（即轻重比 S_1/S_2）相乘，得到 S_1 的恢复值，然后重新计算 P_g 和 TPI 值。随后对 P_g 进行校正，得到正确解释。

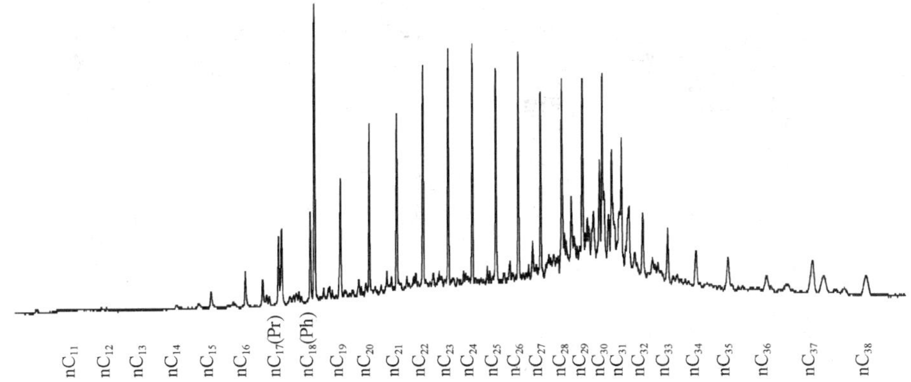

图 5－16　3770m 热解色谱图

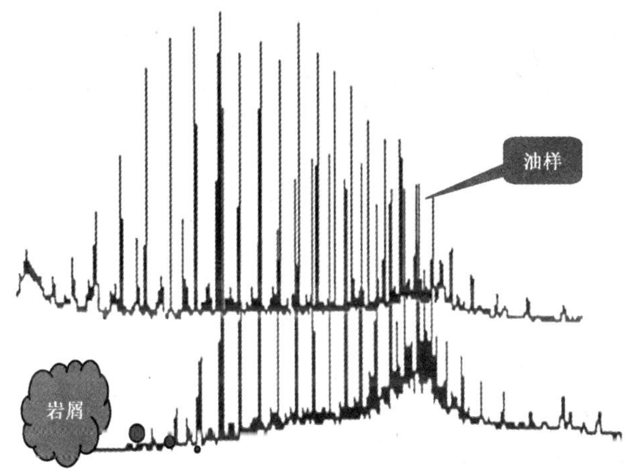

图 5－17　原油岩屑样品色谱分析对比图

第二节　热解气相色谱录井技术

一、热解气相色谱概述

（一）热解气相色谱发展背景

色谱又名色层析，是一种由分离植物叶色素而发明的技术。几十年来，经过许多色谱工作者的努力，色谱技术在各方面都有了很大的发展，除了液相色谱外，还产生了气相色谱。虽然分离对象早已不限于有色的物质，但色谱这个名称却保留了下来。

（二）热解气相色谱仪器简介

1. 气相色谱仪器简介

气相色谱仪器对样品的要求比较高，需要对样品进行预处理及提纯等先期工作，制约了分析速度，使之不能够适应节奏日益加快的录井现实需要（图 5－18）。

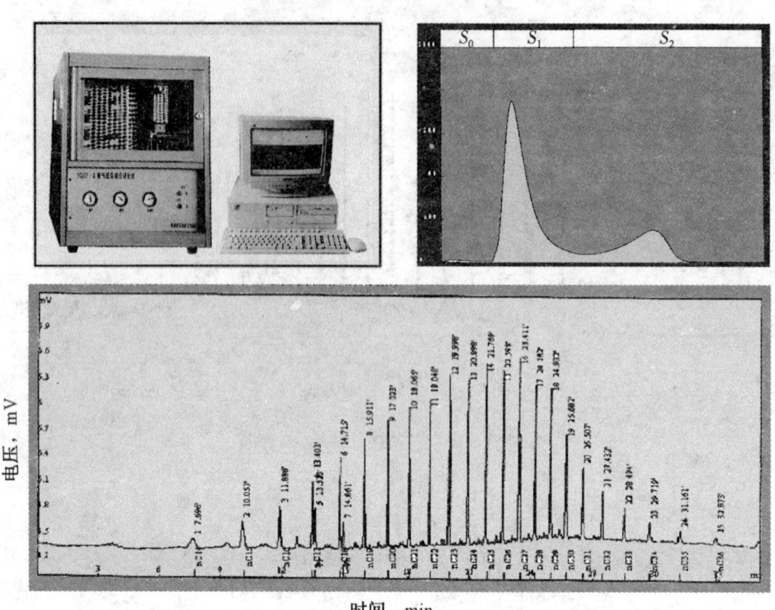

图 5－18　热解气相色谱仪及图谱特征

2. 气相色谱仪的组成

气相色谱仪的组成见表 5－12。

表 5－12　气相色谱仪的基本组成

<table>
<tr><td rowspan="12">气相色谱仪</td><td rowspan="2">主机</td><td>气路系统</td><td>气源、氧表、净化器、压力与流速控制（稳压阀、稳流阀、针阀、开关阀）、压力表、转子流量计、气体进样阀、液体进样阀、色谱柱、检测器、皂膜流量计</td></tr>
<tr><td>恒温箱</td><td>样品注入汽化恒温箱、色谱柱恒温箱、检测器恒温箱</td></tr>
<tr><td rowspan="7">电气设备</td><td>恒温控制器</td><td></td></tr>
<tr><td>程序升温检测器</td><td></td></tr>
<tr><td>电源</td><td>稳压电流、稳流电源、脉冲电源</td></tr>
<tr><td>TCD 桥路</td><td></td></tr>
<tr><td>微电流放大器</td><td></td></tr>
<tr><td>其他</td><td>馏分收集器、自动进样程序控制器、样品浓缩器</td></tr>
<tr><td>记录仪</td><td></td></tr>
<tr><td rowspan="3">数据记录与处理</td><td>谱峰积分器、计算积分器</td><td></td></tr>
<tr><td>小型计算机</td><td></td></tr>
</table>

二、新型热解色谱仪器可以提供的参数

根据 SY/T 5779—2008《石油和沉积有机质烃类气相色谱分析方法》对饱和烃的组分分析方法，本仪器分析热蒸发烃组分可提供以下地球化学参数：

（1）组分分析曲线；

(2)碳数范围;

(3)主峰碳数;

(4)碳优势指数(CPI 值);

(5)奇偶优势(OEP 值);

(6)轻重比$\sum C_{21-}/\sum C_{22+}$;

(7)$(C_{21}+C_{22})/(C_{28}+C_{29})$;

(8)Pr/nC_{17};

(9)Ph/nC_{18}

(10)姥植比 Pr/Ph。

这些地球化学参数无论是对石油地质勘探与开发,还是对油气藏的评价,都具有非常重要的意义。

三、热解色谱应用基础

在一定地质条件下,烃源岩中的有机物一部分生成烃类。这些烃一部分运移到具有孔隙的储集岩中,另一部分则残留在烃源岩中。热解色谱分析热蒸发烃就是在一定在分析条件下将岩样加热到300℃,使其中的生成烃挥发出来(取代了以前应用氯仿抽提富集沥青“A”或原油的过程)。用载气将样品气携带到气相色谱仪中,利用毛细管柱程序升温方法将原油中各个组分分析鉴定,可以在分子水平上系统评价样品性质。

四、热解气相色谱资料解释

(一)热解气相色谱资料解释在烃源岩中的应用

1. 判断成熟度

研究表明,正烷烃和类异戊间二烯烷烃在不同热演化阶段的生油岩中分布特征不同。随着成熟度的增高,$C_{21-}/\Sigma C_{22+}$增大,主峰碳前移;类异戊间二烯烷烃的 Pr/Ph 增加。Pr/nC_{17}、Ph/nC_{18}明显减少,轻重比明显增加,异正构比明显减小。因此,可用正烷烃和类异戊间二烯烷烃组成和各项参数判断成熟度。

应用正烷烃、类异戊间二烯烷烃判断成熟度时,有几个问题值得注意:

1)异正构比值

该值随成熟度增高而减小,并不是异构转化成了正构,而是由于正构增多把异构稀释了。

2)OEP 值受母质影响

若烃源岩母质好,没有高等植物,即使不成熟也无优势。如渤海淤泥位于海底 0 ~4.2m,OEP =1.09;浮游生物的 OEP =1.10。

3)要注意差异消失

有的样品低碳数部分奇偶优势已经消失,但高碳数部分没有消失,这意味着烃源岩尚未成熟,这正是用nC_{23}以上的高碳数计算 OEP 值的原因。

4)并不是所有盐湖相生油岩都有偶碳优势

是否具有偶碳优势,主要取决于是否有碳酸盐岩。研究表明,偶数碳正脂肪酸,在方解石作催化剂条件下，发生 β 位开裂，形成比原来酸少两个碳原子的偶数碳烷烃；而在蒙脱石作催化剂条件下，则脱羧形成比原来少一个碳原子的奇碳数正烷烃。由此看来，没有碳酸盐岩的膏岩可以不存在偶碳优势。

5）主峰碳也受母质类型影响

母质特别好时，即使未成熟，主峰碳也很靠前；相反，母质不好时，即使成熟较高，主峰碳仍然较靠后。

6）在热演化过程中，Pr/Ph 不是一直增高，Pr/nC_{17} 和 Ph/nC_{18} 也不是直线下降

胜利油田模拟实验表明，在油气生成过程中，先以 Pr 增长占优势，后以 Ph 增长占优势。所以 Pr/Ph 先是增加，随后又下降。其拐点恰好在生油高峰处，我们在冀中也发现 Pr/nC_{17} 和 Ph/nC_{18} 在成熟门槛附近出现最高峰，进入门槛后，则逐渐降低，到湿气带附近，又略有上升趋势。

另外，应该注意到，Pr/Ph 也受母质类型影响。

2. 划分母质类型

烷烃、类异戊间二烯烷烃一些指标，都受母质的影响。因此，可以用它们研究母质类型，但要注意，用正、异构烷烃研究母质类型时，必须用未成熟的或成熟度相近的生油岩，以便排除成熟度的影响。常用的指标如下。

1）碳数分布曲线或轻重比

研究表明，低等水生生物富含类脂化合物，正烷烃中低碳数成分占优势，轻重比小。

2）Pr/Ph

烃源岩研究表明，Pr/Ph 与母质类型有关。例如，偏腐泥型的烃源岩 Pr/Ph 都小于 1，绝大多数小于 0.7。即使是埋深已达 4000～5000m 正处在生油高峰阶段的生油岩，其 Pr/Ph 也仍然小于 1；而混合型的烃源岩在成熟度不算高、埋深有限时，其 Pr/Ph 也多大于 1。

3）Pr/nC_{17} 与 Ph/nC_{18} 坐标图

这种方法实际上采用 Pr/Ph 是一样的。因为 nC_{17} 和 nC_{18} 是相邻的两个碳数，相对含量一般相差不大，因此实质上是反映 Pr/Ph 的差别，可以用其判断母质类型。Ⅲ型干酪根生的油 $Pr/nC_{17} \geq Ph/nC_{18}$，点群落在图的左方；而Ⅰ、$Ⅱ_1$ 型干酪根生成的油 $Pr/nC_{17} < Ph/nC_{18}$，点群落在图的右方。

3. 油源对比

油源对比常用正构烷烃分布曲线法。

正构烷烃是油气的主要烃类组成，可以作为油气成熟度和有机质来源的标志，同时也作为油气对比的“指纹”化合物。正构烷烃的碳数分布范围、主峰碳数，特别是碳数分布形式是十分有用的参数。一般来讲，具有亲缘关系的油气和烃源岩常有相似的分布曲线。先将正烷烃分布曲线画出，进行直观对比。曲线相似的样品具有亲缘关系；曲线特征相近，可能有亲缘关系；若曲线不同，则无亲缘关系。

国内外已有许多应用正烷烃和类异戊间二烯烷烃成功地进行油源对比的实例。比如 J. A 威廉斯（1974）应用正烷烃 GC 资料把在多油层的美国威里斯顿盆地 107 个油田所采集的 184 个油样成功地划分出三种不同类型，并分别确定了各自的油源。其中，产自奥陶系和志留系的原油来自奥陶系温尼泊页岩，产自密西西比系的原油来自上尼盆下密西西比系的巴肯页岩，产

自宾法尼亚系的原油来源于泰勒页岩。

值得注意的是,正烷烃分布特征受运移的影响,对于经历了一定距离运移的原油,往往和其母岩对应不起来。

另外,正烷烃和类异戊间二烯烷烃容易被微生物降解,因此对遭受了微生物降解的原油也无法用正烷烃和类异戊间二烯烷烃进行油源对比。

4. 判断油气运移

在运移过程中,由于地质色层效应,导到处低碳数正烷烃相对富集,这早已成为大家所熟知,故不赘述。这里只讨论一下类异戊间二烯烷烃。过去一般认为,在运移过程中类异戊间二烯烷烃不受运移影响。然而,根据冀北中的研究,Pr/Ph、异构轻烃/异构重烃,似乎也随运移而变化,这从廊固和饶阳两个凹陷的对比,看得清楚。对于运移距离近、没有发生分异作用的饶阳凹陷原油,Pr/Ph 全部小于 1,多数小于 0.7。异构轻烃/异构重烃全部小于 0.5,点群和生油岩落在一起,而经历了一定距离运移的廊固凹陷原油,要对富集了低碳数类异戊间二烯烷烃。该凹陷 52 个生油岩中只有 6 个 Pr/Ph 大于 1.2。而异构轻烃/异构重烃全部小于 0.5,多数小于 0.4。原油则不同,其 Pr/Ph 全部大于 1.2,最高达 5.94。异构轻烃/异构重烃全部大于 0.5,最高达 3.08。点群和生油岩截然分开。可见,类异戊间二烯烷烃似乎也受运移的影响,可以利用其变化情况判断油气运移。

(二)热解气相色谱资料在储集岩中应用

气相色谱资料在反映上述烃源岩这些特征的同时,还直接反映了储层流体性质特征。实践应用表明,油气组分综合评价仪在储集层流体性质的评价方面应用效果良好,具有广阔的应用前景。

1. 油气组分综合评价仪储集层流体性质的理论基础

储集岩在沉积及成岩过程中,孔隙体积中充满了水,后期运移到储集岩中的原油与地层水紧密接触。在漫长的地质历史进程中,原油在储集岩中会发生一系列的变化。

首先,原油在重力分异作用影响下会产生一系列的组成变化,在储层中形成气油、水的分层分布状态,在色谱曲线上表现为原油组分峰轻质组分逐渐减少,重质组分逐渐增多,油质从轻生重的变化趋势。

其次,水中细菌和溶解的氧也会与部分原油中的烃类发生氧化和生物降解作用。这些作用的强弱与地层水的状况有关,含水饱和度越高,具备可动水的地方以及油水界面附近其改造作用就越强。氧化、生物降解作用导致正构烷烃、小量支链烷烃、低环烷烃及芳香烃组分部分或全部消失。在色谱曲线上表现为:不可分辨物增多,基线抬升。

另外,由于原油组分中各成分的水溶解程度各不相同,在漫长的地质历史进程中,水的溶解作用也会对原同性质变化产生不可低估的影响。水溶作用与氧化生物降解作用一样,随储层水动能力的增强而加剧。在色谱曲线上表现为:不可分辨物增多,基线隆起,重质成分增加。

一般而言,对储集层原油的改造,重力分异、氧化、生物降解及水溶这几种因素中除了生物降解有一定的深度限制外是共同起作用的。利用这些因素对原有改造后的气相色谱谱图变化特征就可以对储集层流体性质进行初步判别。

2. 不同流体性质储集层样品的色谱特征

储集层流体性质主要指其产液性质，下面分油层、油水同层和含油水层几种情况加以讨论。

1）油层

试油测试只产纯油或含有少量水的储集层为油层，其样品色谱分析特征明显（图5－19），主要表现为：

（1）正构烷烃组分齐全，碳数分布范围宽，为 C_{13} ~ C_{33} 左右；

（2）由于水含量相对较低，氧化和生物降解作用较弱，水溶作用也相对较弱，形成的不可分辨物含量较低，色谱流区曲线基线平直，峰形流畅；

（3）整个储集层上下样品分析差异不大。

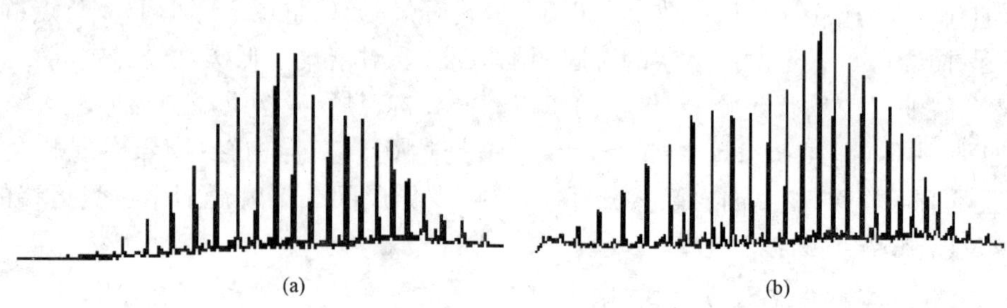

图5－19 油层样品色谱分析特征
（a）储层顶部；（b）储层底部

2）油水同层

（1）正构烷烃组分较齐全，碳数分布范围宽，为 C_{13} ~ C_{33} 左右（图5－20）；

（2）在重力分异作用下，层中呈现上油下水的特征；

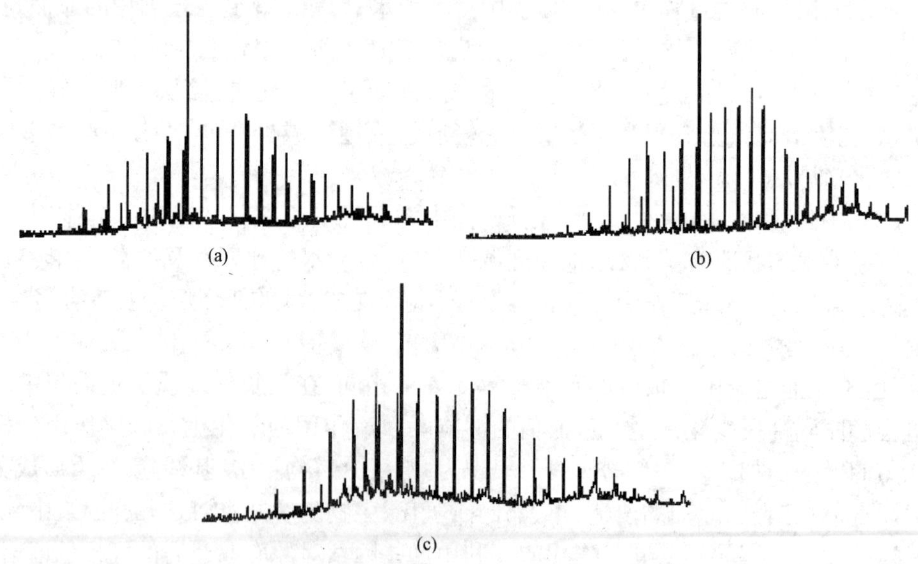

图5－20 油水同层样品色谱分析特征
（a）储层顶部；（b）储层中部；（c）储层底部

(3)不可分辨物含量呈变高的趋势，色谱流区曲线基线逐渐隆起，呈明显的穹窿状；

(4)整个储集层上下样品分析差异较大。

3)含油水层

(1)正构烷烃组分不全，碳数分布范围窄；

(2)不可分辨物含量呈变高的趋势，色谱曲线基线隆起明显，部分生物降解十分强烈的浅层样品色谱分析甚至看不到饱和烃组分。

3. 现场应用

1)桐43井

在井段2573.6~2620m，地球化学录井分析 P_g 值为1.26mg/g，TPI为0.53；热解色谱分析基线平直，组分较齐全(轻质组分已经散失，重质组分很少)，含水指数12；综合评价为轻质油层(图5-21)。试油结果：日产油31.18t，气8845m^3，无水，原油密度0.8119g/cm^3，粘度1.54mPa·s。

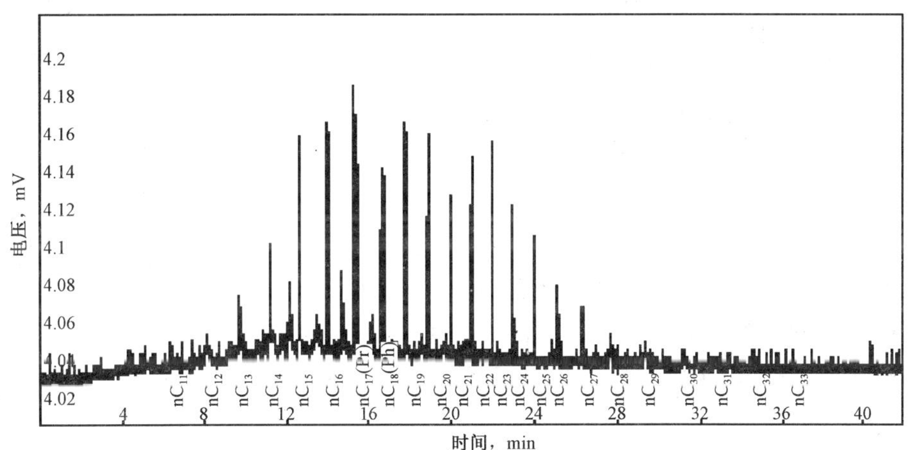

图5-21 桐43井热解色谱分析

2)曹12x井

在井段3003~3019.6m，地球化学录井分析 P_g 值为4.45mg/g，TPI为0.76；热解色谱分析基线有明显隆起(图5-22)，组分齐全，含水指数31；综合评价为油(气)水同层。

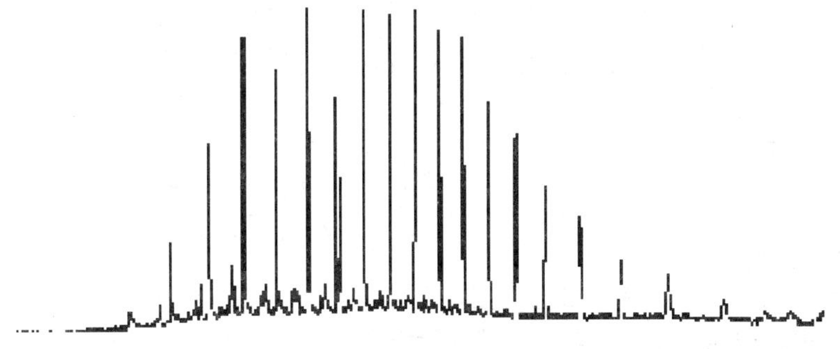

图5-22 曹12x井热解色谱分析

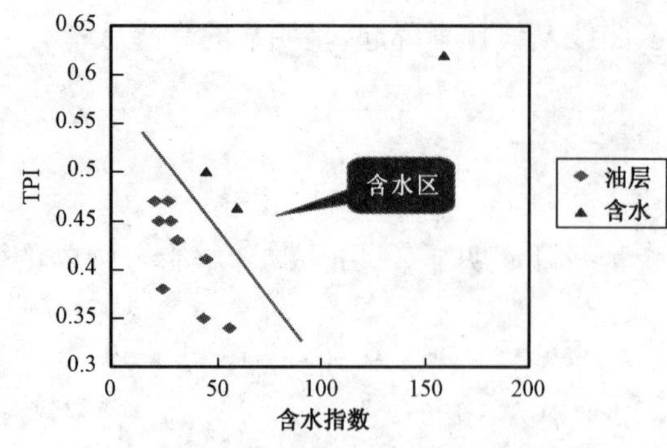

图5－23 饶阳凹陷含水指数判别图版

试油结果：日产油1.68t，气3307m^3，水2.47m^3。

3）饶阳凹陷

饶阳凹陷油质中等，热解气相色谱和地球化学录井分析参数代表性都较好，热解色谱分析特征十分明显，主要表现为高植烷优势。工作中，将地球化学分析和热解色谱分析资料进行了有机结合，初步制定了饶阳凹陷储层含水判别图版及判别表（图5－23、表5－13）。

表5－13 饶阳凹陷储层流体性质判别表

含水指数	色谱分析特征	储层流体性质
<45	色谱曲线基线平直，组分齐全	油层
45～60	色谱曲线基线隆起，组分较全	油层、油水同层混合区
>60	色谱曲线基线隆起明显，组分较全	油水同层

4）强52井

（1）2674.4～2685m，地球化学录井分析P_g值为21.5mg/g，TPI为0.45，含水指数25，综合评价为油层。试油结果：日产油14.98t，无水。

（2）2690～2693m，地球化学录井分析P_g值为28.95mg/g，TPI为0.43；含水指数28；综合评价为油层。试油结果：日产油6.04t，无水（图5－24）。

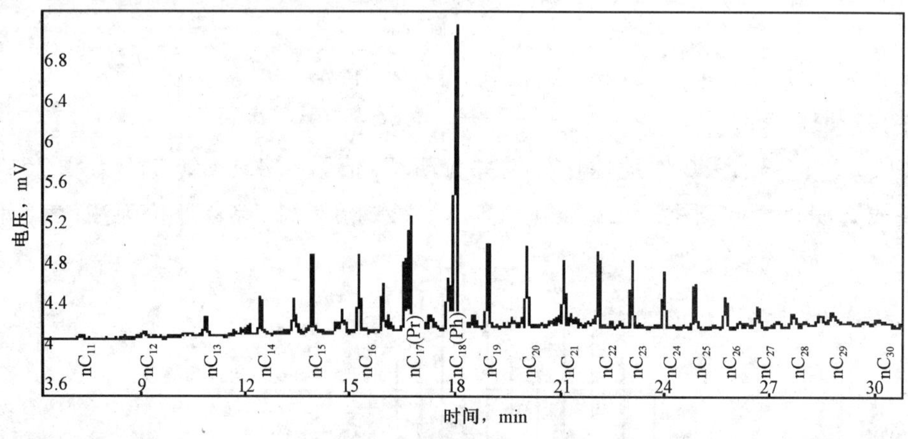

图5－24 储层热解气相色谱

实际评价时，先用储层热解气相色谱资料对储层所含流体进行定性，即判别原油类型（原油是否被改造）、原油密度，再用热解分析资料对储层流体进行定量解释。

5）州 23x 井

在井段 2957.8 ~2979m，油浸细砂岩，热解分析 P_g 值为 13.3mg/g，P_S 值为 33.36，显示为中质油层特征，P_g 与 P_S 评价图版（图 5－25）在油区；色谱分析组分较齐全，基线平直（图 5－26），轻重比 0.7866。综合解释本层为油层。

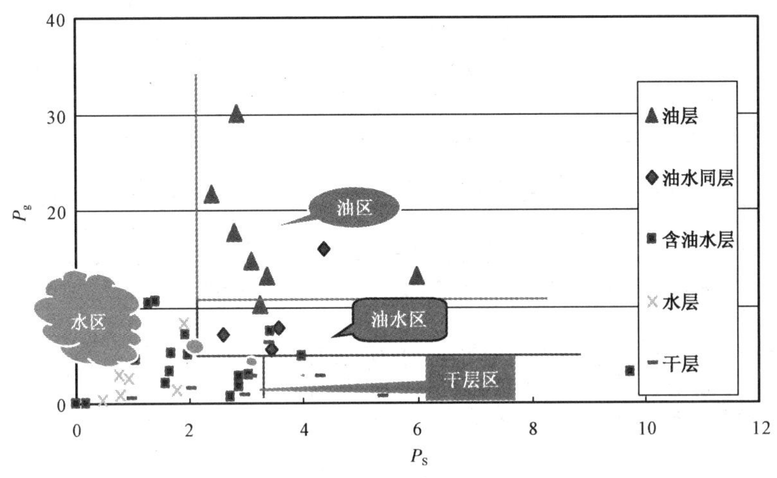

图 5－25　廊固凹陷地球化学录井 P_g 与 P_S 评价图版

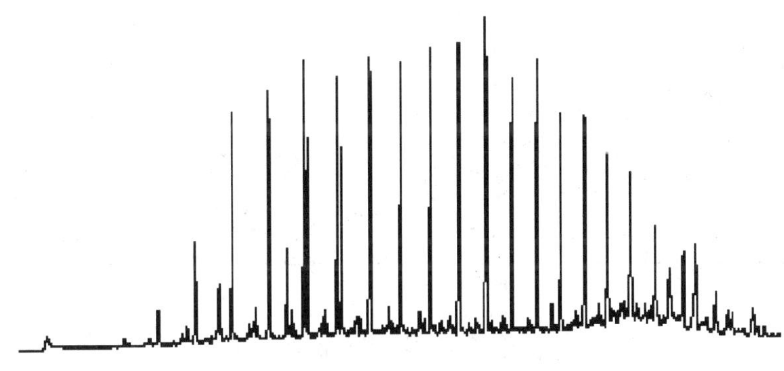

图 5－26　州 23x 井色谱分析

试油结果：油 3.7t/d，密度 0.863g/cm^3，油层。

6）强 53X 井

2486 ~2505m，油斑、油浸细砂岩色谱分析组分齐全，轻重比 0.89 ~1.42，基线明显隆起，具含水特征；评价以图版（图 5－27）为主。热解分析 P_g 值为 11.11mg/g，P_S 值为 0.6，油质重。图版评价为油水同层（图 5－28）。

试油结果：油 3.18t/d，水 2.6m^3/d，密度 0.96g/cm^3。

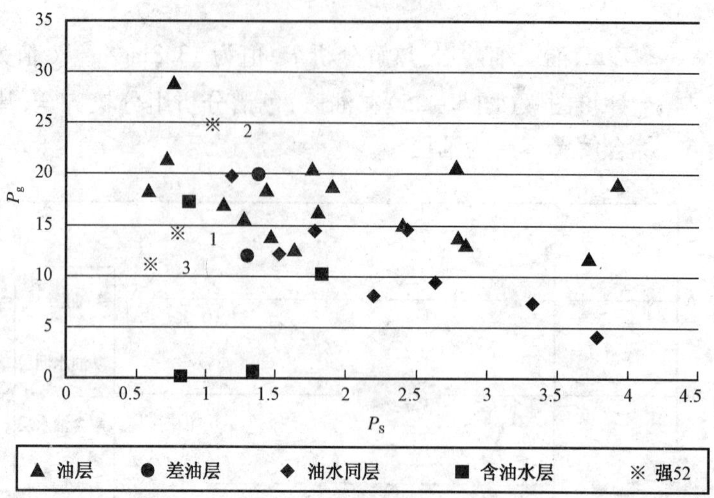

图 5-27 热解分析图版

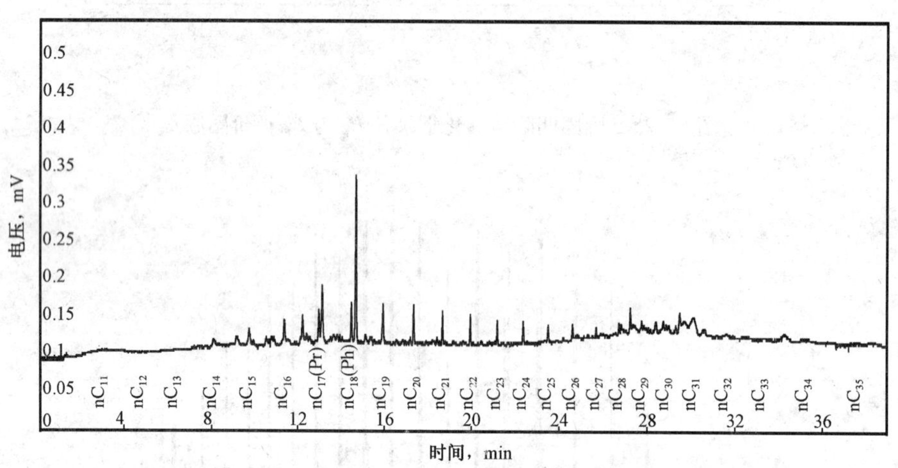

图 5-28 强 53X 井色谱分析图

第三节 轻烃气相色谱录井技术

一、轻烃气相色谱录井技术概述

（一）轻烃气相色谱录井技术发展背景

天然气被公认为地球上最干净的能源之一。国际油价的高开高走同时带动天然气价格的一路飘红。预计到 2020 年，中国天然气消费量将达到 $2000\times10^8\mathrm{m}^3$，天然气生产不能满足日益增长的国内需求。随着我国能源战略结构调整及天然气价格的提高，天然气的勘探开发越来越引起人们的重视。气层的前期发现和评价主要依靠两种技术：一是随钻的气测录井，二是完井后的测井。但气测录井不易发现低压气层而高压气层以下易漏层，不能有效区分轻质油层、油气同层及水合气层。轻烃气相色谱录井技术在监测天然气、凝析油气层、轻质油气层方面尤具优势，在判别储层性质、评价油田开发后期油层水洗程度及水淹程度中也取得了较好的效果。

（二）轻烃组分分析仪简介

轻烃组分分析仪采用顶空分析法，将是钻井液或岩屑、岩心样品瓶装在一个密闭容器中，经过一定的温度和时间达到气、液（固）平衡后，对基质上方的气体成分进行色谱分析。该法选择性高，灵敏度高，基体干扰小，不需要样品前处理。

将气液平衡的样品气经过定量管由载气携带进入色谱柱，样品气中不同组分在两相中（静止的相称固定相，运动的相称流动相）分配系数等具有微小差别。当流动相中携带的混合物流经固定相时，与固定相发生相互吸附或溶解或离子交换等物理化学作用，由于混合物中各组分在性质和结构上的差异，与固定相之间产生的作用力的大小、强弱不同。随着流动相的移动，混合物在两相间经过反复多次的分配平衡，使得各组分被固定相保留的时间不同，从而按一定次序由固定相中分流出来，经检测器检测最终得到轻烃组分色谱图（图5－29）。

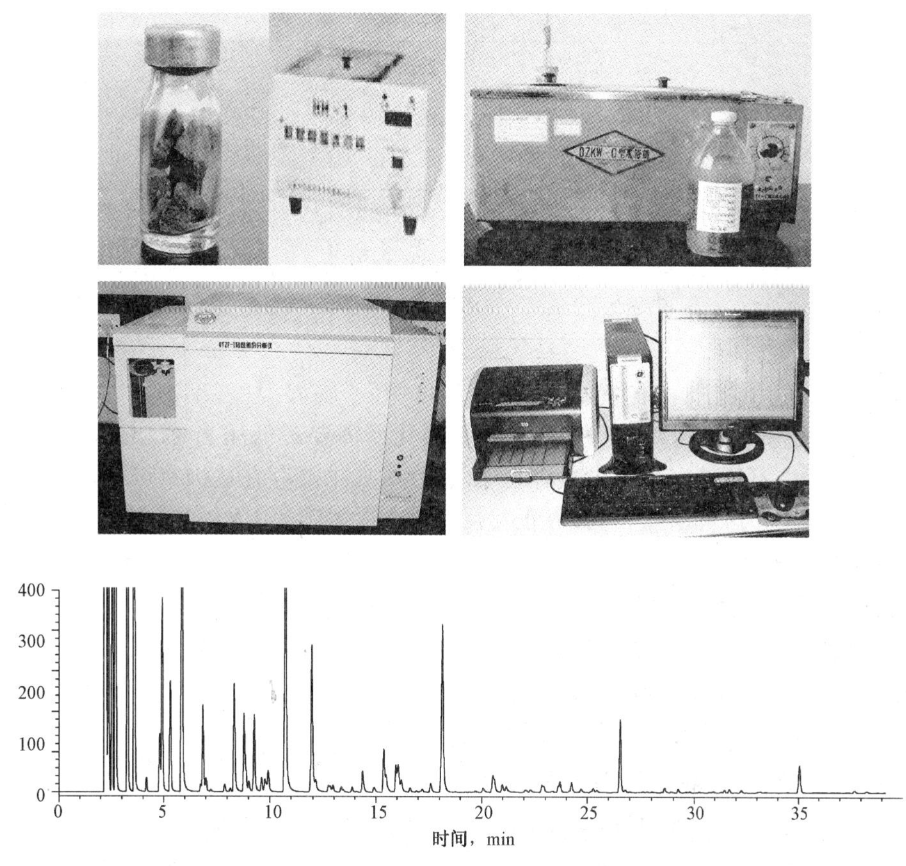

图5－29　轻烃组分分析仪及图谱

轻烃组分分析仪电子气路控制系统重复性好;分析高效、快速,分辨率高;保留时间修正,自动定性分析;采用不同样品专用取样瓶,密闭性好;进样方式合理,重复性高;操作简单,易学易用。

(三)轻烃分析技术评价气层的基础理论

1. 天然气组分在地下气层中的相态

天然气按蕴藏状态可分为构造天然气、水溶性天然气、煤矿天然气三种,而构造天然气又可分为伴随原油出产的湿性天然气与没有液体成分的干性天然气(甲烷含量超过95%)。

天然气组成一般是指在常温常压下成气态的烃类,一般是 $C_1 \sim C_5$。但天然气的各个组分在地下高温高压状态下是以气态还是以液态存在,依赖于地层的温度、压力和天然气组分的物理性质,主要是临界温度和临界压力(表5-14)。

表5-14 天然气组分的主要物理性质

物质名称	临界温度,℃	临界压力,MPa	沸点,℃	在水中的溶解度,%
甲烷	-82.1	4.58	-161.485	24.2
乙烷	32.3	4.82	-88.6	60.3
丙烷	96.8	4.2	-42.045	62.4
丁烷	152	3.6	-0.5	61.4
异丁烷	134.9	3.6	-11.72	48.9
正戊烷	198	3.33	36.064	38.5
异戊烷	187	3.29	27.9	47.8
水	374.5	21.85	100	

临界温度指气相物质能维持液相的最高温度,高于临界温度,不论压力有多大,都不能使气态物质凝为液态。在临界温度时,气态物质液化所需要最低压力称为临界压力。从表5-14可以看出,甲烷不可能以液态形式存在于气层中,如果能存在也极有可能以水合气藏的"可燃冰"形式存在,因为"可燃冰"可以在低温(0~10℃)、中压(10MPa)条件下形成,比甲烷形成液态的条件要宽松得多。

乙烷在浅井中可能成为液态,在千米以下的气层中存在的可能性不大。一般情况下,天然气由地下到地表发生相态变化的有丙烷、正丁烷、异丁烷。如果地表温度不高于正戊烷、异戊烷的沸点,则不会发生相态变化。始终是气态的甲烷、乙烷和发生了相态变化的丙烷、正丁、异丁烷共存,意味着损失量大。所以用轻烃分析技术评价气层不能用绝对量的分析方法。

2. 用气液平衡理论确定取样方法

既然天然气组分在地层中有气态也有液态,那将必然出现气液平衡。气态的甲烷、乙烷主要溶解到 C_3 以后的组分中。因为受天然气组分和温度的影响,溶解度大小应基本服从亨利定律,即溶解度与压力成正比;气液平衡中的气相应基本服从道尔顿分压定律;气液平衡应基本服从拉乌尔定律。

根据道尔顿分压定律,设 $p_1,p_2,\cdots,p_i$ 为轻烃各组分的分压,$X_1,X_2,\cdots,X_i$ 为各组分在气体中的 mol 分数,p 为总分压,则:

$$p_1 = X_1 p$$

$$p_2 = X_2 p$$

$$\cdots$$

$$p_i = X_i p$$

此式的物理意义是:混合气体中各组分的分压等于该组分在混合气体中的摩尔分数与混合气体总压力的乘积。

任何液体在指定温度下都有一定的饱和蒸气压。这个数值的大小是由液体的性质及温度决定的,与容器的大小无关。由于 $C_1 \sim C_9$ 轻烃是由正构烷烃、异构烷烃、环烷烃、芳香烃等一百多种化合物组成的混合物,也可以看成是一个混合的液体溶液,各组分互为溶剂又互为溶质,用 p_0 表示一种单一组分的饱和蒸气压,p 表示同温度时溶液中溶剂的蒸气压,X 表示在溶液中的摩尔分数,可用数学式表示为:

$$p = p_0 X$$

这个表示式称为拉乌尔定律。拉乌尔定律是从实验中总结出来的一条重要的规律。该定律指出,在一定温度下,气、液相平衡时,溶液上方气相中任意组分所具有的分压等于该组分在相同温度下的饱和蒸气乘以该组分在液相中的摩尔分数。由此可见,当温度固定时,饱和蒸气压数值固定,气相中组分的分压与该组分在液相的浓度(摩尔分数)成正比;当浓度固定时,气相中组分的分压与饱和蒸气压(温度)成正比。此定律还可表示为:某物质在溶液中的蒸气压只与它在单位体积溶液中分子数(浓度)有关,而与物质的种类无关。

根据道尔顿分压定律和拉乌尔定律,轻烃各组分的饱和蒸气压与容器的大小及轻烃组分数无关,这就为利用此原理在一定温度下采用密闭顶部气体取样法进行轻烃分析奠定了理论基础。

因此,要想得到正确的轻烃分析结果并使分析结果具有重复性和重现性,必须要求在轻烃样品分析前、分析后存在一个稳定的密闭体系。现在的取样方法是岩屑不经冲洗,钻井液和岩屑一块装瓶,加饱和盐水密封;分析时,加热到一定温度,抽取顶部气体进行仪器分析。

3. *岩石的分子筛效应*

一般认为,存在于岩屑中的天然气到地表后,随着压力的变化和暴露在空气中,气态烃很快逸失干净,其实不然。如果取到含气砂岩岩心,就会发现不断有气泡从岩石中冒出,过程可达几个小时甚至几十个小时,这就是气态烃不会立即跑掉的证明。

钻井过程中岩石里的气态烃损失可分成三个阶段:

(1)钻头破碎、钻井液冲刷,气态烃一部分进入钻井液;

(2)含气岩屑随着钻井液上返,压力降低,气体扩散,气态烃的一部分进入钻井液;

(3)含气岩屑到达地面,成敞开体系,岩屑中的气态烃最终几乎全部散失到空气中。

实验证明,岩屑中的气态烃含量远远高于钻井液(同体积),此现象的唯一可行解释是岩石的分子筛效应。分子筛效应的大小和岩石组成相关。

分子筛是一种人工合成的泡沸石型水合铝硅酸盐的晶体，具有很空旷的骨架型结构，在结构中有许多孔径均匀的通道和排列整齐、内表面很大的孔穴，它们只能使直径比孔径小的分子进入孔穴，从而使不同大小形状的分子得以分开，起着筛选分子的作用。

正因为岩石有分子筛效应，岩石中的气态并没有大量快速消失，这就为利用岩屑中的气态烃含量评价气层找到了理论依据。

二、轻烃组分分析仪参数计算与意义

正确测定原油组分的变化，选择适当的参数，是利用轻烃指标进行综合研究的一个重要环节。常规的轻烃分析基础数据一般不能有效地应用于储层研究，而必须经过一定的转换后才能成为实用的轻烃参数。

QTZF 系列轻烃组分分析仪建立了一套简便、快速的轻烃数据处理软件，其功能有轻烃数据库的建立、原始报告的打印、轻烃参数的计算、轻烃图件的绘制等，输出提供储层物性、轻烃丰度、水洗作用、生物降解程度及相关对比参数等计算参数和判别指标。它既能实用于录井现场急需，又能满足室内研究工作的需要，不仅大大减轻研究人员的工作量，极大地提高了工作效率，更重要的是进一步提高了评价工作精度。

（一）评价参数的选取与应用

在地质条件下，原油在热力学上属于亚稳态的物质。石油聚集于储集层之后，其演化过程并未结束，还会受到很多蚀变作用使原油的物理化学性质发生改变。

一般认为，在同一区块、同一层位的原油可以认为其遭受的热演化和次生演化的程度是相同的，不同样品的轻烃参数差异可以认定是储层性质不同和开发后期注水采油水作用下造成的。通过轻烃分析很容易鉴别储层中原油的次生变化。

1. 水洗作用的轻烃评价参数

原油进入储层后，会受到多种地质作用的改造，水洗作用就是一种重要的蚀变作用，水洗作用可能是导致储集岩烃类非均质性的关键性因素。水洗作用使油层和水层在地球化学特征上发生显著的差异，为地球化学研究提供了依据。烃类在水中的溶解度常用来作为水洗作用的先后次序尺度。一般而言，水洗作用对 C_{15} 以上的饱和烃只能产生局部影响，但对 C_{15} 以下的轻烃化合物更有效，主要表现在以下几个方面。

1）储层油砂中芳香烃含量降低或芳香烃组分部分消失

石油中不同组分在水中的溶解度存在差异。对于相同碳数的化合物，芳香烃在水中的溶解度一般远高于饱和烃，这是由于环化作用和不饱和作用能增加溶解度。据国外文献报道，E. Lafargue 等用四种委内瑞拉原油进行水洗实验，在水洗残留油中，甲苯的含量为原来的5%；庚烷为原来的51%；甲基环已烷含量最高，为原来的69%。当地下储层中的水或地表注入储层中的水在流动过程中冲洗油层时，原油中的苯和甲苯等分子相对质量低的芳香烃化合物将优先被水带走。在油水同层中，分子相对质量低的苯、甲苯含量迅速降低。在水层中，基本检测不到苯和甲苯。由于环烷烃与同碳数其他烃类相比受水洗作用影响小，因此水洗作用导致轻烃分析结果等参数比值降低。

2)储层油砂中含季碳原子(DM)的异构烷烃含量降低

烷烃中化学稳定性较差的是带季碳原子(DM)的异构烷烃。该碳原子连有三个甲基,支链多,沸点低,相对同碳数中的烷烃在水中的溶解度也大一点。随着与水作用时间的增加,含季碳原子的异构烷烃会逐渐变少或检测不到,含季碳原子的异构烷烃与环烷烃的比值参数(如 $22DMC_4/CYC_6$、$22DMC_5/CYC_6$、$33DMC_5/CYC_6$)会显著降低。

3)储层油砂中轻烃组分部分或全部消失

在储层中,地温高于地表温度,因而有机物质在地下水中的溶解度会增高。当地下水在流动过程中冲洗油层时,原油中的部分可溶组分将被地下水带走,使储层岩石的含油丰度降低,组分个数减少;在水洗作用严重的情况下,储层砂体中原来的油层经水洗作用改造为水层后,只能检测到极少量的轻烃组分(图 5-30)。在饱含水的地层中,反映轻烃丰度的参数,如 $(C_1 \sim C_5)/\sum(C_1 \sim C_9)\times100\%$,$(C_6 \sim C_9)/\sum(C_1 \sim C_9)\times100\%$,$(nC_6+nC_7+nC_8)/\sum(C_6 \sim C_8)\times100\%$,$C_1 \sim C_9$ 中不同碳数中各碳数烃的总含量,不同碳数中直链烷烃、支链烷烃、环烷烃和芳香烃的含量,$C_1 \sim C_9$ 中所有直链烷烃、支链烷烃、环烷烃和芳香烃的总含量等参数值会明显改变。

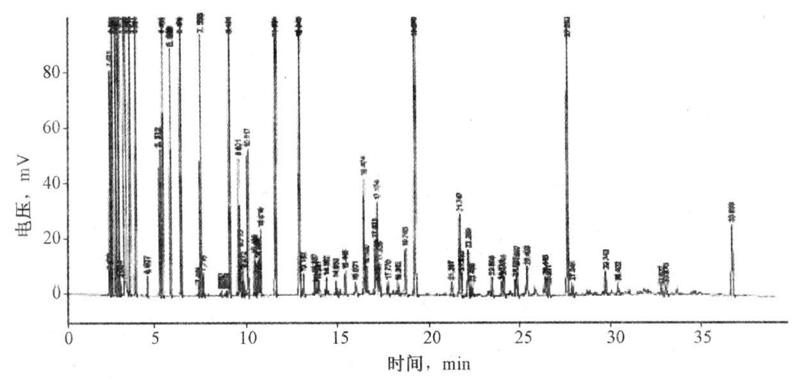

图 5-30 某井油层轻烃分析谱图(据郎东升等)

2. 氧化、微生物降解作用的轻烃评价参数

浅部储油层中原油的氧化、生物降解作用是许多盆地中常见的现象。凡是接近地表的储集层和容易得到地表水来源的储层都会发生生物降解作用。浅层的储层很容易受到地表的大气中降水的注入,引起储层中原油成分的变化。在油田注水开发中,各种离子随注入水进入油层,使地层水淹区有利于细菌发育的环境和条件。地表水可以把氧气和微生物带入储层中。在氧气和微生物作用下,正构烷烃最易受到破坏,使链长减小,自身的稳定性增加;异烷构烃比同碳数的正构烷烃生成热数值大,不易被破坏,但异构烷烃比环烷烃降解快。氧化、生物降解作用造成正构烷烃、少量支链烷烃、低环数的环烷烃及芳香烃组分部分或全部地消失。

(1)不同强度的生物降解作用和不同的持续时间使原油表现出不同的转化程度。一般生物降解的原油,正构烷烃受到破坏,而异构烷烃相对富集。如 3,3—二甲基戊烷、2,2,3—三甲基丁烷、2,2—二甲基戊烷和 2,4—二甲基戊烷、2,2—二甲基丁烷含量将相对较高,而这些异构烷烃在原生的成熟原油中通常仅为痕量成分。轻烃比值参数 $\sum(nC_4 \sim nC_8)/\sum(iC_4 \sim iC_8)$

会随生物降解程度的增加逐渐减小，由于环烷烃比链烷烃具有较强的稳定性和抗生物降解能力，$\sum(nC_5 \sim nC_9)/\sum(CYC_5 \sim CYC_9)$也会随生物降解程度的增加而逐渐减小。因此，根据轻烃单体的组成，尤其是正、异构烷烃的比例，可以准确识别生物降解油的特征。

(2)所有烃类都易受细菌的作用，使石油发生氧化和生物降解作用。生物降解作用是普遍存在的，并和地下水活动有密切关系。凡是接近地表的储层和容易得到地表水来源的储层，一般都会发生氧化、生物降解作用。水把溶解的分子氧和微生物带入油藏并运移到油水界面附近，使原油发生氧化、生物降解作用。储层含水会使生物降解作用加强，含水饱和度越高的储层、具备可动水的油藏及油水界面附近破坏作用越强。不同强度的生物降解作用和不同的持续时间使原油表现出不同的转化程度。

(3)水洗和生物降解作用都是通过流动的地下水的作用而进行的，但水洗和生物降解作用不一定相伴发生。水洗作用一般对原油中轻烃成分不会发生严重的影响，它只不过将原油中易溶于水的轻组分带走。低沸点芳香烃，即苯、甲苯、少量二甲苯和正戊烷以下正烷烃耗尽，一般认为是由水洗作用造成的，而不是生物降解的结果。氧化和生物降解作用对石油的组成改变明显，使原油变稠、变重。国外专家认为，生物降解作用发生在较浅处，细菌常常嫌弃环状化合物，而许多芳香化合物对细菌是有毒的。一般情况下，细菌优先降解$C_5 \sim C_{15}$正烷烃，然后降解支链烷烃和环状烷烃。当地温太高，达100℃以上时，细菌无法生存和繁殖，这似乎是生物降解作用上限的标志，但水流依然能流经石油(油藏或过渡带)，发生水洗作用。苯与二甲苯的比值应该是区分生物降解同时有无水洗作用发生的参数。苯与二甲苯的比值不变，说明未遭受生物降解作用。

(4)在研究生物降解过程对轻烃组分的影响时，国外专家认为，生物降解程度将由异构己烷系列的浓度特征表现得最清楚。在正常石油中，异构己烷有下列浓度系列：2－甲基戊烷＞3－甲基戊烷＞2,3－二甲基丁烷＞2,2－二甲基丁烷；而当原油遭受生物降解作用的时候，异构己烷抗生物作用的能力正好与正常原油异构的浓度系列相反。

(5)根据轻烃生物降解规律，2－甲基取代的戊烷从上向下减少，而3－甲基取代的则相对有所增加。在系列范围内，$2MC_5/3MC_5$的值、单支链烷烃与多支链烷烃的比值$[(2MC_6+3MC_6)/(22DMC_5+23DMC_5+24DMC_5+33DMC_5+3EC_5)]$改变十分明显，可作为石油生物降解程度和水洗作用的指标之一。

(6)美国学者Mango于1987年用色谱分析了全球(主要北美)2258个不同类型的原油轻烃，发现原油中2－甲基己烷、2,3－二甲基戊烷、3－甲基己烷、2,4－二甲基戊烷四个异庚烷化合物尽管质量分数变化很大，从0.1%到10%，但它们的比值呈一种特定比例，即[(2－甲基己烷＋2,3－二甲基戊烷)/(3－甲基己烷＋2,4－二甲基戊烷)]≈1，这个比值后来被他称为K_1。研究发现，在同一个油族中，K_1值是恒定的，而对于不同源岩的油样K_1值则不同，利用$(2MC_6+23DMC_5)/(3MC_6+24DMC_5)$轻烃指纹参数不仅可以用于原油的分类和气—油—源岩的对比，而且还可以用于同源油气形成后经水洗、生物降解、热蚀变等影响而造成的细微化学差异的判别。

(二)轻烃组分各参数的表现特征

1. 轻烃分析参数评价油气层原理

$C_1 \sim C_9$最能说明储层问题，反映油气层信息，在原油中含量最高，组分最丰富，变化最大，因此轻烃分析范围一般是 $C_1 \sim C_9$ 共 103 个轻烃组分。

2. 轻烃分析参数评价油、气、水层的原理

原油轻烃化合物的含量和分布不仅取决于原油的成因类型，更大程度上取决于原油遭受的热演化程度及次生演化强度。

原油中的轻烃由正构烷烃、异构烷烃、环烷烃、芳香烃四部分组成。利用轻烃组分的沸点、溶解度、化学稳定性这些基本的物理化学性质，找出不同环境、不同储层性质条件下这些轻烃参数的变化规律，是用轻烃参数判别储层性质的基础和研究方法(图 5－31)。

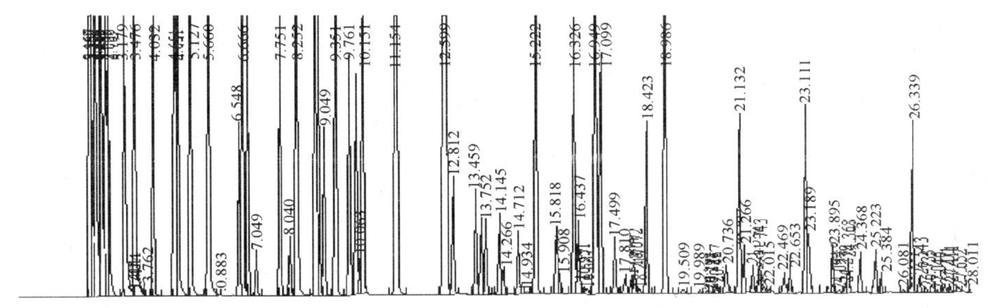

图 5－31 油层轻烃色谱图

3. 评价储层含油气性的轻烃参数选择

储层评价参数的选择应从这几个方面考虑：轻烃的浓度、轻烃的分布、轻烃的化学稳定性、轻烃在水中的溶解度。

轻烃的浓度和油层的含油丰度相关。在同一分析和取样条件下，同地区油层的轻烃浓度远大于油水同层及其他性质的储层。利用轻烃的含量及积分值的相对大小可以定性地判别油层。

由于油水同层中油水长期共存，在水的作用下，原油遭受的次生演化程度高，导致易溶于水和化学性质不稳定的轻烃减少或消失，所以轻烃浓度比油层低；化学稳定性差的季碳轻烃组分在水的作用下减少的趋势非常明显；芳香烃、异构烷烃减少。

真正的水层是很难检测到轻烃组分的。只有含油饱和度低、油的相对渗透率为零的水层才有可能检测到轻烃。由于在水的作用下，油遭受的次生演化程度强烈，导致易溶于水和化学性质不稳定的轻烃减少或消失；芳香烃、带季碳官能团的异构烷烃及较易溶解于水的多支链异构烷烃与稳定的环烷烃的相对比值低。

对干层下准确定义是困难的，一般认为，产油气量没有工业价值为干层。一般情况下，干层的分析参数显示其总积分值比油层低。

由于轻烃分析方法不涉及岩性，仅靠轻烃分析参数不能准确判别干层，必须依靠储层物性。依次类推，仅靠轻烃分析方法对没有油气显示的水层和干层的区别也是困难的。

干气层甲烷含量达 95% 以上，根据轻烃谱图及各组分的百分含量可以非常容易确定；而确定干气层是否具有开发价值，主要用轻烃浓度和含量。

轻烃分析结果甲烷相对含量低于 95%、$C_2 \sim C_5$ 又有一定丰度时，即可确定是气层显示，轻

烃浓度的大小和气层的含气丰度成正比，也和产能有对应关系。所以，利用轻烃浓度就可以确定是好的气层还是差的气层。

判别水合气层和含气水层主要用正异构比和轻重比。有水的情况下，异构烃如异丁烷、异戊烷含量降低。由于 C_2 以后的轻烃相比于甲烷在水中的溶解度要大得多，因此若储层含水，C_2 后的相对百分含量下降明显。

4. 轻烃组分各参数的表现特征

轻烃分析的 $C_1 \sim C_9$ 烃组分因地区、层位的不同存在普遍的差异，导致不同的物理化学性质的差别，(表 5－15、表 5－16)，依据此原理研究油层解释评价方法。

表 5－15 各类轻烃的物理化学性质

化合物类型	代表化合物	性质
正构烷烃	nC_7, nC_8	较稳定，易发生生物降解
异构烷烃	$2MC_5$, $23DMC_5$	稳定较差，支碳链容易发生断裂
环烷烃	CYC_5, $MCYC_6$	稳定，不溶于水，抗生物降解能力强
芳香烃	Bz，TOL，ETBz	易溶于水
季碳烷烃	$22DMC_4$, $33DMC_5$	稳定性最差，C—C 键易断裂

表 5－16 各类轻烃的物理化学性质

名称	溶解度，$g/10^6g$	名称	溶解度，$g/10^6g$	名称	溶解度，$g/10^6g$
甲烷	24.4	2－甲基戊烷	13.8	甲基环戊烷	42.6
乙烷	60.4	2，2－二甲基丁烷	18.4	甲基环已烷	4
丙烷	62.4	正庚烷	2.93	苯	1780
正丁烷	61.4	2，4－二甲基戊烷	3.62	甲苯	538
异丁烷	48.9	正辛烷	0.66	邻二甲苯	175
正戊烷	38.5	2，2，4－三甲基戊烷	2.44	乙苯	159
异戊烷	47.8	环戊烷	150	异丙苯	53
正已烷	9.5	环已烷	55		

三、轻烃组分分析仪资料解释

(一)解释方法

1. 出峰个数

通常用出峰个数初步确定储层含油性(图 5－32)。

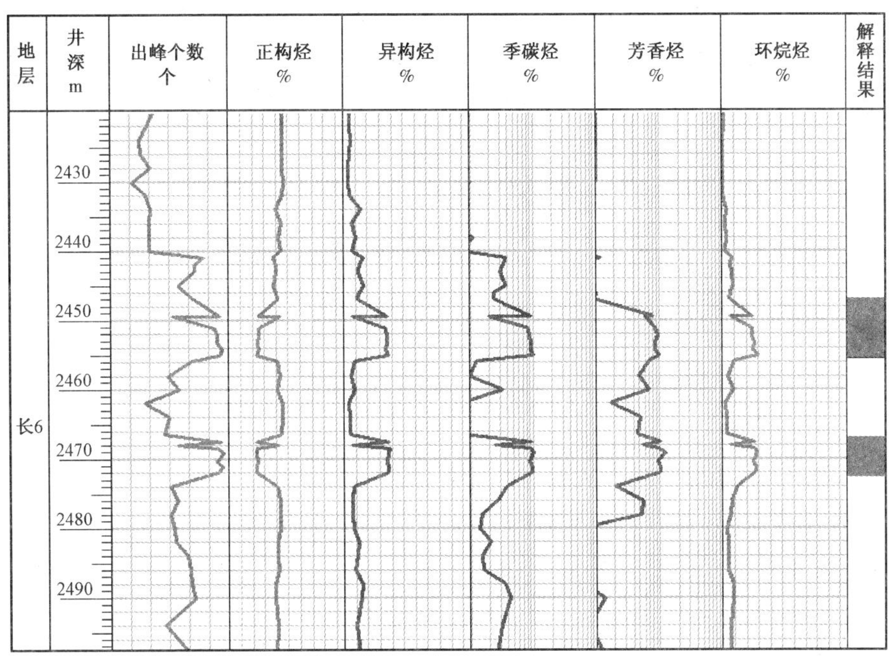

图 5－32 出峰个数初步确定储层含油性

2. 环烷烃统计特征

环烷烃统计特征见图 5－33。

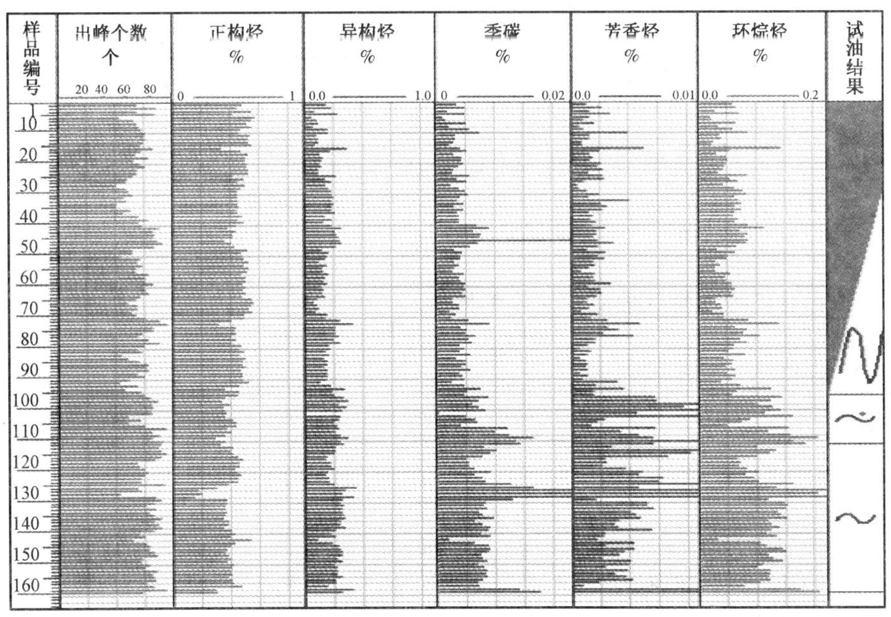

图 5－33 环烷烃统计特征

3. 环烷烃与正构烃统计特征

环烷烃与正构烃统计特征见图5－34。

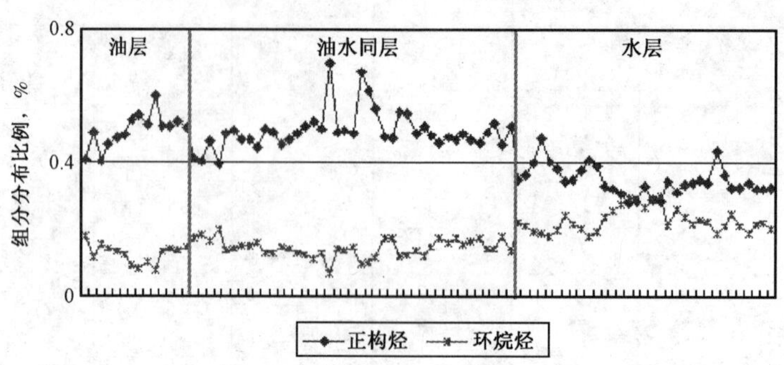

图5－34　环烷烃与正构烃统计特征

4. 降解指数统计特征

降解指数统计特征见图5－35。

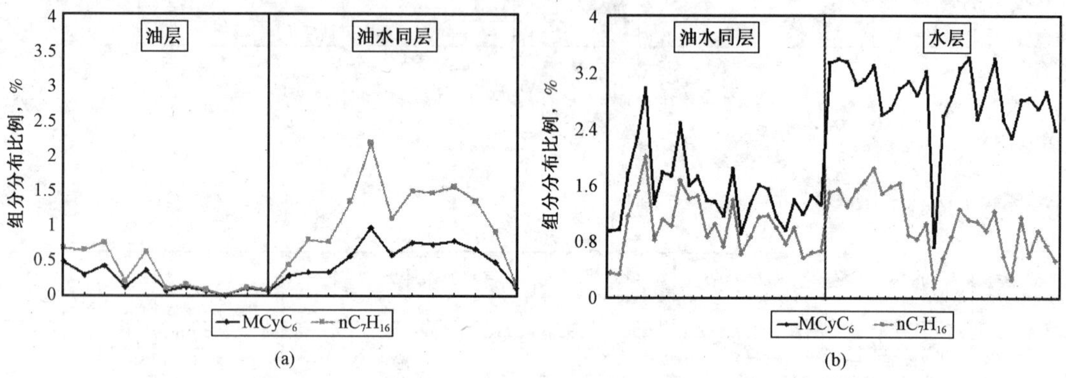

图5－35　降解指数统计特征

(a)$MCyC_6$与nC_7H_{16}不同储层的分布特征；(b)$MCyC_6$与nC_7H_{16}不同储层的分布特征

5. 主要评价参数油藏控制效果

图5－36为主要评价参数油藏控制效果图版。

6. 含油样品轻烃谱图特点

(1)出峰比较齐全(一般达到60～70以上)；

(2)谱图形态规则(“直角梯形”或“直角三角形”)；

(3)随着储层含水的增加，较重组分比例减小(图5－37)。

7. 岩心和岩屑样品分析谱图

图5－38、图5－39分别为岩心、岩屑样品分析谱图。

8. 储层解释标准的建立

轻烃录井储层轻烃各地层中岩心、岩屑解释标准级图版见图5－40至图5－43、表5－17至表5－20。

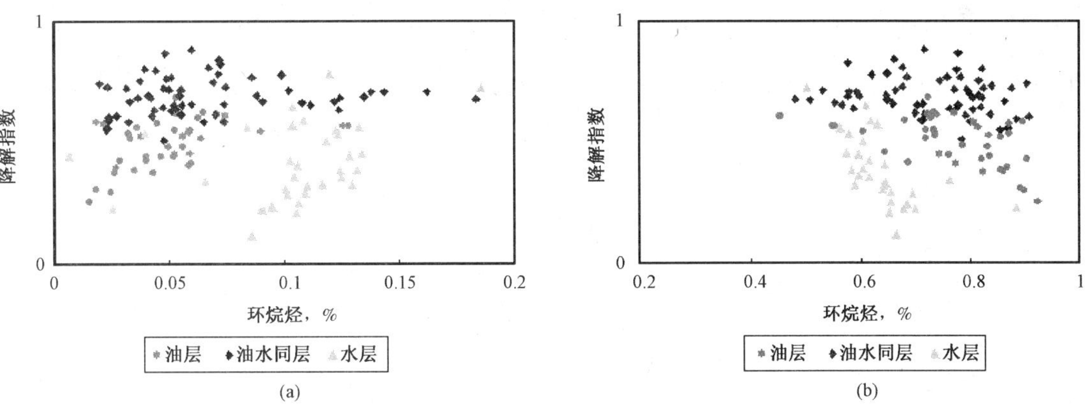

图 5－36 主要评价参数油藏控制效果图版

(a)环烷烃—降解指数油藏控制效果;(b)正构烃—降解指数油藏控制效果

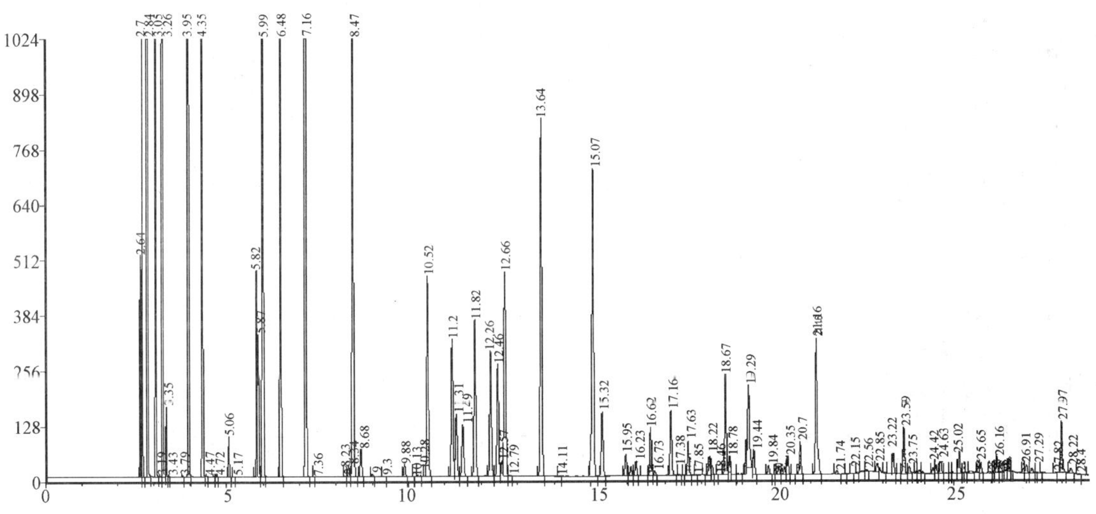

图 5－37 含油样品轻烃谱图特点

表 5－17 轻烃录井侏罗系储层轻烃解释标准(岩屑)

含油级别	出峰个数	环烷烃	降解指数	谱图特征
油层	>60	<0.15	<0.8	较重组分含量相对较高
油水同层		/	>0.8	较重组分含量明显降低
水层或干层	>50	>0.15	<0.8	谱图整体形状不规则,较重组分含量低

表 5－18 轻烃录井侏罗系储层轻烃解释标准(岩心)

含油级别	出峰个数	环烷烃	降解指数	谱图特征
油层	>70	<0.2	>0.9	较重组分含量相对较高
油水同层			<0.9	较重组分含量明显降低
水层或干层	>60	>0.2	<0.9	谱图整体形状不规则,较重组分含量低

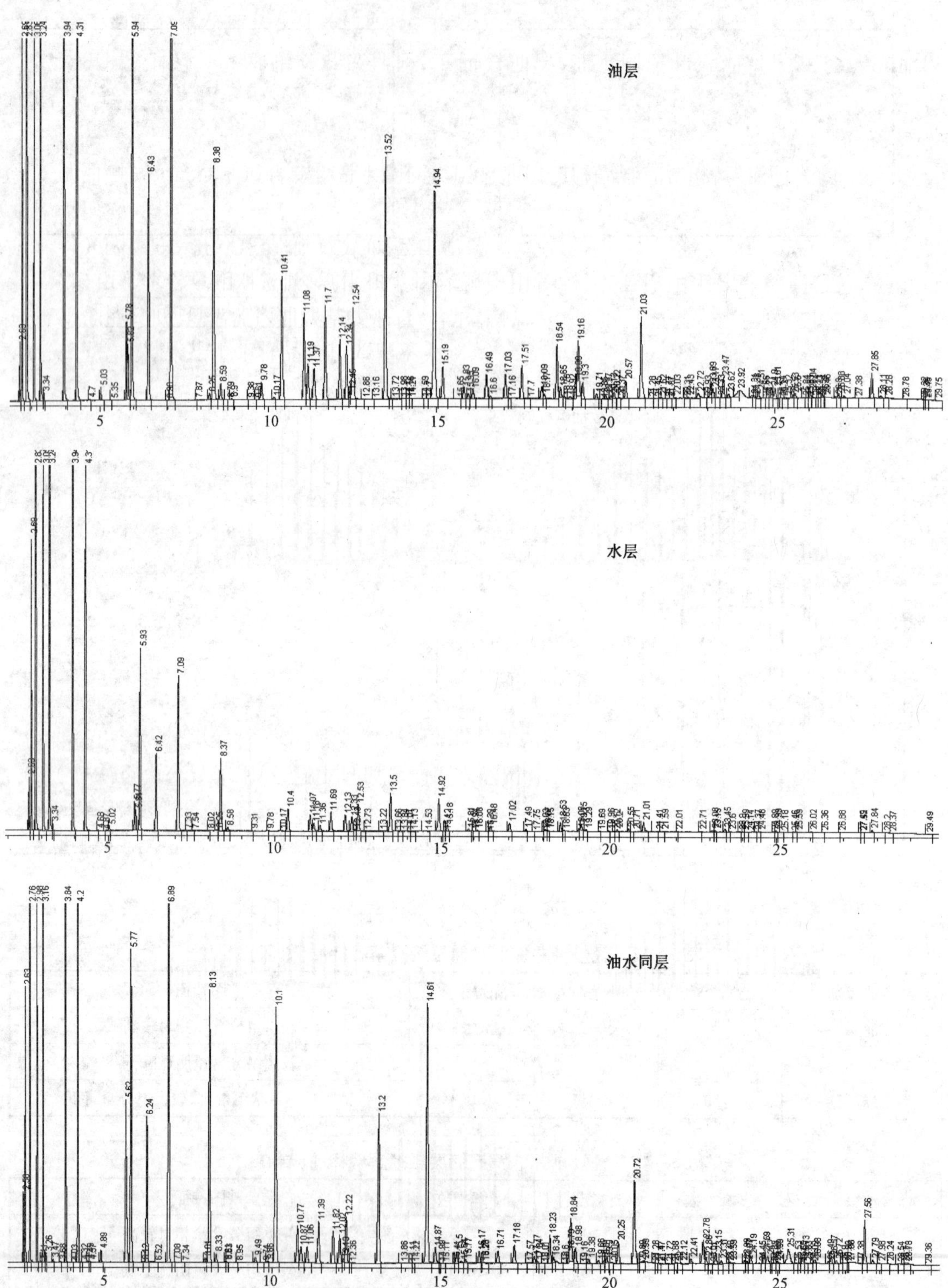

图5-38　岩心样品分析谱图

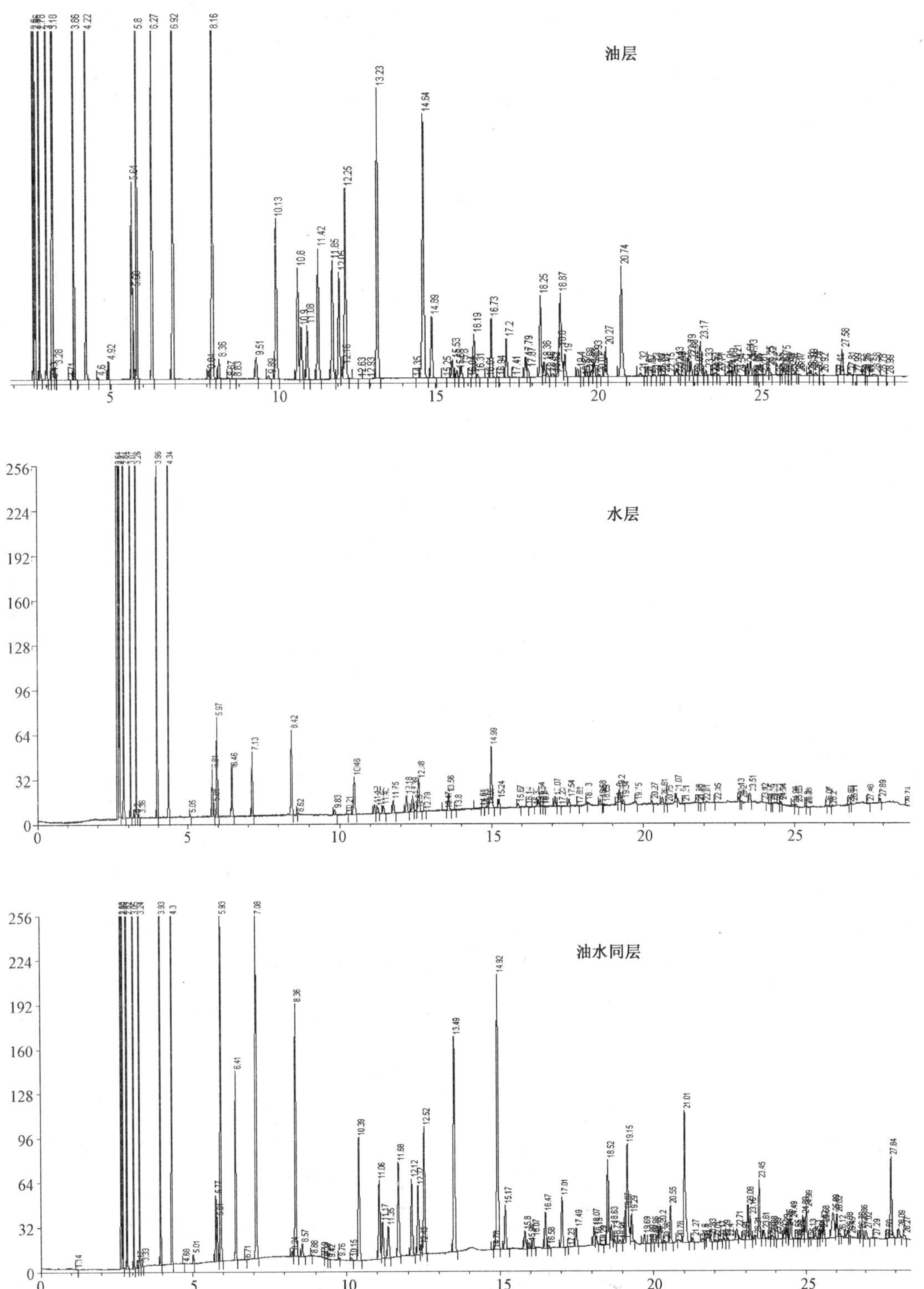

图 5－39　岩屑样品分析谱图

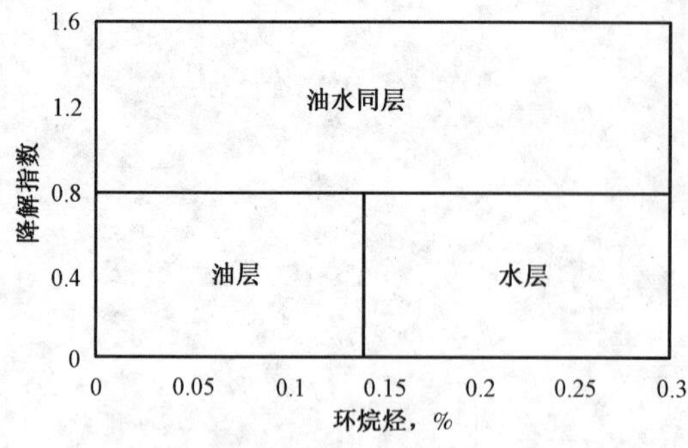

图5-40 轻烃录井侏罗系储层解释模版(岩心)

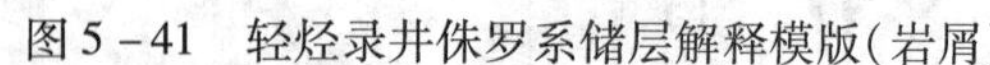

图5-41 轻烃录井侏罗系储层解释模版(岩屑)

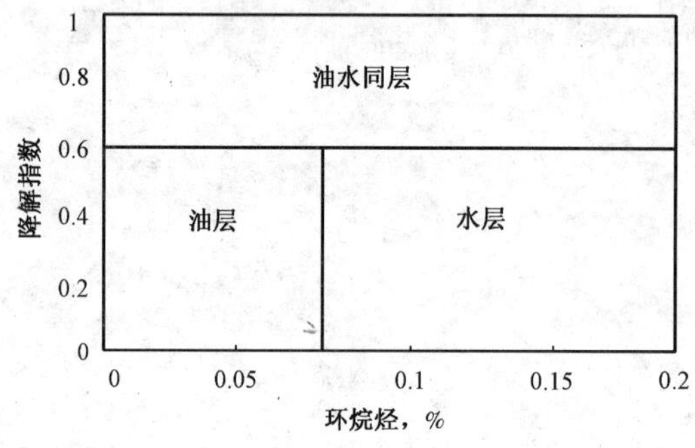

图5-42 轻烃录井三叠系储层解释模版(岩屑)

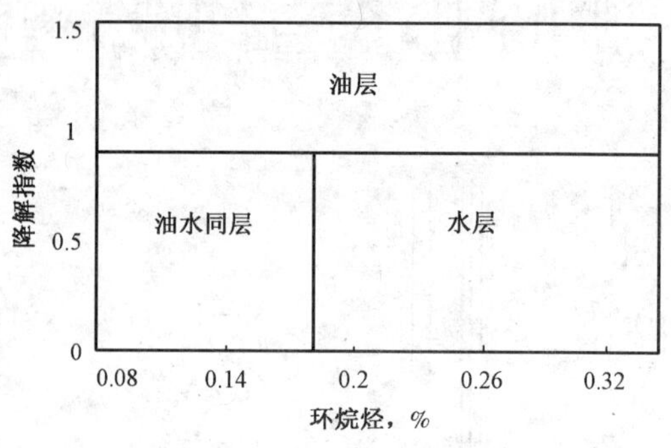

图5-43 轻烃录井三叠系储层解释模版(岩心)

表5-19 轻烃录井三叠系储层轻烃解释标准(岩屑)

含油级别	出峰个数	环烷烃	降解指数	谱图特征
油层	>60	<0.07	<0.6	较重组分含量相对较高
油水同层		/	>0.6	较重组分含量明显降低
水层或干层	>50	>0.07	<0.6	谱图整体形状不规则,较重组分含量低

表5-20 轻烃录井三叠系储层轻烃解释标准(岩心)

含油级别	出峰个数	环烷烃	降解指数	谱图特征
油层	>70	<0.18	>0.85	较重组分含量相对较高
油水同层			<0.85	较重组分含量明显降低
水层或干层	>60	>0.18	<0.85	谱图整体形状不规则,较重组分含量低

(二)轻烃组分分析现场应用

1. 罗6井

延长组长9段在罗6井的深度为2850~2873m,灰褐色油斑中砂岩,灰褐色原油浸染色,含油较饱满,油脂感较强,油味浓,含油面积15%~25%,渗油面积2%,污手,滴水微渗,断面有潮感,无咸味,干后无盐霜,含油产状较均匀;荧光颜色为棕黄色,荧光面积0% ~30%,产状较均匀,点滴试验Ⅱ级,系列对比Ⅱ级,定级油斑(图5-44)。孔隙度8% ~12%,渗透率1 ~11mD,含油饱和度21%,录井定级为油斑。电阻率42Ω·m,自然电位-195mV,声波时差210μs/m,测井解释为油水同层(图5-45)。S_0 为0.06mg/g,S_1 为1.23mg/g,S_2 为0.26mg/g,P_g 为1.55mg/g,地球化学解释为水层(图5-46)。出峰个数为85个,环烷烃含量为0.2279%,降解指数为0.7204,轻烃解释为水层(图5-47、图5-48)。综合分析作出判断,结果见表5-21。

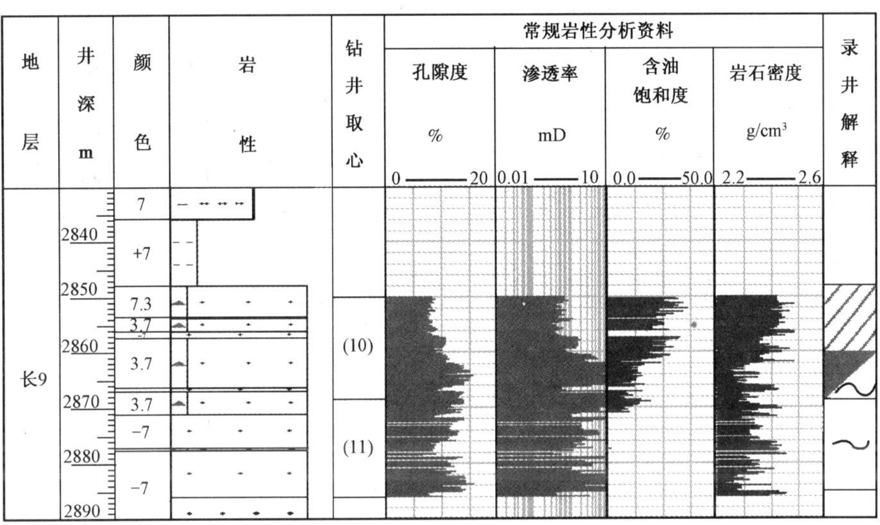

图5-44 罗6井录井图

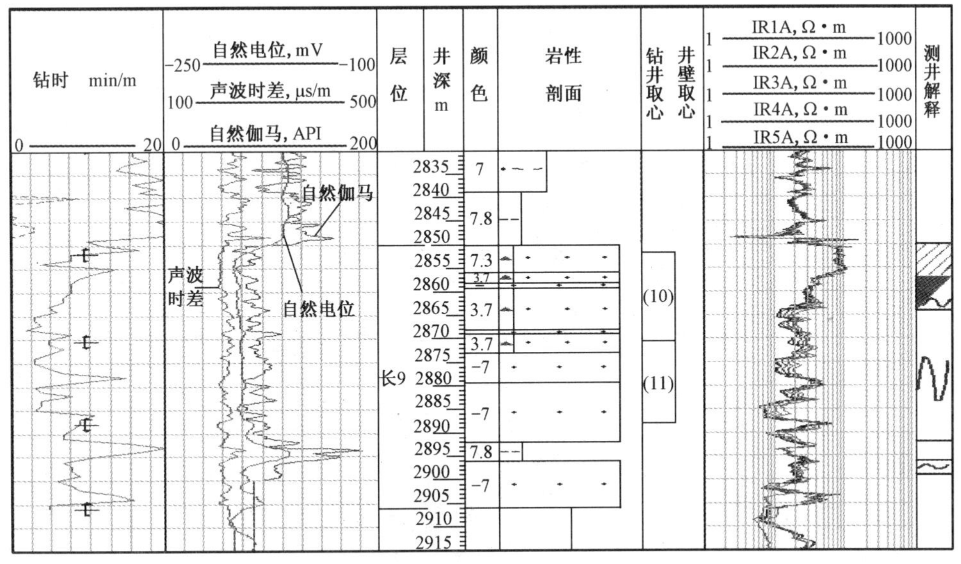

图5-45 罗6井测井解释图

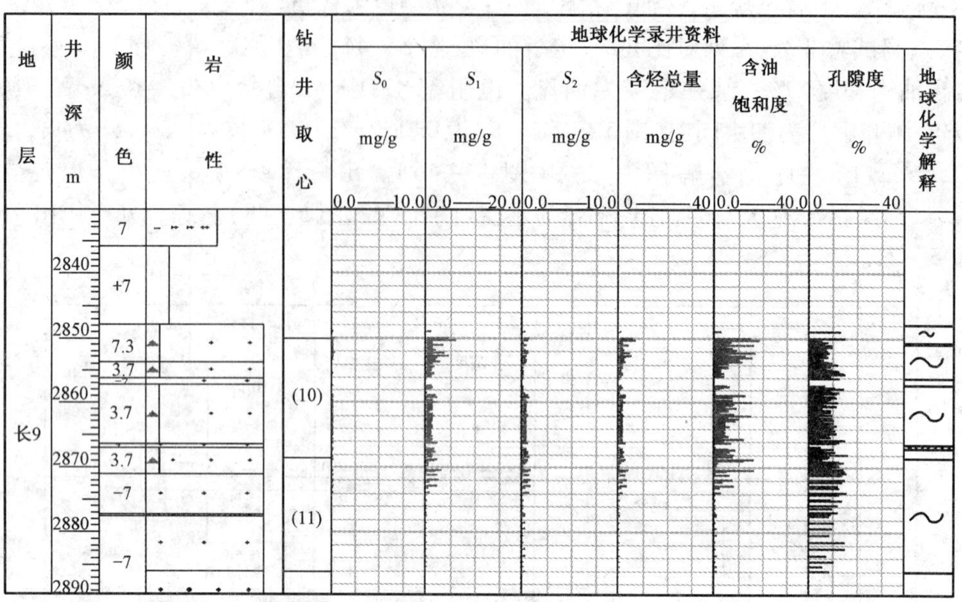

图5-46 罗6井地球化学录井成果图

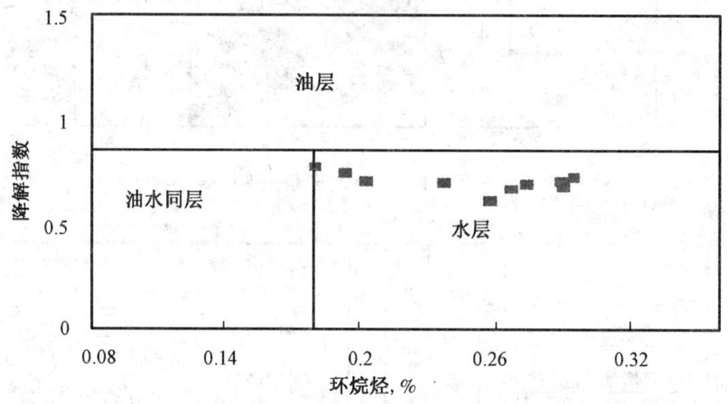

图5-47 罗6井长9储层轻烃解释图版

表5-21 罗6井长9段解释符合情况

项目	解释结果	日产油	日产水, m^3
地质	油斑	油花	43.97
气测	差油层		
地球化学	水层		
测井	油水同层		
轻烃	水层		

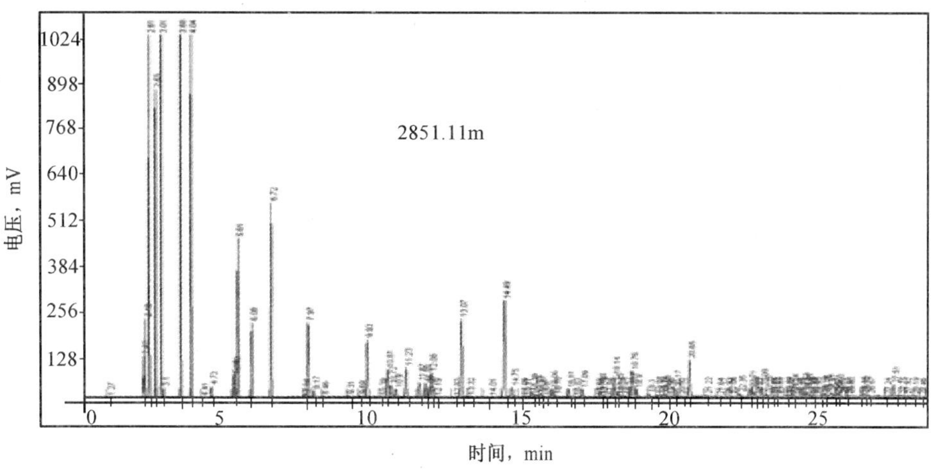

图 5-48 罗 6 井长 9(岩心)

2. 黄 49 井

可根据图 5-49、图 5-50、表 5-22 作出解释，为油水同层。

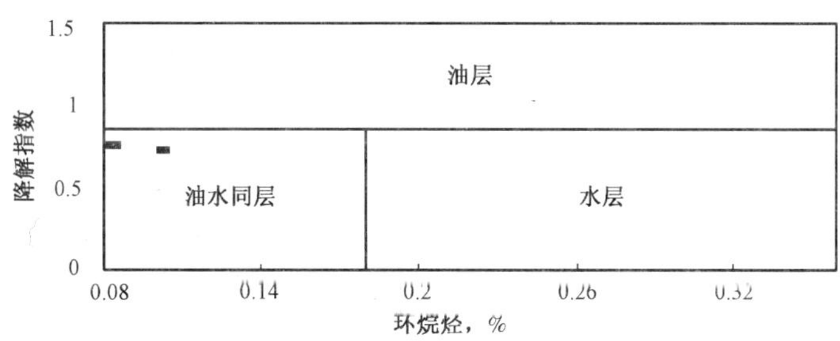

图 5-49 黄 49 井轻烃解释模板

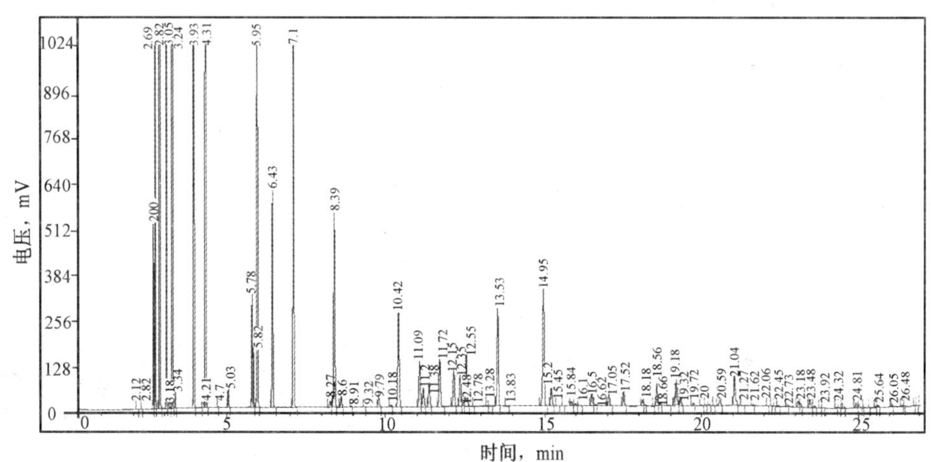

图 5-50 黄 49 井长 6(岩心)

表 5－22　黄 49 井长 6 段解释符合情况

项目	解释结果	日产油，t	日产水，m^3
地质	油斑	4.34	2.20
地球化学	干层		
测井	致密油层		
轻烃	油水同层		

黄 49 井延长组长 6 段，井深 2366～2368m、2403～2407m 有显示。

岩心分析数据：出峰个数为 80 个，环烷烃含量为 0.088%，降解指数为 0.728，轻烃解释为油水同层。

3. 耿 52 井

耿 52 井延长组长 8 段油层岩屑分析数据：出峰个数为 72 个，环烷烃含量为 0.040%，降解指数为 0.5221，轻烃解释为油层（图 5－51、图 5－52）。解释符合情况见表 5－23。

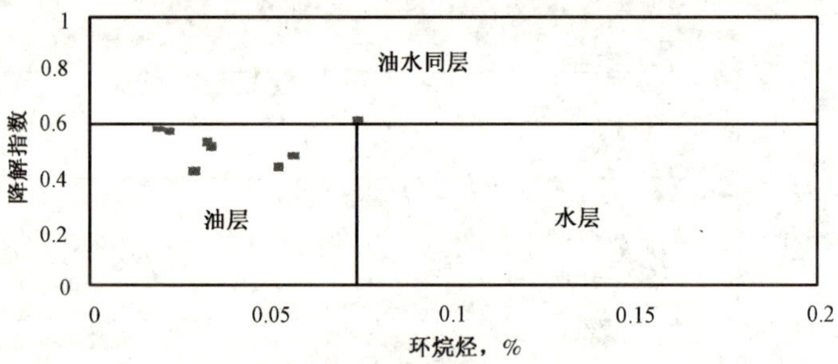

图 5－51　耿 52 井长 8 储层轻烃解释图版

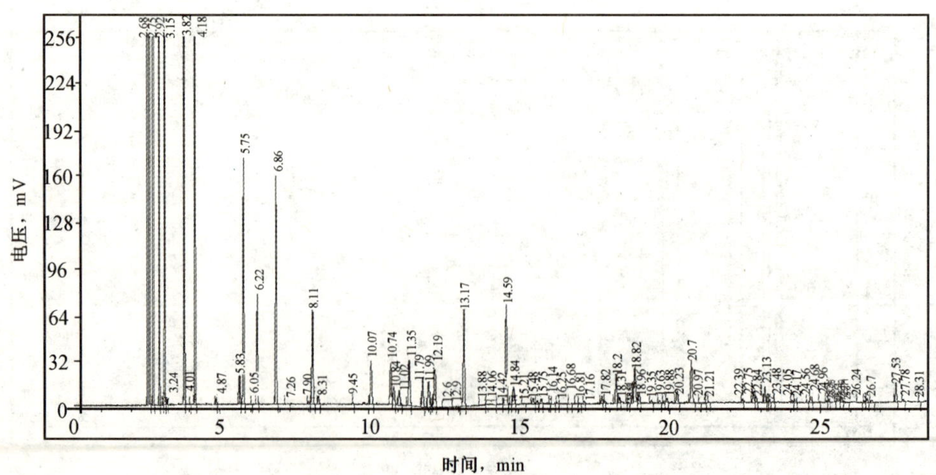

图 5－52　耿 52 井长 8（岩屑样品）

表 5－23 耿 52 井长 8 段解释符合情况

项目	解释结果	日产油，t	日产水，m^3
气测	差油层	10.22	0
地球化学	含油水层		
测井	油层		
轻烃	油层		

（三）PDC 钻头条件下应用

1. 油层

学 73－82 井出峰个数为 75 个，环烷烃含量为 0.0407%，降解指数为 0.3930，轻烃解释为油层（图 5－53、图 5－54）。测井解释为油水同层，测井图如图 5－55 所示。日产油 31.0t，无水。

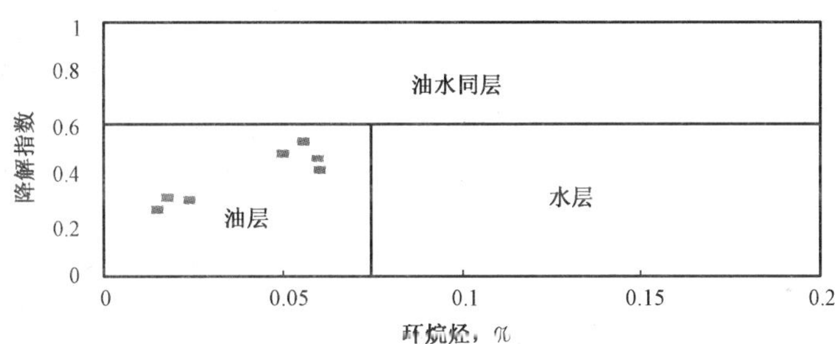

图 5－53 学 73－82 井长 2 储层轻烃解释图版

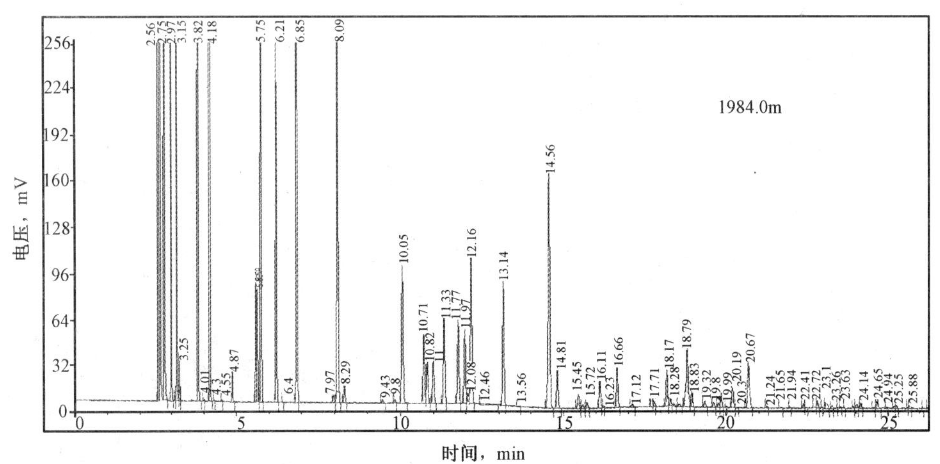

图 5－54 学 73－82 井长 2（岩屑）

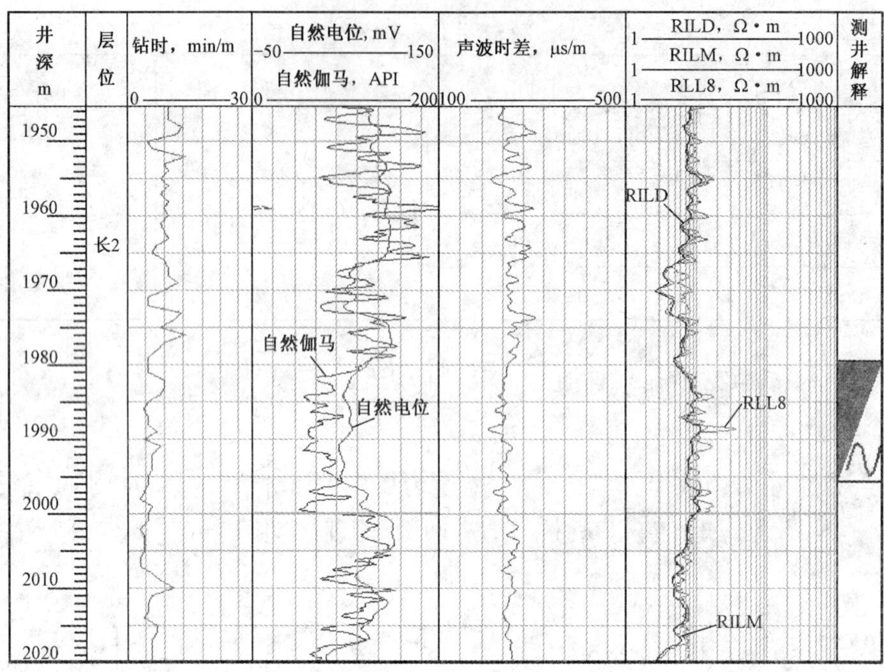

图 5－55　学 73－82 井测井图

2. 油水同层

阳 62－55 井出峰个数为 74 个，环烷烃含量为 0.0413%，降解指数为 0.698，轻烃解释为油水同层（图 5－56、图 5－57）。测井解释（图 5－58）为油水同层。日产油：10.38t，日产水：8.64m^3。

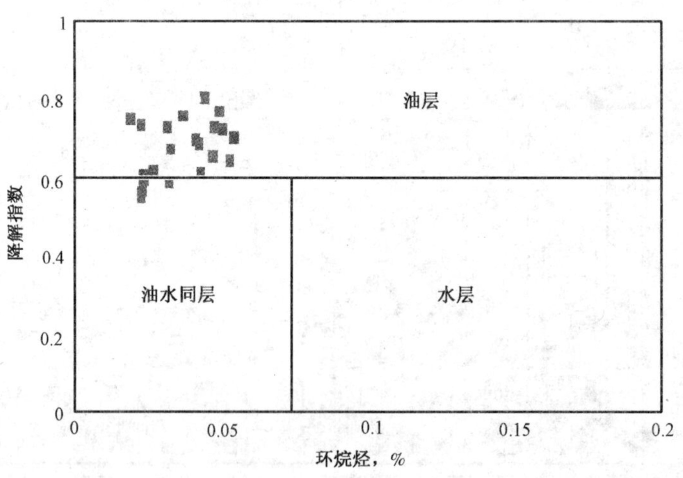

图 5－56　阳 62－55 井长 2 储层轻烃解释图版

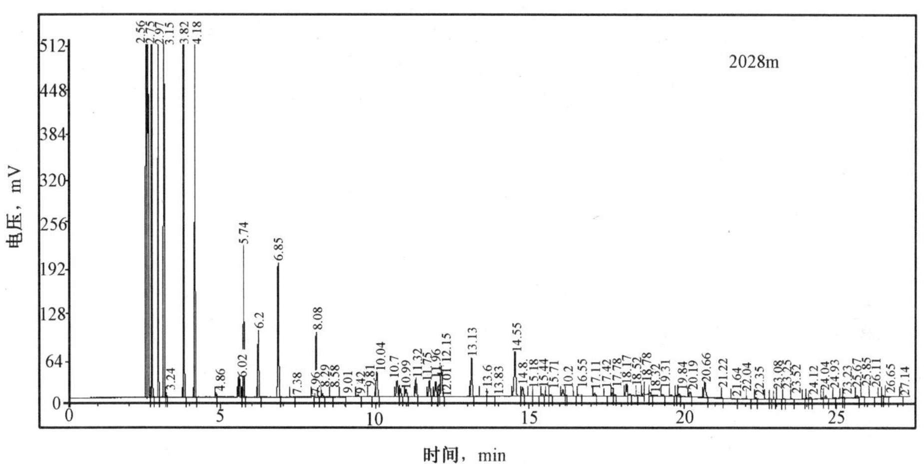

图 5－57 阳 62－55 井长 2 储层轻烃谱图

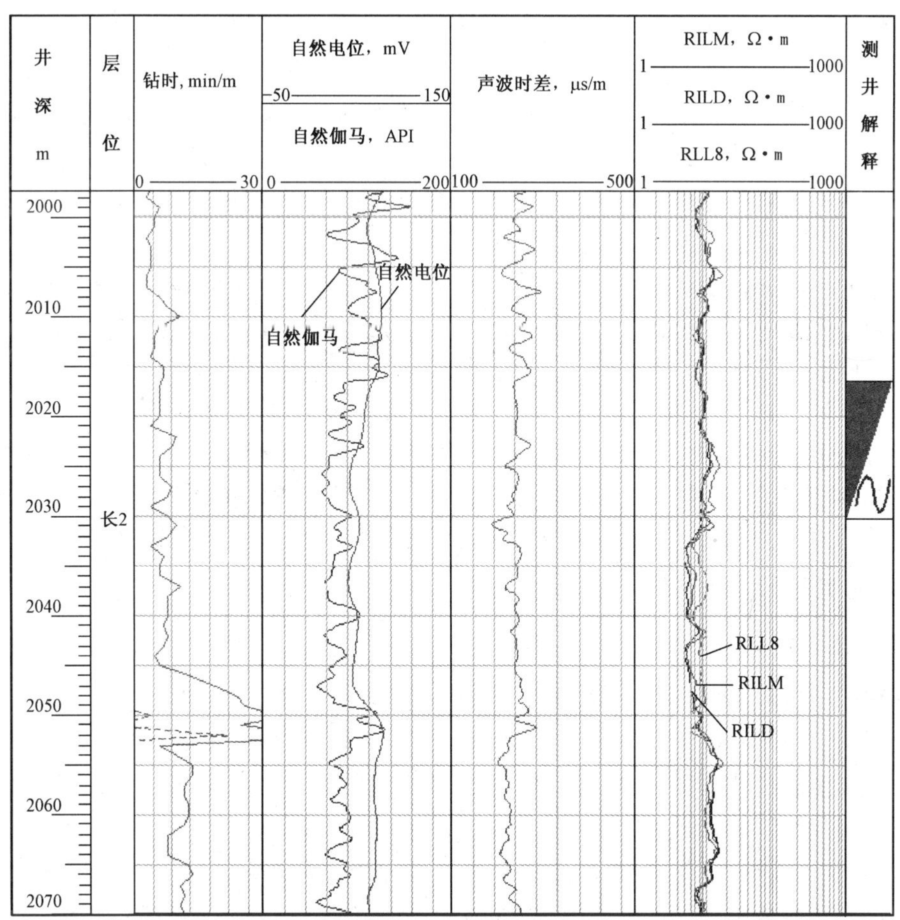

图 5－58 阳 62－55 井测井图

第四节　定量荧光录井技术

一、定量荧光录井概述

(一)定量荧光录井发展背景

定量荧光分析技术逐渐显示出优越性。常规荧光录井采用比较简单的荧光灯,在分析过程中可得到荧光发光颜色、强度、产状及对比级别,所得结果为定性数据,因此荧光分析资料的应用受到了限制。定量荧光分析可获得定量分析数据及谱图,定量评价油层含油特性,对比性强。这项技术在轻质油区可发挥重大作用。

石油及其大部分产品,除轻汽油和石蜡外,无论是石油本身还是溶于有机溶剂中,在紫外光照射下均可发光,称为荧光。石油的发光现象非常灵敏,只要溶剂中含有十万分之一的石油或沥青物质,即可发光。因此,在油气勘探开发中,常用荧光分析来鉴定岩样中是否含油。这种方法简便快速,经济适用。

石油的发光现象取决于其化学结构。石油中的多环芳香烃和非烃引起发光,而饱和烃则完全不发光。轻质油的荧光为浅蓝色,含胶质较多的石油呈绿和黄色,含沥青质多的石油或沥青质则为褐色。发光颜色随石油或沥青质的性质而变,不受溶剂性质的影响;而发光的强度则与石油或沥青物质的浓度有关。经过多种原油的频谱分析,发现最佳激发光的波长范围是在250~330nm,大多数散射光(石油荧光)波长范围在300~400nm,而可见光波长大约从400nm开始。每一种原油都有独特的荧光频带,因为荧光波长的变化范围取决于原油的组成成分。从凝析油到重质油,只有中质油的小部分到重质油的荧光是肉眼可以看到的,也就是说,多数石油荧光是肉眼看不到的。常规荧光录井仪的局限性:激发光的波长不在最佳范围之内,不能有效地激发石油荧光;原油荧光主要在紫外线范围内,肉眼只能识别一小部分,常规荧光录井仪会错过轻质油、凝析油的荧光显示;岩屑从井底返到地表,经捞取后冲洗,其外表的原油可能被冲走,用有机溶剂浸泡,获得的原油量不能完全代表地层孔隙中的含油量。正是由于以上原因,TEXACO公司从1985年开始研究开发定量荧光录井仪QFT并获得成功。

(二)定量荧光录井简介

1. 荧光录井的发展历程

根据检测硬件的发展过程,荧光录井技术的发展历程具体可分为以下两个阶段:

1)定性观测阶段(20世纪50年代至20世纪90年代,使用常规荧光检测仪)

在定性观测阶段使用常规检测仪(荧光灯)目测定级分析,易漏掉轻质油层,观测结果主观性强,缺乏科学性和实用性。

2)定量分析阶段(20世纪90年代至今,使用定量荧光检测仪)

定量荧光检测仪因测试性能的差异又可分为二维和三维(单波长激发、接收波长变化)荧光检测仪。在定量分析阶段使用定量荧光检测仪,国内油田使用的定量荧光检测仪主要有QFT、OFA和LYC-B三种仪器。QFT属于一维荧光测试,OFA和LYC-B属于二维和三维荧光测试。从实际应用情况看,三种仪器均可用于不同类型的原油,尤其对于肉眼观测不到的轻质油更为有效。三维定量荧光检测仪操作方便,除了能对荧光物质进行定量检测外,还能进行二维和三维发射图谱分析。

2. 定量荧光录井仪

目前在国际和国内的石油勘探与开发中所用的定量荧光录井仪主要有三种类型:单一波长型、二维型和三维型。

单一波长型是指仪器内只安装一个单一波长的激光滤光片和一个单一波长的接收滤光片,所以它只能在单一指定波长处(例如320nm)测定样品的荧光强度。这种仪器的特点是仪器简单,但能够提供的数据信息量极其有限,只能在单一制定波长出测定样品的荧光强度。

二维型是在仪器内安装一个单一波长的激光滤光片和一个连续的接收光栅,可以给出一波长为横轴、以荧光强度为纵轴的二维荧光图谱,也能给出指定波长下的荧光强度。这种仪器的特点是能检测从凝析油到重质油的各种油类,并可直观反映原油的油质特征;能有效识别钻井液添加对荧光录井的干扰;该仪器在钻井现场使用(图5-59)。

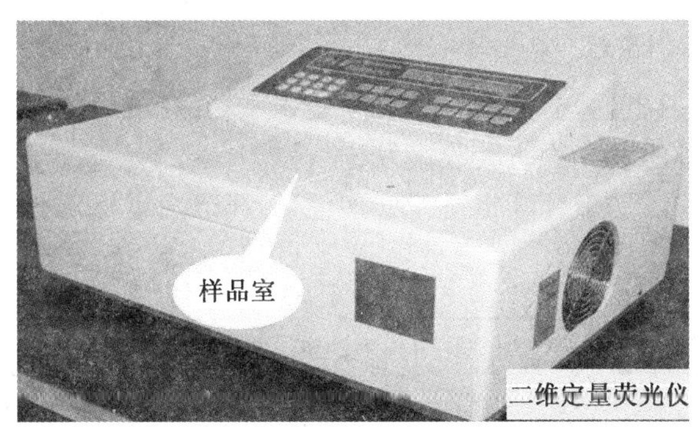

图5-59 二维定量荧光录井仪

三维型和二维型比较,激发端也采用光栅,可以进行连续激发,与计算机联用,可以给出激发波长、发射波长和荧光强度的三维荧光图谱(图5-60、图5-61)。这种仪器的特点是给出的信息量大。在国内的实际生产中主要使用的是二维型和一维型荧光录井仪。

图5-60 三维定量荧光录井仪

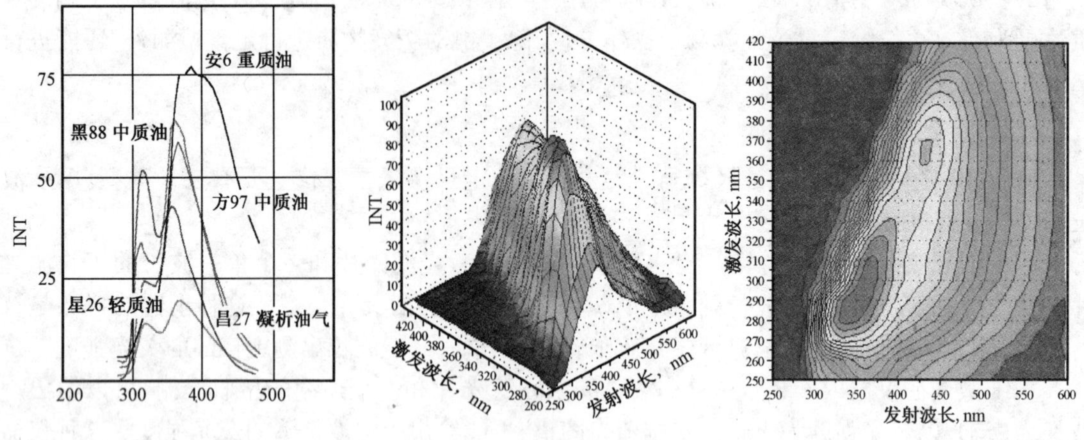

图 5-61 定量荧光图谱

(三)定量荧光录井仪工作原理

1. 二维定量荧光工作原理

仪器自带的光源辐射出的光束经过滤光片，使激发光的波长固定在某一值(254nm)后，照射到样品池上；样品池中的发光物质吸收激发光后发射荧光，照射于光电倍增管上；光电倍增管把光信号转换成电信号，送至计算机进行处理，然后再以数字显示或谱图打印的方式提供给用户(图 5-62)。

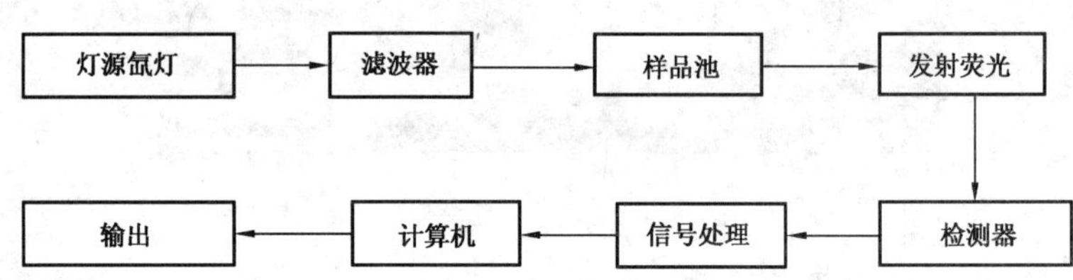

图 5-62 二维定量荧光录井工作原理

2. 三维定量荧光工作原理

由灯源氙灯发射出的光束照射 EX 分光器；EX 分光器每转动一个角度允许一种波长的光通过，连续转动不同波长的光连续通过，照射到样品池；样品池中的荧光物质吸收激发光后而发射荧光，照射于光电倍增管上；此管把光信号转换成电信号，然后送至计算机进行处理，以数字显示或图谱打印的方式提供给用户(图 5-63)。

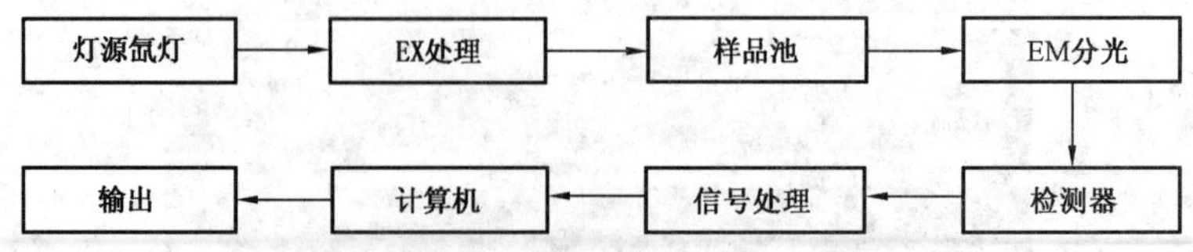

图 5-63 三维定量荧光工作原理流程图

(四)定量荧光技术特点

(1)分析样品的操作简单、快捷。二维每个样品仅需10~15min,三维每个样品需20~25min便可完成含油情况的测定。

(2)轻质油层不易漏失。定量荧光分析技术使用的激发波长为254nm,肉眼观测为大于400nm,克服肉眼观察不到轻质油显示的弊端。

(3)分析参数、图谱直观且灵敏度高,可识别微弱油气显示。

(4)差谱功能,可排除钻井液添加剂对油层荧光的干扰,可识别真假油气显示。

(5)图谱可直观可识别原油性质,可进行流体性质的判别。

二、定量荧光参数及物理意义

(一)定量荧光录井仪技术指标

定量荧光录井仪技术指标见表5-24。

表5-24 定量荧光录井仪技术指标

序号	技术指标	二维定量荧光录井仪	三维定量荧光录井仪
1	光源功率,W	150	150
2	激发波长(EX),nm	254	200~800
3	发射波长(EM),nm	260~600	200~800
4	波长精度,nm	±2	±2
5	波长重复性,nm	±1	≤1
6	最小浓度检测,mg/L	0.1	0.1
7	信噪比	>60	>60
8	工作电压	220V±20V	220V±20V
9	相对湿度	<85%	<85%
10	光谱带宽		激发10nm,发射10nm

(二)定量荧光参数及物理意义

1. 荧光波长

荧光波长(λ)反映原油中不同成分的出峰位置(图5-64)。波长在300~340nm范围内的荧光代表轻质油成分;波长在340~370nm范围内的荧光代表中质油成分;波长大于370nm的荧光代表重质成分。

2. 原油荧光强度

原油荧光强度(F)指原油中占主要成分的荧光物质所发射荧光的强弱,反映的是被测样品中荧光物质的多少(图5-64)。

3. 相当油含量

相当油含量(C)是指单位样品中荧光物质的含油浓度,所反映的是被测样品中的含油气丰度,单位为mg/L。

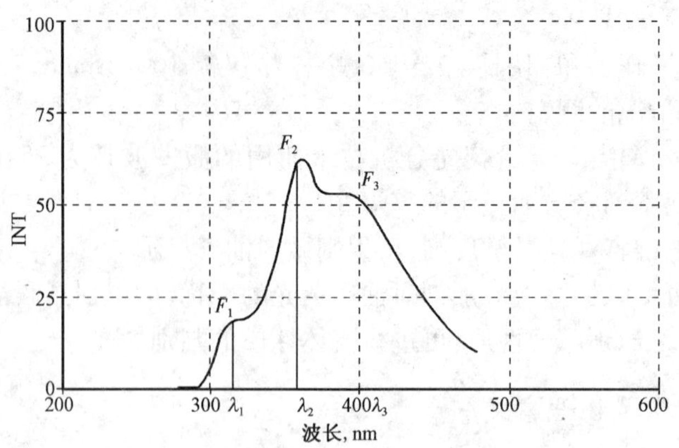

图 5-64 荧光波长、强度示意图

4. 对比级

对比级(N)是单位样品中荧光物质所对应的荧光系列对比级别(表 5-25),是一种反应岩石样品中含油量多少的传统的非法定计量单位,与相当油含量存在一定的数学关系:

$$C = C'n$$

$$N = 15 - (4 - \lg C)/0.301$$

式中 C——被测样品含油浓度(相当油含量),mg/L;

C'——被测样品稀释后的含油浓度(相当油含量),mg/L;

n——稀释倍数;

N——荧光对比级。

表 5-25 相当油含量与荧光级别对照表

荧光对比级,N	1	2	3	4	5	6	7	8	9	10	11	12	13	14	15
相当油含量 C mg/L	0.6	1.2	2.4	4.9	9.8	19.5	39	78.1	156.3	312.5	625	1250	2500	5000	10000

5. 油性指数

油性指数代表中质油成分的最大荧光峰的强度值与代表轻质油成分的最大荧光峰的强度值之比,反映的是原油的轻重。

6. 孔渗指数

样品浸泡后,一次分析得到的相当油含量为 C_1,二次分析得到的相当油含量为 C_2,$C_1/(C_1+C_2)$为孔渗指数。孔渗指数应用于井壁取心、钻井取心,间接地反映地层的孔隙和渗透性。

三、定量荧光样品分析方法

(一)现场工艺流程

定量荧光技术现场共分析六种样品:标准油样、钻井液添加剂、钻井液、井壁取心、岩屑、钻井取心等六种样品(图5-65)。

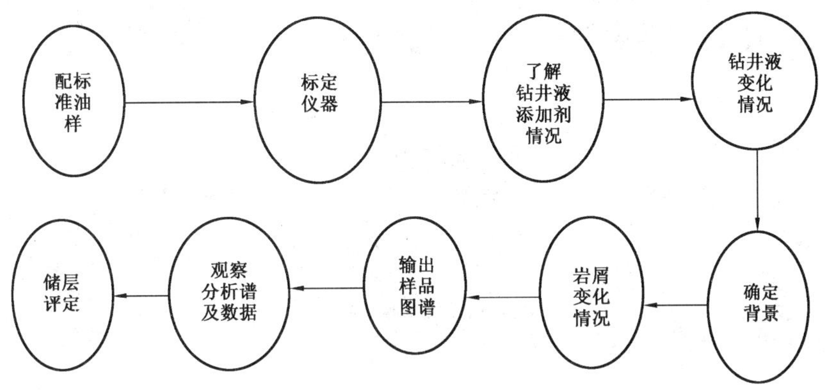

图5-65 定量荧光样品分析现场工艺流程图

(二)样品处理方法

(1)选取具有代表性的样品。

(2)用清水漂洗样品,洗到水清为止。

(3)选取的样品(岩屑、壁心、岩心)用滤纸吸干水分后,用研钵研碎呈粉末状,称取1.0g在具塞刻度试管中用5mL正己烷试剂浸泡15min。

(4)液体样品(钻井液、添加剂)在具塞刻度试管中量取1mL,用5mL正己烷试剂浸泡15min。

(5)若样品浸泡的液体清澈透明且没有颜色,可直接进行荧光测定;若样品浸泡的液体有颜色,则应该用正己烷稀释后再进行荧光测定。由于钻速太快来不及分析的样品,取样后用湿样袋进行密封保存。

(三)现场分析样品的制备

现场分析样品的制备见图5-66。

(四)现场分析样品的稀释

(1)样品稀释的条件:若待测样品有颜色或荧光强度超出测量范围,均要对被测样品进行稀释。

(2)稀释倍数的选择规律:样品颜色越深,稀释倍数越大,否则越小。

(3)稀释倍数的选择标准:稀释后的图谱荧光强度达到55~75。

稀释后的图谱对比见图5-67。

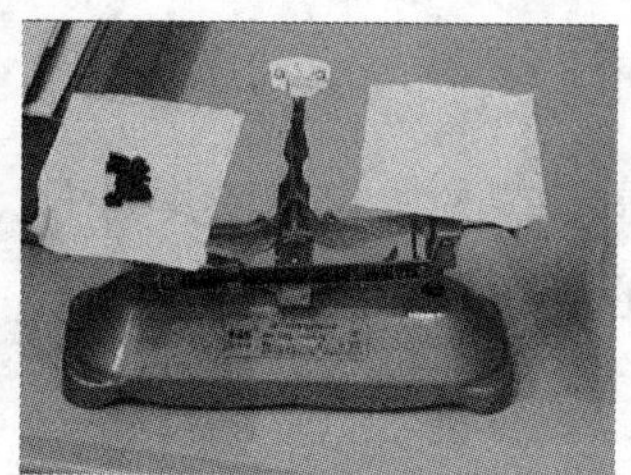
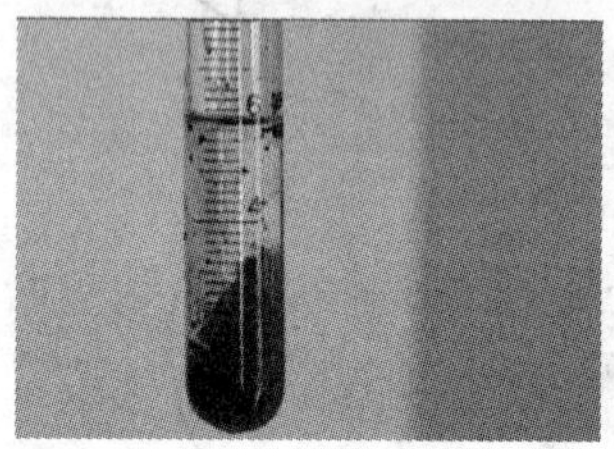

图 5-66 现场分析样品的制备

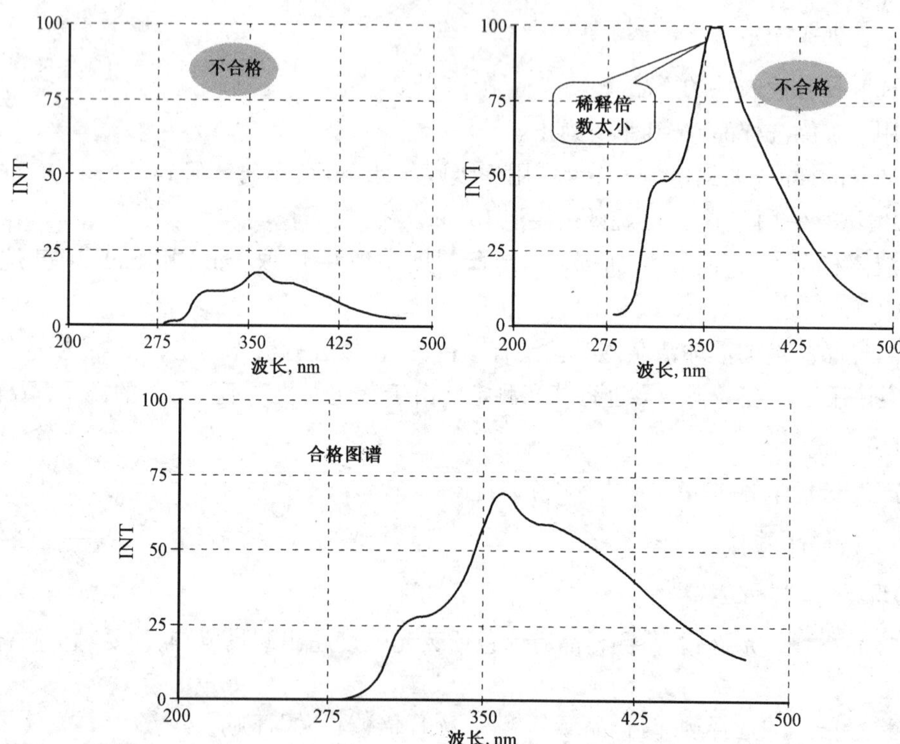

图 5-67 稀释后的图谱对比图

(五)样品分析

1. 钻井液分析

(1)对待入井的添加剂逐一进行取样分析。

(2)正常录井过程中,每100m取样分析一次。

(3)井内加入添加剂时取样分析一次。

(4)气测录井出现异常时取样分析一次。

(5)正常录井过程中捞不到岩屑时,按岩屑录井间距对钻井液进行取样分析。

2. 岩屑分析

(1)正常录井过程中非储层每10m取样分析一次。

(2)钻遇非显示储层每2m取样分析一次。

(3)钻遇显示层,按岩屑录井间距进行取样分析。

(4)气测出现异常时,按岩屑录井间距进行取样分析。钻井取心时,按岩屑录井间距进行取样分析。

3. 井壁取心分析

砂岩及特殊岩性样品逐一取样分析。

4. 岩心分析

砂岩及特殊岩性每10cm取样分析一次,非储层岩心每20cm取样分析一次。

四、定量荧光技术资料解释

(一)定量荧光技术资料解释程序

定量荧光技术资料解释程序见图5-68。

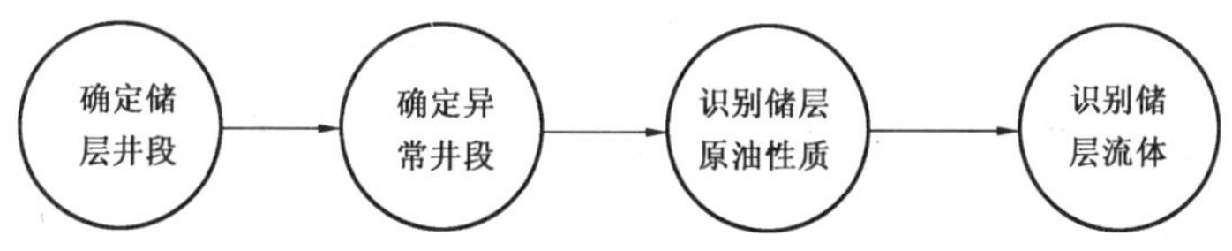

图5-68 定量荧光技术资料解释程序

1. 确定储层井段

根据钻时、岩屑、岩心、气测等录井资料确定储集层井段。

(1)钻时录井:正常钻进时钻时相对明显降低的井段。

(2)岩屑、岩心录井:录井有显示的碎屑岩层、碳酸盐岩层和特殊岩性层。

(3)气测录井:全烃、组分值高于基值2倍以上的异常井段。

2. 确定异常井段

根据岩样的荧光图谱得到的荧光波长、荧光峰值、相当油含量、荧光级别等数据,确定荧光异常井段。

(1)与样品的基值相比,样品对比级上升1级以上的储层作为荧光异常井段。

(2)与钻井液的基值相比(无添加剂影响),钻井液对比级上升1级以上的储层作为荧光异常井段。

(3)在仪器标定波长范围以外,出现新的荧光峰值的储层也应作为荧光异常井段。

3. 进行储层原油性质的识别

根据荧光主峰波长的差异和油性指数判断储层原油性质(表5-26)。

表5-26 原油性质判别标准(仅供参考)

原油性质	轻质油	中质油	重质油
荧光波长,nm	300~340	340~370	370~400
油性指数	<1.9	1.9~3.7	>3.7

4. 储层流体性质的识别

依据定量荧光录井技术解释标准和图版确定储层流体性质。

随着定量荧光录井技术应用范围的不断扩大,各油田都不同程度地建立了解释标准和图版,并且将解释标准及图版细化到不同地区和不同层位(表5-27)。

表5-27 定量荧光录井解释标准(仅供参考)

原油类型	荧光波长,nm	相当油含量,mg/L	荧光级别	储层流体性质
轻质油	<340	>19.5	>6.0	油气层
		10.0~19.5	5.0~6.0	油水同层
		<10.0	<5.0	水层或干层
中质油	340~370	>39.0	>7.0	油气层
		16.4~39.0	5.8~7.0	油水同层
		<16.4	<5.8	水层或干层
重质油	>400	>78.1	>8.0	油层

(二)定量荧光技术资料解释方法

根据不同层位、原油性质和储集岩含油浓度差异,将原油性质参数(油性指数、原油性质指数)、含油浓度参数(相当油含量、对比级)、原油系数配伍编制成解释图版,评价储层流体性质,参见图5-69至图5-73。

1. 气层的基本特征

(1)相当油含量、对比级相对较稳定,含油较均匀;

(2)油性指数相对稳定,与同区块标准油的特征参数取值范围相符,一般小于1。

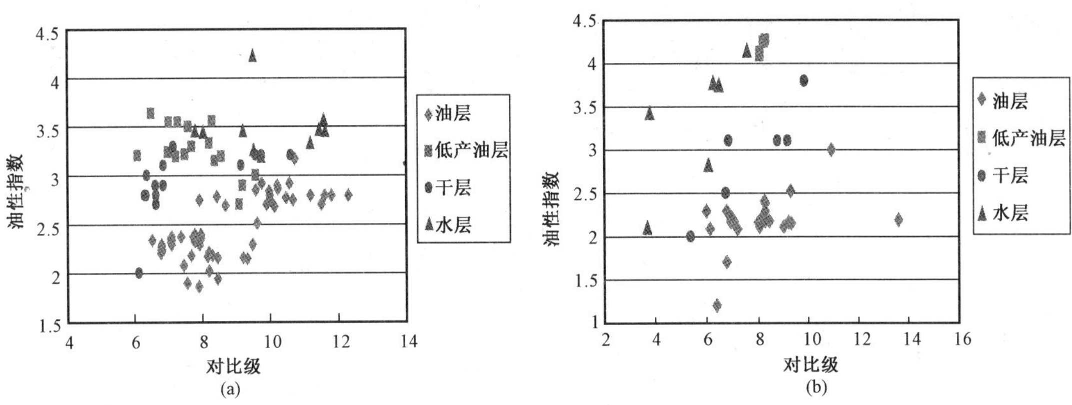

图 5-69 二维解释图版

(a)张东地区沙一段定量荧光解释图版(岩屑);(b)张东地区沙一段定量荧光解释图版(壁心)

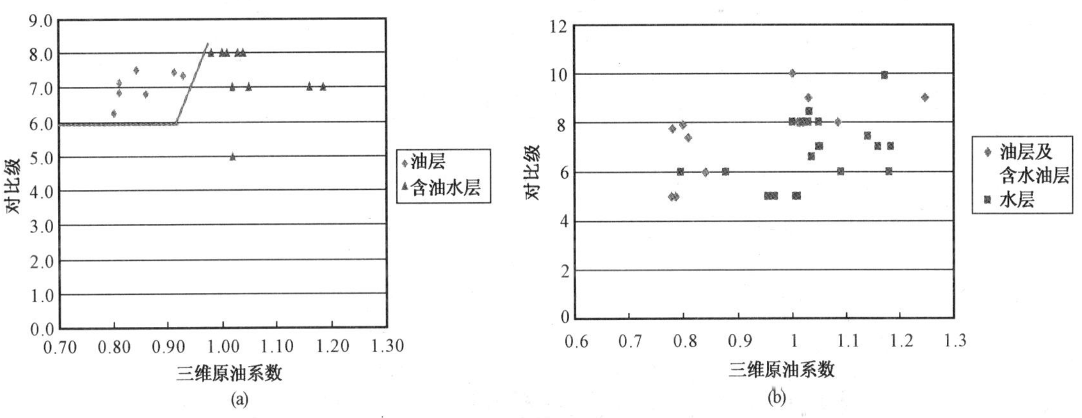

图 5-70 定量荧光录井解释图版

(a)港东、马东、唐家河地区沙一上三维荧光解释图版;(b)港东、马东、唐家河地区东营组三维定量荧光解释图版

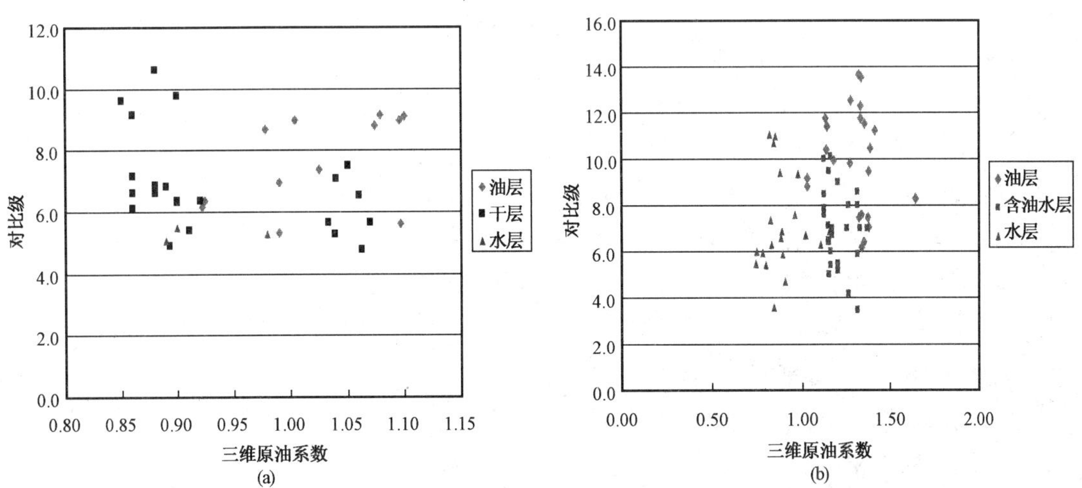

图 5-71 三维解释图版

(a)张东地区沙河街组三维定量荧光解释图版;(b)孔店地区孔二段三维定量荧光解释图版

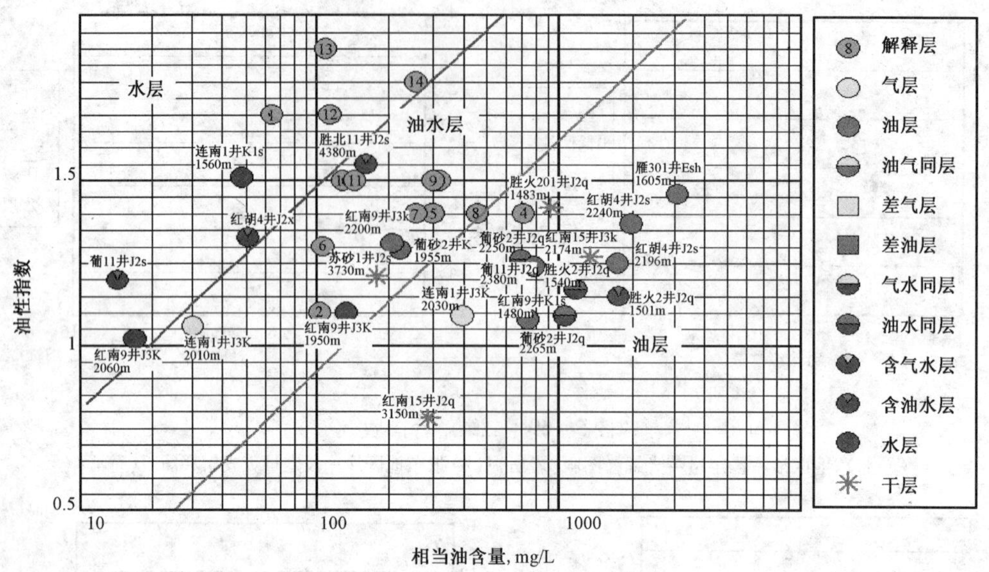

图 5-72　定量荧光解释图版

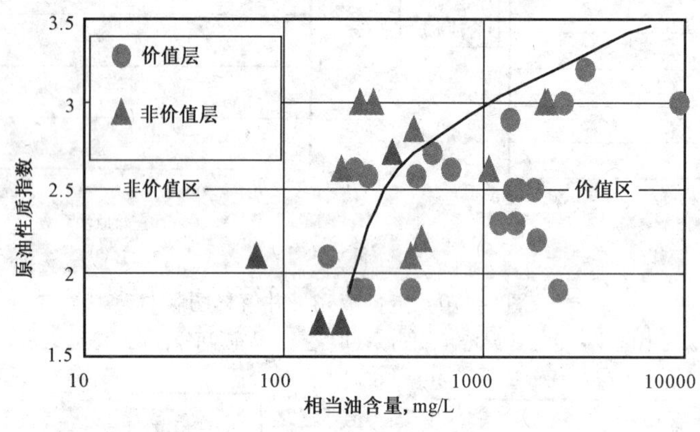

图 5-73　定量荧光解释图版

2. 油层的基本特征

(1)相当油含量、对比级相对较高,含油较均匀;

(2)相当油含量、对比级整体上有一个增长趋势;

(3)油性指数相对稳定,与同区块标准油的特征参数取值范围相符;

(4)对于轻质油要特殊考虑,一般油性指数低于 2、对比级大于 5 就应引起注意。

3. 油水同层基本特征

(1)相当油含量、对比级顶部相对较高;

(2)同一层中相当油含量、对比级整体上有降低的趋势;

(3)油性指数底部变化大,底部比同区块标准油样的特征参数取值范围明显偏重。

4. 水层和干层基本特征

(1)相当油含量、对比级相对较低;

(2)相当油含量、对比级整体上分布不均匀;

(3)油性指数比同区块标准样油明显偏大或偏小。

(三)定量荧光录井资料的现场应用

1. 识别微弱油气显示,发现轻质油层

港深××井为一口预探井,在滨三油组3288.5~3323.3m岩性为灰色细砂岩,气测解释为油水同层。井段3286~3295m纵向分析,对比级由6.4级增至9.1级,油性指数变化在1.5~1.8,为轻质油气层的特征;井段3305~3323m纵向分析,对比级由7.6级增至9.7级,油性指数变化范围在1.44~1.8之间,为轻质油气层的特征。通过对该两层试油,日产油31.3t,原油密度为0.7663g/cm^3,与定量荧光解释结论完全吻合(图5-74、表5-28、图5-75)。

表5-28 港深××井数据表

样品号	井深,m	岩性	最大波长 nm	荧光峰值	稀释倍数	相当油含量 mg/L	对比级	油性指数
397	3286	灰色荧光细砂岩	365	30.5	5	43.9	7.2	1.28
398	3287	灰色荧光细砂岩	365	43.2	2	24.9	6.4	1.5
399	3288	灰色荧光细砂岩	365	64.5	2	37.3	6.9	1.7
400	3289	灰色荧光细砂岩	365	27.1	2	15.6	5.7	1.5
401	3290	灰色荧光细砂岩	365	65.8	2	38.0	7.0	1.6
402	3292	灰色荧光细砂岩	365	54.1	5	78.1	8.0	1.82
403	3293	灰色荧光细砂岩	365	16.8	5	24.0	6.3	1.87
404	3295.0	灰色荧光细砂岩	365	29.5	20	170.60	9.1	2.4
407	3305	浅灰色荧光细砂岩	365	41.5	5	59.8	7.6	1.55
408	3306	浅灰色荧光细砂岩	365	75.4	5	109.0	8.5	2.0
409	3307	浅灰色荧光细砂岩	365	71.6	5	103.5	8.4	2.08
410	3309	浅灰色荧光细砂岩	365	49.1	5	70.8	7.9	1.44
411	3311	浅灰色荧光细砂岩	365	41.3	5	59.5	7.6	1.69
412	3313	浅灰色荧光细砂岩	365	52.2	5	75.3	7.95	1.85
413	3314	浅灰色荧光细砂岩	365	64.5	4	74.5	7.93	1.79
414	3315	浅灰色荧光细砂岩	365	88.4	2	51.1	7.39	1.5
415	3316	浅灰色荧光细砂岩	365	76.2	2	44.1	7.17	1.6
416	3317	灰色油斑细砂岩	365	42.8	4	49.4	7.3	2.24
417	3318	灰色油斑细砂岩	365	86.3	10	249.6	9.7	2.25
418	3319	灰色油斑细砂岩	365	79.5	10	229.9	9.6	2.23
419	3320	灰色油斑细砂岩	365	57.9	10	167.2	9.1	2.23
420	3321	灰色油斑细砂岩	365	38.2	5	55.0	7.5	2.21

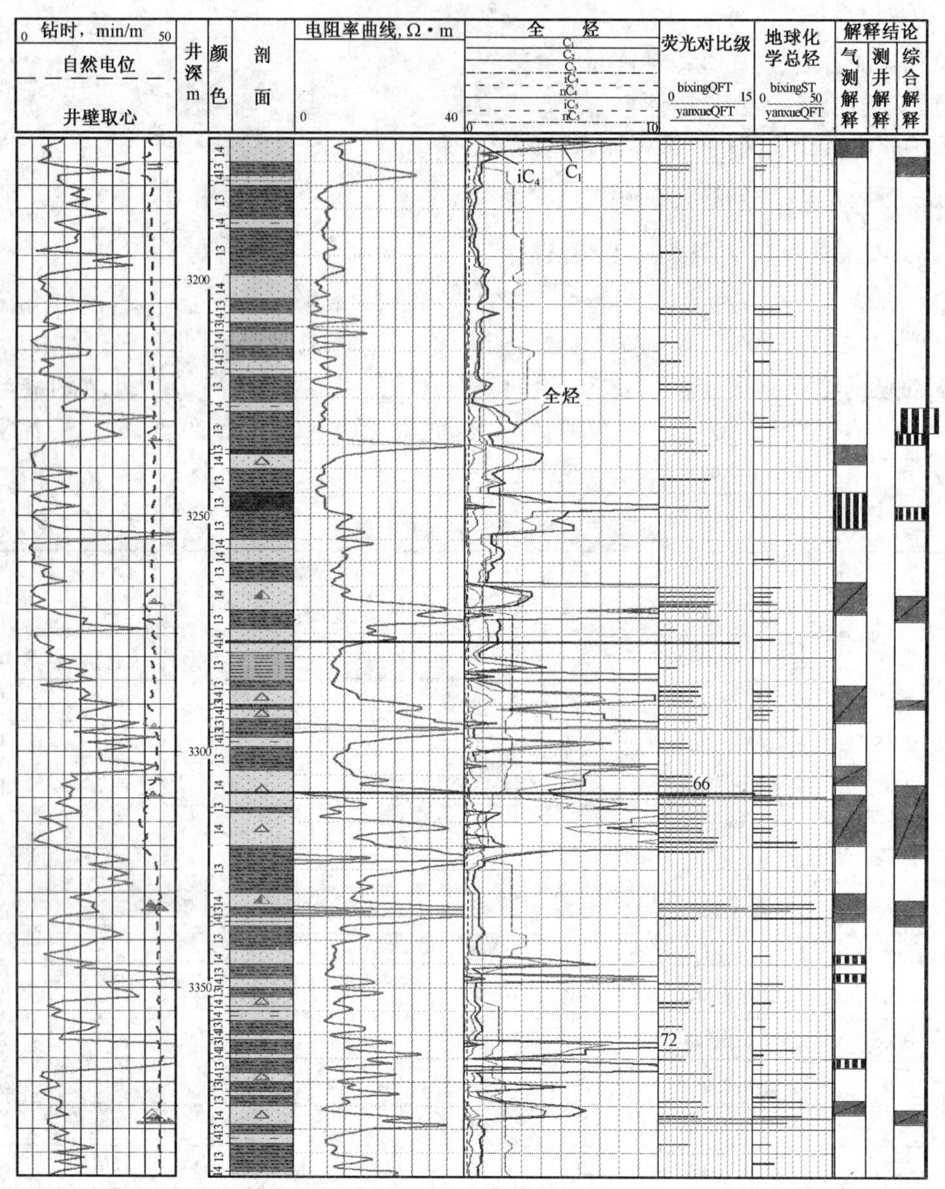

图5-74 港深××井录井综合图

港深××井在钻遇沙三段3526.5~3607.1m岩性为灰色细砂岩。井壁取心对比级平均在4.5,相当油含量在2.44~1486mg/L。纵向分析含油不均匀,仅5颗达到显示级别,且油性指数在2.5~3.2,油质明显偏重,因此,判断为残余油影响,通过定量荧光数据分析为油干层特征(图5-75)。

又如,××井为大港油田于QMQ地区承钻的第一口生产评价井,在钻开目的层奥陶系石灰岩采用152.4mm偏心钻头,并实施欠平衡钻井。由于钻头直径小,钻头破碎岩屑细小且量少,同时该井地层压力系数低,仅为0.92,采用的钻井液当量密度为1.005g/cm³,气测录井异

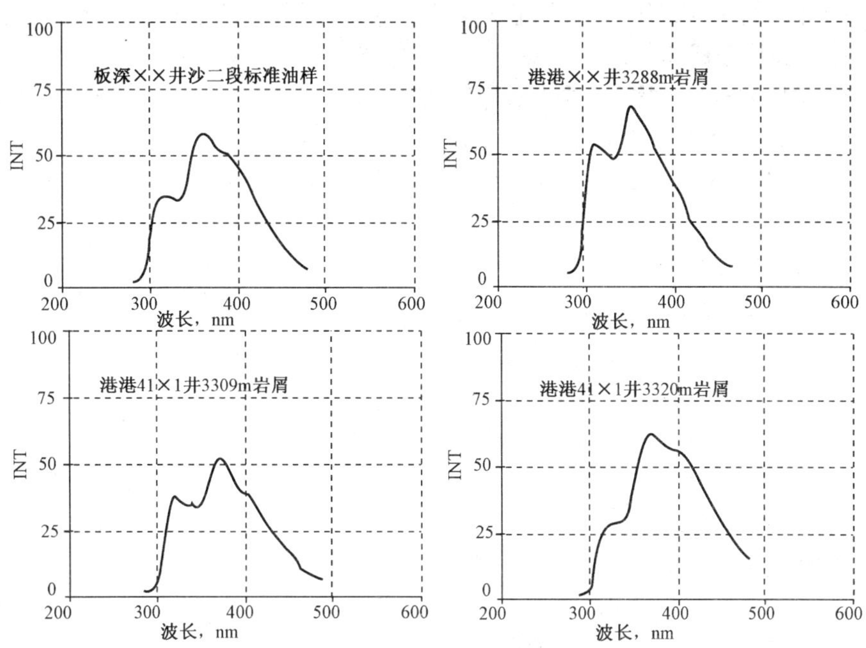

图5-75 港深××井定量分析图

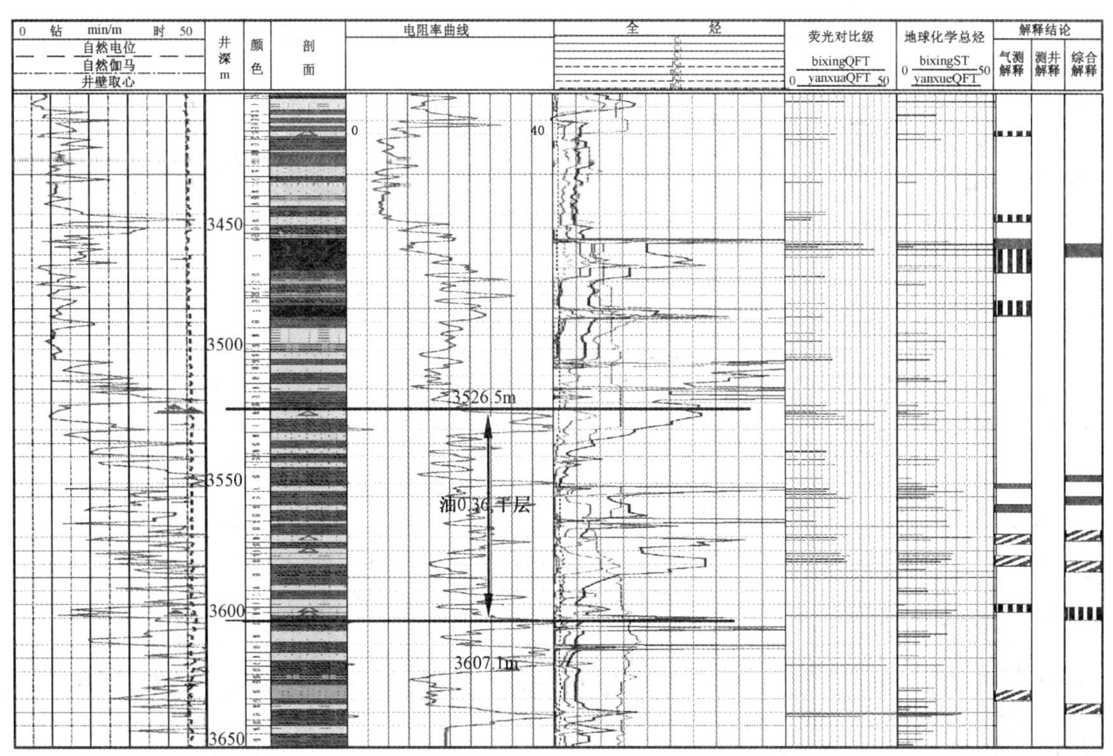

图5-76 港深××井录井综合图

常幅度极不明显，无法正确判断地层流体的性质。采用定量荧光分析技术对该井4250～4300m荧光数据进行分析解释，通过井深4262m、4278m岩屑定量荧光谱图看出，该地层含油为以310nm为主峰的双峰形态，反映为一轻质油特征。该井段共解释出18m(6层)轻质油层。后经甲方于该段试油，经酸化改造后日产油28.9t，气30490m^3。定量荧光分析依靠其极高的灵敏度(最小检测精度为0.1mg/L)，使岩屑中微量的含油均能正常检测，且克服了肉眼难以识别凝析油的难题，获取了该井储层真实含油数据，从而为QMQ地区古潜山实施大规模勘探开发提供了可靠依据(图5－77)。

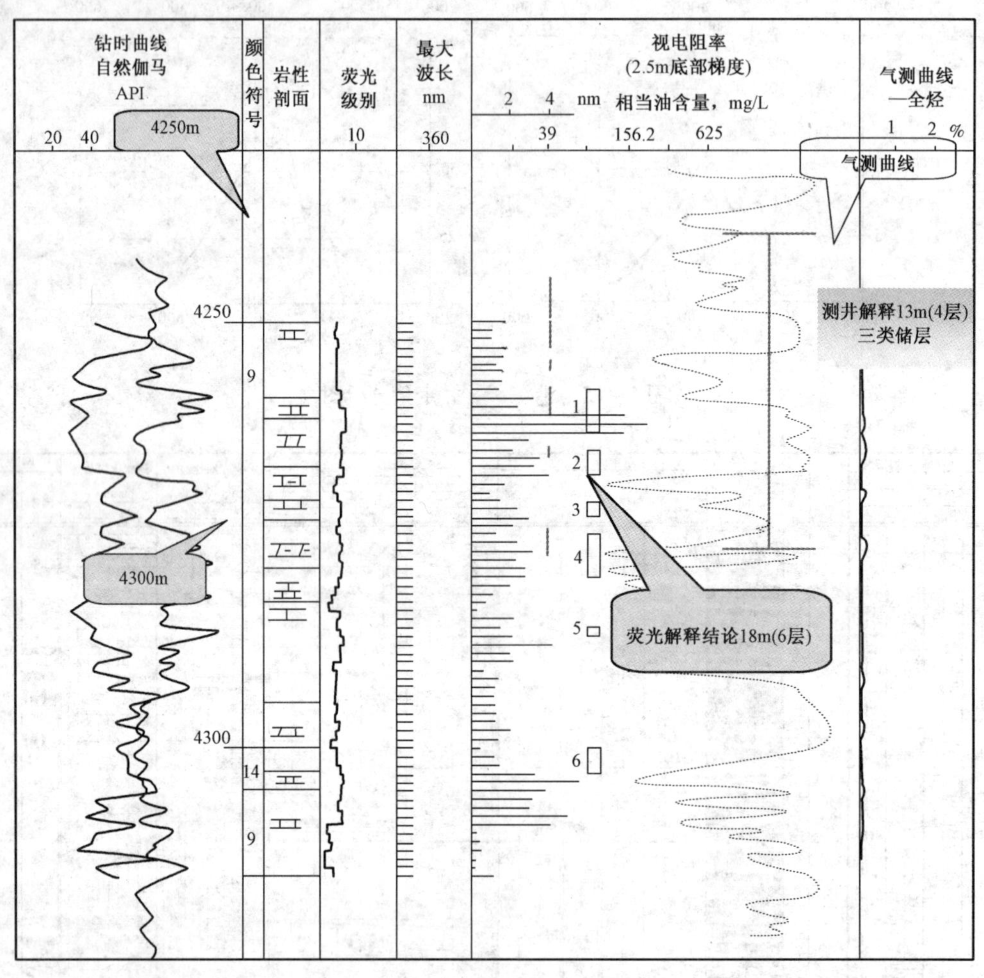

图5－77 ××井定量荧光录井图

2. 排除钻井液处理剂干扰，有效识别油层显示

××井从1350m至完钻井深1730m，岩屑录井发现混样岩屑直照和滴照黄色，岩屑描述荧光砂岩17m(3层)，混样岩屑和钻井液浸泡定级达10级以上，而储层的代表性岩屑砂岩滴照和浸泡都无荧光显示，但井壁取心见油斑砂岩2颗、油迹砂岩1颗、荧光砂岩7颗，因此无法准确判断地层储油特性及岩屑显示的真实性(图5－78)。

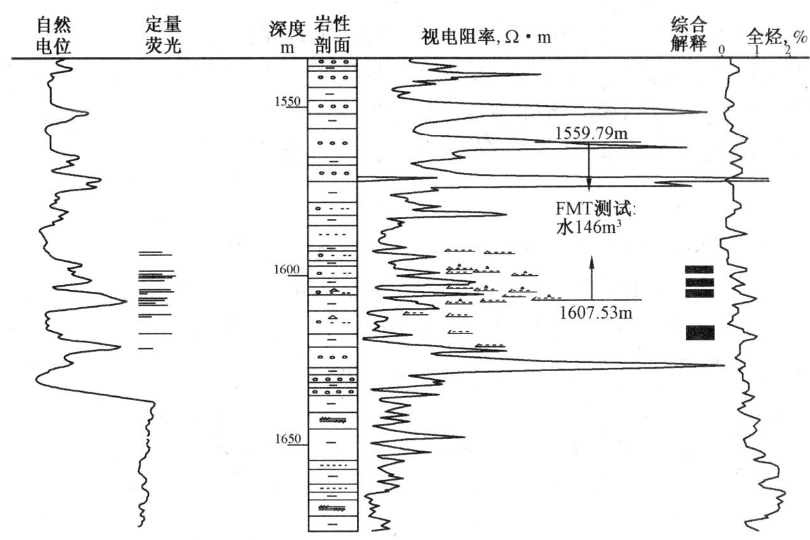

图 5－78　××井录井综合图

采用定量荧光分析技术对井壁取心逐颗进行了分析，与解卡剂、泥饼谱图进行对比，谱图形状完全不同(图 5－79)。后对邻井标准油样进行分析发现，岩心的谱图形状与邻井标准油样谱图极为相似，证实为地层显示。

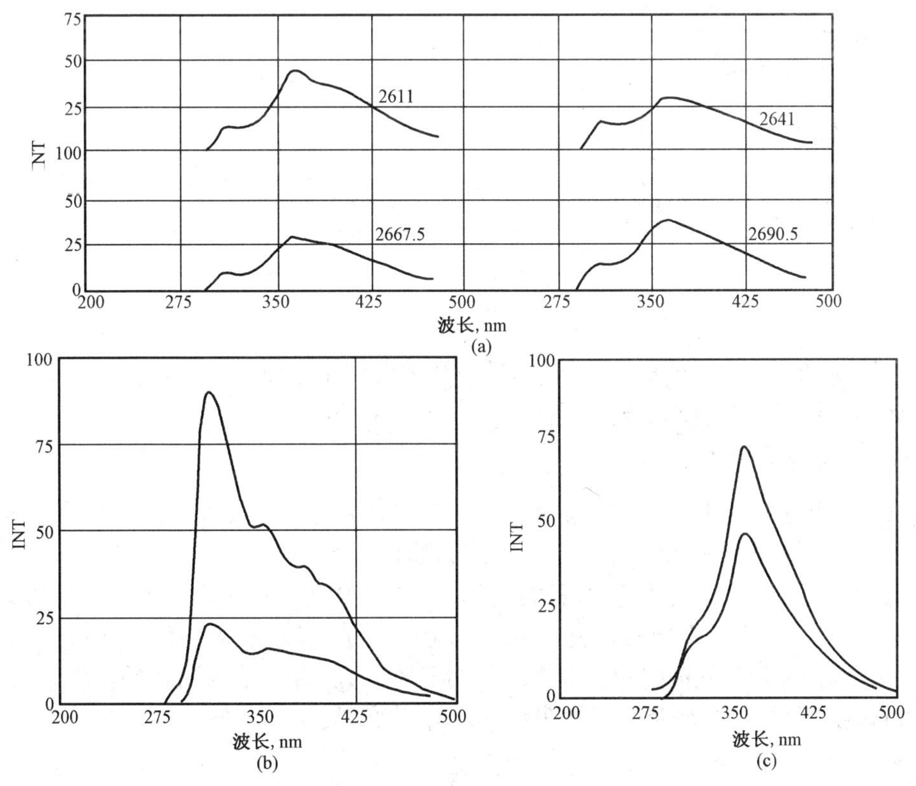

图 5－79　荧光录井技术对比图

(a)井壁取心谱图;(b)泥饼、解卡剂谱图;(c)标准油样谱图

通过定量荧光分析技术，对井壁取心和钻井液进行了分析。本井采用庄 90 井 Es 标准油样，原油性质为中质油。钻井液对比级 6.2 级，含油壁心的对比级 4 ~ 5 级。通过对比谱图峰形以及出峰位置，该显示为弱荧光磺化沥青污染造成，同时发现井壁取心岩性较粗处级别较高，判断为钻井液侵入地层造成的影响，最后判断为非地层真实显示。通过试油，结论为水层。

3. 准确评价油气水层

× × 井 3643 ~ 3670m 井段为一大段储层，对此段进行分析，3643 ~ 3654m 井段相当油含量为 47.4 ~ 432.7mg/L，对比级为 7.3 ~ 10.5 级，判定为油气显示段。

井深 3654 ~ 3670m 储层分析相当油含量为 1.3 ~ 57.8mg/L，对比级 2.1 ~ 6.6 级，不能定为油显示层；综合评定该段储层为顶部含油(图 5 – 80)。

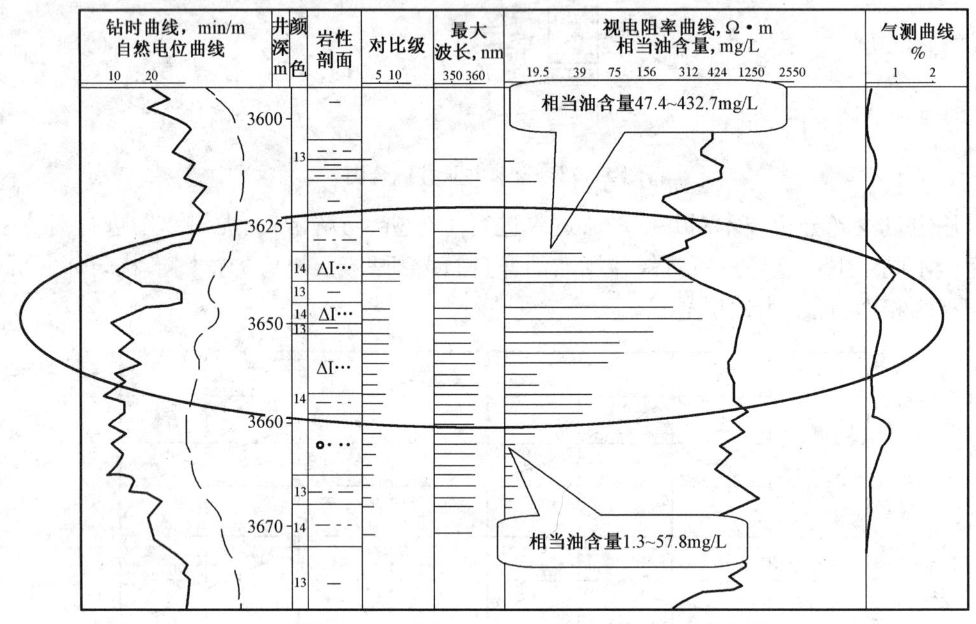

图 5 – 80 × × 井综合录井图

完钻后井段 3649.7 ~ 3668.7m 试油结果为合试出水并见油花(原因为该试油井段过长射开了底部的水层)，与定量荧光分析数据吻合。

4. 指导水平井入窗

例如，× × 井于井深 1349m 混入原油 15m^3，造成录井发现油气显示困难，混油后造成气测组分全，岩屑荧光失真。应用定量荧光作用，在入窗前加密取样分析，以便与入窗时进行对比。当钻至井深 1428m 时，气测全烃有微弱的变化，C_1 由 0.019% 上升至 0.091%，岩屑见少量细砂岩，并见荧光显示，而分析定量荧光由 4.2 级上升至 7.7 级，最高达到 9.3 级。此时，分析 1455m 钻井液指纹图，与混油时钻井液指纹图明显不同，所混原油为明显的单峰指纹图同，而进入 1428m 之后分析钻井液及岩屑为明显的双峰指纹图，与邻井标准油样指纹图完全一致，因此，判断已经入窗(图 5 – 81)。

该井在水平段共解释油层 180m(4 层)，油水同层 56m(1 层)。最终通过在水平段试油，日产油 23.49t，水 8.69m^3。

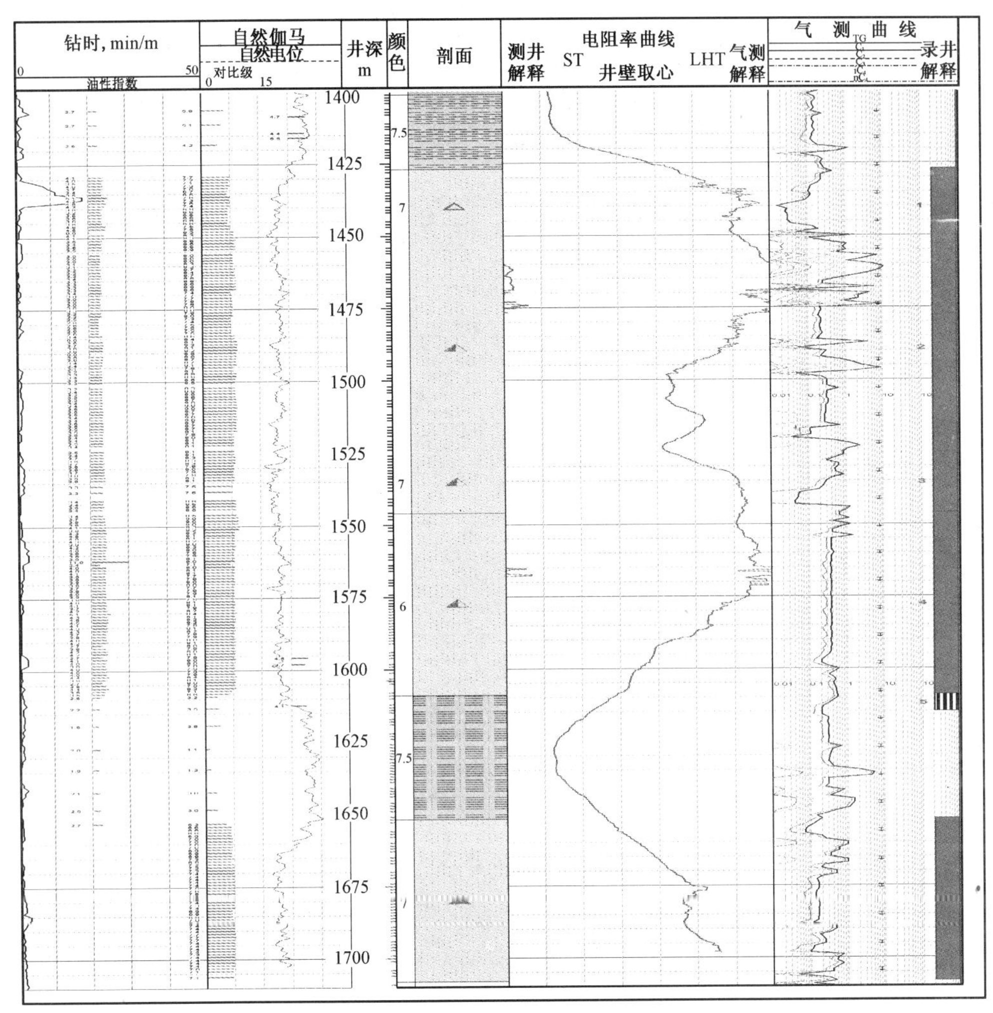

图 5-81 ××井综合录井图

又如，××井为黄骅坳陷南堡凹陷南堡 1 号构造南部构造 1-1 区构造较高部位上的一口开发实验井（水平井），完钻层位：东营组（未穿）。

本井在 3372m 时着陆（图 5-82），在着陆前相当油含量在 23～54mg/L 之间，对比级在 6.3～7.6 之间，油性指数 1.7～2.3 之间。进入 3372m 之后，相当油含量逐渐升高。钻至 3400m 以后，相当油含量稳定在 126mg/L，对比级达到了 8.8，油性指数在 1.6～1.8 之间。通过定量荧光数据分析，判断 3372m 是本井的着陆点。通过分析图谱形态（图 5-83）得出如下结论：

（1）本井没有显示的岩屑都受钻井液的影响，油性指数大多在 2.0 以上，图谱形态属于中质的特征。

（2）3372m 之后的图谱形态发生变化，在对比级变化不大的情况下，图谱的轻质峰逐渐升高，油性指数由原来的 2.0 降到 1.6，图谱形态属于轻质的特征。与标准油样的图谱形态相似。

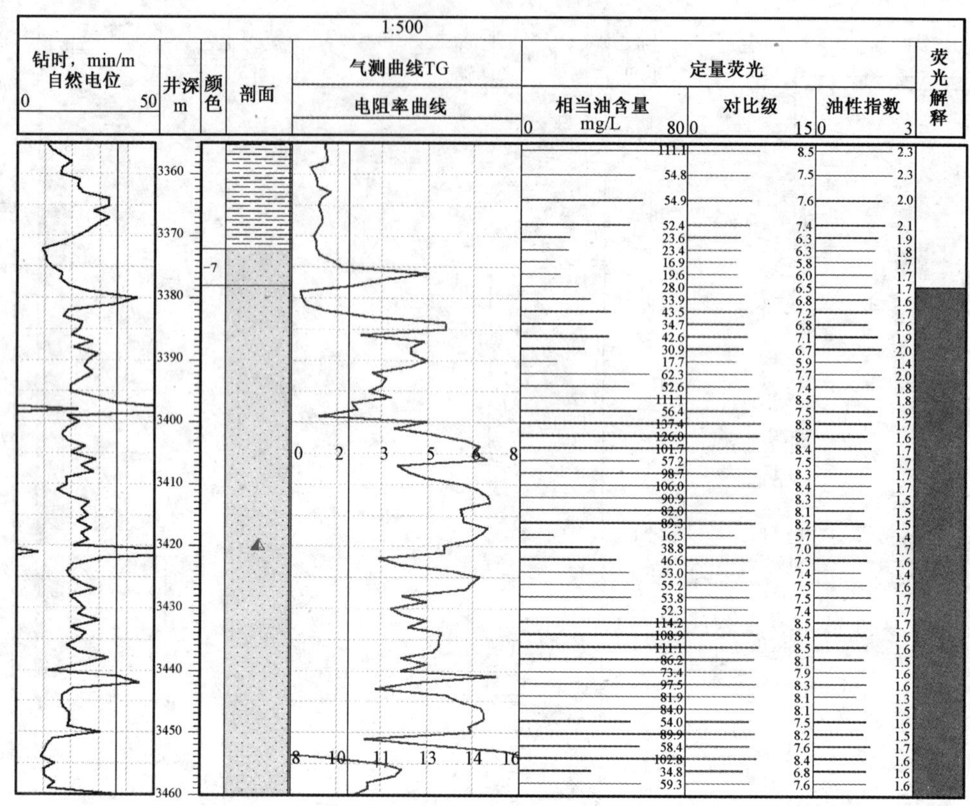

图 5－82　综合录井图

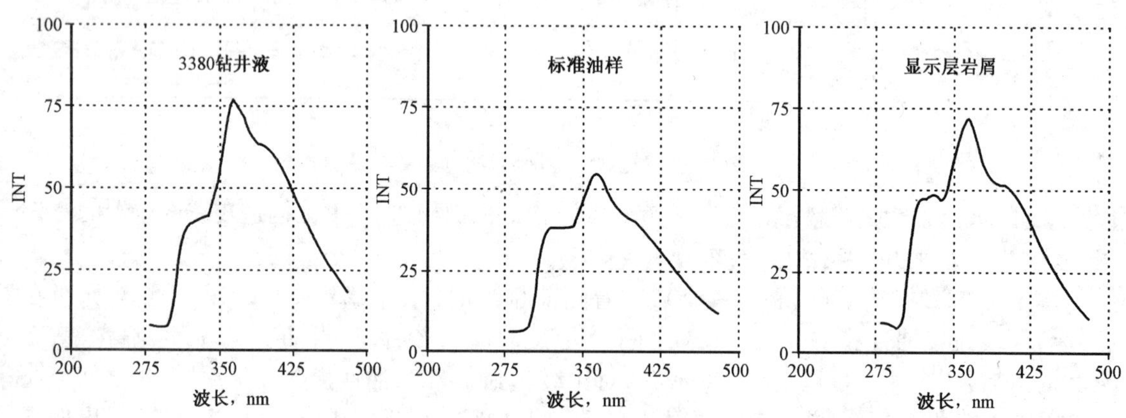

图 5－83　定量荧光分析图谱

5. 解决现场水包油难题

××井在钻遇东营组2896.00～2975.00m 井段采用PDC钻头，钻井液密度为1.28g/cm^3，粘度为100余秒，岩屑细碎，磨损严重，岩屑湿的时候滴照无显示，呈现水包油特点，容易造成显示发现不及或不易肉眼直接分辨出显示(图5－84、表5－29)。

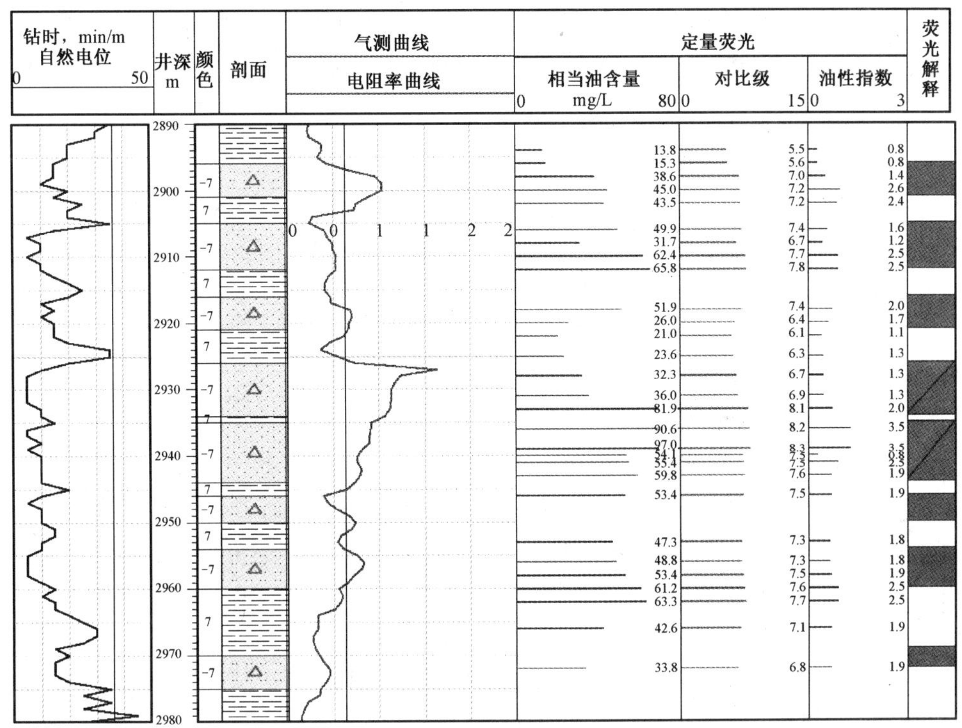

图 5－84　综合录井图

表 5－29　定量解释图表

样品号	井深，m	岩性	最大波长 nm	荧光峰值	稀释倍数	相当油含量 mg/L	对比级	油性指数
396	2898	浅灰色荧光粉砂岩	363	27.9	1	38.55	7.0	1.4
397	2900	浅灰色荧光粉砂岩	363	32.6	1	44.96	7.2	2.6
398	2902	浅灰色荧光粉砂岩	363	31.5	1	43.46	7.2	2.4
399	2906	浅灰色荧光粉砂岩	363	36.2	1	49.86	7.4	1.6
400	2908	浅灰色荧光粉砂岩	363	22.9	1	31.74	6.7	1.2
401	2910	浅灰色荧光粉砂岩	363	45.4	1	62.39	7.7	2.5
402	2912	浅灰色荧光粉砂岩	363	47.9	1	65.79	7.8	2.5
406	2925	浅灰色荧光粉砂岩	363	16.9	1	23.57	6.3	1.3
407	2928	浅灰色荧光粉砂岩	363	23.3	1	32.29	6.7	1.3
408	2931	浅灰色荧光粉砂岩	363	26.0	1	35.97	6.9	1.3
409	2933	浅灰色荧光粉砂岩	363	59.7	1	81.86	8.1	2.0
417	2956	浅灰色荧光粉砂岩	363	35.4	1	48.77	7.3	1.8
418	2958	浅灰色荧光粉砂岩	363	38.8	1	53.40	7.5	1.9
419	2960	浅灰色荧光粉砂岩	363	44.5	1	61.16	7.6	2.5
420	2962	浅灰色荧光粉砂岩	363	46.1	1	63.34	7.7	2.5

续表

样品号	井深,m	岩性	最大波长 nm	荧光峰值	稀释倍数	相当油含量 mg/L	对比级	油性指数
421	2966	浅灰色粉砂岩	363	30.9	1	42.64	7.1	1.9
422	2972	浅灰色粉砂岩	363	24.4	1	33.79	6.8	1.9
423	3005	浅灰色粉砂岩	363	9.0	1	12.81	5.4	2.0
424	3006	浅灰色粉砂岩	363	12.5	1	17.58	5.8	1.3
425	3009	浅灰色粉砂岩	363	4.9	1	7.23	4.6	0.9
426	3011	浅灰色粉砂岩	363	17.7	1	24.66	6.3	0.8
427	3014	浅灰色粉砂岩	363	8.3	1	11.86	5.3	0.8
428	3030	浅灰色荧光粉砂岩	363	17.7	1	24.66	6.3	1.9
429	3031	浅灰色荧光粉砂岩	363	17.8	1	24.80	6.3	2.0
430	3032	浅灰色荧光粉砂岩	363	27.6	1	38.15	7.0	3.2
431	3033	浅灰色荧光粉砂岩	363	27.3	1	37.74	7.0	3.4
432	3034	浅灰色荧光粉砂岩	363	46.0	1	63.20	7.7	2.7
433	3035	浅灰色荧光粉砂岩	363	46.8	1	64.29	7.7	2.9
434	3036	浅灰色荧光粉砂岩	363	11.2	1	15.81	5.7	5.6
435	3049	浅灰色荧光粉砂岩	363	9.9	1	14.04	5.5	2.5
436	3050	浅灰色荧光粉砂岩	363	5.3	1	7.78	4.7	1.5
437	3079	浅灰色泥质砂岩	363	1.4	1	2.46	3.0	1.7
438	90	灰黄色散砂	363	0.4	1	1.10	1.9	0.0
439	110	灰黄色散砂	363	0.4	1	1.10	1.9	0.0
440	120	灰黄色散砂	363	1.0	1	1.92	2.7	0.0
441	130	灰黄色散砂	363	1.5	1	2.60	3.1	5.0
442	160	灰黄色散砂	363	0.0	1	0.42	0.5	0.1
443	200	灰黄色散砂	363	0.0	1	0.15	0.0	0.2
444	230	灰黄色散砂	363	0.4	1	1.10	1.9	0.0
445	280	灰黄色散砂	363	0.6	1	1.37	2.2	0.0
446	310	灰黄色散砂	363	1.1	1	2.06	2.8	0.0
447	340	浅灰色粉砂岩	363	1.1	1	2.06	2.8	0.0
448	360	浅灰色粉砂岩	363	3.0	1	4.64	3.9	2.3
449	410	浅灰色粉砂岩	363	3.2	1	4.92	4.0	3.6
450	440	浅灰色粉砂岩	363	2.2	1	3.55	3.5	2.7
451	470	浅灰色粉砂岩	363	1.9	1	3.14	3.4	0.0
452	510	浅灰色粉砂岩	363	1.7	1	2.87	3.2	0.0
453	530	浅灰色粉砂岩	363	1.6	1	2.74	3.2	5.3
454	550	浅灰色粉砂岩	363	1.7	1	2.87	3.2	5.7

续表

样品号	井深,m	岩性	最大波长 nm	荧光峰值	稀释倍数	相当油含量 mg/L	对比级	油性指数
455	580	浅灰色细砂岩	363	1.9	1	3.14	3.4	4.7
456	600	浅灰色细砂岩	363	1.8	1	3.01	3.3	4.5
457	630	浅灰色细砂岩	363	1.9	1	3.14	3.4	4.7
458	650	浅灰色细砂岩	363	2.0	1	3.28	3.4	5.0
459	670	浅灰色细砂岩	363	2.0	1	3.28	3.4	4.0
460	720	灰黄色细砂岩	363	2.3	1	3.69	3.6	5.7
461	740	灰黄色细砂岩	363	2.5	1	3.96	3.7	3.1
462	750	灰黄色细砂岩	363	2.5	1	3.96	3.7	2.8
463	780	灰黄色细砂岩	363	0.0	1	0.28	0.0	1.0
464	790	灰黄色细砂岩	363	0.0	1	0.42	0.5	0.1
465	820	浅灰色细砂岩	363	0.4	1	1.10	1.9	0.0
466	840	浅灰色细砂岩	363	0.4	1	1.10	1.9	0.0
467	860	浅灰色细砂岩	363	0.5	1	1.24	2.0	5.0
468	880	浅灰色细砂岩	363	0.7	1	1.51	2.3	2.3
469	900	浅灰色细砂岩	363	0.7	1	1.51	2.3	3.5
470	920	浅灰色细砂岩	363	0.8	1	1.65	2.4	4.0
471	950	浅灰色细砂岩	363	1.0	1	1.92	2.7	2.5
472	970	浅灰色细砂岩	363	1.2	1	2.19	2.8	1.7
473	990	浅灰色细砂岩	363	2.0	1	3.28	3.4	2.2
474	2948	浅灰色荧光粉砂岩	363	49.2	1	67.56	7.8	2.9
475	2950	浅灰色荧光粉砂岩	363	38.1	1	52.45	7.4	2.7
476	2970	浅灰色荧光粉砂岩	363	39.4	1	54.22	7.5	1.5
477	2623	浅灰色细砂岩	363	5.6	1	8.18	4.7	1.7
478	2625	浅灰色细砂岩	363	6.0	1	8.73	4.8	1.5
479	2644	浅灰色细砂岩	363	5.7	1	8.32	4.8	1.7
480	2675	浅灰色细砂岩	363	6.2	1	9.00	4.9	1.8
481	2678	浅灰色细砂岩	363	6.0	1	8.73	4.8	1.7
482	2707	浅灰色细砂岩	363	2.8	1	4.37	3.8	1.0
483	2711	浅灰色细砂岩	363	4.9	1	7.23	4.6	1.1
484	2750	浅灰色细砂岩	363	6.7	1	9.68	5.0	1.5
485	2754	浅灰色细砂岩	363	6.4	1	9.27	4.9	1.3
486	2769	浅灰色细砂岩	363	7.0	1	10.09	5.0	1.5
487	2771	浅灰色细砂岩	363	7.3	1	10.50	5.1	1.4

6. 直接分析钻井液进行油气层评价

直接分析钻井液进行油气层评价是定量荧光分析技术现场应用的一个突破。

通过对××井钻井液样品定量荧光数据的分析，最终确定了以钻井液样品相当油含量156mg/L作为该井划分油层的基线。落实油气显示共计132m(18层)，与该井采用定量荧光分析岩屑落实的显示层140m(18层)及常规录井发现的显示层146m(27层)在重点层上基本吻合(图5-85)。完井后在明化镇组井段1830~1833.6m试油，日产油2.3t。

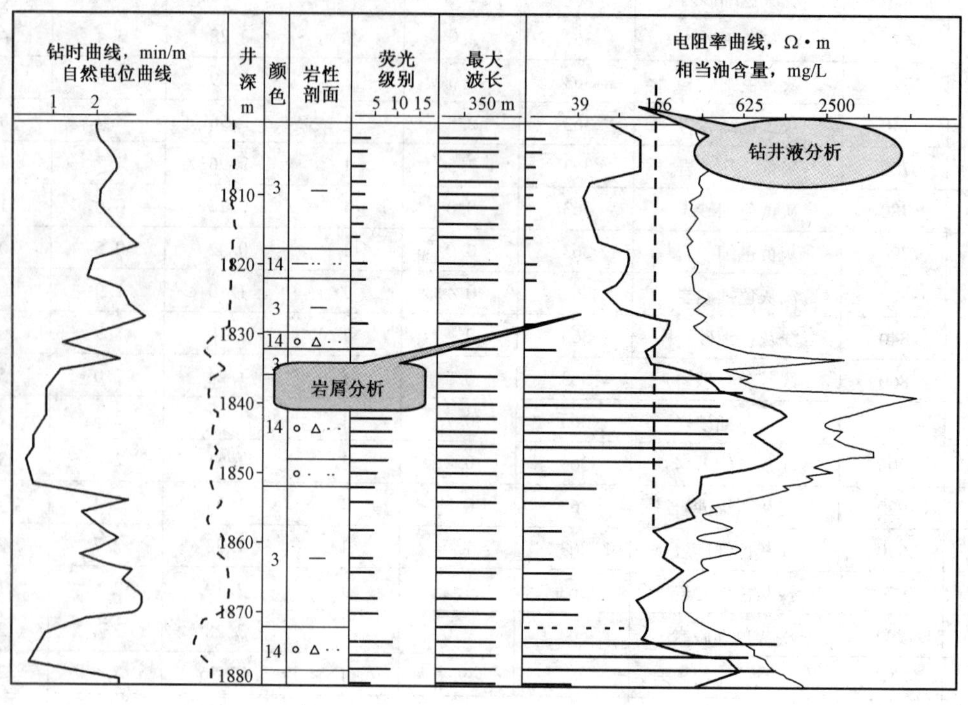

图5-85 ××井综合录井图

定量荧光分析技术在轻—中质油气层的发现方面具有很强的优势。在消除钻井液对岩样的污染、排除矿物发光的影响等方面作用独特。此外，定量荧光分析技术对钻井液的分析可以解决新的钻井工艺下岩屑细碎甚至取不到岩屑时油气识别的难题，还可以解释评价油气层、判断原油性质，和其他录井方法相结合可提高现场油气显示解释精度。

第五节 核磁共振录井技术

一、核磁共振录井概述

(一)核磁共振录井技术发展背景

近年来，随着地球化学、热解色谱、定量荧光等录井新技术的运用与发展，很好地解决了储层中油气丰度的测量问题，录井行业在储层评价方面取得了很大的进步，解释符合率明显提高。但储层物性资料的匮乏使生产过程中出现了许多解释偏差,储层物性控制着储层产液能力甚至产液性质。之前,录井行业尚无方法测定储层物性,多借鉴测井及实验室资料。测井资料受诸多因素影响,精度不够;实验室内所采用的各项常规物性分析不能随钻进行,时间滞后,且不能分析岩屑,成本很高。核磁共振录井技术的应用可以说为物性录井尤其是岩屑物性分析提供了一个有效的技术和手段,也可以说填补了这项技术的空白。

(二)核磁共振录井原理

核磁共振录井技术将核磁共振技术应用到地质录井中,通过检测岩样孔隙内的流体量、流体性质,以及流体与岩石孔隙固体表面之间的相互作用,快速求取储层的孔隙度、渗透率、油水饱和度以及可动流体饱和度等评价参数,为地质录井储层快速评价提供准确数据,进一步提高地质录井油、气、水层综合解释的符合率。

核磁共振录井技术的基本原理是通过测定岩石孔隙流体中氢原子核的磁共振信号强度、流体与岩石孔隙固体表面之间的相互作用来达到分析孔隙度及计算渗透率等参数的目的。氢原子核具有自旋转的特性。自然界中,小磁针杂乱无序,没有磁性;静磁场中取向一致,每个氢核磁矩的合成表现为对外具有宏观磁化矢量 $\boldsymbol{M}_0$。磁化矢量的大小与氢核的个数成正比,即与流体量成正比。z 轴方向为平衡状态。对 $\boldsymbol{M}_0$ 施加一个外来能量,$\boldsymbol{M}_0$ 将偏离平衡态。比如施加90°脉冲,$\boldsymbol{M}_0$ 将从平衡状态的 z 轴方向旋转到非平衡状态的 xy 平面上。90°脉冲消失后,$\boldsymbol{M}_0$ 必然要向平衡状态的 z 轴方向恢复,这一过程叫做弛豫过程。弛豫过程的快慢用弛豫时间来表示。核磁共振测量直接得到两项参数:一是岩样内的流体量,二是岩样内流体的弛豫时间大小。

核磁共振是把原子核浸入一个静磁场及一个振荡磁场中时所发生的一种现象。通过核磁共振测井及岩心分析仪可以测量 T_1、T_2 和扩散系数(D)三个参数。录井测的是 T_2。

T_1(纵向弛豫时间)反映的是原子核在静磁场中排列的速率。

T_2 为横向弛豫时间,反映的是原子核的平衡态被射频脉冲破坏后横磁化衰减的速率。

在岩石孔隙空间中,影响弛豫过程的机制有三种:表面弛豫、体弛豫、扩散弛豫。表面弛豫是岩石孔隙中的流体分子与颗粒表面不断碰撞而造成能量衰减的过程。体弛豫是指当流体在不受限制空间中时在流体内部发生的自由衰减过程,它反映了流体本身的核磁共振性质。扩散弛豫在梯度磁场中由于分子运动产生相移而导致 T_2 弛豫速率大大提高的过程。T_1 弛豫不受扩散弛豫的影响。

在地层中,这三种弛豫机制同时存在,其影响具有加和性。然而,在不同条件下,这三种机制所起的作用不同。当外场不很强、同波间隔足够短时,T_2 的扩散弛豫影响可忽略不计。在单相流体地层中,表面弛豫占主要地位;而在水润湿性油气层中,体弛豫与表面弛豫一样起到重要作用。表面弛豫受地层孔隙大小的影响,如小孔隙使弛豫时间缩短,大孔隙产生较长的弛豫时间。因此,当表面弛豫机制为主时,据弛豫时间的分布能够确定孔隙大小的分布,并由此确定其他的一些相关的岩石物理参数,如渗透率、自由流体孔隙度、束缚水孔隙度等。体弛豫受孔隙流体性质的影响,因而在油气层中弛豫时间的分布可以反映出孔隙流体的性质与含量。因此,由核磁共振可以区别油气与水,估算油气饱和度、定量指示油气层。

流体本身的弛豫与岩石表面弛豫相比要弱得多,在石油核磁共振研究和应用中一般可以忽略。但是,如果岩石中存在比较大的洞或者裂缝(如在石灰岩中),流体分子很难与岩石表面发生碰撞,此时体弛豫不能忽略。当岩石中流体的粘度非常大时(如稠油),流体自扩散运动比较弱,体弛豫也不可忽略。

(三)核磁共振录井仪

中国石油勘探开发研究院廊坊分院渗流力学研究所于1991年成功地引进了国内第一台具有世界先进水平的超导核磁共振成像仪,开展了大量的石油岩心分析和石油渗流力学方面的研究工作。该所于1996年研制出一套具有国际领先水平的低磁场(共振频率2MHz和5MHz)核磁共振全直径岩心分析系统,开发出了多种适合岩心分析的脉冲序列及多弛豫反演技术,实现了孔隙度、渗透率、可动流体等岩石参数的快速无损检测。该系统根据我国岩心岩性复杂、均匀性差等特点,在国际上率先实现全直径岩心的低磁场核磁共振检测,创造了一种评价低渗透油田商业可采储量的新方法(图5-86至图5-88)。

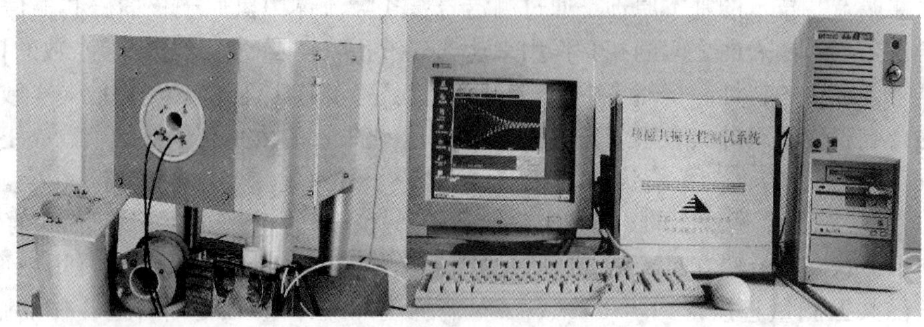

图5-86　全直径核磁共振岩心分析仪

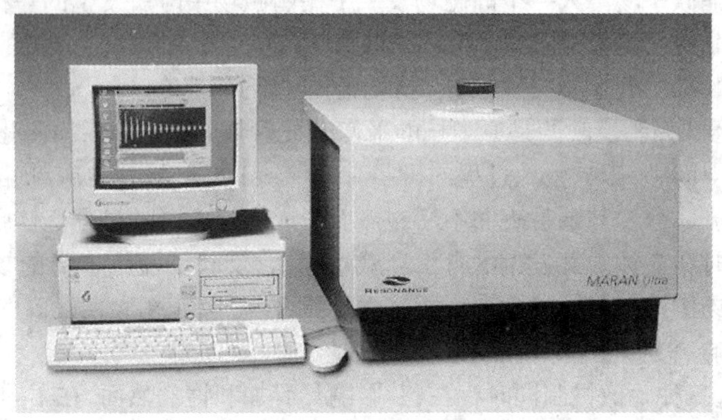

图5-87　核磁共振录井仪

该系统采用便携式设计,适合现场;系统控温,环境适应性强;高标准生产,仪器可靠性强;高档次包装,有利于产品化。

二、核磁共振参数及物理意义

核磁共振测量直接得到的两项参数:一是岩样内的流体量,二是岩样内流体的弛豫时间大小。要求岩样内的所有孔隙完全被具有核磁共振信号的流体饱和,如地层水、原油、天然气等,空气没有核磁共振信号。

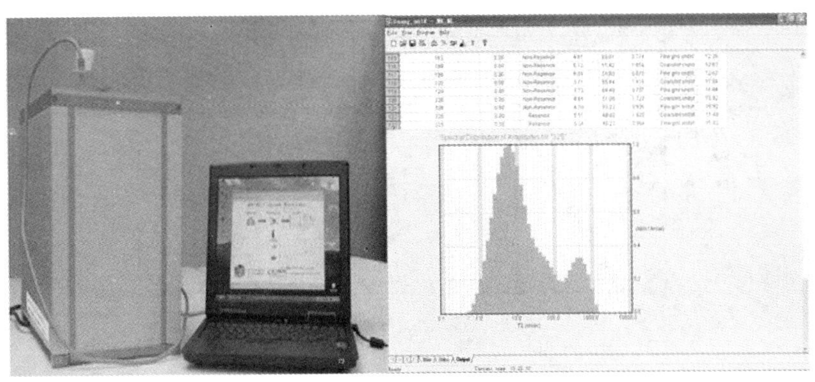

图 5－88　核磁共振录井仪及核磁共振录井仪软件分析图表

(一)孔隙度

孔隙度反映了地层储存流体的能力。核磁共振分析的孔隙度为总孔隙度。总孔隙度是指岩样中孔隙全部为流体饱和时粘土束缚流体、毛细管束缚流体可动流体孔隙体积占岩石总体积的百分比,有效孔隙度是指毛细管束缚流体及可动流体所占据的孔隙体积与岩样总体积的比值(图 5－89)。

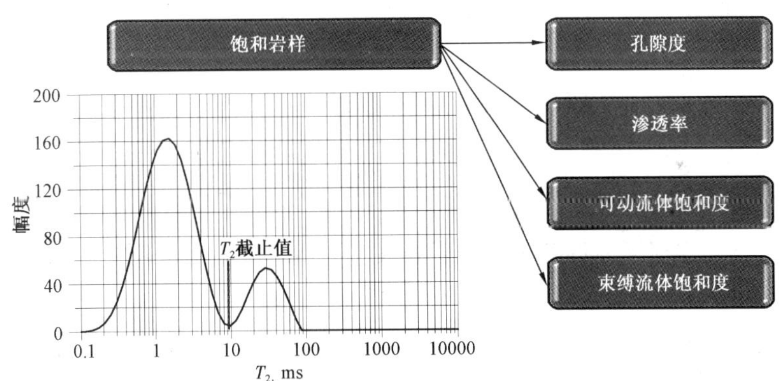

图 5－89　核磁共振参数

核磁共振录井的孔隙度见图 5－90、图 5－91、表 5－30。

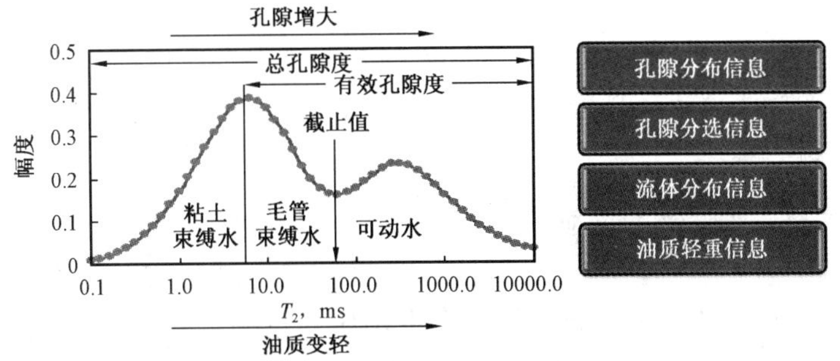

图 5－90　核磁共振录井的孔隙度

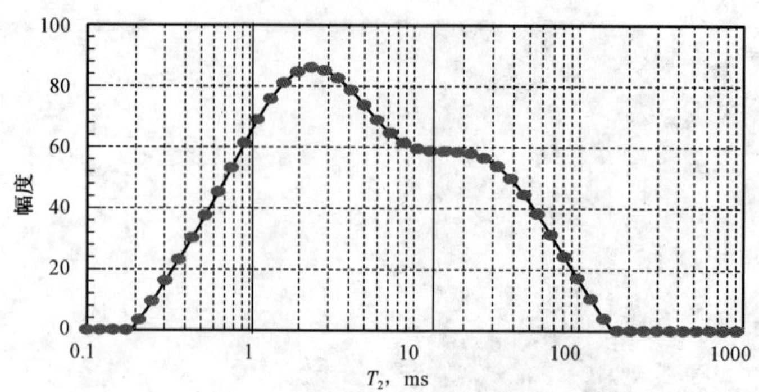

图 5－91 核磁共振孔隙度的油层物理含义

表 5－30 孔隙度关系一览表

粘土束缚水孔隙度	毛细管束缚水孔隙度	可动流体孔隙度
	毛细管束缚水孔隙度＋可动流体孔隙度＝有效孔隙度	
粘土束缚水孔隙度＋毛细管束缚水孔隙度＋可动流体孔隙度＝总孔隙度		

核磁共振录井的总孔隙度对应于岩样内含有及真空饱和进入的液体量，与测井总孔隙度的含义完全相同，但在开发实验室称为有效孔隙度。

（二）渗透率

同孔隙性一样，渗透性是储集层最重要的参数之一。它不但控制着储能，而且控制着产能。岩石渗透性的好坏用渗透率表示。渗透率可分绝对渗透率、有效渗透率和相对渗透率。

1. 绝对渗透率

当单相流体充满岩石孔隙，流体不与岩石发生任何物理、化学反应，流体的流动符合达西直线渗滤定律时，所测的岩石对流体的渗透能力称为该岩石的绝对渗透率。理论上，绝对渗透率只是岩石本身的一种属性，仅与岩石性质有关，而与流体性质及测定条件无关。但在实际工作中人们发现，同一岩样、同一种流体在不同压差下测得的渗透率是有差别的。以液体为介质时所测的渗透率总是低于以气体为介质时的渗透率。

2. 有效渗透率

所谓有效渗透率，是指当岩石孔隙为多相流体通过时，岩石对每一种流体的渗透率，又称相渗透率，分别用符号 K_o、K_g、K_w 表示油、气、水的有效渗透率。所测得的每相流体的渗透率称为该相流体的有效渗透率或相渗透率。

3. 相对渗透率

某一相流体的有效渗透率与绝对渗透率之比，称为相对渗透率。

实验证明，多相流体共存时，各单相流体的有效渗透率以及它们的和总是低于绝对渗透率。某相流体的有效渗透率随该相流体在岩石孔隙中含量的增高而加大。当该相流体饱和度达 100% 时，其有效渗透率等于绝对渗透度，相对渗透率等于 1。

核磁共振录井获得的渗透率是绝对渗透率。绝对渗透率是气测、水测或油测绝对渗透率。

核磁共振渗透率的含义取决于 C 值(待定系数,由地区经验而定)如何确定,常用的 C 值是根据气测绝对渗透率确定的,因此核磁共振渗透率可与气测绝对渗透率比对。

(三)含油饱和度

含油饱和度是油田勘探开发中的重要油层物理参数之一。目前油田现场岩屑常规录井方法只能定性给出岩屑的含油级别,无法给出岩屑含油饱和度的定量结果。而利用核磁共振技术进行现场岩屑含油饱和度快速定量分析,在室内实验基础上,采用添加弛豫试剂的方法进行了岩屑含油饱和度的核磁共振定量分析,给出了弛豫试剂的优选方案,同时给出了核磁共振岩屑含油饱和度的测量精度。核磁共振技术测得的含油饱和度等于岩样内的含油量与总液量之比,因此与测井和开发实验室的含油饱和度的含义是完全相同的。

(四)可动(束缚)流体饱和度

可动流体受岩石孔隙固体表面的作用力弱,弛豫时间长;反之,束缚流体受岩石孔隙固体表面的作用力强,弛豫时间短。因此,采用核磁共振技术能够检测可动流体和束缚流体。

核磁共振岩样分析技术的测量参数、测量原理以及仪器结构等均与核磁共振测井相同或相似,区别在于测井是在井下测井壁,而岩样分析是在地面测岩心、岩屑或井壁取心(图 5 - 92、图 5 - 93)。

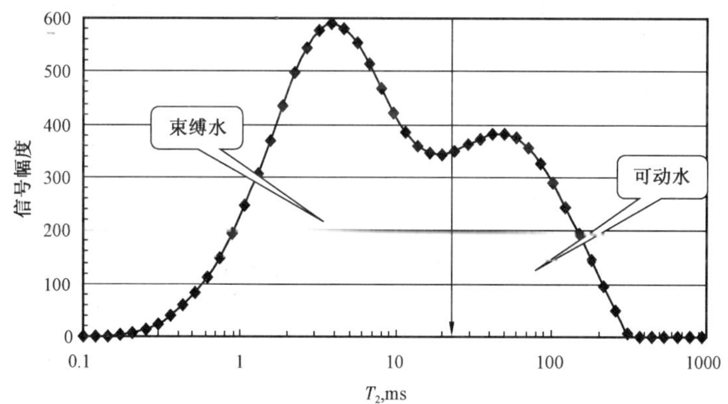

图 5 - 92　洗油岩样饱和水状态下的核磁共振 T_2 谱

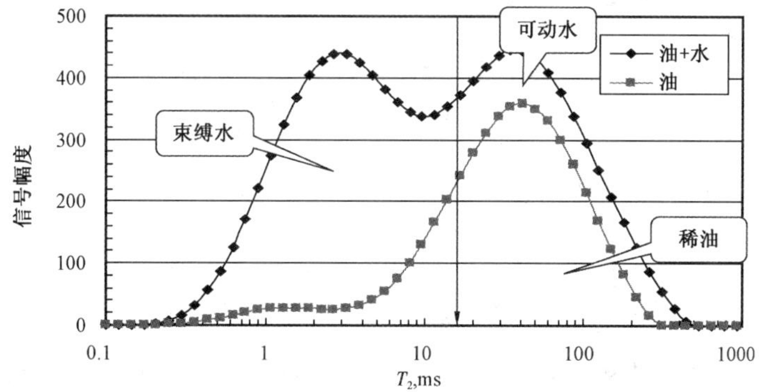

图 5 - 93　现场含油含水新鲜岩样的核磁共振 T_2 谱

三、核磁共振样品分析方法

过去通常采用室内常规岩心分析方法获取储层物性参数，虽然分析结果准确可靠，但是分析周期长，往往滞后于油田勘探的需要；同时，由于特殊工艺井、工程复杂井无法进行钻井取心，难以获得准确的储层物性参数资料，直接影响了对油气藏的快速、准确评价。核磁共振录井技术是利用核磁共振原理在现场对岩屑或岩心进行测量，根据获取的储层 T_2 弛豫谱计算孔隙度、渗透率、可动水、含油饱和度等参数，对储层和流体性质进行快速分析、评价。该项岩屑样品分析技术独具特色，快速及时，分析结果准确，能满足油田勘探现场的需要。

核磁共振分析样品的选取一定要保证及时性，在第一时间进行选取。岩心要冷冻取样，密封保存；岩屑用盐水密封保存。这样油气散失的比较少。

核磁共振分析样品的选取一定要保证代表性，在取样时一定要注意岩心的岩性、物性及含油性的变化。在遇到岩性、物性、含油性变化、孔洞、裂隙发育不均的情况时，一定要选取能够代表本段地层的样品；否则，就会出现以点代面的现象，得到以偏概全的结果。对于物性及含油性变化较大的岩心样品，原则上做到好坏兼顾，能够代表本层的物性，反映本层的含油性；对于使用 PDC 钻头的地区的样品，如果能够挑出符合要求的样品就选择性地用，如果不能够选取出要求规格的样品则坚决不用。另外，在实际录井过程中，经常会遇到松散的岩屑样品，它的特点是孔隙度及渗透率非常大，岩屑不成块，为颗粒状，岩屑颗粒为矿物颗粒。这种样品应视为假岩屑，无法恢复原来的物性信息。

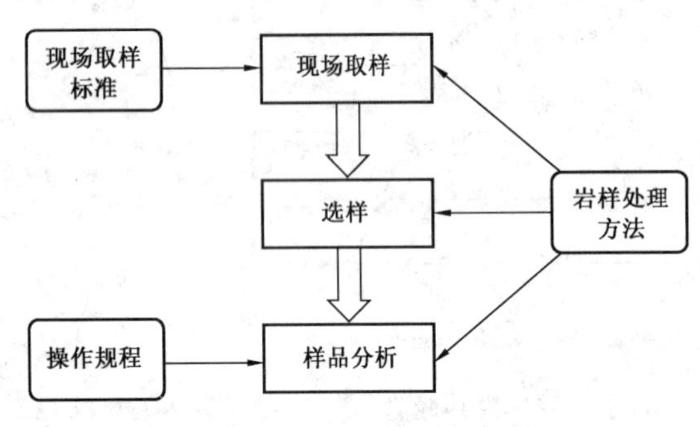

图 5－94 核磁共振录井分析流程图

核磁共振分析样品的选取一定要保证连续性，不但要连续取样，而且要保证一定的取样密度，能够反映地层的真实物性特征，在纵向上具有明显的趋势，可清晰地反映地层的物性变化情况（图 5－94）。

核磁共振分析样品的选取一定要保证准确性。挑选样品要挑选真岩屑，首先是颜色，一般应比较新鲜，表面有水时发亮；然后，从形状上进行判别，一般棱角应比较明显，没有看到明显的磨蚀痕迹，不是椭圆形；最后，因为储层是连续的，真岩屑会越来越多，所以可以从岩屑量的变化情况确定真岩屑。

四、从岩性定名的成分上进行判别

（一）取样标准

1. 取样井号和井段的确定

取样井号和井段由设计和需要确定，并在录井前将取样井号和取样井段及时通知所在地质录井小队及其所属单位。

2. 取样前的准备

录井前,地质录井小队提供足够的取样所需物品和材料,如取样桶、NaCl 和 KCl 试剂等。取样前,地质录井小队应备好足够量的盐水,盐水配制方法为:每 1L 清水中加入 10gNaCl 和 10gKCl。

(二)取样要求

非储集层一般不选取样品,但有气测异常或油气显示时应适当取样。样品选取应符合以下要求:

(1)岩心取样。岩心出筒清洁后,尽快从岩心内部取样,应尽可能选取有代表性;储集层取样间距为每 1m 岩心不少于 3 块;每块样品大小以 4cm ×4cm ×4cm 为宜,岩心样品质量要大于 10g。

(2)井壁取心。如有特殊要求另行通知,取样要求可参照岩心取样要求执行。

(3)岩屑取样。清洗岩屑的水严禁有原油或成品油污染。岩屑清洗后应去除掉块并立即在湿样条件下选样,尽量挑选能够较好代表储层的岩屑样品,不小于 2mm,质量为 1 ~2g。取完后用盐水浸泡,以超出岩屑面 2 ~3cm 为宜。主要取储集层的样,有显示的储集层必须取样,取样间距按岩屑录井间距执行。取心时也按录井间距取样。如有特殊取样要求另行通知。

(三)样品封存和标识

选取的岩心、岩屑样品应及时装入样品桶,加入配置好的盐水,浸没样品桶中的样品 2 ~3cm,然后拧紧桶盖。对于成岩性差、胶结疏松的岩心样品,取完后应用保鲜膜将岩样缠紧缠实,然后用透明胶带扎紧。取样桶应清晰标识井号、井深、取样人、取样时间和岩性综合定名,岩心样品还应标注出筒时间。封好的样品应存放于阴凉处,避免高温和日晒。

(四)样品交接

样品取好后,地质录井小队应及时通知分析单位,填写样品交接清单。

五、核磁共振录井资料解释

储层是油气的储存场所。储层评价是油气勘探开发工作中的重要课题。随着勘探开发节奏的不断加快及钻井工艺的持续发展,钻井速度越来越快,勘探成本越来越高,因此,要求储层评价不仅要保证评价结果的准确性,还要强调其及时性。

(一)解释方法

1. 根据 T_2 弛豫谱形态定性判断储层性质

T_2 弛豫谱横坐标表示弛豫时间(ms),纵坐标表示相应的 T_2 幅度值。大孔隙对应的弛豫时间较长,小孔隙对应的弛豫时间较短。因此,T_2 谱形态靠左,即弛豫时间短,微孔隙发育,大部分流体为不可动状态,为差储层特征;T_2 谱形态靠右,即弛豫时间长,中、大孔隙发育,大部分流体为可动状态,为好储层特征;中等储层特征介于两者之间(图 5 -95、表 5 -31)。

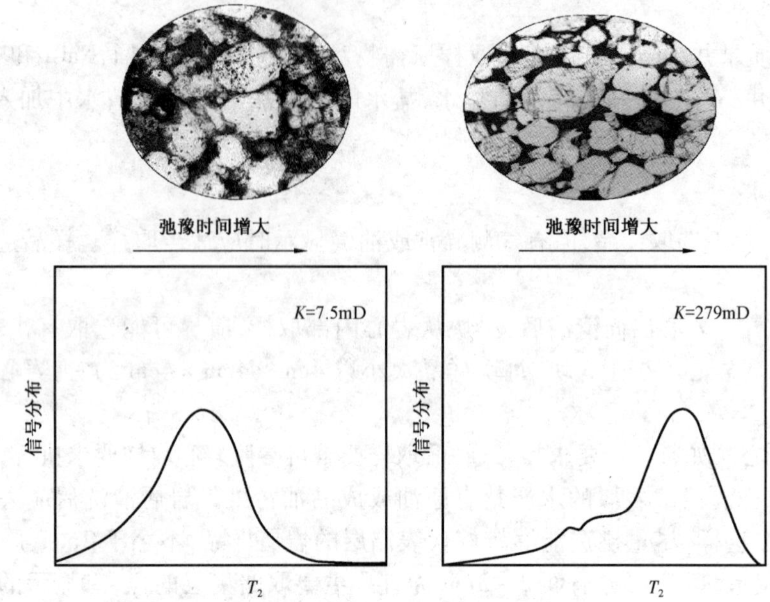

图 5－95 根据 T_2 弛豫谱形态定性判断储层性质

表 5－31 核磁参数储层评价表

项目	参数	评价标准			
		差	一般	良	好
储集能力	ϕ,%	≤7	7～14	14～21	≥21
渗透性	K,mD	≤0.5	0.5～10	10～100	≥100
可流动性	BVM,%	≤20	20～30	30～55	≥55
含油程度	S_0,%	≤16	16～25	25～35	≥35

2. 储层物性评价

1）渗透率

岩石渗透率受岩石孔喉半径分布的控制，核磁共振可以提供岩石孔径分布信息，也就可以确定岩石的渗透率（图 5－96）。

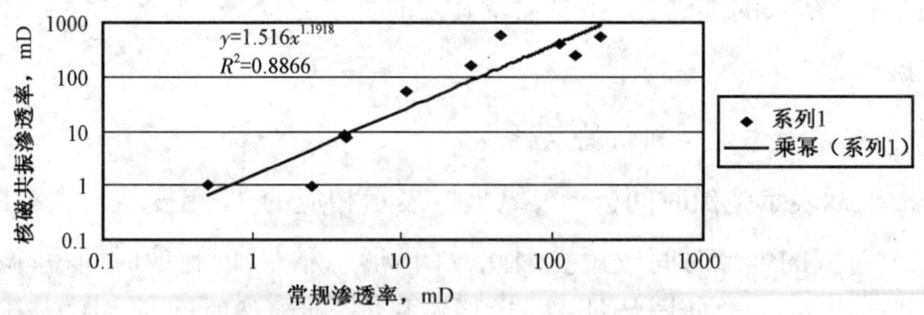

图 5－96 核磁共振渗透率与常规渗透率关系图

2）含油饱和度

顺磁离子可以有效地使水相弛豫时间缩短至仪器的探测极限以下，从而消除水相的核磁共振信号。核磁共振录井技术通过向样品中添加顺磁离子的方法解决了油水信号分离问题，实现了现场快速测量含油饱和度。首先对岩样进行第一次核磁共振测量，测量得到油和水的混合信号；然后将岩样浸泡在 $MnCl_2$ 水溶液中，浸泡一定时间后，进行第二次核磁测量，此时测量得到的仅是油相的核磁信号；油的信号与混合信号幅度之比即为含油饱和度（图 5-97）。

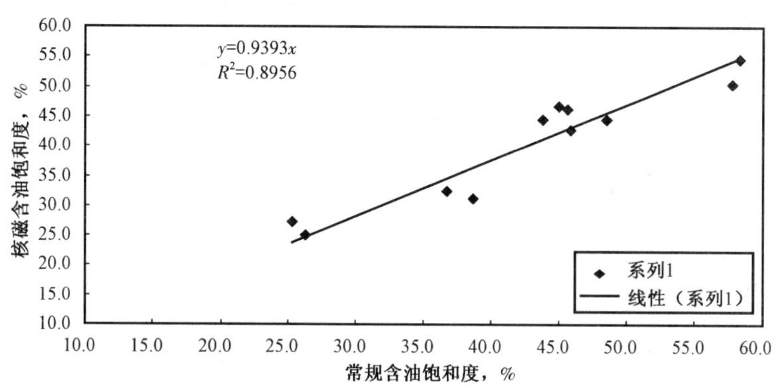

图 5-97 核磁共振含油饱和度与常规含油饱和度关系图

3）束缚水、可动水

核磁共振 T_2 谱是孔隙流体的混合信号，加入顺磁离子后得到油信号，混合信号扣除油信号即为水信号，大于可动流体截止值的信号为可动水，小于截止值的信号为束缚水。随着核磁共振资料的不断丰富，束缚水、可动水、含油饱和度等参数将在储层解释和油藏开发评价中发挥重要作用（图 5-98）。

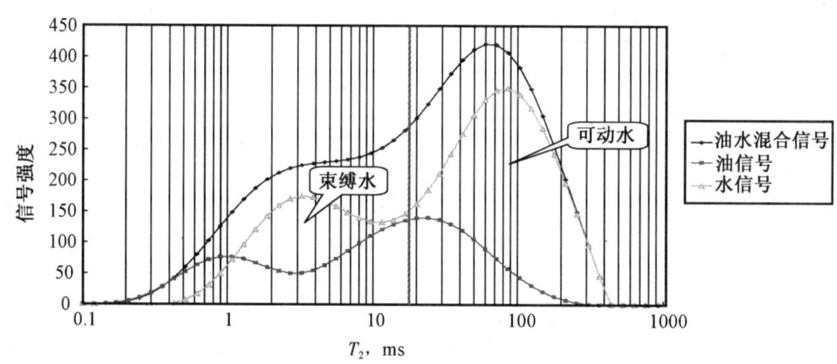

图 5-98 核磁共振束缚水、可动水示意图

（二）核磁共振技术资料的现场应用

1. Q163 井

在核磁应用初始阶段，核磁数据作为物性资料与其他录井资料一同进行综合解释。Q163 井是核磁共振录井技术首次在吉林探区应用的实验井，也是把核磁技术应用于录井现场的第一口井，录井结果令人满意，全井共解释 11 层，试油 3 层，测试结果与解释结果完全符合（表 5-32）。

表 5－32　Q163 井核磁共振录井参数

序号	井段 m	岩性	类别	定量荧光浓度 mg/L	核磁共振录井分析参数					核磁共振测井			测井解释	核磁录井解释	试油结果	
					孔隙度 %	渗透率 mD	可动流体 %	可采孔隙度 %	含油饱和度 %	孔隙度 %	渗透率 mD	含油饱和度 %			日产油 m^3	日产水 m^3
1	1972～1975	褐灰色油浸粉砂岩	岩屑	1581.33	10.7	1.000	43.15	4.64	30.6	8.3	4.13	42.26	油水层	油水层	6.4	5.7
2	1978～1982	灰色荧光粉砂岩	岩屑	140.50	6.8	0.269	25.22	1.73	18.52	8.5	1.93	8.87	差油层	干层		
3	1997.5～1998.1	褐灰色油浸粉砂岩	岩心	1466.67	8.4	0.686	49.92	3.18	32.13	10	3.96	36.06	油水层	油水层	9.2	2.8
4	1998.5～1999.5	褐灰色油浸粉砂岩	岩心	1272.00	8.6	0.179	49.10	3.25	31.27					油水层		
5	2103～2107	褐灰色油斑粉砂岩	岩屑	665.63	9.2	0.215	21.07	1.94	33.19	12.95	11.7	32.07	差油层	差油层		
6	2196～2199	灰色荧光泥质粉砂岩	岩屑	27.05	4.4	0.085	34.87	1.51	20.77	6.14	2.08	0	干层	干层		
7	2333～2335	灰色荧光泥质粉砂岩	岩屑	85.90	8.7	0.125	22.96	1.99	10.24	10	5.47	0	干层	水层		
8	2345～2348	灰色荧光粉砂岩	岩屑	84.47	8.1	0.181	26.80	2.21	8.343	10.23	7.36	0	干层	水层		
9	2380～2384	灰色荧光粉砂岩	岩屑	79.88	8.1	0.217	36.13	3.00	5.6	12.27	9.2	25.32	油水层	水层	0.004	11.4
10	2389～2394	灰色荧光粉砂岩	岩屑	38.25	10.2	0.260	32.89	3.34	4.556	12.03	8.87	1.38	水层	水层		
11	2396～2399	灰色荧光粉砂岩	岩屑	52.48	8.7	0.145	33.07	2.85	9.233					水层		

由于核磁录井直接分析岩心、岩屑,测得的储层各项参数更直接反映储层性质,解释方面更具有独特的作用。

如Q163井1、3~4号层核磁共振录井解释为油水同层,试油日产油$9.2m^3$,水$2.8m^3$(表5-32);Q163井9号层,核磁录井孔隙度8.1%,渗透率0.2mD,可动流体百分含量36%,含油饱和度5.6%,应是一个高含水渗透层,综合判断为水层,试油日产水$11.4m^3$,油微量。由于核磁共振录井直接分析岩屑,同核磁共振测井相比,在储层局部测量的参数更为准确。Q163井9号层核磁共振测井含油饱和度25.32%,核磁共振录井含油饱和度仅为5.6%。

2. SN301井

在松南区块,中国石化东北石油局首次引进地球化学录井技术,并成功地取得突破。SN301井在1号构造上发现良好油气显示,经测试日产油$15m^3$。随着勘探的深入,在2号构造上又发现良好油气显示,但物性资料的欠缺使生产过程中对储层评价出现了偏差,试油结果与解释结论背道而驰,给下一步的工作部署带来困难。

通过核磁共振资料的补充应用,对这些疑难问题也作出了新的解释。

1)2号层

SN303井2220~2222.7m,灰色油斑细砂岩,地球化学解释为油水同层,测井解释为油层。

核磁孔隙度17.6%,渗透率36.5mD,可动流体百分含量62.4%,含油饱和度29.6%,应为油水同层(表5-33)。解释结果与试油结果相反。

表5-33 松南各井录井资料一览表

序号	井号	井段 m	岩性	地球化学参数		热解气相色谱特征	测井解释	核磁共振参数				试油结果 m^3/d	
				P_g mg/g	OPI			孔隙度 %	渗透率 mD	可动流体 %	含油饱和度 %	油	水
1	SN301	2231~2236.5	灰色油浸粉砂岩	14.6	0.69	油层	油层	15.4	0.58	44.4	27.7	15	
2	SN303	2220.0~2222.7	褐灰色油斑细砂岩	17.6	0.63	油水层	油层	15.7	36.5	62.4	29.6	少量	30
3	SN307	2236.5~2239.0	褐灰色油浸粉砂岩	15.7	0.65	油水层	油层	14.9	0.58	12.4	29.1	少量	6.6
4		2252.0~2254.5	褐灰色油浸粉砂岩	16.4	0.64	油水层	油层	18.8	66.5	70.25	23.1	少量	34

进一步分析谱图可以发现,谱图主峰明显后移,弛豫时间延长,孔隙喉道半径加大,为流体的流动创造了极好的通道(图5-99)。同时,根据水的T_2谱可以计算出可动水百分含量为52%,而含油饱和度仅为29.6%,可动水饱和度是含油饱和度的1.8倍。同中—重质原油相比,水的相对渗透能力远大于油,在此条件下水的流动占绝对优势,这就是试油产水的原因。建议继续寻找构造高点油气聚集程度较高地区勘探,应能有所突破。

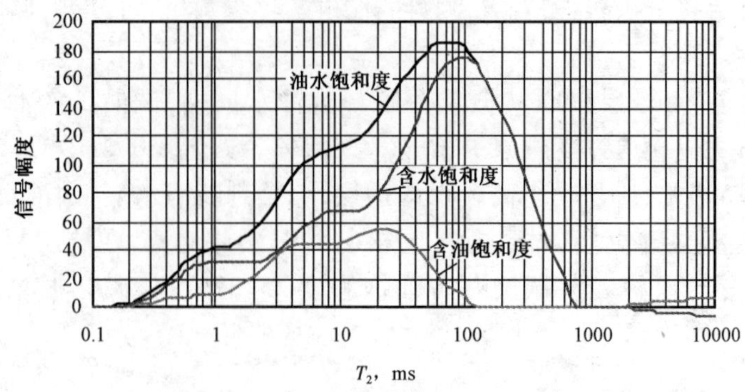

图 5-99 SN303 井 2220.0m 核磁共振 T_2 谱

2)3 号层

SN307 井 2236.5~2239.0m,灰色油浸粉砂岩,地球化学解释为油水同层,测井解释为油层,其核磁共振 T_2 谱见图 5-100。

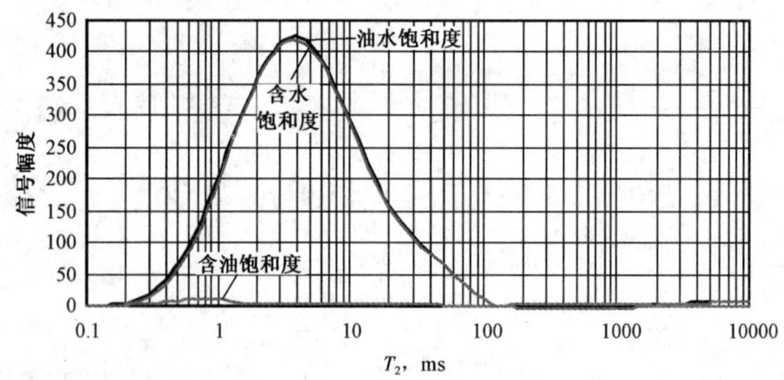

图 5-100 SN303 井 2239.2m 核磁共振 T_2 谱

核磁孔隙度 14.9%,渗透率 0.58mD,可动流体百分含量 19.4%,含油饱和度 29.1%。该层正常情况下产液能力低下,由于储集能力良好,压裂后可见水。若含油饱和度更高,压裂提高可流动性后应能见工业油流。

3. 大情字井

(1)由于钻井条件限制,大情字井及周边地区部分岩样破碎严重,颗粒细小,呈明显的孔隙度高、含油饱和度低、可动流体低的特点,核磁共振数据无法正常应用。

(2)破碎严重的岩屑由井底返到井口,经钻井液冲刷浸泡后,烃类损失严重。另外,样品由井场返回基地过程中,保存不好和搁置时间长都导致含油饱和度分析值偏低,影响了解释符合率。

L21 井 1768.6~1773.8m,灰褐色油浸粉砂岩。地球化学 P_g = 14.0mg/g,OPI = 0.70,地球化学、综合录井、测井均解释为油水同层,核磁共振录井解释为含油水层,试油结果为水层。

与 SN303 井相似,该层 T_2 谱图主峰明显后移,弛豫时间延长,孔隙喉道半径加大,可动水 51.8%,是油的 2 倍,水的流动性占绝对优势,试油应为水层。周边的花敖泡构造、海坨子构造、孤店构造中高显示水层多属这种情况(表 5-34、表 5-35、图 5-101)。

表5－34 核磁录井试油符合情况

构造名称	试油井口数	试油井层数	核磁共振解释符合层数	核磁共振解释符合率,%
海坨构造	8	17	15	88
长岭凹陷	13	25	16	64
华字井阶地	3	8	6	75
扶新隆起带	2	4	3	75
长岭断陷	3	4	3	75
合计	29	58	43	74

表5－35 L21井新技术录井评价

序号	井段,m	岩性	地球化学参数		核磁参数		热解气相色谱解释	地球化学解释	测井解释	核磁解释	试油结果
			P_g mg/g	OPI	可动流体 %	含油和度 %					
1	1728.2～1732	褐灰色油斑粉砂岩	11.1	0.66	52.8	22.8	油水同层	油水同层	油水同层	油水同层	
2	1739～1741.2	褐灰色油斑粉砂岩	11.2	0.70	46.2	21.2	油水同层	油水同层	油水同层	油水同层	
3	1768.6～1773.8	灰褐色油浸粉砂岩	14.0	0.70	58.5	24.9	油水同层	油水同层	油水同层	含油水层	水层
4	1795.8～1800.4	褐灰色油斑粉砂岩	10.0	0.70	34.7	12.6	油水同层	油水同层	油水同层	水层	
5	1803.4～1806	灰色油迹粉砂岩	7.6	0.66	28.1	7.5	油水同层	水层	油水同层	水层	水层
6	1858～1863.8	灰色油迹细砂岩	5.8	0.7	20.7	5.1	油水同层	水层	油水同层	水层	水层
7	1864.8～1866.8	灰色荧光细砂岩	3.5	0.7	26.1	8.5	油水同层	水层	油水同层	水层	

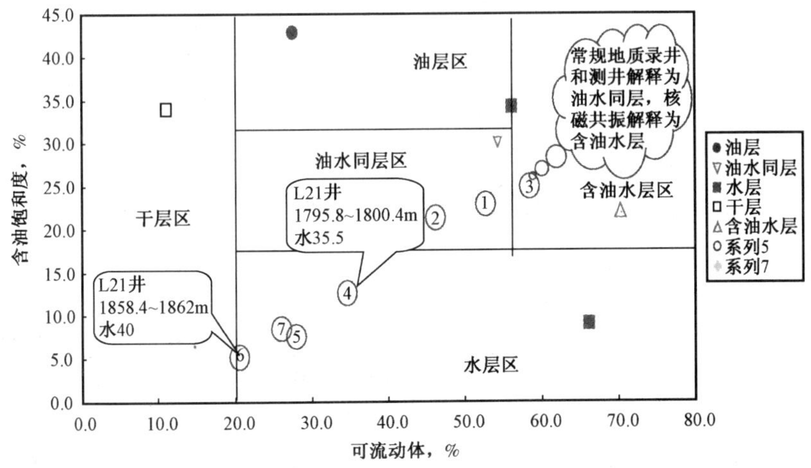

图5－101 含油饱和度—可动流体解释图版

Q70 井 1170.6～1175m，灰色油斑粉砂岩，孔隙度、渗透率、可动流体等参数均良好，含油饱和度 19.6%，解释为油水同层。试油结果为水层，与试油结果有偏差。从谱图可以看出，Q70 井油信号 T_2 谱后峰 9.6ms，原油粘度经计算为 110mPa·s；J19 井油信号 T_2 谱后峰 24ms，粘度为 31mPa·s，所以，当 T_2 谱后峰小于 20ms 时，应考虑粘度对产液性质的影响，具体解释标准有待于进一步确定（图 5－102、图 5－103）。

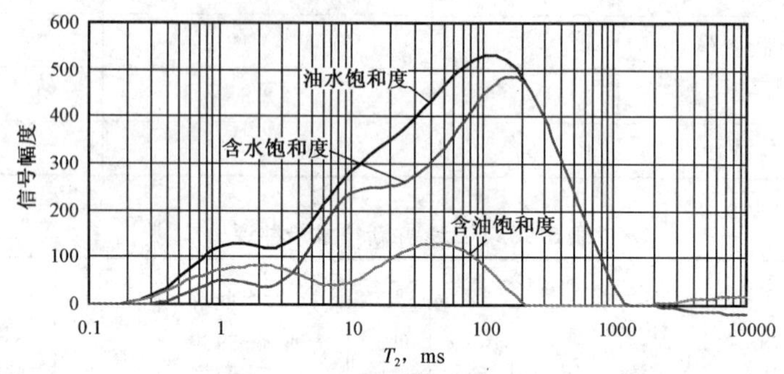

图 5－102 L21 井核磁共振 T_2 谱

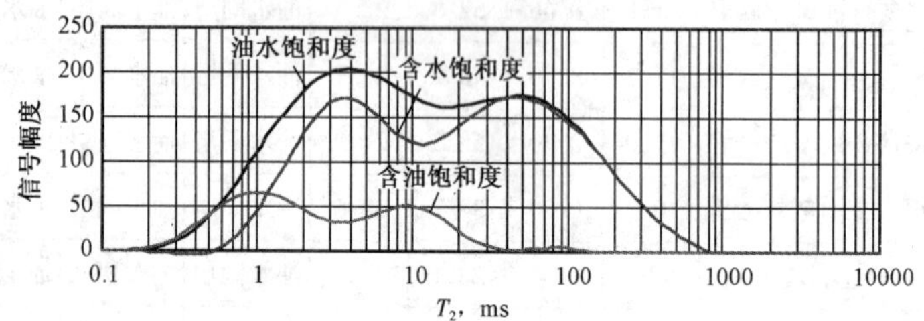

图 5－103 Q70 井核磁共振 T_2 谱图

4. 长深 1 井

长深 1 井是一口深探井，设计井深 4600m，3510～4600m 要求欠平衡钻井。钻探目的为揭示深部地层发育情况，了解哈尔金构造含油气情况。为了及时取得第一手资料，同时探索现场录井方法，除了地球化学、定量荧光外，还把核磁录井搬到了现场。该井 5 月 10 日开钻，9 月 29 日完钻，历时 143 天，取得了重大突破，从 3580m 欠平衡钻井后见气测异常，3580～3900m 进行中途测试，日产气 $46\times10^4m^3$。

核磁共振录井共录井 849 点，为储层评价解释提供了可靠的资料。

本井核磁共振从 500m 录井到 3580m，共发现异常 32 层，油层 1 层，油水同层 12 层，水层 8 层，干层 11 层。核磁共振物性资料的增加，解决了以前录井无法区分水层干层的难题。

由于核磁共振资料的加入，使地质录井资料更加丰富，剖面绘制更加生动。储层物性资料的增加为储层评价的准确性增加了砝码，并提供了更多更可靠的信息。核磁共振物性分析是与含油岩样相对应的，所以更能说明含油部分的物性特点，在储层评价解释方面更准确。

该井 3580～3900m 为欠平衡钻井井段，主要岩性为安山岩，油气显示以气为主，录井技术以气测为主。核磁共振录井无法探测气体含量，但其物性参数对于气测录井是重要补充，可以作为试采依据（图 5－104、图 5－105、图 5－106）。

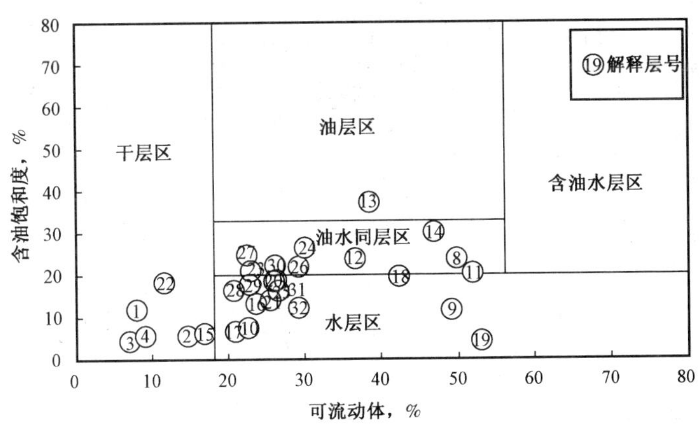

图 5-104 长深 1 井含油饱和度—可动流体解释图版

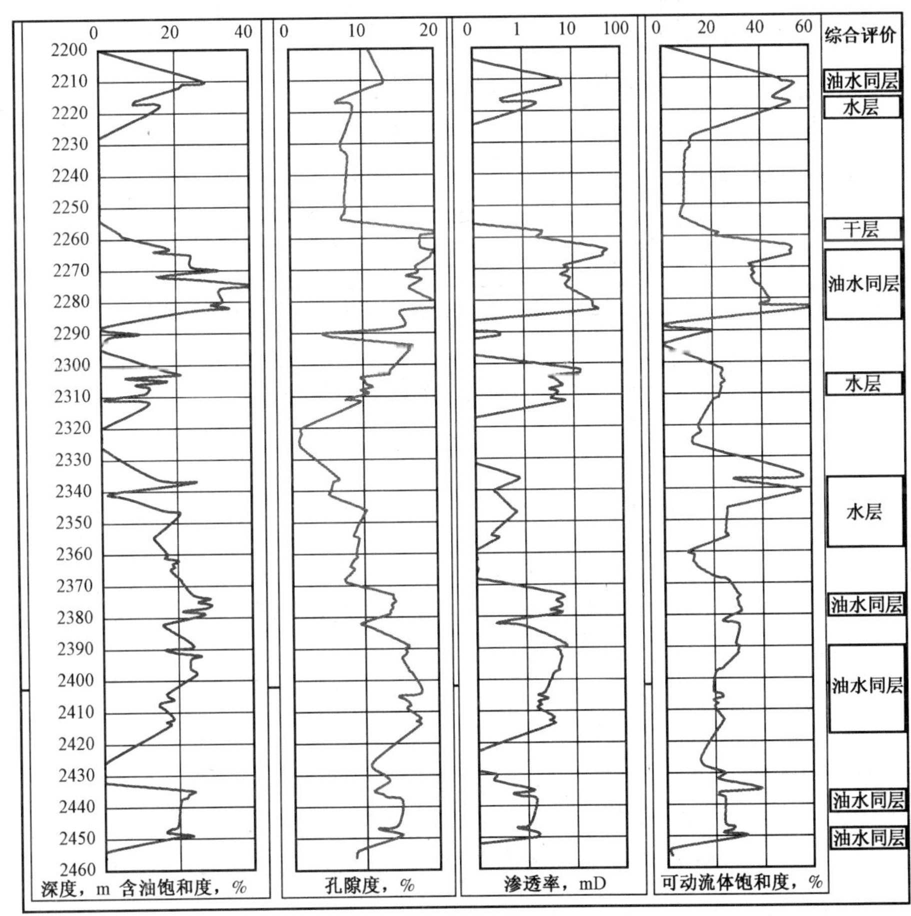

图 5-105 长深 1 井核磁共振录井图

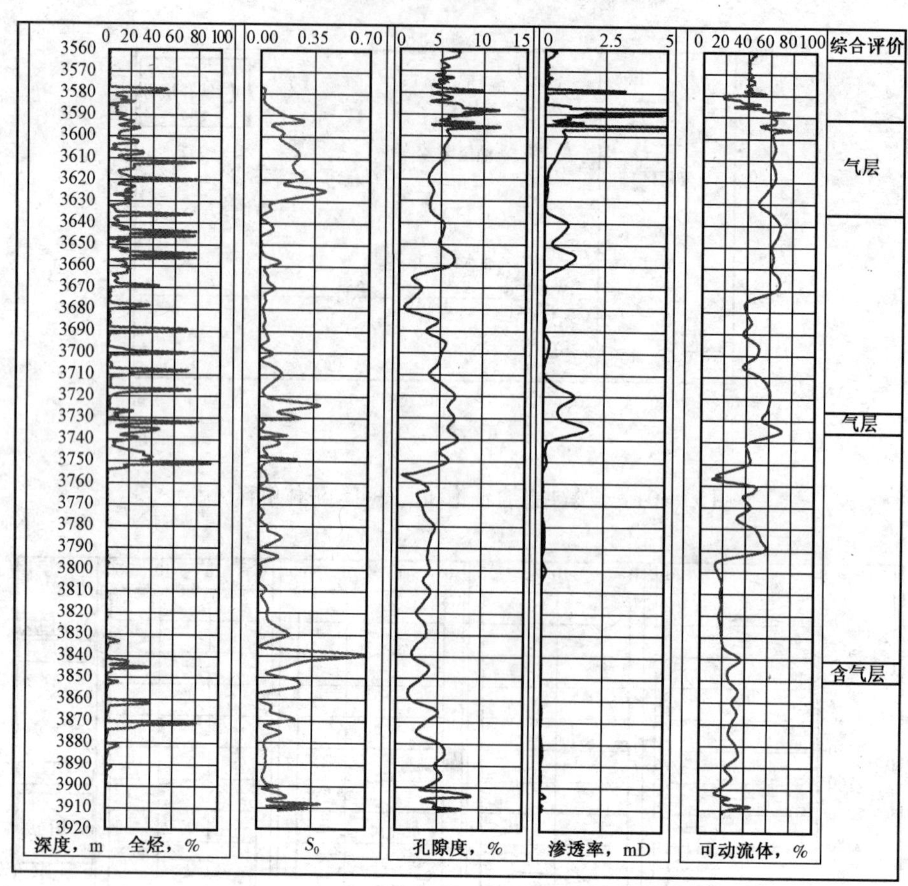

图 5－106　长深 1 井欠平衡井段新技术录井图

第六章　相关知识

第一节　钻井新工艺新技术

一、套管钻井技术

(一)套管钻井

套管钻井技术是指在钻进过程中直接采用套管(取代传统的钻杆)向井下传递机械能量和水力能量,井下钻具组合接在套管柱下面,边钻进边接套管单根,换钻头或更换底部钻具组合时就使用钢丝绳在套管内完成。在起下钻头和底部钻具组合的过程中还能保持钻井液连续循环,避免井下出现复杂情况,待完钻后套管柱就留在井内作完井套管用。套管钻井技术将钻进和下套管合并成一个作业过程,不再需要常规的起下钻作业,大大提高了作业时效。与传统钻井技术相比,只是套管螺纹需要改进,以便能提供钻井所需要的扭矩。

套管钻井与常规钻杆钻井相比具有以下优势:

(1)不起下钻柱,减少了起下钻时间,有效避免井下抽汲作用和压力激动,可减少井下出现复杂情况的概率;

(2)保持起下钻时钻井液的连续循环;

(3)改善水力参数、环空上返速度和清洗井筒状况;

(4)可以减小钻机尺寸,简化钻机结构,降低钻机费用;

(5)节省与钻杆和钻铤有关的采购、运输、检验、维护和更换的费用;

(6)若是在钻穿产层井段使用,由于可直接进行固井作业,大大减少了钻井液对储层的浸泡时间,可降低钻井作业对储层的伤害,有效地保护油气层。

(二)底部钻具组合

1. 套管钻井矛

套管钻井矛一般由安全阀、旁通阀、升高短节、H－E 套管矛、套管矛解封装置和牛嘴组成,一端与顶驱连接,另一端可以插入套管里,通过下压和左右旋转即可上扣、卸扣,简化了接套管的操作程序,节省了套管上扣时间,保证了安全作业。值得一提的是,这种套管钻井矛也可以用于下套管作业,在下套管遇阻、遇卡时可以开泵循环,转动套管,减少阻力和上提拉力(图 6－1)。

2. 钻鞋本体

钻鞋本体由一种特殊的铝合金材料制造。保径齿和切削齿为聚晶金刚石复合片,镶在钻鞋底部和侧面的三个呈 Y 形的刀翼上。与一般 PDC 钻头不同的是,保径齿和切削齿的齿形为

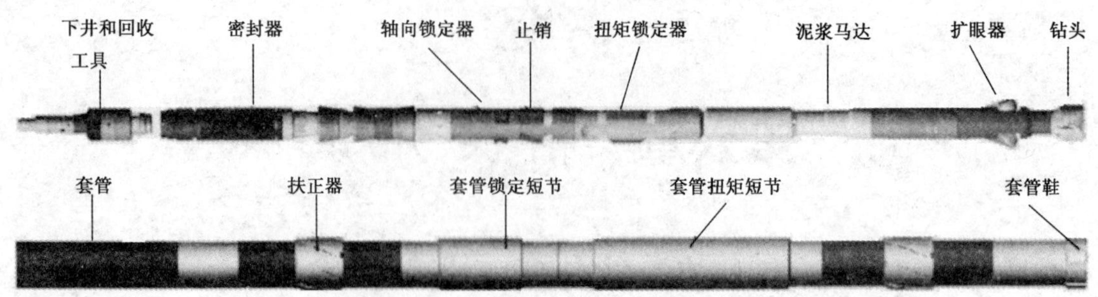

图6－1　套管钻井底部钻具组合内外结构

椭圆形，因此，切削作用更强。可互换的六个喷嘴是由可钻材料铜制成的，并有防腐涂层。

3. 套管扶正装置

套管扶正装置是一种遥控的液压动作扶正臂，可以前后左右移动，保持套管居中，防止套管错扣。该装置提高了接套管的速度，尤其在刮风的情况下能保证安全作业。

4. 特殊螺纹的套管

在套管钻井中，希望套管有足够的抗扭能力，因为整个钻井的旋转机械能量都是由它来传递的。普通的套管连接螺纹无法承受这样大的扭矩，所以应选用特殊螺纹的套管，强度应大一些。

(三)套管钻井工艺

套管钻井工艺的基本特点是以套管代替钻杆。套管由顶部驱动装置带动旋转。由套管传递扭矩，带动安装在套管端部工具组上的钻头旋转并钻进。由于钻头直径小于套管内径，不能钻出直径大于套管外径的井眼，故在钻头上方工具组上另外装有两个可以张开或缩进的扩孔钻头。在钻进工况下，先令两个扩孔钻头张开，即可将井眼扩大。钻井液自套管中间进入，由套管与井眼之间的环形空间返回。钻头固定在一个专门设计的工具组前端，工具组锁定在套管端部，并通过钢丝绳与一部专门用于起下钻头的绞车相连接。当需更换钻头时，将锁定装置松开，利用绞车通过套管将工具组起出；换上新钻头后，再用绞通过套管将工具组送入，锁定在套管端部，十分快捷。钻头的钻进过程也就是下套管的过程。套管一根根地打下去，不再提起，完钻后即可开始固井。由于扭矩需要通过套管螺纹传递，曾选用过一种特殊螺纹进行钻井试验，现已改用普通套管螺纹。

井下钻具组合的下井和回收系统已反复进行了试验，结果证明这种系统在直井中效果更好。取得的主要进展有：已有了一种可靠的旁通系统；下井工具和套管钻井总成有良好的匹配；有了全井眼正确到位的坐放系统；有效地密封保证了在开泵时钻屑不在工具周围循环。当然，还要积累一些操作经验，使操作者能更可靠地操作这些系统。

(四)国内外发展现状

1. 国外套管钻井技术现状

目前工程上常用的套管钻井系统包括以Tesco公司为代表的可更换钻头系统，和以Weatherford公司为代表的不可更换钻头套管钻井系统，以及Baker Hughes公司为代表的尾管钻井系统。

2. 国内套管钻井技术的研究

中国石油天然气集团公司早在2000年起就开展了套管钻井技术的研究,已完成了表层套管钻井技术的先导性试验,进行了油层套管钻井技术的探索和现场试验。

吉林油田在2003年就对套管钻井技术进行了相关技术储备和先导性现场试验,研究开发了适用于转盘驱动方式的过油层套管钻井工艺及配套工具,形成了适用于浅开发井的套管钻井配套技术,并在国内陆上油田首次完成了过油层全井套管钻井及井深1000m以上的套管钻井现场试验,实现了套管钻井主力油层裸眼测井,目前在该领域居于国内领先和主导地位。

二、欠平衡钻井技术

(一)欠平衡钻井技术概述

1. 欠平衡钻井的定义

欠平衡钻井的定义见第三章第二节。

2. 欠平衡钻井分类

欠平衡钻井按工艺可分为液相欠平衡钻井、气相和气液两相(雾化、泡沫、充气)欠平衡钻井等几种类型。不同工艺实施时对应的钻井液密度范围如表6-1所示。

表6-1 不同欠平衡工艺对应的密度适用范围

各种钻井循环介质	密度适用范围,g/cm^3
空气、氮气、天然气、柴油机尾气	0~0.02
雾化	0.02~0.04
泡沫	0.04 0.6
充气钻井液	0.7~0.9
油或油基钻井液、水包油钻井液	0.8~1.0
水、盐水	1.0~1.30
常规水基钻井液	>1.10

1)液相欠平衡钻井

液相欠平衡钻井是指采用常规钻井液的欠平衡钻井,是国内外较成熟并广泛采用的一项欠平衡钻井技术。该技术简单可靠,不需要配置过多的专用设备、工具、软件,能充分利用原钻机配套设备、工具,只需配套旋转控制头、分离设备等就能达到欠平衡钻井工艺的要求。液相欠平衡钻井工艺技术、钻井液技术、录井技术、测井技术与常规钻井技术基本相同,对施工作业人员的特殊要求不多。

初期的液相欠平衡钻井多指钻井液密度大于1.10g/cm^3的欠平衡钻井。随着水包油、油包水等钻井液体系的成熟和完善,目前采用水包油钻井液,油水比控制在8:2左右时最低密度可达到0.86g/cm^3。

2)气相欠平衡钻井

气相欠平衡钻井是指采用纯气体作为循环介质的欠平衡钻井,气体类型可以是空气、氮气、天然气、柴油机尾气或任一混合气体。选择气体类型时通常考虑实用性、总气量、所需气体的供给速率及化学相容性等因素。

气相欠平衡钻井的突出优点是钻速快且单只钻头进尺高，岩屑无污染，单井产量高。气相欠平衡钻井的缺点是存在井壁不稳定因素，地层出水对该技术影响较大，存在携岩和井壁垮塌卡钻问题，另外，存在成本高和现场供应困难等问题。

3）气液两相欠平衡钻井

气液两相欠平衡钻井按照不同的气液比和工艺，可分为雾化钻井、泡沫钻井、充气钻井。

（1）雾化钻井。

雾化钻井是指液相以非连续液滴的形式存在于连续气相中作为循环介质的钻井。当有大量的地层水进入井眼并影响了空气—粉尘钻井，但是水量还没有高到能引起井眼清洁问题时，应使用雾化钻井。

雾化钻井具有气相欠平衡钻井的优点，在一定程度上能克服地层出水问题，且润滑性好，能在一定程度上消除泥环，但地层水敏严重，腐蚀性强，注气量大，需附加注气设备。

（2）泡沫钻井。

泡沫钻井是指采用泡沫作为循环介质的欠平衡钻井。钻井时将大量的气体（如空气和氮气）分散在少量含起泡剂（表面活性剂）的液体中作为循环介质，液体是外相（连续相），气体是内相（非连续相），产生粘度的机理是气泡间的相互作用。

泡沫按流体性质可分为稳定泡沫和不稳定泡沫（非弹性泡沫）两类。稳定泡沫是由水、压缩气体、发泡剂、稳定剂及其他化学剂组成的混合物。压缩气体可以是空气、氮气。不稳定泡沫是在泡沫体系中加入膨润土和聚合物，使其有稳定井壁的功能，适用于大井眼。钻井中常用的泡沫为稳定泡沫，泡沫气液比一般为53%～96%。

泡沫钻井具有最佳的携岩能力，是水的7～8倍，可对付井下出水；低返速减小冲蚀，有利于井壁稳定；密度可调范围大，有利于调整井底压力。但泡沫钻井化学剂成本高，回收或重复使用成本高。

（3）充气钻井。

充气钻井是指将一定量的气体通过充气设备注入井内液相中作为循环介质的欠平衡钻井。和雾化钻井技术相对，充气钻井中液相是连续相，气相为分散相。充气钻井按照充气方式的不同可分为立管（钻杆）注气法和环空注气法（同心管注气法、寄生管注气法、连续油管注气法和煤层气洞穴井注气法等）。

① 立管（钻杆）注气法：钻井液和压缩气体一起从立管注入到钻具内部，充气钻井液通过环空从井口返出后通过节流管汇、液气分离器，将钻井液回收，气体通过自动点火装置点燃或直接排出。

② 寄生管注气法：将一根下端接有注气短节的油管下在套管外面，并在固井时将其封固在环空中，钻进时，钻井液通过钻杆流到井底，同时通过寄生管将气体泵送到井下的环空中与钻井液混合，以达到欠平衡钻井条件。

③ 同心管注气法：事先将一根直径小于表层套管的管柱下到表层套管内，钻进时，通过两层套管间的环空将气体注入到井下以降低钻井液液柱对地层的压力。

④ 连续油管注气法：通过连续油管将气体注入到井下，使之穿过钻头从连续油管与井壁

之间的环空返出。

⑤ 煤层气洞穴井注气法:煤层气开发时,为扩大单井控制面积,多采用分支水平井进行开发,后期开发时需用直井排水采气。针对煤层气开发的特殊性,国外专业技术公司设计出煤层气洞穴井充气欠平衡钻井工艺。首先钻一口直井,然后在其附近钻一口水平井,水平段端部与直井底部连通。在水平段或分支井段进行钻进时,由洞穴直井注气,气体在洞穴处与上返钻井液混合,达到欠平衡钻井条件。完井后,水平井井眼打水泥塞封闭,从洞穴直井排水采气。

立管(钻杆)注气法的结构简单,不影响井身结构设计,能降低整个循环系统密度,缺点是:(1)不能用于 LWD 和 MWD 随钻测量系统;(2)由于排量的限制,井下马达参数优选受限。环空注气法主要解决立管注气法注入井内两相流的不稳定、流态变化大、脱气严重、特别是在井深比较深时往往不能通过加大气量的方法降低钻井液当量密度等问题,从而改善流态,减少段塞流和环雾流。但由于环空注气法成本较高、工艺复杂(专用井口装置)、缩小井眼(同心管法)等缺点,目前在油气井中应用得很少。但煤层气井钻井中,洞穴井钻井时可以注气,后期用于排采,因而在煤层气开发中应用较多。

3. 欠平衡钻井的主要优点及应用范围

1)欠平衡钻井的主要优点

(1)有利于及时发现和评价低压低渗油气藏,为勘探开发整体方案设计提供准确依据。

过平衡钻井对产层造成的伤害很可能使预期本应该出现的油气显示没有出现,往往需要进一步布井落实地层含油气性和储量,一是造成经济浪费,二是耽误勘探开发速度。而在欠平衡钻井条件下,钻井过程中地层流体可以进入井眼,在井口检测返出液就可以适时提供良好的产层信息,从而有利于达到勘探和开发目的。四川油田应用欠平衡钻井技术在广安构造、荷包场构造取得了勘探的重大突破。华北油田孙虎潜山区块共钻井 6 口,均无显著油气显示,一直未形成工业油流。2008 年在该区块上利用欠平衡钻井工艺钻探了虎 8 井,钻进过程中溢流 $8m^3$,全烃值上升,测试发现高产油流(稠油)。通过欠平衡钻井技术在该井的应用,发现了沉寂 40 余年的饶南地区孙虎潜山构造带潜山油田,是该区块第一口真正意义上的突破井,实现了老区新带新领域的突破。

(2)减少对产层的损害,有效保护油气层,从而提高油气井的产量。

常规钻井一般都是过平衡钻井,由于钻井液柱压力高于地层压力,不可避免地会造成钻井液滤液和有害固相进入产层,从而造成对产层的伤害。在某些情况下,这种伤害将永久地降低油井的产量,需要进行费用高昂的增产措施和修井作业才能达到地层的经济产量水平。采用欠平衡钻井,由于井筒内钻井液柱压力低于地层压力,钻井液滤液和有害固相的侵入就会减轻或消除,从而有效地保护了油气层,减少或免去油层改造等作业措施及高昂的费用,尤其在水平井中优势很明显。

(3)欠平衡钻井欠压差值更能使被钻岩石易破碎,也有助于消除压持作用。

欠平衡钻井能大幅度提高机械钻速。川渝地区利用气相欠平衡钻井技术,欠平衡钻井井段钻速同比常规钻井可提高 4 ~ 14 倍,已成为四川深井超深井的主导技术之一。庆深气田气相欠平衡钻井井段机械钻速是邻井的 5 倍左右。辽河油田 2008—2010 年完钻的欠平衡井段机械钻速较邻井提高40%。华北油田在潜山井段应用液相欠平衡钻井技术,欠平衡段平均机械钻速较邻井同井段相比提高了11%~121%。

(4)减少漏失,避免压差卡钻等钻井复杂情况的发生,缩短钻井周期。

常规过平衡钻井不可避免地会引起钻井液的漏失,尤其在易漏层段更为严重,会造成进一步的事故和复杂情况,延长钻井周期,增加钻井成本。华北油田所钻的潜山井中80%左右的井均发生漏失,部分压力枯竭区块和孔洞发育区块经常发生恶性漏失,多口井漏失量在10^4m^3以上。采用欠平衡钻井工艺后,由于井筒内钻井液柱压力低于地层压力,从而可以大大降低井漏发生的概率,同时消除了压差卡钻问题。华北油田完钻的欠平衡井均未发生漏失现象。钻井周期较邻井缩短了8%~71%。

2)欠平衡钻井工艺的应用范围

同所有先进的钻井工艺一样,欠平衡钻井工艺也有其局限性和应用范围,一般而言,以下情况一般不适于进行欠平衡钻井:

(1)高压和高渗透率相结合的地层。从地层损害观点看,虽然埋藏较深的高压、高渗透率地层比较适合欠平衡钻井,但在地面可能出现安全和井控问题。

(2)受压力束缚的地层。具有不同压力的多个产层的油气藏或在给定目的层中存在明显压力变化的油气藏不适合欠平衡钻井。

(3)常规地层。对于常规地层,如渗透率低于0.5mD的均匀晶间地层以及具有较低的岩石—流体和流体—流体敏感性的地层,与价格较高、风险较大的欠平衡钻井作业相比,设计合理的过平衡作业效果可能更好。

(4)地层孔隙压力不清或井壁稳定性差,需要足够钻井液密度才能控制井塌的地层。

(5)含有大量H_2S或SO_2等有害气体的地层。

(6)人口密集区、重要设施附近和环境保护特别严格的地区。

(二)欠平衡钻井专用工具设备与仪器

与常规钻井不同,欠平衡钻井必须要有一套专门的井控设备,主要包括:井口设备、节流控制系统、分离系统及辅助工具、仪器等。若进行涉及气体的欠平衡钻井作业,还需要空压机、增压机、膜制氮等相关设备。

1. 井口设备

欠平衡钻井的专用井口设备一般指旋转防喷器、控制头。旋转防喷器、控制头的主要功能是实现旋转密封,封闭钻具与套管之间的环空,使欠平衡钻井在井口有一定压力的情况下进行钻进,将井筒内的流体导流出井口。旋转防喷器、控制头系统包括旋转控制头及其控制系统。目前国内外生产的旋转头按胶心密封钻具方式不同分为被动密封式和主动密封式。

(1)被动密封式:也称旋转控制头,是靠胶心与钻具之间的过盈来实现密封的,井压能够助封。结构简单可靠,安装、拆卸方便,钻进过程中更换胶心方便迅速,容易保养维护,是国内外使用最广泛的一种。其缺点是:需要与六方或三方方钻杆、万能防喷器配合使用。

(2)主动密封式:也称旋转防喷器,是靠液压推动胶心抱住钻具来实现密封的,井压能够助封,也可以代替环形防喷器。相对于被动密封式,主动密封式安装、拆卸繁琐,结构比较复杂,优点是能封任何类型的钻具,不需要与六方或三方方钻杆配合使用。

2. 节流控制系统

节流控制系统基本与常规钻井节流系统相同,控制井筒环空压力、流量大小从而控制井底欠压值,实现向环空内注入液体、气体。其结构与常规钻井用的节流管汇不同之处是通径一般大于100mm,以防止结霜或沉砂堵塞通道。整体需要经过防硫化氢处理,以满足施工需要。

3. 分离系统

分离系统主要用途是将从井筒内返出的流体进行气、钻井液、钻屑、油等的分离,通常由液气分离器、除气器、固控系统、撇油系统和燃烧系统组成。进行气相欠平衡钻井时还需要降尘装置、取岩屑装置和排气装置等。

(1)液气分离器:液气分离器是含气钻井液脱气的专用设备,主要用于清除钻井液中的大气泡。大气泡是指大部分充满井眼环空某段的钻井液中的膨胀性气体,其直径大约在3~25mm之间。

(2)真空除气器:真空除气器与液气分离器的主要区别是:液气分离器主要用于清除钻井液中的大气泡,真空除气器用于除去直径小于1mm的微气泡。

(3)撇油系统:撇油系统由撇油罐和储油罐组成。撇油罐将钻井液中的油分离出来,储油罐储存分离出的油待回收。撇油罐上配置的液泵将纯净的钻井液泵回钻井液循环系统。撇油系统利用油与钻井液密度差异而产生的重力不同将钻井液和油分离。

(4)排气和燃烧系统:排气和燃烧系统由燃烧管线、防回火装置和点火装置组成,将液气分离器分离出来的可燃气体进行燃烧,不可燃的气体排放掉。燃烧管线用于输送气体;点火装置用于引燃可燃气体;防回火装置用于防止空气体倒返进入燃烧管线和液气分离器,与可燃气体混合达到爆炸极限发生爆炸事故。

4. 辅助工具、仪器

(1)钻具内防喷工具:安装在钻具上,井下液柱压力小于地层压力时,箭形止回阀在压差作用下及时关闭,阻止钻井液倒返,可防止钻具内溢流喷出。按结构和原理的不同主要有箭形止回阀、投入式止回阀等几种。

(2)方钻杆与方补心:欠平衡钻井使用旋转控制头且钻机为非电动钻机时,需用方钻杆及相应的滚子方补心驱动旋转控制头旋转。现场多应用六方(或三方)方钻杆,相应地就要配套的六方(或三方)滚子方补心。方钻杆的尺寸应与所用的钻杆尺寸接近。

(3)压力检测仪:在欠平衡钻井过程中,为了及时检测井筒中钻具内外流体柱压力,判断是否处于欠平衡状态,指导欠平衡施工,一般安装压力检测仪。压力检测仪分为井口和井下两种类型。井口压力检测仪主要为立压表和套压表,用于监测钻进中的压力变化情况。近年来为提高欠平衡井底压力的控制精度,又研制了井下压力检测仪,常用的有存储式测压接头和随钻压力检测仪(PWD)。存储式测压接头接在钻具底部,将测量的井底压力数据存储在内部的存储器上,起钻后回读测压曲线。随钻压力检测仪(PWD)可以实时测量井底压力数据并传到井口,工程师可以根据实时的井底压力信息调整井口控制压力或钻井液密度,确保欠平衡钻井作业的安全有效。

5. 气体钻井专用设备

进行涉及气体的欠平衡钻井作业时,一般需要用到气体钻井的专用设备,主要有空压机、增压机、膜制氮设备、除尘装置、取岩屑装置等。

(1)空压机和增压机(增压器):采用气体、雾化、泡沫充气欠平衡钻井技术时,需要使用气体压缩机和增压器对气体进行增压才能注入井内。欠平衡钻井中使用的空压机通常是冷却后直接驱动的两级螺旋压缩机。增压机(增压器)是为了把空压机或制氮装置排出的气体从低压压缩到高压,以适应气体钻井循环所需的注入压力,其数量根据空压机供气量配套确定。

(2)膜制氮设备:使用充氮气钻井时,要用到供氮装置。目前使用较多的是膜滤生产氮装置。该装置利用空心纤维隔膜制氮系统从压缩空气中直接制取气态氮。膜制氮设备结构简单,供气连续,降低了氮气欠平衡钻井的费用,且制氮流量的范围很宽。

(3)除尘装置:在排气管线上安装喷水管,管口对着排出物,水泵提供的水喷向管内,固相颗粒吸水相互粘结、重量增加,喷出管口后落到事先挖好的池子内,避免气体钻井过程中岩屑飞扬污染环境。

(4)取岩屑装置:欠平衡钻井过程中随钻取岩样时需用到特殊的取岩屑装置。该装置在气体出口管线内放置一定角度的挡板,固相在流动过程中被挡住并沿挡板下滑,被收集到短节内。收集岩屑时打开闸门,岩屑靠重力及气流的推力排出来。岩屑收集完关闭闸门。

(三)欠平衡钻井工艺技术

1. 欠平衡常用压力概念

1)地层压力

地层压力是地下岩石孔隙内流体的压力,也称孔隙压力,用 P_p 表示。正常情况下,地下某一深度的地层压力等于地层流体作用于该处的静液压力;凡是低于或高于地层水静液柱压力的叫异常低压或异常高压。

2)地层坍塌压力

地层坍塌压力指的是井壁将要发生压性破裂时的液柱压力,其大小与岩石本身特性及其所处的应力状态等因素有关。

3)静液压力

静液压力指的是由钻井液柱重量所产生的压力,用 p_m 表示。

4)循环压耗

循环压耗是指钻井液在循环系统中流动所造成的压力损耗,包括地面管汇压耗、钻柱内压力损耗和环空压耗,其大小取决于钻井液密度、粘度、排量、流通面积和流道线路变化等,数值上等于立管压力。

欠平衡钻井中用的比较多的是环空压耗的概念。环空压耗是指钻井液在钻柱和井眼之间的环形空间内流动所造成的压力损耗。

5)激动压力和抽吸压力

在钻井过程中,钻具在充满钻井液井眼内上下运动时,会使井内的钻井液流动。而钻井液在井眼内流动必然会产生流动阻力,从而使井内压力发生变化。

当钻柱向上运动时,井内钻井液向下流动,使井底压力减小,由此而减小的压力值称为抽汲压力。

当钻柱向下运动时，井内钻井液向上流动，使井底压力增加，由此而增加的压力值称为激动压力。

6)回压

回压是用来控制井涌的压力，又称套压，由节流阀产生，有助于控制井底压力。

7)井底压力

在一口井各种不同工况下，压力始终作用于井壁上，且大部分来自钻井液静液压力，然而，在泵将钻井液沿环形空间往上泵送时所用的压力也作用于井壁。环形空间压力循环钻井液时的环空流动阻力、侵入井内地层流体的压力、激动压力、抽汲压力、地面回压的总和也称井底压力，这个压力随作业不同而变化。

8)压差

压差是井底压力和地层压力之间的差值。如果井底压力大于地层压力，压差为正，为过平衡状态；如果井底压力小于地层压力，压差为负，为欠平衡状态。负压差又称井底负压值或欠压值。

2. 合理井底欠压值的设计

欠平衡钻井工艺的核心就是井底压力的研究与控制。其中，井底欠压值的大小直接影响到地层流体进入井筒内量的多少，关系到能否安全、快速钻进。欠压值过小，易造成井底压力过平衡，失去欠平衡钻井的目的和意义；其值过大，易造成井壁垮塌和井口设备过载甚至井喷，从而引起重大钻井事故。应综合考虑地层、设备、钻井液密度等因素，设计合适的欠压值，既可使油气有控制地进入井筒，又不会造成井壁垮塌和井口压力过大，保障安全、快速钻进。

1)井底欠压值的确定依据

(1)欠压值小于孔隙压力与地层坍塌压力之差值；

(2)欠压值应结合地面设备能力进行设计；

(3)根据储层类型和岩性特点确定欠压值的大小，避免储层发生应力损害；

(4)根据地层产液(气)量确定欠压值的大小；

(5)欠压值的设计应考虑钻井液性质和操作控制可行性。

2)欠压值的确定方法

在进行欠压值设计时，首要的是使欠压值小于孔隙压力与地层坍塌压力的差值，保证欠平衡顺利施工，还要综合考虑井口设备能力、地层产出、储层保护、钻井液性能等多方面因素，计算较为复杂。

通过部分油田的施工认为，开发井中易尽量选取较小的欠压值，一是小欠压值有利于井壁稳定，二是较大欠压值对于储层保护效果增加不明显，但钻井风险增加比较大，一般设计在0.5～1.0MPa之间；对于井壁稳定的探井实施欠平衡钻井作业，一般取稍大点的欠压值，并根据油气显示情况及时调整，主要是因为地层压力预测的不确定性，大的欠压值更有利于油气发现，一般选择在1.0～1.5MPa之间。

3. 钻井液密度的确定

地层孔隙压力和井底负压值确定后，如何确定钻井液密度窗口是实现井底负压值范围的重要手段。钻井液密度窗口的计算应该在井口回压为零、正常钻进中负压值达到设计值的情

况下进行,液相欠平衡钻井液密度计算公式:

$$\rho_m = \frac{102(p_p - \Delta p - p_{af} - p_a)}{h}$$

式中 ρ_m——钻井液密度,g/cm^3;

p_p——地层压力,MPa;

Δp——欠压值,MPa;

p_{af}——环空压耗,MPa,环空压耗的计算较为复杂,一般利用专业水力参数计算软件得出;

p_a——套压,MPa,最大套压不宜超过旋转防喷器动压的50%。

h——垂深,m。

4. 欠平衡钻井工艺流程

欠平衡钻井工艺流程主要分为体内循环和体外循环两种,见第三章第二节。

5. 欠平衡压力控制

欠平衡压力控制的实质是通过调节各参数改变井底压力,使欠平衡施工中的井底欠压值等于期望的欠压值。欠平衡钻进过程中的井底压力计算公式如下:

欠压值 = 地层压力 -(回压 + 环空钻井液静液柱压力 - 环空压耗)

通过上式可以看出,改变井底压力的大小可以通过改变回压的值、钻井液密度和环空压耗的值来实现。

(1)调节钻井液密度。调节钻井液密度耗时较长,液相欠平衡作业中只有施工中地层压力与预测地层压力相差较大,无法实现欠平衡或欠平衡作业,作业过程中井口载荷过大,超过了井口装置的安全载荷时才调整钻井液的密度。

(2)调节排量。排量增加,环空压耗的值随之增加,井底压力的值也随之增大。另外,确定循环排量需最优井眼清洁程度。一般而言,高的循环排量会有更好的井眼清洁效果。而钻井液循环不充分会引起井眼内钻屑聚集,严重时会造成卡钻等井下复杂情况。因此,调节排量控制井底压力时,应该在大于最优排量的基础上进行。

(3)调节回压。通过节流阀调节回压是液相欠平衡中应用最多的调节井底压力方式。欠平衡钻井中可根据保持立压不变的方法调节回压值,使井底保持恒定的欠压值。

井底欠压值的调节还可以根据欠平衡施工参数的变化灵活调节。很多欠平衡服务部门在欠平衡施工中根据火焰高度、溢流量计量情况、井壁稳定情况等数据的变化调整回压,达到安全、快速欠平衡钻进的效果。

(四)欠平衡钻井工艺对录井的影响

1. 空气钻井

(1)对综合录井仪的影响:录井设备需要配套,增加气体流量计,增加检测气路除尘、净化设备;空气钻井由于冲淡系数大,导致烃类、硫化氢气体检测困难。

(2)对地质录井的影响:岩屑细碎,岩性识别困难,导致录井剖面符合率下降;迟到时间测定困难，导致岩性归位不准确。

2. 液相欠平衡

(1)对综合录井仪的影响：录井设备需要配套，增加气体流量计，增加电动脱集器、出口电导、密度等传感器；由于地层流体不断涌入井筒，导致新揭开地层显示发现困难。

(2)对地质录井的影响：岩屑细碎，岩性识别困难，导致录井剖面符合率下降；由于钻井液经过液气分离器，导致岩屑混杂，岩性归位困难。

三、地质导向技术

地质导向是20世纪90年代发展起来的前沿钻井技术。地质导向技术将对未来的水平井及大位移井钻井技术产生重大影响，它是当今随钻测量、随钻测井所具有的重要能力。人们研究的目标是将传感器放到钻头上，能够预测到离钻头2m的地层情况。地质导向技术包括随钻测量、随钻测井、旋转导向技术、闭环控制系统。

(一)地质导向技术概述

所谓地质导向，是指用近钻头地质、工程参数测量和随钻控制手段来保证实际井眼穿过储层并取得最佳位置。通俗地讲，就是根据所监测到的储层变化(根据仪器近钻头地质参数——伽马、电阻率、井斜角、井斜方位角及其他辅助参数等监测结果对井下地质条件的变化)及时调整钻头走向，以最大限度满足设计中的地质要求，用地面软件系统(含地层构造模型、参数解释和钻井设计控制三个主要模块)适时给出实施方案，并通过遥控技术对井下定向工具控制达到随钻调整井眼轨迹的目的，从而有效提高井眼穿过油层的智能化、理想化、科学化水平，确保水平井眼轨迹从油层，特别是薄油层中顺层穿过，达到地质上避开底水、充分裸露油层、加大出油面积、节约钻井成本、提高经济效益的目的。

地质导向的关键技术是对近钻头处地层参数、井眼轨迹参数和钻头工作参数的实时测量。

(二)地质导向技术优势

(1)连续井眼轨迹控制，可以减少起下钻次数；

(2)近钻头处的井斜传感器减少了大斜度井、水平井的井斜误差；

(3)近钻头转速传感器可帮助司钻更好地使用导向马达，延长马达的使用寿命；

(4)近钻头传感器使钻头处参数测量的滞后时间接近于零，能使井眼最大限度地保持在油气层内；

(5)方位伽马射线测量能在钻头处进行地层对比，这对探测标志层、确定套管下深和取心层位是非常有用的，同时还可使司钻掌握是否钻穿地层的顶部或者底部；

(6)定性的电阻率测量能够实时显示油气和岩性，这对地层对比和确定油气水界面是非常有用的；

(7)方位电阻率可使司钻得知油水、油气和其他液相界面流体边界的方向。

(三)地质导向技术和设备

地质导向的任务是引导钻头在油气层中准确穿行，它需要随钻实时测量、传输和导向三大技术和相应设备(图6-2)。

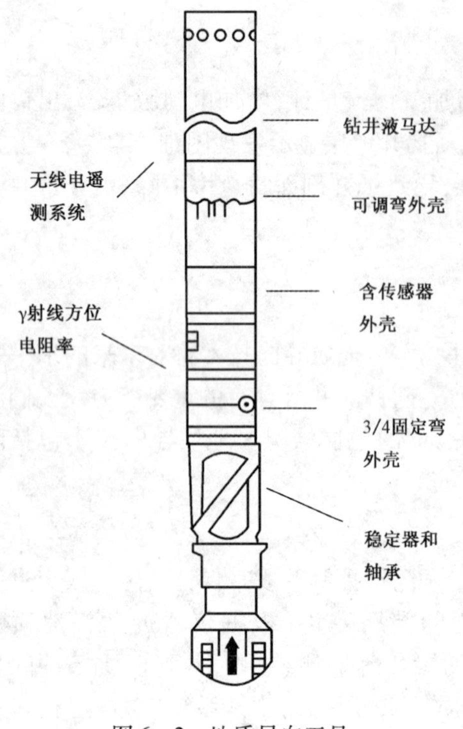

图6-2 地质导向工具

1. 三大系统

(1)测量系统:近钻头随钻测量地质参数(电阻率、自然伽马)和工程参数(井斜角、方位角和工具面角)。

(2)信息传输系统:具备双向通信能力,把井下所测的信息(部分)传至地面处理系统,作为导向决策的依据,再把导向指令传到井下指挥导向系统工作。

(3)软件系统:指地面信息处理与导向决策软件系统,将井下测量信息进行处理、解释、判断、决策,指挥导向工具准确钻入油气目的层。

2. 三大技术

1)测量技术

(1)随钻测量(MWD)。随钻测量是在钻井过程中进行井下信息的实时测量和上传技术的简称。通常意义的 MWD 仪器系统主要限于对工程参数(井斜、方位、工具面角)的测量,由井下部分(脉冲发生器、驱动电路、定向测量探管、井下控制器和电源等)和地面部分(地面传感器、地面信息处理和控制系统)组成,以钻井液作为信息传输介质。

(2)随钻测井(LWD)。随钻测井是在随钻测量(MWD)基础上发展起来的一种功能更齐全、结构更复杂的随钻测量系统,主要在常规 MWD 的基础上增加了若干测井参数,如补偿双电阻率及方位密度中子、声波测井等,用来获取测井信息。LWD 传输的信息更多,但不能把所测信息全部实时上传,而是采用井下存储(起钻后回放)和部分信息实时上传方式处理。

LWD 中的自然伽马传感器就是利用不同的矿石发出的射线强度不同、页岩中含有的放射性物质要比纯油藏岩石中高的特性区分岩性,伽马数值高一般指示为页岩,伽马数值低则是砂岩(图6-3)。

2)传输技术

通过井场信息系统的传输,现场人员能使用所有的地面数据和井下数据来监测钻井过程。

(1)近钻头电阻率工具:直接与钻头相连,可测量近钻头处地层电阻率、自然伽马和井斜等参数。该工具的最大特点是利用这些实时测量数据可在地层被污染之前进行高质量的地层评价,以检测裂缝、薄产层、渗透性产层,判断钻头在油层中的位置。

(2)钻压扭矩工具:直接接在 MWD 下端,用于接收地质导向工具或近钻头电阻率工具的电磁信号,并传到 MWD。该工具也可测量钻压、扭矩、钻柱内钻井液压差和环空压力等钻井参数。

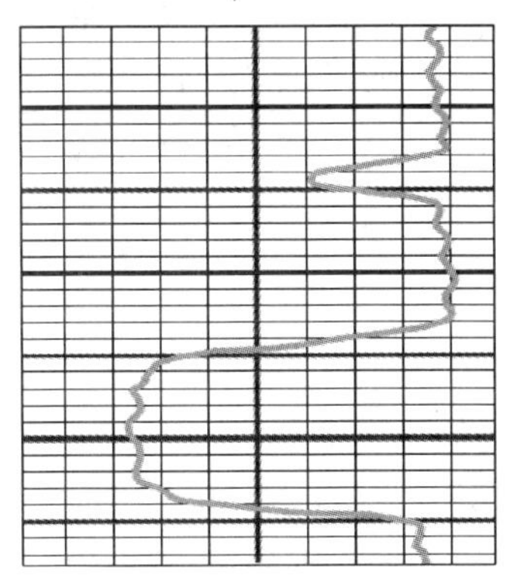

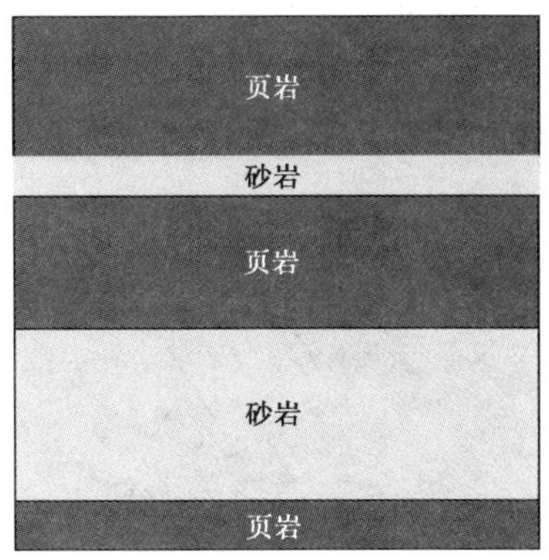

图6-3 自然伽马曲线区分岩性

(3)钻井液脉冲发生器:应用编码技术将数据传送至地面,用于MWD和LWD测量数据的传输。

3)导向技术

(1)几何导向。

几何导向的任务就是对钻井井眼设计轨迹负责,使实钻轨迹尽量靠近设计轨迹,以保证准确钻入设计靶区(时常会因地质条件变化引起设计误差,使原设计靶区偏离目的层段)。在地质导向技术问世之前,常规的井眼轨迹控制技术均应属于几何导向范畴。

常规导向技术很容易钻出储层;而近钻头地质导向技术可以通过钻头电阻率、方位电阻率、方位自然伽马等参数的测量和判断,保持在储层中钻进(图6-4、图6-5)。

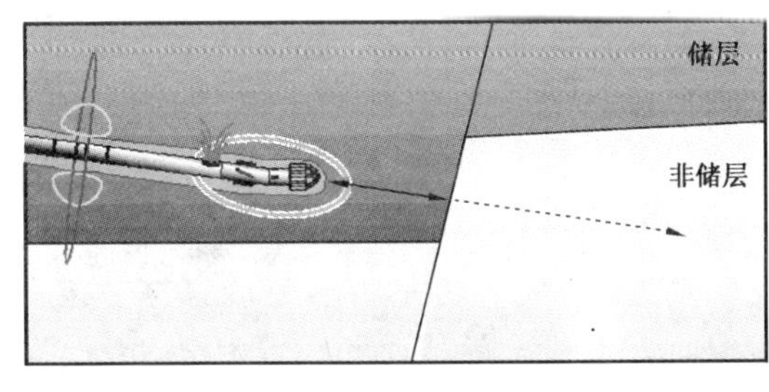

图6-4 及时发现地层断层

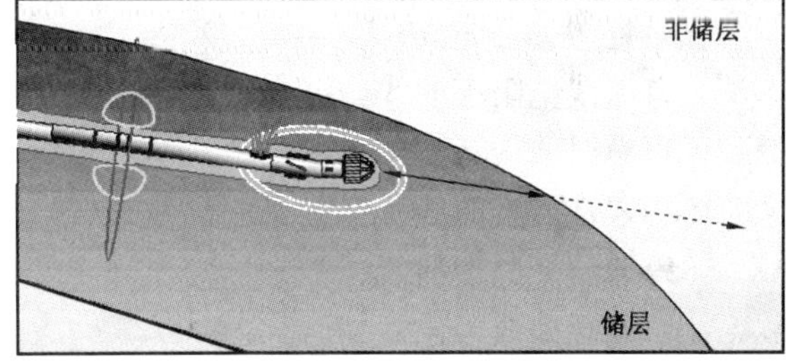

图6-5 及时发现地层倾角变化

(2)旋转导向。

旋转导向是以井下旋转工作方式的闭环自控执行工具(典型代表是偏心变径稳定器)为导向工具,以MWD或LWD为信息传输通道和地面信息处理软件系统组成的钻井工具系统,在海上大位移钻井中获得广泛应用。

CAMCO公司的旋转导向工具的导向原理是利用近钻头导向块的伸缩与井壁相互作用产生导向力,与其他公司产品结构有所不同,主要区别在于该工具没有静止的导向套,三个导向棱块随钻柱一起旋转。如图6-6所示,当需要在某个方向导向时,每转一周每个导向棱块都要在该方向上伸出一次,顶向井壁产生导向力;转离该方向后,棱块自动缩回。它的控制器、旋转换向阀及测量机构都置于钻柱中间,可以保持相对静止。旋转换向阀可以旋转到任意方向再保持静止,从而使导向棱块只有在旋转到某一方向时钻井液才驱动棱块伸出,达到控制井眼轨迹方向的目的。在钻直井时,旋转控制阀会随钻柱一起旋转,故导向棱块产生的导向力是不断变化的,但这样会造成井眼扩径。

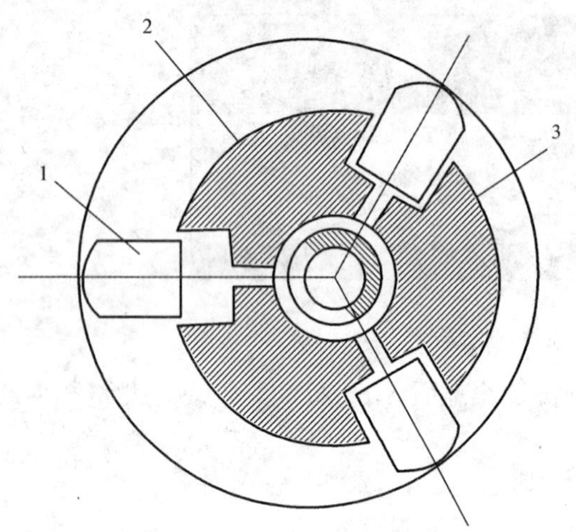

图6-6 CAMCO公司的旋转导向工具导向原理示意图
1—导向棱块;2—旋转钻柱;3—静止导向控制阀

(四)旋转导向闭环钻井系统

1. 功能简介

旋转导向闭环钻井系统是目前国际上最先进的地质导向系统,其井下仪器采用计算机智能集成化设计,能够实现地面与井下的双向通信;全井均采用旋转钻进方式以实现增斜、稳斜和降斜的目的;既能避免滑动钻进所带来的风险,又能大大提高机械钻速,保证井壁规则。

贝克休斯 INTEQ - AUTOTRACK 地质导向系统能实现下列目标:

(1)开采厚度不足1m的薄油层,曲线符合率100%;

(2)储层界面卡准率100%,为确保井眼轨迹中靶质量、完成设计任务提供技术依据;

(3)随钻测井的实时性可在地层被钻井液侵入前后分别测出地质参数,同时可避免因井眼报废无法实施测井而缺资料。

2. 该系统能够提供的随钻曲线

(1)自然伽马曲线;

(2)深浅电阻率曲线(探测深度分别为2.35m和1.12m);

(3)钻时曲线;

(4)岩性密度曲线;

(5)地层孔隙度曲线;

(6)井径曲线等。

四、超短半径水平井技术

超短半径水平钻井技术是从水平井钻井中异军突起的一项崭新的技术。它的科学性、实用性和经济性为现代钻井技术展示了一个很有前途的发展方向。

(一)超短半径水平井定义

超短半径水平井是指曲率半径远比常规曲率半径水平井更短的一种水平井,也称为"超短半径径向水平井"。运用超短半径水平井钻井技术,可以在0.3m以内的井段中完成从垂直到水平的转向。这种水平井的典型分布情况如图6-7所示。

(二)超短半径水平井技术特点

完成超短半径水平井的钻井系统是美国20世纪70年代末开始研制的,在第一代钻井系统的基础上，进行改进推出了第二代水平钻井系统，水平井眼直径为10.16cm，水平段长度达到60m，并能在一口垂直井的同一深度向四周钻24口辐射状的水平井，在未胶结的地层中钻24口井所需钻井时间一般不超过64h。

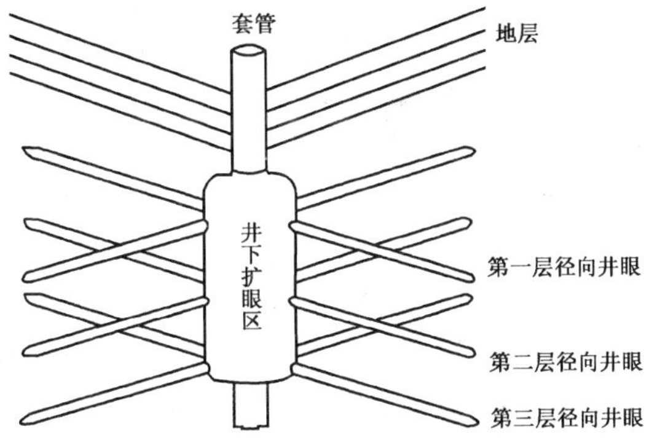

图6-7 超短半径水平井典型分布示意图

超短半径水平钻井系统的特征是可以在0.3m半径的立井井段中完成从垂直转向水平，因而可以避免用常规的长半径、中半径和短半径方法钻水平井所需要的频繁造斜、定向和复杂的井眼轨迹控制等工艺过程，保证水平井准确地进入目的层，抛弃了传统的靠钻头旋转机械破岩的方法，采用高压水射流破岩形成水平井眼的新技术，不需要钻杆旋转，也不需要通过钻杆给钻头施加用以破岩的"钻压"，从而彻底解决了常规钻水平井技术所遇到的施加钻压困难和钻杆旋转带来的一系列问题，减少井下事故的发生，提高了钻井速度。

（三）超短半径水平井钻井系统

超短半径水平井钻井系统如图6-8所示，主要由地面设备和井下工具两大部分组成。地面设备主要为压裂车、一台常规的修井机及缆绳车，分别用来水力破岩、下钻具和井下工具以及控制钻井速度；井下工具包括水力破岩钻头及与之相连接的3.175cm的生产管、斜向器及控制机构等。

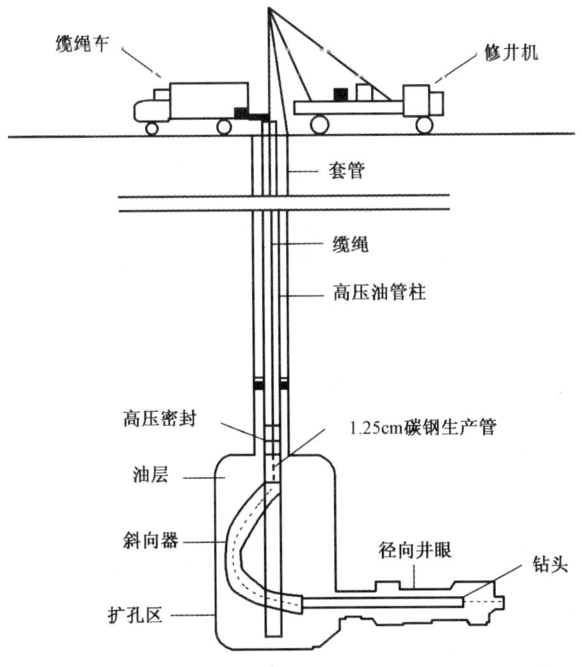

图6-8 超短半径水平井钻井系统

1. 斜向器

斜向器是整个超短半径水平井钻井系统中的一个关键机构。这种特殊的斜向器能够在很短的一个经过扩孔半径至0.3m的井段内完成生产管由垂直到水平的转向,并保证在水平钻进过程中对前进的作为钻杆的生产管给予稳定的支撑,安全可靠,回收方便。斜向器其实由一根铜管开窗而成,内装3~4块用锁连接的导向件。导向件装有两排带槽的滚轮,其中一部分滚轮形成弯曲半径仅为0.3m的滑道,目的在于:

(1)使生产管迅速从垂直方向转向水平方向;

(2)确保钻头在地层里钻至合适的位置;

(3)减少扩眼直径;

(4)使生产管靠导向件出口端的那几对滚轮构成校正滑道,校正生产管,以便水平地伸出斜向器进入地层钻孔。

2. 水力破岩钻头

水力破岩钻头是形成水平孔的关键构件。目前用的水力破岩钻头只有两种结构形式,分别以不同设计和工作原理钻出符合要求的井眼,井眼直径为10.16cm,使后面的3.175cm的连续生产管顺利进入所形成的井眼中,完成水平井不断前伸直到设计长度。

第一种为多喷嘴组合钻头,如图6-9所示。这种水力破岩钻头外形呈半球形,在球面的中心和离开中心一定距离的圆环上分布有多个喷嘴。各喷嘴都以适当的角度导引射流冲击到钻头前面某一区域的岩石上。岩石受到冲蚀破碎,形成一个满足钻杆进入而继续向前钻进的水平井眼。这种钻头的特点是喷嘴多,单个喷嘴喷口小,要求排量较大。对喷嘴的布置和安装角度要进行精心设计,才能钻出规则的满足要求的井眼。

第二种为单喷嘴旋转射流钻头,其结构如图6-10所示。该钻头是一个可以产生旋转射流的喷嘴,由普通的锥形喷嘴加上导向元件组成。当高压流体进入喷嘴腔体流经导向元件后,在导向元件的导引下,流体沿一定的轨迹旋转前进,经过喷嘴内腔收缩并加速后,以极高的速度射出喷嘴出口。流体离开喷嘴后,在压差和离心力的共同作用下,形成旋转的向外扩散的一种空心状射流体。在离开喷嘴的任一射流截面上,都存在着射流密度和能量最大的一个圆环面积,而且在一定范围内,离开喷嘴的距离越大,圆环的半径也越大,射流能够破碎的岩石的面积也越大;因而只要压力足够、喷嘴适当,就可以很快形成一个足够大的井眼。这种破眼钻头相对多喷嘴钻头而言,要求排量较小,同时由于射流不仅具有纵向速度,而且具有横向速度,使岩石同时受到纵向冲击和横向剪切的作用,可以大幅度提高破岩效率,但对喷嘴的设计和制造有较高要求。

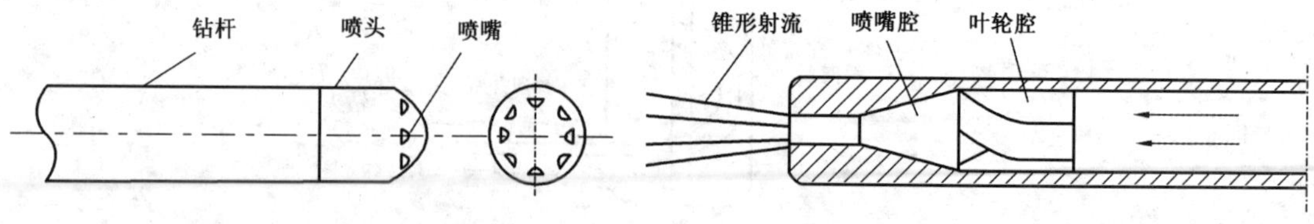

图6-9 多喷嘴组合钻头

图6-10 单喷嘴旋转射流钻头

3. 控制机构

在超短半径水平井钻井技术系统中,钻杆及钻头前进动力来源于作用在钻头内腔及钻杆尾端截面上的液体压力,即在液体压力推拉下前进。为了保证钻头前面的岩石得到充分的破碎后钻头和钻杆向前运动,设有速度控制机构。最简单的方法是使用缆绳控制,在钻杆即生产管尾部接上缆绳,另一端缠绕在缆绳车上,通过缆绳可控制和实时监测生产管的运动速度和钻头位置。缆绳控制机构的缆绳拉力在控制速度的同时对钻进方向进行控制。最新的控制手段为,钻杆前进速度通过尾部的液压装置调节阀门的开度来控制,钻头位置或它水平进入地层的长度可通过测量进入尾部液缸的钻井液体体积计算出来,或者在钻头后面的钻杆即生产管上下左右互成90°的方向加设4个侧向射流喷嘴,通过控制这4个喷嘴的开闭来控制和调节钻杆的方向。

为使超短半径水平井钻井技术系统在煤层气钻井中得到应用,还需要配备测斜仪、射孔器等。超短半径水平井钻井的基本工艺为:首先在垂直井眼内扩大对应着要钻径向水平井的生产层位置的那段井眼,使其直径达到0.6m;然后用管柱将径向水平井专用斜向器送入井下到扩眼井段,依靠井下锁定器的卡瓦牙咬住上部套管,定位并固定;同时将入井的油管留在井内作为高压流体工作通道和3.175cm连续生产管的存放空间,将3.175cm的生产管(作钻杆用)连同水力破岩钻头一起下入井下工作管内,使其进入斜向器,准备钻进。首次使斜向器沿预定方向支起,通过一个0.3m的曲率半径完成由垂直到水平转向,然后通过地面的压力泵将55~65MPa压力的液体泵入垂直油管,随后进入到3.175cm的生产管(钻杆)内,直到钻头,从钻头喷嘴喷射而出,冲击破碎岩石,形成井眼。通过调节液体压力、缆绳拉力或液压尾部装置的调节阀控制和调节钻进速度,同时,通过对钻井速度的调节或侧推喷嘴控制钻头方向,钻到预定深度即可。

(四)超短半径水平井钻井技术在煤层气开采中的应用

利用超短半径水平井钻井技术,在垂直井内对煤层打水平孔,即沿煤层水平钻进形成井眼开采煤层气具有以下突出优点:

(1)井眼方位与煤层层理垂直交会,能最大限度沟通煤层的天然裂缝。煤层气通过裂缝经通道流至开采井,在很大程度上缩短了在煤层裂缝中运动的距离。

(2)在煤层中钻长孔,使孔与煤层的接触面积增大,因而单位时间涌入钻孔的煤气量增加。

(3)煤层钻孔后,钻孔周围煤层应力降低,裂纹增加,渗透率也随之增加。

超短半径水平井钻井费用由以上所述的设备及采用的工艺组成,成本并不很高,且工艺简单,成功率高,对因强烈吸水或遇水膨胀而难以采用水力压裂的煤层和低渗透煤层,根据煤层的特点在工艺上通过改进,现已经用于山西煤层气钻采中。

五、水平井、大位移井钻井技术

水平井、大位移井钻井技术是提高单井产量、开发薄油藏油田最有效的途径。大位移井是在水平井基础上发展进来的,代表了当今钻井技术的一个高峰,它集MWD、LWD、旋转导向钻井等于一身,是一项综合性很强的技术。

(一)水平井

水平井是定向井的类型之一,其最大井斜要大于等于86°,并具备一定的水平段(图6－11)。

图6－11 水平井、侧钻井、大位移井示意图

1. 水平井分类

水平井的主要类型有常规水平井、侧钻水平井、大位移水平井。

(1)常规水平井分为长半径水平井(造斜率≤8°/30m)、中半径水平井(造斜率8°～30°/30m)、短半径水平井(造斜率1°～3°/m)。常规水平井工艺特点见表6－2。

(2)侧钻水平井分为垂直侧钻(分支)水平井、水平侧钻(分支)水平井。

(3)大位移水平井是指目标点水平位移与垂深之比大于等于2的水平井。

表6－2 长半径水平井、中半径水平井、短半径水平井工艺特点

类型 / 工艺	长半径水平井	中半径水平井	短半径水平井
造斜率	<8°/30m	8°～30°/30m	1°～3°/m
曲率半径,m	>286.5	286.5～86	19.1～5.73
井眼尺寸	无限制	无限制	158.75mm、120.65mm
钻井方式	转盘钻井或导向钻井系统	造斜段:弯外壳马达或Gilligan钻具组合 水平段:转盘钻井或导向钻井	铰接马达方式、转盘钻柔性组合
钻杆	常规钻杆及加重钻杆	常规钻杆及加重钻杆	ϕ73.03mm钻杆
测斜工具	无限制	有线随钻测斜仪、电子多点测斜仪、MWD	柔性有线测斜仪或柔性MWD
取心工具	常规工具	常规工具	岩心筒长1m
地面设备	可用常规钻机	可用常规钻机	配备动力水龙头或顶部驱动系统
完井方式	无限制	无限制	只限于裸眼完井及割缝尾管完井

在常规水平井中,中半径水平井优点比较突出,因此钻井技术发展迅速,数量增加幅度远大于长半径水平井、短半径水平井,在每年世界上所钻水平井的总数中,中半径水平井占60%左右。水平井的主要用途如下:

(1)改善蒸汽驱机理,开发稠油油藏;

(2)开发低渗透油气藏;

(3)开发裂缝性油气藏;

(4)开发薄层油气藏;

(5)分支水平井开发成熟油田或枯竭油气藏;

(6)减缓水、气锥进,延长无水开采期;

(7)提高聚合物驱油的效果;

(8)改善水驱或注水;

(9)避免出砂事故;

(10)其他矿藏(盐、煤层气、地热等)的特殊开采方法。

2. 水平井钻井技术

1)水平井关键技术

(1)随钻测量技术。

① MWD/LWD/FEWD随钻测量技术:获取方位、井斜、钻压、扭矩、岩石应力、流体压力、钻井液密度、地层孔隙度、岩石密度等地层参数。

② SWD(随钻地震):测量钻头前待钻地层的岩石孔隙度、孔隙压力等参数。

③ GST(地质导向技术):根据随钻测量和随钻地层评价数据,通过人机对话控制井眼轨迹,使钻头始终沿油层钻进,主动避开水层和地层流体界面。

④ DD(钻井动态数据采集):测量钻头轴向加速度、横向加速度、钻压、扭矩、正负方向弯矩、井眼围压、环空压力、井下钻具旋转速度、井下温度。

(2)双向通信技术。井下测量仪器随钻测得各项参数,为地面决策提供依据,又可在地面指挥导向工具、调整井眼轨迹等。

2)水平井常用钻具组合

水平井常用钻具组合有单弯螺杆钻具、同向双弯螺杆钻具、反向双弯螺杆钻具、小角度的单弯井下马达四种。

3)水平井轨迹控制技术

(1)轨迹控制要求:

① 到达靶窗时,实际井眼轨迹要在规定的靶窗范围内延伸。

② 水平段轨迹应在设计要求的靶区范围内。

(2)工具仪器准备:

① 长半径水平井工具准备见表6-3。

② 短半径水平井工具准备见表6-4。

表6-3 长半径水平井工具准备

序号	名称	数量	说明
1	单弯螺杆	3	造斜段和水平段
2	无磁承压钻杆	1~2	根据造斜率的大小决定
3	非标扶正器	1	探伤合格
4	定向接头	1	探伤合格,螺纹完好
5	单流阀	1	合格完好
6	斜坡钻杆	按井身结构和井深定	全新或一级
7	加重钻杆	300~400m	全新或一级
8	无磁钻铤	1	直井段

表6-4 短半径水平井工具准备

序号	名称	数量	说明
1	单弯螺杆	2	造斜段和水平段
2	无磁钻铤或无磁承压钻杆	1~2	根据造斜率和地磁走向决定
3	非标扶正器	1	探伤合格
4	定向接头	1	探伤合格,螺纹完好
5	单流阀	1	合格完好
6	斜坡钻杆	按井身结构和井深定	全新或一级
7	加重钻杆	300~450m	全新或一级
8	无磁钻铤	1	直井段

③ 中半径水平井、长半径水平井仪器准备见表6-5。

表6-5 中半径水平井、长半径水平井仪器准备

序号	名称	数量
1	无线随钻测量仪	1
2	电子多点测量仪	1
3	单点测量仪	1
4	有线随钻测量仪	1

(3)水平井技术要求。

水平井施工前的准备工作及上部直井段与定向井钻井要求相同。直井段要尽量打直,为后续的定向造斜井段提供条件。

直井段钻完后,要用电子多点测量仪测量全井段的井斜、方位数据,计算造斜点的轨迹数据,以此为依据再次进行井眼轨迹实钻设计,一般为三维设计。

① 定向增斜段。

定向造斜施工作业时要保证测量数据准确无误。采用无线随钻测量仪或有线随钻测量仪

时,在有磁干扰的情况下,要采用陀螺测斜仪进行校正。定向方位参照同地区方位飘移规律合理确定方位提前量。

——采用无线随钻测量方式时的钻具组合为:钻头+弯外壳井下马达+无磁钻杆+MWD无磁短节+加重钻杆(300~450m)+钻杆(注明:负脉冲MWD或悬挂式正脉冲MWD钻具组合)。

——采用有线随钻测量方式时的钻具组合为:钻头+弯外壳井下马达+定向接头+无磁钻杆+加重钻杆(300~450m)+钻杆。

在储层钻进时,按有关井控要求带内防喷工具,如回压阀等。

② 调整井段。

——当实际的造斜率与设计造斜率相差较大时,调整增斜段的长度,使实钻轨迹更好地与设计轨迹相符,以便准确钻达入靶点,安全着陆。

——用于消耗适当的水平位移或垂深,如靶前位移较大时需要在井斜角较大的井段设计稳斜段,或者当造斜点较高时就需要在井斜角较小的井段设计稳斜段。

③ 靶前增斜段。

靶前增斜段相对开始定向造斜段来说增斜要困难些,主要是钻压不易加到钻头上,钻进速度慢。

靶前增斜段井斜角都较大,钻具组合为:钻头+弯外壳井下马达+单流阀+MWD无磁短节+无磁钻杆+斜坡钻杆+加重钻杆(300~450m)+钻杆(注明:正脉冲坐键式MWD钻具组合)。

④ 水平段。

水平段的施工与造斜段和靶前增斜段最大的不同是,在采用定向方式钻进时钻压更不容易加到钻头上,一般情况下应尽量避免在水平段进行扭方位等定向作业。

为解决钻压和扭矩传递难的问题,水平段采用倒装钻具组合,可使用导向钻进或转盘钻进的方式钻进,采用导向钻进方式时的钻具组合为:钻头+弯外壳井下马达(小角度)+单流阀+MWD无磁短节+无磁承压钻杆+斜坡钻杆+加重钻杆(300~330m)+随钻震击器+加重钻杆(150~120m)+钻杆(注明:正脉冲坐键式MWD的钻具组合)。

斜坡钻杆长度设计的依据是,加重钻杆以下的斜坡钻杆的长度等于或大于45°井斜以下井段和准备钻进井段总和,也就是说,加重钻杆入井的位置最好位于井斜小于45°以上井段内,以便有效传递钻压和扭矩。

(4)安全钻进要求。

水平井井下情况比直井要复杂得多,不仅要稳定井斜角和井眼方位,还由于重力、摩擦力、岩屑沉降等诸多因素而涉及其他一系列问题,从而使水平井的安全钻进与直井相比也有所不同。

在水平井中,由于重力作用,井斜角超过30°以上的井段内岩屑就会逐渐沉降到下井壁,形成岩屑床。若钻井液携砂性能好,悬浮能力强,则形成岩屑床所需时间长;反之,则形成岩屑床所需的时间就短。

现场实践发现,岩屑床在井斜角为30°~60°的井段内是不稳定的。也是较危险的。当沉积到一定厚度后,岩屑床会整体下滑从而造成沉砂卡钻。因此,在钻进中发现扭矩增加不正常就要查明原因,若无其他原因,说明已经形成岩屑床;每次接单根或起下钻时,都要记录钻柱的摩擦阻力,发现摩擦阻力增加,说明井下已经存在岩屑床,就要采取短程起下钻和分段循环的办法清除岩屑床。发生沉砂卡钻后,不能硬提解卡,最好的处理方法是接上方钻杆,大排量循环,进行倒划眼。

(二)大位移井

1. 大位移井的定义

大位移井是一种结构特殊的定向井,国际上指井的水平位移与垂深之比大于2,倾角大于60°的定向井;国内指垂直井深不小于2000m以上,水平位移与垂直井深之比为2:1的定向井。

大位移井主要用于海上老油田的二次开发、滩海和极浅海油田实现海油陆采或陆地克服地面障碍物等。

2. 大位移井的分类

(1)浅层大位移井:垂深只有100~500m,水平位移与垂深之比大于2的定向井。

(2)深层大位移井:水平位移超过3000m,水平位移与垂深之比大于2的定向井。

3. 大位移井钻井技术

由于大位移井具有较长的延伸井段,从而决定了大位移井较直井、常规定向井、一般位移的定向井和水平井钻井难度大得多。大位移井的钻井关键技术包括:井身剖面的优化设计、钻柱组合的优化设计、井眼轨迹的测量、轨迹控制技术、减摩降扭技术、井眼稳定性、钻井液技术、井眼净化措施和改善、固井完井技术、钻井装备等。

1)井身剖面的优化设计

大位移井所采用的剖面形式主要有两大类:(1)变曲率剖面:悬链线剖面、拟悬链线剖面。(2)定曲率剖面:直—增—稳三段制剖面形式,其优点为:可以减少钻井工序,使井眼轨迹较短,有利于钻井安全,减少施工难度与钻井事故。

2)钻柱组合的优化设计

大位移井由于井斜角大,稳斜井段长,在钻井过程中钻柱所受的扭矩较大,因此,钻柱组合的优化设计应包括以下内容:

(1)应考虑的因素。

① 钻柱的抗扭能力要大于所承受的扭矩。抗拉能力要大于钻柱的悬重和摩阻,且应与钻机的输出扭矩相匹配。

② 钻柱要具有足够的抗压强度,能为水平段钻井提供足够的钻压。

③ 钻杆要具有足够的抗疲劳强度,以适应大斜度和水平段钻井时的弯曲应力。

④ 钻柱组合中的各类接头、工具和仪器能够承受钻井作业中的扭矩、拉力和动载。

(2)提高钻柱强度的措施。

① 使用S135高强度钻杆,并采用合适的接头镀层和钻杆化合物,以保证逐步提高抗扭的范围。

② 使用高扭矩螺纹化合物。

③ 采用多扭矩台肩的接头,如双台肩接头,可增大接头的扭矩容量,并对钻杆质量提供

保证。

④ 铬基表面硬化,可以使硬化表面的摩擦系数较碳化钨表面降低 25% ~30% 。

⑤ 低扭矩钻杆。在标准钻杆本体上加了三套呈螺旋状的整体式扶正翼片,其外径比接头的外径大。所有翼片都用很硬的低摩阻材料喷涂,它具有机械搅动岩屑床并破坏岩屑床的作用。

3)井眼轨迹的测量

轨迹测量实质就是进行轨迹的监测,以判断实钻轨迹是否与设计轨迹相符合。

在特殊井(水平井、分支井、大位移井等)的施工中,所采用的测量工具主要有随钻测量系统、随钻测井工具(LWD)以及陀螺仪等。

4)轨迹控制技术

大位移井轨迹控制工艺和水平井、定向井控制工艺大同小异,但是,大位移井轨迹控制工艺需要借助一些特定的工具,采用一定的工艺措施,迫使钻头按照设计轨迹钻达目的层。目前,国内外在大位移井施工中采用的轨迹控制工具主要有以下几种。

(1)导向涡轮钻具。典型的导向涡轮钻具是在涡轮钻具上安装偏心稳定器。它一般安装在涡轮钻具的轴承节上,常有一个偏心稳定器和 1 ~2 个常规稳定器。它的工作原理是利用偏心稳定器的中心偏离轴承节的轴线,使钻头轴线与井眼轴线之间呈一较小夹角,钻头受到一较小的侧向力。偏心稳定器的偏离轴承节轴线的距离称为偏心距。偏心距越大,钻头侧向力越大,导向涡轮钻具的增斜率越大。

(2)导向螺杆钻具。常用的导向螺杆钻具主要有单弯螺杆、同向双弯螺杆、反向双弯螺杆。

(3)可变弯接头与井下动力钻具组合。可变弯接头主要有电动式、机械式和液压式三种。可变弯接头与井下动力钻具组合是通过调节可变弯接头的弯角来完成各井段钻井作业的。因电动式和机械式可变弯接头使用时限制较多,因此,液压式可变弯接头使用较普遍。

(4)可变径稳定器。可变径稳定器是通过采取一定方式改变井下变径稳定器的外径尺寸,实现井底钻具组合性能的变化,达到不起下钻就可调整井斜角的目的。按控制方式的不同,变径稳定器可分为两类,即遥控型变径稳定器和自控型变径稳定器。

① 遥控型变径稳定器又称地面遥控变径稳定器。操作者在地面发出控制指令,使井下的变径稳定器产生相应的动作,达到所需的外径,使其具有相应的力学性能。目前,经常使用的主要有排量式、投球式、钻压式、时间—排量式遥控型变径稳定器。

② 自控型变径稳定器又称井下闭环控制变径稳定器,具有在井下测量、反馈、执行的闭环回路,以负反馈方式对井斜角进行自动修正以达到预定值。它通过自动调整变径稳定器的外径值来实现力学性能改变的。自控型变径稳定器主要由三部分组成:变径部分、液压系统及测量控制部分。在钻进过程中,井底压差作用于主动活塞上。当电磁阀打开时,主动活塞向上推动主动杆使翼肋向外推出,改变稳定器直径;当电磁阀关闭时,翼肋停止向外推出,其推出量受测控系统的控制。当需要起钻时,钻井液停止循环,环空内外钻井液压力平衡,电磁阀打开,复位弹簧推动液缸下行,翼肋收回。需要人工干预时,可通过下行通道向井下控制器发送所需要的控制指令。

(5)AutoTrack 旋转导向闭环钻井系统。AutoTrack 旋转导向闭环钻井系统是由 BakerHuges Inteq 公司生产的不旋转外筒式闭环自动导向钻井系统。该系统的导向工具由不旋转的导向套和旋转心轴两大部分通过上下轴承连接形成可相对转动的结构。旋转心轴上接钻柱，下接钻头，起传递钻压、扭矩和输送钻井液的作用。在导向套中布置三个可伸缩棱块，分别由三个独立的液压活塞驱动，由液压阀控制有选择地伸出，压靠在井壁以产生需要的导向力。液压阀可以调节每个活塞内的压力，从而形成不同方向和不同大小的力，所以此工具既可调节井眼轨迹方向，又可调节造斜率的大小。液压阀受井下微处理器的控制。井下微处理器布置在不旋转的导向套上，在工具下井前，将设计轨迹的数据预置在井下微处理器中。工作时，将随钻测量的井眼信息或随钻测井的地质信息与设计数据对比，自动控制液压阀，也可采取地面下发指令的方式控制液压力。导向套内还有各种传感器，可测量井斜角、方位角及工具的状态。

(6) Power Driver 旋转导向钻进系统。该旋转导向钻进系统是由 Schlumberger Anadrill 公司研制的全旋转自动导向系统。该系统由稳定平台、导向块支出及控制机构组成。稳定平台内部包括测量传感器、井下微处理器和控制电路。稳定平台通过上、下轴承悬挂于外筒内，通过控制两端的涡轮在钻井液中转速，使该部分不随钻柱旋转。控制轴从稳定平台延伸到下部的导向块支出及控制机构，底端固定上盘阀，由稳定平台控制上盘阀的转角。下盘阀固定于井下偏置工具内部，随钻柱一起转动，下盘阀上的液压孔分别与导向块液压腔相通。在工作时，由稳定平台控制上盘阀的相对位置；随钻柱一起旋转的下盘阀上的液压孔将依次与上盘阀上的高压孔接通，使钻柱内部的高压钻井液通过该液压通道进入相关的导向块液压腔，在钻柱内外钻井液压差的作用下，导向块伸出。导向力的大小由稳定平台相对于钻柱静止时间的长短决定，导向力的方向由上盘阀的相对位置决定。

(7) GeoPilot 系统。该系统是由 Sperry – Sun 公司研制的外筒不旋转式导向钻井系统。工作时靠不旋转外筒与旋转心轴之间的一套偏置机构使旋转心轴偏置，从而为钻头提供了一个与井眼轴线不一致的倾角，产生导向作用。偏置结构是一套由几个可控制的偏心圆环组合形成的偏心机构，当井下自动控制完成组合之后，该机构相对于不旋转外套固定，从而始终将旋转心轴向固定方向偏置，为钻头提供一个方向固定的倾角。

5) 减摩降扭技术

由于大位移井具有大斜度、长裸眼稳斜段的特点，所以在钻井作业中因重力效应钻柱受到较大的摩阻和扭矩，高摩阻和高扭矩成为限制大位移井延伸距离的重要因素。

(1) 高摩阻和高扭矩产生的原因：

① 随着井斜角的增大，钻柱与井壁间的侧向力增大，钻柱运动摩擦阻力增大。井斜角越大，钻具侧向力分量越大。

② 液柱压力与地层压力之差较大，易导致压差卡钻。

③ 井眼清洁效果差，形成较厚的岩屑床，增大摩阻和扭矩。

④ 地层失稳，井壁坍塌掉块，容易产生砂桥卡钻。

⑤ 井眼缩径变形，使起下钻阻力、摩阻和扭矩增大。

(2) 减摩降扭方法：

① 优化钻井设计，选用合适的井眼轨迹。

② 选用合理的钻井液体系和优质的钻井液。

③ 钻井时维护钻井液性能，改善泥饼质量，减小滤饼厚度，降低滤饼对钻柱的接触面积。

④ 保持井壁稳定、井眼清洁,加强固相控制,减少缩径和坍塌掉块现象,尽可能避免起下钻过程中钻柱与井壁的刮卡;同时,加强洗井措施,提高井眼净化程度,减少岩屑床的形成。

(3)减摩降扭工具。

目前所使用的减摩降扭专用工具主要有以下几种。

① NDPP(非旋转钻杆护箍):非旋转钻杆护箍允许钻柱在护箍内自由旋转而护箍本身不转。NDPP 一般应用于一些类型的大位移井中(造斜段位置较浅,造斜段以下有较重的钻柱,井眼偏斜导致钻柱与套管间存在很高的侧向载荷)、套管磨损过度的钻井或低速钻井中。安装位置应最大限度地减小扭矩和防止套管磨损,常安装在距钻杆外螺纹 0.61m 处,安装个数要能保证侧向载荷的大小在操作限制之内。长期使用 NDPP 时,温度不应超过 176.7℃,侧向载荷不得大于 8.9kN。

② DSTR(钻柱减扭)短节。该短节的工作原理与 NDPP 基本相同,差异之处在于 NDPP 是一个滑动轴承,而 DSTR 短节采用了滚动轴承,结构也相对复杂。通过实验室计算机模拟,侧向载荷大多产生于增斜井段,因此,每 2 ~3 个钻具接头安放一个 DSTR 并使该结构始终处于增斜井段,钻井作业时可使钻具接头悬离套管井壁,可极大地减小扭矩。

③ 钻杆轴承短节。

④ 低扭矩钻杆。它实际上是一个中间部位带三个叶片结构整体稳定器的钻杆。低扭矩钻杆主要用于下了套管的井。如果在裸眼中使用,则有可能带来键槽问题。

⑤ 采用合适的扭矩—摩阻模式进行随钻监测。通过鉴定结果,制定有效措施,可以有效地控制扭矩和摩阻。

6)井眼稳定性

(1)井眼力学稳定性:确定合理的钻井液密度,以平衡地层孔隙压力和坍塌压力,且不会压漏地层。预测和计算地层孔隙压力、地层破裂压力及地层坍塌压力,选用合理的钻井液密度给上部地层可靠的支撑。

(2)井眼化学稳定性:在水敏性地层,具高抑制性的钻井液体系有利于井壁的稳定,但目前仍以油基钻井液为最佳。在地质条件许可的情况下,对于大位移井宜采用油基或混油钻井液。

7)钻井液技术

一般对水敏性较强的地层,推荐使用油基和混油钻井液,也可考虑实际情况和经济因素选用抑制性较强的拟油基和水基钻井液。

(1)钻井液性能的稳定性:钻井液的密度、失水、流变性和触变性可调、易维护,以有效减少钻井液的冲蚀和水化作用。

(2)钻井液的润滑性:提高钻井液的润滑性可以有效地降低钻柱的扭矩和摩阻,且有利于井眼的净化。

(3)携岩性能:钻井液的粘度、动塑比等流变性和触变性要强,以有效携带岩屑、净化井眼。

(4)井壁坍塌抑制性:钻井液对井壁坍塌应具有较强的抑制性,可以减少卡钻、井漏、井塌和井壁剥落等复杂情况的出现。

(5)减少对生产层的各种损害。

8)井眼净化措施

(1)保持适当排量和环空返速。环空速度决定着钻井液流型,要保持井眼净化。在大斜度井段和水平井段尽可能提高环空流速,使钻井液呈紊流流动;在直井段和低斜井段,环空返速要大于岩屑下沉速度,使钻井液呈平流型。

(2)当机械钻速低于井眼净化的临界钻速、实际机械钻速高于计算的临界机械钻速时,可进行循环清洗,并及时短起下。

(3)钻具的转动和上下活动有利于井眼净化,要适当采用旋转方式钻井和短程起下钻措施。

9)大位移井的固井完井技术

在大位移井固井完井施工中,由于大位移井延伸段长,套管下入、固井注水泥、完井作业难度明显增大。在套管下入过程中,由于套管和井壁的摩擦阻力大,有时需要在井口施加外力将套管推进到预定井段,因此,大位移井下套管作业需采取相应的特殊措施。

(1)使用顶驱装置,可以随时循环钻井液、清洗井眼、旋转套管、降低摩阻及在井口给套管施加推力。

(2)使用套管漂浮接箍和套管漂浮技术,此时在下入套管过程中,套管处于“漂浮状态”,不会紧贴井壁,减少了套管串与井壁之间的摩阻,有利于套管下入,同时套管柱悬重增加,有利于提供更大的下推力。

(3)使用多刃套管扶正器,可减少套管与井壁产生的摩擦阻力。

为了获得最大油气产量,便于修井、测试、油层改造以及能够满足二次及三次采油并达到保护生态环境的要求,完井施工应安全可靠,防止对油气层造成伤害。结合地质特点认为,最适合于垂直裂缝储层的完井方法是裸眼完井或割缝尾管完井方法;而砂岩储层多采用射孔完井方法或预制封隔尾管等完井方法;对于疏松出砂储层,采用预制砾石充填完井方法。

10)钻井装备

进行大位移井钻井时,钻机应配有高性能的顶驱装置、大尺寸高强度钻杆、优良的固控系统和大功率钻井液循环系统。

(1)循环系统:钻井泵的数量增加到三台以上,钻井泵的额定功率从1600hp(1hp = 735.499W)提高到2000～2200hp,钻井泵及地面管线的额定压力从35MPa提高到40～50MPa,固控系统也要进行相应的改进。

(2)顶部驱动系统:在钻大位移井时,必须采用顶驱装置,以便能进行倒划眼作业;在钻超大位移井时,要求顶驱装置的输出扭矩达到81.35kN·m。

(3)井架、基座、绞车:钻机的承载能力、绞车功率和钻杆排放能力要有足够的余量。

(三)水平井钻井对录井的影响

(1)钻井液中加入润滑剂或原油,导致录井油气显示发现困难,影响油气显示的准确发现与描述;

(2)钻井参数变化(滑动与复合钻井)对钻时影响较大,严重影响了岩性归位,影响录井剖面符合率。

(四)PDC 钻头对录井工作的影响

(1)钻时变化不明显,影响岩性界面划分;

(2)岩屑细碎,岩性识别困难,导致录井剖面符合率下降;

(3)含油级别确定困难,导致含油级别不准确,影响油气层评价。

六、煤层气羽状分支水平井技术

(一)煤层气羽状分支水平井技术简介

煤层气羽状分支水平钻井是煤层气工业发展过程中,结合水平井技术和煤层实际地层特征发展起来的一种新的钻井技术。因其样子像一个复杂的网一样,向远延伸的分支井就像羽毛或干草叉一样连接着水平井,所以在煤层气工业中称为羽状分支水平井。

当前开发煤层气一般采用排水采气法。因为煤储层中的甲烷气绝大多数是以吸附态存在于煤层的表面,以游离态存在的甲烷气非常少,所以要开采煤储层中的甲烷气,就必须使吸附态甲烷气解吸出来。而当地层压力高于甲烷气的临界解吸压力时,甲烷气是不会从煤储层中解吸出来的。因此,目前开采煤层气的方法一般采用抽排煤层中的承压水,降低煤层压力,使煤层中吸附的甲烷气释放出来。煤层气井的产量一般较低,为了提高煤层气井的产量,目前通常都要采取一些增产措施。常用于煤层甲烷增产的技术有水力压裂改造技术、羽状分支水平钻井技术和煤中多元气体驱替技术。目前世界上采用最多的还是水力压裂改造技术,因为在一般煤层中采用水力压裂改造技术就可以取得较好的开发效果,而且该技术成本低。煤中多元气体驱替技术尽管效果非常好,但是考虑到成本太高,从经济角度考虑不太适用。羽状分支水平井技术则是一种效果非常好而且成本不太高的新的煤层改造技术。而且在一些特定煤层中,采取水力压裂技术无法达到预期的开发效果,只有采取羽状分支水平井技术。

另外,从钻井角度降低单井钻井成本、扩大单井控制面积、提高单井产量的方法一般采用羽状分支水平钻井。因为煤层气储层最大的特点就是低渗透性和高饱和度,因此完钻后生产层近井底区域要采用各种措施进行处理,以改善其渗透性,使煤层气易于流向井底。而煤储层由于其自身的特点,使得在采用酸化、压裂以及其他措施时往往不能达到预期的效果。由于这些原因,造成煤层气采收率低,单井产量低,剩余储量非常大。要采出这些剩余储量,钻加密井的方式并不合算,因为要获得生产层内短短的井筒就需从地面无谓地重复几百甚至几千米井身,还要新建井场、敷设管线等等。但是如果采用羽状分支水平钻井,可以使井筒从四面八方向生产层深入几千米,这些水平井筒作为排泄通道把普通直井之间实际上未曾投入开发的大片储层连通,从经济上讲,可以大大节约煤层气开发费用。因此,羽状分支水平井技术日益受到国内外重视,也受到各个煤层气勘探开发公司的青睐。

(二)煤层气羽状分支水平井的发展现状

煤层气羽状分支水平井可以实现抽放井排列方式均匀覆盖以一个抽放井为中心、半径1.6km的圆周范围。对于一个抽放井,可在36个月内形成完整的抽放井布置,抽放能力达70%或以上。对于低渗透性矿藏,每天的气体流速高达$(34\sim56.6)\times10^3m^3$。对于煤层的预抽水、迅速而均匀预排放瓦斯没有任何耽误。该系统可在小规模、不规则的(宽度12.19m)抽放井布置方式下进行操作。目前美国CDX公司利用这一技术开采的煤层气总产量占美国的

10%，日产气量占美国的6%。

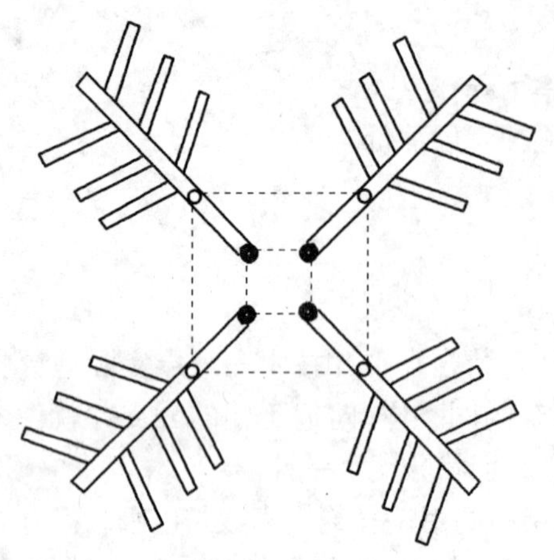

图6-12　煤层气羽状水平井布井方式

世界上第一口煤层气羽状分支水平井专利技术的应用是在美国落基山，当时距井口约100m且与主井眼在同一剖面上设计一口垂直井，并与主水平井眼在煤层内贯通，下入割缝衬管，保持井眼打开，用于排水降压采气。这种技术在一个井场朝四个方向钻四口羽状分支水平井和四口直井（图6-12）。

目前羽状分支水平井技术已经在煤层气钻井中使用，包括一个直井打两口交叉井。主生产井是钻的直井，在地下它连接一个水平井，在水平井上开侧窗钻分支井（图6-13）。分支井在生产前将其堵塞，生产时煤层气从分支井排采出来进入直井段到达地面。

采用羽状分支水平井，部分井不下技术套管；部分井在距目的煤层约15m处下入ϕ193.6mm套管并注水泥固井，然后用ϕ171.5mm钻头、空气泡沫钻井液或低固相钻井液体系在煤层中钻1000～1500m长的主水平井眼，再用ϕ120.6mm钻头、铰接式钻具、裸眼可回收水力式斜向器/封隔器总成，从下往上在主水平井眼两侧不同位置分钻6个水平分支井眼，单个水平分支井眼长450～610m，分支总长约3050m。全部裸眼完井。每口井覆盖4km^{2}的采气面积。

在我国，煤层气羽状分支水平井应该说还处于起步阶段。第一口煤层气羽状分支水平井是在大宁矿区钻的DNP02井。XM1-1井采用煤层造洞穴、两井连通、随钻地质导向、钻水平多分支、充气欠平衡等多项世界先进钻井技术，创下了最深的煤层气多分支水平井世界纪录。

（三）煤层气羽状分支水平井的主要工艺

首先钻一口直（洞穴）井，在煤层位置下入一根玻璃钢套管，下入水力锻铣工具将玻璃钢套管锻铣掉，利用超大水力扩孔造洞穴。再钻一口水平井，利用强磁测量工具使水平井与直井洞穴连通。连通后采用充气欠平衡钻井方式，直井充气，水平井返出。完成主井眼钻进后，应用悬空侧钻进行分支井钻进。水平分支完成，每口井由两个主井眼和若干个分支井眼组成。

（四）煤层气羽状分支水平井的相关技术

1. 煤层气羽状分支水平井完井方法

煤层气羽状分支水平井的完井方式，工艺较简单，主要采用裸眼完成、直接投产。

2. 煤层气羽状分支水平井井身结构

煤层气需要通过排水降压解吸附才能产出，因此，羽状分支水平井井身结构必须考虑排水采气。

方案一，需要另钻直井抽排水。直径215.9mm井眼在目的煤层顶部下入直径177.8mm技术套管并注水泥固井；用直径152.4mm钻头小曲率半径造斜进入煤层，并在煤层中钻500～1000m长的主水平井眼，然后用直径120.6mm钻头由下往上在主水平井眼两侧不同位置交替侧钻出4～6个水平分支井眼。单个水平分支井眼长300～600m，与主水平井眼成45°夹角，全部采用裸眼完井。最后,在距水平井井口约100m且与主水平井眼在同一剖面上设计一口垂直井,并与主水平井眼在煤层内贯通(可采用造洞穴或压裂沟通),下入筛管,保持井眼打开,用于排水降压采气(图6-13)。

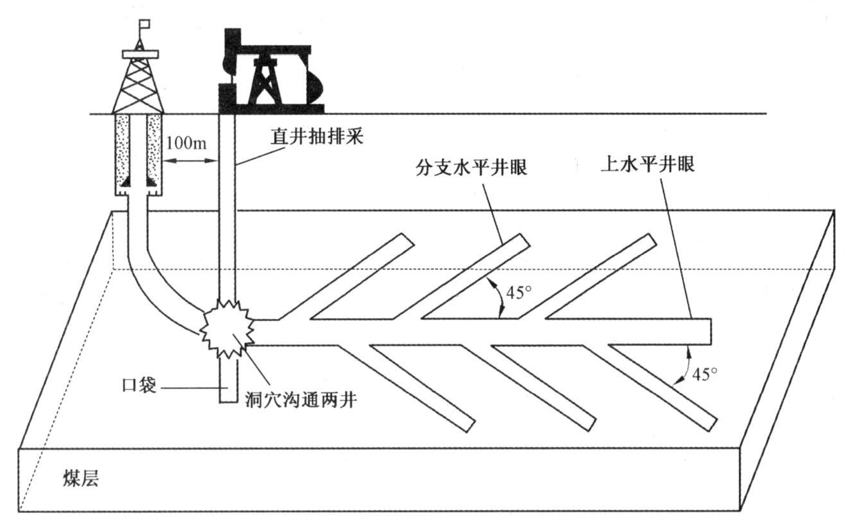

图6-13 煤层气羽状分支水平井示意图

方案二,主水平井内下入电潜泵直接抽排水采气。为保证电潜泵的顺利下入,直径215.9mm井眼采用中曲率半径进入煤层,直径177.8mm技术套管下到煤层部位,分支井眼同方案一。

3. 羽状分支水平井井眼剖面设计

井眼轨迹设计坚持以最光滑、最短为原则。首先考虑分支井筒所处的煤层特性,根据煤层性质、地应力的分布状态和最大主应力方向、煤藏单元的几何形状和甲烷的流动控制要求等因素来确定井眼轨迹的设计,使主水平井眼沿最小应力方向钻进,钻井复杂情况最少并且钻进速度快,可获得较大的水平位移。

主水平井眼采用中、小曲率半径和"直—增—增—稳(水平段)"的连增复合型剖面,井眼轨迹圆滑,摩阻和扭矩小,造斜点选在煤层顶部砂岩上。分支井眼采用中曲率半径和"增—稳"剖面,与主水平井眼呈45°夹角。

4. 羽状分支水平井钻井关键技术

通过对国外煤层气羽状分支水平井钻井技术和国内分支井技术的研究表明,在煤层中实施定向羽状分支水平井钻井主要有以下几项关键技术。

1)铰接式钻具

羽状分支水平井的井眼轨迹是空间弯曲线,既有井斜的变化,又有方位的变化。如何使刚性较大的钻铤和钻杆能造出这种井眼曲率并顺利重入,通常需要在钻铤或钻杆连接处加装一个柔性连接的铰接式接头。这种接头具有万向节的功能,在一定角锥度范围内可以任意方向转动,同时具有密封功能。此外,采用铰接式钻具组合,最大限度降低扭矩、摩阻和弯曲应力。

2)可回收式裸眼封隔器/斜向器

斜向器是分支井钻井的关键技术工具,对分支井的钻井起着至关重要的作用。它在分支点处引导钻头偏离原井眼,按预定方向进行分支井眼的钻进。

煤层气钻进中的斜向器是可回收式带裸眼封隔器的,由斜向器和封隔器两部分组成。斜向器的斜面上开有送入和回收的孔眼,用于施工作业中送入和回收斜向器。可膨胀式封隔器用于固定和支撑斜向器。

3)井眼轨道控制

由于煤层可钻性好,钻速快,单层厚度薄(3~6m),井眼轨迹控制难度大。为将井眼轨迹控制在煤层内,可采用“LWD+钻井液动力马达”或地质导向钻井技术,实现连续控制,滑动钻进,提高轨迹控制精度,加快钻进速度。同时,要避免井眼轨迹出现较大的曲率波动。钻进中尽量避免大幅度变动下部钻具组合结构、尺寸和钻进参数,并控制机械钻速在一定范围内变化,防止井眼出现小台肩现象。

4)煤层井壁稳定性

由于煤层割理发育、机械强度低、易碎易垮,侧井壁稳定是羽状分支水平井成败的关键之一。为此,应对煤层进行煤样三轴应力即井壁稳定性模拟实验研究,确定防止煤层破裂的最大允许钻井液密度和防止井眼坍塌的最小钻井液密度值。

除密度外,钻井液与地层的相互作用也影响煤层水平井眼稳定。当煤层井壁有钻井液渗入时,流体的渗入使得割理面的有效正应力大大减小,割理张开距离变大,井周渗入钻井液的块体变得疏松,松散的块体很容易被循环的钻井液冲刷掉而造成井径扩大。钻井液密度越高,流速越大,张开的割理面越多,割理张开的距离越大,煤层井壁越不稳定。因此,钻井液应有良好的润滑性、抑制性、携岩性和防塌性能,严格控制失水和滤液化学性质,适当提高滤液粘度,减少或削弱毛细管效应,降低泥饼的渗透率,并采取相应稳定井眼的工程技术措施:

(1)造斜点以下地层和煤层段全部采用井下动力钻具。钻柱不旋转,工作较平稳,有利于保持煤层井壁稳定。

(2)尽量不用螺旋稳定器。要尽量采用大尺寸螺旋稳定器,以减少对煤层井壁碰撞。

(3)快速钻完煤层水平井段。对那些较疏松、破碎的粉煤层,井壁极易垮塌,不宜钻羽状分支水平井。

七、钻井液新技术

(一)水基钻井液

水基钻井液是由膨润土、水(或盐水)、各种处理剂、加重材料以及钻屑所组成的多分散体系。水基钻井液的分类方法很多,主要有以下几种:

(1)按水中盐含量的多少分为淡水钻井液、盐水钻井液、饱和盐水钻井液和海水钻井液;

(2)按粘土颗粒的大小分为细分散钻井液、粗分散钻井液和不分散钻井液;

(3)按体系中固相含量的多少分为有固相钻井液、低固相钻井液和无固相钻井液;

(4)按钻屑的水化作用强弱分为分散性(非抑制性)钻井液和抑制性钻井液。

鉴于本书编写的宗旨，在此就不作系统介绍，仅以目前现场应用较多、研究较为热门的水基钻井液进行介绍。

1. 分散性钻井液的特点及应用范围

分散性钻井液是指水、膨润土和各种对粘土和钻屑起分散作用的处理剂（简称为分散剂）配制而成的水基钻井液。分散性钻井液的主要特点是粘土在水中高度分散，正是通过高度分散的粘土颗粒使钻井液具有所需的流变和降滤失性能。目前国内外使用的分散剂种类很多，主要起降粘作用的分散剂有多聚磷酸盐、丹宁碱液、FCLS、褐煤及改性褐煤等，主要起降滤失作用的分散剂有 CMC 和聚阴离子纤维素等。此外，用于调节 pH 值的 NaOH 也具有较强的分散作用。为了提高分散性钻井液的抗温能力和抗盐能力，我国研制了以磺化栲胶、磺化褐煤和磺化酚醛树脂作为主处理剂的三磺钻井液体系，它是我国用于钻深井的有代表性的分散钻井液体系。

分散性钻井液的优点主要体现在以下几方面：

(1)配制方法简便，处理剂用量少，成本较低；

(2)可形成较致密的泥饼，具有较好的护壁性，失水相应较低；

(3)可容纳较多的固相，适于配制密度较大的钻井液；

(4)抗温能力较强，如三磺钻井液可以抗温达 160～220℃。但是，分散性钻井液具有如下几方面局限性：

(1)抑制性和保护油气层的能力较差；

(2)体系中固相含量高，特别是粒径小于 1μm 的亚微米颗粒所占的比例相当高，因此使用时对机械钻速有一定影响；

(3)钻井液抗各种污染物的能力差，由于体系是高度分散的多相体系，粘土颗粒比表面积很大，当 Ca^{2+}、Na^{+} 等侵入钻井液时其性能变化很大，出现粘度及切力上升、失水量大幅增高的不良现象。

目前，常规分散性钻井液普遍用于钻开表层；三磺钻井液体系主要用于钻 4500m 以上深井，耐温可达 160～220℃。

2. 聚合物钻井液的特点及应用范围

聚合物钻井液是 20 世纪 60 年代以来发展起来的一种新型钻井液体系。广义地讲，凡是使用线型水溶性聚合物作处理剂的钻井液体系都可称为聚合物钻井液，但通常是将聚合物作为主处理剂或主要用聚合物调控性能的钻井液体系称为聚合物钻井液。根据聚合物所含离子种类不同，可将聚合物钻井液分为阴离子聚合物钻井液、阳离子聚合物钻井液和两性离子聚合物钻井液。

聚合物钻井液属于一种“不分散低固相钻井液体系”。该钻井液体系具有固相含量低、流变性好、稳定井壁能力强、成本低等特点。目前，传统聚合物钻井液中使用最为广泛的为铵基聚合物钻井液。该体系通常使用相对分子质量较高的聚合物（PAM、KPAM、PAC141 和 FA－367 等）作为包被絮凝剂，控制钻井液中固相含量，以铵盐为主要降滤失剂来控制失水，可以满足普通浅井的钻井需求。

随着勘探开发的不断深入，对钻井液的要求越来越高。钻井液工作者结合其他钻井液一些优势之处，开发出了一系列性能优良的非常规聚合物钻井液体系，比较典型的有如下几种：

(1)引入 KCl 形成了 KCl 聚合物钻井液。该体系具有良好的抑制性，被广泛用于快速钻井及钻 3000m 以上的相对浅的软地层，以抑制泥页岩的水化膨胀、分散。

(2)引入抗高温性强的磺化类处理剂，形成了聚磺钻井液，适合于井底温度较高(180 ~ 200℃)的深井钻井。

(3)引入正电胶处理剂，形成了聚合物—正电胶钻井液。该钻井液具有剪切稀释性好、抑制钻屑分散和稳定井壁能力强等优点。聚合物—正电胶钻井液广泛应用于存在泥页岩失稳问题的 3000m 左右的井进行快速钻井。相比较 KCl 聚合物钻井液，聚合物—正电胶钻井液具有更好的流变性、更高的携带和悬浮岩屑能力。

(4)同时将正电胶、磺化类处理剂引入聚合物钻井液，开发出了聚合物—磺酸盐—正电胶钻井液体系。该钻井液体系同时兼具强抑制性、超强的抗化学污染和抗高温能力，可以有效地用于钻 6000m 或更深的深井、定向井和水平井。

3. 聚合醇钻井液的特点及应用范围

聚合醇是一大系列非离子型表面活性剂，为相对分子质量较低的聚合物。它们是白色水溶性的类似牛奶一样的粘稠液体。这类聚合醇类化合物典型的特点是在低温下可以与水互溶，但是升到一定温度后，它们中的一部分会以小微珠的形式从水中析出，使溶液变得混浊不透明。这个温度称为聚合醇的“浊点”。这个现象是可逆的，即当温度降到浊点以下时，它又可重新溶于水中。在井比较深、温度超过浊点时，出现的这些小微珠可以堵住地层的孔隙和裂缝，或沉积在井壁的泥饼上，使得聚合醇钻井液具有突出的稳定井壁、提高钻井液本身和井壁的润滑性能、减轻油气层损害和降低稀释率的效应。钻井液中可单独使用一种聚合醇，也可多种聚合醇组合使用，其中聚乙二醇使用最为广泛。

4. 甲酸盐钻井液的特点及应用范围

甲酸盐是一种溶解度相当大的可溶性有机盐，是一种性能优良的水溶性加重剂。甲酸盐钻井液是一种不含膨润土的钻井液，其中溶解有大量的甲酸盐，所用甲酸盐可以是甲酸钠、甲酸钾和甲酸铯中的一种或几种的混合物。甲酸盐钻井液的密度范围可以通过选择甲酸盐类型和可酸溶的加重材料(如碳酸钙和赤铁矿粉)在 1.6 ~ 2.3g/cm^3 之间调节。甲酸钠较便宜，甲酸钾较贵。甲酸盐钻井液的特点是有很好的稳定井壁和保护油气层的能力。通常无固相甲酸盐钻井液体系主要用于水平井储层段钻井，以达到保护储层的效果；而高密度甲酸盐钻井液主要用于解决地层压力系数较高且含大段泥页岩或含盐膏层的地层钻井问题。

该钻井液体系因需使用大量甲酸盐及较高的成本使它的使用受到限制。

5. 硅基钻井液的特点及应用范围

硅基钻井液是一种具有很好的页岩抑制性能、对油气层损害较微弱、对环境安全和成本低廉的钻井液体系。硅基钻井液的井壁稳定能力主要源于其中的硅酸盐含量，应不断补充并保持硅酸盐含量的稳定。通常由钻井液的 pH 值来判断，硅基钻井液的 pH 值应保持在 11 ~ 13。在配方中既可使用硅酸钾，也可使用硅酸钠，但因前者有更强的抑制泥页岩水化膨胀、分散的能力，故应优先选用。它的缺点是对 Ca^{2+} 很敏感，应用于无含钙地层 3000m 或更浅的井。

6. 胺基钻井液的特点及应用范围

胺基钻井液(Amine - based mud),又称为高性能水基钻井液(HPWBM),在国外应用较广,近年来国内各科研院所也纷纷开展了相关研究。胺基钻井液主要由页岩抑制剂、包被剂、钻速增效剂和降滤失剂组成,其实质是应用了一种新型的相对分子质量较低的胺基抑制剂。该胺基抑制剂有更高的抑制能力和防泥包能力,符合环保要求,并具有成膜作用,其效果与油基钻井液相当。该体系被认为是可以替代油基钻井液且又能安全钻进的一类性能更高的水基钻井液。该体系主要用于解决泥页岩地层井壁垮塌、造浆严重的大位移井、水平井的钻井问题。

7. 盐水钻井液的特点及应用范围

盐水钻井液是相对于淡水钻井液而言的,根据其含盐量不同可以划分为:海水钻井液(含盐量约3%)、盐水钻井液(含盐量8% ~12%)、饱和盐水钻井液(含盐量>30%)。盐水钻井液经常用于钻盐水层、盐岩层和盐丘,也用于钻大段剥落和崩散性的页岩层,以保持井筒的稳定。

8. 水包油钻井液的特点及应用范围

水包油钻井液属于低密度钻井液范畴,主要用于解决一些低孔低渗、缝洞发育易井漏、地层压力系数低的储层保护问题和深井欠平衡技术难题。水包油钻井液是将一定量的油分散在淡水或不同矿化度的盐水中,形成一种以水为连续相、以油为分散相的水包油乳状液。该体系由水相、油相、乳化剂和其他处理剂组成。其中,水相是外相;油相是内相,以高闪点、高燃点和高苯胺点的矿物油(如柴油、原油和白油)为主。水包油钻井液的优点如下:

(1)体系性能稳定,抗温能力强,流动性好,抑制性好,抗水侵、油侵能力强;

(2)密度低于普通钻井液体系,欠平衡钻进时有利于发现和保护油气层;

(3)有助于防止井漏,提高机械钻速。

(二)油基钻井液

油基钻井液是指以油作为连续相的钻井液。与水基钻井液相比较,油基钻井液具有能抗高温、抗盐钙侵、有利于井壁稳定、润滑性好和对油气层损害程度较小等多种优点,目前已成为钻高难度的高温深井、大斜度定向井、水平井和各种复杂地层的重要手段。但是,油基钻井液的配制成本比水基钻井液高得多,使用时往往对井场附近的生态环境造成严重影响,以上缺点大大限制了油基钻井液的推广应用。

广义上讲,油基钻井液包括全油基钻井液、油包水钻井液和合成基钻井液。在全油基钻井液中,水是无用的组分,含水量不应超过7%。在油包水钻井液中,水作为必需组分均匀地分散在油相中,含水量一般为10% ~60%。合成基钻井液从本质上来说是一种油基钻井液,只是它用合成油来替代常规油基钻井液中使用的普通基础油配制而成。合成油是指14 ~22个碳原子的线性碳氢化合物,如聚α - 烯烃、酯类、醚类、线性烷基苯、线性石蜡、线性α - 烯烃等,其中线性α - 烯烃最好。目前,全油基钻井液受成本和环境保护的限制已很少使用,合成基钻井液由于成本太高也尚未形成规模化推广应用,总体来说,应用相对较多的还是油包水钻井液,其中油相以柴油和低毒矿物油(白油)为主。

作为油包水钻井液的特点及应用范围来讲,油包水钻井液是以水滴为分散相、以油为连续相,并添加适量乳化剂、润湿剂、亲油的固体颗粒(有机土、氧化沥青等)、石灰和加重材料等形成的乳状液体。油包水钻井液中的油相可以为原油、柴油或白油。由于白油主要成分为脂肪烃或脂环烃,因此白油包水钻井液被称为低毒油包水钻井液,但是白油相比较柴油成本高很多。油包水钻井液的水相是盐水溶液(一般为 $CaCl_2$ 溶液),它的盐浓度是根据地层水的活度来确定的,保持钻井液中水相的活度和地层水活度处于平衡状态。此外,油包水钻井液的液相由油和盐水组成,因此该体系具有很强的抑制泥页岩水化膨胀、分散能力,而且可有效保护油气层。

(三)气体类钻井液

严格来讲,气体钻井液应该是指气体作为连续相的钻井液,但在这里将凡是把气体作为钻井液组分之一的钻井液都归纳为气体类钻井液,包括泡沫钻井液、充气钻井液、纯气体钻井液(空气、氮气和天然气)和雾化钻井液。由于纯气体钻井和雾化钻井更多强调的是设备和工艺,下面着重介绍泡沫钻井液和充气钻井液的相关技术。

1. 泡沫钻井液的特点及应用范围

泡沫钻井液主要分为两类:一类是一次性泡沫钻井液,另一类是可循环硬胶泡沫钻井液。泡沫钻井液具有液柱压力低、防漏效果好、有利于保护油气层和提高机械钻速等特点。该钻井液体系适合于钻探压力系数低或有大段漏失层的井以及欠平衡钻井。

一次性泡沫钻井液由空气(或其他气体)和水两相组成,在加入了增稠剂的水中加入发泡剂和稳泡剂配制而成。在钻井进行过程中,新配制的泡沫用泵打入井内钻具中,然后在环空中上返,携带钻屑返出井口,最后排放至地面排污池中。为了使钻井作业连续不断地进行,就需不停地配制泡沫并将其打入井中。该钻井液的密度可以调节,最高可达 $0.35g/cm^3$。它的缺点是由于泡沫不断排放和需要使用特殊设备导致成本较高。

可循环硬胶泡沫钻井液由水、膨润土和空气(或其他气体)三相组成。因为这种泡沫的气泡足够牢固,可以承受流动的冲击力,故可以在井内反复循环使用。该钻井液密度可在 $0.6 \sim 0.99g/cm^3$ 范围内调节,并且现场不需要增加任何特殊设备。

2. 充气钻井液的特点及应用范围

充气钻井液是以气体为分散相、以液体为连续相,并加入稳定剂使之成为气液混合且稳定的体系。充气钻井液主要由气体、清水、增粘剂、降滤失剂、封堵剂和粘土稳定剂组成。所用气体可以是空气、氮气和二氧化碳等。该钻井液体系流变性好、携砂能力强,对井壁冲蚀作用小、井径规则,密度低且可调范围大,能有效降低钻井液液柱压力,从而有利于提高钻速、防止井漏和保护油气层;缺点是比普通钻井需要增加一套充气和计量相关的装置。充气钻井液适合于低压油气藏、低压易漏地层的钻探及欠平衡钻井。

八、多分支井钻井技术

(一)多分支井的定义

分支井和多底井统称多分支井。多分支井是指在一口主井眼的底部钻出两口或多口进入油气藏的分支井眼(二级井),甚至再从二级井眼中钻出三级子井眼,并将其回接在一个主井眼中(图 6-14),主井眼可以是直井、定向井、水平井。

(二)多分支井的优越性

多分支井和原井再钻能够大幅度地提高油气井的效益,降低吨油开采成本、提高单井产量、实现少井高产,也有利于提高最终采收率,其主要优越性如下:

(1)增大井眼与油藏的接触面积,增大泄油面积,改善油藏动态流动剖面,降低锥进效应,提高泄油效率,从而提高采收率。

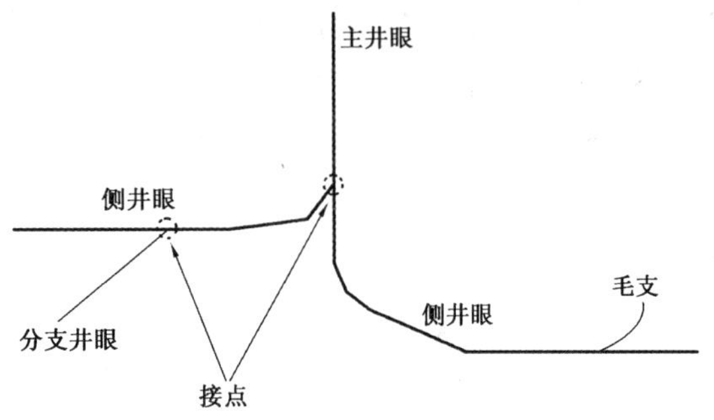

图 6-14 多分支井示意图

(2)可应用于多种油气藏的经济开采,有效地开采稠油油藏、天然裂缝致密油藏和非均质油藏,能有效开发地质构造复杂、断层多和孤立分散的小断块、小油层。在经济效应接近边际的油田,也可以通过钻多分支井降低开发费用,使其变为经济有效的可开发油田。

(3)可在一个主井眼或可利用的老井眼,在需要调整的不同目标层钻多分支井,或在同一层位钻分支井,减少无效井段,降低成本。

(4)提高油田开发的综合效益。从老井眼(或主井眼)加钻分支井眼,增加油藏内所钻的有效进尺与总钻进尺的比率,以降低成本。例如,在美国得克萨斯州 Aneth 油田,双分支井产量提高 2 倍以上,四分支井产量近于单井产量的 5 倍,该地区多分支钻井成本见表 6-6。

表 6-6 美国得克萨斯州 Aneth 油田多分支井钻井成本表

分支井眼数	总成本,万美元	单分支井的成本,万美元
单个分支	35.8	35.8
双个分支	50.5	25.2
四个分支	70.0	17.5
六个分支	95.0	15.8

(5)用多分支井开发油田,由于井口数目减少,在陆上减少了地面工程和管理费用,在海上可减少平台数或减少平台井口槽数目缩小平台尺寸或改用轻一级平台等,大幅度地提高经济效益。

(三)多分支井关键技术

多分支井技术是以定向井、水平井技术的成熟为前提的,主要关键技术如下。

1. 多分支井油藏工程研究

(1)分支井各分支的空间布局。

(2)分支井产量预测:井间干扰、层间干扰。

(3)分支井眼的产量测试:共同泄油区 = 互相干扰区。

2. 多分支井完井技术

(1)多分支井的核心技术是完井问题。

（2）由于斜向器是坐封在主井眼的套管上的，侧钻井的完井管柱没有预开孔，因此完全封闭了主井筒的下部井眼。分支井技术的核心就是“井眼贯通”问题。

（3）完井原则：力学完整性、水力完整性、再进入能力。

（四）多分支井分类及主要剖面类型

多分支井技术最早起源于前苏联。拥有该技术的国家还有美国、加拿大、法国、英国等。20世纪90年代后，各国开始大力发展多分支井技术。至1999年5月，共完成了5779口井，其中美国3884口，加拿大1891口，其他地区4口。

1. 多分支井分类

（1）由主井眼钻进的带水平和倾斜井眼的多分支井，适用于开采枯竭油藏、高粘油藏、薄层油藏，油藏厚度可从几十米到几百米（图6－15、图6－16）。

图6－15　平面反向分支井

图6－16　水平和倾斜的多分支井

（2）多层井，适用于油层厚度大于100m的油藏、高粘油藏、有气顶的油藏、有底水的油藏（图6－17）。

（3）由一个水平井眼钻进一系列径向井眼的径向井，适用于渗透率和初始含油饱和度低的厚储层、在产层顶部有原油饱和的透镜体或被非渗透泥岩隔断的含油饱和砂层、厚层状地层中部有最后的产层夹层（图6－18）。

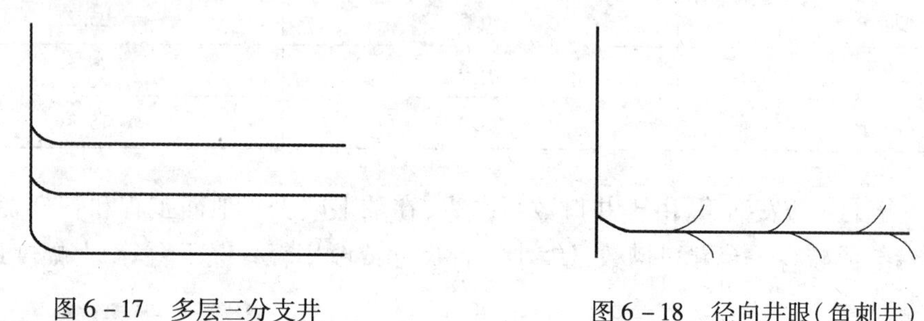

图6－17　多层三分支井

图6－18　径向井眼（鱼刺井）

2. 多分支井剖面类型分级

TAML按复杂性和功能性建立了分级体系，将完井方式分成6个等级，其目的是为多分支井技术的发展指出一个更加统一的方向。

多分支井完井技术的重点已从在坚硬、稳定的地层进行裸眼完井技术（TAML 1级）转到具有充分的连续性能和分隔性能的完井技术（TAML 5级和TAML 6级）。

TAML 1级完井主井眼和分支井眼均为裸眼，分支连接处无支持，主要应用于较坚硬、稳定的地层（图6－19）。

TAML 2级完井主井眼注水泥封固，分支井眼为裸眼（图6－20）。这种完井方式经济，允许选择性采油，主井眼的套管提高了井眼的稳定性。

TAML 3 级完井主井眼下套管固井，分支井下尾管（图 6－21）。

TAML 4 级完井主井眼和分支井眼均下套管固井，具有最大的机械连接性（图 6－22）。

TAML 5 级完井主井眼注水泥固井，分支井各层压力分隔（图 6－23）。

TAML 6 级完井采用井下分叉装置，如图 6－24 所示。

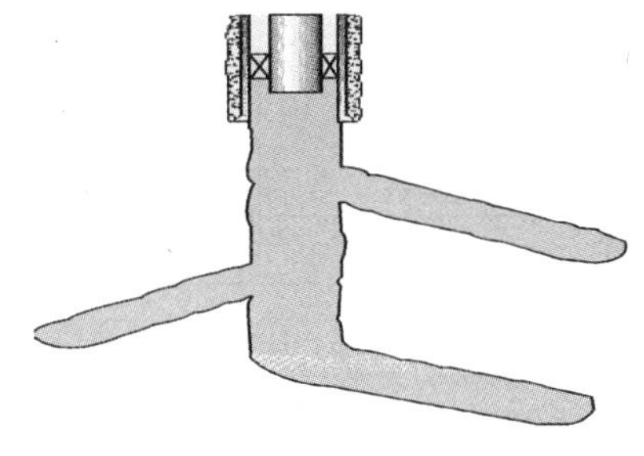

图 6－19　TAML 1 级

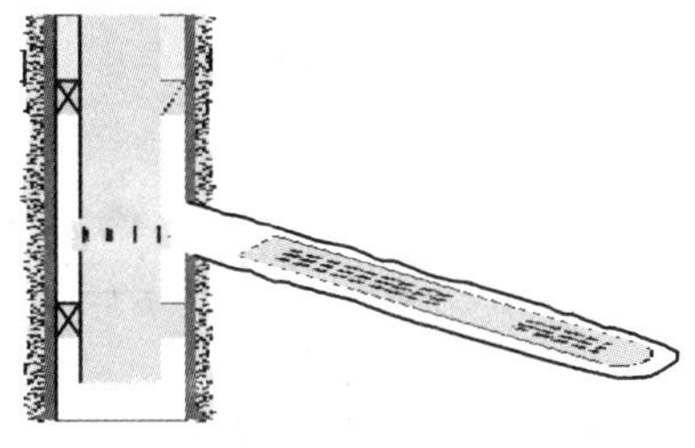

图 6－20　TAML 2 级

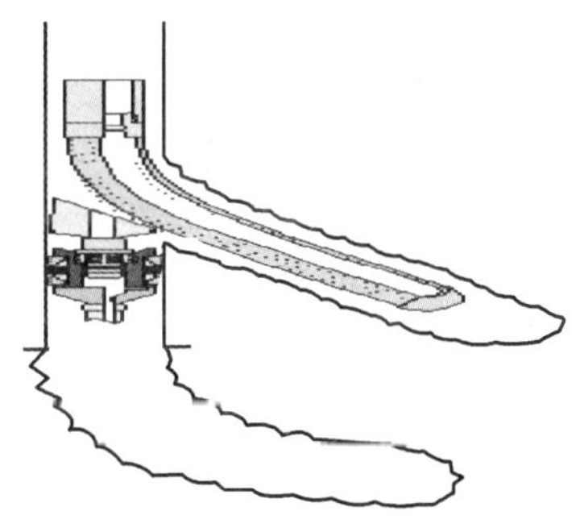

图 6－21　TAML 3 级

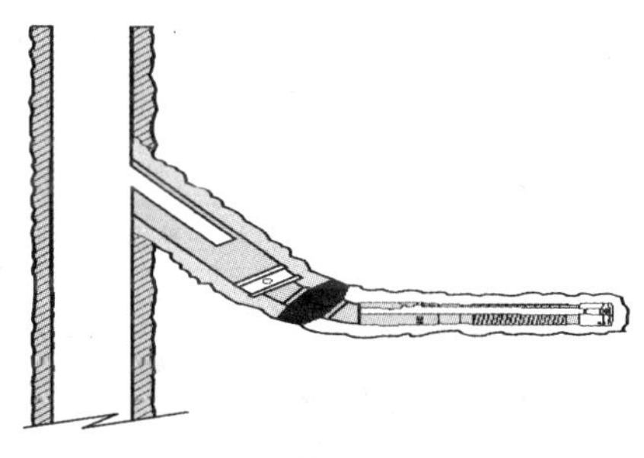

图 6－22　TAML 4 级

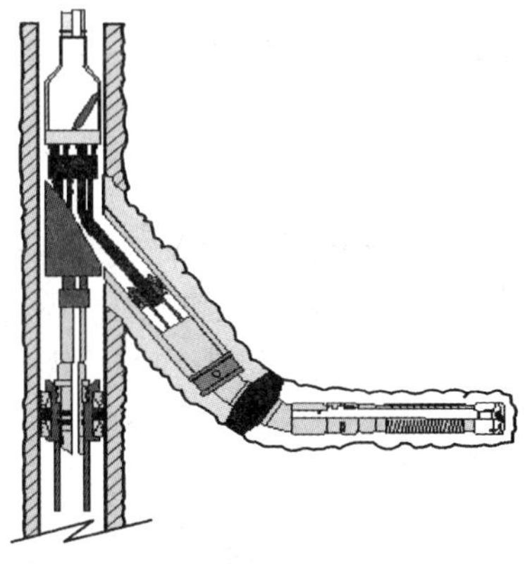

图 6－23　TAML 5 级

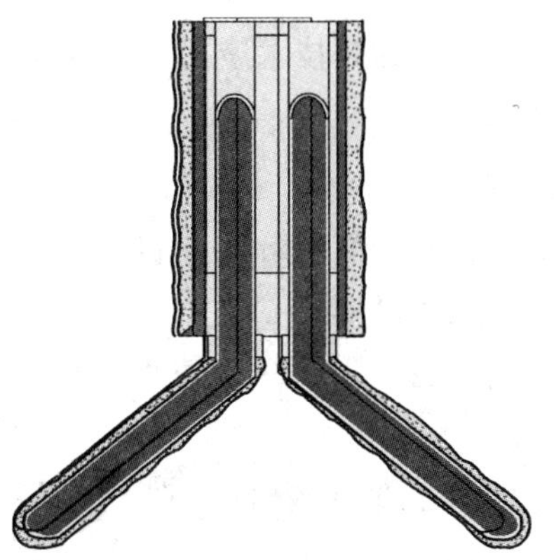

图 6－24　TAML 6 级

各级完井类型特点见表6-7。

表6-7 各级完井类型特点

级别	接口支撑	接口密封	支井重入	采油
1	无支撑	不密封	不能重入	合采
2	无支撑	不密封	不能重入	合采
3	机械支撑	不密封	有限重入	合采
4	水泥支撑	不密封	起油管重入	分采
5	水泥支撑	密封	过油管重入	分采
6	套管支撑	密封	能重入	分采
6s	套管支撑	密封	能重入	分采

(五)多分支井应用范围

多分支井应用范围见表6-8。

表6-8 多分支井应用范围统计表

序号	应用方向	目的
1	有多个目的层的油藏、互不连通的油藏、封隔的断块	将多个单独开发不经济的联合开发,以增加产量
2	尺寸受限制的曲藏、透镜体、受断层所限制的油藏	解决这类油藏中水平井井段长度受限制的问题
3	多种泄油模式、通过老井重钻控制油流的位置	增加平面上的油藏动用程度
4	多层油藏、在不同的油层中获得不同的产油能力	增加垂直面上的油藏动用程度
5	重钻多底井、分支井	增加产量
6	穿过断层或页岩隔层	增加产量
7	减少锥进,降低压力消耗	降低脱气、脱水的处理费用
8	注入井、新井或重钻井	增加平面上及垂直面上的波及面积,增加产量

(六)多分支井钻井技术

多分支井钻井技术涉及的内容较多,包括钻柱设计原则、钻井液设计原则、安全钻井施工工艺等。

1. 钻柱设计原则

最大限度降低钻柱所受的扭矩和摩阻。钻柱应具有较高的抗拉强度. 可采用钢级为S135的钻杆。直井段应有一定数量的加重钻杆,保证在定向钻进时能施加钻压,克服井眼摩阻。采用无磁抗压钻杆代替无磁钻铤,最大限度地降低MWD钻铤接头和井下马达的弯曲应力。

2. 钻井液设计原则

除一般井眼钻井液设计所考虑的问题外,多分支井的钻井液设计还应考虑先钻出的分支井眼由于在钻井液中浸泡时间长可能发生较严重的油层伤害及井眼坍塌等问题。因此除合理选择与地层相匹配的钻井液体系外,还必须在分支井眼钻完后注入专门配置的与地层配伍的完井液，替换出原钻井液，然后再施工下一个分支井眼。另外，在施工中还要充分考虑油层保护及井壁稳定问题。

设计时还要考虑井控、钻机等内容。

3. 安全钻井施工工艺

安全钻井施工工艺主要是造斜工具的选择、定向操作等，同时还要注意以下问题：

(1)根据设计方位和所在地区，确定无磁钻铤或无磁钻杆的长度。

(2)钻进中如遇进尺明显变慢或无进尺，应及时活动钻具，防止吸附卡钻。

(3)根据钻进井段的长短及起下钻中摩阻的变化，确定短程起下钻的频率及井段。

(4)一般情况下，当井斜角大于40°以后即可采用倒装钻具组合。

(5)每钻进50～100m应采用单稳定器钻具组合通井一次。通井遇阻时应以上下活动钻具为主，不宜连续转动转盘或开泵冲洗。为防止划出新井眼，在通井过程中，必要时可悬空钻具，以利于携带岩屑。

(6)根据设计剖面所选择的钻具组合必须进行强度校核，以确保所选的钻具组合在安全范围内。

(7)合理使用钻头，实际使用的钻头性能不低于设计钻头。根据钻井进尺和钻头在井下转动时间及时更换钻头，防止发生掉牙轮事故。

(8)使用先进的随钻测量仪器，对测得的数据进行计算机处理，并根据结果进行待钻井眼设计，以选择合适的钻具组合，确保中靶。

(9)起钻时注意起钻速度。斜井段应低速，防止抽吸诱发井喷和井塌；下钻时下放速度控制在1.5m/min左右，严禁遇阻硬压。

(10)若出现钻井液性能不好、排量不足、除砂效果差、钻进时摩阻大、接单根困难等情况时，应根据井下情况、井眼条件及时起钻通井，充分洗井清除岩屑床。

(11)钻进时，各种仪器必须准确无误。泵压和悬重若有变化，在未查清原因之前，严禁盲目循环和钻进。

(12)在通井正常后，投测电子多点，对整个井眼参数进行校正。

(七)多分支井钻井对录井影响

(1)钻井液中加入润滑剂或原油，导致录井油气显示发现困难，影响油气显示准确发现与描述。

(2)钻井参数变化(滑动与复合钻井)对钻时影响较大，严重影响了岩性归位，影响录井剖面符合率。

第二节　矿场地球物理测井技术

矿场地球物理测井是地球物理学的重要分支，以物理学、数学、地质学为理论基础，采用先进的电子及传感器、计算机信息论、层析成像和数据处理等技术，借助专门的探测仪器设备，沿钻井剖面观测岩层的物理性质，以研究和解决地质问题，进而发现油气、煤、金属与非金属、放射性、地热、地下水等矿产资源。

矿场地球物理测井作为勘探与开发油气田的重要方法技术,至今已近80年历史。随着科技进步和测井技术本身的发展,它在油气勘探、开发和生产的全过程发挥着更大的作用,为油气工业带来更高的经济效益。伴随着油气等矿产资源开发难度的加大和科学技术的快速发展,测井新理论、新技术也不断出现和发展。

一、常规测井

(一)电法测井

岩石作为一种多孔(孔隙中含流体)混合介质,表征其电学性质的参数为电阻率 R、电导率 σ、介电常数 ε 和磁导率 μ。

1. 岩石的电学性质

1)岩石导电性

(1)不同的岩石有不同的电阻率,同种岩石的电阻率不是单一值,而是分布在一定范围。

(2)矿物中金属矿物电阻率极低,但某些造岩矿物(石英、云母、方解石等)及石油电阻率都很高(表6-9)。

表6-9 常见岩石和矿物电阻率

名称	电阻率,Ω·m	名称	电阻率,Ω·m
粘土	100~200	硬石膏	10^4~10^6
泥岩	5~60	石英	10^{12}~10^{14}
页岩	10~100	白云岩	4×10^{11}
疏松砂岩	2~50	长石	4×10^{11}
致密砂岩	20~1000	石油	10^9~10^{16}
含油气砂岩	2~1000	方解石	5×10^5~5×10^{12}
贝壳石灰岩	20~2000	石墨	10^{-6}~3×10^{-4}
石灰岩	50~5000	磁铁矿	10^{-4}~6×10^{-3}
白云岩	50~5000	黄铁矿	10^{-4}
玄武岩	500~10^5	黄铜矿	10^{-3}
花岗岩	500~10^5		

2)储层岩石导电性

(1)碎屑岩。

砂层中含有高矿化度地层水,其电阻率可低于1Ω·m。含淡水时,砂层电阻率只有几十至几百欧姆·米,是碎屑岩类中电阻率最低的一种岩性。

砂岩的电阻率高于砂层,变化范围也大,从几个欧姆·米到上千欧姆·米,与砂岩的分选程度、胶结物及胶结程度有关。分选差、胶结好的致密砂岩电阻率高;分选好、胶结弱的砂岩电阻率低。泥质胶结砂岩的电阻率低于硅质、钙质胶结的砂岩。砂岩是碎屑岩类中可成为油层的主要岩性,含油砂岩的电阻率高于不含油的同种砂岩。

粉砂岩的组成颗粒细,分选好,孔道均匀,离子运动的阻力较小。粉砂岩的电阻率比较低。

砾岩的颗粒较粗，分选很差，多数胶结良好，孔隙度很低。砾岩的电阻率较高，高者大于$10^3\Omega\cdot m$。砾岩也有孔隙发育的例子，这时的导电性与砂岩相差无几。

(2)粘土岩。

粘土岩的电阻率低于碎屑岩，这是因为这种岩石颗粒细，分选好，总孔隙发育，离子在孔道中运动受的阻力很小；而且粘土矿物内部低价离子(如Mg^{2+})置换高价离子(如Al^{3+})，使矿物晶体内部缺少正电荷，晶体表面呈负电性。将这种矿物晶体置于水溶液时，就会吸引正离子到表面，使粘土颗粒表面附近的正离子受到的吸引力最强，一般不会移动。由于泥土颗粒表面存在着扩散偶电层，这种现象降低了粘土岩的电阻率。通常，粘土岩中泥岩的电阻率是最低的，为$5\sim60\Omega\cdot m$，页岩的电阻率比泥岩要高一些。

(3)碳酸盐岩。

石灰岩、白云岩的颗粒极细，孔隙度极小，一般小于7%，几乎不含水。致密石灰岩、白云岩的电阻率高达$(5\sim6)\times10^3\Omega\cdot m$。含泥质时，电阻率明显降低，如泥灰岩的电阻率近于砂岩电阻率。

(4)石膏和岩盐。

石膏和岩盐孔隙度极低，如石膏仅1%，因而电阻率都很高。同样，当它们含泥质时，电阻率下降。

3)地层岩石的介电常数

地层岩石也是一种电介质，在电场的作用下，地层岩石中的新、老偶极子都会重新排列而极化。岩石极化能力用介电常数ε表示。真空的介电常数为$8.85\times10^{-12}F/m$，用ε_0表示。岩石的相对介电常数ε_r为$\varepsilon_r=\varepsilon/\varepsilon_0$。

表6－10列出了若干矿物和岩石的相对介电常数，从表中可以看出，岩石的相对介电常数为4～8，即岩石骨架的相对介电常数变化不大，其相对介电常数明显高于该岩石含油时的相对介电常数。

孔隙度不同的含水岩石中，孔隙度大的岩石相对介电常数也大。这就表明，影响地层介电常数的主要因素是孔隙中的水、孔隙度及水的相对含量。例如岩石含泥质时，相对介电常数明显增加。

表6－10 部分矿物和岩石的相对介电常数

电介质	相对介电常数	电介质	相对介电常数
空气	1.000585	石英	3.8
天然气	1	云母	5.4
石油	2～2.4	正长石	4
水	50～80	泥岩	50～60
石灰岩	7.5～9.2	硬石膏	6.35
砂岩	4.65	石膏	4.16
白云岩	6.9	岩盐	5.6～6.36

2. 普通电阻率测井

1)普通电阻率测井原理

普通电阻率测井是通过测量钻井剖面上各种岩石和矿物的电阻率来区别岩石性质的一种测井方法,因此,需要向井中供应电流,在地层中形成电场,研究地层中电场的变化,求地层电阻率。其测量原理如图6-25所示,通过供电电极A、B供电,在井内建立电场,然后用测量电极M、N测量电位差ΔU_{MN}。所测的ΔU_{MN}的大小决定于周围地层的电阻率,通过变换,即可测出地层的视电阻率。这样就能给出一条随深度变化的视电阻率曲线,可用下式表示:

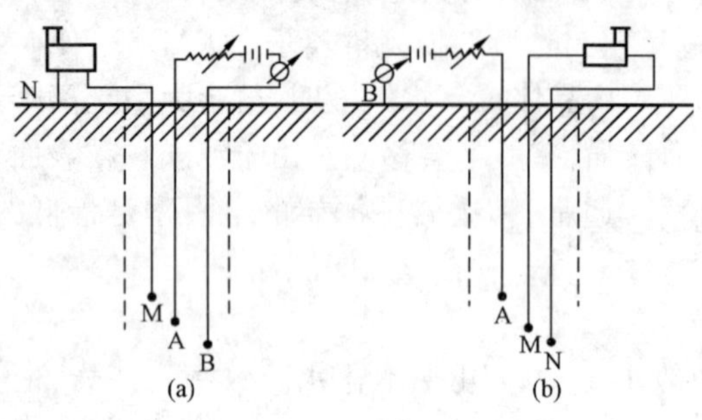

图6-25 普通电阻率测井

$$R_a = K\frac{\Delta U_{MN}}{I} \quad (6-1)$$

式中 R_a——视电阻率,Ω·m;

K——电极系系数,常数;

ΔU_{MN}——电极间的电位差,mV;

I——供电电流(测量时电流为恒定的),mA。

2)电极系

电极系是由供电电极A、B和测量电极M、N中的三个电极按一定相对位置固定在一个绝缘体上构成的井下装置。通常把井下接在同一线路中的电极叫成对电极,把地面电极与井下电极接在同一线路的电极叫做不成对电极。根据成对电极与不成对电极的距离,把电极系分为两类:电位电极系和梯度电极系。常用的梯度电极系是0.25m、0.45m、2.5m梯度电极系;常用的电位电极系是0.5m电位电极系。

(1)电位电极系。

① 电位电极系:不成对电极与相邻电极间的距离($\overline{AM}$或$\overline{MA}$)远小于成对电极间的距离($\overline{MN}$或$\overline{AB}$)的电极系。

② 电极距:不成对电极到相邻成对电极的距离。

③ 记录点:不成对电极的中点,表示电极系在井内的位置,测得的R_a是记录点O所在深度的测量结果。

当成对电极M、N间的距离很大时,N电极对测量结果已无影响,这样的电极系称为理想电位电极系,其视电阻率可用下式表示:

$$R_a = 4\pi\overline{AM}\frac{U_M}{I}$$

从式中可看出,电位电极系视电阻率和测量电极M的电位值成正比。

(2)梯度电极系。

① 梯度电极系:不成对电极与相邻成对电极间的距离($\overline{AM}$或$\overline{MA}$)远大于成对电极间的距离($\overline{MN}$或$\overline{AB}$)的电极系。

② 电极距:不成对电极电极到记录点的距离。

③ 记录点:成对电极的中点。

如果 M、N 电极(或 AB)间的距离接近于零时,$\overline{AM}=\overline{MN}=\overline{AO}$,这样的电极系叫理想梯度电极系。理想梯度电极系的视电阻率为:

$$R_a = 4\pi \frac{\overline{AM} \cdot \overline{AN}}{I} \cdot \frac{\Delta U_{MN}}{\overline{MN}}$$

从式中可看出,视电阻率 R_a 与记录点处的电位梯度成正比。

3)视电阻率曲线

(1)梯度电极系视电阻率曲线。

图 6-26 为在三层介质无井存在时的理想梯度电极系的视电阻率曲线。对于高阻厚层,上下围岩电阻率相等时,曲线与地层中点不对称,底部梯度电极曲线在地层底界面出现极大值,顶界面出现极小值;顶部梯度电极曲线在高阻层顶界面出现极大值,底界面出现极小值。对于 $h>L$ 的中等厚度岩层,视电阻率曲线与厚地层的视电阻率曲线形状相似,但随着厚度的减小,地层中部视电阻率曲线的平直段变小直到消失。对于地层厚度小于电极距的薄层($h<L, L=\overline{AO}$),当用底部梯度电极系时,在薄的高阻层下方出现一个假极大值,它距高阻层底界面为一个电极距。

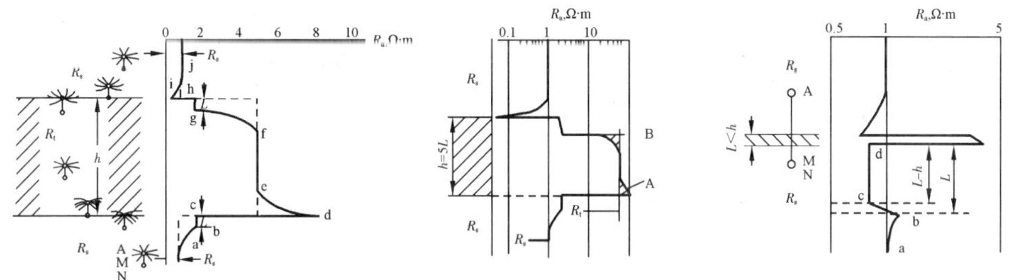

图 6-26 理想梯度电极系的视电阻率曲线

当有井存在时,实际梯度电极系的视电阻率曲线基本相似,只是曲线的突变点与直线部分变得比较光滑,但对于高电阻率地层仍显示极大值和极小值。按照这种原理,一般用底部梯度电极系划分地层界面。梯度电极系的探测范围约为电极距的 1 倍。

(2)电位电极系的视电阻率曲线。

对于高阻厚层,当上下围岩电阻率相等时,理想电位电极系的视电阻率关于地层中点对称,在地层中点得到 R_a 的极大值。地层越厚($h \geq 5\overline{AM}$),视电阻率极大值越接近地层真电阻率;对于高阻薄层($h<\overline{AM}$),对着高阻层中点取视电阻率极小值,在距地层上下界面$\frac{1}{2}\overline{AM}$处显示假极大值。因此,在薄地层中电位电极系不能反映地层电阻率变化。我国用$\overline{AM}=0.5$m

的电位电极系进行标准测井，基本上能够反映厚度大于0.5m地层的电阻率变化。当有井存在时，曲线的突变点及直线部分变得更光滑，仍保留曲线的基本特征。电位电极系的探测范围约为电极距的2倍。

4）视电阻率曲线的影响因素

（1）井的影响：井的影响使 R_a 降低。这是因为井径越大，钻井液电阻率越低，井眼对电流的分流作用越大，流向地层的电流越少，导致 R_a 降低。

（2）电极距的影响：当电极距较大时，由于受井眼的影响较大，所以视电阻率曲线幅度较低。随着电极距的加大，其探测深度加大，地层的贡献占主导地位，井眼的贡献减少，视电阻率幅度升高。当电极距加大到一定程度时，再加大电极距，所测的视电阻率曲线反而降低，这是低阻围岩的影响造成的。

（3）高阻邻层屏蔽影响：在实际钻井剖面中，经常有许多高阻层和低阻层。如果两个高阻层之间的距离大于或小于电极距，则相邻的高阻层对供电电极的电流将产生屏蔽作用，使曲线发生畸变。若电极距大于交互层的总厚度，电流受到向上的排斥作用，使记录点处的电流减少，形成减阻屏蔽作用，导致记录点处的电阻率减少；当电极距小于交互层的总厚度时，电流受到向下的排斥作用，使记录点处的电流增大，形成增阻屏蔽作用，导致记录点处的电阻率增大。

（4）地层或井眼倾斜的影响：井眼铅直的地层随地层倾角增加，R_a 极大值减少，极大值的位置向中部移动，曲线由不对称到近似对称，变化平缓，地层界面模糊，而地层视厚度越来越大。

5）视电阻率曲线的应用

（1）划分岩性和确定岩层界面。视电阻率曲线可将井剖面划分为高阻层和低阻层，结合本区地质条件和其他资料可具体划分岩性。如砂泥岩剖面，一般高阻层为砂岩，低阻层为泥岩。在砂泥岩剖面的视电阻曲线上，利用岩层电阻率的差异将寻找的高阻层分辨出来，然后参考SP曲线，把在SP曲线上具有负异常的高阻层井段即解释的目的层——储集层选出来，确定其层面深度。

（2）近似估计地层电阻率。一般可用短电极曲线的平均值估计储集层侵入带电阻率，用长电极曲线的极大值或平均值（厚度在4～5倍电极距以上）估计原状地层电阻率。

（3）定性判断油气水层。此时主要看长电极曲线。在岩性和地层水电阻率基本相同的井段内，电阻率最低或较低者为水层，电阻率明显高于水层电阻率3～5倍者为油气层。

3. 微电极测井

微电极测井是一种以普通电阻率测井为基础的小极距的特殊测井方法，因其电极距小而得名。因其探测范围小（一般为4～10cm），不受围岩和邻层的影响，也称为微电阻率测井。因其测量结果主要反映泥饼和冲洗带电阻率，故也被称为冲洗带电阻率测井。

微电极测井克服普通电阻率测井纵向分辨率不足的缺点，提高纵向分层能力（准确划分薄层，求准目的层厚度），既能够真实判断渗透层及岩性，又能准确测出冲洗带电阻率。

1）微电极测井的测量原理

微电极测井仪器的主体上装有2～3个弹簧片作为下井时的扶正器，一个弹簧片上装有绝缘硬橡胶板，橡胶板上嵌有三个电极：A为供电电极；M_1 和 M_2 为测量电极电极，间距为

0.025m。三个点电极组成两种类型的微电极系：0.025$M_1$0.025M_2 为微梯度电极系，电极距为 0.0375m；A0.05M_2 组成微电位电极系，电极距为 0.05m。测量中，扶正器使极板紧贴井壁，使电极与井壁直接接触（图 6－27）。

微电极测井属普通视电阻率测井，它的视电阻率曲线除受泥饼、冲洗带、侵入带和原状地层影响外，还与极板形状和大小有关。

2）微电极测井曲线与应用

（1）微电极测井曲线。

测井时，微梯度和微电位同时测量，保持微电极系和井壁的接触条件一致，以保证电阻率差异的真实性、并且通常采用重叠法将微电位和微梯度两条测井曲线绘制在一张成果图中（图 6－28）。

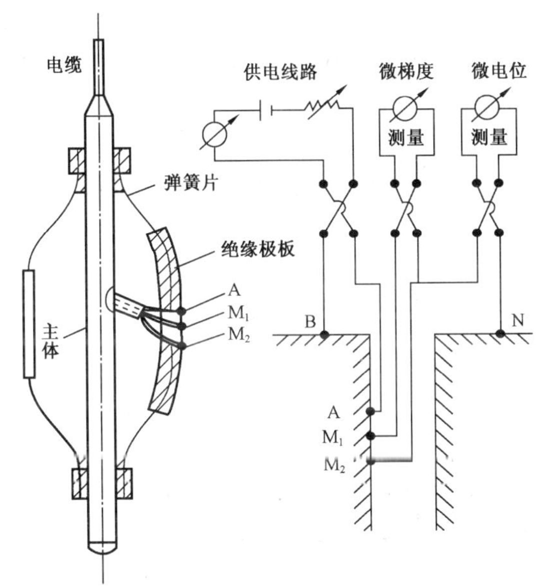

图 6－27　微电极系的测量电路

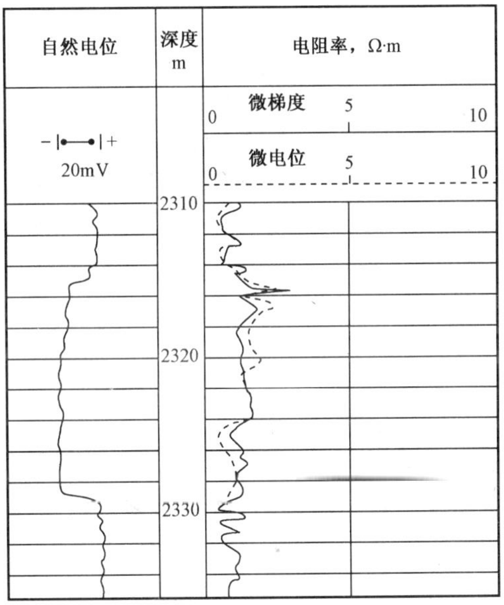

图 6－28　微电极测井曲线

对于渗透性地层，由于有钻井液滤液侵入发生，在极板与地层之间存在泥饼，泥饼电阻率小于地层电阻率。微梯度电极距短，受泥饼影响大，而微电位受泥饼影响小。因此，微电位的幅度大于微梯度的幅度，形成正幅度差；而对于非渗透层的泥岩层段，无钻井液滤液侵入，微电位和微梯度曲线基本重合或显示很小的正负不定的幅度差。对于致密的渗透性地层，微电极曲线显示负幅度差。

（2）微电极测井的应用。

① 确定地层界面。

微电极曲线的探测范围小，纵向分辨能力较强，划分薄互层组和薄夹层比较可靠。用微电位和微梯度两条曲线分歧的半幅点的深度位置来划分，一般划分 0.1～0.2m 厚的薄层。

② 划分岩性及确定渗透层。

在微电极测井曲线上，首先用有无幅度差将渗透层和非渗透层区分开，再根据幅度大小和幅度差的大小详细地划分岩性。各种岩层在微电极曲线上的特征如下：

——含油气砂岩和含水砂岩:有明显的幅度差。如果岩性相同,含水砂岩的幅度略低于含油砂岩的数值;含油性越好,这种差异越明显。如果岩层泥质含量增多,幅度值和幅度差将变小。

——泥岩:微电极曲线幅度低,没有幅度差或有很小的正负不规则的幅度差,曲线呈直线状。

——致密石灰岩:微电极曲线幅度特别高,常呈锯齿状或刺刀状,有幅度感不等的正或负的幅度差。

——生物灰岩:微电极幅度很高,正幅度差大。

——孔隙性石灰岩:曲线值比致密石灰岩低得多,一般有明显的正幅度差。

——油页岩:微电极曲线幅度特别高,常呈锯齿状,多为负的幅度差。

③ 确定含油砂岩的有效厚度。

微电极曲线具有划分薄层、区分渗透和非渗透性岩层的两大特点。在油层中把非渗透性和致密薄夹层划分出来,从含油气层总厚度中扣除就得到有效厚度。

④ 确定井径扩大的井段。

在井内有井壁坍塌形成的大洞穴或石灰岩溶洞时,极板悬空,所测视电阻率接近钻井液电阻率值。

⑤ 可以确定冲洗带电阻率 R_{xo} 和泥饼厚度 h_{mc}。

冲洗带电阻率 R_{xo} 是一个重要的参数。将微电极曲线的数值经泥饼校正后,可以求出准确的 R_{xo};微电位曲线的幅度值可以近似的作为 R_{xo}。另外,根据微梯度、微电位 R_{mc} 的比值,可以确定 R_{xo}/R_{mc} 和泥饼厚度。

4. 侧向测井

采用普通电极系(梯度电极系和电位电极系)测井来求地层电阻率,在地层较薄、电阻率很高或者在盐水钻井液的情况下,由于钻井液和围岩电阻率很低,使得电极流出的电流大部分都在井和围岩中流过,进入测量层的电流很少,因此测量的视电阻率曲线变化平缓,不能用来分层,也不能用来确定视电阻率值。为此,设计了使电流侧向进入地层的侧向测井,从而减少钻井液分流作用和围岩的影响,提高纵向分层能力。用这种电极系沿井筒进行视电阻率测量的测井方法叫侧向测井,这种方法是聚焦测井的一种。到目前为止,侧向测井有三侧向测井、七侧向测井、八侧向测井、双侧向测井、微侧向测井、邻近侧向测井、微球形聚焦测井等。

1)三侧向测井

(1)三侧向测井原理。

三侧向测井的电极系由三个柱状金属电极组成:中间的为主电极 A_0;两端的为屏蔽电极 A_1、A_2,它们对称地排列在主电极两侧且互相短路。电极之间用绝缘环隔开,在电极系上方较远处设有对比电极 N 和回路电极 B。测井过程中,主电极 A_0 和屏蔽电极 A_1、A_2 分别通以相同极性的电流 I_0 和 I_s,并使 I_0 保持恒定,通过自动控制 I_s 方法,使 A_1、A_2 的电位始终保持和 A_0 的电位相等,这样沿纵向的电位梯度为零。这就保证了电流不会沿井轴方向流动,使绝大部分呈水平层状进入地层,大大减小了井和围岩的影响,测量的是主电极(或任一屏蔽电极)上的电位值。因为主电流保持恒定,故测得的电位取决于地层电阻率的大小,测得的视电阻率 R_a

表示为：

$$R_a = K\frac{\Delta U}{I_0} \tag{6-2}$$

式中 R_a——视电阻率，$\Omega\cdot m$；

K——电极系系数，常数；

ΔU——电极表面电位，V；

I_0——主电流，A。

(2)三侧向测井曲线特点。

三侧向测井的视电阻率理论曲线特征与电位电极系的视电阻率曲线相似。当上下围岩电阻率相等时，R_a 曲线关于地层中心对称，在高阻地层中，R_a 出现极大值；当上下围岩电阻率不等时，则 R_a 曲线呈不对称形状，且极大值移向高阻围岩一方。

一般应用深浅三侧向组合测井探测侵入带和原状地层的电阻率。浅三侧向的主电极 A_0 在中间，A_1、A_2 为屏蔽电极，A_1、A_2 的尺寸比深三侧向测井要短，减弱了屏蔽电流 I_s 对主电流 I_0 的控制作用，并在屏蔽电极的外面加上两个极性相反的电极 B_1 和 B_2，作为主电流和屏蔽电流的回路电极，使其探测深度变浅，从而达到探测侵入带电阻率的目的。

(3)三电极侧向测井资料的应用。

① 判断岩性，划分地层。

在砂泥岩地层剖面中，泥岩的视电阻率较低，砂岩的视电阻率较高。对应泥岩处，深浅三测向曲线基本重合；对应砂岩处，由于钻井液滤液的渗透作用，深浅三测向曲线出现幅度差。

在碳酸盐岩地层剖面中，随着岩层中泥质含量的增多，三测向测井的视电阻率值降低。在孔隙或裂缝带，深浅三测向曲线出现正或负幅度差。

三侧向测井受井眼、围岩、侵入的影响小，纵向分层能力强，适合划分薄层，通常在 R_a 急剧变化处定位高阻的界面位置。

② 判断油水层。

将深浅三侧向曲线重叠绘制，利用"幅度差"来描述渗透层。当 $R_{mf}>R_w$ 时，在油层处，一般深三侧向的视电阻率大于浅三侧向的视电阻率，曲线出现正幅度差(或正差异)；在水层处，一般深三侧向的视电阻率小于浅三侧向的视电阻率，曲线出现负幅度差(或负差异)。在盐水钻井液中，即当 $R_{mf}<R_w$ 时，在油层和水层处深浅三侧向曲线上均出现正幅度差，都是低侵剖面，但油层的视电阻率高于水层，且幅度差比水层大，以此判断油水层。

③ 确定地层真电阻率。

对三侧向视电阻率的影响因素有井眼、围岩、层厚、侵入的影响。根据所测得的深浅三侧向视电阻率值，经过井眼、围岩、层厚、侵入的图板校正，可得出地层真电阻率。

2)七侧向测井

为了加大深三侧向电极系的探测深度和减小浅三侧向电极系的探测深度，设计出七侧向电极系，通过调整电极系的分布比来改变屏蔽电流的大小，使其对主电流的控制作用加强和减弱，从而确定理想的探测深度。这样建立了七侧向电极系测井，简称七侧向测井。

深七侧向电极系由七个很小的金属环状电极组成。主电极 A_0 居中央，上下对称分布三对电极，分别为两对监督电极 M_1、M_2 和 M'_1、M'_2，最外侧为一对屏蔽电极 A_1、A_2。每对电极短路连接。测量时，回路电极 B 和对比电极 N 都放置在七电极系的上方较远处，近似看作无穷远处。M_1、M'_1 和 M_2、M'_2 的中点分别为点 O_1 和 O_2，测量时，主电极 A_0 发出恒定主电流 I_0；与此同时，屏蔽电极 A_1、A_2 发出同极性的屏蔽电流 I_s，可用自动调节电路自动调整 I_s 的大小，以便在测量过程中始终维持两对监督电极之间的电位相等，即 $U_{M_1} = U_{M'_1}$（或 $U_{M_2} = U_{M'_2}$），迫使 I_0 径向流入地层，而沿井轴无分流。主电极的电流呈圆盘状径向流入地层，圆盘厚度约为 $\overline{O_1O_2}$（O_1、O_2 分别为 $M_1M'_1$ 和 $M_2M'_2$ 的中点）。

为了研究井壁附近侵入带的电阻率。又提出来浅七侧向测井。浅七侧向电极系是将回路电极 B 分成两部分 B_1、B_2，对称地放置在 A_1、A_2 的外侧，距离较靠近。A_1、A_2 发出的屏蔽电流 I_s 很快通过 B_1、B_2 电极形成回路，对主电流 I_0 的控制作用减弱，所以 I_0 深入地层不远处即开始发散，从而使电极系的探测深度减小，主要反映侵入带电阻率的变化。

在七侧向电极系中，一般用以下四个参数来表示电极系结构和特性：

(1)电极系长度为 L_0——电极 A_1、A_2 之间的距离，即 $L_0 = \overline{A_1A_2}$。它主要影响侧向测井的探测深度。在一定范围内，L_0 加长，相应探测深度增加；反之，探测深度减小。若 L_0 太长，除了使用不方便外，围岩和邻层影响也相应较大。

(2)电极距 L——M_1N_1 中点 O_1 与 M_2N_2 的中点 O_2 之间的距离，即 $L = \overline{O_1O_2}$。L 的大小主要决定七侧向的纵向分层能力。L 较小，纵向分层能力强，能划分出较薄的地层。

(3)分布比 S——电极系长度 L_0 与电极距 L 之比值。它主要影响主电流层的形状。S 过大，不仅要求屏蔽电流过大，而且对测量的影响因素复杂；S 过小，主电流聚焦差。一般取 S 为 3 左右较为适宜，这时主电流层基本上沿水平方向流入地层。

(4)聚焦系数 q——$(L_0 - L)/L$ 的值，即 $q = (L_0 - L)/L = S - 1$。它主要决定电极系的电流极间的电位差。

3）双侧向测井

双侧向测井是在三侧向和七侧向的基础上发展起来的，既有合适的探测深度（和三侧向相比），又使深、浅侧向电极距相同（和七侧向相比）。

(1)双侧向测井原理。

它采用两个柱状电极和七个体积较小的环状电极，电极系结构如图 6－29 所示。

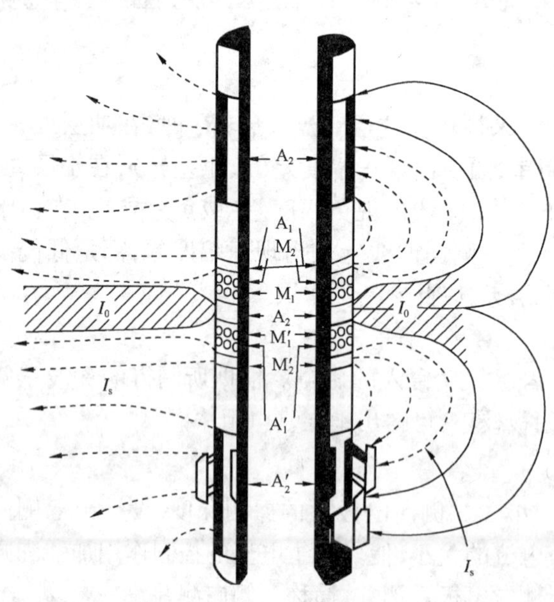

图 6－29 双测向测井电极系

深侧向测量时，主电极 A_0 供以恒定电流 I_0，两对屏蔽电极 A_1 和 A_1'、A_2 和 A_2' 流出与 I_0 相同极性的屏蔽电流 I_s，通过自动调节电路保持监督电极 M_1 和 M_1'（M_2 和 M_2'）间的电位差为零（$U_{M_1} = U_{M_2}$ 或 $U_{M'_1} = U_{M_2'}$），同时使屏蔽电极 A_1、A_1' 和 A_2、A_2' 上的电位比值为一常数。然后，测量任一监督电极(如 M_1)和无穷远电极 N 之间的电位差,反映介质电阻率的变化。

浅侧向测量原理和深侧向差不多。浅侧向测井时,A_1 和 A_2 为屏蔽电极,极性与 A_0 电极相同;A_1'、A_2'为回路电极,极性与 A_0 相反。由 A_0 和屏蔽电极 A_1、A_2 流出的电流进入地层后很快返回到 A_1'、A_2'电极,减少了探测深度。

双侧向—微球形聚焦测井组合测井是一种综合井下仪器,微球形聚焦电极系极板装在 A_2 电极的末端,借助推靠器压向井壁。该极板结构特殊,其末端可水平移动,在井壁不规则时也能贴靠井壁,以保证测井质量。这种组合测井仪可同时测量,一次下井能提供以下曲线:

① 深侧向测井电阻率(R_{LLd})曲线,反映原状地层电阻率 R_t;

② 浅侧向测井电阻率(R_{LLs})曲线,反映侵入带电阻率 R_i;

③ 微球形聚焦测井电阻率(R_{MSFL})曲线,反映冲洗带电阻率 R_{xo}。

利用组合测井测出的三条视电阻率曲线,可直观判断可动油气流动情况。当地层水电阻率 R_w 近似等于钻井液电阻率 R_m 且侵入不深时,若有可动油气存在,则 $R_{MSFL} < R_{LLs} < R_{LLd}$;在类似的情况下,若无可动油气存在,则三条曲线重合。

(2)双侧向测井曲线特征。

当上下围岩电阻率相等时,单一高阻层的双侧向视电阻率曲线关于地层中点对称;随地层厚度减小,围岩电阻率对视电阻率的影响增大。若围岩电阻率小于地层电阻率,则视电阻率小于围岩电阻率;反之,若围岩电阻率大于地层电阻率,则视电阻率大于围岩电阻率。在这两种情况下,二者的差异随地层厚度的减小而增加。

高阻厚层的双侧向曲线对地层中部取最高值,读数应取地层中部的视电阻率值或取地层中部的几何平均值。

(3)双侧向测井资料应用。

① 确定地层真电阻率。

深浅侧向视电阻率 R_{LLd} 和 R_{LLs} 经过井眼、围岩、层厚、侵入影响因素校正后,可以确定岩层的真电阻率和侵入带直径 D_i 值。

② 划分岩性剖面。

双侧向的分层能力强,对于电阻率不同的岩层都有明显的曲线变化,厚度在 0.6m 以上的地层都可分辨。

③ 快速、直观判断油水层。

将深浅侧向视电阻率曲线重叠绘制,在渗透层井段会出现幅度差,在油层处曲线出现正幅度差,在水层曲线出现负幅度差。

4)微侧向测井

微侧向测井利用七侧向测井原理,不同的是采用极小电极系,并装在绝缘极板上。微侧向电极系结构电极系包括 A_0、M_1、M_2、A_1 四个电极,主电极 A_0 居中呈圆片状,向外依次为测量电极 M_1、M_2,最外边是屏蔽电极 A_1,都是圆环状。目前常用的微侧向电极系为 $A_0 0.016 M_1 0.012 M_2 0.012 A_1$。

测井时,绝缘极板借助于推靠器贴在井壁测量,A_0 供出主电流 I_0,同时 A_1 供出屏蔽电极 I_s,I_0 与 I_s 同极性。主电流受屏蔽电流的屏蔽作用而成束状径向流入地层,电流分布在直径为 $\overline{O_1O_2}=4.4cm$ 的喇叭状空间范围内,探测深度较浅,约 8cm。因此微侧向所测得的视电阻率主要反映钻井液冲洗带的电阻率。

5)邻近侧向测井

邻近侧向测井由三个电极构成,电极装在绝缘板上,借助推靠器压向井壁。主电极为 A_0,A_1 为屏蔽电极,M 为参考电位电极。测井时,调节主电极的主电流 I_0,使 $U_M = U_{A_0}$ = 常数,主电极 A_0 发出的电流进一步压缩,窄电流束通过泥饼垂直于井轴方向流入地层,减少泥饼的影响。当泥饼厚度 $h_{mc} \leqslant 19mm$ 时,邻近侧向测出的视电阻率 R_{PL} 基本等于 R_{xo}。

邻近侧向测井的探测范围明显大于微侧向测井,泥饼影响小。通常,当侵入带直径大于 40in 时,原状地层几乎没有影响,邻近侧向测井得出的电阻率就是侵入带的电阻率,但是,侵入带直径小于 40in 时,受原状地层电阻率影响增大。

6)微球形聚焦测井

微球形聚焦测井由九个电极组成,在电极极板的中间矩形片状电极是主电极 A_0,依次向外矩形框电极微测量电极 M_0、辅助电极 A_1、监督电极 M_1 和 M_2,各电极均嵌在极板上,回路电极设置在仪器外壳上或极板支撑架上,测井时借助推靠器是电极系贴靠井壁进行测量。

测井时,主电极 A_0 流出的电流分两部分:一部分流入回路电极 B,称主电流 I_0;另一部分流入辅助电极 A_1,称辅助电极 I_a。

在测量时,自动调节主电流和辅助电流的数值,使监督电极 M_1、M_2 上的电位相等;而测量电极 M_0 与监督电极 M_1、M_2 之间的电位差等于给定值,即 $\Delta U = V_{ref}$(参考电压)。由于 $U_{M_1} = U_{M_2}$,辅助电流只能在测量井段内泥饼中流动,而没有井轴的分流。影响它的主要因素是泥饼厚度、泥饼电阻率等,由于 I_0 与 I_a 同极性,在电场的作用下,主电流受排斥形成很细的电流束穿过泥饼分布在冲洗带中。如果冲洗带内各处电阻率不变,可把冲洗带看作均匀介质,主电流呈辐射状,等位面呈球面。随环境改变,I_0 与 I_a 随之改变。主电流 I_0 的变化主要反映主要反映 R_{xo}的变化,受泥饼影响小。是确定冲洗带电阻率的较好方法。主电流变化与介质电阻率有反比关系,可求出介质电阻率。

微球形聚焦测井与感应测井进行组合测量,可求得侵入带的直径及原状地层。

7)方位电阻率成像测井

方位电阻率成像测井技术是在双侧向测井的基础上发展起来的新一代的侧向测井技术。实现了真正的三维测井。它为研究周围地层的不均均匀提供了重要的方法,进一步扩展了测井的应用范围。

方位电阻率成像测井具有 12 个电极,装在双侧向测井的屏蔽电极 A_2 的中部,每个电极向外的张开角为 30°。12 个电极覆盖了井周 360°方位范围的地层,可以测量 12 个方向的定向电阻率值。

5. 感应测井

普通电阻率测井、侧向测井等直流方法都是在井下地层形成直流电场,通过测量井轴周围地层的电位分布,即可求出地层的电阻率。这要求井内有导电钻井液,有直流通道才能使用这些方法;在油田勘探中,有时为了获得原始含油饱和度资料,需要油基钻井液;有时避免破坏地层的原始渗透性,采用空气钻井。在这样条件下,井内没有导电介质,不能使用直流电法测井。为了解决这一问题,利用电磁感应原理进行测井。

1)感应测井的原理

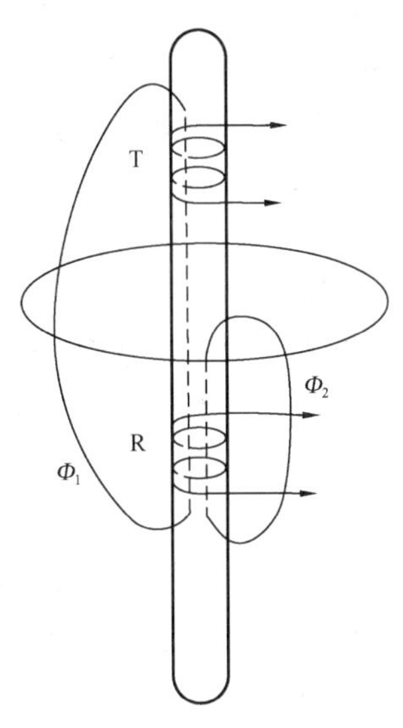

图 6-30 感应测井原理图

感应测井是利用电磁感应原理测量地层电导率一种测井方法。如图 6-30 所示,测井时,交流信号源(辅助电路)通过 T 向地层周围发射交流电 I,在发射线圈周围地层中产生交电变磁场(一次磁场 Φ_1),这个交变磁场通过地层,在地层中产生的感应电流 I_1。I_1 是闭合的,此电流环绕井轴流动,称涡流。涡流是交变电流,在地层中流动又产生交变磁场。这个磁场是地层中感应电流产生的,称为二次磁场 Φ_2,这个交变的电磁场在接收线圈产生感应电动势。接收线圈中的感应电动势大小和涡流大小有关,而涡流的大小的取决于地层电导率。地层电导率大,则涡流大;电导率小,则涡流小。因而接收线圈中的电动势也与电导率成正比,所以通过测量接收线圈中的感应电动势,便可了解地层的导电性。

从图 6-30 可以看出,接收线圈除了二次交变的电磁场产生的感应信号外,还可以接收到第一次交变电磁场在接收线圈中产生的感应电动势。这两种信号一种是由地层产生的,与地层导电性有关的信号称有用信号;另一种是由仪器的发射线圈直接感应产生的,这是一种干扰信号,称无用信号。两者在相位上相差 90°。设计仪器线路时加入相敏检波器只记录有用信号。

2)现场应用的 0.8m 六线圈系的特性

只有一个发射线圈和只有一个接收线圈的感应线圈系一般无用信号比有用信号大几十倍甚至几千倍,这给仪器制造带来很大困难。实际上不采用双线圈系,而采用复合线圈系。

现场常采用应用 0.8m 六线圈系,它是由三个发射线圈和三个接收线圈组成的复合线圈系,其结构如下:

R_2	0.6	T_0	0.2	T_1	0.4	R_1	0.2	R_0	0.6	T_2
-7		100		-25		-25		100		-7

线圈 R_0T_0 是主线圈对,T_0 是主发射线圈,R_0 是主接收线圈,两个主线圈之间的距离为 0.8m,叫主线圈距,记作 L_{00}。在主线圈内侧设置了补偿发射 T_1 和补偿接受线圈 R_1,为了消除井的影响,它们与主线圈绕向相反,用于改善线圈系的径向特性。在主线圈对的外侧对称位置上,装有与主线圈反向的聚焦发射 T_2 和聚焦接受线圈 R_2,用于改善线圈系的纵向特性,减小围岩的影响,提高线圈系的纵向分辨能力。

线圈下面的数值是线圈匝数,负号意义是该线圈的绕向与主线圈的绕向相反。此复合线圈系的 $E_{有用}/E_{无用}$ 比双线圈系提高了 16.9 倍。

3)感应测井曲线特征及应用

(1)感应测井曲线特征。

① 曲线关于地层中心对称,高阻地层为低电导率(高电阻率)异常,低阻地层为高电导率(低电阻率)异常。

② 当地层厚度在 2m 以上时，可用电导率异常的半幅点确定地层界面。当地层厚度再小时，地层界面向异常顶部移动，即半幅点厚度大于地层厚度。

③低电导率异常的最小值是高阻层视电导率的代表值，而高电导率异常的最大值是低电阻层视电导率的代表值。

④对于有足够厚度的非均质地层，如果感应曲线呈台阶形态，则应分段取值。分段取值区的厚度应在 1.6m 以上。

(2)感应测井的资料的应用。

① 划分渗透层。

对 0.8m 六线圈系来说，当层厚 $h>2$m 时，可用曲线半幅点划分岩层的顶底界面；当上下围岩不对称时，可用曲线的半幅点深度确定地层界面位置，然后根据顶底界面的深度之差确定岩层厚度；对于薄层，应采用微电阻率测井曲线或短电极距的视电阻率曲线划分地层。

② 确定地层电导率 σ_a 值。

通过电导率曲线校正后得到地层的电导率，由地层电阻率与电导率的关系即可确定地层电导率 σ_a。

③ 确定储层流体性质。

已知地层岩性、孔隙度、电阻率，应用相应的关系式，即可确定地层含水饱和度和含油饱和度。

④ 围岩视电导率 σ_{sa} 的读值。

当上下围岩的电导率相同且岩性均匀、地层足够后时，可任取上部或下部围岩的感应测井曲线幅度值；当围岩的岩性不均匀时，应取靠近目的层附近的围岩井段的感应测井曲线幅度值，对 0.8m 六线圈系的纵向探测特性，最好在距地层中点 5m 的范围内取围岩的电导率；当上下围岩电导率不同时，可分别读出上下围岩的电导率，然后取其算术平均值。

6. 介电测井

介电测井也称电磁波传播测井，用来测量井下地层的介电常数。地层中水的介电常数比常见岩石和油气的介电常数至少要高一个数量级，同时，电磁波的传播效应不仅与介质电导率有关，而且与介电常数和电磁波频率有关，电磁波频率越高，介电常数的影响越大，据此可以划分油气水层，因而发展了探测岩石极化性质的介电测井。

1)仪器的工作原理

电介质在外加电场的作用下，其原子、离子或分子产生位移形成偶极子并按外加电场方向定向排列的现象称为介质极化。介质极化分为位移极化和转向极化。如果介质分子的正负电荷中心相重合、无电场时呈中性，而在外电场作用下正负电极的中心发生位移而不重合，形成偶极子，这种极化称为位移极化。位移极化与温度无关，极化程度很低。常见岩石的矿物和油气都只能发生位移极化，介电常数很低，差别也不大。而水分子是极性分子，其正负电荷中心不重合，无电场作用时，由于水分子的不规则运动，水本身仍呈中性，但在外电场作用下，水分子发生转动，按外电场方向排列。这种现象称为转向极化，极化程度大，介电常数很大，且与地层水含盐量无关。这使介电测井和电磁波传播测井成为与地层水含盐量无关的测井方法，有助于区分水淹层和油气层。

介电测井使用一个发射线圈、两个接收线圈,线圈中心都在井轴上。两个接收线圈中点间的距离决定仪器的分层能力。发射线圈中点至相邻接收线圈中点间的距离和发射频率决定仪器的探测深度。由于电磁波传播效应的影响,电磁波在传播过程中要发生相位变化和幅度衰减,从而使两个接收线圈中的信号在相位上和幅度上有差别。测量相位差来研究地层性质的方法,叫相位介电测井;测量两个接收线圈信号幅度及其比值来研究地层性质的方法,叫幅度介电测井;而有些介电测井仪器包括这两方面的测量项目,已成为油田开发中的常规测井项目。双频介电是利用两种不同的频率(47MHz 和 200MHz)来测量不同探测深度的介电常数,它有利于对可动流体性质的识别和判断。

2)地质应用

介电测井可用于定性判断岩性和油水层,可根据信号幅度比、相位差和测井解释图版确定相对介电常数,然后与地层孔隙度来计算含水饱和度。双频介电可分别计算不同探测深度的含水饱和度。用重叠含水饱和度的方法来识别储层的流体性质。

介电测井需要电磁波在地层中传播,所以要求钻井液(泥饼)的介电常数大于地层的介电常数,使电磁波在井壁地层内可以产生滑行破;其次,钻井液电阻率应低于地层电阻率,地层电阻率要大于一定值,使井眼内钻井液的直达波和反射液的衰减明显大于滑行波,使接收信号主要受滑行波影响;泥饼厚度较小时影响较小,泥饼厚度较大时将影响测量结果;而空气或油基钻井液钻井不适用介电测井和电磁波传播测井;介电测井和电磁波传播测井探测深度浅,主要反映冲洗带地层的特性。

7. 自然电位测井

地层岩石之间存在电化学差别时,地层岩石中会自发地产生电动势而形成自然电场。钻井液的电化学性质不同于地层水,因而,井内也有自然电场分布。测量井内自然电场的测井方法就是自然电位测井。

钻井地质剖面中具有渗透性的地层及煤层往往有相当明显的自然电位反映。自然电动势主要有扩散吸附电动势、动电电动势和氧化还原电动势。对于油田测井来说,自然电位测井方法简单、容易实现且效果良好,能提供大量的地层岩石信息,是十分重要的测井方法之一。

1)井内自然电位产生的原因

由于钻井液和地层的矿化度不同,在钻开岩层后,在井壁附近两种不同矿化度的溶液接触产生电化学过程,从而产生电动势,造成自然电场。在石油井中,自然电场主要由扩散电动势和扩散吸附电动势组成。

井内自然电位产生的原因很复杂的,由于钻井液和地层的矿化度不同,钻开岩层后,在井壁附近两种不同矿化度的溶液接触产生电化学过程,对于油井来说,主要有:

(1)地层水含盐浓度和钻井液含盐浓度不同,引起离子的扩散作用和岩石颗粒对离子的吸附作用;

(2)地层压力与钻井液柱压力不同,在地层孔隙中产生过滤作用。

这些作用主要取决于岩石成分、组织结构以及地层水和钻井液的物理化学性质。因此,油井的自然电位主要是由扩散及吸附作用产生的,只有在钻井液柱和地层间的压力差很大的情况下,过滤作用才成为较重要的因素。

(1)扩散电动势的产生。

① 钻井液与地层水的矿化度不同;

② 井壁地层具有渗透性;

③ 正、负离子的迁移速度不同。

(2)扩散吸附电动势产生。

① 钻井液和地层水的矿化度不同;

② 井壁地层具有一定的渗透性;

③ 地层颗粒对不同极性的离子具有不同的吸附性。

(3)过滤电动势的产生。

在压力差的作用下,当溶液通过毛细管时,毛细管的两端产生电位差。这是由于毛细管吸附负离子使溶液中正离子相对增多。正离子在压力差的作用下,随同溶液向压力低的一端移动,因此在毛细管两端富集不同符号的离子,压力低的一端带正电,压力高的一端带负电,于是产生了电动势。

过滤电动势只有在地层压力与钻井液柱压力悬殊且在泥饼未形成以前才有较大的显示,由于油井的钻井液柱压力略高于地层压力且相差不是很大,而且在测井时已形成泥饼,所以过滤电位在油井中的显示一般很小,常忽略不计。

2)自然电位曲线及应用

油气井中,砂岩地层孔隙通常饱含盐水,其氯化钠浓度常常高于井内钻井液的盐浓度,因此,在正对砂岩地层处,井壁钻井液一侧呈现负电荷,而砂岩地层呈现正电荷。

泥岩层的自然电位为“正”,砂岩层的自然电位为“负”。如果以泥岩的自然电位为基线,则砂岩的自然电位向负偏,且砂岩的渗透性越好,其自然电位相对泥岩越“负”。油、气、水都是储藏在孔隙性好、渗透性好的砂岩中,因此,可用自然电位测井曲线找出渗透性地层,然后再配合其他测井曲线分辨油、气、水层。

(二)声波测井

声波在不同介质中传播时的速度有很大差别,而且声波幅度的衰减、频率的变化等声学特性也是不同的。声波测井就是利用岩石等介质的这些声学特性来研究钻井地质剖面、判断固井质量等问题的一种测井方法。

声波是近年来发展较快的一种测井方法,由最早的声速测井、声幅测井发展到后来的长源距声波测井、变密度测井、井下声波电视 BHTV、噪声测井到现在的多极子阵列声波测井(包括偶极子横波成像仪 DSI)、井周声波成像测井 CBIL、超声波井眼成像测井等。特别是声波测井与地震勘探的观测资料结合起来,在解决地下地质构造、判断岩性、识别压力异常层位、探测和评价裂缝、判断储集层中流体的性质等方面,使声波测井成为结合测井和物探的纽带,有着良好的发展前景。

1. 岩石的声学特性

声波是物质的一种运动形式,它由物质的机械振动产生,通过质点间的相互作用将振动由近及远的传播,而质点与质点有弹性相互联系着,所以声波在物质中的传播与物质的弹性密切相关。受外力作用发生形变,外力取消后恢复到原来状态的物体叫弹性体,而当外力取消后不能恢复其原始状态的物体叫塑性体。一个物体是弹性体还是塑性体，不仅和物体本身的性质有关，而且和物体所处的环境有关（温度、压力等）及外力的特点（外力作用形式、时间和大小）有关。一般来说，外力小，作用时间短，物体表现为弹性体。

声波测井发射的声波能量小，作用在岩石上的时间也短，所以对声波测井来讲，岩石可看作弹性体。因此，研究声波在岩石中的传播规律，可以应用弹性波在物质中的传播规律，可用杨氏模量（纵向伸长系数）、泊松比和拉梅系数等物理量来描述物质的弹性。

2. *岩石的声波速度*

声波在介质中传播方向和质点振动方向一致的称为纵波，而传播方向与质点振动方向相互垂直的称为横波。同一介质中，由于大多数岩石的泊松比为 0.25，所以在岩石中的纵横波速度之比约为 1.73。

纵波速度随岩石的弹性加大而增大，但不会随岩石密度的加大而减小。因为随着岩石密度增大，杨氏模量有更高级次的增大，所以，随着岩石密度增大，岩石纵波速度增大。

对沉积岩来说，声速除与上述基本因素有关外，还与岩性、岩石的结构及地层的埋藏深度、地质时代有关。

3. *岩石的声波幅度*

声波在岩石中传播，能量（与幅度的平方成正比）会发生衰减，一是因为内摩擦造成热能损失而产生的衰减，二是由于波前扩展或界面反射造成的声能衰减。前者衰减的大小和岩石的密度以及声波的频率有关。岩石密度小，声速低，声能衰减大，声波幅度低（声波频率高，声波幅度衰减大），所以通过声波幅度的衰减可以了解岩层的特点或固井质量。

声波由一种介质向另一种介质传播，在两种介质形成的界面上将发生声波的反射和折射（图 6－31）。入射波能量一部分被界面反射。另一部分透过界面在第二介质中传播。反射波的幅度取决于两种介质的声阻抗。所谓声阻抗（z），就是介质密度和声波在该介质中传播速度的乘积（$z=\rho \cdot v$），两种介质的声阻抗之比 z_1/z_2 叫声耦合率。介质 1 和介质 2 声阻抗差越大，声耦合率越差，声能量就不易从介质 1 传到介质 2 中去，通过界面在介质 2 中传播的折射波的能量就越小；如果两介质声阻抗相近，声耦合率好，声波几乎都形成折射波通过界面在介质 2 中传播，这时反射波的能量就非常小。

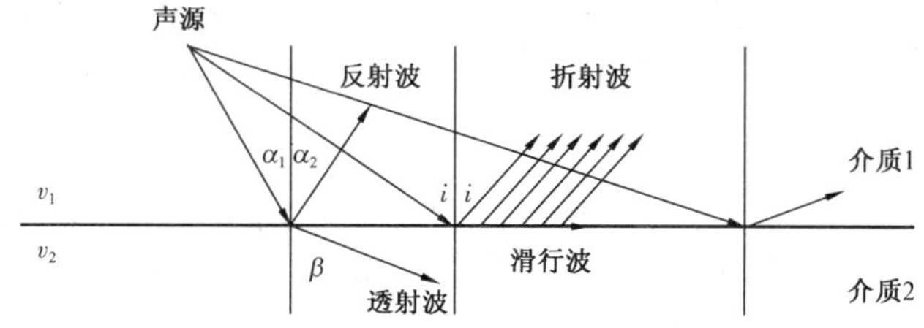

图 6－31 波的反射和折射

4. *声波速度测井*

声波在声阻抗不同的两种介质的界面上传播时发生的折射和反射符合 Snell 定律，即反射和折射定律。折射定律可表示为：

$$\sin\alpha/\sin\beta = v_1/v_2$$

式中 v_1, v_2——介质 1 和介质 2 的声波速度。

因为 v_1, v_2 对一定的介质是固定值，所以随着入射角增大，折射角增大。在 $v_2 > v_1$ 的条件下，当入射角大到某一角度时，折射角为直角，此时折射波将沿着界面在介质 2 中传播，这样的折射波在声波测井中叫滑行波或称为首波或头波，此时的入射角叫临界角，以 i 表示，其值为 $\sin i = v_1/v_2$。

声速测井的下井仪器包括三部分，即声系(由发射探头和接收探头组成)、电子线路及隔声体，其中声系是主体。

1)单发单收声系及单发双收声系

对于单发单收声系，由 T 和 R_1 组成发射和接收探头，源距为 L，假设井内流体中纵波速度为 v_1，井外地层的纵波速度为 v_c，则第一临界角的正弦为 v_1/v_c，声波到达接及探头 R_1 的路径为 $TABR_1$(图 6-32)，所用时间为：

$$t_1 = \frac{2TA}{v_1} + \frac{AB}{v_c} = \frac{2a}{v_1 \cos i} + \frac{L - 2a\tan i}{v_c} \tag{6-3}$$

要通过反演计算求 v_c，必须已知 v_1 和井径 a。但实际测井中，这两个参数是未知的或比较难确定的，所以单发单收声系不利于进行声速测量，一般采用单发双收声系。单发双收声系由 T 和 R_1、R_2 两个接收探头组成。R_1、R_2 间的距离为 L_d(间距)(图 6-32)，同样，声波由 T 到 R_2 的传播时间为：

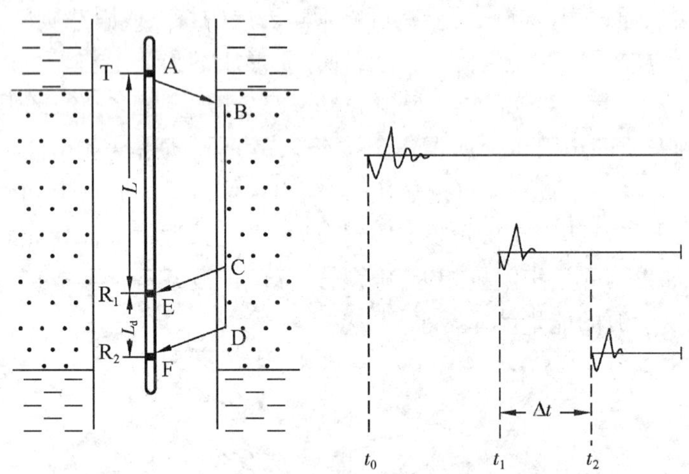

图 6-32 单发双收声系声波传播路径

$$t_2 = \frac{2TA}{v_1} + \frac{AC}{v_c} \tag{6-4}$$

由式(6-3)、式(6-4)得：

$$t = t_2 - t_1 = \frac{BC}{v_c} = \frac{L_d}{v_c} \tag{6-5}$$

所以地层中纵波的时差为：

$$t_c = \frac{1}{v_c} = \frac{t}{L_d} \tag{6-6}$$

其中，L_d 是已知的，t 是实际记录的远近接收探头所接收到的滑行波的到达时间差。

两接收探头间的间距 L_d 的选择应考虑以下问题：

(1)如果 L_d 过大，则所求得的纵波时差是长度为一个间距厚度的地层声速平均效应的贡献，因此不利于薄层分析；而且 L_d 过大，第二个接收探头由于地层的衰减而记录的滑行纵波幅度很小，不易辨认，易产生记录误差。

(2)如果 L_d 过小，则被测量的声波时差的绝对值变小，在地面仪器的精度一定的情况下，则相对误差增大。

因此，从提高测量精度的角度来看，L_d 选择大一些为好。如果地层的纵波速度比较低，可以选择较小的 L_d，这样可以提高薄层的分层能力。单发双收声系存在以下缺陷：

(1)在井眼比较规则的时候能够测量记录井壁上随深度变化的时差，而且测量结果不受井内钻井液的影响。但如果井眼不规则，测量结果会受井内钻井液声速的影响，且误差较大。

(2)单发双收声系存在深度误差。单发双收声系的记录点为两接收探头的中点。它记录的结果应该是在该记录点附近厚度为 L_d 的岩层的声速平均值，但实际情况并不是这样。声波在两个接收探头之间传播的距离并不和它们所对应的地层完全重合。这一深度误差在地层速度较高、井径较小时并不大，可忽略，但当地层 v_c 与 v_1 相差不大且井径增大时，如在疏松的泥岩段井壁坍塌，发生井径扩大，且第一临界角比较大，这一误差可达0.5m，因此，深度误差必须考虑。

2)双发双收声系

为了消除深度误差及井径不规则所引起的误差，一般利用双发双收声系。双发双收声系结构由两个发射探头 R_1、R_2 组成，R_1、R_2 在中间，T_1 和 T_2 交替发射声波脉冲，由 R_1、R_2 各记录一次，然后将两次记录的时差求平均值，作为当前 R_1、R_2 对应的地层的声波时差。下面来分析双发双收声系是怎样减小或消除深度误差和井眼不规则的影响的。

(1)井眼不规则的补偿。

单发双收声速测井受径变化的影响，声波时差曲线出现假异常。为了克服这种影响，采用了双发双收声波测井。

如图6－33所示，R_1 和 R_2 为接收器，T_1 为上发射器，T_2 为下发射器。测井时，上下两个发射器交替地向周围介质发射一定频率的声波。在上发射器发射时，接收器 R_1 和 R_2 接收由上向下经地层传来的声波。声波传播至 R_1 的路径为ABCD，至 R_2 的路径为ABCEF，由此得到的时差用 $\Delta t_上$ 表示。从上发射器停止发射至下发射器尚未工作这段时间内，仪器移动了一定的距离。接着

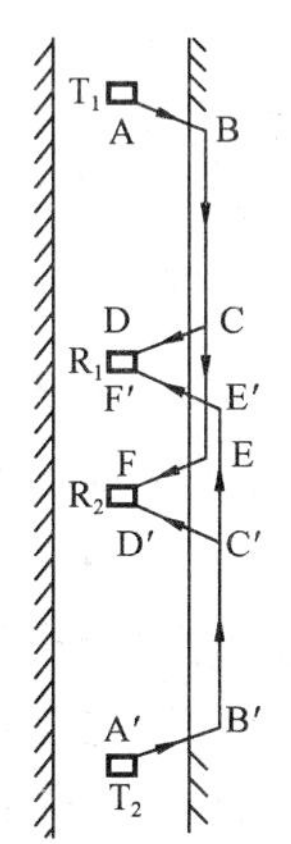

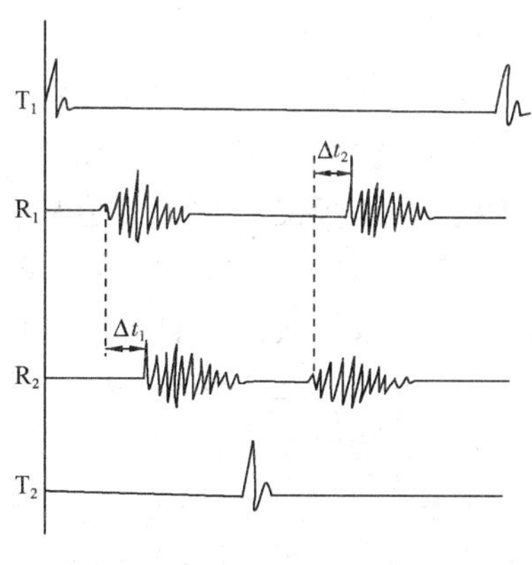

图6－33 双收双发声系

下发射器发射声波，此时，接收器 R_1 和 R_2 接收由下向上传来的声波。声波传播至 R_1 的路径为 A′B′C′D′，至 R_2 的路径为 A′B′C′E′F′，由此得到时差用 $\Delta t_{下}$ 表示：

$$\Delta t_{上} = t_2 - t_1 = \frac{EF}{v_1} - \frac{CD}{v_1} + \frac{CE}{v_2} \tag{6-7}$$

同理 R_2、R_1 接收到 T_2 发射声波时差为

$$\Delta t_{下} = \frac{E'F'}{v_1} - \frac{C'D'}{v_1} + \frac{C'E'}{v_2} \tag{6-8}$$

对 $\Delta t_{上}$ 和 $\Delta t_{下}$ 取平均值得：

$$\Delta t = (\Delta t_{上} + \Delta t_{下})/2 = \frac{1}{2}\left(\frac{EF}{v_1} - \frac{CD}{v_1} + \frac{CE}{v_2} + \frac{E'F'}{v_1} - \frac{C'D'}{v_1} + \frac{C'E'}{v_2}\right)$$

在上下两次发射之间内仪器移动的距离很小时，则有 CD = E′F′，EF = C′D′，CE = C′E′ = L，于是得：

$$\Delta t = \frac{1}{2}\frac{2CE}{v_2} = \frac{L}{v_2} \tag{6-9}$$

地面仪器记录出平均值 Δt 时差曲线。从曲线可看出，在井径变化的地方，如果上发射在接收器 R_1 和 R_2 之间的时差 $\Delta t_{上}$ 增大，但下发射在 R_1 和 R_2 之间的时差 $\Delta t_{下}$ 却会减少。这两者平均的结果就能保持测得的时差 Δt 不变，从而达到了井眼补偿以及消除仪器倾斜影响的作用。

(2)双发双收声系的记录点位于 R_1、R_2 的中点。当 T_1 工作时，反映的是 CE 段(中点为 O_1)地层的时差平均值。当 T_2 工作时，反映的是 C′E′段(中点为 O_2)地层的时差平均值。一般认为，当 R_1、R_2 附近的地层岩性没有发生突变时，CD = E′F′、EF = C′D′、CE = C′E′ = L，取两次测量结果的平均值反映的是 O_1 和 O_2 中点处的时差平均值。因实际记录点为 O_1 和 O_2 的中点，此时实际记录点和仪器记录点重合，不再产生深度误差。

3)影响声速测井的因素

(1)井径变化。

当井径没有明显变化时没什么影响。当井径扩大时，在扩径井段上下界面处，时差曲线会出现与地层无关的假异常。在井径扩大的上部出现岩层时差曲线数值增大的假异常。在井径扩大的下部出现岩层时差数值减少的假异常。

在砂泥剖面的分界处，常常发生井径变化，砂岩一般缩径而泥岩扩径，因此在砂岩层的顶部(相当井眼扩大井段的下界面)出现时差曲线减少的尖峰，砂岩层的底界面处(相当于井眼扩大井段的上界面)出现时差曲线增大的尖峰。

(2)岩层厚度。

岩层厚度对声速测井有一定影响。当地层厚度大于间距时，曲线幅度峰值可以反映地层声波时差值；当地层厚度小于间距时，由于围岩影响，时差增大，特别对于厚度小于间距的薄交互层，时差曲线的分辨能力将大大降低，严重影响分层和正确读取地层的真正声波时差。

(3)周波跳跃。

在含气疏松地层或钻井液混有气体时，声波能量严重衰减，只能触发第一个接收探头而没有能力触发第二个接收探头，第二接收探头只能被后续波触发，Δt 曲线显示为不稳定的忽大忽小的时差，这种现象称为周波跳跃。周波跳跃是疏松砂岩、气层和裂缝发育地层的典型特征，配合其他测井曲线，可以较准确地判断井下的气层和岩石裂缝带。

4)速度测井的应用

(1)声波测井曲线特征。

声波测井曲线是声速测井仪测量到的声波时差随深度变化的关系曲线。对于比较理想的地层，如厚的泥岩夹有砂岩薄层的情况，声波曲线的特点为：

① 当目的层上下围岩声波时差一致时，曲线关于地层中点对称。

② 岩层界面位于时差曲线半幅点。

③ 在界面上下一段距离上，测量时差是围岩和目的层时差的加权平均效应，既不能反映目的层时差，也不能反映围岩时差。

④ 当目的层足够厚且大于间距时，测量时差的曲线对应地层中心处一小段的平均读值是目的层时差。

(2)声波曲线的应用。

① 划分地层：不同岩性的地层时差值不一样，据此可划分地层。

② 判断气层：气层的时差值比含油含水层的要高得多。另外，在含气层段，声波时差往往会产生周波跳跃，在岩性一定的情况下，可用这一现象来指示气层。

③ 估算地层的孔隙度：用声速测井的时差值可以估算岩层的孔隙度。声速测井时差反映的是岩层的总孔隙度。

在固结、压实的纯地层中，若有小的均匀分布的粒间孔隙，则孔隙度与声波时差之间存在线形关系，其关系式称平均时间公式：

$$\phi = \frac{\Delta t - \Delta t_{ma}}{\Delta t_f - \Delta t_{ma}} \qquad (6-10)$$

式中 Δt_f——孔隙中流体的声波时差；

Δt_{ma}——岩石骨架的声波时差；

Δt——声波时差曲线的地层时差的读值。

5. 声波幅度测井

声波在介质中传播，其幅度会逐渐衰减。声波幅度的衰减在声波频率一定的情况下是和介质的密度、弹性等因素有关的。声波幅度测井就是通过测量声波幅度的衰减变化来认识地层特点以及水泥胶结情况的一种测井方法。

1)水泥胶结测井原理

在下套管的井中注水泥后，套管与井壁之间的环形空间内应充满注入的水泥。如果固井质量不好，套管与井壁之间的环形空间会残留钻井液。为了检查水泥与套管是否胶结良好，提出了水泥胶结测井(CBL)。

CBL 采用单发单收声系，源距为 3ft(0.91m)。发射器发射出声波后，一部分声波在套管中以滑行波的方式沿套管传播,形成套管波;另一部分会产生折射传到水泥环中传播,还有一部分穿过水泥环传入地层,分别形成水泥环波、地层波。

CBL 使用单发单收井下仪器进行测量,从发射探头发出的声波脉冲经过各种途径到达接收探头。其中,沿套管传播的滑行波(套管波)首先到达接收探头,然后是地层波和水泥环波。水泥胶结测井只记录首至波(套管波)的波幅。

套管波幅度的大小与套管及周围介质之间的声耦合情况有密切关系。当套管外无水泥或水泥与套管胶结不好时,套管与水泥之间的声耦合较差,套管波的能量仅有很少一部分传到水泥或管外的钻井液中,大部分到达接收探头,这时接收探头收到的套管波很强。相反,在固井胶结良好情况下,套管与水泥环的声耦合较好,大部分声波能量进入水泥环,这时接收探头收到的套管波很弱。因此,通过测量套管波的幅度变化可以了解套管与水泥的胶结情况。

2)影响水泥胶结测井曲线的因素

(1)测井时间。灌注水泥固井有个凝固过程,这是水泥强度不断增大的过程。套管波的衰减与水泥强度有关,水泥强度小,套管波衰减小。在未凝固好的井段测井会出现高幅度值,因此要待凝固后测井。测井过晚,会因为钻井液沉淀固结、井壁坍塌造成无水泥井段声幅低值的假象,一般固井后 24 ~48h 之间测量最好。

(2)水泥环厚度。实验证明,水泥环厚度大于 2cm 时对水泥胶结测井曲线影响是个固定值;小于 2cm 时,水泥环厚度越薄,曲线幅度值越高。因此,应用声波幅度测井检查固井质量时,应参考井径曲线进行。

(3)井筒内钻井液气侵。井筒内钻井液气侵可以使钻井液的吸收提高,造成声幅测井曲线出现低值现象。在这种情况下,容易把没有胶结好的井段误认为是胶结良好,应特别注意。

3)声幅曲线的应用

套管波首波幅度与胶结好的首波相比,其幅度可增加 4 ~5 倍,因此可根据 CBL 测得的声波幅度曲线来判断水泥固井质量的好坏。模拟井实验表明,可用声波相对幅度的大小来判断固井质量:

$$声波相对幅度 = (目的井段曲线幅度 / 纯钻井液段曲线幅度) \times 100\%$$

通常,相对幅度越小,固井质量越好;反之,相对幅度越大,固井质量越差。根据实验结果和实际经验,可将固井质量划分为三个等级:

(1)胶结质量良好,相对幅度小于 20%;

(2)胶结质量中等,相对幅度介于 20% ~40%;

(3)胶结质量不好,相对幅度大于 40%。

CBL 测量的是套管波的首波幅度。首波幅度的大小主要取决于水泥与套管外壁的胶结程度,因此只能解决第一界面(套管外壁与水泥环的界面)的问题,而水泥环与井壁(水泥环与地层)之间是否胶结良好,即第二界面的问题是无法解决的。但由于水泥胶结测井方法简单,易于解释,仍然是判断固井质量的常用方法。

6. 变密度测井

为了更好地检查下套管井第一界面、第二界面的胶结程度,提出了变密度测井。变密度测井采用单发单收声系,源距为 5ft(1.52m)。实际上,变密度测井是声波波列测井,可以接收到套管波、水泥环波及地层波。

1)变密度测井测量原理

变密度测井(VDL)利用单发单收声系进行全波列测量,在1ms的时间间隔内,能够测量套管波、水泥环波、地层波等。在测量时把信号幅度的正半周保留,将负半周去掉。正半周的信号输入到调辉管,将声波幅度的大小转变为辉度的强弱,信号为零幅度时用灰色表示,正幅度用黑色表示,黑色的深浅表示信号幅度的大小。负半周用白色表示。这样在照相记录仪上就显示出随深度变化的黑、白相间的条纹,即显示为声波信号的强度—时间记录。

2)曲线分析

当套管外无水泥只有钻井液时,第一界面声耦合不好,致使大部分声能量沿套管传播,极小部分传到地层,甚至传不到地层。这时套管波的幅度很大,而地层波的幅度很小,甚至看不到地层波。

当水泥环与套管及地层胶结良好时,声耦合好,声波能量基本上传到地层,此时套管波幅度小,而地层波的幅度较大。

当第一界面胶结良好而水泥环与地层胶结不好时,声波大部分能量传到水泥环中,由于水泥环吸收强,致使声波幅度明显衰减,此时所有波的幅度都很低。

当套管偏斜时,一侧与水泥胶结良好,而另一部分没有水泥,声波能量一部分沿套管传播,另一部分传入地层,此时既有地层波的显示,也有套管波的显示。

另外,在VDL测井图(辉度图)中,套管接箍也有显示,显示出人字形的条纹线。

CBL或VDL只反映套管周围水泥胶结的平均状况,不能反映套管周围不同方位的水泥胶结状况,近年来又发明了研究套管周围360°方位的水泥胶结情况的测井方法,称为分区水泥胶结测井(SBT,阿特拉斯)。该仪器有6个推靠滑板,每个滑板上装有一个发射器和一个接收器,相邻两滑板之间的夹角为60°。测井时,推靠器使滑板贴在套管壁上,每个接收器接收相邻滑板上发射器发射的声波。这样就可以测出6条声幅曲线,每条曲线显示60°张开角内水泥的胶结状况。这样就可以显示套管周围不同方位处水泥的胶结情况。

(三)放射性测井

放射性测井是根据岩石和介质的核物理性质研究钻井地质剖面、寻找油气藏以及研究油井工程的地球物理方法。放射性测井按其探测射线的类型可分为两大类,即探测伽马射线的伽马测井法和探测中子的中子测井法。

放射性测井在裸眼井、套管井内均可进行,在油基钻井液、高矿化度钻井液以及干井中均可测井,是碳酸盐岩剖面和水化学沉积剖面不可缺少的测井方法,但是它的测速慢,成本高。随着生产和解释方法的改进,放射性测井解决生产问题的范围不断扩大,特别是核磁共振测井仪的研制成功,更加扩大了放射性测井的应用范围。

1. 原子核的衰变及其放射性

1)核素和同位素

核素是指原子核中具有一定数目质子和中子并在同一能态上的同类原子。同一核素的原子核质子数和中子数相等。

同位素是指核中质子数相同而中子数不同的核素。它们在元素周期表中占同一位置。

2)核衰变

放射性同位素的原子核自发地发生分解，转变成另外某种原子核，并放出放射性射线，这种现象叫核衰变，放出放射性射线的性质叫放射性。任何放射性元素衰变时，其原子核数量都是按下列规律减少的：

$$N = N_0 e^{-\lambda t} \tag{6-11}$$

式中 t——衰变所经过的时间；

N——经过时间 t 后的放射性元素量；

N_0——放射性元素的初始量；

λ——衰变常数，表征衰变速度的常数。

由式(6-11)可看出，随着 t 增加，放射性元素的原子数减少；当 t 无穷大时，原子数量越接近于零。

3)放射性射线的性质

(1)α 射线。α 射线是氦原子核流，带有两个单位的正电荷。因其质量大，易引起物质的电离或激发，被物质吸收，所以它在物质中运动时射程很小，在空气中为 2.5cm 左右，在岩石中和金属矿层中约为数十万分之一米，因射线穿透能力很差，所以在井内探测不到 α 射线。

(2)β 射线。β 射线是高速运动的电子流。它在物质中的射程比较短。如能量为 1MeV 的 β 射线在铅中的射程仅为 1.48cm。

(3)γ 射线。γ 射线是频率很高的电磁波或光子流，不带电荷，但其能量很高，一般在几十万电子伏特以上，并且有很强的穿透能力，能穿透几十厘米的地层、套管及仪器外壳，所以 γ 射线在放射性测井中能被探测到，因而得到利用。

4)伽马射线与物质的作用

射线穿过物质时，与构成物质的原子发生作用，主要产生如下现象：光电效应、康普顿效应、电子对效应。

(1)光电效应。γ 射线穿过物质与原子中的电子相碰撞，并将其能量交给电子，使电子脱离原子而运动，γ 光子本身则整个被吸收，被释放出来的电子称为光电子，这种现象称为光电效应。

(2)康普顿效应。当 γ 射线的能量中等时，γ 射线与原子核外的电子发生作用，把一部分能量传给电子，使电子从某一方向射出，形成康普顿电子，损失了部分能量的 γ 射线向另一方向散射，这种现象称为康普顿效应。γ 射线通过物质时，因康普顿散射导致 γ 射线强度减弱。

(3)电子对效应。当 γ 射线的能量大于 1.022MeV 时，与物质作用就会使 γ 光子转化为电子对，即转化为一个正电子和一个负电子，而其本身被吸收。这种过程称为电子对效应。

射线通过物质时，以上三种作用都可能发生，但是，γ 射线能量低时以光电效应为主，能量较高时以康普顿效应为主，能量很高时以电子对效应为主。

5)伽马射线的吸收

γ 射线通过物质时，会发生以上三种作用，γ 光子被吸收，γ 射线强度逐渐减弱，减弱程度随吸收物质的吸收系数增大而加剧。实验证明，γ 射线强度和穿过吸收物质的厚度有如下关系：

$$I = I_0 e^{\mu L} \tag{6-12}$$

式中 I_0——未经吸收物质和经过厚度为 L 的吸收物质的 γ 射线强度；

I——γ 射线经过的吸收物质的厚度为 L 的吸收物质的 γ 射线强度；

μ——总吸收系数，由光电效应、康普顿散射以及电子对效应的吸收系数所决定。

6）中子与物质的作用

中子在物质中运动，可与物质产生如下几种作用：

（1）非弹性散射。快中子先被靶核吸收形成复核，而后再放出一个能量较低的中子；靶核仍处于激发态，即处于较高的能级，这种快中子和靶核的作用叫非弹性散射。这些处于激发态的核常常以发射 γ 射线的方式释放出激发能而回到基态，由此产生的 γ 射线称为非弹性散射 γ 射线。14MeV 的高能快中子发生非弹性散射的概率大，而 5MeV 的快中子发生的非弹性散射概率小。

（2）快中子对原子核的活化。快中子与稳定的原子核作用会发生（n，α）、（n，p）核反应，生成新的放射性核素，这种作用称为活化核反应。活化形成的新核素有一定的半衰期，其衰变产生的 γ 射线称为活化伽马射线。

（3）弹性散射：高能快中子经过一两次非弹性散射后，降低了能量，再和原子核碰撞时就只能发生弹性散射了。中子和原子核发生碰撞前后，中子和靶核的总动量不变，中子损失的能量变成了靶核的动能，而中子能量减小，运动速度降低，并发生散射。在弹性散射过程中，靶核越轻，它得到的能量越多，中子损失的能量就越大，中子速度下降就越大。

（4）辐射俘获。在热中子的作用下，几乎所有元素都产生辐射俘获。这种核反应就是靶核将热中子俘获而处于激发态，又很快以 γ 射线的形式将激发能释放掉而回到稳定的基态。释放的 γ 射线称为俘获伽马射线或中子伽马射线。

2. 放射性强度的探测器

1）放射性单位

（1）放射性强弱单位。

放射性的强弱通常以放射性源每单位时间内发生衰变的原子核数来表示。作为强度的单位，1Ci 定义为每秒有 3.7×10^{10} 次核衰变，即 1Ci $= 3.7 \times 10^{10}$ Bq。居里的单位太大，常用居里的千分之一（mCi）作为单位。

另外，放射性测井中，也常用计数率（脉冲/min）作为放射性强度的单位。

（2）放射性浓度单位。

放射性浓度表示的是单位质量或单位体积的物质的放射性强度，最常用的单位是克镭当量/克。

每克物质中含有相当于一克镭的放射性就称为一克镭当量/克，所以“克镭当量/克”单位就等于每克物质的放射性强度为一居里。

2）放射性强度的探测器

（1）放电计数管：利用放射性辐射使气体电离的特性探测 γ 射线。

（2）闪烁计数器：由光电倍增管和碘化钠晶体组成，利用被 γ 射线激发的物质的发光现象来探测伽马射线。

(3)中子的探测。中子与带电粒子不同,不能直接使气体电离,它与原子中电子作用的概率又很小,主要是与原子核发生作用。因此,探测中子主要依靠中子和原子核的核反应进行的,测井用到的有三类探测器:硼探测器、锂探测器、氦三探测器。

3. 自然伽马测井

把仪器放到井下,测量地层放射性强度的方法叫自然伽马测井(GR)。这种方法已有很长的历史,GR 与 SP 相配合能很好地划分岩性和确定渗透性地层,GR 的另一优点是可在套管井中测量。

1)岩石的放射性

岩石有放射性主要是由于含有铀(U)、钍(Th)、钾(K)等放射性元素。岩石的放射性强度取决于放射性元素的含量。

一般条件下,岩石的放射性物质含量很少。按放射性的强弱,沉积岩可分为以下几类:

(1)自然伽马放射性高,如放射性软泥、红色粘土、海绿石砂岩、独居石等岩石。

(2)自然伽马放射性中等,包括浅海相和陆上沉积的泥质岩石,如泥质砂岩、泥质石灰岩、泥灰岩等。

(3)自然伽马放射性低,如砂岩、石灰岩、石膏、岩盐、煤和沥青等。

2)自然伽马测井测量原理

自然伽马测井的测量装置由井下仪器和地面仪器组成。下井仪器有探测器(闪烁计数管)、放大器和高压电源等几部分。自然伽马射线由岩层穿过钻井液、仪器外壳进入探测器。探测器将伽马射线转化为电脉冲信号,经放大器把电脉冲放大后由电缆送到地面仪器。

早期的自然伽马曲线采用计数率(脉冲/min)单位,现今的自然伽马测井都采用标准刻度单位 API。定义高放射性地层与低放射性地层读数之差为 200API,作为标准刻度单位。

3)自然伽马测井曲线

把自然伽马测井仪下到井中,测量地层放射性强度随深度变化的曲线,称为自然伽马曲线(GR)。

根据理论计算的自然伽马测井理论曲线特点为:

(1)曲线对称于地层中点,在地层中点处有极大值或极小值,反映该层放射性大小。

(2)当地层厚度 h 小于三倍的钻头直径 d_0($h<3d_0$)时,极大值随 h 的增大而升高,极小值随 h 的增大而降低。当 $h\geqslant 3d_0$ 时,极大值(或极小值)为一常数,与地层厚度无关,与岩石的自然放射性强度成正比。

(3)当 $h\geqslant 3d_0$ 时,由曲线的半幅点确定的厚度等于地层的真实厚度;当 $h<3d_0$ 时,由半幅点确定的地层厚度大于地层的真实厚度,而且地层越薄,曲线幅度值就越小。

理论曲线是在测速为零、点状计数管的条件下计算得到的。但实际测井中,计数管不是点状的,测速也不为零,所以实测曲线和理论曲线是有些差异的,但基本形状仍然相似。

4)自然伽马测井曲线的影响因素

(1)层厚。地层变薄会使泥岩层的自然伽马测井曲线值下降,砂岩层的自然伽马测井线值上升,并且地层越薄,这种下降和上升就越多。因此,对 $h<3d_0$ 的地层,应用曲线时,应考虑层厚的影响。

(2)井参数。井径扩大意味着下套管井水泥环增厚和裸眼井钻井液层增厚。若水泥环和钻井液不含放射性元素，则水泥环和钻井液层增厚会使 GR 值降低，但由于钻井液有一些放射性，所以钻井液的影响很小。套管的钢铁对 γ 射线的吸收能力很强，所以下了套管的井 GR 值会有所下降。

(3)放射性涨落。在放射性源强度和测量条件不变的条件下，在相等的时间间隔内，对放射性的强度进行重复多次测量，每次记录的数值是不相同的，而总是在某一数值附近上下变化，这种现象叫放射性涨落。它和测量条件无关，是微观世界的一种客观现象，且有一定的规律性。这种现象是由于放射性元素的各个原子核的衰变彼此是独立的、衰变的次序是偶然的等原因造成的。

由于放射性涨落的存在，使得 GR 曲线不像其他测井曲线那样光滑。放射性测井曲线上读数的变化，一方面是由地层性质变化引起的，另一方面是由放射性涨落引起的。要对放射性测井曲线进行正确地质解释，必须正确区分这两种原因造成的曲线变化。

(4)测井速度、积分电路时间常数。当测井速度很小时，测得的曲线形状与理论曲线相似；当测井速度增加时，曲线形状发生沿仪器移动方向偏移的畸变。地层厚度越小，测井速度 v、积分电路时间常数 τ 越大，曲线畸变越严重。为防止测井曲线畸变，必须限制测速及采取适当的积分电路时间常数。

5)自然伽马测井曲线的应用

(1)划分岩性。根据地层中泥质含量的变化引起 GR 曲线幅度的变化来区分不同的岩性。

① 砂泥岩剖面：砂岩 GR 值低，泥岩 GR 值高。

② 碳酸盐岩剖面：白云岩、石灰岩 GR 值低，泥岩 GR 值高。

③ 膏岩剖面：岩盐、石膏 GR 值低，泥岩 GR 值高。

(2)进行地层对比。GR 曲线与地层中所含流体性质无关，其幅度主要决定于地层中的放射性物质，通常对于不同岩性其幅度较为稳定；另外，对比的标准层也易选取，通常选用厚层泥岩作标准层，进行油田范围或区域范围内的地层对比。

(3)估算地层中泥质含量。

4. 密度测井和岩性密度测井

1)密度测井的基本原理

密度测井是一种孔隙度测井，测量由伽马源放出并经过岩层散射和吸收而回到探测器的 γ 射线的强度，用来研究岩层的密度等岩层性质，求得岩层的孔隙度。

密度测井主要是利用康普顿散射现象，测井时使用铯作伽马源，它放出的 γ 光子的能量不是很高，所以与岩层主要产生康普顿散射。γ 射线强度减弱主要和康普顿吸收系数 Σ 有关，与岩石的体积密度也有关，所以通过测量散射 γ 射线的强度就反映岩层的体积密度。这就是密度测井可以用来研究岩层体积密度的原因。

在进行密度测井时，把装有伽马源、伽马探测器(这两者之间保持一定距离，称为源距)以及电子线路的下井仪器放入井中。伽马源和探测器装在滑板上，滑板装在可伸缩的仪器臂上，以液压方法把滑板推靠到井壁上。伽马源放出的伽马射线在岩层中运动，因为散射吸收，强度逐渐减弱，然后由探测器接收经过岩石散射后的散射伽马射线。岩层密度大，则吸收得多，散射 γ 射线计数率就小；反之，则计数率就大。

如果把仪器在已知密度的介质中事先刻度好，则可以把散射 γ 射线计数率换算成岩层体积密度，直接记录出各个岩层的体积密度来。

密度测井的探测深度不大，一般局限在冲洗带内，所以仪器和井壁之间的泥饼等介质对测井结果有较大影响，必须予以校正。所以密度测井多采用长源距和短源距的双探测器装置，以便对泥饼等介质的影响加以校正。这种双源距密度测井也称为补偿密度测井。

2）密度测井曲线的应用

（1）确定地层孔隙度。

根据测井中的地层岩石密度、骨架密度和孔隙流体密度可求出地层的孔隙度，但一般不单独使用密度测井确定，而是利用中子—密度测井组合法求地层孔隙度。

$$\phi = \frac{\rho_{ma} - \rho_b}{\rho_{ma} - \rho_f} \tag{6-13}$$

式中 ϕ——岩层孔隙度；

ρ_{ma}——岩石固体骨架密度；

ρ_f——孔隙中流体密度，冲洗带的流体是钻井液滤液以及残余油气，一般淡水钻井液 ρ_f 取 $1g/cm^3$，盐水钻井液 ρ_f 取 $1.1g/cm^3$；

ρ_b——地层岩石密度，由密度测井曲线读出，一般砂岩、石英类岩石 ρ_b 取 $2.65g/cm^3$，钙质砂岩或砂质石灰岩 ρ_b 取 $2.68g/cm^3$，石灰岩 ρ_b 取 $2.71g/cm^3$，白云岩 ρ_b 取 $2.87g/cm^3$。

（2）密度曲线与中子曲线重叠可用于识别气层。

相对于地层水和石油而言，天然气使密度测井值较低，计算的孔隙度比实际孔隙度偏大，而在中子测井曲线上气层表现为低孔隙度，因此密度曲线和中子曲线重叠可识别气层。

3）岩性密度测井

岩性密度测井是在补偿地层密度的基础上发展起来的，除利用康普顿效应求地层密度外，还利用光电效应来划分岩性。

岩性密度测井用铯伽马源产生 0.66MeV 的单能伽马射线射入地层。在高能谱段，受康普顿射线影响，到达探测器的伽马射线的数量与地层的体积密度成正比，因此，根据伽马射线的计数率 N_{LS}，再根据计数率和介质密度的关系求出视地层密度 ρ'_b。由于泥饼的影响，这个密度不等于地层的体积密度。为了补偿泥饼的影响，采用长短源距两个探测器测得两个计数率 N_{LS} 和 N_{SS}，得到补偿值 $\Delta\rho$，则地层体积密度 $\rho_{b'} = \rho_b + \Delta\rho$。

在低能谱段，伽马射线主要受光电效应的影响。随着介质的原子序数的增加，伽马计数率下降，故在低能区，测量伽马射线计数率 N_{lith}，以便测量光电效应截面指数 P_e。在低能区，伽马射线还受康普顿效应的影响，N_{lith}/N_{LS} 与 P_e 有线性关系。

再根据岩性窗计数率 N_{lith} 和高能窗计数率 N_{LS}，通过计算输出 P_e 曲线。根据 P_e 与 U 的关系，还可以输出 U。

4）密度测井的影响因素

密度测井的探测深度不大，一般仅限于冲洗带内，所以仪器和井壁之间的泥饼等介质对测量结果有较大的影响，必须予以校正。因此，密度测井多采用长源距和短源距的双探测器装置，以便对泥饼等介质的影响加以校正。

当井壁上有泥饼存在且泥饼的密度与地层的密度不同时，泥饼对测量值由一定的影响。当地层密度大于泥饼密度时，泥饼厚度增大，则在密度相同的地层中，伽马光子计数率增大。

5）密度测井影响因素的校正

为了弥补泥饼的影响，密度测井采取长、短源距，得到两个计数率 N_{LS} 和 N_{SS}，利用长源距计数率得到一个视地层密度 ρ_b'，再由 N_{LS} 和 N_{SS} 得到一个泥饼影响校正值 $\Delta\rho$，则地层密度 $\rho_b=\rho_b'+\Delta\rho$，密度测井同时输出 ρ_b'、$\Delta\rho$ 两条曲线。

6）岩性密度测井的应用

（1）划分岩性。不同岩石的 ρ_b 值不同，存在明显差别，而且受孔隙度的影响小，所以根据 ρ_b 值可划分岩性。

（2）识别气层，判断岩性。密度测井和中子测井曲线重叠可以识别气层，判断岩性。

（3）确定岩性求解孔隙度。利用密度—中子测井交会图法，可以确定岩性求解孔隙度。

5. 中子测井

中子测井利用中子探测器直接测量地下地层中的热中子和超热中子的密度。

1）热中子测井

由装在下井仪器里的中子源发出中子打入地层，在地层中经过多次弹性散射，快中子变成热中子。在中子减速过程中，氢是岩石对中子减速的决定因素，因此含氢量的多少就决定了热中子的空间分布。

在中子源周围氢多的情况下，中子源发出的中子在附近就迅速减速为热中子，所以中子源附近热中子密度 N 较大；待热中子向周围扩散时，不仅空间扩大而且由于被周围原子核俘获，在到达离中子源较远的地方，N 就很小了。但是，当中子源附近氢含量低时，中子要经过较大的距离才能转化为热中子，所以在离中子源较远的地方热中子密度较大，而较近的地方热中子密度较小。

在小源距情况下，N 随含氢量的增大而增大，而在大距离情况下恰好相反，N 随含氢量的增大而减小。在某一源距下，不同含氢量具有相同的热中子密度，这个源距称为零源距。

热中子测井时，选择的源距大于零源距，即在大源距的情况下，含氢量越高，热中子的测量计数率越低；反之，则计数率高。

热中子测井曲线读数大致和地层含氢量的对数成比例。如果孔隙中全充满液体（油和水），且不含有结晶水的矿物及大量的泥质（含有较多的束缚水和结晶水），则含氢量直接反映地层的孔隙度，这就是热中子测井可用来确定地层孔隙度的基本原理。

在地层含氯量很高的情况下，热中子的空间分布不仅与地层的含氢量有关，还与含氯量有关。由于热中子被氯原子核强烈地俘获，使热中子密度与含氢相同而含氯量低的地层相比有明显的下降，所以普通热中子测井反映地层孔隙度受地层水含氯量的影响。但在含氯量很小和泥质含量也很少的情况下，普通热中子测井还是能较好地反映地层孔隙度。

为了消除含氯量的影响，多采用补偿中子测井。下井仪器设计成双源距探测器，分别由长、短源距两个探测器测得两个计数率（长源距约为0.53m，短源距约为0.32m）。由地面仪器计算这两个计数率的比值，通过模拟计算装置计算出中子测井孔隙度，最后以线性比例尺直接记录出曲线，这就是补偿中子测井。补偿中子测井不仅能消除氯含量的影响，同时因为长、短源距的计数率所受的干扰相同而大大减小了井眼参数的影响。

2）超热中子测井

由实验结果可知，超热中子空间的分布与热中子有相同的规律，所以探测超热中子也可以反映地层的含氢量。不仅如此，氯原子核对超热中子的俘获截面很小，超热中子在地层中的空间分布受地层含氯量的影响小，因此超热中子密度与地层含氢量的关系更为密切，因而也能更准确地反映地层的孔隙度变化。

超热中子测井仪的中子探测器外包有镉和石蜡层，避免热中子进入探测仪造成干扰。中子源和探测器装在同一滑板上，用推靠器使滑板紧贴井壁。这就是所谓的井壁超热中子测井。井壁超热中子也多采用双源距补偿中子测井仪。

井壁超热中子测井的优点是：

（1）探测器紧贴井壁，减少了井的影响；

（2）记录超热中子，使岩石骨架和地层水中热中子强吸收体（如氯和硼）的影响降到最小。

3）中子测井曲线的应用

（1）确定地层孔隙度。中子测井仪是用石灰岩进行刻度的，对于石灰岩地层，中子测井的读数即为地层的真孔隙度；但对于其他岩性，就要进行岩性校正。

（2）用中子—密度、中子—声波组合可以确定地层孔隙度和判断岩性。

（3）用补偿中子（CNL）与补偿地层密度（FDC）测井曲线可以划分含气地层。

6. 中子寿命测井

中子寿命测井用脉冲中子源向地层发射高能中子，高能中子进入地层后，与岩石中的原子核发生多次碰撞后减速为热中子，然后全部被吸收。测量地层中热中子寿命的方法，称为中子寿命测井，用这种测井方法可划分油、气、水层。

1）中子寿命测井的基本原理

由井下仪器的脉冲中子源在井内向地层发射14MeV的快中子，经过地层原子核的散射，快中子减速为热中子，直至被俘获，产生俘获伽马射线。从变为热中子的瞬时起到热中子大部分（约为63.7%）被岩石原子核俘获为止，热中子所经过的这段平均时间称为热中子寿命，用τ表示。τ的长短与物质的宏观俘获截面密切相关。显然，岩石的宏观俘获截面越大，热中子寿命τ就越短，它们之间有倒数关系，在无限均匀地层中：

$$\tau = \frac{A}{\Sigma} = \frac{1}{v \cdot \Sigma} \qquad (6-14)$$

式中 v——热中子移动速度；

Σ——岩石的宏观俘获截面，cm^{-1}。

在沉积岩中，岩石的宏观俘获截面大小主要取决于氯的含量，所以记录热中子寿命或岩石的矿化度均能反映地层中含氯量的多少。由于盐水层比油层的含氯量大，因此盐水层有比油层俘获截面大得多和热中子寿命小得多的特点，所以中子寿命测井可以用来划分盐水层和油层。

热中子在地层内的扩散中，地层中某点的热中子密度按下式规律衰减：

$$N = N_0 e^{-t/\tau} \tag{6-15}$$

式中 N_0，N——开始衰减时和经过时间 t 后的热中子密度；

τ——岩石的热中子寿命。

进行中子寿命测井时，在发出脉冲中子之后的间歇时间内，选取两个适当的延迟时间 t_1 和 t_2，分别测量热中子被原子核俘获后放出的俘获 γ 射线，进而求出热中子寿命：

$$N_1 = N_0 e^{-t_1/\tau} \tag{6-16}$$

$$N_2 = N_0 e^{-t_2/\tau} \tag{6-17}$$

两式相除可得：

$$\tau = \frac{t_1 - t_2}{\ln \frac{N_1}{N_2}} = \frac{0.4343(t_2 - t_1)}{\lg N_1 - \lg N_2} \tag{6-18}$$

根据式(6-18)，通过计算就可得出岩石中子寿命曲线或岩石宏观俘获截面曲线。

2）中子寿命测井曲线的应用

（1）划分油水层。

含氯量较高的水层对热中子的俘获截面大，所以曲线幅度小，并且随着延迟时间增大而衰减得快。油层则由于热中子的俘获截面小而曲线幅度较大，且随时间延迟增大衰减得慢。所以中子寿命测井配合自然伽马测井曲线 GR 可用来划分油水层。

（2）定量求含水饱和度。

在地层孔隙度比较大且地层水矿化度较高情况下，可以由中子寿命测井的宏观俘获截面求含水饱和度 S_w。纯地层情况下的地层宏观俘获截面为：

$$\Sigma = \Sigma_{ma}(1+\phi) + \phi S_w \cdot \Sigma_w + \phi(1-S_w)\Sigma_h \tag{6-19}$$

整理得：

$$S_w = \frac{\Sigma - \Sigma_{ma} + \phi(\Sigma_{ma} - \Sigma_h)}{\phi(\Sigma_w - \Sigma_h)} \tag{6-20}$$

式中 Σ_{ma}——岩石骨架的宏观俘获截面；

Σ_w——地层水宏观俘获截面；

Σ_h——油气的宏观俘获截面；

ϕ——孔隙度。

7. 碳氧比能谱测井

碳氧比能谱测井就是利用脉冲中子源向地层发射 14MeV 高能快中子，测量这些快中子与地层发生非弹性散射放出的伽马射线的能谱的一种测井方法。

由于非弹性散射伽马射线、俘获伽马射线及活化元素伽马射线分布的时间不同，可以采用与发射中子脉冲的同步的技术把非弹性散射伽马射线与其他伽马射线区分开。因为原油中含有大量碳元素，而水中含有大量氧元素，几乎不含碳，所以碳氧比能谱测井选用碳作为原油的指示元素，用氧作为地层水的指示元素。这样碳氧比能谱测井就用来区分油、水层。碳氧比能谱测井的测速为2ft/min。

碳氧比能谱测井通常是先进行连续测井，然后找出有希望的地层进行定点测量，一般情况下测量下述的连续测井曲线：

(1)监视曲线。这条曲线是用来监视井下中子发生器中子输出的稳定性。

(2)碳氧比能谱测井曲线。采用脉冲门测量，碳的能窗为3.17～4.65MeV，氧的能窗为4.86～6.62MeV。实际上是测出俘获伽马射线和非弹性散射伽马射线的强度的计数率，再得出碳氧比测井曲线。

(3)钙硅比测井曲线。由脉冲门测量钙和硅的非弹性散射伽马射线。钙的能窗为2.5～3.30MeV，硅的能窗为1.54～1.94MeV。钙硅比测井曲线用于判断地层岩性。

(4)硅钙比测井曲线。由俘获门测量硅和钙元素俘获热中子放出的伽马射线，即测量俘获伽马射线。钙的能窗为4.86～6.62MeV，硅的能窗为3.17～4.65MeV。硅钙比测井曲线用来指示地层岩性的变化。

在下套管井中用碳氧比能谱测井划分油、水层和找出水淹是有效果的。另外，对高、低孔隙度地层，采用不同的解释模型可用目的层碳氧比来计算含油饱和度S_o。

二、测井新技术

(一)地层倾角测井

地层倾角测井用来测量地层的主倾角和倾斜方位角的测井方法，进而研究构造、地层、储层裂缝和地应力等方面的地质问题，它对指导油田勘探和开发工作具有重要意义。其原理较复杂，技术发展跨度大，与其他测井方法相比独立成体系。

1. 地层倾角测井基本原理

地层倾角和倾斜方位角不是直接测量的。确定一个层面在空间的位置至少要有3～4个空间点的坐标。采用柱坐标系(r,φ,z)，通过计算就可求得地层倾角和倾斜方位角。当井倾斜时，还要进行井斜角和井斜方位角的校正。

目前常用的地层倾角测井仪是“四臂高分辨地层倾角测井仪”。它的构造原理是在同一水平面上互成90°的四个推靠臂，每个臂上装有一个可塑橡胶板，电极则嵌入极板表面。四个臂都采用油压装置系统，根据不同情况的需要，可随意改变压力的大小。根据两组相对推靠臂的横向位移，可以测量两条井径曲线。Ⅰ号极板是人为选定的，其他三个极板以顺时针方向依次定为Ⅱ、Ⅲ、Ⅳ号极板；仪器上部是定方位装置，用磁罗盘连续测量Ⅰ号极板的方位角和Ⅰ号极板与井斜方向的相对方位角，利用井斜重锤测量井斜角。仪器顶部是电子线路部分，装有一个旋转头和弹簧扶正器。旋转头使仪器在测井时的自转减到最小，以保证能获得精确的结果。弹簧扶正器能使仪器轴线尽量与井眼轴线一致，确保测得准确的井眼偏斜的角度和方位。

2. 所测的曲线

1）四条微聚焦电阻率（或电导率）测井曲线

地层倾角测井仪上有四个贴井壁的极板，极板上都嵌有微聚焦电极系，可测出四条微聚焦电阻率测井曲线（图6－34）。通过曲线对比，可确定岩层层面上四个点 M_1、M_2、M_3、M_4 沿井轴方向的高度 z_1、z_2、z_3、z_4。

2）两条井径曲线

分别由Ⅰ、Ⅲ极板和Ⅱ、Ⅳ极板组成两套井径测量装置。当井径变化时，四个极板产生横向位移，通过机械传动装置改变电位计的电阻，用来指示Ⅰ、Ⅲ极板方向与Ⅱ、Ⅳ极板方向的井径 d_{13} 与 d_{24} 大小。

3）Ⅰ号极板方位角曲线

用磁针罗盘测Ⅰ号极板的方位角 μ，方位角 μ 是从正北方向开始顺时针计量的。四个极板顺时针方向排列，并且以90°等间隔分布，所以层面上四个点 M_1、M_2、M_3、M_4 在柱坐标系 φ 方向的角度为 μ、$\mu+\frac{1}{2}\pi$、$\mu+\pi$、$\mu+\frac{3}{2}\pi$。

4）井斜角与Ⅰ号极板相对方位角曲线

井斜角就是井轴与铅垂线间的夹角。

Ⅰ号极板相对方位角就是井的倾斜方位角，从Ⅰ号极板倾斜方向处开始计量。

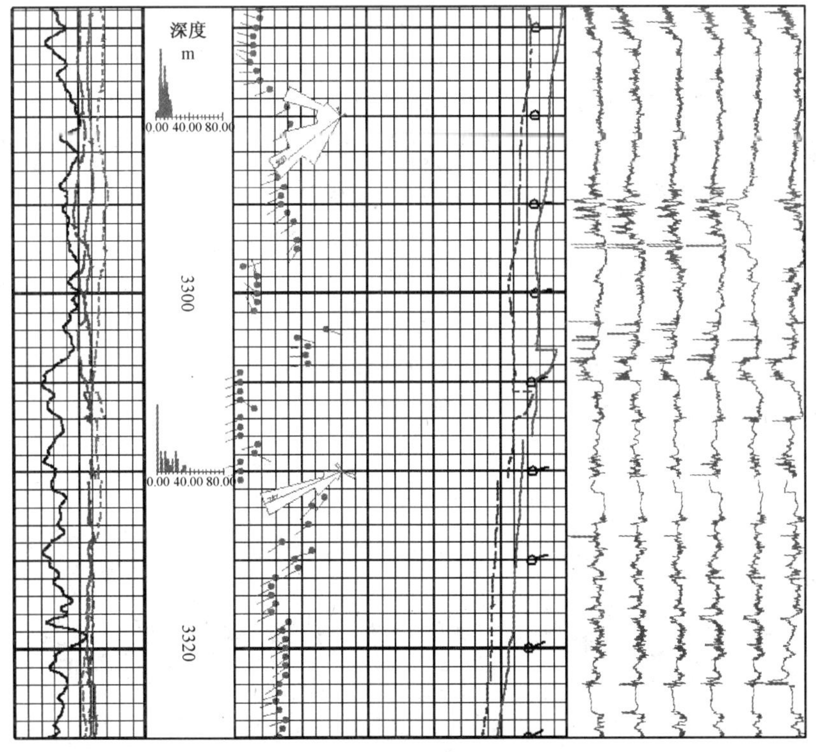

图6－34 地层倾角测井曲线图

3. 地层倾角测井数字处理

把地层倾角测井资料输入计算机，调用相应的计算程序，即可对资料进行处理。通过对四条电阻率曲线进行相关对比，求出高程差，进而计算地层法向矢量在仪器坐标系中的坐标；然后经过坐标的转换，就可以计算出地层的倾角和倾斜方位角；最后，打印出数据表，绘制出矢量图、方位频率图、施密特图以及杆状图等。

1）矢量图

矢量图的纵坐标为深度，横坐标为地层倾角，圆点中心位置代表该点深度，圆点处的短线所指的方向表示该点处地层的倾斜方向。

矢量图的分类：

（1）绿色模式：随着深度的增加，地层的倾角和倾向基本稳定的一组矢量，用绿线连接起来。它一般反映构造倾斜。

（2）红色模式：把矢量图上倾向大体一致、倾角随深度的增加而增大的一组矢量用红线连接起来。红色模式所反应的地下形态包括断层面附近的畸变、砂坝、滩、脊、礁、各类河道等。

（3）蓝色模式：把矢量图上倾向大体一致、倾角随深度的增加而减小的一组矢量用蓝线连接起来。蓝色模式一般反应断层水流层理等。

（4）杂乱模式：倾角和倾向都是杂乱变化的，难以用上述颜色模式显示出来。它一般指示断层面、风化面以及岩性粗或缺少好的层理的地层。

每一种模式的代表性仍然相对简单，存在多解性。尤其是在沉积研究中，目标是岩石内部的微细层面，沉积岩中哪一级层面才能计算出来并组成模式是至关重要的。显然，只有那些可以切过井筒的中一大型层理沉积构造的变化面才有可能被地层倾角测井四臂电极探测到，并计算出其产状，而在井筒中不成平面或在井筒中弯曲变化剧烈的小型层理是不可能被计算出来的。在建立沉积构造解释模型时，这点是值得注意的。

多种模式的组合关系是判断各级层面相互转换、变化的表征，模式间断往往是特殊地质事件（冲刷面）等。因此，在解释过程中要充分重视模式本身和它们之间的关系（图 6 – 35）。

2）棒状图

棒状图的纵坐标为深度，横坐标为地层方位，短线的中点为地层面与井轴的交点，短线与水平线的夹角为地层层面视倾角。

棒状图常用来进行地层对比和绘制横剖面图。

3）施密特图

施密特图的径向方向是地层倾角，由同心圆组成，最外圆的倾角为 0°，圆心的倾角为 90°；圆周方向为方位角。

构造倾角的点子集中在低倾角区；沉积倾角的点子多出现在高倾角区，且数值变化较大，一般从 0°到 40°。

4）方位频率图

方位频率图是在研究的层段中用统计的方法确定构造倾角或沉积倾角的倾斜方位角的一种图件。

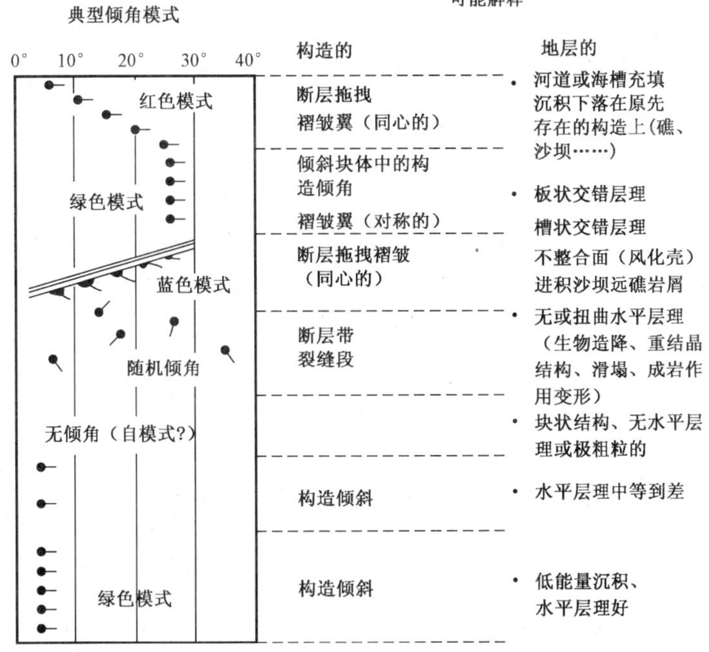

图 6－35　地层倾角模式及地质解释

方位频率图径向为倾角坐标，最外圆圈倾角为 0°，每隔 10°画个同心圆，圆心为 90°，圆周方向为方位角坐标，圆周顶部为正北，以后每隔 10°画一条径向线。将研究井段内计算的全部地层倾角和倾斜方位角点在图上，统计圆周方向每 10°间隔的圆弧面积内点子的数目，用径向线段长短来代表点子数目，圈闭弧形面积并将它涂黑，点子出现最多即圈闭的弧形径向线最长。它的方位角就是要求的构造倾角或沉积倾角的倾斜方位角。也可以根据需要将圈闭的弧形面积涂红色或蓝色，红色表示砂岩增厚方向，蓝色表示古水流方向。

4. 地层倾角测井资料应用

1）研究地质构造

（1）断层构造的地层倾角矢量显示特征。

① 有断裂破碎带的断层：当地层很硬时，在构造力作用下岩层断裂，在断裂面处产生破碎带；由于破碎带中地层倾角没有一定方向，故矢量图上显示为绿—乱—绿模式。

② 旋转断层：旋转断层上下盘的倾角是不同的，倾斜方位角也是不同的；矢量图上显示为绿—绿模式。

③ 有拖曳现象的断层。塑性岩层上下盘沿断层面相对运动时，由于摩擦力的作用，地层层面在断层面处发生形变，可以从矢量图上辨认断层。断面与层面倾向相同的正断层，由于上盘顺断层面下滑，下盘沿断层上推，使上下盘的拖曳区倾角变大，矢量图的颜色模式为绿—红—蓝—绿模式，方位始终一致。断面与层面倾向相反的正断层，由于上盘下滑，在拖曳区出现小向斜，下盘上推，在拖曳区出现小背斜，矢量图颜色模式为绿—蓝—红（反）—蓝（反）—

红—绿模式。断层与地层面倾向相同且带有拖曳现象的逆断层，断层面与地层面倾向相同时，上盘在拖曳区出现小背斜，下盘在拖曳区出现小向斜，整个矢量模式组合为绿—蓝—红（反）—蓝（反）—绿模式。断面与层面倾向相反的逆断层，由于上盘顺断层面上推，下盘沿断层面下滑，使上下盘在拖曳区倾角变大，矢量图颜色模式为绿—红—蓝—绿，倾角最大的深度为断点深度。

例如，X1 井是某区第一口预探井，位于断层下盘。根据地层倾角资料处理结果和井旁地质构造图分析，井深 1334m 附近存在一明显的拖曳正断层，断面倾角为 50^0，方位角为 180^0。图 6-36 为 X1 井地层倾角处理图，图 6-37 为 X1 井井旁地质构造图。从图 6-36 可以明显地看出拖曳正断层地层倾角模式，图 6-37 上清楚地显示出断层附近地层的褶皱，结合地震资料分析，能够准确地确定断层深度、断面的倾角和方位角，从而在横向上对断层进行准确定位。

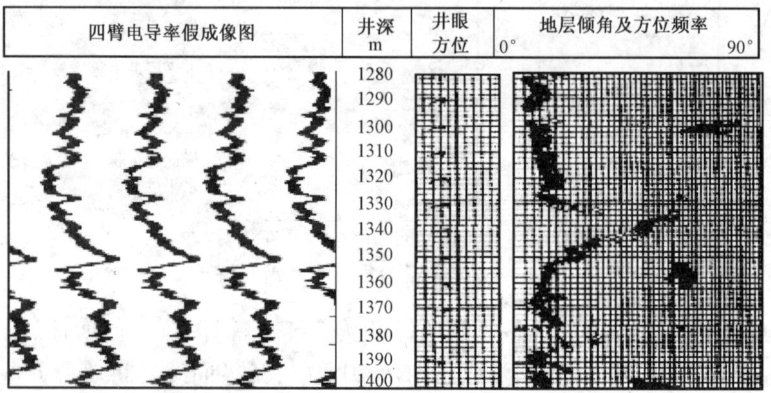

图 6-36 X1 井地层倾角处理图

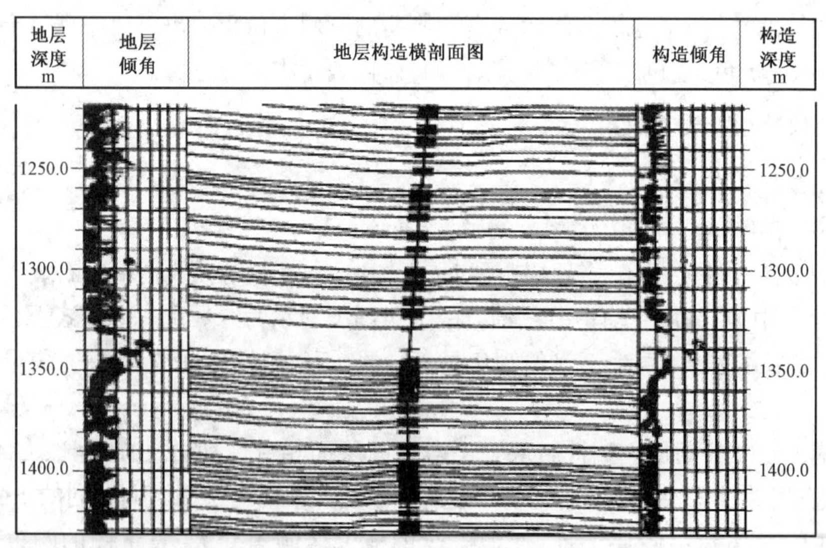

图 6-37 X1 井井旁地质构造图

（2）褶皱构造在地层倾角图上的显示。

① 对称背斜。当井没有穿过轴面时，矢量图为绿色模式显示，与单斜构造显示相同。但如果在轴面两侧钻井，两口井的矢量图在同一岩层出现倾向相反的倾角。如果井钻在背斜的顶部，这时测得的地层倾角就很小，倾斜方位角也就乱，只有钻在两翼上才会显示出倾角较大、方位角一致的绿色模式。

② 不对称背斜。当不对称背斜和轴面重合，且钻遇不对称背斜的次序是缓翼—脊面—陡翼时，在缓翼地层中，构造倾角与倾斜方位角一致，矢量图为绿色模式；由缓翼逐渐接近构造脊面，倾角深度增加而减少，矢量图呈蓝色模式，在背斜脊面处接近为零；在陡翼地层中，倾角趋于稳定，倾向于缓翼地层相反，矢量图呈绿色模式。

例如，X2 井钻遇奥陶系峰峰组、马家沟组地层，FMI 处理成果显示此段地层倾角矢量一致性较好，基本呈绿色模式显示（图 6－38），构造倾角 15°～20°，构造倾向 320°～330°，地层向北西方向倾斜。通过分析，本井钻遇在了韩村潜山构造西北翼的较高部位，该潜山顶面东高西低，构造走向为北东—南西向。

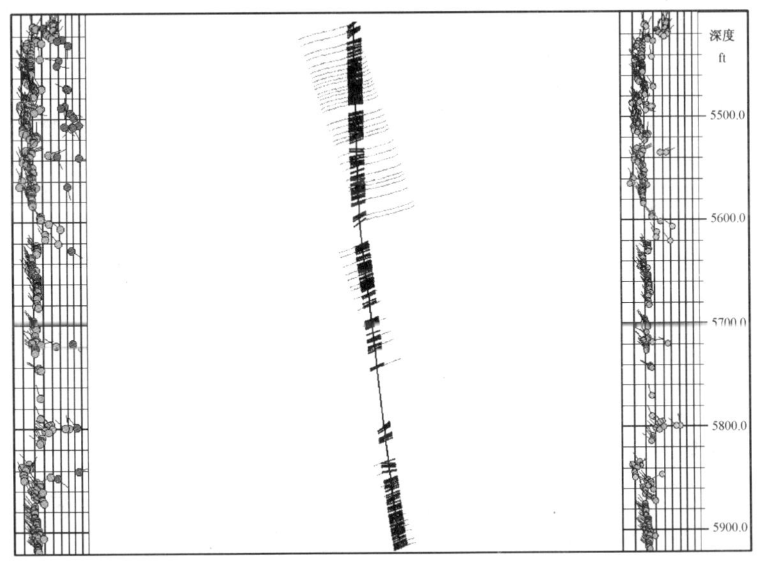

图 6－38　X2 井地层倾角测井曲线图

（3）地层倾角测井资料的不整合面解释。

① 平行不整合（假整合）。当侵蚀面的倾角与方位角没有变化时，假整合在倾角矢量图上就无显示，不易被识别。当侵蚀面有风化带时，如由下部地层侵蚀下来的磨圆的或带棱角的碎块构成碎屑岩风化带，矢量点显示为杂乱倾角点，假整合可能被识别。

② 角度不整合。角度不整合在倾角矢量图上表现为地层倾角和倾斜方位都有明显改变。当侵蚀面的倾角与方位角没有变化时，假整合在倾角矢量图上就无显示，不易被识别。若侵蚀面侵蚀后产生局部的高点与低点，再沉积时低洼处填充上沉积物，倾角矢量点为红色模式显示，与上下岩层不一样，假整合则有可能被识别。

例如，塔中X3井3724m处发育石炭系东河砂岩与下伏志留系之间的角度不整合面。不整合面上覆地层倾角4°，地层倾向南西；不整合面下伏地层倾角24°，倾向南西，为明显的角度不整合。该不整合面有岩心资料证实，不整合面上有10cm厚的风化壳。石炭系东河砂岩为该区最显著的不整合面，位于塔中X3井北部40km的井也可见该角度不整合的存在，如图6－39所示。

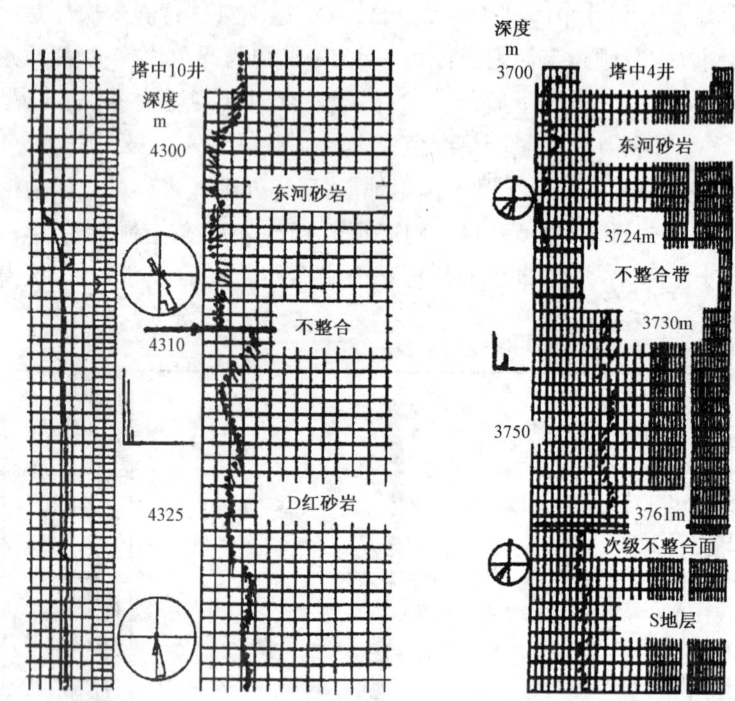

图6－39 地层倾角测井解释角度不整合实例

2）沉积微相及古水流方向分析

地层倾角测井能够连续给出某段地层的层理倾角和倾向。层理角度是水动力能量强弱的反映。一般来说，同一环境下水动力能量强，有利于形成高角度斜层理或平行层理，水动力弱时便形成低角度斜层理或水平层理。

研究分析表明，主要沉积微相与对应的倾角矢量响应特征的关系如下：

（1）水下分支河道沉积微相。层理倾角矢量为一组粗的红色模式或绿色模式，层理倾角大于10°，底部倾角大，顶部倾角小。

（2）远砂坝沉积微相。层理倾角矢量为一组或多组蓝色模式，层理倾角大于10°，顶部倾角大，底部倾角小。

（3）三角洲前缘前积砂沉积微相。层理倾角矢量模式由多组红—蓝—绿色模式组成，且层理倾向一致，层理倾角变化大，一般在10°～20°变化。

（4）湖盆泥沉积微相。层理倾角矢量模式为绿色模式或倾角很小的杂乱模式，层理倾角小于5°，层理方向有时呈单峰，有时呈多峰。

地质上研究古水流方向最直观、最准确的方法是野外测量沉积构造前积纹层的倾角，倾角测井能够反映沉积构造信息，准确计算层理倾向和倾角。测井判断古水流方向有两种方法：一是利用倾角测井微细处理成果，统计目的层段内所有纹层倾向，取其主要方向代表古水流方向（全方位频率统计法）；二是统计目的层段内所有蓝色模式矢量方向，取其主要方向代表古水流方向。

例如，在X井钻遇的油层中，1560.0～1581.0m为主力油层，录井显示为油斑粉砂岩，自然伽马总体为钟形正旋回特征，但单砂层均见正反韵律间互，整体上为正旋回基础上的正反间互韵律沉积。地层倾角显示为一组平行的红、蓝色模式组合，地层倾角在2°～50°之间，底部倾角小，顶部倾角大，地层蓝色模式的主要方位为东南方向。测井解释为板状交错层理，整体上水动力能量由弱到强，沉积微相为滨浅湖滩坝，砂体延伸为与地层蓝模式方位垂直的北东方向。方位频率图及所有蓝色模式矢量方向显示古水流方向为290°～330°，但也存在其他次一级水流。图6－40为X井沉积微相处理图。

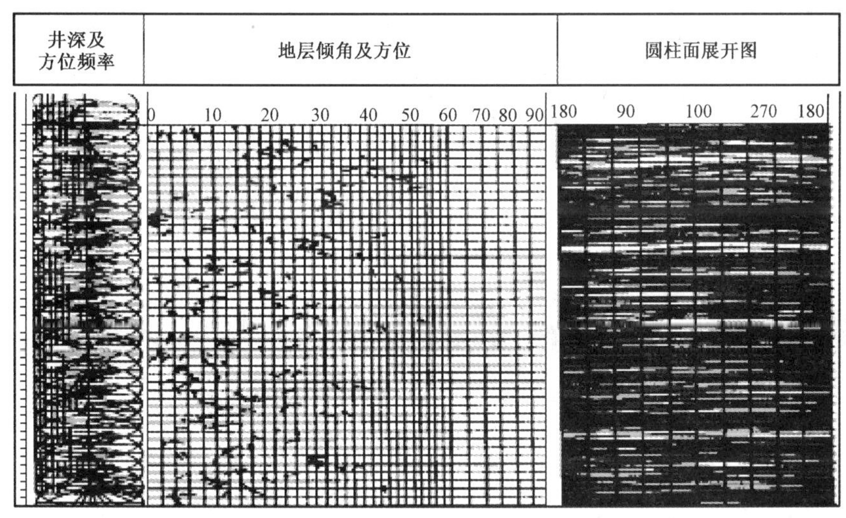

图6－40 X井沉积微相处理图

（二）成像测井

1. 成像测井系统

所谓成像测井技术，就是井下采用传感器阵列扫描或旋转扫描测量，沿井眼纵向、周向或径向大量采集地层信息，传输到井上以后通过图像处理技术得到井壁的二维图像或井眼周围某一探测深度以内的三维图像，比以往的曲线表示方法更精确、更直观、更方便。成像测井仪器有别于数控测井仪器的特点，就在于成像测井仪器的设计都在某种程度上考虑了地层的复杂性和非均质性。

成像测井系统由地面仪器（图6－41）、电缆遥传、系列井下仪器和成像测井解释工作站四部分组成。表6－11给出了三种成像测井系统的技术概况。

图6－41 成像测井地面仪器

表6－11 三种成像测井系统的技术概况

	MAIXS－500	ECLIPS－5700	EXCELL－2000
地面装备	(1)三台以太网连接的 MicroVaxIII + cpi3000 阵列处理器计算机测井系统; (2)实时多任务; (3)智能接口	(1)三台以太网连接的 HP730 工作站测井系统; (2)实时多任务; (3)智能接口	(1)两台 IBM RS6000 工作站测井系统; (2)实时多任务; (3)智能接口
电缆传输速率	500kb/s	230kb/s	217.6kb/s
井下仪器	微电阻率扫描 FMI/FMS、阵列感应 AIT、阵列侧向、方位电阻率成像 ARI、偶极横波成像 DSI、超声成像 USI、核磁共振 CMR、地震波成像 CSI	微电阻率扫描 STAR－II、高分辨率阵列感应 HDIL、交叉偶极子 XMAC、多极阵列声波 MAC、数字声波井周成像 CBIL、核磁共振成像 MRIL－C	微电阻率扫描 EMI/XRMI、高分辨率阵列感应 HRI、交叉偶极子、阵列声波、井周声波扫描 CAST、核磁共振成像 MRIL－P
解释软件	Geo Fram 软件包;岩石物理软件包(P包)、井眼微地质学包(G包)、油藏描述包(RM包)、岩石力学参数包、Impact 包	EXEPRESS	DPP

成像测井地面仪器是基于多机网络、智能接口、POSC 数据规范、软件规范、图形规范、人机交互规范等,具有丰富硬件资源的开放式测井数据采集平台。成像测井地面仪器能运行实时多任务软件,使数据采集、仪器刻度、现场解释可以同时进行,提高了测井时效;能远距离通信,使井场计算机和基地处理中心计算机资源连成一体,控制措施增加了可靠性,保证了获取数据的质量和处理成果的质量。其主要特点有:

(1)车载高性能计算机系统,网络连接,人机交互,能实时高速采集大量的测井信息,能完成刻度、测井、数据处理、显示等多任务并行处理。

(2)具有高数据传输率的电缆遥测系统,数据传输率达500kb/s,实现井下仪器和地面设备间的大数据量传输。

(3)配备高分辨率、阵列探测的电、声、核、核磁等新型测井仪。

(4)配备一套完整的、适应各类复杂非均质储层参数定量评价、地质应用、工程应用的测井解释软件包。

2. 微电阻率扫描成像测井

1)微电阻率扫描成像测井原理

利用多个极板上阵列分布的纽扣状小电极向井壁地层发射电流,电流的变化反映了井壁各处的岩石电阻率的变化,据此可以显示电阻率的井壁成像(图6-42)。测量时,推靠器使极板贴靠井壁,由地面系统控制向地层发射交变电流。交变电流由下部电极流入地层,回到上部电极。该测井仪采用侧向测井的屏蔽原理,电极与极板绝缘;由电源给极板和纽扣电极供相同极性的电流,使极板与纽扣电极的电位相等;由电极流出的电流受到极板的屏蔽作用,沿径向流入地层;记录每一个纽扣电极的电流强度和对应的测量电位差。按照侧向测井原理,它们与地层电阻率的关系为:

$$R_{ai} = K\frac{U}{I_{bi}} \quad (6-21)$$

式中 R_{ai}——第 i 个电极测量的井壁岩石视电阻率;

U——电极表面电位;

I_{bi}——电极发射的电流强度。

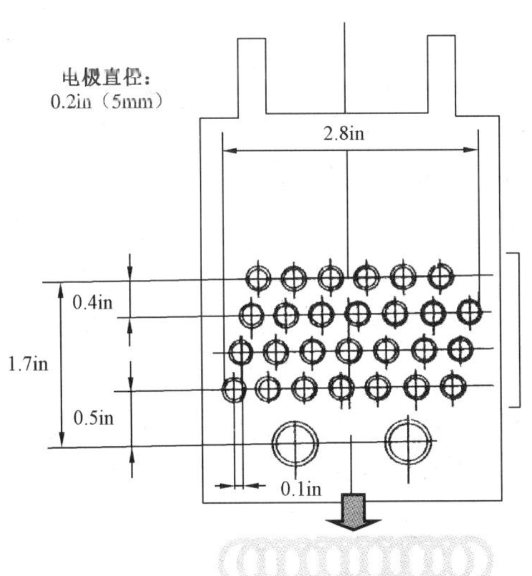

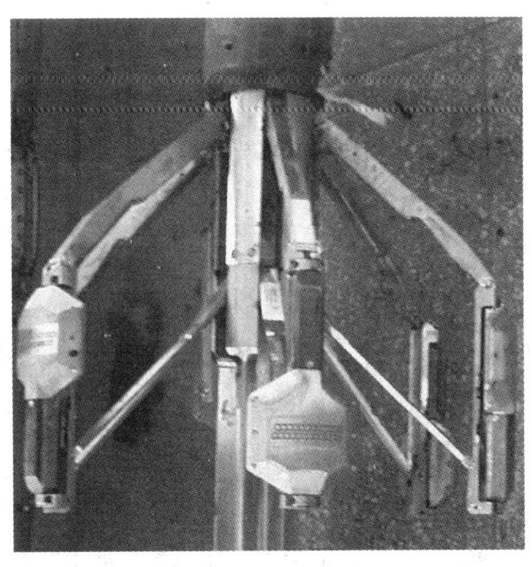

图6-42 地层微电阻率扫描成像测井仪板及纽扣电极排列

当极板与纽扣电极的电位相等,纽扣电极接触的井壁地层的电阻率不同时,电流强度发生变化:R_a 增大,I_b 降低;R_a 降低,I_b 增大。

因此,测量每个纽扣电极的电流变化,就能反映井壁上地层电阻率的变化。阵列纽扣电极的电流经适当处理，用彩色或灰度等级图像，来显示井壁地层电阻率的变化，从而可反映出井壁上地层岩石结构变化。

电阻率成像测井仪器有三种工作方式，分别是全井眼方式、四极板方式和倾角方式。

(1)全井眼方式：192 个电极全部工作，可测得 192 条微电阻率曲线，1－3 极板和 2－4 极板井径曲线、井斜角和井眼倾斜方位曲线、1 号极板方位角和相对方位角曲线、自然伽马曲线、仪器加速度曲线等。

(2)四极板方式：4 个主极板工作，4 个副极板不工作，与早期的 FMS 类似。

(3)倾角方式：只采用 8 个纽扣电极工作，形成失量图，与 SHDT 类似。

2)电阻率扫描图像处理

192 条微电阻率曲线经过主副极板上四排电极的深度对齐、平衡处理、加速度校正、标准化、坏电极处理、图像生成等一系列步骤，得到 FMI 图像。通常首先计算出微电阻率资料的频率直方图，然后把它们分成 42 个等级，每个等级具有相同的数据点(这使得每种颜色在最终图像上具有相同的面积)，42 个等级对应着 42 种颜色等级，从白色(高电阻)到黄色，一直到黑色(低电阻)，或者由灰色变化到褐色。

FMI 可提供三种图像：

(1)静态平衡图像。该类图像全井段统一配色，每种颜色代表着固定的电阻率范围，因此反映了整个测量井段的相对电阻率变化。

(2)标定到浅侧向的静态图像。它是专门为了计算裂缝宽度等参数设计的。标定后的静态图像不仅反映井段微电阻率变化(不是相对变化)，而且与浅侧向测井值对应，可用于岩相分析和地层划分。

(3)动态加强图像。它是一种在用户选定的滑动深度窗口内(通常不超过 3ft)，重新进行颜色刻度，突出局部井段电阻率变化，使得图像显示更详细的局部静态(全井段内动态)的图像显示方法。这种图像的颜色更能揭示各种地质事件，如结构、构造、裂缝、结核、粒序变化、层理等，但此时颜色不再与电阻率具有一一对应关系，解释时需特别注意。

3)电阻率扫描成像的应用

(1)识别岩性，如泥岩、砂岩、砾岩、火山碎屑岩、碳酸盐岩、侵入岩和喷出岩等，确定储集层的位置、厚度和方位等。

(2)识别沉积构造(图 6－43、图 6－44)：① 断裂构造，如断层、裂缝(包括开启裂缝闭合裂缝、收缩裂缝和钻井诱生裂缝)；② 层理构造，如水平层理、交错层理、波状层理等等；③ 层面构造，如波痕、冲刷面等；④ 变形构造，如褶皱、包卷层理、滑塌等；⑤生物成因构造；⑥化学成因构造等等。

(3)精细描述裂缝，识别天然裂缝与钻井诱生裂缝，描述裂缝产状、裂缝开度、裂缝孔隙度、裂缝有效性等，应用裂缝和其他构造特征来分析现今和古应力场。

(4)储集层综合评价，如储集层的性质、成分、结构、沉积环境、区域展布等。

(5)沉积环境分析。

(6)评价薄层。

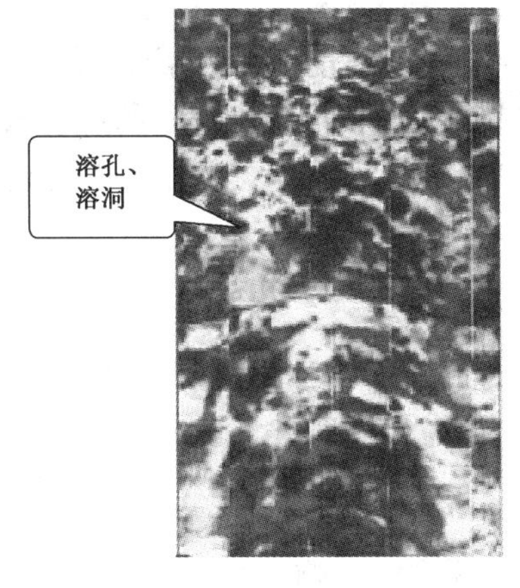

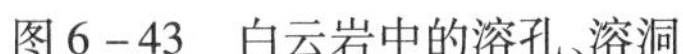
图 6－43 白云岩中的溶孔、溶洞

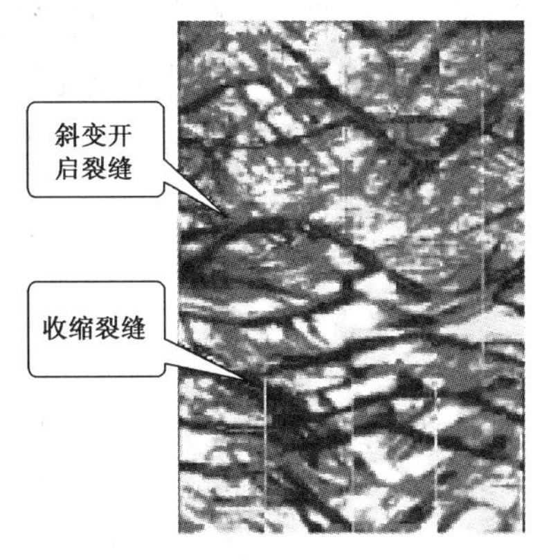

图 6－44 含砾砂岩和岩石裂缝

3. 阵列感应成像测井

1)阵列感应成像测井原理

感应测井是利用电磁感应原理测量地层电导率，基本测量单元是双线圈系，即一个发射线圈和一个接收圈。常规感应测井采用复合线圈系结构，根据电磁场的叠加原理，采用多个基本测量单元进行组合，即多个发射线因和多个接收线圈进行串联，产生具有直耦信号近似为零的多个测量信号矢量叠加，实现硬件聚焦的效果，从而测量具有一种或两种探侧深度的地层电导率。

斯伦贝谢公司的 AIT 阵列感应成像测井仪器线圈系采用二线圈系结构(一个发射，两个接收)。它运用了两个双线圈系电磁场叠加原理，实现消除直耦信号影响的目的，线圈系由八组基本接收单元组成，共用一个发射线圈，使用三种频率工作。井下仪器测量多达 28 个原始实分量和虚分量信号，传输到地面经计算机处理，实现数字聚焦，得到三种纵向分辨率、五种探测深度的测井曲线。为了消除井眼环境影响，开发出了相应软件，在数字聚焦处理前进行井眼环境校正。阿特拉斯公司的多道全数字频谱感应测井仪器由七个接收降列组成，同样使用二线圈系为基本测量单元，采用八种频率工作，共测量 112 个原始实分量和虚分量信号。类似地，采用软件进行数字聚焦和环境校正，可获得三种纵向分辨率、五种探测深度的测井曲线。

2)阵列感应测井曲线的应用

阵列感应测井提供具有三种纵向分辨率、五种探测深度的测井曲线，利用这些丰富的测井信息，可以划分薄地层，求取原状地层电阻率 R_t 和侵入带电阻率 R_{xo}，并可研究侵入带的变化，得出过渡带的内外半径。

4. 核磁共振测井

1)地层岩石模型

测井地层岩石模型认为，地层岩石由骨架岩石、骨架岩石内的孔隙空间以及骨架岩石的泥质含量三部分组成。骨架岩石按照岩石的物理化学性质，可分为：

(1)砂岩，主要由硅石(包括燧石)组成；

(2)石灰岩，主要由碳酸钙岩组成；

(3)白云岩,主要由钙—镁碳酸盐岩组成。

孔隙空间指岩石中未被颗粒、胶结物或杂质填充的空间,可分为孔隙和喉道。

孔隙空间体积可以分为水体积和油气体积。孔隙中的水包括可自由流动的可动水和由于表面张力束缚于骨架岩石的不可动束缚水两部分,孔隙中的油气同样分为可自由流动的可动油气和不可动残余油气。

骨架岩石的泥质组分可以包含一种或多种粘土、粉砂、圈闭水和进入粘土矿物中的束缚水。

2)核磁共振测井特点

(1)只对氢核的磁共振信号观测。

(2)只测量流体中的氢核响应,没有骨架影响。

(3)只测量距井眼一定距离孔隙流体中的氢核响应,无井眼影响。

(4)能提供与矿物成分无关的孔隙度。

(5)能提供孔隙度分布,在饱含水地层提供孔径分布。

(6)当 T_2 截止值准确时,可确定束缚水体积和自由流体体积。

(7)用自由流体指数和束缚水体积或平均 T_2 可确定渗透率。

(8)通过使用以下方法进行流体类型识别:

① T_1 加权法区分水、气(轻质油);

② 扩散度加权法区分水和高粘度油;

③ 改进 NMR 原状地层含水饱和度计算。

3)核磁共振的原理

在没有任何外场的情况下,核磁矩($\boldsymbol{M}$)是无规律地自由排列的。在有固定的均匀强磁场 σ_0 影响下,这个自旋系统被极化,即 $\boldsymbol{M}$ 重新排列取向,沿着磁场方向排列。同时,原子核还存在轨道动量矩,像陀螺一样环绕,这个场的方向以频率 ω_0 进动。ω_0 与磁场强度 σ_0 成正比,并称 ω_0 为拉莫尔频率。

在极化后的磁场中,如果在垂直于磁场的方向再加一个交变磁场,其频率也为 ω_0,将会发生共振吸收现象,即处于低能态的核磁矩通过吸收交变磁场提供的能量跃迁至高能态,此现象称为核磁共振。

造岩元素中各种原子核的核磁共振效应的数值是不同的,取决于原子核的旋磁比、岩石中元素的天然含量以及包含该元素的物质赋存状态。

核磁测井以氢核与外加磁场的相互作用为基础,可直接测量孔隙流体的特征,不受岩石骨架矿物的影响,能提供丰富的信息,如地层的有效孔隙度、自由流体孔隙度、束缚水孔隙度、孔径分布及渗透率等参数。

氢核在地磁场中具有最大的旋磁比和最高的共振频率,根据含氢物质的旋磁比、天然含量和赋存状态,氢是在钻井条件下最容易研究的元素。因此,包含某种流(水、油或天然气)中的氢原子核是核磁共振测井的研究对象。

对于静磁场,热平衡时,处于地磁场的氢核自旋系统的磁化矢量与静磁场方向相同。加极化磁场后,磁化矢量偏离静磁场方向,经核磁共振达到高能级的非平衡状态。断掉交变极化磁场后,磁化矢量又将通过自由进动朝着静磁场方向恢复,使自旋系统从高能级的非平衡状态恢复到低能级的平衡状态,这个恢复过程称为弛豫时间。

实际测井时,把地磁场当成静磁场,通过下井仪首先把一个很强的极化磁场加到地层中。等氢核完全极化后,再撤去极化场,则氢核的磁化矢量便绕地磁场自由进动,在接收线圈中就可测到一个感应电动势。由于束缚水和可动流体的弛豫时间不同,所以束缚水、可动流体在接收线圈中产生的感应电动势的强弱和持续时间也不一样。测井前事先刻度出束缚水和可动流体的弛豫时间,这样束缚水、可动流体的信息就可直接在测井曲线上反映出来,即可直接计算出自由水、束缚水饱和度。

4)核磁共振测井的用途

(1)划分储集层;

(2)确定储层的有效孔隙度;

(3)确定渗透率、颗粒大小;

(4)确定残余油饱和度;

(5)在沥青化的储集层中划分含可动油的夹层;

(6)估计含油地层的自由水含量,确定储集层的产能;

(7)评价低电阻率油层。

5)核磁共振测井存在的问题

(1)作为孔隙度测井,NMR 孔隙度测井是所有孔隙度测井中最准确和影响因素最少的一种。它直接观测孔隙中的流体,只受到 T_W、T_E、HI 以及刻度的影响。但是,与常规孔隙度测井相比,它的测井速度慢,纵向分辨率低,而测井费用却要昂贵得多,妨碍了它的推广和普及。

(2)作为束缚水测井,它基本上是一种经验方法,其准确性很大程度上取决于地区束缚水模型。想用单一截止值方法来区分束缚水(泥质束缚水、毛管束缚水)和自由流体是做不到的。

(3)作为渗透率测井,尽管它比任何其他的测井方法都能更好地反映地层渗透率,但是,它也仍然是一种经验方法,其准确性同样很大程度上依赖于地区渗透率模型。

(4)作为饱和度测井,对于轻质油和天然气的探测,NMR 在理论上应该说已经相当完善。而在实践上却遇到目前无法突破的挑战,即 NMR 测井探测深度太浅,从井壁往地层大约 2 ~ 8cm,基本上属于冲洗带。只有在几种情况下 NMR 测井有可能提供原状地层的流体饱和度信息,即欠平衡钻井、随钻 NMR 测井以及稠油地层。

6)核磁共振测井未来的发展方向

核磁共振测井未来的发展方向决定于其真正解决油气勘探开发问题的能力和潜力。为了提高油气勘探开发效益,它必定在满足解决日益复杂的油气地层评价问题需要的基础上,充分发挥在流体识别和岩石物理评价中的独特优势,不断地向前发展。

例如,X4 井 X 层(2226.7 ~ 2238m)常规曲线显示不明显,录井为油泥岩,邻井也未发现油藏,而核磁共振测井资料含烃信号明显(图 6 - 45),井壁取心后见油侵、油斑及油迹,解释油层 12.8m。压裂后,日产油 24.18t,日产气 300m^3。

5. 地层重复测试

重复地层测试仪——RFT(Repeat Formation Tester)是测量地层压力及流体性质的一种新

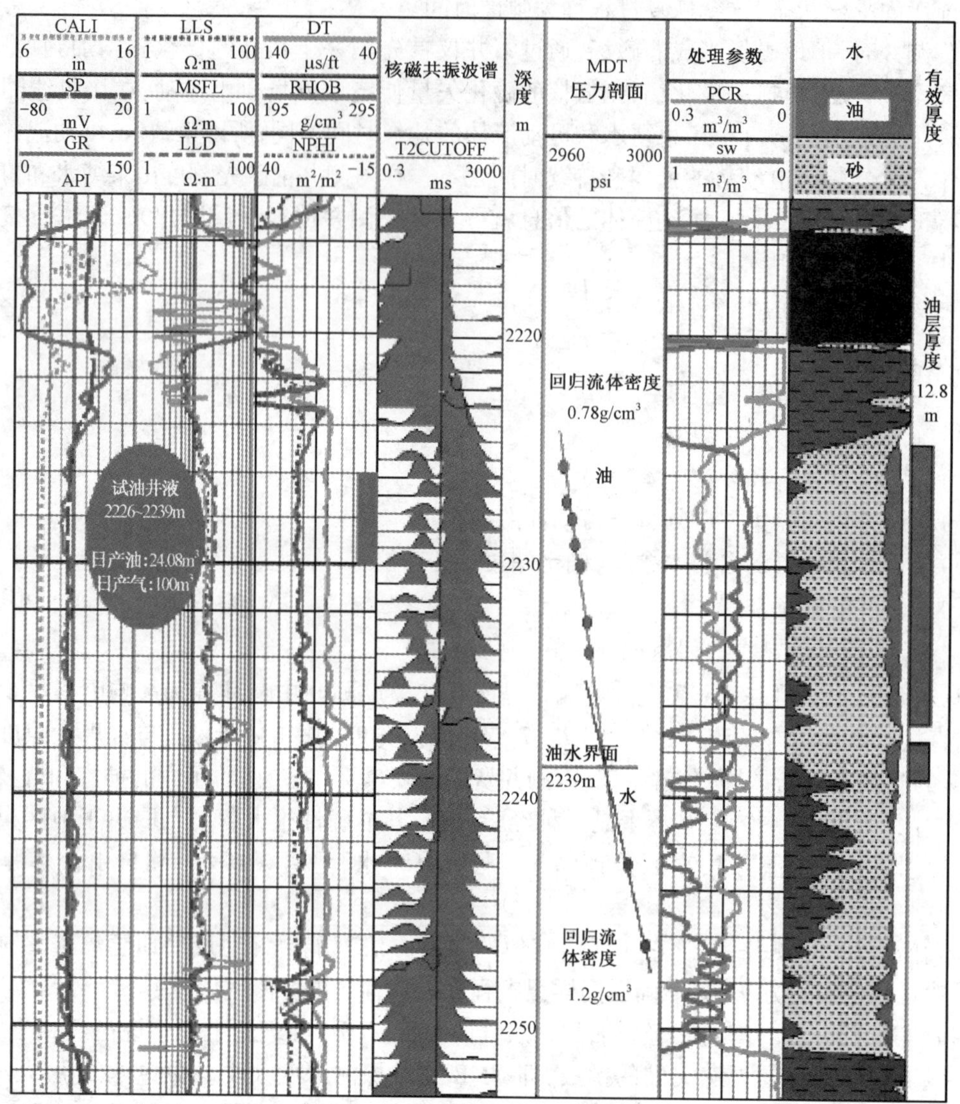

图 6－45　X4 井核磁共振测井曲线图

型测井工具，由斯伦贝谢公司研制成功，主要测量地层中的某一深度点地层压力随时间的变化，获取地层的压力，能够直接反映地层的地质信息，具有直观、快速、经济等特点。大量生产实践证明，RFT 测井技术在许多方面弥补了常规测井方法不能解决或难以解决的地质问题，尤其在复杂细小断块油藏中，在具有多套油水系统、低孔、低渗及不同压力系统的情况下，已成为地质分析及油气层评价的重要手段。RFT 测试仪器分地面仪器和井下仪器两部分，地面仪器通过仪器车系统和电缆对井下仪器进行供电、控制和对测量信息的接受和转换。井下仪器主要由液压系统、传感器和压力变送系统组成。

1）RFT 工作原理

当地面仪器向井下仪器发出测量指令时，液压系统的电动机带动液压泵旋转驱动推靠器、探测器和封隔器(PACKER)向相反方向运动,使探测器进入井壁并密封。随后,探测器内的活塞收缩,地层中的流体进入取样室,使与取样室相连的压力传感器产生一个直流电压信号。检测到的直流电压信号经放大后,用来控制一个压控振荡器(VCO)。压控振荡器产生的振荡信号经电缆传到地面仪器的控制面板,经过解调制变为直流电压,以模拟形式显示在记录仪上,并送往模数转换器转换后以数字形式显示其压力值。在探测器内活塞收缩后,取样室内的压力逐渐升高直至与地层的孔隙压力达到平衡,完成这一层的压力测试。不同渗透率的地层所需要的压力恢复时间是不同的。当地面仪器面板发出回缩指令时,井下仪器的液压系统再次启动推靠器,探测器和封隔器回收,地面仪器显示钻井液柱的压力值,这时可以进行下一个单层测量。

测试前要做好准备,全面了解最大井斜及深度、钻井液性能、加重晶石数量、井下落物情况、防卡措施。测试时要缓慢下放和提升电缆,防止吸附井卡,防止仪器猛烈碰击井壁,防止电缆在井内打结。当其他测井过程中有遇卡现象时,必须通一次井并调整钻井液性能,才能进行RFT测井。

2)RFT的应用

RFT测试资料能提供真实可靠的地层压力和钻井液压力。当钻井液侵入储层较深,造成储层严重污染时,常规测井曲线显示出电阻率高、孔隙度大的油层特征。利用RFT测试资料所提供的压力测试数据,可以准确判断储层的污染情况,为投产方式的合理选择提供依据。该技术在中原油田储层污染评价中取得了明显效果。

三、矿场地球物理测井资料应用

(一)测井资料解释应用的基础

1. 测井数据处理与综合解释基础

测井数据处理与综合解释就是按照预定的地质任务,用计算机对测井资料进行自动处理,并综合地质、录井和开发资料进行综合分析解释,以解决地层划分、油气储集层评价、有用矿藏评价、及勘探开发中的其他地质与工程技术问题,并以图形或数据形式直观显示解释结果。其最主要、最终核心的问题是油气层的评价,包括两个方面:确定储层产出流体的性质,评价油气层质量,即产层的储渗性能及生产能力。

1)储集层分类

地质上常按成因和岩性把储集层划分为三类:

(1)碎屑岩储集层(砂岩、粉砂岩、砂砾岩、砾岩):储集空间以原生孔隙为主(粒间孔隙),储集层上下围岩一般为泥岩,因此测井称为砂泥岩剖面。

(2)碳酸盐岩储集层:储集空间与砂岩剖面有本质的区别,以次生孔隙为主。

(3)其他岩类储集层,如膏泥岩、火成岩等。

前两类是主要的储集层。不同类型的储集层具有不同的地质特征。

2)碎屑岩储集层

碎屑岩储集层为陆源碎屑岩,主要包括砂岩、粉砂岩、砂砾岩和砾岩。其储集空间以碎屑颗粒之间的粒间孔隙为主,有时伴有裂隙(缝)、微孔隙以及成岩过程中所产生的各种次生孔隙。在碎屑岩储集层的上下一般以泥岩作为隔层,故在油井剖面中常常是砂岩、泥岩交替,测井解释称为砂泥岩剖面。

碎屑岩主要由各种矿物碎屑、岩石碎屑、胶结物(泥质、灰质、硅质和铁质)及孔隙空间组成。决定碎屑岩特性的主要因素是碎屑的成分和颗粒的大小,并以它们作为碎屑岩分类、命名的主要依据。

(1)碎屑物的矿物成分。

目前已发现的碎屑矿物约有160种,最常见的约有20种,但一种碎屑岩主要碎屑矿物通常只有3~5种。常见的碎屑矿物主要有石英、长石、云母和粘土以及重矿物。石英是碎屑岩中分布最广、含量最多的一种碎屑矿物。长石在碎屑岩中的含量仅次于石英。白云母和黑云母的碎屑颗粒是砂岩中常见的次要组分。白云母多分布在粉砂岩和细砂岩中,而黑云母则常出现在砾岩或杂砂岩中。碎屑岩中密度大于2.86g/cm^{3}的矿物称为重矿物。重矿物的种类很多,常见的有辉石、角闪石、荧铁矿、磁铁矿、重晶石、锆英石、电气石、金红石等等。岩石碎屑(岩屑)是母岩经机械破碎形成的岩石碎块,一般由两种以上的矿物集合体组成,保留着母岩的结构特点,因此岩屑是判断母岩成分及沉积来源的重要标志。

(2)碎屑颗粒的粒度。

粒度是指颗粒的大小,用粒径来表示。它是碎屑颗粒最主要的结构,直接决定着碎屑岩的分类命名和性质。根据粒度大小可将碎屑岩分成砾岩、砂岩、粉砂岩三类。

碎屑颗粒的分选性是指颗粒大小的均匀程度。按碎屑岩中主要粒度的含量可将分选性划分为好、中、差三等。主要粒度的含量大于75%者为好,含量在50%~70%者为中,含量小于50%者为差。分选差时,大小颗粒混杂,大颗粒间形成的孔隙就被小颗粒所填充,使岩石的孔隙性和渗透性变差。

(3)胶结物。

胶结物把松散的砂、砾胶结成整体的物质。最常见的胶结物有泥质、钙质(又称灰质)、硅质及铁质,其中主要是泥质、钙质。通常泥质胶结的砂岩较疏松,孔隙性及渗透性较好;钙质胶结次之;硅质及铁质胶结的砂岩一般均致密坚硬,储油物性差。

(4)碎屑岩的孔隙分类。

碎屑岩储集层孔隙空间的大小是多样的。按孔隙成因,可将碎屑岩孔隙分为粒间孔隙、微孔隙、溶蚀孔隙、微裂隙。

上述各类孔隙中,粒间孔隙是沉积时形成的,为原生成因;微孔隙属原生次生混合成因;溶蚀孔隙及微裂隙均属次生成因。

按碎屑岩孔隙的孔径大小可把孔隙分为三类:超毛细管孔隙、毛细管孔隙、微毛细管孔隙。

按对流体的渗流情况可把孔隙分为有效孔隙、无效孔隙。

(5)储集层的分类。

碎屑岩储集层基本上就是砂岩和粉砂岩储集层,砾岩储集层较少,泥岩储集层(有裂缝才有储集性质)更少。一般砂岩储集层的储集性质(孔隙度和渗透率)主要取决于砂岩颗粒的大小,同时还受颗粒均匀程度(分选程度)、颗粒磨圆程度和颗粒之间胶结物的性质及含量的影响。一般来说,砂岩颗粒越大,分选越好,磨圆程度越好,颗粒之间充填胶结物越少,则其孔隙空间越大,连通性越好,即储油物性越好。砂岩胶结物一般是泥质的,也有灰质的,以泥质对储集性质影响最大。

3）碳酸盐岩储集层

碳酸盐岩储集层包括石灰岩、白云岩、生物灰岩，其基本化学成分都是碳酸盐类（如碳酸钙、碳酸镁）。这类储集层的油气储量占世界总储量的一半，其产量占总产量的60%以上，而且日产千吨以上的高产油井大多在碳酸盐岩油田中。我国华北油田的震旦系、寒武系和奥陶系的产油层，四川震旦系和二叠系、三叠系的油气层，以及中东一些高产大油田，均属这类储集层。

碳酸盐岩一般都比较致密，原生粒间孔隙度在1%～2%左右，但因其性脆和化学性质不稳定，容易形成各种裂隙和孔洞。一般认为，包括原生粒间孔隙和次生缝洞在内的总孔隙度如果在5%以上，碳酸盐岩就可能具有渗透性。因此，与碎屑岩储集层相比，碳酸盐岩储集层具有储集空间多样性和分布不均匀性等特点。

常见碳酸盐岩储集层的储集空间主要有以下三种：

（1）孔隙性储集空间：如鲕粒、生物碎屑和结晶颗粒支撑的粒间孔隙、晶间孔隙以及生物内体腔形成的粒内孔隙，其典型岩性是白垩、鲕状灰岩和针孔状生物灰岩等。地层水中的镁离子与方解石中钙离子发生交换作用，由方解石变为白云石，其体积可收缩12%～13%，可使孔隙空间变大；重结晶作用使颗粒变粗，也可使孔隙空间扩大。

对测井解释来说，关键是孔隙大小、形状及其分布。所谓孔隙性碳酸盐岩储集层，是指孔隙较小（与砂岩孔隙相比）而又分布均匀的储层。这种储层的储集性质、油气水在储层中的渗滤和分布、钻井液侵入的特点等均与砂岩储集层相似。

（2）裂缝性储集空间：主要由构造裂缝和层间裂缝组成。构造裂缝发育的程度与构造部位和岩性条件有关，一般在构造轴部和断裂带附近最发育，而按岩性是以白云岩、石灰岩、泥灰岩的顺序而降低。

测试资料表明，裂缝性储集层的产能主要来自垂直裂缝，但有渗透性的层间缝压裂后也能增加生产能力。由于裂缝的数量、形状和分布极不均匀，使裂缝性储集层的孔隙度和渗透率具有多变性，油气水分布也很不规律。裂缝还具有渗透率高和钻井液侵入深的特点。

（3）洞穴型储集层：主要是指由溶解作用、重结晶作用及其他次生变化形成的比粒间孔隙大得多的孔洞（2mm以上）。这类孔洞形状不一，大小悬殊，小的4mm左右，大的体积可达几千立方米，常沿裂缝及地层倾斜方向分布。这是富集油气的一种重要的孔隙类型，常是钻遇高产油气层的一种显示。钻井遇到洞穴，会出现放空和钻井液漏失现象；洞穴越大，漏失越严重。对于通常测井的探测范围来说，大洞穴的出现带有局部的性质，并不是处处都有的。因此，虽然有人就洞穴对测井的影响进行讨论，但还没有形成系统的方法。

近年来，其他类型的储集层如火成岩储集层受到重视。该类储集层岩性复杂，其产能主要取决于后期的成岩变化，与碳酸盐岩储集层的储集空间有很大的相似之处。

4）储集层的基本参数

评价储集层物性的参数主要有孔隙度、渗透率。评价储集层含油性的参数有含油气饱和度、含水饱和度、束缚水饱和度以及储集层的厚度。

（1）孔隙度。

储集层的孔隙度指孔隙体积占岩石体积的百分数，是反映储层储集能力的参数。

测井解释中常用的孔隙度概念有绝对孔隙度、有效孔隙度、缝洞孔隙度。

绝对孔隙度是全部孔隙体积占岩石体积的百分数；有效孔隙度是指具有储集性质的有效孔隙体积占岩石总体积的百分数；缝洞孔隙度是指有效缝洞孔隙体积占岩石总体积的百分数。缝洞孔隙度是表征裂缝性储集层储集物性的重要参数，因为缝洞是岩石次生变化形成的，故常称为次生孔隙度。

(2)渗透率。

在一定压差下，岩层允许流体流过其孔隙孔道的性质称为渗透性，渗透能力的大小用渗透率表示。渗透率是决定油气藏能否形成和油气层产能大小的重要因素。

根据达西定律，岩层孔隙中的不可压缩流体在一定压力差条件下发生的流动可用下式表示：

$$Q = K\frac{A\Delta p}{\mu L} \tag{6-22}$$

式中 Q——流体的流量，cm^3/s；

A——垂直于流体流动方向的岩石横截面积，cm^2；

L——流体渗滤路径的长度，cm；

Δp——压力差，Pa；

μ——流体的粘度，mPa · s；

K——岩石的渗透率，D。

达西定律只适用于层流以及流体与岩石无相互作用的情况。

通过实验发现：当只有一种流体通过时，所测得的渗透率与流体性质无关，只与岩石本身的结构有关；而当有多种流体同时通过岩样时，不同的流体则有不同的渗透率。

为了区分这些情况，常用绝对渗透率、有效渗透率、相对渗透率来分别表示。

① 绝对渗透率：是指岩石孔隙中只有一种流体（油、气或水）时测量的渗透率，其大小只与岩石孔隙结构有关，而与流体性质无关。测井解释通常所说的渗透率就是指岩石的绝对渗透率。根据岩石绝对渗透率的大小，按经验可把储集层分成五类：绝对渗透率为 1 ~ 15mD，属差到尚可；绝对渗透率为 15 ~ 50mD，属中等；绝对渗透率为 50 ~ 250mD，属好；绝对渗透率为 250 ~ 1000mD，属很好；绝对渗透率大于 1000mD，属极好。

② 有效渗透率（相渗透率）：当两种或以上的流体通过岩石时对其中某一流体测得的渗透率，其大小除与岩石孔隙结构有关外，还与流体的性质和相对含量、各流体之间的相互作用以及流体与岩石的相互作用有关。

多种流体同时通过岩石时，各单相的有效渗透率以及它们之和总是低于绝对渗透率。这是因为多相流体共同流动时，流体不仅要克服自身的粘滞阻力，还要克服流体与孔壁之间的附着力、毛细管力、流体与流体之间的附加阻力等等，因而使渗透能力相对降低。

由试油资料求得的渗透率是有效渗透率。实践证明，流体的有效渗透率与它在岩石中的相对含量有关。当流体的相对含量变化时，其相应的有效渗透率随之改变。为此，引入相对渗透率的概念。

③ 相对渗透率。岩石的有效渗透率与绝对渗透率的比值称为相对渗透率，其值在 0 ~ 1 之间。

在储集层孔隙中充满不同含量的油、气、水时，岩层对某一流体的相对渗透率取决于其他流体的数量及性质。某一流体的相对渗透率随该流体的饱和度增加而增加，直到该流体的全部饱和孔隙空间达到绝对渗透率值为止。

(3)饱和度。

饱和度定义为某种流体所充填的孔隙体积占全部孔隙体积的百分数。

① 含水饱和度 S_w：岩石含水孔隙体积占孔隙体积的百分数。

岩石孔隙总是含有地层水的。其中，被吸附在岩石颗粒表面的薄膜水、无效孔隙及狭窄喉道中的毛细管水在自然条件下是不能自由流动的，称为束缚水；而离颗粒表面较远、在一定压差下可以流动的地层水，称为可动水或自由水。含水饱和度为这两部分地层水饱和度之和，即：

$$S_w = S_{wi} + S_{wm}$$

式中 S_{wm}——可动水饱和度；

S_{wi}——束缚水饱和度。

油层的各个部分均含有束缚水。在含油气部分，油气与束缚水共存；在含水部分，可动水与束缚水共存；在油气过渡带，油、气与束缚水三相共存。

② 含油气饱和度 S_h：岩石含油气体积占有效孔隙体积百分数。含油气饱和度与含水饱和度之和为1，即：

$$S_w + S_h = 1$$

③ 含油饱和度 S_o：当地层只含油和水时，岩石含油体积占有效孔隙体积百分数。当地层只含油和水时，两者饱和度之和为1，即：

$$S_w + S_o = 1$$

理论与实践均表明，储集层的岩石颗粒越细，孔隙孔道越小，束缚水饱和度越大。因此，不同岩性、不同粒径的储集层，它们的油、水层的饱和度界限值是有差异的。为准确评价储集层的含油性，往往需要对储集层的含水饱和度和束缚水饱和度进行比较。当含水饱和度小且近似等于束缚水饱和度时，为油(气)层；当含水饱和度较大且含水饱和度大于束缚水饱和度时，为油水同层。

(4)储集层的厚度。

通常用岩性变化(如砂岩到泥岩或碳酸盐岩到泥岩)或孔隙性与渗透性的显著变化(如巨厚致密碳酸盐岩中的裂缝带)来划分储集层的界面。储集层顶底界面之间的厚度即为储集层的厚度。

油气层的有效厚度是指在目前经济技术条件下能够产出工业性油气流的油气层的实际厚度，即符合油气层标准的储集层厚度扣除不合标准的夹层(如泥质夹层或致密夹层)剩下的厚度。

2. 储集层的重要特性

1)储集层的油水相对渗透率分析(孔隙饱和特性)

对于亲水岩石，S_{wb}较大，油层 S_o 的下限值可选小些；

对于亲油岩石，S_{wb}较小，油层 S_o 的下限值可选大些。

2）储集层的侵入特征分析

钻井过程中钻井液与地层作用具有双向性。

原状地层：储集层未受钻井液侵入影响部分。

钻井液受侵：地层中可溶性盐类（石膏、盐岩、芒硝）、各种流体（油、气、水）以及岩石细粒（如粘土、砂子）使钻井液性能发生不符合施工要求的变化。

钻井液侵入：钻井液在正向压差作用下侵入地层。

钻井液侵入引起储层电阻率在径向上的变化，称为储层的侵入特性。

侵入直径的大小取决于地层的孔隙度和渗透率、钻井液性能、钻井液柱压力与地层压力之差，以及地层被钻开后所经历的时间。一般地层孔隙度和渗透率越低，钻井液侵入越深。岩石的孔隙度与侵入直径有如下关系：

（1）孔隙度在5%～10%，$D_i=10d$；

（2）孔隙度为10%～15%，$D_i=5d$；

（3）孔隙度为15%～20%，$D_i=2.5d$。

在轴向上，不同岩性的地层电阻率是不同的。即使是同一岩性的地层，由于地层的非均质性，其轴向电阻率也在变化。渗透性地层电阻率在径向上的变化也是很大的，从井内向外分别有：钻井液电阻率（R_m）、钻井液电阻率（R_{mc}）、冲洗带电阻率（R_{xo}）、过渡带电阻率（R_i）、未被侵入的原状地层电阻率（R_t）。钻井液侵入可分为以下两种类型：

（1）增阻侵入。当地层孔隙中原来含有的流体电阻率较低时，电阻率较高的钻井液滤液侵入后，侵入带的电阻率升高（$R_t<R_i$），这种钻井液侵入称为增阻侵入或称钻井液高侵，多出现在水层。

（2）减阻侵入。当地层孔隙中原来含有的流体电阻率比渗入地层的钻井液滤液电阻率高时，钻井液滤液侵入后，侵入带的电阻率降低（$R_t>R_i$），这种钻井液侵入称为减阻侵入或称钻井液低侵，多出现在油层。

（二）岩性、物性、含油性与电性的关系

一般认为，评价储集层就是研究储集层的岩性、物性、含油性和电性之间的关系，即所谓"四性"关系。这里岩性主要指岩石的矿物骨架，物性指储集层的孔隙空间的结构、孔隙度和渗透率，含油性系指含油饱和度，电性指的是电导率。

1. 岩性与岩石电阻率的关系

岩石是由不同的矿物组成，不同矿物的电阻率各不相同，因此，不同矿物及成分的导电能力不同，因此组成的不同的岩性的岩石的导电能力不同。

根据岩石内导电方式不同，分电子导电类型岩石（导电能力差，电阻率高，如不含水的致密岩浆岩）和离子导电类型岩石（导电能力强，电阻率低，如沉积岩）。

2. 岩石电阻率与孔隙度的关系

据实验得知，所含水的电阻率 R_w 与含水的岩石电阻率 R_0 的比值与岩性、孔隙度有关，将这个比值称为地层因素 F：

$$F=\frac{R_0}{R_w}=\frac{a}{\phi^m} \tag{6-23}$$

式中 R_0——孔隙中完全含水时的地层电阻率；

F——地层因素，它排除了地层水的影响，只与岩石性质、孔隙结构和孔隙度有关；

a——胶结指数，为岩性和孔隙结构决定的常数；

m——胶结系数，为岩性和孔隙结构决定的常数。

3. 岩石电阻率与含油饱和度的关系

含油岩石的电阻率的大小取决于含油饱和度、地层水电阻率和孔隙度。当地层水电阻率和孔隙度一定时，岩石的电阻率随含油饱和度的增加而增加。但自然界中地层水电阻率和孔隙度都是不定的，并且对含油岩石的电阻率值有影响。为消除此影响，引入电阻增大系数，即含油岩石的电阻率 R_t 与该岩石完全含水时的电阻率 R_0 之比：

$$I = \frac{R_t}{R_0} = \frac{b}{S_w^n} = \frac{b}{(1 - S_o)^n} \tag{6-24}$$

式中 R_t——地层的真电阻率；

R_0——该地层完全含水时的电阻率；

I——电阻增大率，只与含油性有关；

S_w——含水饱和度；

S_o——含油饱和度；

b, n——含油情况决定的常数，n 为饱和指数，实际使用时，常取 $b=1, n=2$。

(三)应用测井资料进行地层岩性对比

1. 测井系列的选择

1)淡水钻井液的测井系列

中厚层(岩层厚度大于2m左右)、中低阻层(岩层电阻率一般小于20Ω·m)的砂岩储集层(以华北某油田采用的测井系列为例)所用的测井系列如下。

(1)组合测井系列：微电极、0.45m底部梯度、4m底部梯度、感应、声波时差、自然电位和井径测井，有时还有自然伽马和中子伽马，深度比例为1:200。

(2)取心井段测井：微电极、0.45m底部梯度、自然电位、声波时差，深度比例为1:100。

对于中厚的高阻储集层，则多采用以声波和侧向测井为主的测井系列，例如采用自然电位、微电极、0.45m和4m底部梯度、侧向及声波时差等。

在个别地区，因地质条件较特殊，测井系列有所变化。例如，胜利油田复杂岩性剖面的测井系列为微电极、声波时差、双侧向、密度、0.4m电位、2.5m和4m底部梯度、感应、自然电位、井径、井壁超热中子、自然伽马和中子伽马。

2)盐水钻井液的测井系列

盐水钻井液条件下的测井系列主要是自然伽马、侧向、2.5m和4m底部梯度等。例如，胜利油田盐水钻井液的综合测井系列是微电极、声波时差、0.4m电位、2.5m和4m底部梯度、感应、自然电位、自然伽马和井径。

3)油基钻井液的测井系列

油基钻井液一般采用的测井系列是感应、自然伽马、中子伽马、声波时差、井径。感应、自然伽马和井径曲线可以划分岩性和进行地层对比;用声波时差和中子伽马测井曲线计算储集层的孔隙度;用感应、声波时差和中子伽马测井曲线判断油、气,水层;感应测井的视电导率经过环境影响校正可求出地层真电阻率。

2. 应用组合测井曲线确定岩性

不同岩石的测井曲线特征差异较大,这些差异正是定性确定岩性的依据。表6－12是常见沉积岩的测井特征。根据这些特征,一般可以划分那些岩性比较单一的井剖面中的岩性。

表6－12　主要沉积岩石的测井特征

岩性	声波时差 μs/m	体积密度 g/cm³	中子孔隙度,%	中子伽马	自然伽马	自然电位	微电极	电阻率	井径
泥岩	大于300	2.2～2.65	高值	低值	高值	基值	低值	低值	大于钻头直径
煤	350～450	1.3～2.65	小于70	低值	低值	异常不明显或很大正异常(无烟煤)		高值,无烟煤最低	约为钻头直径
砂岩	250～380	2.1～2.5	中等	中等	低值	明显异常	中等,明显正异常	低到中等	不大于组钻头直径
生物灰岩	200～300	比砂岩略高	较低	较高	比砂岩还低	明显异常	较高,锯状、负差异	较高	小于钻头直径
石灰岩	165～250	2.4～2.7	低值	高值	比砂岩还低	大片异常	高值,锯状、负异常	高值	不大于钻头直径
白云岩	155～250	2.5～2.85	低值	高值	比砂岩还低	大片异常	高值,锯状、负异常	高值	不大于钻头直径
硬石膏	约164	约3.0	约0	高值	最低	基值		高值	约为钻头直径
石膏	约171	约2.3	约50	低值	最低	基值		高值	约为钻头直径
岩盐	约220	约2.1	接近于0	高值	钾盐最高	基值	低值	高值	大于钻头直径

对于淡水钻井液,砂岩、生物灰岩、致密石灰岩、泥岩组成剖面,若测井资料有自然电位、微电极、声波时差和电阻率曲线,则可按以下步骤划分岩性(表6－13):

(1)用自然电位曲线、微电极曲线区分渗透层和非渗透层。对于砂岩、生物灰岩,自然电位曲线明显负异常,微电极曲线有正幅度差。对于致密石灰岩、泥岩,自然电位曲线无异常,微电极曲线无幅度差。

(2)用微电极曲线、声波时差曲线区分砂岩、生物灰岩。砂岩的微电极曲线幅度小于生物灰岩的微电极曲线幅度。砂岩的声波时差大于生物灰岩的声波时差。

(3)用电阻率曲线区分砂岩、致密石灰岩。砂岩的电阻率远小于致密灰岩的电阻率。

表 6-13 砂泥岩剖面主要岩性测井特征

<table>
<tr><th colspan="2">测井项目
岩性</th><th rowspan="2">视电阻率幅度</th><th colspan="2">微电极</th><th rowspan="2">自然电位
异常幅度</th><th rowspan="2">声波时差</th><th rowspan="2">井径 d_h
(d_0 为钻头直径)</th></tr>
<tr><th></th><th></th><th>幅度</th><th>差异</th></tr>
<tr><td colspan="2">泥岩</td><td>低(1~6Ω·m)</td><td>低</td><td>无</td><td>基线</td><td>大于 300μs/m</td><td>$d_h > d_0$,不规则</td></tr>
<tr><td colspan="2">页岩</td><td>较低(6~20Ω·m)</td><td>较低</td><td>无</td><td>基线</td><td>较泥岩低</td><td>$d_h \geqslant d_0$</td></tr>
<tr><td rowspan="2">砂岩</td><td>含盐水</td><td>低(0.1~4Ω·m)</td><td>较低</td><td>负</td><td>负异常</td><td>中</td><td>$d_h \leqslant d_0$</td></tr>
<tr><td>含淡水</td><td>中(10~100Ω·m)</td><td>较高</td><td>正</td><td>正异常</td><td>中</td><td>$d_h \leqslant d_0$</td></tr>
<tr><td rowspan="3"></td><td>含油</td><td>高(5~1000Ω·m)</td><td>高</td><td>较大</td><td>正负异常</td><td>中</td><td>$d_h \leqslant d_0$</td></tr>
<tr><td>含气</td><td>高(5~1000Ω·m)</td><td>高</td><td>较大</td><td>正负异常</td><td>高</td><td>$d_h \leqslant d_0$</td></tr>
<tr><td>致密</td><td>高(20~1000Ω·m)</td><td>高</td><td>变化大
(刺刀状)</td><td>小或无</td><td>较高</td><td>$d_h = d_0$</td></tr>
</table>

同一砂岩地层,其粒度、泥质及钙质含量是可变的。若泥质含量增大,纯砂岩向泥质砂岩过渡;若钙质含量增大,纯砂岩向钙质致密砂岩转化;若粒度减小,砂岩向粉砂岩过渡。

(四)用测井资料进行油(气)藏评价

测井资料是评价地层,详细划分地层,正确划分、判断油、气、水层的依据。从渗透层中区分出油、气、水层,并对油气层的物性及含油性进行评价,是测井工作的重要任务。要做好解释工作,必须深入实际,掌握油气层的地质特点和四性关系(岩性、物性、含油性、电性),掌握油、气、水层在各种测井曲线上显示不同的特征。

1. 油、气、水层在测井曲线上显示不同的特征

1)油层

声波时差值中等,曲线平缓呈平台状。自然电位曲线显示正异常或负异常,随泥质含量的增加异常幅度变小。微电极曲线幅度中等,具有明显的正幅度差,并随渗透性变差幅度差减小。长、短电极视电阻率曲线均为高阻特征。感应曲线呈明显的低电导(高电阻)。井径常小于钻头直径。

2)气层

在自然电位、微电极、井径、视电阻率曲线及感应电导曲线上,气层特征与油层相同,所不同的是:在声波时差曲线上明显数值增大或周波跳跃现象,中子、伽马曲线幅度比油层高。

3)油水同层

在声波时差、微电极、井径曲线上,油水同层与油层相同,所不同的是:自然电位曲线比油层大一点,而视电阻率曲线比油层小一点,感应电导率比油层大一点。

4)水层

自然电位曲线显示正异常或负异常,且异常幅度值比油层大。微电极曲线幅度中等,有明显的正幅度差,但与油层相比幅度相对降低。短电极视电阻率曲线幅度较高而长电极视电阻率曲线幅度较低。感应曲线显示高电导值。声波时差数值中等,呈平台状。井径常小于钻头直径。

2. 定性判断油、气、水层

油、气、水层的定性解释主要是采用比较的方法。在定性解释过程中，主要采用以下几种比较方法。

1）纵向电阻比较法

在水性相同的井段内，把各渗透层的电阻率与纯水层比较。在岩性、物性相近的条件下，油气层的电阻率较高。一般油气层的电阻率是水层的3倍以上。纯水层一般应典型可靠，一般典型水层应该厚度较大，物性好，岩性纯，具有明显的水层特征，而且在录井中无油气显示。

2）径向电阻率比较法

若地层水矿化度比钻井液矿化度高，钻井液滤液侵入地层时，油层形成减阻侵入剖面，水层形成增阻侵入剖面。在这种条件下比较探测不同的电阻率曲线，分析电阻率径向变化特征，可判断油、气、水层。一般深探测电阻率大于浅探测电阻率的岩层为油层；反之，则为水层。有时，油层也会出现深探测电阻率小于浅探测电阻率的现象，但没有水层差别那样大。

3）邻井曲线对比法

将目的层段的测井曲线作小层对比，从中分析含油性的变化。这种对比要注意储集层的岩性、物性和地层水矿化度等在横向上的变化。

4）最小出油电阻率法

对某一构造或断块的某一层组来说，地层矿化度一般比较稳定，纯水层的电阻率高低主要与岩性、物性有关，所以若地层的岩性物性相近，则水层的电阻率相同，当地层含油饱和度增加，地层电阻率也随之升高。比较测井解释的真电阻率与试油结果，就要确定一个电性标准（最小出油电阻率），高于电性标准是油层，低于电性标准的是水层，从而利用地层真电阻率（感应曲线所求的电阻率）和其他资料可划分出油（气）、水层。但是应用这种方法时，必须考虑到不同断块、不同层系的电性标准不同，当岩性、物性、水性变化时，则最小出油电阻率值也随之变化。

5）判断气层的方法

气层与油层在许多方面相似，利用一般的测井方法划分不开，只能利用气层的“三高”特点进行区分。所谓“三高”，即高时差值（或出现周波跳跃）、高中子伽马值、高气测值（甲烷含量高，重烃含量低）。

根据油、气、水层的这些曲线特征和划分油、气、水层的方法，就可以把一般岩性、简单、明显的油、气、水层划分出来。以下给出具体实例。

首先，根据微电极和自然电位曲线可划分出6个渗透层（图6－46）。

其次，利用0.5m和4m视电阻率曲线分析渗透层的径向侵入特性，发现第1、2、3、4层属于减阻侵入，5、6层属于增阻侵入。分析各渗透层的感应曲线。第3层视电导率最小（75mS/m，电阻率为13.3Ω·m），第6层视电导率最大（可达46mS/m，电阻率为2.2Ω·m），而第5层介于第4层和第6层之间。由于第6层是整个井中目的层段电阻率最低的层，并且厚度大、物性好、岩性纯，所以第6层可视为标准水层。除去第1层和第2层之外，从声波时差曲线看，各渗透层的孔隙性相似；从微电极上看，各渗透层的岩性差别不大；从感应曲线上看，各层的电阻率值都大于标准水层的三倍以上。

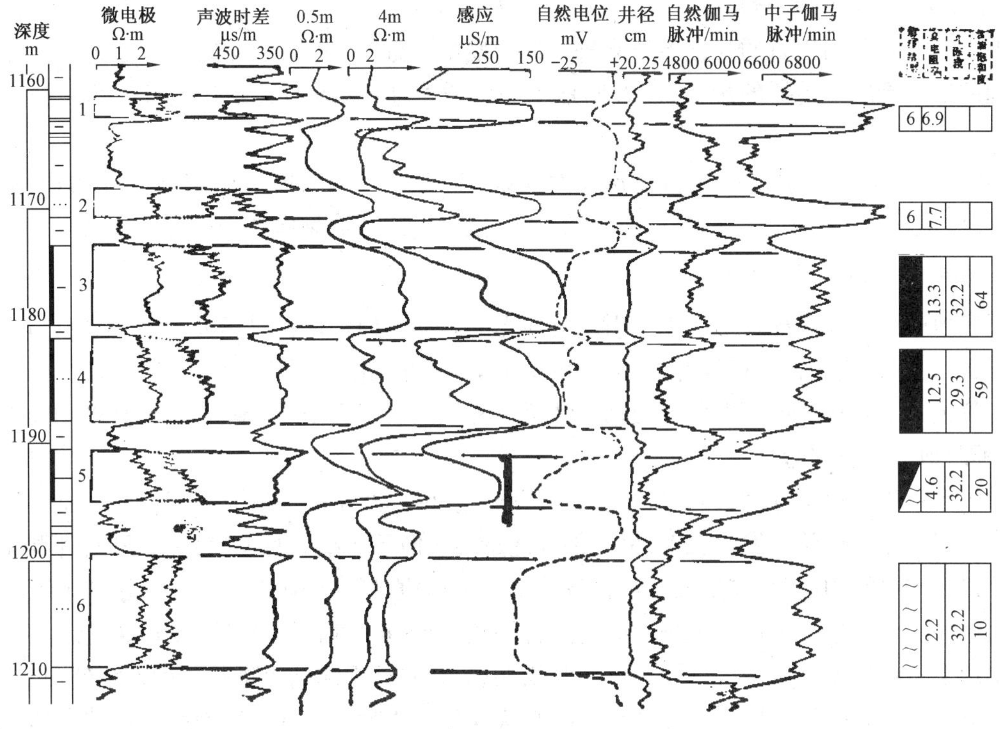

图 6-46 测井组合曲线综合判断油气水层

然后根据电阻率的径向对比和纵向对比，1、2、3、4 层均为油层显示，但是 1 层和 2 层的中子伽马曲线幅度比所有渗透层都高得多，并且第 1 层的声波时差值明显高于其他渗透层，第 2 层具有明显的周波跳跃现象，所以 1、2 层均为气层，3、4 层为油层。第 5 层根据电阻率的径向变化为增阻侵入，是水层的特点；但是从各渗透层测井曲线纵向对比看，它的电阻率显著高于第 6 层（水层），低于 3、4 两油层，考虑到上部是油气层、下部为水层，所以第 5 层可解释为油水同层。

第三节 地震勘探技术

地球物理勘探简称"物探"，是通过观察地球及其周围的地球物理场的特征和岩石的各种物理特性来研究地质规律和勘查各种矿产的各种方法的总称。物探是以物理学原理为基础，利用电子学、计算机的数字处理技术、信息论等科学技术中的新技术所建立起来的一整套勘探地下矿产的方法。物探是借助于各种物探仪器在地面观测地下岩石的各种物理参数，解释和推断地下岩石的构造特点、岩石性质等，从而到达勘察地下矿产的目的。

一、地震勘探技术概述

地震勘探与其他物探方法相比精度高一些，与地质法相比适应面要广一些，与钻探法相比成本低且勘探面积广。自 1977 年以来，世界上勘探总投资的 90% 以上用于地震勘探。

（一）地震勘探的概念及特点

地震勘探是利用岩石的弹性差异来进行矿产勘察，通过人工激发地震波，研究地震波在弹性不同的地下地层中传播的规律，以查明地下的地质构造，寻找油气或其他目的的一种物探方法。

地震勘探精度高，分辨率高，穿透深度大，能较详细地了解由浅到深一整套地层的地质规律的优点，是寻找石油天然气的最有成效的方法，但费用比其他物探方法昂贵。

（二）寻找油气的原理

天然地震是地球内部发生运动而引起的地壳的震动。地震勘探是用人工的方法引起地壳震动，最常用的方法是打一口浅井，在井内放一定量的炸药，使之爆炸产生人工地震波，再用数字地震仪记录下爆炸后地面上各点震动的情况，经过对记录下来的资料进行处理和人机联作解释，推断地下地质构造。

如图 6－47 所示，在地面某一条线上的某点放炮，由此产生的地震波向下传播。地震波遇到不同岩层的分界面就会发生反射，另一部分能量继续向下传播，再遇到另一个界面时再继续发生反射。在放炮的同时，在地面上用检波器及数字地震仪记录来自各个地层分界面的反射波引起地面震动的情况和反射波到达的时间，再换算成垂直入射反射时间，测得速度后就可以计算出地下各地层的埋藏深度。如在一条测线上观测，并对观测结果进行各种数字处理，就可以得到形象地反映地下岩层分界面埋藏深度起伏变化的资料——地震剖面图。再结合其他资料对地震剖面进行解释，就能查明地下可储油的地质构造，确定钻探井位。

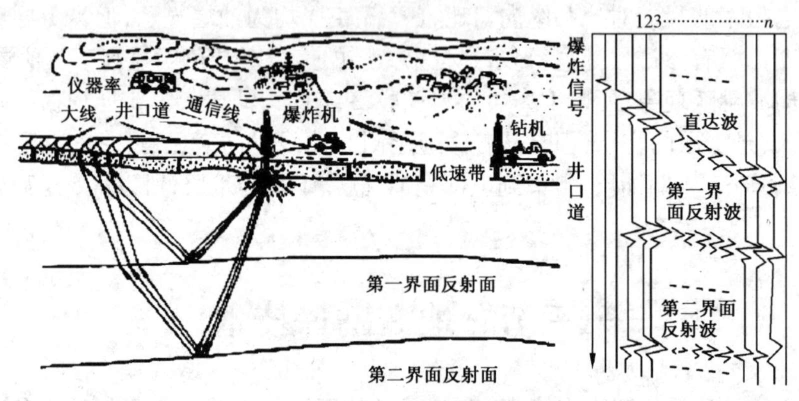

图 6－47　地震勘探方法示意图

（三）地震勘探的生产过程

（1）地震资料野外采集。利用人工激发所产生的地震波（震源）传播到地下，遇到弹性分界面时，产生反射、折射和透射，在地面接收这些返回的反射波或折射波并记录下来。

（2）地震资料室内处理。利用地震波的传播原理和理论，利用计算机对野外原始资料进行各种地震处理（处理模块）。

（3）地震资料解释。对处理后的剖面进行（构造、岩性、地震地层学、储层等）综合解释，推断地下岩石的构造特征及岩石性质等。

(四)地震勘探方法及分类

1. 地震勘探方法的分类

地震波传播到地下分界面上时将产生反射波、折射波和透射波。按波的形成和路径,地震勘探可以分为反射波法、折射波法和透射波法。目前应用最多的是反射波法,因为反射波法施工方便,成本低,效果好。

1)反射波法

从反射波信息中既可得到不同的弹性分界面反射回地面的地震反射波运动学特征(时间、时距关系等),还可以得到与地下岩石密切相关的具有不同动力学特征(振幅、频率、相位、速度等)的地震波形。利用这些信息,可以推断地下岩石的构造特征、岩石性质等,并且可以识别出背斜、断层、尖灭、不整合。特别是利用地震反射波的动力学特征和运动学特征来识别岩性和进行油气预测已经发展了很多成熟的方法。

2)折射波法

当下伏岩层的速度大于上覆岩层的速度时,产生透射波沿界面滑行而转换的折射波。与反射波法相比,折射波法的成本高,精度低,主要用于区域普查阶段、勘探浅层油气藏及煤田、水文工程等。

3)透射波法

透射波与光学中的折射波相同。早期的透射波主要用于钻井中来查明井孔中的构造形态,近年来它还用来获取地下岩石的弹性参数,为岩性地震勘探提供了更多的途径。

2. 按岩石质点振动性质分类

(1)纵波勘探:质点振动的方向与传播方向一致。

(2)横波勘探:质点振动的方向与传播方向垂直。

此外,还有 P-S 转换波勘探、面波勘探、“多波”勘探。

二、地震资料的野外采集

地震资料采集是整个勘探工作的重要环节。地震记录的品质直接影响着地震勘探的精度,因此,分析、提高影响采集质量的主要因素,是提高地震勘探解决地质问题能力的关键。

(一)野外工作的主要内容

野外工作的基本任务是齐全、准确地采集地震数据,为地震数据的处理和地震资料的解释提供第一手资料(图 6-48),其目的是高质量、高速度地获得高信噪比的原始地震资料(一般是 sgy 格式的数据)。

野外工作以地震队的组织形式来完成,由钻井班组、仪器组(站)、检波器组、爆炸班组组成,其主要内容是激发、接收地震波。这两个主要内容又可细分为测线及观测系统的设计、地震波的激发技术、地震波的接收技术以及地震勘探中的干扰波分析等。

图 6-48 地震野外勘探

(二)地震勘探的阶段划分及地震测线的布置

1. 测线布置的原则

与地质勘探的各基本阶段的地质任务相对应,测线布置应遵循以下原则:

(1)正确地详细分析工区以前完成的全部地质—地球物理勘查的结果;

(2)主测线最好与构造走向垂直,联络线与走向平行,能更好地反映构造形态;

(3)测线最好是直线;

(4)测线的间距随着勘探程度提高由疏至密;

(5)如工区有钻井,地震测线最好通过钻井,以进行地震层位和钻井层位的对比。

2. 不同勘探阶段的地震测线布置

1)区域普查阶段(路线普查)

区域普查是指在未做过地震工作的新区域内开展区域调查。

(1)目的:研究区域地质构造特征,包括基岩起伏、岩石性质、沉积厚度、沉积盆地边界、有利的含油气远景区及各级构造分布带。

(2)测线布置:若干条区域地震大剖面测线,且尽可能地穿过较多的构造单元。线距一般是几十千米或几百千米(图 6-49)。

(3)测网比例尺:1:20 万。

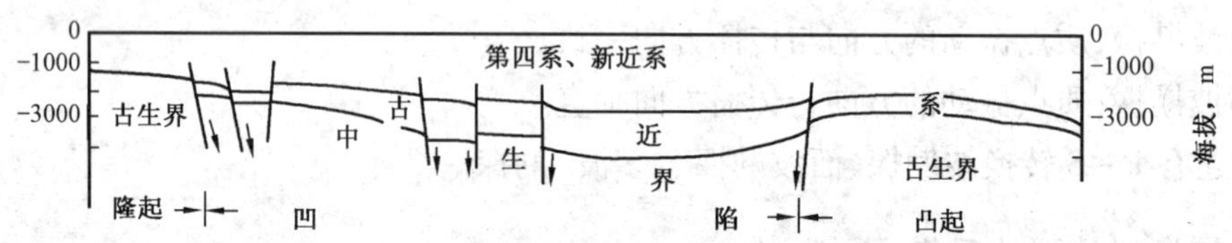

图 6-49 区域普查地震剖面

2)面积普查阶段

面积普查是在对在区域普查阶段发现的含油气远景构造带上进行的。

(1)目的:研究地层的分布规律,查明大的局部构造带(可能的储油构造)。

(2)测线布置:“丰”字形测网,主测线垂直构造走向。

一个局部构造上至少有三条以上的主测线。线距小于预料的构造长轴的一半,一般是十几千米。联络线平行于构造走向。线距可较大些(图 6-50)。

(3)测网比例尺:1:10 万或 1:5万。

3)面积详查阶段

面积详查是指对面积普查阶段所发现的局部构造进行详查。

(1)目的:研究已知构造的地质构造特点,如范围、形态、目的层厚度、上下地层的接触关系、高点位置、与相邻构造的关系、断层的分布大小等等,提供最有利的含油气圈闭。

(2)测线布置:主测线线距 1km 左右,联络线线距 2~4km,测线较密,测网严格控制局部构造。

(3)测网比例尺:1∶5万或1∶2.5万。

4)构造细测阶段(开发阶段)

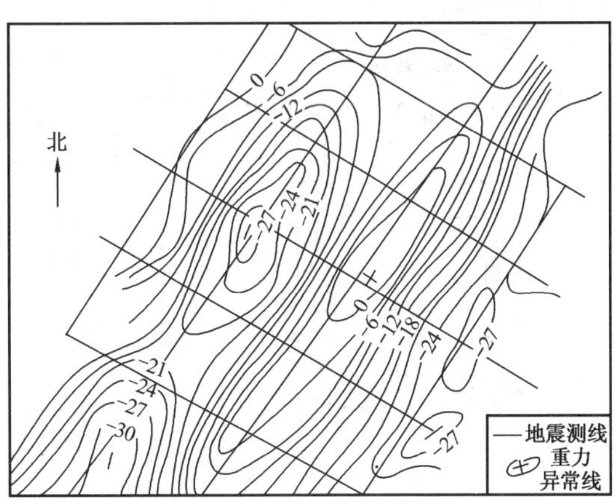

图6-50 区域普查地震测线分布图(单位:mGal)

(1)目的:在面积详查的基础上,查明构造的细部、构造高点位置、圈闭的闭合度、小断层的特征分布,了解油气水的分布关系,为钻探提供井位。

(2)测线布置:以三维测网为主,线距小,测线密(图6-51)。

(3)测网比例尺:1∶2.5万或1∶1万甚至1∶5000。

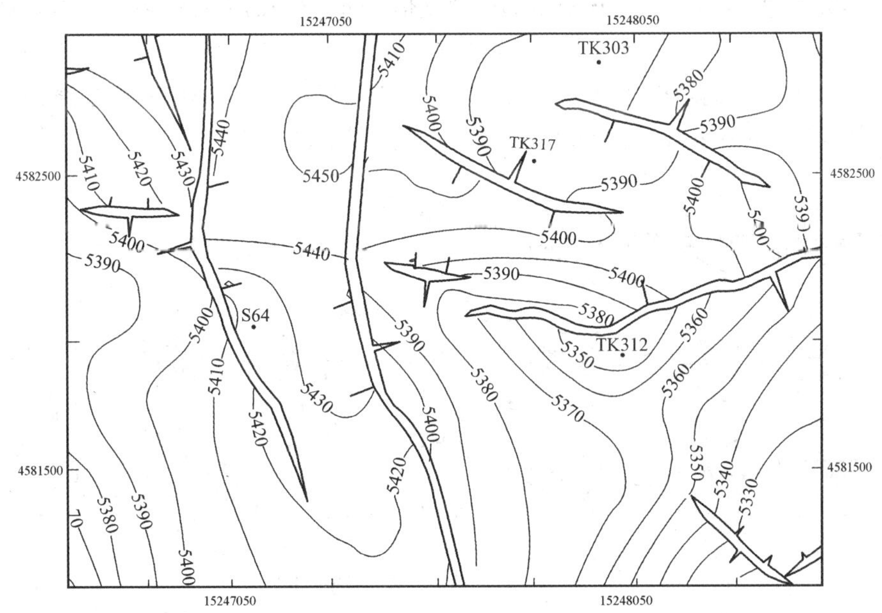

图6-51 构造细测测线布置

(三)地震勘探野外数据采集系统简介

数据采集系统主要由地震检波器和数字地震仪组成。

1. 地震检波器(Geophone、detectors、seismometers)

它是将机械振动转换为电信号的一种机电转换装置。常用的有动圈式、动磁式、压电式

(海上)、涡流式等几种(图6－52)。

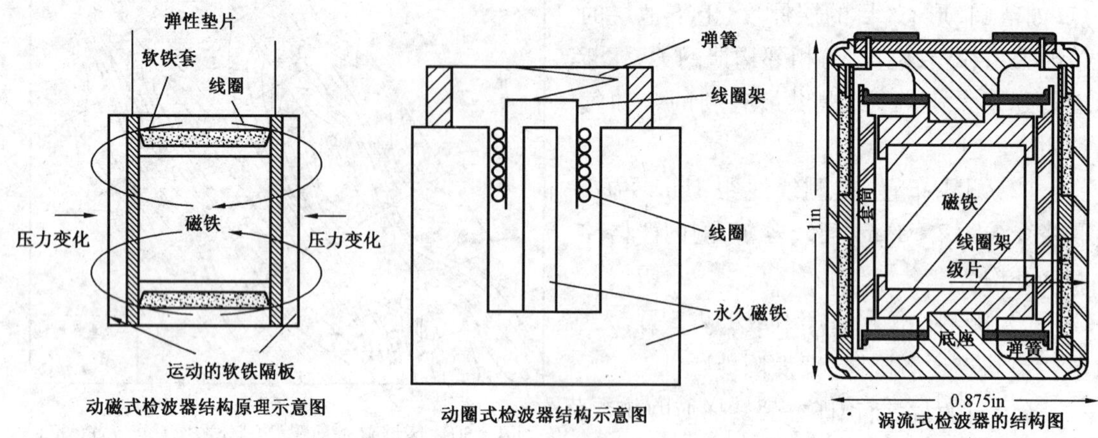

图6－52　各种检波器示意图

2. 地震数字仪(数字记录系统简介)

(1)前置放大器:属模拟电路部分,对输入、输出阻抗进行必要的匹配,使检波器接收到的地震信号不失真地送入仪器中,还对微弱的地震信号进行低噪声的线性放大,对各种干扰波进行滤波。

(2)多路转换器(高速电子开关):对模拟连续信号进行离散采样,并将多路并行的地震脉冲信号离散变成“单道串行”的子样脉冲送入主放大器中(图6－53)。

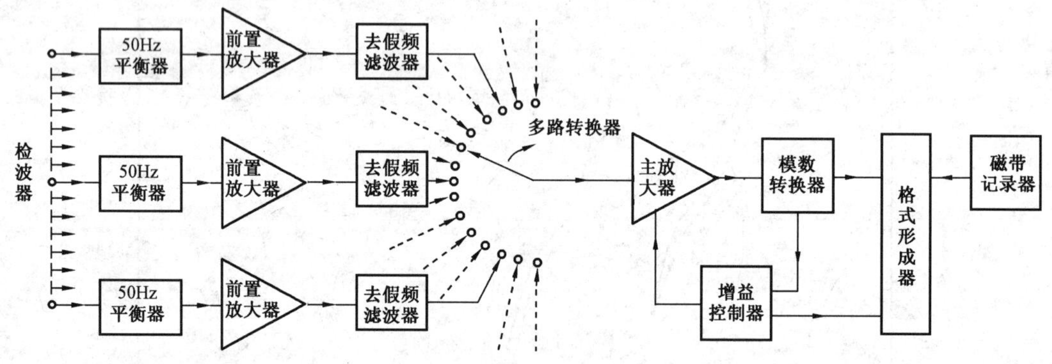

图6－53　地震记录系统框图

(3)主放大器:能够不畸变地放大能量悬殊的地震信号,具有较大的动态范围(120dB),是一种增益能自动变化、高速、高精度的直接耦合放大器。同时,主放大器还把对信号放大的增益值记录下来,回放时可恢复信号的真振幅。

(4)模数转换器:将离散的模拟信号转换成数字信号。

(5)磁带记录器:将模数转换器输出的二进制数字信号记录在大容量的磁带或磁盘上。

(6)回放系统:把数字磁带记录中见不到的数字信号在野外及时转换成可见的模拟波形记录,其作用过程相当于记录的逆过程。

(四)野外限制与特殊方法

在野外采集的目的是保证在同一测线每个采样点上的采集条件都是相同的,但有时并不能满足该条件。(如某些位置不能施工或必须减少药量,就需要在其他位置补炮,来补偿覆盖次数的减少或弱震源的影响)。地震剖面上记录条件的变化通常会导致初至波缺失。若测线两端的覆盖次数少,可在测线两端多放几炮。

(五)接收地震波

1. 对野外地震记录仪的基本要求

(1)高灵敏度,因为地震波经地下界面反射后传播到地面引起的振动是很微弱的。

(2)信号能量的自动增益控制,具有较大的动态范围。

(3)具有选频功能。地震仪器的频率范围一般是5~250Hz;已压制了高于250Hz的高频。

(4)有多道接收装置,并且要求各记录道具有一致性,即对同一个地震波的反映应该相同。

(5)具有精确的计时装置。

(6)结构轻便,性能稳定,维修方便。

(7)具有较高的分辨能力(图6-54)。

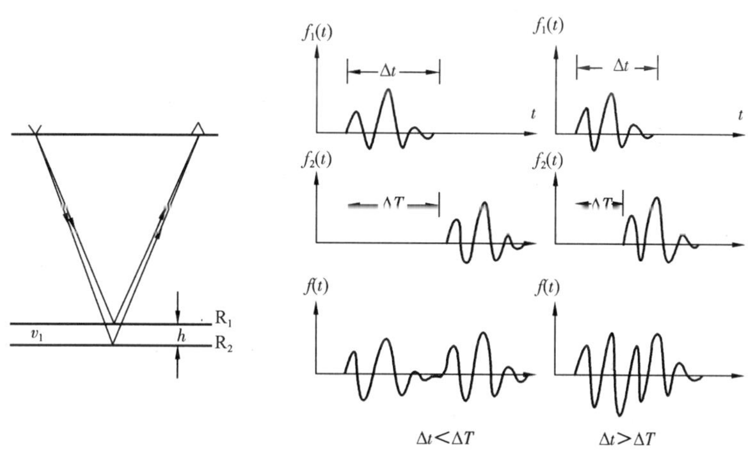

图6-54 地震记录的分辨率示意图

Δt—地震波的延迟时间;Δh—相邻反射界面之间的深度差;v—层速度

2. 地震检波器组合法

1)组合检波及组合效应

地震检波器组合法是利用干扰波与有效波的传播方向不同(第二类方向特性)和统计效应来压制干扰波的一种有效方法,主要压制面波、声波等低速度规则干扰波及无规则的随机干扰。

具体方法是将多个检波器串联或并联在一起接收地震波,称为地震组合检波;也可对多个震源同时激发构成一个震源,称为震源组合。

2)检波器的安置

各个排列上的各道检波器的安置条件要求一致,即“平、紧、直”,使检波器的底面与大地连接在一起而组成一个阻尼良好的振动系统,以提高对波的分辨能力(图6-55)。

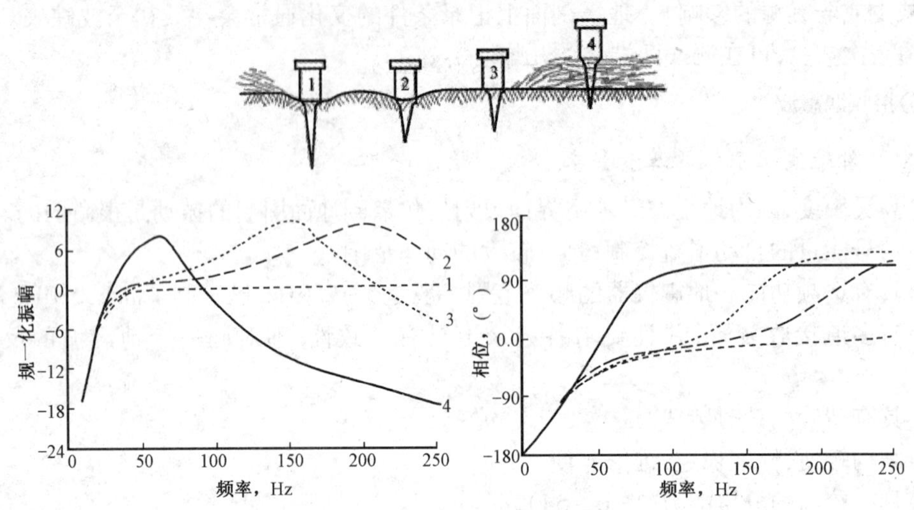

图6-55 检波器的频率特征曲线

3)道间距的选择

道间距是指埋置在排列上的各道检波器之间的距离。道间距的大小直接影响到地震解释工作。道间距过大,将导致同一层有效波追踪辨认的可靠性受影响;道间距过小,则使野外工作量增加,因此道间距要适当地选取。

选择道间距应以地震记录上能可靠地辨认同一有效波的相位相同为原则。能否可靠辨认同一相位,主要决定于地震有效波(反射波或折射波)到达相邻检波器的时间差 Δt 所记录有效波的视周期(T)及其他波对有效波的干扰程度。如果有效波在地震记录的视周期为 T,那么道间距的选择原则应使时差 $\Delta t \leqslant T/2$[图6-56(a)],这样可辨认有效波的相同相位;若 $\Delta t > T/2$[图6-56(b)],则易造成相位对比错误。

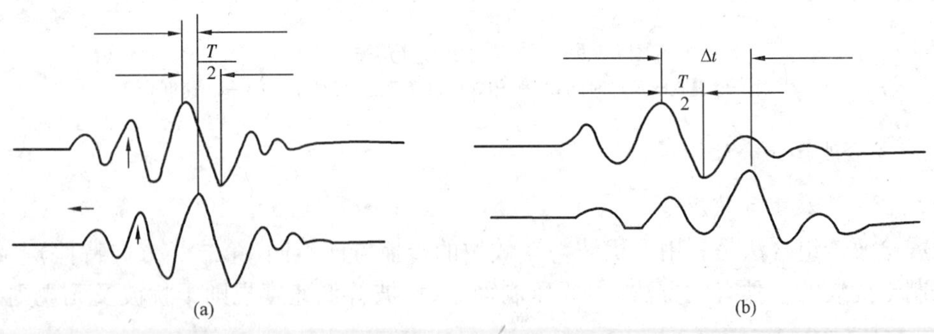

图6-56 道间距的选取原则

为了能同时可靠追踪对比深层和浅层的反射波,道间距应以反射波的 v_a、T 作为标准来选择。由于时间剖面上的相位特征明显，相邻道时间差小，因此道间距可选择大一些。总之，在不影响可靠对比前提下，可以通过试验把道间距选择得尽可能地大一些，如 35 ~ 50m 甚至 75m，这样可以提高工效；如果地震地质条件复杂，波形不稳定，干扰背景大，就要缩小道间距，以保证对比的可靠性。

（六）地震野外工作技术

地震野外工作是以地震队的组织形式来确定的。野外工作分为试验和生产两部分工作，主要内容是激发、接收地震波，以及地震测线、激发点、接收点的测量和一系列后勤保障等具体工作。

1. 试验工作

1）试验工作的基本原则

要了解前人工作的资料和经验，再拟定试验方案。试验点的布置要具有代表性，应在典型的地质现象上。试验工作必须从简单到复杂，保持单一因素变化的原则，即在研究某一因素时其他的试验因素应保持不变。

2）试验工作的基本内容

（1）干扰波调查；

（2）地震地质条件调查；

（3）选择最佳的激发条件；

（4）选择最佳的接收条件；

（5）地震仪器因素的选择。

2. 生产工作

当试验完成，取得工区标准剖面后，可转入正式生产。生产前应对地震仪器进行详细检查，取得各项检查合格的记录，保证仪器工作正常，才能正式开始生产。生产工作的基本步骤如下：

（1）地震测量；

（2）地震波的激发；

（3）地震波的接收。

三、地震资料的数字处理

地震资料的数字处理一般是指利用数字电子计算机和数学、信息论等各方面的知识，对地震采集的资料进行处理和分析。

（一）地震勘探工作的三个阶段

（1）地震信息的野外采集：地质任务、测线布置、人工地震等。

（2）室内资料处理：经计算机处理，得到时间剖面、参数剖面。

（3）资料解释：构造解释、地层学解释、烃类检测及岩性解释。

（二）地震勘探资料解释的目的和作用

地震勘探资料解释是将经过处理的地震信息变成地质成果。得到的时间剖面虽然在一定程度上反映了地下地质构造特征,但还存在许多假象,需运用地震波理论进行对比分析,去伪存真。同时,还要将时间剖面变成深度剖面,绘制空间地层构造图;根据地震参数及地质、钻井、其他物探资料综合分析,绘制关于地层、岩性和烃类检测的成果图;对测区作油气评价并提出钻井位置。

四、地震资料的构造解释

(一)地震资料构造解释概述

地震资料解释工作是地震勘探的重要环节。地震野外工作获得的原始资料经过室内处理后,得到可供解释的地震剖面和其他成果图样,解释人员要对资料进行分析研究,从而达到了解、推断地下地质情况的目的。

解释工作通常包括资料准备、剖面解释、平面解释、综合解释四个环节,它们依次衔接、互相联系。

(二)构造解释的一般过程

构造解释的一般过程见图6-57。

1. 资料准备

1)搜集资料

(1)收集前人在本区或邻区作的地质、地球物理资料,主要包括区域地质概况(如地层、构造发展史、断层类型及分布规律)、钻井地质柱状图、地震速度资料、地震反射波组特征及其地质属性等。

(2)解释人员要明确本工区的地质任务、勘探目的、层位及有关技术要求,了解野外采集因素、处理流程及参数选择。

2)检查资料

对各种资料进行检查,包括:

(1)检查资料是否齐全。这些资料包括水平叠加剖面、偏移剖面、速度谱、表层速度资料、测量资料、观测系统及采集工作班报内容等。

(2)检查时间剖面的质量、分析采集因素和处理流程、参数应用是否合理资料是否可靠等。

2. 剖面解释

剖面解释是构造解释的基础,剖面解释主要是在时间剖面上进行的。

1)基干测线对比

解决大套构造层的对比、确定解释层位等问题。先选择反射特征明显、稳定的剖面作为主干剖面;再确定地震反射标准层及地质属性。

2)全区测线对比

解决构造层和各解释层位的全区对比问题。利用反射波的识别标志和波的对比原则进行对比。

3)复杂剖面解释

对重点区块的复杂剖面段(如断层、尖灭、挠曲、不整合、岩性变化等)及特殊现象,需要进

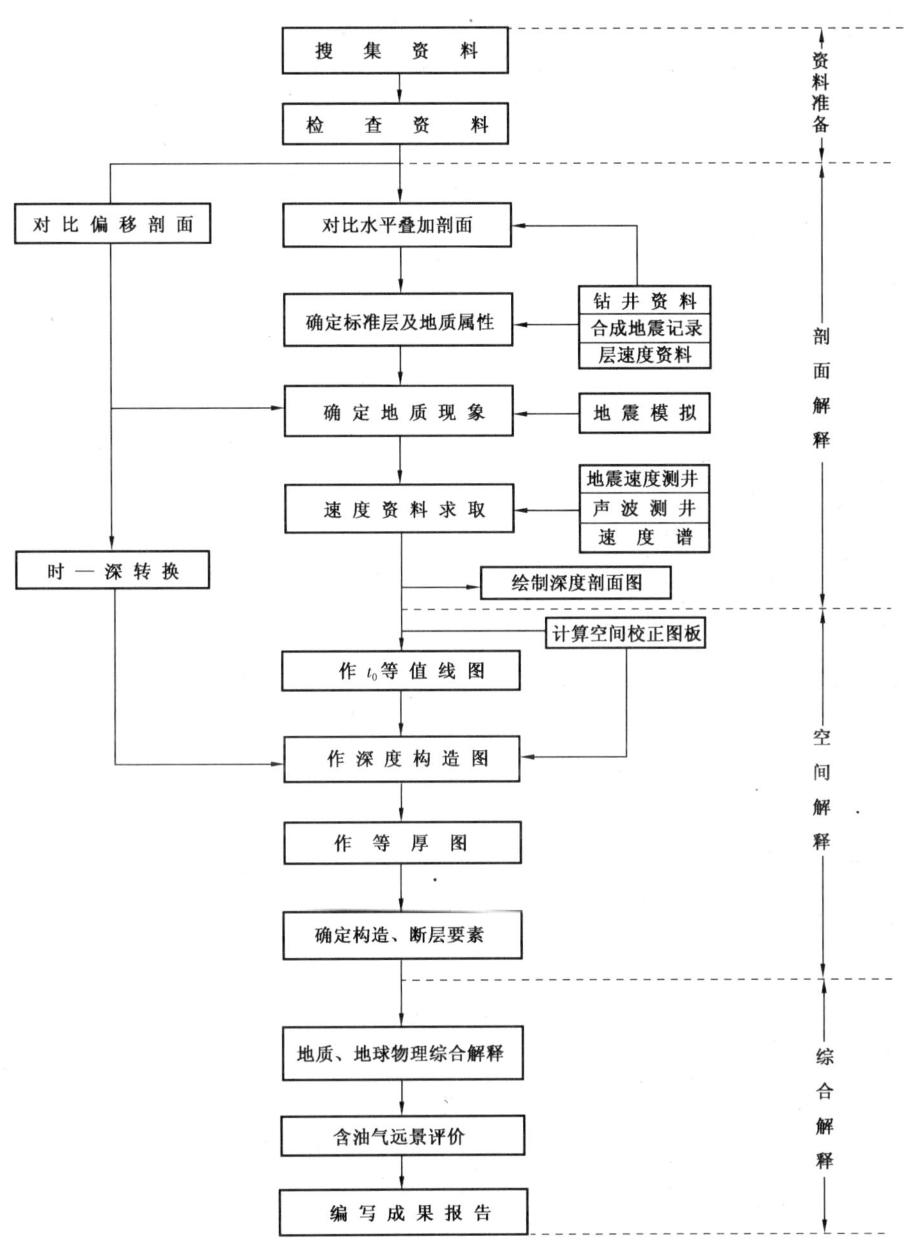

图 6-57 构造解释的工作流程

行特殊处理。利用各种地震信息综合解释,并采用地震模拟技术反复验证,求得对地下复杂体的正确解释。

3. 空间(平面)解释

各种平面图件是地震勘探的最终结果,包括各种地质异常现象平面分布图(包括各主要层位的断层组合、尖灭线分布、岩性变化带及各种有意义的沉积现象的平面展布)各反射层 t_0 等值线图(时间)、各层的深度构造图(为了解地下各层构造情况,提供钻井井位)、反映地层沉积特征的等厚图(确定断层、构造要素,划分断裂带和构造带)。

连井资料解释包括测井资料及井旁地震资料的解释,具体为:

钻井分层与地震层位的对比连接:了解反射层相当的地质层位,及岩性接触关系等在地震剖面上的特征。

地震测井资料解释:可获得较准确的平均速度和大套地层的层速度。

合成地震记录的制作:与井旁地震记录对比,可判别井旁反射的真伪。

4. 综合解释

结合地质、地球物理资料,进行综合对比分析,对沉积特征和构造形成等作出地质解释,进而对含油气进行评价,提出钻井井位及成果报告。

五、地震资料地质解释

(一)地震标准层的确定

地震标准层的反射应具备如下条件:

(1)反射波特征明显、稳定;

(2)在工区大部分测线上都可连续追踪;

(3)能反映地质构造(浅、中、深各层)的主要特征,最好在含油层系之内。

对地震标准层的解释是完成地质任务的关键。

因反射质量较差而无法确定标准层时,可在含油层系在时间剖面上所相当的 t_0 范围内作一“假想层”,代替标准层。假想层最好能通过含油层(在本区有油的情况下)。

(二)标准层地质属性的确定

1. 利用连井地震剖面

对连井测线,由已知速度,根据钻井提供的地质分层资料,将深度转成 t_0 时间,与井旁时间剖面对比,确定时间剖面上反射层位所对应的地质层位。

对比时应注意以下几点:

(1)界面倾斜时,钻井换算的 t_0 不是剖面上的 t_0。

(2)时间剖面上的波组若是非零相位,最大波峰并不代表波至,往往延滞一个相位左右(30ms)。

(3)由于地震记录是子波与反射系数的褶积,子波又具有一定延续时间,因此当层间很薄时,各层子波互相干涉,形成复合波(图6-58)。

(4)反射界面是波阻抗界面,不一定都与岩性界面对应,如岩石颜色或颗粒大小的变化不会造成波阻抗改变。

(5)一般将反射层位定在某地质界面的顶界。

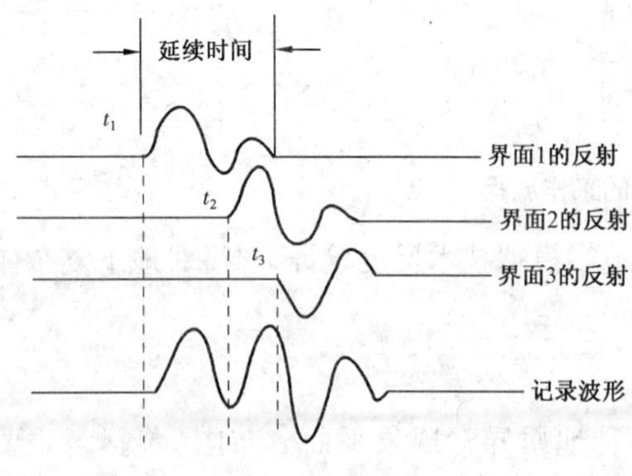

图6-58 复合波的组成

2. 利用层速度资料

通过解释速度谱或沿剖面进行连续速度分析，可获得层速度资料。利用层速度推断反射层位的地质年代也很有效。

岩性不同，地震波传播的速度不一样。例如华北地区上覆地层与石灰岩潜山的分界就往往用层速度资料推断。因为上覆古近系与中生界地层的层速度一般小于4～4.5km/s，而较古老的石灰岩地层速度为5.5～6km/s，速度差别大，推断效果好。

3. 利用合成地震记录

由声波测井和密度测井可得声速测井曲线和密度测井曲线。速度值与密度值相乘得声阻抗曲线，可求反射系数(图6－59)。

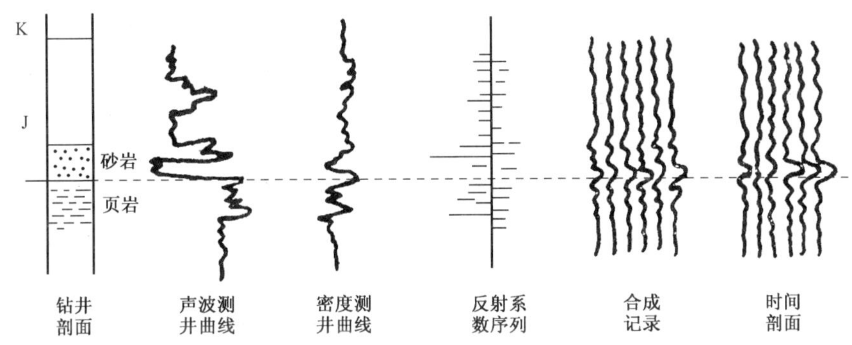

图6－59 合成记录与实际记录对比

4. 利用邻区钻井资料或已知地震层位对比

用相邻工区钻井和地震层位进行对比。使用邻区的地震层位对比时，野外采集处理都应一样。

5. 利用区域地质资料和其他物探资料

根据区域地质资料中关于地层厚度的估算和沉积规律，结合其他物探资料，推断各反射层所相当的地质层位，但误差较大。

六、地震反射层位的地层学解释

反射代表岩性分界面是不确切的。岩性纵、横向是逐渐变化的。岩性界面与地质时代界面不是等同概念，岩性分界面不是引起地震反射的主要因素。不整合面往往是一个明显的波阻抗界面。沉积岩相的变化会引起反射波形和连续性的变化。

实际的地质构造比较复杂(存在皱褶、断裂、古潜山等许多地质现象)，在含油气地区更是这样，所以仅靠一般方法对比解释是不够的，需了解各种地质现象在时间剖面上的特征，才能对时间剖面得出正确的解释。

(一)背斜

背斜是指老地层向上弯曲并被新地层包围的地质现象，是油气勘探的主要对象。

背斜构造有多种，如长轴背斜、短轴背斜、穹窿和鼻状构造等。在垂直于走向的剖面上，背斜都表现为凸界面的反射，以隆起的形式映现出来。

1. 背斜在水平叠加剖面上的几何形态特征

(1)平缓背斜在深度剖面上与水平叠加时间剖面上相似，范围稍宽，背斜顶部位置一致[图6-60(a)]。

(2)曲率大的背斜在水平叠加时间剖面上比实际范围宽得多[图6-60(b)]。

(3)对宽度与曲率相同但深度不同的平行背斜，水平叠加剖面上，随深度加大，隆起范围加大[图6-60(c)]。

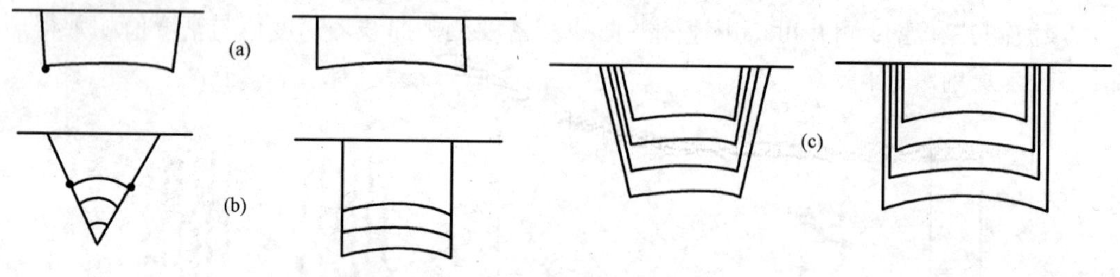

图6-60 背斜在地震剖面上的形态

(4)背斜模型(上宽下窄，隆起幅度上小下大)：经过二维模拟得到的水平叠加时间剖面，背斜形态与实际刚好相反：上窄下宽，越深背斜范围越宽，并在两翼有回转波(图6-61)。

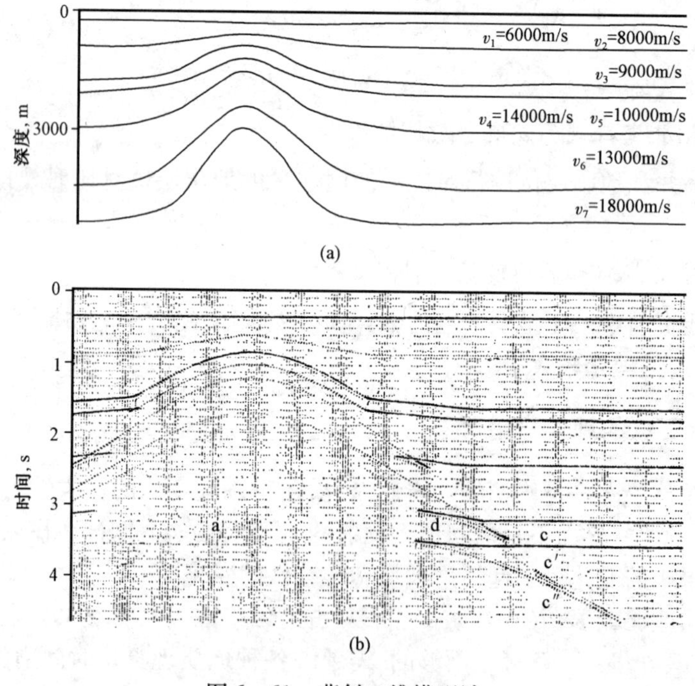

图6-61 背斜二维模型计

2. 背斜在偏移剖面上的特征

(1)偏移后的时间剖面几何形态与实际形态吻合，两翼挠曲部位的回转现象得到消除，各波归位。

(2)测线方向不垂直于构造走向时,二维偏移无法实现真正归位。如图6-62、图6-63所示的一个穹窿构造模型,测线Ⅰ、Ⅱ、Ⅲ分别距构造中心点0m、610m、1220m、剖面Ⅱ上实际反射点向上倾方向偏离,得到的时间比实际短。偏移后的剖面上,隆起幅度比测线位置下实际隆起的幅度大。存在侧反射。对于这种情况,二维偏移是无法解决的,需进行空间三维偏移处理。

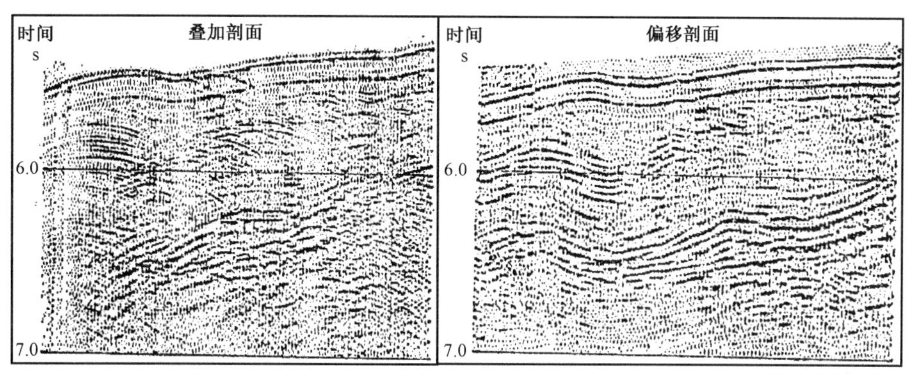

图6-62 叠加剖面和偏移剖面的比较

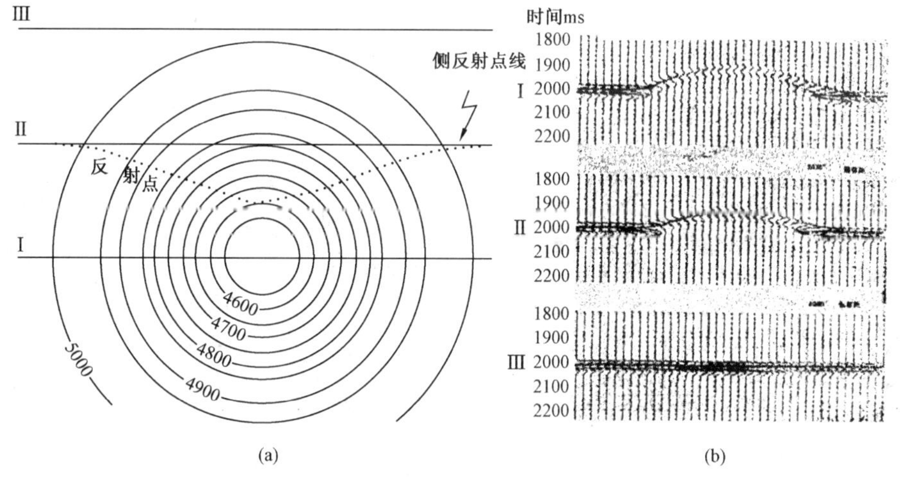

图6-63 穹窿及时间剖面

(二)向斜

向斜是指褶皱构造中新地层向下弯曲部分,其周围是老地层。向斜可分对称向斜与不对称向斜。一般背斜、向斜是相间出现的,解释好向斜有利于确定背斜的闭合面积和幅度。

1. 几何形态(相当于凹界面的反射)

(1)对于平缓的向斜,水平叠加剖面上比实际向斜稍窄;曲率一样,深度不同;随深度加大,时间剖面宽度变窄,向斜中心不变。若曲率中心在地面以上,均存在上述的简单关系。

(2)若凹界面的曲率中心在地面,时间剖面聚成一点,曲率界面上各点时间都相同。

(3)若曲率中心在地下,射线将会交叉,同相轴形成回转波(图6-64)。

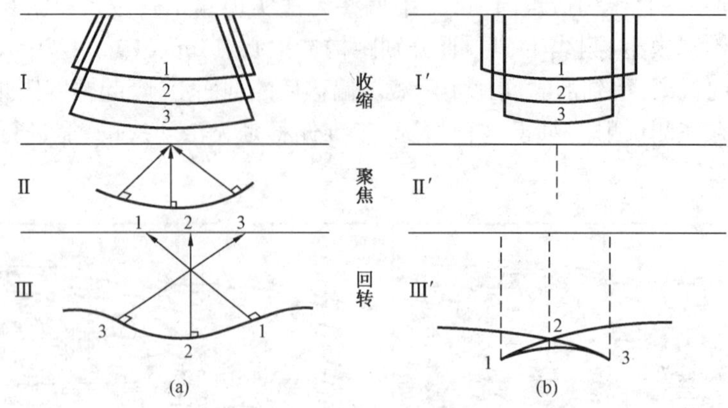

图6-64 凹界面模型及时间剖面形态

2. 振幅特征

(1)凹界面对射线的聚焦作用使反射波振幅加强,出现非岩性的“亮点”异常。

(2)向斜两边凸界面的发散效应使反射波振幅减弱,深层由回转波形成的假背斜能量会更加突出(图6-65)。

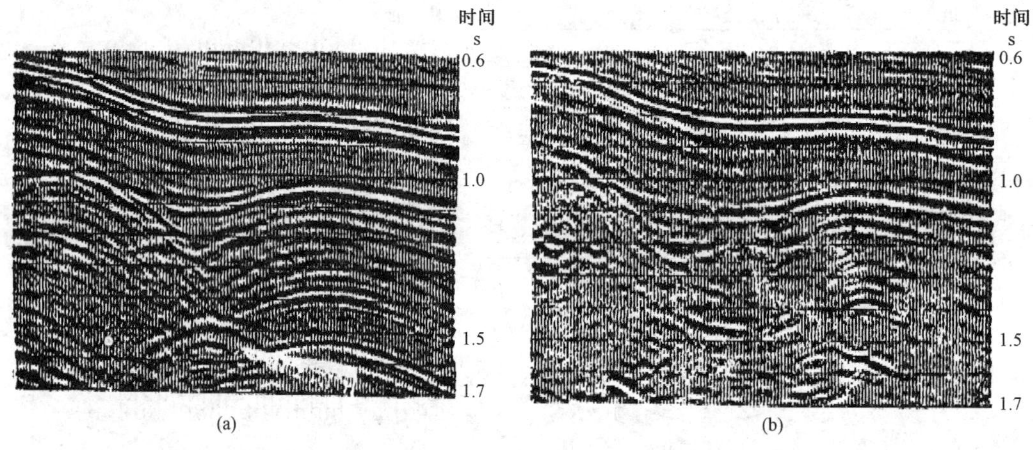

图6-65 向斜剖面偏移叠加前后比较

(三)断层在时间剖面上的特征和解释方法

断层对油气运移和聚集起重要的控制作用。断层是普遍存在的较复杂的地质现象,是剖面解释的关键。水平地层中的断层模型理论时间剖面特征为:

(1)直立断层,水平叠加剖面与实际模型一致(形态),断棱、断点处有绕射。

(2)倾斜断层,断面向下倾移动断棱、断点处有绕射,如图6-66所示。

若断层落差(断距)较小,则不能形成连续的长反射段,不产生断面波,只有微反射段,产生散射,相互干涉而抵消。

断层面对反射波能量的屏蔽作用:断层面下出现空白带(落差大的断层)。能量屏蔽作用与断层两侧波阻抗有关,波阻抗差越大,能量屏蔽作用越大。此外还与入射角大小有关。

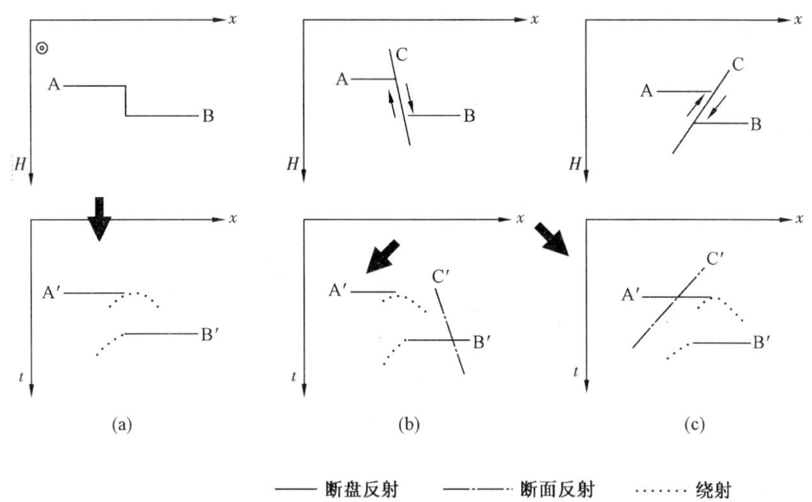

图 6－66　断层在时间剖面的显示

(a)直立断层;(b)正断层;(c)逆断层

断层面对射线的畸变作用:反射层的产状和深度发生畸变,在时间剖面上容易被误认是"破碎带"(图 6－67)。

(四)古潜山的识别

(1)古潜山顶面是不整合面,波阻抗差大,反射波能量强,具有不整合面反射波的特点:频率低,相位较多。

(2)古潜山两翼倾角较陡,相邻道反射波同相轴时差大,与两侧凹陷呢的反射同相轴相交叉。

(3)古潜山表面起伏大,凸凹不平,常伴有绕射波、侧面波、回转波、断面波等异常波出现,剖面较复杂,但基本反射波特征较明显。

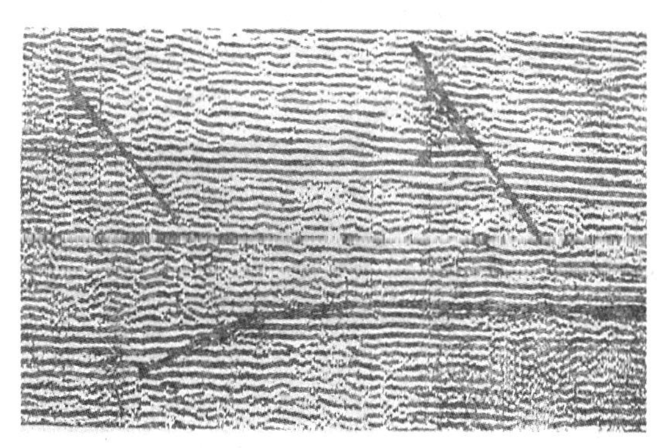

图 6－67　断层在时间剖面的特征

(4)利用速度资料确定古潜山表面。例如,当潜山为石灰岩时,地震波速度明显较高。

(5)如果古潜山内部地层稳定,分布较广,其反射波特征也较明显,可有标准层出现,但太部分地区的古潜山内部难得到较好的反射同相轴。

(6)古潜山在地质上也有断块山、褶皱山、坡上山等多种类型。

参 考 文 献

[1] 胥东宏,赵元成,高春绪,等. 综合录井仪在现场工程监测方面的应用. 吐哈油气,2008,13(1):90-96.

[2] 朱根庆. 录井技术在钻井工程中的应用//《录井技术文集》编委会. 录井技术文集. 北京:石油工业出版社,1999.

[3] 陈亚西,纪伟,等. 钻井工程事故的监测和预报//《录井技术文集》编委会. 录井技术文集. 北京:石油工业出版社,1999.

[4] 蒋希文. 钻井事故与复杂问题. 北京:石油工业出版社,2002.

[5] 钻井手册(甲方)编写组. 钻井手册(甲方). 北京:石油工业出版社,1990.

[6] 陈颖杰,夏宏泉,等. 探井地层压力的实时预测方法研究. 钻采工艺,2008,31(1):46-48.

[7] 袁庆友,王艳,成兆星,等. 综合录井 DC 参数延伸应用探讨. 录井技术,2004,15(2):11-14.

[8] 黄继翔,陈新益,李启德,等. 大位移定向井录井方法初探. 录井技术,2003,14(1):43-47.

[9] 杨登科,郑俊杰. 水平井录井及色谱气体比值的导向作用. 录井技术,2003,14(1):48-52.

[10] 孙新阳,尚锁贵. 水平井现场地质导向方法及其应用. 录井工程,2006,17(4):17-21.

[11] 赵彬凌,李黔,王悦田. 综合录井水平井地质导向方法探索. 内蒙古石油化工,2008,(12):29-31.

[12] 王升永,宋庆田,李富强,等. 综合录井在水平井钻进中的作用. 大庆石油地质与开发,2004,23(3):29-30.

[13] 李忠城,高晖,刘岩松,等. PDC 钻头条件下录井措施初探. 录井工程,2005,16(3):24-27.

[14] 张根法,刘丽娜,肖自歉. PDC 钻头加复合钻井技术条件下的岩屑录井. 中国西部油气地质,2006,2(3):337-344.

[15] 佘明军,张国杰. 复合钻井工艺对地质录井的影响及解决办法. 录井技术,2003,14(3):65-67.

[16] 王春辉,李忠亮,陈红梅,等. 放大方法在 PDC 钻头录井中的作用. 录井工程,2007,18(2):50-53.

[17] 吴俊杰,杜国永,郭智杰. 浅谈新技术在综合录井仪中的应用. 录井技术,2002,13(4):13-17.

[18] 王志章,周新源,蔡毅,等. 综合录井技术面临的挑战及对策. 测井技术,2004,28(2):93-98.

[19] 李江陵,武庆河. 快速气相色谱及其在石油勘探中的应用. 录井技术,2002,13(2):54-60.

[20] 邴尧忠,朱兆信,慈兴华,等. 综合录井技术在油气田勘探中的应用. 油气地质与采收率,2003,10(2):32-33.

[21] 李绍芹,姜春来. 综合录井在生产中的应用和发展. 石油科技论坛,2007,(03).

[22] 刘瑞文,郭学增. 综合录井在安全钻井中的应用及发展趋势. 录井工程,2006,17(4):43-45.

[23] 郭志勤,韩振元,等. 套管钻井技术. 北京:中国石化出版社,2002.

[24] 张向前,高成军,周东寿. 钻井司钻. 北京:石油工业出版社,2010.

[25] 李春吉,单正明,孟祥奎. 套管钻井技术简介. 石油钻探技术,2002,30(6):74.

[26] 聂上振. 套管钻井工艺技术. 石油钻采工艺,2000,22(3):40-41.

[27] 张稽南,王力,郑万江,等. 套管钻井技术研究与试验//《第四届石油钻井院所长会议论文集》编委会. 第四届石油钻井院所长会议论文集. 北京:石油工业出版社,2004.

[28] SY/T 6543.2—2009 欠平衡钻井技术规范　第 2 部分:气相.

[29] 郭志勤,韩振元,等. 国内外钻井与采油工程新技术. 北京:中国石化出版社,2002.

[30] 张永利,于鸿椿,何翔. 磨料两相射流理论及在油井增产中的应用. 沈阳:东北大学出版社,2010.

[31] 余常昭. 紊动射流. 北京:高等教育出版社,1987.

[32] 侯玉品. 超短半径水平井开采煤层气的探讨. 河南理工大学学报:自然科学版,2005,24(1):46-49.

[33] 李克向. 国外大位移井钻井技术. 北京:石油工业出版社,1998.

[34] 蒋世全. 大位移井技术发展现状及启示。石油钻采工艺,1999,(21):14-23.

[35] 周守为. 大位移井钻井技术及其在渤海油田的应用. 北京:石油工业出版社,2002.

[36] 吴晓东,王国强,李安启,等．煤层气井产能预测研究．天然气工业,2004,24(8):82－84.
[37] 张亚蒲,张冬丽,杨正明,等．煤层气定向羽状水平井数值模拟技术应用．天然气工业,2006,26(12):115－117.
[38] 鄢捷年．钻井液工艺学．东营:中国石油大学出版社,2006.
[39] 王效祥．钻井液工艺原理．北京:石油工业出版社,1991.
[40] 樊世中,鄢捷年,周大晨,等．钻井液完井液及保护油气层技术．东营:石油大学出版社,1996.
[41] 徐同台,陈乐亮,罗平亚．深井泥浆．北京:石油工业出版社,1994.
[42] 张春光,徐同台,侯万国．正电胶钻井液．北京:石油工业出版社,2000.